空间有向几何学

(下)

喻德生 著

南昌航空大学科学文库

科学出版社

北京

内 容 简 介

本书是“空间有向几何学”系列成果之二. 在平面“有向几何学”系列等研究的基础上, 创造性地、广泛地运用有向距离和有向距离定值法, 对与空间平面多边形有向面积有关的一些问题进行更深入、系统的研究, 得到了一系列点到平面间有向距离的定值定理, 揭示了这些定理与经典数学问题、数学定理和一些数学竞赛题之间的联系, 较系统、深入地阐述了空间有向距离与有向面积的基本理论、基本思想和基本方法. 它对开拓数学的研究领域, 揭示事物之间本质的联系, 探索数学研究的思想方法具有重要的理论意义; 对丰富几何学各学科, 以及相关数学学科的教学内容, 促进大、中学数学教学内容改革具有重要的现实意义; 此外, 有向几何学的研究成果和研究方法, 对数学定理的机械化证明也具有重要的应用和参考价值.

本书可供数学研究工作者、大学和中学数学教师、大学数学专业学生和研究生以及高中生阅读, 可以作为大学数学专业学生、研究生和中学数学竞赛的教材, 也可供相关学科专业的师生、科技工作者参考.

图书在版编目(CIP)数据

空间有向几何学. 下 / 喻德生著. —北京: 科学出版社, 2020.8

ISBN 978-7-03-065856-2

Ⅰ. ①空… Ⅱ. ①喻… Ⅲ.①有向图 Ⅳ. ①O157.5

中国版本图书馆 CIP 数据核字 (2020) 第 153317 号

责任编辑: 胡庆家 孙翠勤 / 责任校对: 彭珍珍
责任印制: 吴兆东 / 封面设计: 陈 敬

科学出版社出版
北京东黄城根北街 16 号
邮政编码: 100717
http://www.sciencep.com

北京建宏印刷有限公司印刷

科学出版社发行 各地新华书店经销

*

2020 年 8 月第 一 版 开本: 720 × 1000 1/16
2021 年 4 月第二次印刷 印张: 20 1/4
字数: 410 000

定价: 128.00 元

(如有印装质量问题, 我社负责调换)

作 者 简 介

喻德生，江西高安人. 1980 年步入教坛，1990 年江西师范大学数学系硕士研究生毕业，获理学硕士学位. 现任南昌航空大学数学与信息科学学院教授，硕士研究生导师，江西省第六批中青年骨干教师，中国教育数学学会常务理事，《数学研究期刊》编委，南昌航空大学省优质课程“高等数学”负责人，教育部学位与研究生教育发展中心学位论文评审专家，江西省第二届青年教师讲课比赛评委，研究生数学建模竞赛论文评审专家. 历任大学数学教研部主任等职. 指导硕士研究生 12 人. 主要从事几何学、计算机辅助几何设计和数学教育等方面的研究. 参与国家自然科学基金课题 3 项，主持或参与省部级教学科研课题 12 项、厅局级教学科研课题 16 项. 在国内外学术刊物发表论文 60 余篇，撰写专著 6 部，主编出版教材 12 种 18 个版本. 作为主持人获江西省优秀教学成果奖 2 项，指导学生参加全国数学建模竞赛获全国一等奖 1 项、二等奖 2 项，省级一等奖 3 项，并获江西省优秀教学成果荣誉 2 项，南昌航空工业学院优秀教学成果奖 6 项，获校级优秀教师或优秀主讲教师 8 次. Email: yuds17@163.com.

前　言

“有向”是自然科学中的一个十分重要而又应用非常广泛的概念. 我们经常遇到的有向数学模型无外乎如下两类.

一是“泛物”的有向性. 如微积分学中的左右极限、左右连续、左右导数等用到的量的有向性, 定积分中用到的线段 (即区间) 的有向性, 对坐标的曲线积分用到的曲线的有向性, 对坐标的曲面积分用到的曲面的有向性等, 这些都是有向性的例子. 尽管这里的问题很不相同, 但是它们都只有正、负两个方向, 因此称为“泛物”的有向性. 然而, 这里的有向性没有可加性, 不便运算.

二是“泛向”的有向量, 亦即我们在数学与物理中广泛使用的向量. 我们知道, 这里的向量有无穷多个方向, 而且两个方向不同的向量相加通常得到一个方向不同的向量. 因此, 我们称为“泛向”的有向量. 这种“泛向”的有向数学模型, 对于我们来说方向太多, 不便应用.

然而, 正是由于“泛向”有向量的可加性与“泛物”有向性的二值性, 启示我们研究一种既有二值有向性, 又有可加性的几何量. 一维空间的有向距离, 二维空间的有向面积, 三维空间乃至一般的 N 维空间的有向体积等都是这种几何量的例子. 一般地, 我们把带有方向的度量称为有向度量.

“有向度量”并不是数学中一个全新的概念, 各种有向度量的概念散见于一些数学文献中. 但是, 有向度量的概念并未发展成为数学中的一个重要概念. 有向度量的应用仅仅局限于其“有向性”, 而极少触及其“可加性”. 要使有向度量的概念变得更加有用, 要发现各种有向度量的规律性, 使有向度量的知识系统化, 就必须对有向度量进行深入的研究, 创立一门独立的几何学 —— 有向几何学. 为此, 必须明确有向几何学的研究对象, 确立有向几何学的研究方法, 构建有向几何学的知识体系. 这对开拓数学研究的领域, 揭示事物之间本质的联系, 探索数学研究的新思想、新方法具有重要的理论意义; 对丰富几何学各学科, 以及相关数学学科, 特别是数学分析、高等数学等学科的教学内容, 促进高等学校数学教学内容改革具有重要的现实意义; 此外, 有向几何学的研究成果和研究方法, 对数学定理的机械化证明也具有重要的应用和参考价值.

就我们所知, 著名数学家希尔伯特在他的数学名著《直观几何》中, 利用三角形的有向面积证明了一个简单的几何问题, 这是历史上较早使用有向面积证题的例子. 二十世纪五六十年代, 著名数学家 Wilhelm Blaschke 在他的《圆与球》中, 利用有向面积深入地讨论了圆的极小性问题, 这是历史上比较系统地使用有向面积法解决问题的例子. 但是, 有向面积法并未发展成一种普遍使用而又十分有效的方法.

二十世纪八九十年代, 我国著名数学家吴文俊、张景中院士, 开创了数学机械化的研究, 而计算机中使用的距离和面积通常都是有向的, 因此数学机械化的研究拓广了有向距离和有向面积应用的范围. 特别是张景中院士十分注重面积关系在数学机器证明中的作用, 指出面积关系是 "数学中的一个重要关系", 并利用面积关系创立了一种可读的数学机器证明方法, 即所谓的消点法, 也称为面积法.

近年来, 我们在分析与借鉴上述两种思想方法的基础上, 发展了一种研究有向几何问题的方法, 即所谓的有向度量定值法. 除上述提到的两个原因外, 我们也受到如下两种数学思想方法的影响.

一是数学建模的思想方法. 我们知道, 一个数学模型通常不是一个简单的数学结论. 它往往包含一个或多个参数, 只要给定参数的一个值, 就可以得出一个相应的结论. 这与经典几何学中一个一个的、较少体现知识之间联系的结论形成了鲜明的对照. 因此, 我们自然会问, 几何学中能建立涵盖面如此广泛的结论吗? 这样, 寻找几何学中联系不同结论的参数, 进行几何学中的数学建模, 就成为我们研究有向几何问题的一个重点.

二是函数论中的连续与不动点的思想方法. 我们知道, 经典几何学中的结论通常是离散的, 一个结论就要给出一个证明, 比较麻烦. 我们能否引进一个连续变化的量, 使得对于变量的每一个值, 某个几何量或某几个几何量之间的关系始终是不变的? 这样, 构造几何量之间的定值模型就成为我们研究有向几何问题的一个突破口.

尽管几何定值问题的研究较早, 一些方面的研究也比较深入, 但有向度量定值问题的研究尚处于起步阶段. 近年来, 我们研究了有向距离、有向面积定值的一些问题, 得到了一些比较好的结果, 并揭示了这些结果与一些著名的几何结论之间的联系. 不仅使很多著名的几何定理 ——Euler 定理、Pappus 定理、Pappus 公式、蝴蝶定理、Servois 定理、中线定理、Harcourt 定理、Carnot 定理、Brahmagupta 定理、切线与辅助圆定理、Anthemius 定理、焦点和切线的 Apollonius 定理、Zerr 定理、配极定理、Salmon 定理、二次曲线的 Pappus 定理、两直线上的 Pappus 定理、Desarques 定理、Ceva 定理、等截共轭点定理、共轭直径的 Apollonius 定理、正弦及余弦差角公式、Weitzentock 不等式、默比乌斯定理、Monge 公式、Gauss 五边形公式、Erdös-Mordell 不等式、Gauss 定理、Gergonne 定理、梯形的施泰纳定理、拿破仑三角形定理、Cesaro 定理、三角形的中垂线定理、Simson 定理、三角形的共点线定理、完全四边形的 Simson 线定理、高线定理、Neuberg 定理、共点线的施泰纳定理、Zvonko Cerin 定理、双重透视定理、三重透视定理、Pappus 重心定理、角平分线定理、Menelans 定理、Newton 定理、Brianchon 定理等结论和一大批数学竞赛题在有向度量的思想方法下得到了推广或证明, 而且揭示了这些经典结论之间、有向度量与这些经典结论之间的内在联系, 显示出有向面积定值法的新颖性、综合性、有效性和简洁性. 特别是在三角形、四边形和二次曲线外切多边形中有向面积定值问题的研究, 涵盖面广、内容丰富、结论优美, 并引起了国内外数学界的关注.

打个比方说, 如果我们把经典的几何定理看成是一颗颗的珍珠, 那么几何有向度量的定值定理就像一条条的项链, 把一些看似没有联系的若干几何定理串连起来, 形成一个完美的整体. 因此, 几何有向度量的定值定理更能体现事物之间的联系, 揭示事物的本质.

最近, 我们又将平面有向几何学的思想方法, 应用于空间有关问题的研究, 亦得到了一些比较好的结果, 并于 2019 年在科学出版社出版了空间有向度量研究的首部专著:《空间有向几何学》(上), 后续还有系列著作面世.

本书是《空间有向几何学》系列成果之二. 在平面《有向几何学》系列研究和《空间有向几何学》(上) 等的基础上, 创造性地、广泛地运用有向距离法和有向距离定值法, 对与空间平面多边形有向面积有关的一些问题进行更深入、系统的研究, 得到了一系列点到平面有向距离的定值定理, 揭示了这些定理与经典数学问题、数学定理和一些数学竞赛题之间的联系, 较系统、深入地阐述了空间有向面积、有向距离的基本理论、基本思想和基本方法.

本书得到南昌航空大学科研成果专项资助基金的资助, 得到科技处和数学与信息科学学院领导的大力支持, 在此表示衷心感谢! 同时, 也感谢科学出版社胡庆家、陈玉琢两位编辑的关心与帮助.

由于作者阅历、水平有限, 书中可能出现疏漏, 敬请国内外同仁和读者不吝批评指正.

作　者

2019 年 10 月

目录

第 1 章　空间平面多边形有向面积在坐标面上的投影与应用

1.1　空间平面多边形有向面积在坐标面上的投影

本节主要研究空间平面多边形有向面积在坐标面上投影的有关问题. 首先, 给出空间平面多边形有向面积在坐标面上的投影的概念; 其次, 给出空间平面多边形有向面积在坐标面上投影的几个公式以及其应用.

1.1.1　空间平面多边形有向面积在坐标面上投影的概念

定义 1.1.1　设 $P_1P_2\cdots P_n$ 是空间平面多边形, $\boldsymbol{n}$ 是 $P_1P_2\cdots P_n$ 的法向量. 若 $P_1P_2\cdots P_n$ 的绕向与 $\boldsymbol{n}$ 符合右手法则 (即以右手握住多边形 $P_1P_2\cdots P_n$ 的一条垂线, 当右手的四个手指按 $P_1\to P_2\to\cdots\to P_n$ 的方向绕向时, 大拇指的方向就是 $\boldsymbol{n}$ 的方向), 则称 $\boldsymbol{n}$ 为多边形 $P_1P_2\cdots P_n$ 的正向法向量; 若 $P_1P_2\cdots P_n$ 的绕向与 $\boldsymbol{n}$ 不符合右手法则, 则称 $\boldsymbol{n}$ 为多边形 $P_1P_2\cdots P_n$ 的负向法向量; 特别地, 若 $\boldsymbol{n}=\boldsymbol{n}^\circ$ 为单位向量, 则称 $\boldsymbol{n}^\circ$ 为多边形 $P_1P_2\cdots P_n$ 的正向单位法向量 (负向单位法向量).

定义 1.1.2　设 $P_1P_2\cdots P_n$ 是空间平面多边形, $\boldsymbol{n}$ 是 $P_1P_2\cdots P_n$ 的法向量, $\mathrm{a}_{P_1P_2\cdots P_n}$ 表示 $P_1P_2\cdots P_n$ 的面积, 则 $P_1P_2\cdots P_n$ 的有向面积定义为

$$\mathrm{D}_{P_1P_2\cdots P_n}=\pm\mathrm{a}_{P_1P_2\cdots P_n},$$

其中当 $\boldsymbol{n}$ 是 $P_1P_2\cdots P_n$ 的正向法向量时, 取 “+” 号; 当 $\boldsymbol{n}$ 是 $P_1P_2\cdots P_n$ 的负向法向量时, 取 “−” 号.

特别地, 当空间平面多边形 $P_1P_2\cdots P_n$ 在坐标面 xOy, 或 yOz, 或 zOx 上, 且多边形的法向量分别为基本单位向量 $\boldsymbol{k},\boldsymbol{i},\boldsymbol{j}$ 时, 即得平面多边形的有向面积.

定义 1.1.3　设 $P_1P_2\cdots P_n$ 是空间平面多边形, $P_1,P_2,\cdots,P_n$ 在三坐标面 yOz,zOx,xOy 面的投影分别为 $S_1,S_2,\cdots,S_n;T_1,T_2,\cdots,T_n;R_1,R_2,\cdots,R_n$, 则称 $S_1S_2\cdots S_n;T_1T_2\cdots T_n;R_1R_2\cdots R_n$ 分别是空间平面多边形 $P_1P_2\cdots P_n$ 在坐标面 yOz,zOx,xOy 上的投影多边形.

为方便起见, 当 $S_1,S_2,\cdots,S_n;T_1,T_2,\cdots,T_n;R_1,R_2,\cdots,R_n$ 中有三点或三点以上的点共线时, 我们把 $S_1,S_2,\cdots,S_n;T_1,T_2,\cdots,T_n;R_1,R_2,\cdots,R_n$ 分别所构成的边数不大于 $n-1$ 的多边形或线段 $S_1S_2\cdots S_n$; $T_1T_2\cdots T_n$; $R_1R_2\cdots R_n$ 看成是空间平面多边形 $P_1P_2\cdots P_n$ 在坐标面 yOz,zOx,xOy 上的投影 n 边形的特殊情形.

定义 1.1.4 设空间平面多边形 $P_1P_2\cdots P_n$ 在三坐标面 yOz, zOx, xOy 上的投影多边形分别为 $S_1S_2\cdots S_n$; $T_1T_2\cdots T_n$; $R_1R_2\cdots R_n$, 则称这三个多边形的有向面积 $\mathrm{D}_{S_1S_2\cdots S_n}, \mathrm{D}_{T_1T_2\cdots T_n}, \mathrm{D}_{R_1R_2\cdots R_n}$ 依次所构成的向量

$$(\mathrm{D}_{S_1S_2\cdots S_n}, \mathrm{D}_{T_1T_2\cdots T_n}, \mathrm{D}_{R_1R_2\cdots R_n})$$

为空间平面多边形 $P_1P_2\cdots P_n$ 有向面积的投影向量, 记为 $\boldsymbol{n}_{P_1P_2\cdots P_n}$; 并称 $\mathrm{D}_{S_1S_2\cdots S_n}, \mathrm{D}_{T_1T_2\cdots T_n}, \mathrm{D}_{R_1R_2\cdots R_n}$ 分别为多边形 $P_1P_2\cdots P_n$ 有向面积 $\mathrm{D}_{P_1P_2\cdots P_n}$ 在三坐标面 yOz, zOx, xOy 上的投影分量, 分别记为 $\mathrm{Prj}_{yz}\mathrm{D}_{P_1P_2\cdots P_n}$, $\mathrm{Prj}_{zx}\mathrm{D}_{P_1P_2\cdots P_n}$, $\mathrm{Prj}_{xy}\mathrm{D}_{P_1P_2\cdots P_n}$. 即

$$\begin{aligned}
&\boldsymbol{n}_{P_1P_2\cdots P_n} = \left(\mathrm{Prj}_{yz}\mathrm{D}_{P_1P_2\cdots P_n}, \mathrm{Prj}_{zx}\mathrm{D}_{P_1P_2\cdots P_n}, \mathrm{Prj}_{xy}\mathrm{D}_{P_1P_2\cdots P_n}\right);\\
&\mathrm{Prj}_{yz}\mathrm{D}_{P_1P_2\cdots P_n} = \mathrm{D}_{S_1S_2\cdots S_n},\\
&\mathrm{Prj}_{zx}\mathrm{D}_{P_1P_2\cdots P_n} = \mathrm{D}_{T_1T_2\cdots T_n},\\
&\mathrm{Prj}_{xy}\mathrm{D}_{P_1P_2\cdots P_n} = \mathrm{D}_{R_1R_2\cdots R_n}.
\end{aligned}$$

1.1.2 空间平面多边形有向面积在坐标面上投影的几个公式

定理 1.1.1 设空间平面多边形 $P_1P_2\cdots P_n$ 在三坐标面 yOz, zOx, xOy 上的投影多边形分别为 $S_1S_2\cdots S_n$; $T_1T_2\cdots T_n$; $R_1R_2\cdots R_n$, $\boldsymbol{n}^\circ = (\cos\alpha, \cos\beta, \cos\gamma)$ 是 $P_1P_2\cdots P_n$ 的正向单位法向量, 则

$$\mathrm{Prj}_{yz}\mathrm{D}_{P_1P_2\cdots P_n} = \mathrm{a}_{P_1P_2\cdots P_n}\cos\alpha(\text{即}\mathrm{D}_{S_1S_2\cdots S_n} = \mathrm{a}_{P_1P_2\cdots P_n}\cos\alpha), \tag{1.1.1}$$

$$\mathrm{Prj}_{zx}\mathrm{D}_{P_1P_2\cdots P_n} = \mathrm{a}_{P_1P_2\cdots P_n}\cos\beta(\text{即}\mathrm{D}_{T_1T_2\cdots T_n} = \mathrm{a}_{P_1P_2\cdots P_n}\cos\beta), \tag{1.1.2}$$

$$\mathrm{Prj}_{xy}\mathrm{D}_{P_1P_2\cdots P_n} = \mathrm{a}_{P_1P_2\cdots P_n}\cos\gamma(\text{即}\mathrm{D}_{R_1R_2\cdots R_n} = \mathrm{a}_{P_1P_2\cdots P_n}\cos\gamma). \tag{1.1.3}$$

证明 仅给出式 (1.1.3) 的证明, 其余两式可以类似地证明. 首先, 由定义 1.1.3, 显然有 $\mathrm{a}_{R_1R_2\cdots R_n} = \mathrm{a}_{P_1P_2\cdots P_n}|\cos\gamma|$.

(1) 当 $\boldsymbol{n}^\circ$ 与 z 轴正向的夹角 $\gamma = \pi/2$ 时, 空间多边形 $P_1P_2\cdots P_n$ 所在平面与 xOy 平面垂直, 式 (1.1.3) 显然成立.

(2) 当 $\boldsymbol{n}^\circ$ 与 z 轴正向的夹角 $0 \leqslant \gamma < \pi/2$ 时, 若空间多边形 $P_1P_2\cdots P_n$ 的绕向与 z 轴正向符合右手法则, 则 $\mathrm{D}_{P_1P_2\cdots P_n} = \mathrm{a}_{P_1P_2\cdots P_n}$, 所以

$$\mathrm{D}_{P_1P_2\cdots P_n}\cos\gamma = \mathrm{a}_{P_1P_2\cdots P_n}|\cos\gamma| = \mathrm{a}_{R_1R_2\cdots R_n},$$

而此时 $P_1P_2\cdots P_n$ 在 xOy 平面上的投影多边形 $R_1R_2\cdots R_n$ 为正向多边形, 所以 $\mathrm{D}_{R_1R_2\cdots R_n} = \mathrm{a}_{R_1R_2\cdots R_n}$, 因此式 (1.1.3) 成立;

若空间多边形 $P_1P_2\cdots P_n$ 的绕向与 z 轴正向不符合右手法则, 则 $\mathrm{D}_{P_1P_2\cdots P_n} = -\mathrm{a}_{P_1P_2\cdots P_n}$, 所以

$$\mathrm{D}_{P_1P_2\cdots P_n}\cos\gamma = -\mathrm{a}_{P_1P_2\cdots P_n}|\cos\gamma| = -\mathrm{a}_{R_1R_2\cdots R_n},$$

而此时 $P_1P_2\cdots P_n$ 在 xOy 平面上投影多边形 $R_1R_2\cdots R_n$ 为反向多边形, 所以 $\mathrm{D}_{R_1R_2\cdots R_n}=-\mathrm{a}_{R_1R_2\cdots R_n}$, 因此式 (1.1.3) 亦成立.

(3) 当 $\boldsymbol{n}^\circ$ 与 z 轴正向的夹角 $\pi/2<\gamma\leqslant\pi$ 时, 若空间多边形 $P_1P_2\cdots P_n$ 的绕向与 z 轴正向符合右手法则, 则 $\mathrm{D}_{P_1P_2\cdots P_n}=\mathrm{a}_{P_1P_2\cdots P_n}$, 所以

$$\mathrm{D}_{P_1P_2\cdots P_n}\cos\gamma=\mathrm{a}_{P_1P_2\cdots P_n}\cos\gamma=-\mathrm{a}_{R_1R_2\cdots R_n},$$

而此时 $P_1P_2\cdots P_n$ 在 xOy 平面上投影多边形 $R_1R_2\cdots R_n$ 为反向多边形, 所以 $\mathrm{D}_{R_1R_2\cdots R_n}=-\mathrm{a}_{R_1R_2\cdots R_n}$, 因此式 (1.1.3) 成立;

若空间多边形 $P_1P_2\cdots P_n$ 的绕向与 z 轴正向不符合右手法则, 则 $\mathrm{D}_{P_1P_2\cdots P_n}=-\mathrm{a}_{P_1P_2\cdots P_n}$, 所以

$$\mathrm{D}_{P_1P_2\cdots P_n}\cos\gamma=-\mathrm{a}_{P_1P_2\cdots P_n}\cos\gamma=\mathrm{a}_{R_1R_2\cdots R_n},$$

而此时 $P_1P_2\cdots P_n$ 在 xOy 平面上投影多边形 $R_1R_2\cdots R_n$ 为正向多边形, 所以 $\mathrm{D}_{R_1R_2\cdots R_n}=\mathrm{a}_{R_1R_2\cdots R_n}$, 因此式 (1.1.3) 亦成立.

推论 1.1.1 设空间平面多边形 $P_1P_2\cdots P_n$ 在三坐标面 yOz,zOx,xOy 上的投影多边形分别为 $S_1S_2\cdots S_n$; $T_1T_2\cdots T_n$; $R_1R_2\cdots R_n$, 则

$$\mathrm{D}^2_{P_1P_2\cdots P_n}=\mathrm{D}^2_{S_1S_2\cdots S_n}+\mathrm{D}^2_{T_1T_2\cdots T_n}+\mathrm{D}^2_{R_1R_2\cdots R_n},\tag{1.1.4}$$

$$\mathrm{a}_{P_1P_2\cdots P_n}=\sqrt{\mathrm{a}^2_{S_1S_2\cdots S_n}+\mathrm{a}^2_{T_1T_2\cdots T_n}+\mathrm{a}^2_{R_1R_2\cdots R_n}}.\tag{1.1.5}$$

证明 设 $\boldsymbol{n}^\circ=(\cos\alpha,\cos\beta,\cos\gamma)$ 是空间平面多边形 $P_1P_2\cdots P_n$ 的正向单位法向量, 则由定理 1.1.1 可得

$$\begin{aligned}&\mathrm{D}^2_{S_1S_2\cdots S_n}+\mathrm{D}^2_{T_1T_2\cdots T_n}+\mathrm{D}^2_{R_1R_2\cdots R_n}\\=&(\mathrm{D}_{P_1P_2\cdots P_n}\cos\alpha)^2+(\mathrm{D}_{P_1P_2\cdots P_n}\cos\beta)^2+(\mathrm{D}_{P_1P_2\cdots P_n}\cos\gamma)^2\\=&\mathrm{D}^2_{P_1P_2\cdots P_n}\left(\cos^2\alpha+\cos^2\beta+\cos^2\gamma\right),\end{aligned}$$

因为 $\cos^2\alpha+\cos^2\beta+\cos^2\gamma=1$, 所以式 (1.1.4) 成立, 亦即式 (1.1.5) 成立.

推论 1.1.2 空间平面多边形 $P_1P_2\cdots P_n$ 在三坐标面 yOz,zOx,xOy 上的投影向量

$$\boldsymbol{n}_{P_1P_2\cdots P_n}=\left(\mathrm{Prj}_{yz}\mathrm{D}_{P_1P_2\cdots P_n},\mathrm{Prj}_{zx}\mathrm{D}_{P_1P_2\cdots P_n},\mathrm{Prj}_{xy}\mathrm{D}_{P_1P_2\cdots P_n}\right)\tag{1.1.6}$$

是多边形 $P_1P_2\cdots P_n$ 的正向法向量, 且 $|\boldsymbol{n}_{P_1P_2\cdots P_n}|=\mathrm{a}_{P_1P_2\cdots P_n}$; 单位投影向量

$$\boldsymbol{n}^{\circ}_{P_1P_2\cdots P_n} = \left(\mathrm{Prj}_{yz}\mathrm{D}_{P_1P_2\cdots P_n}/\mathrm{a}_{P_1P_2\cdots P_n}, \mathrm{Prj}_{zx}\mathrm{D}_{P_1P_2\cdots P_n}/\mathrm{a}_{P_1P_2\cdots P_n}, \mathrm{Prj}_{xy}\mathrm{D}_{P_1P_2\cdots P_n}/\mathrm{a}_{P_1P_2\cdots P_n}\right) \tag{1.1.7}$$

是多边形 $P_1P_2\cdots P_n$ 的正向单位法向量.

证明 设 $\boldsymbol{n}^{\circ} = (\cos\alpha, \cos\beta, \cos\gamma)$ 是空间平面多边形 $P_1P_2\cdots P_n$ 的正向单位法向量, 则由定理 1.1.1, 可得

$$\cos\alpha = \mathrm{Prj}_{yz}\mathrm{D}_{P_1P_2\cdots P_n}/\mathrm{a}_{P_1P_2\cdots P_n}, \quad \cos\beta = \mathrm{Prj}_{zx}\mathrm{D}_{P_1P_2\cdots P_n}/\mathrm{a}_{P_1P_2\cdots P_n},$$
$$\cos\gamma = \mathrm{Prj}_{xy}\mathrm{D}_{P_1P_2\cdots P_n}/\mathrm{a}_{P_1P_2\cdots P_n}.$$

因此, 式 (1.1.7) 是多边形 $P_1P_2\cdots P_n$ 的正向单位法向量, 且 $|\boldsymbol{n}_{P_1P_2\cdots P_n}| = \mathrm{a}_{P_1P_2\cdots P_n}$; 式 (1.1.7) 两边同乘以 $\mathrm{a}_{P_1P_2\cdots P_n}$, 即得式 (1.1.6) 是多边形 $P_1P_2\cdots P_n$ 的正向法向量.

定理 1.1.2 设空间平面多边形 $P_1P_2\cdots P_n$ 顶点的坐标为 $P_i(x_i, y_i, z_i)(i = 1, 2, \cdots, n)$, 则

$$\mathrm{Prj}_{yz}\mathrm{D}_{P_1P_2\cdots P_n} = \frac{1}{2}\sum_{i=1}^{n}(y_iz_{i+1} - y_{i+1}z_i), \tag{1.1.8}$$

$$\mathrm{Prj}_{zx}\mathrm{D}_{P_1P_2\cdots P_n} = \frac{1}{2}\sum_{i=1}^{n}(z_ix_{i+1} - z_{i+1}x_i), \tag{1.1.9}$$

$$\mathrm{Prj}_{xy}\mathrm{D}_{P_1P_2\cdots P_n} = \frac{1}{2}\sum_{i=1}^{n}(x_iy_{i+1} - x_{i+1}y_i). \tag{1.1.10}$$

证明 设空间平面多边形 $P_1P_2\cdots P_n$ 在三坐标面 yOz, zOx, xOy 上的投影多边形分别为 $S_1S_2\cdots S_n$; $T_1T_2\cdots T_n$; $R_1R_2\cdots R_n$, 则各投影多边形顶点的坐标为 $S_i(0, y_i, z_i)(i = 1, 2, \cdots, n)$; $T_i(x_i, 0, z_i)(i = 1, 2, \cdots, n)$; $R_i(x_i, y_i, 0)(i = 1, 2, \cdots, n)$. 于是由定义 1.1.4 及平面多边形有向面积公式, 可得

$$\mathrm{Prj}_{yz}\mathrm{D}_{P_1P_2\cdots P_n} = \mathrm{D}_{S_1S_2\cdots S_n} = \frac{1}{2}\sum_{i=1}^{n}(y_iz_{i+1} - y_{i+1}z_i),$$

因此, 式 (1.1.8) 成立.

类似地, 可以证明式 (1.1.9) 和 (1.1.10) 成立.

推论 1.1.3 空间三角形 $P_1P_2P_3$ 的正法向量, 等于三角形 $P_1P_2P_3$ 两边向量的差积 $\overrightarrow{P_iP_j} \times \overrightarrow{P_iP_k}$(或 $\overrightarrow{P_iP_j} \times \overrightarrow{P_jP_k}$) 的正、负二分之一, 即

$$\boldsymbol{n}_{P_1P_2P_3} = \pm\frac{1}{2}\overrightarrow{P_iP_j} \times \overrightarrow{P_iP_k} \quad \left(\text{或}\boldsymbol{n}_{P_1P_2P_3} = \pm\frac{1}{2}\overrightarrow{P_iP_j} \times \overrightarrow{P_jP_k}\right), \tag{1.1.11}$$

且当 $\overrightarrow{P_iP_j}\times\overrightarrow{P_iP_k}$(或 $\overrightarrow{P_iP_j}\times\overrightarrow{P_jP_k}$) 的方向与 $\boldsymbol{n}_{P_1P_2P_3}$ 的方向相同时取 "+" 号; 相反时取 "−" 号.

证明 仅以 $i=1,j=2,k=3$ 时给出证明, 其余情形类似地可以证明. 设三角形 $P_1P_2P_3$ 顶点的坐标为 $P_i(x_i,y_i,z_i)(i=1,2,3)$, 则由向量叉积的坐标计算公式, 可得

$$\begin{aligned}\overrightarrow{P_1P_2}\times\overrightarrow{P_1P_3}&=\begin{vmatrix}\boldsymbol{i}&\boldsymbol{j}&\boldsymbol{k}\\x_2-x_1&y_2-y_1&z_2-z_1\\x_3-x_1&y_3-y_1&z_3-z_1\end{vmatrix}\\&=\left(\begin{vmatrix}y_2-y_1&z_2-z_1\\y_3-y_1&z_3-z_1\end{vmatrix},\begin{vmatrix}z_2-z_1&x_2-x_1\\z_3-z_1&x_3-x_1\end{vmatrix},\begin{vmatrix}x_2-x_1&y_2-y_1\\x_3-x_1&y_3-y_1\end{vmatrix}\right)\\&=\left(\sum_{i=1}^{3}(y_iz_{i+1}-y_{i+1}z_i),\sum_{i=1}^{3}(z_ix_{i+1}-z_{i+1}x_i),\sum_{i=1}^{3}(x_iy_{i+1}-x_{i+1}y_i)\right)\\&=2\left(\mathrm{Prj}_{yz}\mathrm{D}_{P_1P_2P_3},\mathrm{Prj}_{zx}\mathrm{D}_{P_1P_2P_3},\mathrm{Prj}_{xy}\mathrm{D}_{P_1P_2P_3}\right)=2\boldsymbol{n}_{P_1P_2P_3};\end{aligned}$$

同理, 可以证明 $\overrightarrow{P_1P_2}\times\overrightarrow{P_2P_3}=2\boldsymbol{n}_{P_1P_2P_3}$.

因此, 式 (1.1.11) 成立.

例 1.1.1 求平面 $\dfrac{x}{a}+\dfrac{y}{b}+\dfrac{z}{c}=1$ 与三坐标面所围成的四面体的表面积.

解 如图 1.1.1 所示. 平面 $\dfrac{x}{a}+\dfrac{y}{b}+\dfrac{z}{c}=1$ 与三坐标轴的交点分别为 $A(a,0,0)$, $B(0,b,0)$, $C(0,0,c)$, 于是三角形 ABC 在三坐标面 xOy,yOz,zOx 上的投影三角形 OAB,OBC,OCA 的有向面积分别为

$$\mathrm{D}_{OAB}=\frac{1}{2}ab,\quad \mathrm{D}_{OBC}=\frac{1}{2}bc,\quad \mathrm{D}_{OCA}=\frac{1}{2}ca,$$

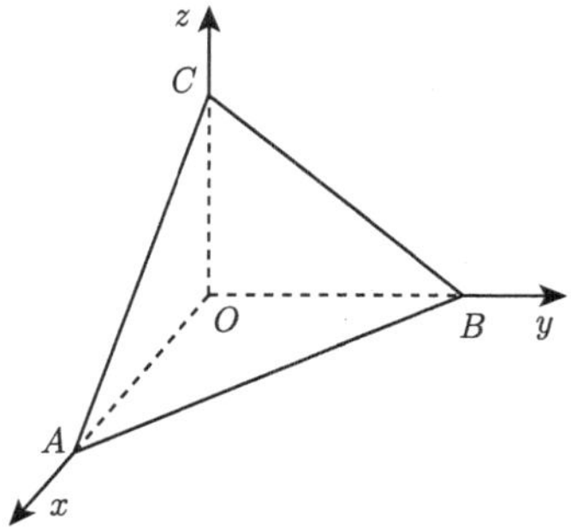

图 1.1.1

故由式 (1.1.4), 可得

$$\mathrm{a}^2_{ABC}=\mathrm{D}^2_{ABC}=\sqrt{\mathrm{D}^2_{OAB}+\mathrm{D}^2_{OBC}+\mathrm{D}^2_{OCA}}=\frac{1}{2}\sqrt{a^2b^2+b^2c^2+c^2a^2},$$

故四面体 $OABC$ 的表面积

$$s=\mathrm{a}_{OAB}+\mathrm{a}_{OBC}+\mathrm{a}_{OCA}+\mathrm{a}_{ABC}=\frac{1}{2}\left[|ab|+|bc|+|ca|+\sqrt{a^2b^2+b^2c^2+c^2a^2}\right].$$

例 1.1.2　求方程 $|x|+2|y|+3|z|=6$ 所围成立体的表面积.

解　如图 1.1.2 所示. 方程 $|x|+2|y|+3|z|=6$ 所围成的立体, 即四组平行平面

$$x+2y+3z=\pm 6,\quad x-2y+3z=\pm 6,\quad -x+2y+3z=\pm 6,\quad -x-2y+3z=\pm 6$$

所围成的正八面体.

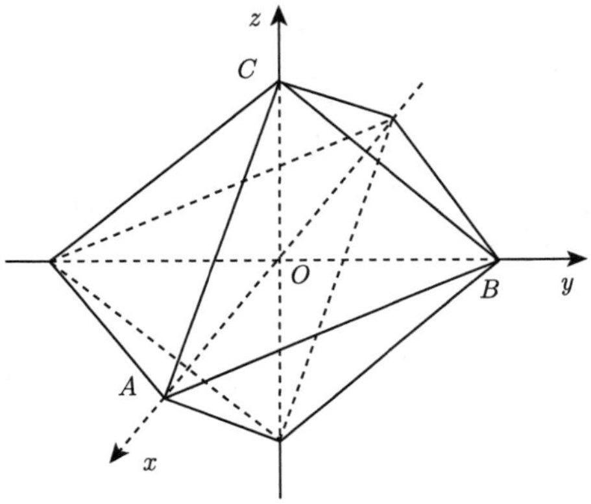

图 1.1.2

根据例 1.1.1, 其中 xOy 面上方的四个平面

$$x+2y+3z=6,\quad x-2y+3z=6,\quad -x+2y+3z=6,\quad -x-2y+3z=6,$$

即

$$\frac{x}{6}+\frac{y}{3}+\frac{z}{2}=1,\quad \frac{x}{6}-\frac{y}{3}+\frac{z}{2}=1,$$
$$-\frac{x}{6}+\frac{y}{3}+\frac{z}{2}=1,\quad -\frac{x}{6}-\frac{y}{3}+\frac{z}{2}=1$$

与坐标轴所围成的四个三角形面积均为

$$\begin{aligned}\mathrm{a}_{ABC}=\mathrm{D}_{ABC}&=\sqrt{\mathrm{D}_{OAB}^2+\mathrm{D}_{OBC}^2+\mathrm{D}_{OCA}^2}\\&=\frac{1}{2}\sqrt{6^2\times 3^2+3^2\times 2^2+2^2\times 6^2}=\frac{1}{2}\sqrt{504}=\sqrt{126},\end{aligned}$$

故由立体关于 xOy 面的对称性, 可得方程 $|x|+2|y|+3|z|=6$ 所围成立体的表面积

$$s=8\mathrm{a}_{ABC}=8\sqrt{126}.$$

例 1.1.3 设 $ABCD\text{-}A'B'C'D'$ 是长方体, $\mathrm{d}_{AB}=a, \mathrm{d}_{AD}=b, \mathrm{d}_{AA'}=c$, $B'B, BC, CD, DD', D'A'$, $A'B'$ 的中点依次为 E, F, G, H, I, J, 求六边形 $EFGHIJ$ 的面积.

解 如图 1.1.3 所示, 以 A 为坐标原点, AB, AD, AA' 所在直线分别为 x, y, z 轴建立空间直角坐标系. 设长方体 $ABCD\text{-}A'B'C'D'$ 的顶点的坐标分别为 $A(0,0,0)$, $B(a,0,0), C(a,b,0), D(0,b,0)$; $A'(0,0,c), B'(a,0,c), C'(a,b,c), D'(0,b,c)$, 于是六边形 $EFGHIJ$ 顶点的坐标为

$$E\left(a,0,\frac{c}{2}\right),\quad F\left(a,\frac{b}{2},0\right),\quad G\left(\frac{a}{2},b,0\right),\quad H\left(0,b,\frac{c}{2}\right),\quad I\left(0,\frac{b}{2},c\right),\quad J\left(\frac{a}{2},0,c\right),$$

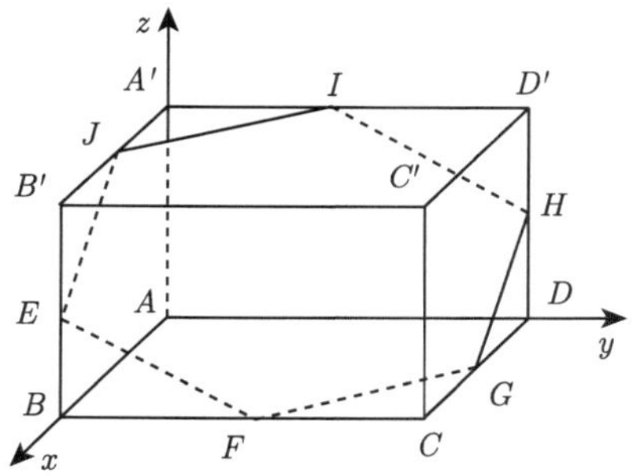

图 1.1.3

六边形 $EFGHIJ$ 在坐标面上的投影

$$\begin{aligned}&\mathrm{Prj}_{xy}\mathrm{D}_{EFGHIJ}\\=&\frac{1}{2}\left[\left(\frac{1}{2}ab-0\right)+\left(ab-\frac{1}{4}ab\right)+\left(\frac{1}{2}ab-0\right)+(0-0)+\left(0-\frac{1}{4}ab\right)+(0-0)\right]\\=&\frac{3}{4}ab.\end{aligned}$$

类似地,

$$\mathrm{Prj}_{yz}\mathrm{D}_{EFGHIJ}=\frac{3}{4}bc,\quad \mathrm{Prj}_{zx}\mathrm{D}_{EFGHIJ}=\frac{3}{4}ca.$$

故六边形 $EFGHIJ$ 的面积

$$\mathrm{a}_{EFGHIJ}=\sqrt{\left(\frac{3}{4}ab\right)^2+\left(\frac{3}{4}bc\right)^2+\left(\frac{3}{4}ca\right)^2}=\frac{3}{4}\sqrt{a^2b^2+b^2c^2+c^2a^2}.$$

1.2 空间平面多边形有向面积在坐标面上投影的应用

本节主要讨论空间平面多边形在坐标面上投影的应用. 首先, 给出空间三角形

有向面积的投影在数学竞赛题求解中的应用; 其次, 给出空间平面多边形有向面积的投影在数学竞赛题证明中的应用.

1.2.1 空间三角形有向面积投影在数学竞赛题求解中的应用

例 1.2.1 (1996 年中国北京市高中数学竞赛题) 设四棱锥 S-$ABCD$ 的底面是中心为 O 的矩形 $ABCD$, $AB=4, AD=12, SA=3, SB=5, SO=7$. 过顶点 S, 底面中心 O 和棱 BC 上一点 N 作棱锥的截面, 问 d_{BN} 为何值时, 所得截面三角形 SMN 的面积取得最小值? 这个截面三角形 SMN 的面积的最小值是多少?

解 如图 1.2.1 所示, 由 $AB=4, SA=3, SB=5$, 得 $SA\perp AB$; 由 $AB=4, BC=AD=12$, 得 $AO=AC/2=2\sqrt{10}$; 再由 $SA=3, SO=7, AO=2\sqrt{10}$, 得 $SA\perp AO$. 故 $SA\perp$ 底面 $ABCD$.

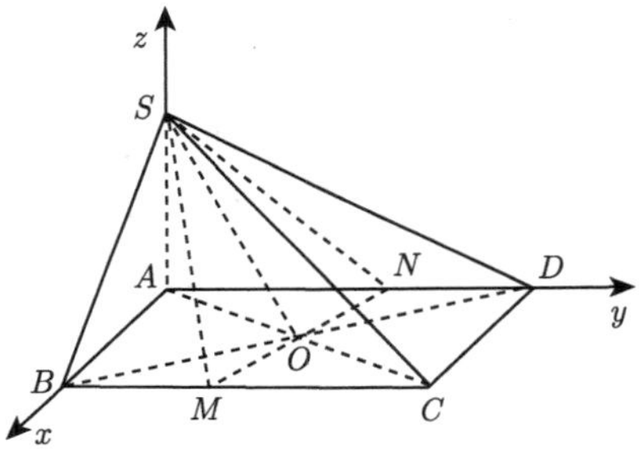

图 1.2.1

设棱锥 S-$ABCD$ 的顶点和底面顶点的坐标分别为 $S(0,0,3), A(0,0,0), B(4,4,0), C(4,12,0)$, $D(0,12,0)$, $\mathrm{D}_{BM}/\mathrm{D}_{MC}=\lambda(\lambda>0)$, 于是截面三角形 SMN 另两个顶点的坐标为

$$M\left(4,\frac{12}{1+\lambda},0\right),\quad N\left(0,\frac{12\lambda}{1+\lambda},0\right),$$

三角形 SMN 在各坐标面上的投影为

$$\mathrm{Prj}_{xy}\mathrm{D}_{SMN}=\frac{24}{1+\lambda},\quad \mathrm{Prj}_{yz}\mathrm{D}_{SMN}=\frac{18(1-\lambda)}{1+\lambda},\quad \mathrm{Prj}_{zx}\mathrm{D}_{SMN}=6.$$

故三角形 SMN 的面积

$$\mathrm{a}_{SMN}(\lambda)=\sqrt{18^2\left(\frac{1-\lambda}{1+\lambda}\right)^2+6^2+\left(\frac{24}{1+\lambda}\right)^2}=\frac{6\sqrt{2}}{1+\lambda}\sqrt{13-8\lambda+5\lambda^2}.$$

由

$$\mathrm{a}'_{SMN}(\lambda)=6\sqrt{2}\frac{(1+\lambda)(5\lambda-4)/\sqrt{13-8\lambda+5\lambda^2}-\sqrt{13-8\lambda+5\lambda^2}}{(1+\lambda)^2}$$

$$= 6\sqrt{2}\frac{9\lambda - 17}{(1+\lambda)^2\sqrt{13 - 8\lambda + 5\lambda^2}} = 0$$
$$\Rightarrow \lambda = \frac{17}{9}.$$

故由问题的实际意义, 知 $\lambda = 17/9$, 即 $\mathrm{d}_{BN} = 102/13$ 时,

$$\min(\mathrm{a}_{SMN}) = \mathrm{a}_{SMN}\left(\frac{17}{9}\right) = \frac{6\sqrt{2}}{1+17/9}\sqrt{13 - 8(17/9) + 5(17/9)^2} = \frac{42}{13}\sqrt{13}.$$

例 1.2.2 (1988 年第 29 届国际数学奥林匹克候选题) 设 $ABCD\text{-}A'B'C'D'$ 为边长等于 2 的正方体, 用下面的方法构造一个 14 面体: 切去 $ABCD\text{-}A'B'C'D'$ 的 8 个角, 使新得出的面彼此全等且与 $ABCD\text{-}A'B'C'D'$ 的对角线垂直. 如果这 14 个面的面积相等, 求每一个面的面积.

解 如图 1.2.2 所示. 设 EFG 是 $ABCD\text{-}A'B'C'D'$ 的一个截面. 因为面 EFG 与对角线 AC' 垂直, 所以 $EF \perp AC'$. 又因为 AC 是 AC' 在面 $ABCD$ 上的投影, 故 $EF \perp AC$, $AE = AF$.

同理, $AF = AG$. 故 $AE = AF = AG$, EFG 为正三角形. 设 $\mathrm{d}_{AF} = x$, 则由推论 1.1.1, 可得

$$\mathrm{a}_{EFG} = \sqrt{\mathrm{a}^2_{AEF} + \mathrm{a}^2_{AFG} + \mathrm{a}^2_{AGE}} = \sqrt{3}\mathrm{a}_{AEF} = \frac{\sqrt{3}x^2}{2},$$

正方形 $ABCD$ 截去四个角后剩下部分的面积

$$\mathrm{a} = 2^2 - 4 \times \mathrm{a}_{AEF} = \frac{8 - 4 \times x^2}{2} = 4 - 2x^2.$$

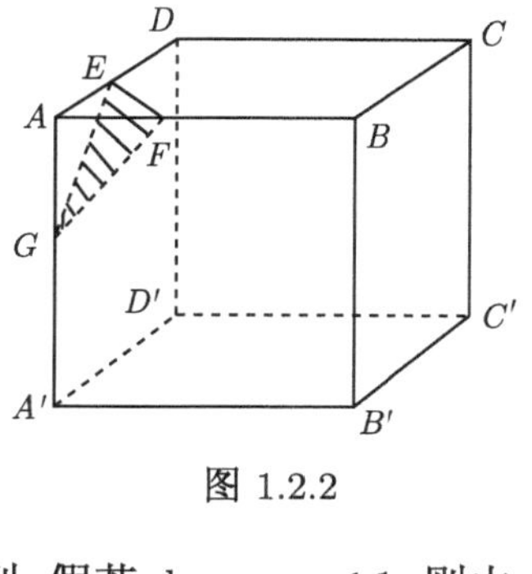

图 1.2.2

现证 $\mathrm{d}_{AF} = x > 1$. 否则, 假若 $\mathrm{d}_{AF} = x \leqslant 1$, 则由

$$\mathrm{a} = 4 - 2x^2 \geqslant 4 - 2 = 2 > \frac{\sqrt{3}x^2}{2} = \mathrm{a}_{EFG},$$

这与 $\mathrm{a} = \mathrm{a}_{EFG}$ 相矛盾.

如图 1.2.3 所示. 记 $\mathrm{d}_{BF}=2-\mathrm{d}_{AF}=y$, 则 $0<y<1$. 由上述证明可知, 此时正方形 $ABCD$ 截去四个角后, 剩下的是中央的一个小正方形, 其边长为 $\sqrt{2}\mathrm{d}_{BF}=\sqrt{2}y$, 面积为 $\mathrm{a}=(\sqrt{2}\mathrm{d}_{BF})^2=2y^2$; 正三角形 EFG 的边长为 $\mathrm{d}_{EF}=\sqrt{2}(2-y)$, 面积为 $\mathrm{a}_{EFG}=\sqrt{3}(2-y)^2/2$.

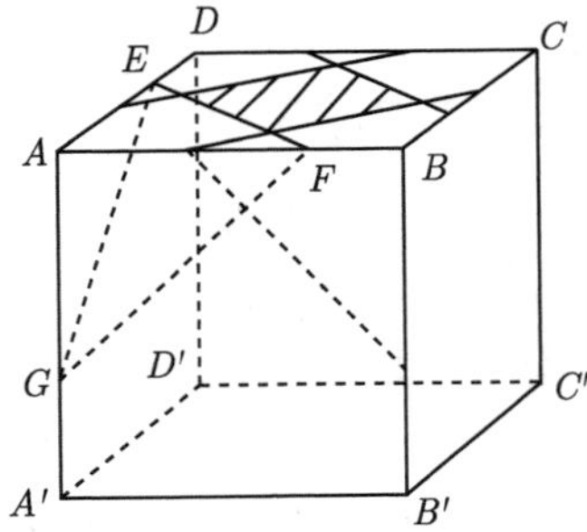

图 1.2.3

而三角形 EFG 截去了三个全等的小正三角形, 每个的边长和面积分别为

$$\mathrm{d}=\frac{\mathrm{d}_{EF}-\sqrt{2}\mathrm{d}_{BF}}{2}=\frac{\sqrt{2}(2-y-y)}{2}=\sqrt{2}(1-y),$$
$$\mathrm{a}'=\frac{\sqrt{3}\mathrm{d}^2}{4}=\frac{\sqrt{3}(1-y)^2}{2}.$$

于是三角形 EFG 剩下的面积

$$\mathrm{a}''=\frac{\sqrt{3}}{2}\left(\mathrm{a}_{EFG}-3\mathrm{a}'\right)=\frac{\sqrt{3}}{2}\left[(2-y)^2-3(1-y)^2\right]=\frac{\sqrt{3}}{2}\left(1+2y-2y^2\right).$$

依题设, 令 $\mathrm{a}=\mathrm{a}''$, 得 $4y^2=\sqrt{3}\left(1+2y-2y^2\right)$, 即

$$\left(4+2\sqrt{3}\right)y^2-2\sqrt{3}y-\sqrt{3}=0,$$

解得

$$y=\frac{2\sqrt{3}\pm\sqrt{(-2\sqrt{3})^2+4(4+2\sqrt{3})\sqrt{3}}}{2(4+2\sqrt{3})}=\frac{\sqrt{3}\pm\sqrt{9+4\sqrt{3}}}{4+2\sqrt{3}}\text{(负值不符合, 舍去)},$$

故每一个面的面积

$$\mathrm{a}=2y^2=2\left(\frac{\sqrt{3}+\sqrt{9+4\sqrt{3}}}{4+2\sqrt{3}}\right)^2=\frac{6+2\sqrt{3}+\sqrt{12+9\sqrt{3}}}{(2+\sqrt{3})^2}.$$

1.2.2 空间平面多边形有向面积投影在数学竞赛题证明中的应用

例 1.2.3 (1984 年第 18 届全苏数学奥林匹克竞赛题) 求证: 经过正方体中心的任一截面的面积不小于正方体的一个截面的面积.

证明 设 $ABCD\text{-}A'B'C'D'$ 是边长为 a 的正方体. 因为正方体是中心对称图形, 故过正方体中心的平面与正方形的截面也是中心对称图形, 且是偶数边图形, 即四边形或六边形.

(1) 如图 1.2.4 所示, 若截面是四边形, 则平面与其两对对棱相交. 不妨设平面与其两对对棱 AA' 与 CC'; BB' 与 DD' 分别相交于 A'' 与 C''; B'' 与 D'', 于是截面 $A''B''C''D''$ 在 xOy 面上的投影为整个侧面 $ABCD$, 故其面积 $\mathrm{a}_{A''B''C''D''}$ 不小于一个侧面的面积 $\mathrm{a}_{ABCD}=a^2$.

(2) 如图 1.2.5 所示, 若截面是六边形, 则平面与其三对对棱相交. 以 AB, AD, AA' 分别为 x, y, z 轴建立空间直角坐标系, 设正方体顶点的坐标为 $A(0,0,0), B(a,0,0), C(a,a,0), D(0,a,0)$; $A'(0,0,a), B'(a,0,a), C'(a,a,a), D'(0,a,a)$. 不妨设平面与其三对对棱 AA' 与 CC'; AB 与 $D'C'$; BC 与 $A'D'$ 分别相交于 $E\,(0,0,(1-t_1)a)$ 与 $E'(a,a,t_1a)$; $F\,((1-t_2)a,0,0)$ 与 $F'(t_2a,a,a)$; $G\,(a,(1-t_3)a,0)$ 与 $G'\,(0,t_3a,a)\,(0<t_1,t_2,t_3<1)$.

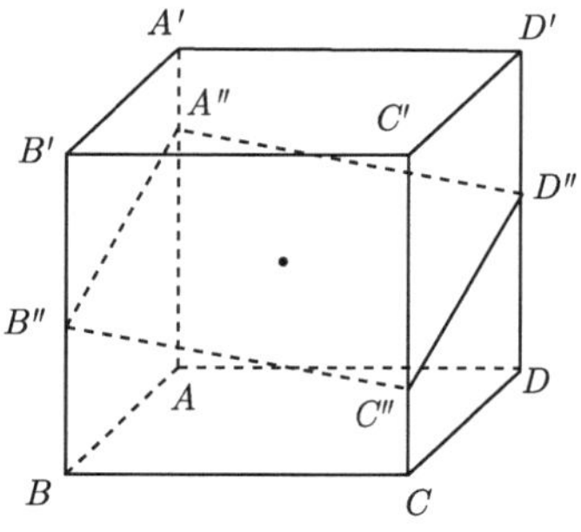

图 1.2.4

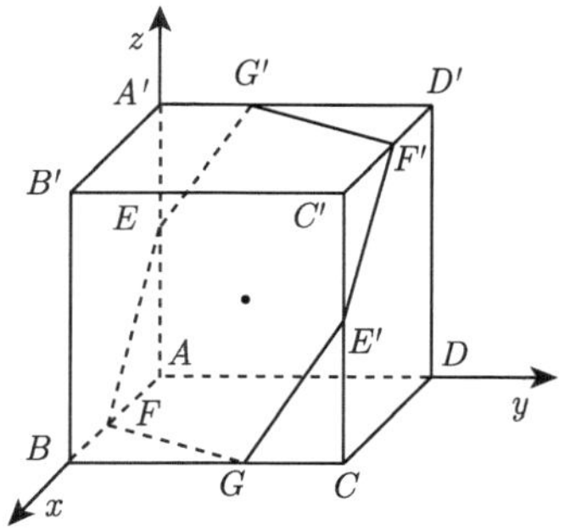

图 1.2.5

于是截面六边形 $EFGE'F'G'$ 在各坐标面上的投影

$$\begin{aligned}\mathrm{Prj}_{xy}\mathrm{D}_{EFGE'F'G'} &= \frac{1}{2}a^2\left[(1-t_2)(1-t_3)+1-(1-t_3)+1-t_2+t_2t_3)\right]\\ &= a^2(t_2t_3-t_2+1).\end{aligned}$$

类似地,

$$\mathrm{Prj}_{yz}\mathrm{D}_{EFGE'F'G'}=a^2(1-t_1t_3),\quad \mathrm{Prj}_{zx}\mathrm{D}_{EFGE'F'G'}=a^2(t_1t_2-t_1-t_2).$$

故截面六边形 $EFGE'F'G'$ 的面积

$$\mathrm{a}_{EFGE'F'G'}=a^2\sqrt{(t_2t_3-t_2+1)^2+(t_1t_3-1)^2+(t_1t_2-t_1-t_2)^2}.$$

令 $f(t_1, t_2, t_3) = (t_2t_3 - t_2 + 1)^2 + (t_1t_3 - 1)^2 + (t_1t_2 - t_1 - t_2)^2$ $(0 < t_1, t_2, t_3 < 1)$, 于是由

$$\begin{cases} f_{t_1} = 2(t_1t_3 - 1)t_3 + 2(t_1t_2 - t_1 - t_2)(t_2 - 1) = 0, \\ f_{t_2} = 2(t_2t_3 - t_2 + 1)(t_3 - 1) + 2(t_1t_2 - t_1 - t_2)(t_1 - 1) = 0 \\ f_{t_3} = 2(t_2t_3 - t_2 + 1)t_2 + 2(t_1t_3 - 1)t_1 = 0, \end{cases},$$

求得函数定义域内唯一驻点 $t_1 = t_2 = t_3 = 1/2$. 故由问题的实际意义可知, 当 $t_1 = t_2 = t_3 = 1/2$ 时,

$$\begin{aligned} \min(\mathrm{a}_{EFGE'F'G'}) &= a^2\sqrt{f\left(\frac{1}{2}, \frac{1}{2}, \frac{1}{2}\right)} \\ &= a^2\sqrt{\left(\frac{1}{4} - \frac{1}{2} + 1\right)^2 + \left(\frac{1}{4} - 1\right)^2 + \left(\frac{1}{4} - \frac{1}{2} - \frac{1}{2}\right)^2} \\ &= \frac{3\sqrt{3}}{4}a^2 > a^2. \end{aligned}$$

从而截面六边形 $EFGE'F'G'$ 的面积 $\mathrm{a}_{EFGE'F'G'}$ 不小于一个侧面的面积

$$\mathrm{a}_{ABCD} = a^2.$$

例 1.2.4 (1965 年波兰数学奥林匹克竞赛题) 试证: 长方体的各个面在同一个平面上的正射影的面积的平方和与这个平面位置无关的充分必要条件是这个长方体是正方体.

证明 设 $T(\pi)$ 为长方体 $ABCD\text{-}A'B'C'D'$ 各个面在平面 π 上的正射影的面积的平方和; $T_{ABCD}(\pi)$ 表示面 $ABCD$ 在平面 π 上的正射影的面积的平方.

必要性 假设 $ABCD\text{-}A'B'C'D'$ 不是正方体, 且其长、宽、高分别为 a, b, c, 则

$$T(\pi_{ABCD}) = (ab)^2 + (ab)^2 = 2a^2b^2, \quad T(\pi_{AA'B'B}) = 2a^2c^2, \quad T(\pi_{AA'D'D}) = 2b^2c^2,$$

因为 a, b, c 不全相等, 故 $T(\pi_{ABCD}), T(\pi_{AA'B'B}), T(\pi_{AA'D'D})$ 中至少有两个不相等. 这与长方体的各个面在同一个平面上的正射影的面积的平方和与这个平面位置无关相矛盾. 因此, $ABCD\text{-}A'B'C'D'$ 是正方体.

充分性 设 $ABCD\text{-}A'B'C'D'$ 是边长为 a 的正方体. 因为同一图形在相互平行的两个平面上的射影是全等的, 因此可以假定平面 π 经过正方体 $ABCD\text{-}A'B'C'D'$ 的一个顶点, 不妨设经过顶点 A, 且其单位法向量为 $\boldsymbol{n}^\circ = (\cos\alpha, \cos\beta, \cos\gamma)$.

如图 1.2.6 所示, 分别以 AB, AD, AA' 为 x, y, z 轴建立空间直角坐标系, 设正方体顶点的坐标为 $A(0,0,0), B(a,0,0), C(a,a,0), D(0,a,0)$; $A'(0,0,a), B'(a,0,a), C'(a,a,a), D'(0,a,a)$; 平面 π 的方程为

$$\pi : x\cos\alpha + y\cos\beta + z\cos\gamma = 0,$$

则平面 π 与面 $ABCD$ 和 $A'B'C'D'$ 之间的夹角均为 γ 或 $\pi-\gamma$. 于是

$$T_{ABCD}(\pi)=T_{A'B'C'D'}(\pi)=\left(\pm a^2\cos\gamma\right)^2=a^4\cos^2\gamma;$$

同理

$$T_{AA'B'B}(\pi)=T_{DD'C'C}(\pi)=a^4\cos^2\beta;\quad T_{AA'D'D}(\pi)=T_{BB'C'C}(\pi)=a^4\cos^2\alpha.$$

所以

$$\begin{aligned}T(\pi)&=2T_{ABCD}(\pi)+2T_{AA'B'B}(\pi)+2T_{AA'D'D}(\pi)\\&=2a^4\left(\cos^2\gamma+\cos^2\beta+\cos^2\alpha\right)=2a^4,\end{aligned}$$

从而正方体的各个面在同一个平面上的正射影的面积的平方和与这个平面位置无关.

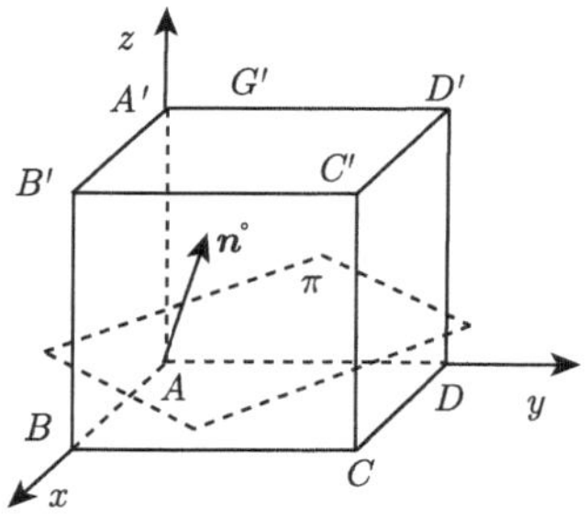

图 1.2.6

1.3 空间点到直线间有向距离与应用

本节主要讨论空间点到直线 (有向) 距离及其应用. 首先, 介绍空间点到直线距离的概念与公式, 并据此给出两道数学奥林匹克竞赛题的解答或证明; 其次, 给出空间点到直线有向距离的概念与公式, 并据此给出一道数学奥林匹克竞赛题的证明.

1.3.1 空间点到直线间距离的概念、公式与应用

定义 1.3.1 设 P_1,l 分别是空间 R^3 的点和直线, 则称

$$\mathrm{d}_{P_1\text{-}l}=\min_{\forall P\in l}\{\mathrm{d}_{P_1P}|P\in l\}$$

为 P_1,l 之间的距离, 其中 d_{P_1P} 是 R^3 中两点 P_1,P 之间的距离.

特别地, 当 P_1 在直线 l 上时, 我们规定 P_0,l 之间的距离为零.

定理 1.3.1 设 P_1, P_2 是直线 l 上的两点, 是 P_0 空间一点, 则 P_0 与 l 间的距离为

$$\mathrm{d}_{P_0\text{-}l} = \frac{2\mathrm{a}_{P_0P_1P_2}}{\mathrm{d}_{P_1P_2}} = \frac{2\left|\boldsymbol{n}_{P_0P_1P_2}\right|}{\mathrm{d}_{P_1P_2}}. \tag{1.3.1}$$

证明 如图 1.3.1 所示, 依题设, 直线 l 的方向量为 $\overrightarrow{P_1P_2}$. 以向量 $\overrightarrow{P_0P_1}$ 与直线的方向量 $\overrightarrow{P_1P_2}$ 为边作平行四边形, 则由四边形面积公式、叉积和三角形投影向量的几何意义, 可得

$$\mathrm{d}_{P_1P_2}\mathrm{d}_{P_0\text{-}l} = |\overrightarrow{P_0P_1} \times \overrightarrow{P_1P_2}| = 2\mathrm{a}_{P_0P_1P_2} = 2\left|\boldsymbol{n}_{P_0P_1P_2}\right|,$$

因此, 式 (1.3.1) 成立.

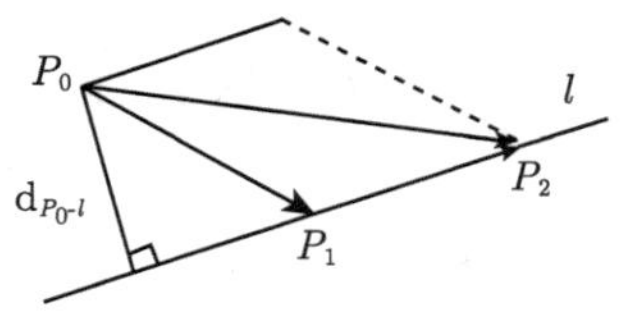

图 1.3.1

推论 1.3.1 设 $P_1(x_1, y_1, z_1)$ 是直线 l 上的一点, $\boldsymbol{s} = (u, v, w)$ 是 l 上的方向向量, $P_0(x_0, y_0, z_0)$ 是空间一点, 则 P_0 与 l 间的距离为

$$\mathrm{d}_{P_0\text{-}l} = \frac{|\overrightarrow{P_0P_1} \times \boldsymbol{s}|}{|\boldsymbol{s}|} = \frac{\sqrt{\Delta_x^2 + \Delta_y^2 + \Delta_z^2}}{\sqrt{u^2 + v^2 + w^2}}, \tag{1.3.2}$$

其中$\Delta_x = \begin{vmatrix} y_1 - y_0 & z_1 - z_0 \\ v & w \end{vmatrix}, \Delta_y = \begin{vmatrix} z_1 - z_0 & x_1 - x_0 \\ w & u \end{vmatrix}, \Delta_z = \begin{vmatrix} x_1 - x_0 & y_1 - y_0 \\ u & v \end{vmatrix}$

是向量 $\overrightarrow{P_0P_1} \times \boldsymbol{s}$ 在各坐标轴上的投影.

证明 在直线 l 上取一点 P_2, 使其坐标为 $P_2(x_1 + u, y_1 + v, z_1 + w)$, 于是 $\overrightarrow{P_1P_2} = \boldsymbol{s}$. 故由定理 1.3.1 并注意到 $|\overrightarrow{P_0P_1} \times \overrightarrow{P_1P_2}| = 2\mathrm{a}_{P_0P_1P_2}$, 即得式 (1.3.2).

注 1.3.1 将 P_0, l 限制在 xOy 平面上时, 即得平面上点到直线的距离公式.

例 1.3.1 求点 $P_0(1, 4, -2)$ 到直线 $l: \dfrac{x-3}{2} = \dfrac{y}{1} = \dfrac{z-1}{-2}$ 间的距离.

解 这里 $\boldsymbol{s} = (2, 1, -2)$, $\overrightarrow{P_0P_1} = (3-1, 0-4, 1+2) = (2, -4, 3)$, 于是由公式 (1.3.2), 得

$$\begin{aligned} \mathrm{d}_{P_0\text{-}l} &= \frac{1}{\sqrt{2^2 + (-2)^2 + 1^2}}\sqrt{\begin{vmatrix} -4 & 3 \\ 1 & -2 \end{vmatrix}^2 + \begin{vmatrix} 3 & 2 \\ -2 & 2 \end{vmatrix}^2 + \begin{vmatrix} 2 & -4 \\ 2 & 1 \end{vmatrix}^2} \\ &= \frac{\sqrt{5^2 + 10^2 + 10^2}}{3} = \frac{\sqrt{225}}{3} = \frac{15}{3} = 5. \end{aligned}$$

例 1.3.2 (1985 年第 28 届国际数学奥林匹克候选题)　设 l_1, l_2 是空间两条直线, 在 l_1 上取三点 A, B, C, 其中 B 为线段 AC 的中点, 证明:

$$\mathrm{d}_{B\text{-}l_2} \leqslant \sqrt{\frac{\mathrm{d}^2_{A\text{-}l_2}+\mathrm{d}^2_{C\text{-}l_2}}{2}}, \tag{1.3.3}$$

当且仅当 $l_1//l_2$ 时, 等号成立.

证明　如图 1.3.2 所示, 以 l_1 为 z 轴建立空间直角坐标系. 设 $P_1(x_1, y_1, z_1)$ 是直线 l_2 上的一点, $\boldsymbol{s}=(u, v, w)$ 是 l_2 上的方向向量, l_1 上三点的坐标为 $A(0,0,2a)$, $B(0,0,a+b), C(0,0,2b)$, 于是由点到直线的距离公式, 可得

$$\begin{aligned}&(u^2+v^2+w^2)\mathrm{d}^2_{A\text{-}l_2}\\&=\begin{vmatrix} y_1 & z_1-2a \\ v & w\end{vmatrix}^2+\begin{vmatrix} z_1-2a & x_1 \\ w & u\end{vmatrix}^2+\begin{vmatrix} x_1 & y_1 \\ u & v\end{vmatrix}^2,\end{aligned} \tag{1.3.4}$$

$$\begin{aligned}&(u^2+v^2+w^2)\mathrm{d}^2_{C\text{-}l_2}\\&=\begin{vmatrix} y_1 & z_1-2b \\ v & w\end{vmatrix}^2+\begin{vmatrix} z_1-2b & x_1 \\ w & u\end{vmatrix}^2+\begin{vmatrix} x_1 & y_1 \\ u & v\end{vmatrix}^2,\end{aligned} \tag{1.3.5}$$

$$\begin{aligned}&(u^2+v^2+w^2)\mathrm{d}^2_{B\text{-}l_2}\\&=\begin{vmatrix} y_1 & z_1-a-b \\ v & w\end{vmatrix}^2+\begin{vmatrix} z_1-a-b & x_1 \\ w & u\end{vmatrix}^2+\begin{vmatrix} x_1 & y_1 \\ u & v\end{vmatrix}^2.\end{aligned} \tag{1.3.6}$$

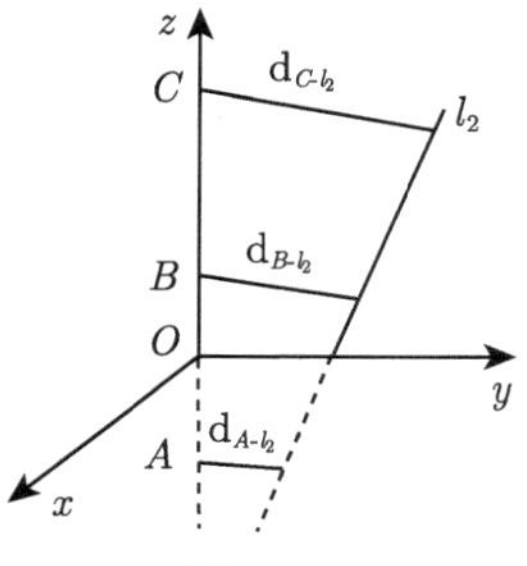

图 1.3.2

式 (1.3.4)+(1.3.5)−2×(1.3.6), 得

$$\begin{aligned}&(u^2+v^2+w^2)\left(\mathrm{d}^2_{A\text{-}l_2}+\mathrm{d}^2_{C\text{-}l_2}-2\mathrm{d}^2_{B\text{-}l_2}\right)\\&=\begin{vmatrix} y_1 & z_1-2a \\ v & w\end{vmatrix}^2+\begin{vmatrix} z_1-2a & x_1 \\ w & u\end{vmatrix}^2+\begin{vmatrix} y_1 & z_1-2b \\ v & w\end{vmatrix}^2\\&\quad+\begin{vmatrix} z_1-2b & x_1 \\ w & u\end{vmatrix}^2-2\begin{vmatrix} y_1 & z_1-a-b \\ v & w\end{vmatrix}^2-2\begin{vmatrix} z_1-a-b & x_1 \\ w & u\end{vmatrix}^2\end{aligned}$$

$$
\begin{aligned}
&= \left(\begin{vmatrix} y_1 & z_1-2a \\ v & w \end{vmatrix} - \begin{vmatrix} y_1 & z_1-a-b \\ v & w \end{vmatrix} \right) \\
&\quad \times \left(\begin{vmatrix} y_1 & z_1-2a \\ v & w \end{vmatrix} - \begin{vmatrix} y_1 & z_1-a-b \\ v & w \end{vmatrix} \right) \\
&\quad + \left(\begin{vmatrix} y_1 & z_1-2b \\ v & w \end{vmatrix} - \begin{vmatrix} y_1 & z_1-a-b \\ v & w \end{vmatrix} \right) \\
&\quad \times \left(\begin{vmatrix} y_1 & z_1-2b \\ v & w \end{vmatrix} - \begin{vmatrix} y_1 & z_1-a-b \\ v & w \end{vmatrix} \right) \\
&\quad + \left(\begin{vmatrix} z_1-2a & x_1 \\ w & u \end{vmatrix} - \begin{vmatrix} z_1-a-b & x_1 \\ w & u \end{vmatrix} \right) \\
&\quad \times \left(\begin{vmatrix} z_1-2a & x_1 \\ w & u \end{vmatrix} + \begin{vmatrix} z_1-a-b & x_1 \\ w & u \end{vmatrix} \right) \\
&\quad + \left(\begin{vmatrix} z_1-2b & x_1 \\ w & u \end{vmatrix} - \begin{vmatrix} z_1-a-b & x_1 \\ w & u \end{vmatrix} \right) \\
&\quad \times \left(\begin{vmatrix} z_1-2b & x_1 \\ w & u \end{vmatrix} + \begin{vmatrix} z_1-a-b & x_1 \\ w & u \end{vmatrix} \right) \\
&= (a-b)v(2y_1w-2z_1v+3av+bv)-(a-b)v(2y_1w-2z_1v+3bv+av) \\
&\quad +(b-a)u(2z_1u-2x_1w-3au-bu)-(b-a)u(2z_1u-2x_1w-3bu-au) \\
&= (a-b)v(2av-2bv)+(b-a)u(2bu-2au) \\
&= 2(u^2+v^2)(b-a)^2 \geqslant 0,
\end{aligned}
$$

因为 $u^2+v^2+w^2>0$, 所以 $\mathrm{d}^2_{A\text{-}l_2}+\mathrm{d}^2_{C\text{-}l_2}-2\mathrm{d}^2_{B\text{-}l_2}\geqslant 0$, 因此式 (1.3.3) 成立.

由于 $a\neq b$, 故当且仅当 $u^2+v^2=0$, 即 $u=v=0$ 时, 等号成立, 亦即当 $l_1//l_2$ 时, 等号成立.

例 1.3.3 (1981 年第 15 届全苏数学奥林匹克竞赛题)　设 AD,BE,CF 是正三棱柱 $ABC\text{-}DEF$ 的侧棱, 在其底面 ABC 上求所有与直线 AE,BF,CD 的距离相等的点.

解　如图 1.3.3 所示, 以 ABC 所在平面为 xOy 平面, A 为坐标原点, AB 所在直线为 x 轴建立空间直角坐标系. 设 $ABC\text{-}DEF$ 顶点的坐标分别为 $A(0,0,0)$, $B(a,0,0),C\left(a/2,\sqrt{3}a/2,0\right),D(0,0,a),E(a,0,a),F\left(a/2,\sqrt{3}a/2,a\right)$, 于是直线 AE, BF,CD 的方向向量和直线的方程分别为

$$\overrightarrow{AE}=a(1,0,1),\quad \overrightarrow{BF}=\frac{1}{2}a(-1,\sqrt{3},2),\quad \overrightarrow{CD}=\frac{1}{2}a(-1,-\sqrt{3},2);$$

$$AE: \frac{x}{1}=\frac{y}{0}=\frac{z}{1},\quad BF: \frac{x-a}{-1}=\frac{y}{\sqrt{3}}=\frac{z}{2},\quad CD: \frac{x}{-1}=\frac{y}{-\sqrt{3}}=\frac{z-a}{2}.$$

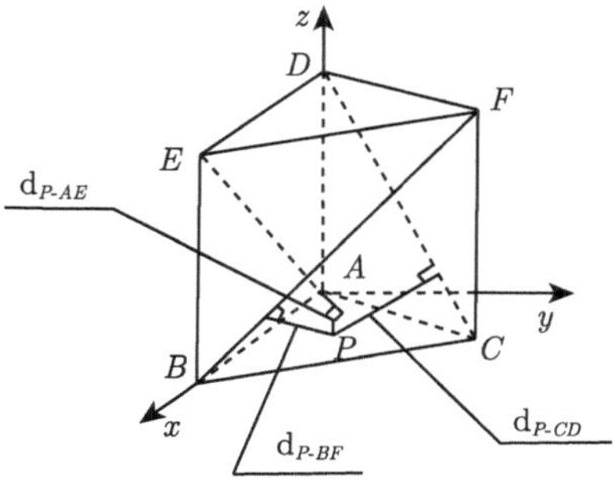

图 1.3.3

设所求点的坐标为 $P(x,y,0)$, 于是由点到直线的距离公式, 可得

$$d_{P\text{-}AE}=\frac{1}{\sqrt{2}}\sqrt{\begin{vmatrix} y & 0\\ 0 & 1\end{vmatrix}^2+\begin{vmatrix} 0 & x\\ 1 & 1\end{vmatrix}^2+\begin{vmatrix} x & y\\ 1 & 0\end{vmatrix}^2}=\frac{1}{\sqrt{2}}\sqrt{x^2+2y^2},$$

$$\begin{aligned}d_{P\text{-}BF}&=\frac{1}{2\sqrt{2}}\sqrt{\begin{vmatrix} y & 0\\ \sqrt{3} & 2\end{vmatrix}^2+\begin{vmatrix} 0 & x-a\\ 2 & -1\end{vmatrix}^2+\begin{vmatrix} x-a & y\\ -1 & \sqrt{3}\end{vmatrix}^2}\\&=\frac{1}{2\sqrt{2}}\sqrt{(\sqrt{3}x+y-\sqrt{3}a)^2+4y^2+4(a-x)^2},\end{aligned}$$

$$\begin{aligned}d_{P\text{-}CD}&=\frac{1}{2\sqrt{2}}\sqrt{\begin{vmatrix} y & -a\\ -\sqrt{3} & 2\end{vmatrix}^2+\begin{vmatrix} -a & x\\ 2 & -1\end{vmatrix}^2+\begin{vmatrix} x & y\\ -1 & -\sqrt{3}\end{vmatrix}^2}\\&=\frac{1}{2\sqrt{2}}\sqrt{(y-\sqrt{3}x)^2+(2y-\sqrt{3}a)^2+(a-2x)^2}.\end{aligned}$$

依题设

$$\begin{cases} d_{P\text{-}AE}=d_{P\text{-}BF}\\ d_{P\text{-}AE}=d_{P\text{-}CD}\end{cases}\Rightarrow\begin{cases} d^2_{P\text{-}AE}=d^2_{P\text{-}BF}\\ d^2_{P\text{-}AE}=d^2_{P\text{-}CD}\end{cases}$$

$$\Rightarrow\begin{cases} 4(x^2+2y^2)=(\sqrt{3}x+y-\sqrt{3}a)^2+4y^2+4(a-x)^2\\ 4(x^2+2y^2)=(y-\sqrt{3}x)^2+(2y-\sqrt{3}a)^2+(a-2x)^2\end{cases}$$

$$\Rightarrow\begin{cases} 3x^2-3y^2+2\sqrt{3}xy-14ax-2\sqrt{3}ay+7a^2=0\\ 3x^2-3y^2-2\sqrt{3}xy-4ax-4\sqrt{3}ay+4a^2=0\end{cases}$$

$$\Rightarrow \begin{cases} 4\sqrt{3}xy - 10ax + 2\sqrt{3}ay + 3a^2 = 0, \\ 6x^2 - 6y^2 - 18ax - 6\sqrt{3}ay + 11a^2 = 0, \end{cases}$$

于是求得底面 ABC 上唯一解 $x = \dfrac{a}{2}, y = \dfrac{\sqrt{3}}{6}a$, 即所求点 $P\left(\dfrac{a}{2}, \dfrac{\sqrt{3}}{6}a, 0\right)$ 为底面 ABC 重心.

1.3.2 空间点到直线间有向距离的概念、公式与应用

定义 1.3.2 设 l 是有向平面 π 上的一条直线, P_1 是 l 上的一点, $\boldsymbol{s} = (u, v, w)$ 是 l 上的方向向量, P_0 是平面 π 上一点, 则称这点到该直线间带符号的距离 $\pm \mathrm{d}_{P_0\text{-}l}$ 为 P_0 到 l 的有向距离, 记为 $\mathrm{Dd}_{P_0\text{-}l}$(或简记为 $\mathrm{D}_{P_0\text{-}l}$). 即

$$\mathrm{Dd}_{P_0\text{-}l} = \pm \mathrm{d}_{P_0\text{-}l} \quad (\text{或} \mathrm{D}_{P_0\text{-}l} = \pm \mathrm{d}_{P_0\text{-}l}),$$

其中当 $\overrightarrow{P_0P_1} \times \boldsymbol{s}$ 的方向与平面 π 的法向量方向相同时, 取 "+" 号; 相反时取 "−" 号.

显然, 空间中点到直线间的有向距离具有如下的有向性:

$$\mathrm{D}_{P_0\text{-}l} = -\mathrm{D}_{P_0\text{-}l^-},$$

其中 l^- 是与 l 反向重合的直线.

定理 1.3.2 设 l 是有向平面 π 上的一条有向直线, $P_1(x_1, y_1, z_1)$ 是 l 上的一点, $\boldsymbol{s} = (u, v, w)$ 是 l 上的方向向量, $\boldsymbol{n}$ 是 π 的法向量, $P_0(x_0, y_0, z_0)$ 是平面 π 上一点, 则 P_0 与 l 的有向距离

$$\mathrm{D}_{P_0\text{-}l} = \mathrm{d}_{P_0\text{-}l} \mathrm{sgn}\left[(\overrightarrow{P_0P_1} \times \boldsymbol{s}) \cdot \boldsymbol{n}\right]. \tag{1.3.7}$$

证明 当 $P_0(x_0, y_0, z_0) \in l$ 时, $\mathrm{d}_{P_0\text{-}l} = 0$; 而 $\overrightarrow{P_0P_1} // \boldsymbol{s}$, 所以 $\overrightarrow{P_0P_1} \times \boldsymbol{s} = \boldsymbol{0}, \left|\overrightarrow{P_0P_1} \times \boldsymbol{s}\right| = 0$, 式 (1.3.7) 成立;

当 $P_0(x_0, y_0, z_0) \notin l$ 时, 根据点积的定义, 易知: $\overrightarrow{P_0P_1} \times \boldsymbol{s}$ 的方向与平面 π 的法向量方向相同, 当且仅当 $(\overrightarrow{P_0P_1} \times \boldsymbol{s}) \cdot \boldsymbol{n} > 0$, 即 $\mathrm{sgn}\left[(\overrightarrow{P_0P_1} \times \boldsymbol{s}) \cdot \boldsymbol{n}\right] = 1$; $\overrightarrow{P_0P_1} \times \boldsymbol{s}$ 的方向与平面 π 的法向量方向相反, 当且仅当 $(\overrightarrow{P_0P_1} \times \boldsymbol{s}) \cdot \boldsymbol{n} < 0$, 即 $\mathrm{sgn}\left[(\overrightarrow{P_0P_1} \times \boldsymbol{s}) \cdot \boldsymbol{n}\right] = -1$. 故由定义 1.3.2 可知, 式 (1.3.7) 成立.

由定理 1.3.2 可知, 点到直线的有向距离不仅与直线的方向有关, 还与直线所在的有向平面的法向量的方向有关. 改变其中任何一个的方向, 点到直线的有向距离改变一个符号. 这样讨论问题比较复杂, 因此, 在下面的讨论中, 我们恒假定有向平面 π 与某个特定的坐标轴正向之间的夹角 $0 \leqslant \alpha \leqslant \pi/2$, 亦即当有向平面 π^- 与

某个特定的坐标轴正向之间的夹角 $\pi/2 < \alpha \leqslant \pi$ 时, 那么我们论及的平面取与其方向相反的平面 π^+.

在这种情况下, 式 (1.3.7) 的符号可以用以下方法来确定: 即若 $\overrightarrow{P_0P_1} \times \boldsymbol{s}$ 的方向与坐标轴正向之间的夹角 $0 \leqslant \gamma' \leqslant \pi/2$ 时, 式 (1.3.7) 取 "+" 号, 夹角 $\pi/2 < \gamma' \leqslant \pi$ 时, 式 (1.3.7) 取 "−" 号. 于是对 z 轴而言, 当 $\Delta_z \neq 0$ 时有如下公式

$$\mathrm{D}_{P_0\text{-}l} = \mathrm{d}_{P_0\text{-}l}\mathrm{sgn}(\Delta_z) = \frac{\sqrt{\Delta_x^2 + \Delta_y^2 + \Delta_z^2}}{\sqrt{u^2 + v^2 + w^2}}\mathrm{sgn}(\Delta_z);$$

对 x, y 两轴亦有类似的结论.

定理 1.3.3 在四面体 $ABCD$ 中, 棱 AD, BD 和 CD 互相垂直, 它们的边长分别为 a, b, c, M, N, Q 分别是三角形 ABC 三边 AB, BC, CA 上的任意一点, 则

$$\mathrm{D}_{A\text{-}\pi_{DMC}} - \mathrm{D}_{B\text{-}\pi_{DMC}} \leqslant \sqrt{a^2 + b^2}, \tag{1.3.8}$$

$$\mathrm{D}_{B\text{-}\pi_{DMC}} - \mathrm{D}_{C\text{-}\pi_{DMC}} \leqslant \sqrt{b^2 + c^2}, \tag{1.3.9}$$

$$\mathrm{D}_{C\text{-}\pi_{DMC}} - \mathrm{D}_{A\text{-}\pi_{DMC}} \leqslant \sqrt{c^2 + a^2}, \tag{1.3.10}$$

其中等号分别当且仅当 $DM \perp AB, DN \perp BC, DQ \perp CA$ 时成立.

证明 如图 1.3.4 所示, 以 D 为坐标原点, 棱 DA, DB, DC 所在直线分别为 x, y, z 轴, 建立空间直角坐标系, 则三角形 ABC 顶点的坐标为 $A(a, 0, 0), B(0, b, 0)$, $C(0, 0, c), AB$ 边所在直线上任意点的坐标为 $M(ta, (1-t)b, 0)$ $(0 \leqslant t \leqslant 1)$, 有向平面 π_{DMC} 的方程为

$$\begin{vmatrix} x & y & z & 1 \\ 0 & 0 & 0 & 1 \\ ta & (1-t)b & 0 & 1 \\ 0 & 0 & c & 1 \end{vmatrix} = \begin{vmatrix} x & y & z \\ ta & (1-t)b & 0 \\ 0 & 0 & c \end{vmatrix} = 0,$$

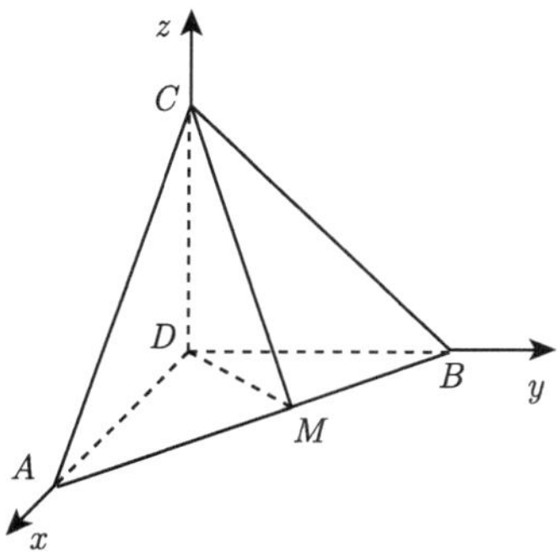

图 1.3.4

展开后消除因子 $c>0$, 得

$$\pi_{DMC}:(1-t)bx+tax=0,$$

于是由点到平面的距离公式, 得

$$\mathrm{D}_{A\text{-}\pi_{DMC}}=\frac{(1-t)ab}{\mathrm{d}_{DM}},\quad \mathrm{D}_{B\text{-}\pi_{DMC}}=-\frac{tab}{\mathrm{d}_{DM}}.$$

由于

$$\mathrm{d}_{DM}=\sqrt{t^2a^2+(1-t)^2b^2}\geqslant 2t(1-t)ab\geqslant\frac{ab}{2},$$

所以

$$\mathrm{D}_{A\text{-}\pi_{DMC}}-\mathrm{D}_{B\text{-}\pi_{DMC}}=\frac{ab}{\mathrm{d}_{DM}}\leqslant\frac{ab}{\sqrt{ab/2}}=\sqrt{2ab}\leqslant\sqrt{a^2+b^2},$$

其中等号当且仅当 $DM\perp AB$ 时成立, 即式 (1.3.8) 成立.

类似地, 可以类似地证明式 (1.3.9) 和 (1.3.10) 成立.

推论 1.3.2 (1983 年民主德国数学奥林匹克竞赛题)　在四面体 $ABCD$ 中, 棱 AD,BD 和 CD 互相垂直, 它们的边长分别为 a,b,c. 证明: 对三角形 ABC 的一条边上的任意一点 M, 从顶点 A,B,C 到直线 DM 的距离之和 S, 满足

$$S\leqslant\sqrt{2(a^2+b^2+c^2)},$$

并确定等号何时成立.

证明　如图 1.3.4 所示. 依题设易知

$$\mathrm{d}_{A\text{-}DM}=\mathrm{D}_{A\text{-}\pi_{DMC}},\quad \mathrm{d}_{B\text{-}DM}=-\mathrm{D}_{B\text{-}\pi_{DMC}},$$

故由定理 1.3.3 可得

$$\mathrm{d}_{A\text{-}DM}+\mathrm{d}_{B\text{-}DM}\leqslant\sqrt{a^2+b^2},$$

其中等号当且仅当 $a/b=(1-t)/t$, 即 DM 为直角三角形 DAB 底边 AB 上的高时成立.

再由柯西不等式, 可得

$$S=\mathrm{d}_{A\text{-}DM}+\mathrm{d}_{B\text{-}DM}+\mathrm{d}_{C\text{-}DM}\leqslant\sqrt{a^2+b^2}+c\leqslant\sqrt{2(a^2+b^2+c^2)},$$

其中等号当且仅当 $\sqrt{a^2+b^2}=c$, 即 $\mathrm{d}_{AB}=\mathrm{d}_{CD}$ 时成立.

总之, 可得 $S\leqslant\sqrt{2(a^2+b^2+c^2)}$, 其中等号当且仅当 DM 为直角三角形 DAB 底边 AB 上的高且四面体 $ABCD$ 的两对棱 AB,CD 相等时成立.

第 2 章　三角形面投影式方程和两有向平面间的夹角与应用

2.1　三角形面投影式方程的基本概念与简单应用

本节主要应用三角形有向面积在坐标面上的投影, 研究三角形面的投影式方程与简单应用. 首先, 给出三角形面投影式方程和三角形面的投影法式方程的概念; 其次, 利用三角形面的投影式方程, 得出点到长方体对棱面有向距离的定值定理; 最后, 利用点到长方体对棱面有向距离的定值定理, 得出长方体任意两对对棱面相交于一点, 从而推出长方体三对对棱面相交于一点的结论.

2.1.1　三角形面投影式方程的基本概念

定理 2.1.1　设 $P_1P_2P_3$ 是空间三角形, 三角形 $P_1P_2P_3$ 顶点的坐标为 $P_1(x_1, y_1, z_1), P_2(x_2, y_2, z_2)$, $P_3(x_3, y_3, z_3)$, 则以三角形 $P_1P_2P_3$ 的投影向量 $\boldsymbol{n}_{P_1P_2P_3} = (\mathrm{Prj}_{yz}\mathrm{D}_{P_1P_2P_3}, \mathrm{Prj}_{zx}\mathrm{D}_{P_1P_2P_3}, \mathrm{Prj}_{xy}\mathrm{D}_{P_1P_2P_3})$ 为法向量的有向平面的方程为

$$x\mathrm{Prj}_{yz}\mathrm{D}_{P_1P_2P_3} + y\mathrm{Prj}_{zx}\mathrm{D}_{P_1P_2P_3} + z\mathrm{Prj}_{xy}\mathrm{D}_{P_1P_2P_3} - \Delta_{P_1P_2P_3} = 0, \tag{2.1.1}$$

其中 $\Delta_{P_1P_2P_3} = \dfrac{1}{2}\begin{vmatrix} x_1 & y_1 & z_1 \\ x_2 & y_2 & z_2 \\ x_3 & y_3 & z_3 \end{vmatrix}$.

证明　根据平面的三点式方程

$$\begin{vmatrix} x & y & z & 1 \\ x_1 & y_1 & z_1 & 1 \\ x_2 & y_2 & z_2 & 1 \\ x_3 & y_3 & z_3 & 1 \end{vmatrix} = 0,$$

将其按第一行展开, 得

$$x\begin{vmatrix} y_1 & z_1 & 1 \\ y_2 & z_2 & 1 \\ y_3 & z_3 & 1 \end{vmatrix} + y\begin{vmatrix} z_1 & x_1 & 1 \\ z_2 & x_2 & 1 \\ z_3 & x_3 & 1 \end{vmatrix} + z\begin{vmatrix} x_1 & y_1 & 1 \\ x_2 & y_2 & 1 \\ x_3 & y_3 & 1 \end{vmatrix} - \begin{vmatrix} x_1 & y_1 & z_1 \\ x_2 & y_2 & z_2 \\ x_3 & y_3 & z_3 \end{vmatrix} = 0.$$

因为

$$\begin{vmatrix} y_1 & z_1 & 1 \\ y_2 & z_2 & 1 \\ y_3 & z_3 & 1 \end{vmatrix} = 2\mathrm{Prj}_{yz}\mathrm{D}_{P_1P_2P_3}, \quad \begin{vmatrix} z_1 & x_1 & 1 \\ z_2 & x_2 & 1 \\ z_3 & x_3 & 1 \end{vmatrix} = 2\mathrm{Prj}_{zx}\mathrm{D}_{P_1P_2P_3},$$

$$\begin{vmatrix} x_1 & y_1 & 1 \\ x_2 & y_2 & 1 \\ x_3 & y_3 & 1 \end{vmatrix} = 2\mathrm{Prj}_{xy}\mathrm{D}_{P_1P_2P_3},$$

因此, 式 (2.1.1) 成立.

显然, 与平面的截距式方程类似, 平面方程 (2.1.1) 的系数具有明确的几何意义: 变量 x, y, z 的系数是三角形 $P_1P_2P_3$ 有向面积在三坐标面 yOz, zOx, xOy 上的投影, 常数项 $\Delta_{P_1P_2P_3}$ 是三角形 $P_1P_2P_3$ 顶点坐标行列式的一半. 因此, 我们给出如下定义.

定义 2.1.1 式 (2.1.1) 称为三角形 $P_1P_2P_3$ 所确定的有向平面的三点投影式方程, 简称为三角形面的投影式方程, 记为 $\pi_{P_1P_2P_3}$.

推论 2.1.1 设 $P_1P_2P_3$ 是空间三角形, 三角形 $P_1P_2P_3$ 顶点的坐标为 $P_1(x_1, y_1, z_1), P_2(x_2, y_2, z_2)$, $P_3(x_3, y_3, z_3)$, 则三角形 $P_1P_2P_3$ 所确定的有向平面 $\pi_{P_1P_2P_3}$ 的法式方程可以表示成

$$x\cos\alpha_{P_1P_2P_3} + y\cos\beta_{P_1P_2P_3} + z\cos\gamma_{P_1P_2P_3} - \delta_{P_1P_2P_3} = 0, \tag{2.1.2}$$

其中 $\cos\alpha_{123} = \mathrm{Prj}_{yz}\mathrm{D}_{P_1P_2P_3}/\mathrm{a}_{P_1P_2P_3}, \cos\beta_{123} = \mathrm{Prj}_{zx}\mathrm{D}_{P_1P_2P_3}/\mathrm{a}_{P_1P_2P_3}$, $\cos\gamma_{123} = \mathrm{Prj}_{xy}\mathrm{D}_{P_1P_2P_3}/\mathrm{a}_{P_1P_2P_3}$; $\delta_{P_1P_2P_3} = \Delta_{P_1P_2P_3}/\mathrm{a}_{P_1P_2P_3}$.

证明 显然, 将式 (2.1.1) 两边同除以 $\mathrm{a}_{P_1P_2P_3}$, 即得式 (2.1.2). 又由推论 1.1.1, 可得

$$\begin{aligned}&\cos^2\alpha_{123} + \cos^2\beta_{123} + \cos^2\gamma_{123}\\ =&\left(\frac{\mathrm{Prj}_{yz}\mathrm{D}_{P_1P_2P_3}}{\mathrm{a}_{P_1P_2P_3}}\right)^2 + \left(\frac{\mathrm{Prj}_{zx}\mathrm{D}_{P_1P_2P_3}}{\mathrm{a}_{P_1P_2P_3}}\right)^2 + \left(\frac{\mathrm{Prj}_{xy}\mathrm{D}_{P_1P_2P_3}}{\mathrm{a}_{P_1P_2P_3}}\right)^2\\ =&1,\end{aligned}$$

因此, 式 (2.1.2) 是三角形 $P_1P_2P_3$ 所确定的有向平面 $\pi_{P_1P_2P_3}$ 的法式方程.

推论 2.1.2 设 $\pi_{P_1P_2P_3}$ 是三角形 $P_1P_2P_3$ 所确定的有向平面, 则坐标原点 $O(0,0,0)$ 到 $\pi_{P_1P_2P_3}$ 的有向距离为

$$\mathrm{D}_{O\text{-}\pi_{P_1P_2P_3}} = -\delta_{P_1P_2P_3}\left(\mathrm{D}_{O\text{-}\pi_{P_1P_2P_3}} = -\frac{\Delta_{P_1P_2P_3}}{\mathrm{a}_{P_1P_2P_3}}\right).$$

证明 由点到平面有向距离公式即得.

因此, 与平面的法式方程类似, 方程 (2.1.2) 的系数具有明确的几何意义: 变量 x,y,z 的系数是平面 $P_1P_2P_3$ 单位法向量 $\boldsymbol{n}^\circ=(\cos\alpha_{123},\cos\beta_{123},\cos\gamma_{123})$ 的分量, 常数项 $\delta_{P_1P_2P_3}$ 是坐标原点到平面 $\pi_{P_1P_2P_3}$ 的有向距离的负值. 因此, 我们给出如下定义.

定义 2.1.2 式 (2.1.2) 称为三角形 $P_1P_2P_3$ 所确定的有向平面的三点投影法式方程, 简称为三角形面的投影法式方程.

定理 2.1.2 设 $P_1P_2\cdots P_n$ 是空间平面 n 边形, $P_1P_2\cdots P_n$ 顶点的坐标为 $P_1(x_1,\ y_1,\ z_1),P_2(x_2,\ y_2,\ z_2),\cdots,P_n(x_n,\ y_n,\ z_n)$, 则以 $P_1P_2\cdots P_n$ 的投影向量 $\boldsymbol{n}_{P_1P_2\cdots P_n}=(\mathrm{Prj}_{yz}\mathrm{D}_{P_1P_2\cdots P_n},\mathrm{Prj}_{zx}\mathrm{D}_{P_1P_2\cdots P_n},\mathrm{Prj}_{xy}\mathrm{D}_{P_1P_2\cdots P_n})$ 为法向量的有向平面的方程为

$$x\mathrm{Prj}_{yz}\mathrm{D}_{P_1P_2\cdots P_n}+y\mathrm{Prj}_{zx}\mathrm{D}_{P_1P_2\cdots P_n}+z\mathrm{Prj}_{xy}\mathrm{D}_{P_1P_2\cdots P_n}-\Delta_{P_1P_2\cdots P_n}=0,\qquad(2.1.3)$$

其中 $\Delta_{P_1P_2\cdots P_n}=\sum\limits_{i=1}^{n-2}\Delta_{P_1P_{i+1}P_{i+2}}=\dfrac{1}{2}\sum\limits_{i=1}^{n-2}\begin{vmatrix}x_1 & y_1 & z_1\\ x_{i+1} & y_{i+1} & z_{i+1}\\ x_{i+2} & y_{i+2} & z_{i+2}\end{vmatrix}$.

证明 根据定理 2.1.1, 可得三角形 $P_1P_{i+1}P_{i+2}$ 所确定的有向平面的三点投影式方程

$$\begin{aligned}&x\mathrm{Prj}_{yz}\mathrm{D}_{P_1P_{i+1}P_{i+2}}+y\mathrm{Prj}_{zx}\mathrm{D}_{P_1P_{i+1}P_{i+2}}+z\mathrm{Prj}_{xy}\mathrm{D}_{P_1P_{i+1}P_{i+2}}-\Delta_{P_1P_{i+1}P_{i+2}}\\&=0\quad(i=1,2,\cdots,n-2),\end{aligned}$$

于是

$$\begin{aligned}&x\sum_{i=1}^{n-2}\mathrm{Prj}_{yz}\mathrm{D}_{P_1P_{i+1}P_{i+2}}+y\sum_{i=1}^{n-2}\mathrm{Prj}_{zx}\mathrm{D}_{P_1P_{i+1}P_{i+2}}\\&+z\sum_{i=1}^{n-2}\mathrm{Prj}_{xy}\mathrm{D}_{P_1P_{i+1}P_{i+2}}-\sum_{i=1}^{n-2}\Delta_{P_1P_{i+1}P_{i+2}}=0.\end{aligned}$$

注意到 n 边形 $P_1P_2\cdots P_n$ 是由 $n-2$ 个三角形 $P_1P_{i+1}P_{i+2}(i=1,2,\cdots,n-2)$ 依次构成, 且

$$\mathrm{Prj}_{yz}\mathrm{D}_{P_1P_2\cdots P_n}=\sum_{i=1}^{n-2}\mathrm{Prj}_{yz}\mathrm{D}_{P_1P_{i+1}P_{i+2}},$$

$$\mathrm{Prj}_{zx}\mathrm{D}_{P_1P_2\cdots P_n}=\sum_{i=1}^{n-2}\mathrm{Prj}_{zx}\mathrm{D}_{P_1P_{i+1}P_{i+2}},$$

$$\mathrm{Prj}_{xy}\mathrm{D}_{P_1P_2\cdots P_n}=\sum_{i=1}^{n-2}\mathrm{Prj}_{xy}\mathrm{D}_{P_1P_{i+1}P_{i+2}},$$

所以式 (2.1.3) 是以 $P_1P_2\cdots P_n$ 的投影向量 $\boldsymbol{n}_{P_1P_2\cdots P_n}=(\mathrm{Prj}_{yz}\mathrm{D}_{P_1P_2\cdots P_n},\mathrm{Prj}_{zx}\mathrm{D}_{P_1P_2\cdots P_n},\mathrm{Prj}_{xy}\mathrm{D}_{P_1P_2\cdots P_n})$ 为法向量的有向平面的方程.

定义 2.1.3　式 (2.1.3) 称为空间平面 n 边形 $P_1P_2\cdots P_n$ 所确定的有向平面的 n 点投影式方程, 简称为 n 边形面的投影式方程, 记为 $\pi_{P_1P_2\cdots P_n}$.

推论 2.1.3　设 $P_1P_2\cdots P_n$ 是空间平面 n 边形, 平面 n 边形 $P_1P_2\cdots P_n$ 顶点的坐标为 $P_1(x_1,y_1,z_1),P_2(x_2,y_2,z_2),\cdots,P_n(x_n,y_n,z_n)$, 则 n 边形 $P_1P_2\cdots P_n$ 所确定的有向平面 $\pi_{P_1P_2\cdots P_n}$ 的法式方程可以表示成

$$x\cos\alpha_{P_1P_2\cdots P_n}+y\cos\beta_{P_1P_2\cdots P_n}+z\cos\gamma_{P_1P_2\cdots P_n}-\delta_{P_1P_2\cdots P_n}=0,\tag{2.1.4}$$

其中 $\cos\alpha_{12\cdots n}=\mathrm{Prj}_{yz}\mathrm{D}_{P_1P_2\cdots P_n}/\mathrm{a}_{P_1P_2\cdots P_n},\cos\beta_{12\cdots n}=\mathrm{Prj}_{zx}\mathrm{D}_{P_1P_2\cdots P_n}/\mathrm{a}_{P_1P_2\cdots P_n}$, $\cos\gamma_{12\cdots n}=\mathrm{Prj}_{xy}\mathrm{D}_{P_1P_2\cdots P_n}/\mathrm{a}_{P_1P_2\cdots P_n}$; $\delta_{P_1P_2\cdots P_n}=\Delta_{P_1P_2\cdots P_n}/\mathrm{a}_{P_1P_2\cdots P_n}$.

证明　仿推论 2.1.1 证明即得.

定义 2.1.4　式 (2.1.4) 称为空间平面 n 边形 $P_1P_2\cdots P_n$ 的有向平面的投影法式方程, 简称为 n 边形面的投影法式方程.

例 2.1.1　将平面的截距式方程 $\pi:x/a+y/b+z/c=1$ 化为平面与坐标轴三个截点三角形面的投影式方程, 并求坐标原点到该平面的有向距离.

解　平面 π 与三坐标轴的截点分别为 $A(a,0,0),B(0,b,0),C(0,0,c)$. 于是

$$2\Delta_{ABC}=\begin{vmatrix}a&0&0\\0&b&0\\0&0&c\end{vmatrix}=abc,\quad 2\mathrm{Prj}_{yz}\mathrm{D}_{ABC}=\begin{vmatrix}0&0&1\\b&0&1\\0&c&1\end{vmatrix}=bc,$$

$$2\mathrm{Prj}_{xy}\mathrm{D}_{ABC}=\begin{vmatrix}a&0&1\\0&b&1\\0&0&1\end{vmatrix}=ab,\quad 2\mathrm{Prj}_{zx}\mathrm{D}_{ABC}=\begin{vmatrix}0&a&1\\0&0&1\\c&0&1\end{vmatrix}=ca,$$

所以平面 π 关于三截点 $A(a,0,0),B(0,b,0),C(0,0,c)$ 的投影方程为

$$\pi:\frac{1}{2}bcx+\frac{1}{2}cay+\frac{1}{2}abz-\frac{1}{2}abc=0;$$

坐标原点 O 到该平面的有向距离为

$$\mathrm{D}_{O\text{-}\pi_{ABC}}=\frac{bc\times0+ca\times0+ab\times0-abc}{\sqrt{a^2b^2+b^2c^2+c^2a^2}}=-\frac{abc}{\sqrt{a^2b^2+b^2c^2+c^2a^2}}.$$

例 2.1.2　设 $ABCD\text{-}A'B'C'D'$ 是长方体, $\pi_{A'BC'}$ 是 A',B,C' 所确定的平面, 求证:

$$\mathrm{D}_{D\text{-}\pi_{A'BC'}}=2\mathrm{D}_{D'\text{-}\pi_{A'BC'}}(\mathrm{d}_{D\text{-}\pi_{A'BC'}}=2\mathrm{d}_{D'\text{-}\pi_{A'BC'}}).\tag{2.1.5}$$

解　如图 2.1.1 所示, 以 D 为坐标原点, DA, DC, DD' 所在直线分别为 x, y, z 轴. 设 $ABCD\text{-}A'B'C'D'$ 顶点的坐标为 $A(a,0,0), B(a,b,0), C(0,b,0), D(0,0,0)$; $A'(a,0,c), B'(a,b,c)$, $C'(0,b,c), D'(0,0,c)$. 于是

$$\Delta_{A'BC'}=\frac{1}{2}\begin{vmatrix} a & 0 & c \\ a & b & 0 \\ 0 & b & c \end{vmatrix}=abc, \qquad \mathrm{Prj}_{yz}\mathrm{D}_{A'BC'}=\frac{1}{2}\begin{vmatrix} 0 & c & 1 \\ b & 0 & 1 \\ b & c & 1 \end{vmatrix}=\frac{1}{2}bc,$$

$$\mathrm{Prj}_{zx}\mathrm{D}_{A'BC'}=\frac{1}{2}\begin{vmatrix} c & a & 1 \\ 0 & a & 1 \\ c & 0 & 1 \end{vmatrix}=\frac{1}{2}ac, \quad \mathrm{Prj}_{xy}\mathrm{D}_{A'BC'}=\frac{1}{2}\begin{vmatrix} a & 0 & 1 \\ a & b & 1 \\ 0 & b & 1 \end{vmatrix}=\frac{1}{2}ab,$$

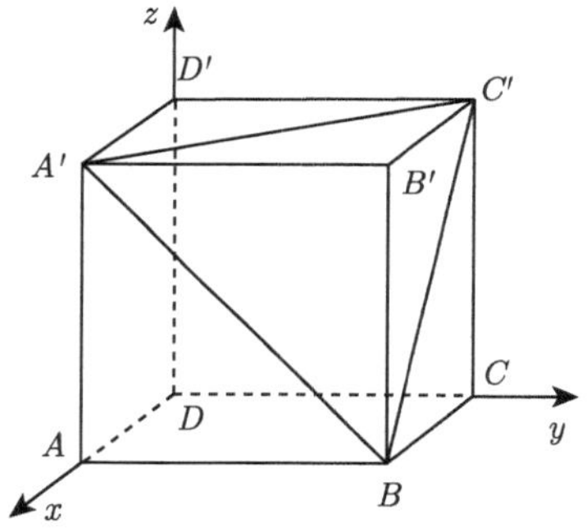

图 2.1.1

所以平面 $\pi_{A'BC'}$ 的投影方程为

$$\frac{1}{2}bcx+\frac{1}{2}cay+\frac{1}{2}abz-abc=0,$$

即

$$bcx+cay+abz-2abc=0.$$

由点到平面的有向距离公式, 可得

$$\mathrm{D}_{D\text{-}\pi_{A'BC'}}=\frac{bc\times 0+ca\times 0+ab\times 0-2abc}{\sqrt{a^2b^2+b^2c^2+c^2a^2}}=-\frac{2abc}{\sqrt{a^2b^2+b^2c^2+c^2a^2}},$$

$$\mathrm{D}_{D'\text{-}\pi_{A'BC'}}=\frac{bc\times 0+ca\times 0+ab\times c-2abc}{\sqrt{a^2b^2+b^2c^2+c^2a^2}}=-\frac{abc}{\sqrt{a^2b^2+b^2c^2+c^2a^2}},$$

因此, 式 (2.1.5) 成立.

2.1.2　长方体对棱面有向距离的定值定理

定义 2.1.5　设 $ABCD\text{-}A'B'C'D'$ 是长方体, 则称其不在同一面上的两平行对棱所构成的平面 $\pi_{ACC'A'}, \pi_{BDD'B'}; \pi_{A'BCD'}, \pi_{B'ADC'}; \pi_{ABC'D'}, \pi_{A'B'CD}$ 为 $ABCD\text{-}A'B'C'D'$ 的对棱面.

定理 2.1.3 设 $ABCD\text{-}A'B'C'D'$ 是长方体, $\pi_{ACC'A'}$, $\pi_{BDD'B'}$; $\pi_{A'BCD'}$, $\pi_{B'ADC'}$; $\pi_{ABC'D'}$, $\pi_{A'B'CD}$ 是长方体的六个对棱面, P 是空间任意一点, 则

$$\mathrm{a}_{ACC'A'}(\mathrm{D}_{P\text{-}\pi_{ACC'A'}}+\mathrm{D}_{P\text{-}\pi_{BDD'B'}})-\mathrm{a}_{A'BCD'}(\mathrm{D}_{P\text{-}\pi_{A'BCD'}}+\mathrm{D}_{P\text{-}\pi_{B'ADC'}})=0, \tag{2.1.6}$$

$$\mathrm{a}_{A'BCD'}(\mathrm{D}_{P\text{-}\pi_{A'BCD'}}-\mathrm{D}_{P\text{-}\pi_{B'ADC'}})-\mathrm{a}_{ABC'D'}(\mathrm{D}_{P\text{-}\pi_{ABC'D'}}+\mathrm{D}_{P\text{-}\pi_{A'B'CD}})=0, \tag{2.1.7}$$

$$\mathrm{a}_{ACC'A'}(\mathrm{D}_{P\text{-}\pi_{ACC'A'}}-\mathrm{D}_{P\text{-}\pi_{BDD'B'}})-\mathrm{a}_{ABC'D'}(\mathrm{D}_{P\text{-}\pi_{ABC'D'}}-\mathrm{D}_{P\text{-}\pi_{A'B'CD}})=0. \tag{2.1.8}$$

证明 如图 2.1.2 所示, 以长方形三条两两垂直的棱 DA, DC, DD' 所在直线分别为 x, y, z 轴建立空间直角坐标系. 设长方体顶点的坐标为 $A(a,0,0), B(a,b,0)$, $C(0,b,0), D(0,0,0)$; $A'(a,0,c)$, $B'(a,b,c), C'(0,b,c), D'(0,0,c)$. 因为

$$2\Delta_{ACC'}=\begin{vmatrix} a & 0 & 0\\ 0 & b & 0\\ 0 & b & c\end{vmatrix}=abc,\qquad 2\mathrm{Prj}_{yz}\mathrm{D}_{ACC'}=\begin{vmatrix} 0 & 0 & 1\\ b & 0 & 1\\ b & c & 1\end{vmatrix}=bc,$$

$$2\mathrm{Prj}_{zx}\mathrm{D}_{ACC'}=\begin{vmatrix} 0 & a & 1\\ 0 & 0 & 1\\ c & 0 & 1\end{vmatrix}=ca,\quad 2\mathrm{Prj}_{xy}\mathrm{D}_{ACC'}=\begin{vmatrix} a & 0 & 1\\ 0 & b & 1\\ 0 & b & 1\end{vmatrix}=0,$$

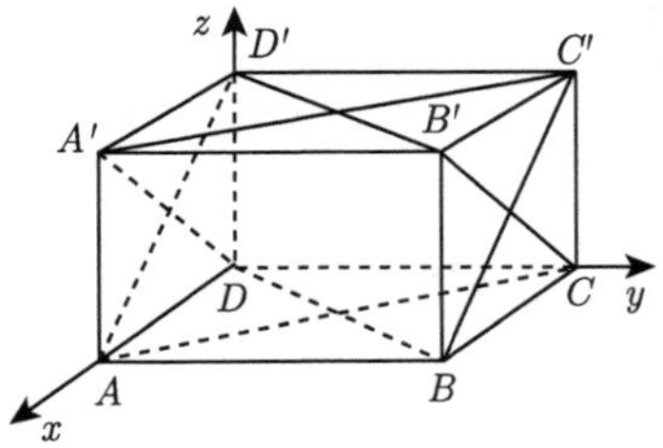

图 2.1.2

代入平面的投影式方程，并注意到长方形在各坐标面上的投影等于三角形在各坐标面上的投影的两倍, 得

$$\pi_{ACC'A'}: bcx+acy-abc=0.$$

类似地, 可以求得

$$\pi_{BDD'B'}: -bcx+acy=0;$$

$$\pi_{A'BCD'}: acy+abz-abc=0,$$

$$\pi_{B'ADC'}: acy - abz = 0;$$

$$\pi_{ABC'D'}: bcx + abz - abc = 0,$$

$$\pi_{A'B'CD}: -bcx + abz = 0.$$

设空间任意点的坐标为 $P(x, y, z)$, 则由点到平面的投影式方程的有向距离公式并注意到平行四边形的面积等于边长相同的三角形面积的两倍, 得

$$\mathrm{a}_{ACC'A'}\mathrm{D}_{P\text{-}\pi_{ACC'A'}} = bcx + acy - abc, \tag{2.1.9}$$

$$\mathrm{a}_{BDD'B'}\mathrm{D}_{P\text{-}\pi_{BDD'B'}} = -bcx + acy; \tag{2.1.10}$$

$$\mathrm{a}_{A'BCD'}\mathrm{D}_{P\text{-}\pi_{A'BCD'}} = acy + abz - abc, \tag{2.1.11}$$

$$\mathrm{a}_{B'ADC'}\mathrm{D}_{P\text{-}\pi_{B'ADC'}} = acy - abz; \tag{2.1.12}$$

$$\mathrm{a}_{ABC'D'}\mathrm{D}_{P\text{-}\pi_{ABC'D'}} = bcx + abz - abc, \tag{2.1.13}$$

$$\mathrm{a}_{A'B'CD}\mathrm{D}_{P\text{-}\pi_{A'B'CD}} = -bcx + abz. \tag{2.1.14}$$

式 (2.1.9)+(2.1.10)−(2.1.11)−(2.1.12), 得

$$\mathrm{a}_{ACC'A'}\mathrm{D}_{P\text{-}\pi_{ACC'A'}} + \mathrm{a}_{BDD'B'}\mathrm{D}_{P\text{-}\pi_{BDD'B'}} - \mathrm{a}_{A'BCD'}\mathrm{D}_{P\text{-}\pi_{A'BCD'}} - \mathrm{a}_{B'ADC'}\mathrm{D}_{P\text{-}\pi_{B'ADC'}} = 0,$$

注意到 $\mathrm{a}_{ACC'A'} = \mathrm{a}_{BDD'B'}, \mathrm{a}_{A'BCD'} = \mathrm{a}_{B'ADC'}$, 即得式 (2.1.6).

类似地, 式 (2.1.11)−(2.1.12)−(2.1.13)−(2.1.14), 即得式 (2.1.7); 式 (2.1.9)−(2.1.10)−(2.1.13)+(2.1.14), 即得式 (2.1.8).

推论 2.1.4　设 $ABCD\text{-}A'B'C'D'$ 是长方体, $\pi_{ACC'A'}$, $\pi_{BDD'B'}$; $\pi_{A'BCD'}$, $\pi_{B'ADC'}$; $\pi_{ABC'D'}$, $\pi_{A'B'CD}$ 是长方体的六个对棱面, 则

(1) P 是 $\pi_{ACC'A'}$ 上任意一点的充分必要条件是

$$\mathrm{a}_{BDD'B'}\mathrm{D}_{P\text{-}\pi_{BDD'B'}} - \mathrm{a}_{A'BCD'}(\mathrm{D}_{P\text{-}\pi_{A'BCD'}} + \mathrm{D}_{P\text{-}\pi_{B'ADC'}}) = 0; \tag{2.1.15}$$

P 是 $\pi_{BDD'B'}$ 上任意一点的充分必要条件是

$$\mathrm{a}_{ACC'A'}\mathrm{D}_{P\text{-}\pi_{ACC'A'}} - \mathrm{a}_{A'BCD'}(\mathrm{D}_{P\text{-}\pi_{A'BCD'}} + \mathrm{D}_{P\text{-}\pi_{B'ADC'}}) = 0;$$

P 是 $\pi_{A'BCD'}$ 上任意一点的充分必要条件是

$$\mathrm{a}_{ACC'A'}(\mathrm{D}_{P\text{-}\pi_{ACC'A'}} + \mathrm{D}_{P\text{-}\pi_{BDD'B'}}) - \mathrm{a}_{B'ADC'}\mathrm{D}_{P\text{-}\pi_{B'ADC'}} = 0;$$

P 是 $\pi_{B'ADC'}$ 上任意一点的充分必要条件是

$$\mathrm{a}_{ACC'A'}(\mathrm{D}_{P\text{-}\pi_{ACC'A'}} + \mathrm{D}_{P\text{-}\pi_{BDD'B'}}) - \mathrm{a}_{A'BCD'}\mathrm{D}_{P\text{-}\pi_{A'BCD'}} = 0.$$

(2) P 是 $\pi_{A'BCD'}$ 上任意一点的充分必要条件是

$$a_{B'ADC'}D_{P\text{-}\pi_{B'ADC'}} - a_{ABC'D'}(D_{P\text{-}\pi_{ABC'D'}} + D_{P\text{-}\pi_{A'B'CD}}) = 0;$$

P 是 $\pi_{B'ADC'}$ 上任意一点的充分必要条件是

$$a_{A'BCD'}D_{P\text{-}\pi_{A'BCD'}} - a_{ABC'D'}(D_{P\text{-}\pi_{ABC'D'}} + D_{P\text{-}\pi_{A'B'CD}}) = 0;$$

P 是 $\pi_{ABC'D'}$ 上任意一点的充分必要条件是

$$a_{A'BCD'}(D_{P\text{-}\pi_{A'BCD'}} - D_{P\text{-}\pi_{B'ADC'}}) - a_{ABC'D'}D_{P\text{-}\pi_{ABC'D'}} = 0;$$

P 是 $\pi_{A'B'CD}$ 上任意一点的充分必要条件是

$$a_{A'BCD'}(D_{P\text{-}\pi_{A'BCD'}} - D_{P\text{-}\pi_{B'ADC'}}) - a_{ABC'D'}D_{P\text{-}\pi_{ABC'D'}} = 0.$$

(3) P 是 $\pi_{ACC'A'}$ 上任意一点的充分必要条件是

$$a_{BDD'B'}D_{P\text{-}\pi_{BDD'B'}} + a_{ABC'D'}(D_{P\text{-}\pi_{ABC'D'}} - D_{P\text{-}\pi_{A'B'CD}}) = 0;$$

P 是 $\pi_{BDD'B'}$ 上任意一点的充分必要条件是

$$a_{ACC'A'}D_{P\text{-}\pi_{ACC'A'}} - a_{ABC'D'}(D_{P\text{-}\pi_{ABC'D'}} - D_{P\text{-}\pi_{A'B'CD}}) = 0;$$

P 是 $\pi_{ABC'D'}$ 上任意一点的充分必要条件是

$$a_{ACC'A'}(D_{P\text{-}\pi_{ACC'A'}} - D_{P\text{-}\pi_{BDD'B'}}) + a_{A'B'CD}D_{P\text{-}\pi_{A'B'CD}} = 0;$$

P 是 $\pi_{A'B'CD}$ 上任意一点的充分必要条件是

$$a_{ACC'A'}(D_{P\text{-}\pi_{ACC'A'}} - D_{P\text{-}\pi_{BDD'B'}}) - a_{ABC'D'}D_{P\text{-}\pi_{ABC'D'}} = 0.$$

证明　(1) 根据式 (2.1.6), 可得

P 是 $\pi_{ACC'A'}$ 上任意一点 $\Leftrightarrow D_{P\text{-}\pi_{ACC'A'}} = 0 \Leftrightarrow$ 式 (2.1.15) 成立.

同理可证, (1) 中其余结论和 (2)、(3) 中结论成立.

推论 2.1.5　设 $ABCD\text{-}A'B'C'D'$ 是长方体, $\pi_{ACC'A'}, \pi_{BDD'B'}; \pi_{A'BCD'}, \pi_{B'ADC'}; \pi_{ABC'D'}, \pi_{A'B'CD}$ 是长方体的六个对棱面.

(1) 若 P 是 $\pi_{ACC'A'}, \pi_{BDD'B'}$ 交线上任意一点, 则

$$D_{P\text{-}\pi_{A'BCD'}} + D_{P\text{-}\pi_{B'ADC'}} = 0(d_{P\text{-}\pi_{A'BCD'}} = d_{P\text{-}\pi_{B'ADC'}}); \tag{2.1.16}$$

若 P 是 $\pi_{A'BCD'}, \pi_{B'ADC'}$ 交线上任意一点, 则

$$D_{P\text{-}\pi_{ACC'A'}} + D_{P\text{-}\pi_{BDD'B'}} = 0(d_{P\text{-}\pi_{ACC'A'}} = d_{P\text{-}\pi_{BDD'B'}});$$

若 P 是 $\pi_{ACC'A'},\pi_{A'BCD'}$ 交线上任意一点, 则

$$\mathrm{a}_{BDD'B'}\mathrm{D}_{P\text{-}\pi_{BDD'B'}}-\mathrm{a}_{B'ADC'}\mathrm{D}_{P\text{-}\pi_{B'ADC'}}=0$$
$$(\mathrm{a}_{BDD'B'}\mathrm{d}_{P\text{-}\pi_{BDD'B'}}=\mathrm{a}_{B'ADC'}\mathrm{d}_{P\text{-}\pi_{B'ADC'}});$$

若 P 是 $\pi_{ACC'A'},\pi_{B'ADC'}$ 交线上任意一点, 则

$$\mathrm{a}_{ACC'A'}\mathrm{D}_{P\text{-}\pi_{ACC'A'}}-\mathrm{a}_{A'BCD'}\mathrm{D}_{P\text{-}\pi_{A'BCD'}}=0$$
$$(\mathrm{a}_{ACC'A'}\mathrm{d}_{P\text{-}\pi_{ACC'A'}}=\mathrm{a}_{A'BCD'}\mathrm{d}_{P\text{-}\pi_{A'BCD'}});$$

若 P 是 $\pi_{BDD'B'},\pi_{A'BCD'}$ 交线上任意一点, 则

$$\mathrm{a}_{ACC'A'}\mathrm{D}_{P\text{-}\pi_{ACC'A'}}-\mathrm{a}_{B'ADC'}\mathrm{D}_{P\text{-}\pi_{B'ADC'}}=0$$
$$(\mathrm{a}_{ACC'A'}\mathrm{d}_{P\text{-}\pi_{ACC'A'}}=\mathrm{a}_{B'ADC'}\mathrm{d}_{P\text{-}\pi_{B'ADC'}});$$

若 P 是 $\pi_{BDD'B'},\pi_{B'ADC'}$ 交线上任意一点, 则

$$\mathrm{a}_{BDD'B'}\mathrm{D}_{P\text{-}\pi_{BDD'B'}}-\mathrm{a}_{A'BCD'}\mathrm{D}_{P\text{-}\pi_{A'BCD'}}=0$$
$$(\mathrm{a}_{BDD'B'}\mathrm{d}_{P\text{-}\pi_{BDD'B'}}=\mathrm{a}_{A'BCD'}\mathrm{d}_{P\text{-}\pi_{A'BCD'}}).$$

(2) 若 P 是 $\pi_{A'BCD'},\pi_{B'ADC'}$ 交线上任意一点, 则

$$\mathrm{D}_{P\text{-}\pi_{ABC'D'}}+\mathrm{D}_{P\text{-}\pi_{A'B'CD}}=0\ (\mathrm{d}_{P\text{-}\pi_{ABC'D'}}=\mathrm{d}_{P\text{-}\pi_{A'B'CD}});$$

若 P 是 $\pi_{ABC'D'},\pi_{A'B'CD}$ 交线上任意一点, 则

$$\mathrm{D}_{P\text{-}\pi_{A'BCD'}}-\mathrm{D}_{P\text{-}\pi_{B'ADC'}}=0\quad(\mathrm{d}_{P\text{-}\pi_{A'BCD'}}=\mathrm{d}_{P\text{-}\pi_{B'ADC'}});$$

若 P 是 $\pi_{A'BCD'},\pi_{ABC'D'}$ 交线上任意一点, 则

$$\mathrm{a}_{B'ADC'}\mathrm{D}_{P\text{-}\pi_{B'ADC'}}+\mathrm{a}_{ABC'D'}\mathrm{D}_{P\text{-}\pi_{ABC'D'}}=0$$
$$(\mathrm{a}_{B'ADC'}\mathrm{d}_{P\text{-}\pi_{B'ADC'}}=\mathrm{a}_{ABC'D'}\mathrm{d}_{P\text{-}\pi_{ABC'D'}});$$

若 P 是 $\pi_{A'BCD'},\pi_{A'B'CD}$ 交线上任意一点, 则

$$\mathrm{a}_{A'BCD'}\mathrm{D}_{P\text{-}\pi_{A'BCD'}}-\mathrm{a}_{ABC'D'}\mathrm{D}_{P\text{-}\pi_{ABC'D'}}=0$$
$$(\mathrm{a}_{A'BCD'}\mathrm{d}_{P\text{-}\pi_{A'BDC'}}=\mathrm{a}_{ABC'D'}\mathrm{d}_{P\text{-}\pi_{ABC'D'}});$$

若 P 是 $\pi_{B'ADC'},\pi_{ABC'D'}$ 交线上任意一点, 则

$$\mathrm{a}_{A'BCD'}\mathrm{D}_{P\text{-}\pi_{A'BCD'}}-\mathrm{a}_{A'B'CD}\mathrm{D}_{P\text{-}\pi_{A'B'CD}}=0$$

$$(\mathrm{a}_{A'BCD'}\mathrm{d}_{P\text{-}\pi_{A'BCD'}} = \mathrm{a}_{A'B'CD}\mathrm{d}_{P\text{-}\pi_{A'B'CD}});$$

若 P 是 $\pi_{B'ADC'}, \pi_{A'B'CD}$ 交线上任意一点, 则

$$\mathrm{a}_{A'BCD'}\mathrm{D}_{P\text{-}\pi_{A'BCD'}} - \mathrm{a}_{ABC'D'}\mathrm{D}_{P\text{-}\pi_{ABC'D'}} = 0$$
$$(\mathrm{a}_{A'BCD'}\mathrm{d}_{P\text{-}\pi_{A'BCD'}} = \mathrm{a}_{ABC'D'}\mathrm{d}_{P\text{-}\pi_{ABC'D'}}).$$

(3) 若 P 是 $\pi_{ACC'A'}, \pi_{BDD'B'}$ 交线上任意一点, 则

$$\mathrm{D}_{P\text{-}\pi_{ABC'D'}} - \mathrm{D}_{P\text{-}\pi_{A'B'CD}} = 0 \quad (\mathrm{d}_{P\text{-}\pi_{ABC'D'}} = \mathrm{d}_{P\text{-}\pi_{A'B'CD}});$$

若 P 是 $\pi_{ABC'D'}, \pi_{A'B'CD}$ 交线上任意一点, 则

$$\mathrm{D}_{P\text{-}\pi_{ACC'A'}} - \mathrm{D}_{P\text{-}\pi_{BDD'B'}} = 0 \quad (\mathrm{d}_{P\text{-}\pi_{ACC'A'}} = \mathrm{d}_{P\text{-}\pi_{BDD'B'}});$$

若 P 是 $\pi_{ACC'A'}, \pi_{ABC'D'}$ 交线上任意一点, 则

$$\mathrm{a}_{BDD'B'}\mathrm{D}_{P\text{-}\pi_{BDD'B'}} + \mathrm{a}_{A'B'CD}\mathrm{D}_{P\text{-}\pi_{A'B'CD}} = 0$$
$$(\mathrm{a}_{BDD'B'}\mathrm{d}_{P\text{-}\pi_{BDD'B'}} = \mathrm{a}_{A'B'CD}\mathrm{d}_{P\text{-}\pi_{A'B'CD}});$$

若 P 是 $\pi_{ACC'A'}, \pi_{A'B'CD}$ 交线上任意一点, 则

$$\mathrm{a}_{BDD'B'}\mathrm{D}_{P\text{-}\pi_{BDD'B'}} + \mathrm{a}_{A'B'CD}\mathrm{D}_{P\text{-}\pi_{A'B'CD}} = 0$$
$$(\mathrm{a}_{BDD'B'}\mathrm{d}_{P\text{-}\pi_{BDD'B'}} = \mathrm{a}_{A'B'CD}\mathrm{d}_{P\text{-}\pi_{A'B'CD}});$$

若 P 是 $\pi_{BDD'B'}, \pi_{ABC'D'}$ 交线上任意一点, 则

$$\mathrm{a}_{ACC'A'}\mathrm{D}_{P\text{-}\pi_{ACC'A'}} - \mathrm{a}_{A'B'CD}\mathrm{D}_{P\text{-}\pi_{A'B'CD}} = 0$$
$$(\mathrm{a}_{ACC'A'}\mathrm{d}_{P\text{-}\pi_{ACC'A'}} = \mathrm{a}_{A'B'CD}\mathrm{d}_{P\text{-}\pi_{A'B'CD}});$$

若 P 是 $\pi_{BDD'B'}, \pi_{A'B'CD}$ 交线上任意一点, 则

$$\mathrm{a}_{ACC'A'}\mathrm{D}_{P\text{-}\pi_{ACC'A'}} - \mathrm{a}_{ABC'D'}\mathrm{D}_{P\text{-}\pi_{ABC'D'}} = 0$$
$$(\mathrm{a}_{ACC'A'}\mathrm{d}_{P\text{-}\pi_{ACC'A'}} = \mathrm{a}_{ABC'D'}\mathrm{d}_{P\text{-}\pi_{ABC'D'}}).$$

证明　(1) 根据式 (2.1.6), 可得

P 是 $\pi_{ACC'A'}, \pi_{BDD'B'}$ 交线上任意一点 $\Rightarrow \mathrm{D}_{P\text{-}\pi_{ACC'A'}} = \mathrm{D}_{P\text{-}\pi_{BDD'B'}} = 0 \Rightarrow$ 式 (2.1.6) 成立.

同理可证, (1) 中其余结论和 (2)、(3) 中结论成立.

2.1.3 长方体对角棱面有向距离定值定理的应用

定理 2.1.4 设 $ABCD\text{-}A'B'C'D'$ 是长方体, $\pi_{ACC'A'},\pi_{BDD'B'};\pi_{A'BCD'},\pi_{B'ADC'};\pi_{ABC'D'},\pi_{A'B'CD}$ 是长方体的六个对棱面, 则其中的任意两对对棱面 $\pi_{ACC'A'},\pi_{BDD'B'}$ 和 $\pi_{A'BCD'},\pi_{B'ADC'}$; $\pi_{A'BCD'},\pi_{B'ADC'}$ 和 $\pi_{ABC'D'},\pi_{A'B'CD}$; $\pi_{ABC'D'},\pi_{A'B'CD}$ 和 $\pi_{ACC'A'},\pi_{BDD'B'}$ 均相交于一点, 即任意两对对棱面 $\pi_{ACC'A'},\pi_{BDD'B'}$ 和 $\pi_{A'BCD'},\pi_{B'ADC'}$; $\pi_{A'BCD'},\pi_{B'ADC'}$ 和 $\pi_{ABC'D'},\pi_{A'B'CD}$; $\pi_{ABC'D'},\pi_{A'B'CD}$ 和 $\pi_{ACC'A'},\pi_{BDD'B'}$ 的交线均共面.

证明 如图 2.1.3 所示. 显然, 三个对棱面 $\pi_{ACC'A'},\pi_{BDD'B'},\pi_{A'BCD'}$ 相交于一点 G, 于是

$$\mathrm{D}_{G\text{-}\pi_{ACC'A'}}=\mathrm{D}_{G\text{-}\pi_{BDD'B'}}=\mathrm{D}_{G\text{-}\pi_{A'BCD'}}=0,$$

代入式 (2.1.6) 并注意到 $\mathrm{a}_{A'BCD'}\neq 0$, 即得 $\mathrm{D}_{G\text{-}\pi_{B'ADC'}}=0$, 从而点 G 在对棱面 $\pi_{B'ADC'}$ 上. 故 $\pi_{ACC'A'},\pi_{BDD'B'}$ 和 $\pi_{A'BCD'},\pi_{B'ADC'}$ 相交于一点.

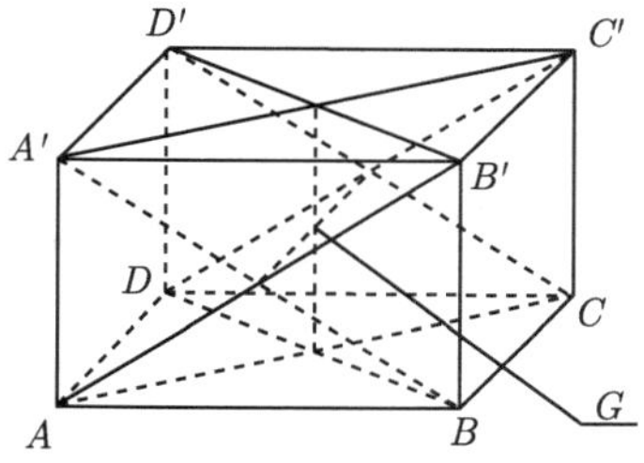

图 2.1.3

类似地, 可以证明 $\pi_{A'BCD'},\pi_{B'ADC'}$ 和 $\pi_{ABC'D'},\pi_{A'B'CD}$; $\pi_{ABC'D'},\pi_{A'B'CD}$ 和 $\pi_{ACC'A'},\pi_{BDD'B'}$ 均相交于一点.

推论 2.1.6 长方体 $ABCD\text{-}A'B'C'D'$ 的六个对棱面 $\pi_{ACC'A'}$, $\pi_{BDD'B'}$; $\pi_{A'BCD'},\pi_{B'ADC'};\pi_{ABC'D'}$, $\pi_{A'B'CD}$ 相交于一点, 即长方体 $ABCD\text{-}A'B'C'D'$ 三对对棱面 $\pi_{ACC'A'},\pi_{BDD'B'}$, $\pi_{A'BCD'},\pi_{B'ADC'}$ 和 $\pi_{ABC'D'},\pi_{A'B'CD}$ 的三条交线相交于一点.

证明 如图 2.1.4 所示. 因为对棱面 $\pi_{A'BCD'},\pi_{B'ADC'}$ 和 $\pi_{ABC'D'},\pi_{A'B'CD}$ 相交于一点 G, 于是

$$\mathrm{D}_{G\text{-}\pi_{A'BCD'}}=\mathrm{D}_{G\text{-}\pi_{B'ADC'}}=\mathrm{D}_{G\text{-}\pi_{ABC'D'}}=\mathrm{D}_{G\text{-}\pi_{A'B'CD}}=0.$$

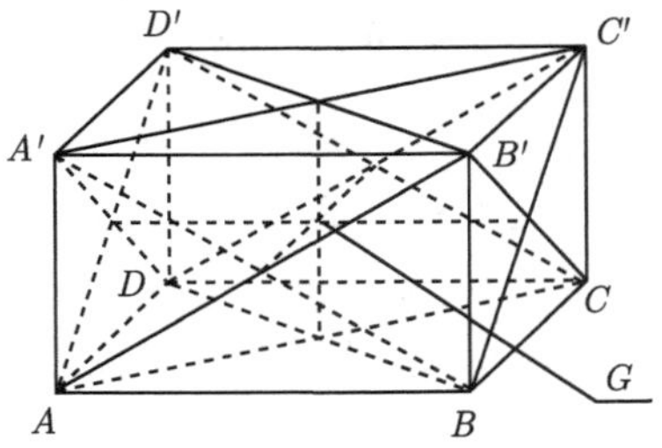

图 2.1.4

分别代入式 (2.1.6) 和 (2.1.8), 并注意到 $\mathrm{a}_{ACC'A'} \neq 0$, 得

$$\begin{cases} \mathrm{D}_{G\text{-}\pi_{ACC'A'}} + \mathrm{D}_{G\text{-}\pi_{BDD'B'}} = 0, \\ \mathrm{D}_{G\text{-}\pi_{ACC'A'}} - \mathrm{D}_{G\text{-}\pi_{BDD'B'}} = 0 \end{cases} \Rightarrow \begin{cases} \mathrm{D}_{G\text{-}\pi_{ACC'A'}} = 0, \\ \mathrm{D}_{G\text{-}\pi_{BDD'B'}} = 0, \end{cases}$$

因此, G 在对棱面在 $\pi_{ACC'A'}, \pi_{BDD'B'}$ 的交线上. 故长方体 $ABCD\text{-}A'B'C'D'$ 的六个对棱面 $\pi_{ACC'A'}, \pi_{BDD'B'}$; $\pi_{A'BCD'}, \pi_{B'ADC'}$; $\pi_{ABC'D'}, \pi_{A'B'CD}$ 相交于点 G.

2.2 二面角和两有向平面间夹角的概念与公式

我们知道, 两平面间的夹角是这两个平面所夹的最小角, 因此两平面间的夹角介于 0 到 $\pi/2$ 之间. 这种平面间夹角的定义不考虑平面的侧向, 比较简单, 一般情况下也够用. 但有时也因区分不细致, 会产生诸如点到两平面距离相等的点的轨迹不是唯一平面等方面的问题, 因而对一些问题的讨论带来不便.

为此, 本节通过引进两有向平面间夹角的概念, 利用三角形投影向量, 来研究和解决这类问题. 首先, 介绍二面角的基本概念与性质; 其次, 给出有向平面间夹角的概念与性质; 再次, 给出二面角和有向平面间夹角的公式, 并举例说明.

2.2.1 二面角的基本概念与性质

定义 2.2.1 平面 π 内的一条直线 l 把平面分为两部分, 其中的每一部分都叫做半平面. 若按直线 l 的方向行进, 则称位于右侧的半平面为 π 的右半平面, 位于左侧的半平面为 π 的左半平面.

定义 2.2.2 设 $P_3P_1P_2, P_4P_1P_2$ 是从同一直线 P_1P_2 所引出的两个半平面, 则称这两个半平面所构成的图形 (凹侧) 为二面角, 记为 $P_3\text{-}P_1P_2\text{-}P_4$; 其中直线 P_1P_2 叫做二面角 $P_3\text{-}P_1P_2\text{-}P_4$ 的棱, 每个半平面叫做二面角的面 (图 2.2.1).

定义 2.2.3 设 $P_3\text{-}P_1P_2\text{-}P_4$ 是二面角, $P_3', P_4'(P_3'', P_4'')$ 分别是 P_2P_3, P_2P_4(或 P_1P_3, P_1P_4) 反向延长线上的点, 则称 $P_3'P_1P_2(P_3''P_1P_2)$ 与 $P_4P_1P_2$ 所构成的二面角 $P_3'\text{-}P_1P_2\text{-}P_4(P_3''\text{-}P_1P_2\text{-}P_4)$ 或 $P_3P_1P_2$ 与 $P_4'P_1P_2(P_4''P_1P_2)$ 所构成的二面角 $P_3\text{-}P_1P_2\text{-}$

$P_4'(P_3\text{-}P_1P_2\text{-}P_4'')$ 为二面角 $P_3\text{-}P_1P_2\text{-}P_4$ 的外角，其中 $P_3'P_1P_2(P_3''P_1P_2), P_4'P_1P_2$ $(P_4''P_1P_2)$ 分别称为 $P_3\text{-}P_1P_2\text{-}P_4$ 是二面角的面 $P_3P_1P_2, P_4P_1P_2$ 的延伸面 (图 2.2.2).

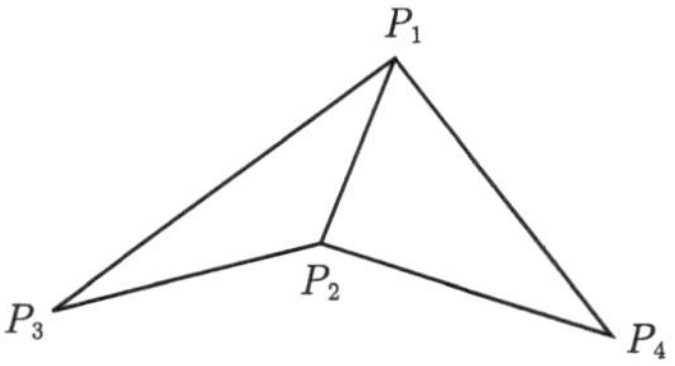

图 2.2.1

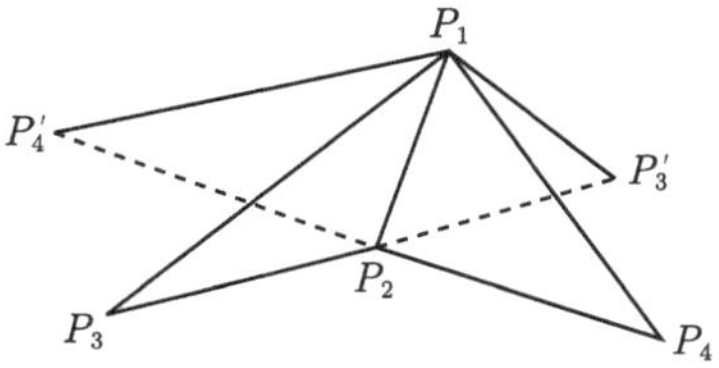

图 2.2.2

定义 2.2.4 设二面角 $P_3\text{-}P_1P_2\text{-}P_4$, 过棱 P_1P_2 上一点 P_0, 在两个半平面 $P_3P_1P_2, P_4P_1P_2$ 内分别作 P_1P_2 的垂线 P_0Q_1, P_0Q_2, 则称 $\angle Q_1P_0Q_2$ 为二面角 $P_3\text{-}P_1P_2\text{-}P_4$ 的平面角, 或简称二面角 $P_3\text{-}P_1P_2\text{-}P_4$ 的夹角, 记为 $\langle\widehat{P_3P_1P_2, P_4P_1P_2}\rangle$, 即 $\langle\widehat{P_3P_1P_2, P_4P_1P_2}\rangle = \angle Q_1P_0Q_2$(图 2.2.3).

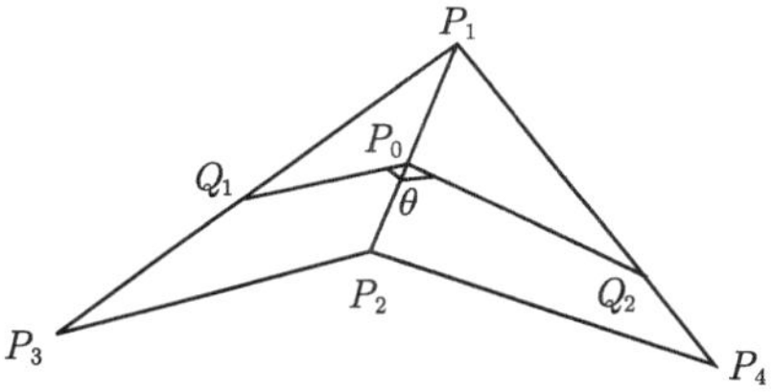

图 2.2.3

显然, θ 表示二面角 $P_3\text{-}P_1P_2\text{-}P_4$ 的大小.

根据定义 2.2.1~ 定义 2.2.4, 可以得到二面角如下的性质.

性质 2.2.1 对称性 二面角 $P_3\text{-}P_1P_2\text{-}P_4$ 的大小与其字母表示的顺序无关, 即 $P_3\text{-}P_2P_1\text{-}P_4, P_4\text{-}P_1P_2\text{-}P_3, P_4\text{-}P_2P_1\text{-}P_3$ 与 $P_3\text{-}P_1P_2\text{-}P_4$ 均表示同一二面角.

性质 2.2.2 值域 二面角 $P_3\text{-}P_1P_2\text{-}P_4$ 的大小 θ 介于 0 与 π 之间, 即 $\theta \in [0, \pi]$.

性质 2.2.3 双反向性 二面角 $P_3\text{-}P_1P_2\text{-}P_4$ 的大小 θ 与其两半平面 $P_3P_1P_2$, $P_4P_1P_2$ 的反向延伸 $P_3'P_1P_2, P_4'P_1P_2(P_3''P_1P_2, P_4''P_1P_2)$ 所构成的二面角 $P_3'\text{-}P_1P_2\text{-}P_4'$ $(P_3''\text{-}P_1P_2\text{-}P_4'')$ 的大小 $\theta'(\theta'')$ 相等, 即 $\theta = \theta'(\theta = \theta'')$.

性质 2.2.4 单反向性 二面角 $P_3\text{-}P_1P_2\text{-}P_4$ 的大小 θ 与其外角 $P_3'\text{-}P_1P_2\text{-}P_4$, $P_3\text{-}P_1P_2\text{-}P_4'(P_3''\text{-}P_1P_2\text{-}P_4, P_3\text{-}P_1P_2\text{-}P_4'')$ 的大小 $\theta_3', \theta_4'(\theta_3'', \theta_4'')$ 互补, 即

$$\theta_3' = \pi - \theta, \quad \theta_4' = \pi - \theta(\theta_3'' = \pi - \theta, \theta_4'' = \pi - \theta).$$

2.2.2 两有向平面夹角的概念与性质

定义 2.2.5 设 $\boldsymbol{n}_1, \boldsymbol{n}_2$ 分别是有向平面 π_1, π_2 的法向量, P_1P_2 是 π_1, π_2 的交

线, P_3, P_4 分别是 π_1, π_2 上的点, 且 $P_3 \to P_1 \to P_2, P_4 \to P_1 \to P_2$ 的绕向分别与 $\boldsymbol{n}_1, \boldsymbol{n}_2$ 符合右手法则, 则称二面角 $P_3\text{-}P_1P_2\text{-}P_4$ 的夹角为平面 π_1, π_2 之间的夹角, 简称有向平面的夹角, 记为 $\langle\widehat{\pi_1, \pi_2}\rangle$.

特别地, 当 π_1, π_2 同向重合或平行时, 规定这个有向平面间的夹角为 0; 当 π_1, π_2 反向重合或平行时, 规定这两个有向平面间的夹角为 π.

定义 2.2.6　设 π_1^-, π_2^- 分别是平面 π_1, π_2 的反向平面, 则称 π_1^- 与 π_2(或 π_1 与 π_2^-) 之间的夹角$\left\langle\widehat{\pi_1^-, \pi_2}\right\rangle$$\left(或 \left\langle\widehat{\pi_1, \pi_2^-}\right\rangle\right)$ 为两有向平面 π_1, π_2 间夹角 $\langle\widehat{\pi_1, \pi_2}\rangle$ 的外角, 简称有向平面的外角.

根据定义 2.2.5、定义 2.2.6 和二面角的性质, 可以得到两有向平面夹角的性质.

性质 2.2.5　对称性　两有向平面 π_1, π_2 的夹角等于 π_2, π_1 的夹角, 即 $\langle\widehat{\pi_1, \pi_2}\rangle = \langle\widehat{\pi_2, \pi_1}\rangle$.

性质 2.2.6　值域　两有向平面 π_1, π_2 之间的夹角介于 0 与 π 之间, 即 $\langle\widehat{\pi_1, \pi_2}\rangle \in [0, \pi]$.

性质 2.2.7　双反向性　改变两有向平面的方向, 所得到的两有向平面之间的夹角不变, 即

$$\left\langle\widehat{\pi_1^-, \pi_2^-}\right\rangle = \langle\widehat{\pi_1, \pi_2}\rangle.$$

性质 2.2.8　单反向性　改变两有向平面中一个有向平面的方向, 所得到的这个有向平面与另一条有向平面之间的夹角与这两个平面间的夹角互补, 即

$$\left\langle\widehat{\pi_1^-, \pi_2}\right\rangle = \pi - \langle\widehat{\pi_1, \pi_2}\rangle, \quad \left\langle\widehat{\pi_1, \pi_2^-}\right\rangle = \pi - \langle\widehat{\pi_1, \pi_2}\rangle.$$

性质 2.2.8 表明, 对于两有向平面间的夹角来说, 不管改变其中哪一个平面的方向, 所起的作用都是一样的.

性质 2.2.9　把两条有向平面 π_1, π_2 都看成是无向平面, 并记它们之间的夹角为 $(\widehat{\pi_1, \pi_2})$, 则

(1) 当 $0 \leqslant \langle\widehat{\pi_1, \pi_2}\rangle \leqslant \pi/2$ 时, $\langle\widehat{\pi_1, \pi_2}\rangle = (\widehat{\pi_1, \pi_2})$;

(2) 当 $\pi/2 < \langle\widehat{\pi_1, \pi_2}\rangle \leqslant \pi$ 时, $\langle\widehat{\pi_1, \pi_2}\rangle = \pi - (\widehat{\pi_1, \pi_2})$.

证明　由有向平面之间的夹角和无向平面之间的夹角的定义易得.

2.2.3　二面角和两有向平面夹角的公式

定理 2.2.1　二面角 $P_3\text{-}P_1P_2\text{-}P_4$ 的平面角 (即二面角 $P_3\text{-}P_1P_2\text{-}P_4$ 的大小)θ, 等于两半平面 $P_3P_1P_2, P_4P_1P_2$ 投影向量 $\boldsymbol{n}_{P_3P_1P_2}, \boldsymbol{n}_{P_4P_1P_2}$ 之间的夹角, 即

$$\langle\widehat{P_3P_1P_2, P_4P_1P_2}\rangle = \langle\widehat{\boldsymbol{n}_{P_3P_1P_2}, \boldsymbol{n}_{P_4P_1P_2}}\rangle \quad 或 \quad \theta = \langle\widehat{\boldsymbol{n}_{P_3P_1P_2}, \boldsymbol{n}_{P_4P_1P_2}}\rangle.$$

证明 如图 2.2.4 所示. 不妨设 $P_0Q_1 \perp P_1P_2$ 且 P_0Q_1 与 P_1P_3 相交于 Q_1, $P_0Q_2 \perp P_1P_2$ 且 P_0Q_2 与 P_1P_4 相交于 Q_2. 在二面角 P_3-P_1P_2-P_4 内过 Q_1 作 $Q_1Q//\boldsymbol{n}_{P_3P_1P_2}$, $Q_2Q//\boldsymbol{n}_{P_2P_1P_4}$, 且 Q_1Q, Q_2Q 相交于 Q, 于是

$$\angle Q_1QQ_2 = \langle \widehat{\boldsymbol{n}_{P_3P_1P_2}, \boldsymbol{n}_{P_2P_1P_4}} \rangle.$$

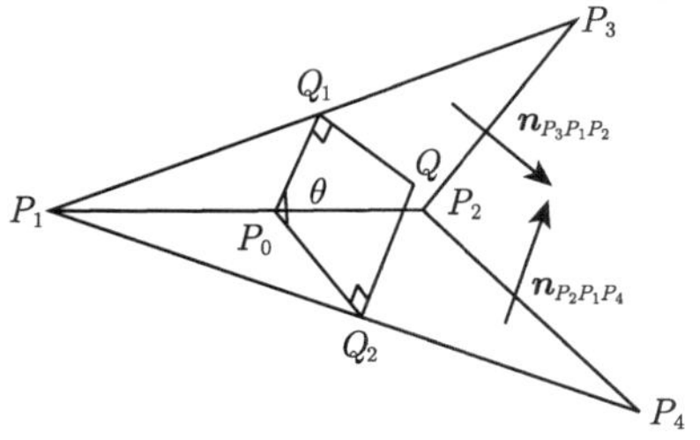

图 2.2.4

又由二面角的平面角的定义和以上作法及投影向量的性质, 可得

$$\theta + \angle Q_1QQ_2 = \pi, \quad \boldsymbol{n}_{P_2P_1P_4} = -\boldsymbol{n}_{P_4P_1P_2},$$

故 $\theta + \langle \widehat{\boldsymbol{n}_{P_3P_1P_2}, -\boldsymbol{n}_{P_4P_1P_2}} \rangle = \pi$. 于是

$$\begin{aligned}\theta &= \pi - \langle \widehat{\boldsymbol{n}_{P_3P_1P_2}, -\boldsymbol{n}_{P_4P_1P_2}} \rangle = \pi - \left(\pi - \left\langle \widehat{\boldsymbol{n}_{P_3P_1P_2}, \boldsymbol{n}_{P_4P_1P_2}} \right\rangle\right) \\ &= \langle \widehat{\boldsymbol{n}_{P_3P_1P_2}, \boldsymbol{n}_{P_4P_1P_2}} \rangle.\end{aligned}$$

推论 2.2.1 设二面角 P_3-P_1P_2-P_4 的平面角 (即二面角 P_3-P_1P_2-P_4 的大小) 为 θ, 则

$$\theta = \langle \widehat{\boldsymbol{n}_{P_3P_1P_2}, \boldsymbol{n}_{P_1P_2P_4}} \rangle = \langle \widehat{\boldsymbol{n}_{P_1P_2P_3}, \boldsymbol{n}_{P_4P_1P_2}} \rangle = \langle \widehat{\boldsymbol{n}_{P_1P_2P_3}, \boldsymbol{n}_{P_1P_2P_4}} \rangle.$$

证明 根据投影向量的性质, 可得 $\boldsymbol{n}_{P_3P_1P_2} = \boldsymbol{n}_{P_1P_2P_3}, \boldsymbol{n}_{P_4P_1P_2} = \boldsymbol{n}_{P_1P_2P_4}$, 因此推论 2.2.1 结论成立.

推论 2.2.2 设 $\boldsymbol{n}_1, \boldsymbol{n}_2$ 分别是有向平面 π_1, π_2 的法向量, 则 π_1, π_2 之间的角等于 $\boldsymbol{n}_1, \boldsymbol{n}_2$ 之间的夹角, 即 $\langle \widehat{\pi_1, \pi_2} \rangle = \langle \widehat{\boldsymbol{n}_1, \boldsymbol{n}_2} \rangle$.

证明 如图 2.2.5 所示. 当 π_1, π_2 相交于直线 P_1P_2 时, 过 P_1P_2 上一点 P_0 作平面 π 使 $P_1P_2 \perp \pi$. 设 P_3, P_4 分别是 π_1, π_2 与 π 的交线上的点, 且 $P_3 \to P_1 \to P_2, P_4 \to P_1 \to P_2$ 的绕向分别与 $\boldsymbol{n}_1, \boldsymbol{n}_2$ 符合右手法则, 则 $\boldsymbol{n}_{P_3P_1P_2}$ 与 $\boldsymbol{n}_1$, $\boldsymbol{n}_{P_4P_1P_2}$ 与 $\boldsymbol{n}_2$ 均同向平行. 于是由定义 2.2.5, 可得 $\langle \widehat{\pi_1, \pi_2} \rangle = \angle P_3P_0P_4 = \langle \widehat{P_3P_1P_2, P_4P_1P_2} \rangle = \langle \widehat{\boldsymbol{n}_{P_3P_1P_2}, \boldsymbol{n}_{P_4P_1P_2}} \rangle = \langle \widehat{\boldsymbol{n}_1, \boldsymbol{n}_2} \rangle$.

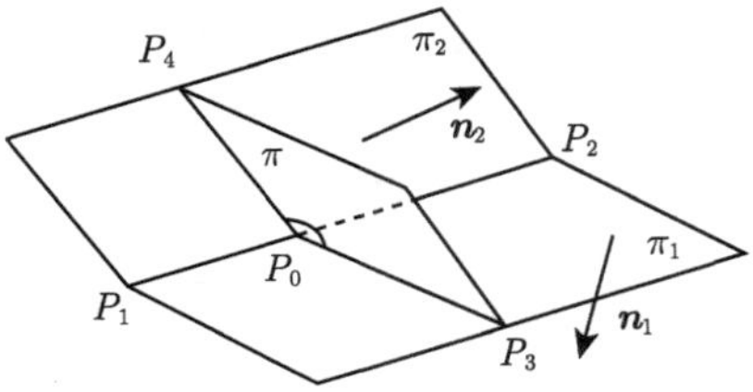

图 2.2.5

当 π_1, π_2 同向重合或平行时或 π_1, π_2 反向重合或平行时, 结论显然成立.

定理 2.2.2　设二面角 P_3-P_1P_2-P_4 的平面角 (即二面角 P_3-P_1P_2-P_4 的大小) 为 θ, 则

$$\cos\theta = \sum_{u=xy}^{zx} \mathrm{Prj}_u \mathrm{D}_{P_3P_1P_2} \mathrm{Prj}_u \mathrm{D}_{P_4P_1P_2} / \mathrm{a}_{P_3P_1P_2} \mathrm{a}_{P_4P_1P_2}, \tag{2.2.1}$$

其中 $\sum\limits_{u=xy}^{zx} \mathrm{Prj}_u \mathrm{D}_{P_3P_1P_2} \mathrm{Prj}_u \mathrm{D}_{P_4P_1P_2} = \mathrm{Prj}_{xy} \mathrm{D}_{P_3P_1P_2} \mathrm{Prj}_{xy} \mathrm{D}_{P_4P_1P_2} + \mathrm{Prj}_{yz} \mathrm{D}_{P_3P_1P_2} \cdot \mathrm{Prj}_{yz} \mathrm{D}_{P_4P_1P_2} + \mathrm{Prj}_{zx} \mathrm{D}_{P_3P_1P_2} \mathrm{Prj}_{zx} \mathrm{D}_{P_4P_1P_2}$, 以下类同.

证明　根据向量之间夹角的余弦公式, 可得

$$\cos\langle \widehat{\boldsymbol{n}_{P_3P_1P_2}, \boldsymbol{n}_{P_4P_1P_2}} \rangle = \sum_{u=xy}^{zx} \mathrm{Prj}_u \mathrm{D}_{P_3P_1P_2} \mathrm{Prj}_u \mathrm{D}_{P_4P_1P_2} / \mathrm{a}_{P_3P_1P_2} \mathrm{a}_{P_4P_1P_2},$$

于是由定理 2.2.1, 即得式 (2.2.1).

推论 2.2.3　已知两有向平面的方程为 $\pi_i : A_ix + B_iy + C_iz + D_i = 0\ (i = 1, 2)$, 则这两个有向平面夹角的余弦为

$$\cos\langle \widehat{\pi_1, \pi_2} \rangle = \frac{A_1A_2 + B_1B_2 + C_1C_2}{\sqrt{A_1^2 + B_1^2 + C_1^2}\sqrt{A_2^2 + B_2^2 + C_2^2}}. \tag{2.2.2}$$

证明　根据定理 2.2.2 和推论 2.2.2 即得.

推论 2.2.4　设两有向三角形面 $P_1P_2P_3, Q_1Q_2Q_3$ 之间夹角为 θ, 则这两有向三角形面夹角的余弦为

$$\cos\theta = \sum_{u=xy}^{zx} \mathrm{Prj}_u \mathrm{D}_{P_1P_2P_3} \mathrm{Prj}_u \mathrm{D}_{Q_1Q_2Q_3} / \mathrm{a}_{P_1P_2P_3} \mathrm{a}_{Q_1Q_2Q_3}. \tag{2.2.3}$$

证明　根据定理 2.1.1, 两三角形 $P_1P_2P_3, Q_1Q_2Q_3$ 所在的两有向平面的方程分别为

$$x\mathrm{Prj}_{yz} \mathrm{D}_{P_1P_2P_3} + y\mathrm{Prj}_{zx} \mathrm{D}_{P_1P_2P_3} + z\mathrm{Prj}_{xy} \mathrm{D}_{P_1P_2P_3} - \Delta_{P_1P_2P_3} = 0,$$

$$x\mathrm{Prj}_{yz}\mathrm{D}_{Q_1Q_2Q_3}+y\mathrm{Prj}_{zx}\mathrm{D}_{Q_1Q_2Q_3}+z\mathrm{Prj}_{xy}\mathrm{D}_{Q_1Q_2Q_3}-\Delta_{Q_1Q_2Q_3}=0.$$

于是由推论 2.2.3, 即得式 (2.2.3).

例 2.2.1 设 $OABC$ 是四面体, 且 $\angle AOB=\angle BOC=\angle COA=90°$, 二面角 $O\text{-}AC\text{-}B, A\text{-}BC\text{-}O, C\text{-}AB\text{-}O$ 的平面角分别为 α,β,γ, 证明: $\cos^2\beta=\cos\alpha\cos\gamma$ 的充分必要条件是 $\mathrm{d}_{OB}\mathrm{d}_{OC}=\mathrm{d}_{OA}^2$.

解 如图 2.2.6 所示, 以 O 为坐标原点、OA,OB,OC 分别为 x,y,z 轴建立空间直角坐标系. 记 $\mathrm{d}_{OA}=a,\mathrm{d}_{OB}=b,\mathrm{d}_{OC}=c$, 则 $OABC$ 顶点的坐标为 $O(0,0,0),A(a,0,0),B(0,b,0),C(0,0,c)$. 于是

$$\mathrm{Prj}_{xy}\mathrm{D}_{OAC}=0,\quad \mathrm{Prj}_{yz}\mathrm{D}_{OAC}=0,\quad \mathrm{Prj}_{zx}\mathrm{D}_{OAC}=-\frac{1}{2}ac;$$
$$\mathrm{Prj}_{xy}\mathrm{D}_{BAC}=-\frac{1}{2}ab,\quad \mathrm{Prj}_{yz}\mathrm{D}_{BAC}=-\frac{1}{2}bc,\quad \mathrm{Prj}_{zx}\mathrm{D}_{BAC}=-\frac{1}{2}ac.$$

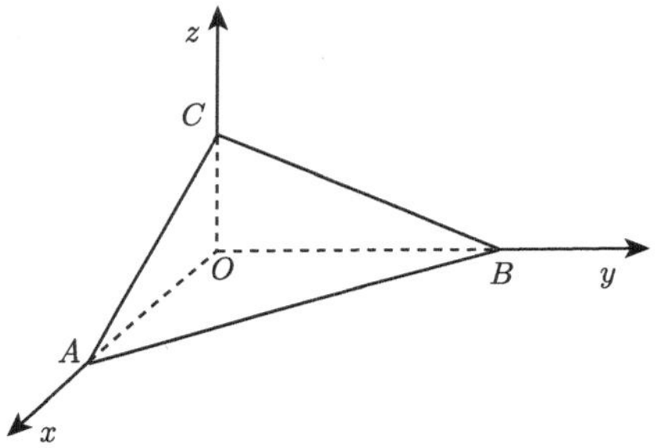

图 2.2.6

故由公式 (2.2.1), 可得

$$\begin{aligned}\cos\alpha&=\frac{\mathrm{Prj}_{xy}\mathrm{D}_{OAC}\mathrm{Prj}_{xy}\mathrm{D}_{BAC}+\mathrm{Prj}_{yz}\mathrm{D}_{OAC}\mathrm{Prj}_{yz}\mathrm{D}_{BAC}+\mathrm{Prj}_{zx}\mathrm{D}_{OAC}\mathrm{Prj}_{zx}\mathrm{D}_{BAC}}{\mathrm{a}_{OAC}\mathrm{a}_{BAC}}\\&=\frac{0\times(-ab)+0\times(-bc)+(-ac)\times(-ac)}{ac\sqrt{a^2b^2+b^2c^2+c^2a^2}}\\&=\frac{ac}{\sqrt{a^2b^2+b^2c^2+c^2a^2}};\end{aligned}$$

类似地, 可得

$$\cos\beta=\frac{bc}{\sqrt{a^2b^2+b^2c^2+c^2a^2}},\quad \cos\gamma=\frac{ab}{\sqrt{a^2b^2+b^2c^2+c^2a^2}}.$$

所以

$$\cos^2\beta=\cos\alpha\cos\gamma\Leftrightarrow\frac{b^2c^2}{a^2b^2+b^2c^2+c^2a^2}=\frac{ac\times ab}{a^2b^2+b^2c^2+c^2a^2}\Leftrightarrow a^2=bc.$$

例 2.2.2 已知两有向平面 $\pi_1: 4x+3y+2z-1=0$ 和 $\pi_2: 3x-4y-2z+1=0$, 求 $\langle\widehat{\pi_1,\pi_2}\rangle$, $\left\langle\widehat{\pi_1^-,\pi_2}\right\rangle$.

解 (1) 对 π_1,π_2 来说, $A_1=4, B_1=3, C_1=2; A_2=3, B_2=-4, C_2=-2$, 故由公式 (2.2.2), 得

$$\cos\langle\widehat{\pi_1,\pi_2}\rangle=\frac{4\cdot3+3\cdot(-4)+2\cdot(-2)}{\sqrt{4^2+3^2+2^2}\sqrt{3^2+(-4)^2+2^2}}=-\frac{4}{29},$$

所以 $\langle\widehat{\pi_1,\pi_2}\rangle=\arccos\left(-\frac{4}{29}\right)=\pi-\arccos\frac{4}{29}$.

(2) 由性质 2.2.8 可得, $\left\langle\widehat{\pi_1^-,\pi_2}\right\rangle=\pi-\langle\widehat{\pi_1,\pi_2}\rangle=\arccos\frac{4}{29}$.

例 2.2.3 已知动点 P 到两平面 $\pi_1: x-y+z-2=0$ 和 $\pi_2: x-y-z+2=0$ 的有向距离相等, 求点 P 的轨迹; 若动点 P 到两平面有向距离之和为零, 结果如何?

解 设动点的坐标为 $P(x,y,z)$, 则 P 到两平面的有向距离分别为

$$\mathrm{D}_{P\text{-}\pi_1}=\frac{x-y+z-2}{\sqrt{1^2+(-1)^2+1^2}}=\frac{x-y+z-2}{\sqrt{3}},$$

$$\mathrm{D}_{P\text{-}\pi_2}=\frac{x-y-z+2}{\sqrt{1^2+(-1)^2+(-1)^2}}=\frac{x-y-z+2}{\sqrt{3}}.$$

(1) 若 $\mathrm{D}_{P\text{-}\pi_1}=\mathrm{D}_{P\text{-}\pi_2}$, 则

$$\frac{x-y+z-2}{\sqrt{3}}=\frac{x-y-z+2}{\sqrt{3}},$$

即所求点的轨迹方程为 $z=2$;

(2) 若 $\mathrm{D}_{P\text{-}\pi_1}+\mathrm{D}_{P\text{-}\pi_2}=0$, 则

$$\frac{x-y+z-2}{\sqrt{3}}+\frac{x-y-z+2}{\sqrt{3}}=0,$$

即所求点的轨迹方程为 $x-y=0$.

注 2.2.1 由例 2.2.3 可知, 点到两平面有向距离相等的点的轨迹是唯一的.

2.3 二面角和两有向平面夹角公式的应用

本节主要讨论二面角和两有向平面夹角公式的应用. 首先, 讨论二面角和两有向平面间的夹角在数学竞赛题求解中的应用; 其次, 讨论两有向平面垂直和平行的条件与应用.

2.3.1 二面角和两有向平面夹角公式在数学竞赛题求解中的应用

例 2.3.1 (1985 年中国数学联赛题) 在正方体 $ABCD\text{-}A_1B_1C_1D_1$ 中, E 是 BC 的中点, F 在 AA_1 上, 且 $\mathrm{D}_{A_1F}/\mathrm{D}_{FA}=1:2$, 求平面 B_1EF 与底面 $A_1B_1C_1D_1$ 所成的二面角.

解 如图 2.3.1 所示. 不妨设正方体顶点的坐标为 $A_1(0,0,0), B_1(1,0,0), C_1(1,1,0), D_1(0,1,0); A(0,0,1), B(1,0,1), C(1,1,1), D(0,1,1)$, 于是两分点的坐标分别为 $E(1,1/2,1)$, $F(0,0,1/3)$, 平面 B_1EF 和底面 $A_1B_1C_1D_1$ 的法向量分别为

$$\boldsymbol{n}_{B_1EF}=\left(\mathrm{Prj}_{yz}\mathrm{D}_{B_1EF},\mathrm{Prj}_{zx}\mathrm{D}_{B_1EF},\mathrm{Prj}_{xy}\mathrm{D}_{B_1EF}\right)=\left(\frac{1}{2},\frac{1}{6},1\right),\quad \boldsymbol{n}_{A_1B_1C_1D_1}=\boldsymbol{k}.$$

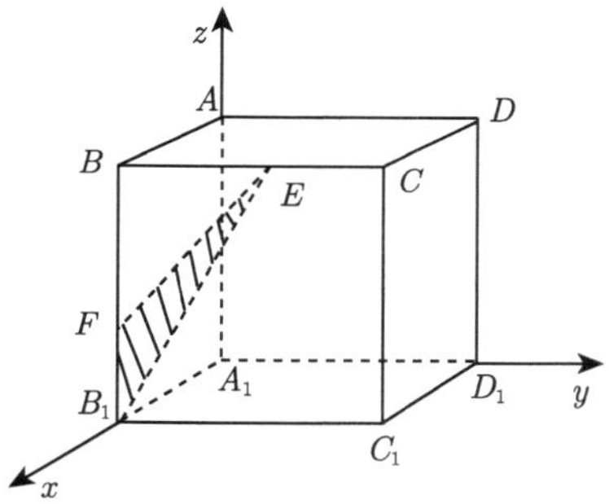

图 2.3.1

故由公式 (2.2.3), 可得

$$\cos\left\langle \pi_{B_1EF}\widehat{,\pi_{A_1B_1C_1D_1}}\right\rangle=\frac{\mathrm{Prj}_{xy}\mathrm{D}_{B_1EF}}{\mathrm{a}_{B_1EF}}=\frac{\frac{1}{2}}{\sqrt{\left(\frac{1}{2}\right)^2+\left(\frac{1}{6}\right)^2+1^2}}=\frac{3}{\sqrt{46}},$$

故 $\left(\pi_{B_1EF}\widehat{,\pi_{A_1B_1C_1D_1}}\right)=\left\langle \pi_{B_1EF}\widehat{,\pi_{A_1B_1C_1D_1}}\right\rangle=\arccos\dfrac{3}{\sqrt{46}}.$

例 2.3.2 (1994 年中国高中数学竞赛题) 在正 n 棱锥中, 相邻两侧所成的二面角的取值范围是什么?

解 如图 2.3.2 所示. 不妨设正 n 棱锥 $P_0\text{-}P_1P_2\cdots P_n$ 顶点的坐标为

$$P_0(0,0,h),\quad P_i\left(a\cos\frac{2(i-1)\pi}{n},a\sin\frac{2(i-1)\pi}{n},0\right)\ (i=1,2,\cdots,n),$$

于是两相邻面 $P_1P_0P_2, P_0P_2P_3$ 的法向量分别为

$$\begin{aligned}\boldsymbol{n}_{P_1P_0P_2}&=\left(\mathrm{Prj}_{yz}\mathrm{D}_{P_1P_0P_2},\mathrm{Prj}_{zx}\mathrm{D}_{P_1P_0P_2},\mathrm{Prj}_{xy}\mathrm{D}_{P_1P_0P_2}\right)\\&=\frac{1}{2}\left(-ah\sin\frac{2\pi}{n},ah\left(\cos\frac{2\pi}{n}-1\right),-a^2\sin\frac{2\pi}{n}\right),\\\boldsymbol{n}_{P_0P_2P_3}&=\left(\mathrm{Prj}_{yz}\mathrm{D}_{P_0P_2P_3},\mathrm{Prj}_{zx}\mathrm{D}_{P_0P_2P_3},\mathrm{Prj}_{xy}\mathrm{D}_{P_0P_2P_3}\right)\end{aligned}$$

$$= \frac{1}{2}\left(ah\left(\sin\frac{4\pi}{n}-\sin\frac{2\pi}{n}\right), ah\left(\cos\frac{2\pi}{n}-\cos\frac{4\pi}{n}\right), a^2\sin\frac{2\pi}{n}\right).$$

因为

$$\begin{aligned}
&\boldsymbol{n}_{P_1P_0P_2}\cdot\boldsymbol{n}_{P_0P_2P_3}\\
&=\frac{1}{4}\left(-ah\sin\frac{2\pi}{n}, ah\left(\cos\frac{2\pi}{n}-1\right), -a^2\sin\frac{2\pi}{n}\right)\\
&\quad\times\left(ah\left(\sin\frac{4\pi}{n}-\sin\frac{2\pi}{n}\right), ah\left(\cos\frac{2\pi}{n}-\cos\frac{4\pi}{n}\right), a^2\sin\frac{2\pi}{n}\right)\\
&=a^2h^2\left(\sin^2\frac{2\pi}{n}-\sin\frac{2\pi}{n}\sin\frac{4\pi}{n}\right)-a^4\sin^2\frac{2\pi}{n}\\
&\quad+a^2h^2\left(\cos\frac{4\pi}{n}-\cos\frac{2\pi}{n}\cos\frac{4\pi}{n}+\cos^2\frac{2\pi}{n}-\cos\frac{2\pi}{n}\right)\\
&=2a^2h^2\cos\frac{2\pi}{n}\left(\cos\frac{2\pi}{n}-1\right)-a^4\sin^2\frac{2\pi}{n},
\end{aligned}$$

$$\begin{aligned}
\mathrm{a}_{P_1P_0P_2}\mathrm{a}_{P_0P_2P_3}&=\mathrm{a}^2_{P_1P_0P_2}=\left(\mathrm{Prj}_{yz}\mathrm{D}_{P_1P_0P_2}\right)^2+\left(\mathrm{Prj}_{zx}\mathrm{D}_{P_1P_0P_2}\right)^2+\left(\mathrm{Prj}_{xy}\mathrm{D}_{P_1P_0P_2}\right)^2\\
&=\left(-ah\sin\frac{2\pi}{n}\right)^2+a^2h^2\left(\cos\frac{2\pi}{n}-1\right)^2+\left(-a^2\sin\frac{2\pi}{n}\right)^2\\
&=2a^2h^2\left(1-\cos\frac{2\pi}{n}\right)+a^4\sin^2\frac{2\pi}{n},
\end{aligned}$$

故由公式 (2.2.1), 可得

$$\begin{aligned}
\cos\theta&=\cos\left\langle\widehat{\pi_{P_1P_0P_2},\pi_{P_0P_2P_3}}\right\rangle\\
&=\frac{\sum\limits_{u=xy}^{zx}\mathrm{Prj}_u\mathrm{D}_{P_1P_0P_2}\mathrm{Prj}_u\mathrm{D}_{P_0P_2P_3}}{\mathrm{a}_{P_1P_0P_2}\mathrm{a}_{P_0P_2P_3}}
\end{aligned}$$

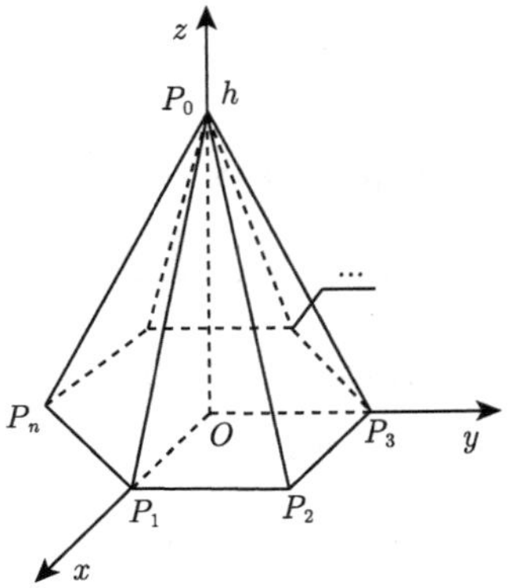

图 2.3.2

$$=\frac{2h^2\cos\frac{2\pi}{n}\left(\cos\frac{2\pi}{n}-1\right)-a^2\sin^2\frac{2\pi}{n}}{2h^2\left(1-\cos\frac{2\pi}{n}\right)+a^2\sin^2\frac{2\pi}{n}},$$

注意到上式中 a 为常数, 故当 $h\to 0^+$ 时, $\cos\theta\to -1^-$, 于是 $\theta\to\pi^-$; 当 $h\to +\infty$ 时, $\cos\theta\to\left(-\cos\frac{2\pi}{n}\right)^+=\left[\cos\left(\pi-\frac{2\pi}{n}\right)\right]^+$, 于是 $\theta\to\left(\pi-\frac{2\pi}{n}\right)^+=\left(\frac{n-2}{n}\pi\right)^+$. 所以 $\frac{n-2}{n}\pi<\theta<\pi$.

例 2.3.3 (1982 年中国数学联赛题) 已知四面体 S-ABC 中, $\angle ASB=\pi/2$, $\angle ASC=\alpha(0<\alpha<\pi/2), \angle BSC=\beta(0<\beta<\pi/2)$, 以 SC 为棱的二面角的平面角为 θ, 求证: $\theta=\pi-\arccos(\cot\alpha\cdot\cot\beta)$.

解 如图 2.3.3 所示, 以 S 为坐标原点, SA, SB 分别为 x, y 轴, 建立空间直角坐标系. 设四面体顶点的坐标为 $S(0,0,0), A(a,0,0), B(0,b,0), C(c,d,e)$, 于是平面 ASC, 平面 BSC 的法向量分别为

$$\begin{aligned}\boldsymbol{n}_{ASC}&=(\mathrm{Prj}_{yz}\mathrm{D}_{ASC},\mathrm{Prj}_{zx}\mathrm{D}_{ASC},\mathrm{Prj}_{xy}\mathrm{D}_{ASC})\\&=\frac{1}{2}\left(\begin{vmatrix}0&0&1\\0&0&1\\d&e&1\end{vmatrix},\begin{vmatrix}0&a&1\\0&0&1\\e&c&1\end{vmatrix},\begin{vmatrix}a&0&1\\0&0&1\\c&d&1\end{vmatrix}\right)=\frac{1}{2}(0,ae,-ad),\\\boldsymbol{n}_{SCB}&=(\mathrm{Prj}_{yz}\mathrm{D}_{SCB},\mathrm{Prj}_{zx}\mathrm{D}_{SCB},\mathrm{Prj}_{xy}\mathrm{D}_{SCB})\\&=\frac{1}{2}\left(\begin{vmatrix}0&0&1\\d&e&1\\b&0&1\end{vmatrix},\begin{vmatrix}0&0&1\\e&c&1\\0&0&1\end{vmatrix},\begin{vmatrix}0&0&1\\c&d&1\\0&b&1\end{vmatrix}\right)=\frac{1}{2}(-be,0,bc).\end{aligned}$$

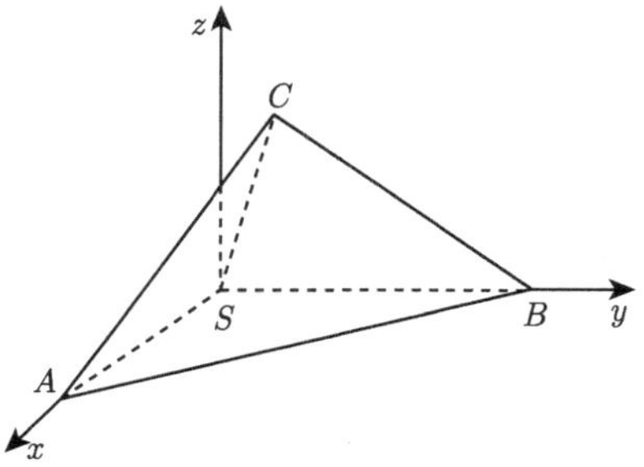

图 2.3.3

故由公式 (2.2.3), 可得

$$\begin{aligned}\cos\theta = \cos\left\langle\widehat{\pi_{ASC},\pi_{SCB}}\right\rangle &= \frac{-abcd}{a\sqrt{e^2+d^2}\cdot b\sqrt{e^2+c^2}}\\ &= -\frac{c}{\sqrt{e^2+c^2}}\frac{d}{\sqrt{e^2+d^2}} = -\cot\alpha\cdot\cot\beta,\end{aligned}$$

故 $\theta = \arccos(-\cot\alpha\cdot\cot\beta) = \pi - \arccos(\cot\alpha\cdot\cot\beta)$.

2.3.2　两有向平面垂直、平行的条件与应用

定理 2.3.1　已知两有向平面的方程为 $\pi_i: A_ix + B_iy + C_iz + D_i = 0\ (i = 1,2)$, 则

(1) 这两有向平面垂直的充分必要条件是它们的法向量 $\boldsymbol{n}_1 = (A_1, B_1, C_1)$, $\boldsymbol{n}_2 = (A_2, B_2, C_2)$ 的点积 $\boldsymbol{n}_1\cdot\boldsymbol{n}_2 = 0$, 即

$$A_1A_2 + B_1B_2 + C_1C_2 = 0; \tag{2.3.1}$$

(2) 这两有向平面平行的充分必要条件是它们的法向量 $\boldsymbol{n}_1 = (A_1, B_1, C_1)$, $\boldsymbol{n}_2 = (A_2, B_2, C_2)$ 的叉积 $\boldsymbol{n}_1\times\boldsymbol{n}_2 = \boldsymbol{0}$, 即

$$\frac{A_1}{A_2} = \frac{B_1}{B_2} = \frac{C_1}{C_2}. \tag{2.3.2}$$

证明　(1) 由公式 (2.2.2), 可知

$\pi_1\perp\pi_2 \Leftrightarrow \left\langle\widehat{\pi_1,\pi_2}\right\rangle = \pi/2 \Leftrightarrow \cos\left\langle\widehat{\pi_1,\pi_2}\right\rangle = 0 \Leftrightarrow \boldsymbol{n}_1\cdot\boldsymbol{n}_2 = 0 \Leftrightarrow$ 式 (2.3.1) 成立.

(2) 由公式 (2.2.2), 可知

$\pi_1//\pi_2 \Leftrightarrow \left\langle\widehat{\pi_1,\pi_2}\right\rangle = 0$或$\pi \Leftrightarrow \cos\left\langle\widehat{\pi_1,\pi_2}\right\rangle = 1$或$-1 \Leftrightarrow \boldsymbol{n}_1\times\boldsymbol{n}_2 = \boldsymbol{0} \Leftrightarrow$ 式(2.3.2)成立.

注 2.3.1　由定理 2.3.1 可知, 两有向平面垂直和平行的条件与两无向平面垂直和平行的条件是一样的.

定理 2.3.2　设 $\pi_{P_1P_2P_3}, \pi_{Q_1Q_2Q_3}$ 分别是两三角形 $P_1P_2P_3, Q_1Q_2Q_3$ 所在有向平面, 则

(1) $\pi_{P_1P_2P_3}\perp\pi_{Q_1Q_2Q_3}$ 的充分必要条件是它们的有向面积在三坐标面上的投影对应相乘的和等于零, 即

$$\begin{aligned}&\mathrm{Prj}_{xy}\mathrm{D}_{P_1P_2P_3}\mathrm{Prj}_{xy}\mathrm{D}_{Q_1Q_2Q_3} + \mathrm{Prj}_{yz}\mathrm{D}_{P_1P_2P_3}\mathrm{Prj}_{yz}\mathrm{D}_{Q_1Q_2Q_3}\\ &+ \mathrm{Prj}_{zx}\mathrm{D}_{P_1P_2P_3}\mathrm{Prj}_{zx}\mathrm{D}_{Q_1Q_2Q_3} = 0;\end{aligned} \tag{2.3.3}$$

(2) $\pi_{P_1P_2P_3}//\pi_{Q_1Q_2Q_3}$ 的充分必要条件是它们的有向面积在三坐标面上投影对应之比相等, 即

$$\mathrm{Prj}_{xy}\mathrm{D}_{P_1P_2P_3}/\mathrm{Prj}_{xy}\mathrm{D}_{Q_1Q_2Q_3} = \mathrm{Prj}_{yz}\mathrm{D}_{P_1P_2P_3}/\mathrm{Prj}_{yz}\mathrm{D}_{Q_1Q_2Q_3}$$

$$= \mathrm{Prj}_{zx}\mathrm{D}_{P_1P_2P_3}/\mathrm{Prj}_{zx}\mathrm{D}_{Q_1Q_2Q_3}. \tag{2.3.4}$$

证明 根据定理 2.1.1, 分别利用公式 (2.3.1) 和公式 (2.3.2) 即得.

推论 2.3.1 二面角 P_3-P_1P_2-P_4 的平面角为 θ, 则

(1) $\theta=\pi/2$ 的充分必要条件是

$$\mathrm{Prj}_{xy}\mathrm{D}_{P_3P_1P_2}\mathrm{Prj}_{xy}\mathrm{D}_{P_4P_1P_2}+\mathrm{Prj}_{yz}\mathrm{D}_{P_3P_1P_2}\mathrm{Prj}_{yz}\mathrm{D}_{P_4P_1P_2}$$
$$+\mathrm{Prj}_{zx}\mathrm{D}_{P_3P_1P_2}\mathrm{Prj}_{zx}\mathrm{D}_{P_4P_1P_2}=0;$$

(2) $\theta=0$ 或 π 的充分必要条件是

$$\mathrm{Prj}_{xy}\mathrm{D}_{P_3P_1P_2}/\mathrm{Prj}_{xy}\mathrm{D}_{P_4P_1P_2}=\mathrm{Prj}_{yz}\mathrm{D}_{P_3P_1P_2}/\mathrm{Prj}_{yz}\mathrm{D}_{P_4P_1P_2}$$
$$=\mathrm{Prj}_{zx}\mathrm{D}_{P_3P_1P_2}/\mathrm{Prj}_{zx}\mathrm{D}_{P_4P_1P_2}.$$

证明 由定理 2.3.2 即得.

例 2.3.4 求证：两点 $P_1(2,1,2),P_2(-1,2,-1)$ 分别与 x 轴所构成的两个半平面之间的夹角为直角.

解 如图 2.3.4 所示. 在 x 轴上取两点 $O(0,0,0),A(1,0,0)$, 则所证两个半平面之间的夹角即二面角 P_1-OA-P_2 的平面角. 因为

$$\mathrm{Prj}_{xy}\mathrm{D}_{P_1OA}=\frac{1}{2},\quad \mathrm{Prj}_{yz}\mathrm{D}_{P_1OA}=0,\quad \mathrm{Prj}_{zx}\mathrm{D}_{P_1OA}=-1;\quad \mathrm{a}_{P_1OA}=\frac{\sqrt{5}}{2},$$
$$\mathrm{Prj}_{xy}\mathrm{D}_{P_2OA}=1,\quad \mathrm{Prj}_{yz}\mathrm{D}_{P_2OA}=0,\quad \mathrm{Prj}_{zx}\mathrm{D}_{P_2OA}=\frac{1}{2};\quad \mathrm{a}_{P_2OA}=\frac{\sqrt{5}}{2}.$$

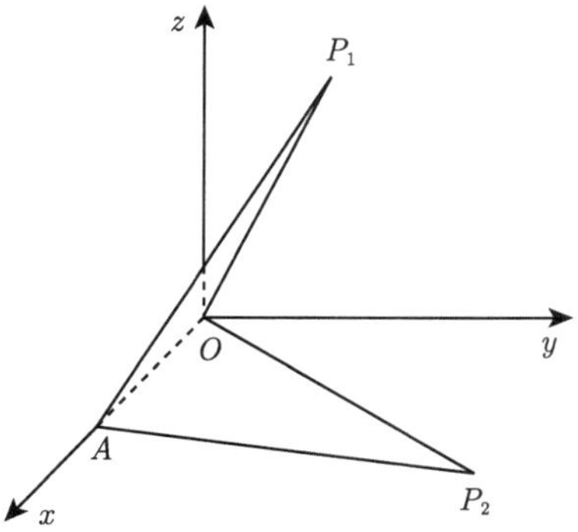

图 2.3.4

因为

$$\mathrm{Prj}_{xy}\mathrm{D}_{P_1OA}\mathrm{Prj}_{xy}\mathrm{D}_{P_2OA}+\mathrm{Prj}_{yz}\mathrm{D}_{P_1OA}\mathrm{Prj}_{yz}\mathrm{D}_{P_2OA}+\mathrm{Prj}_{zx}\mathrm{D}_{P_1OA}\mathrm{Prj}_{zx}\mathrm{D}_{P_2OA}$$

$$=\frac{1}{2}\times 1+0\times 0+(-1)\times\frac{1}{2}=0,$$

所以两点 $P_1(2,1,2),P_2(-1,2,-1)$ 分别与 x 轴所构成的两个半平面之间的夹角为直角.

例 2.3.5 求过两平面 $x+2y+5z-4=0$ 和 $x-y-2z+7=0$ 的交线, 且与三点 $P_1(4,5,4),P_2(4,2,7),P_3(0,5,6)$ 所在平面垂直的平面方程.

解 过两平面交线的平面束方程为

$$x+2y+5z-4+\lambda(x-y-2z+7)=0,$$

即

$$(1+\lambda)x+(2-\lambda)y+(5-2\lambda)z+(-4+7\lambda)=0,$$

其法向量 $\boldsymbol{n}_1=(1+\lambda,2-\lambda,5-2\lambda)$,

又三点 $P_1(4,5,4),P_2(4,2,7),P_3(0,5,6)$ 所在平面的法向量

$$\boldsymbol{n}_2=\frac{1}{2}\left(\begin{vmatrix}5&4&1\\2&7&1\\5&6&1\end{vmatrix},\begin{vmatrix}4&4&1\\7&4&1\\6&0&1\end{vmatrix},\begin{vmatrix}4&5&1\\4&2&1\\0&5&1\end{vmatrix}\right)=(-3,-6,-6)\,.$$

依题设, $\boldsymbol{n}_1\cdot\boldsymbol{n}_2=0$, 即

$$-3\,(1+\lambda)-6\,(2-\lambda)-6\,(5-2\lambda)=0,$$

解得 $\lambda=3$. 故所求平面为

$$4x-y-z+17=0.$$

2.4 二面角和两有向平面夹角的等分面与应用

本节主要通过计算有向距离法和三角形面的投影方程, 研究二面角和两有向平面夹角等分面的基本概念、性质与应用. 首先, 给出两有向平面夹角等分面的定义和有向平面夹角平分面相关的性质; 其次, 给出二面角的一个性质定理, 并利用该性质定理和两有向平面夹角平分面的性质定理, 得出四面体二面角平分面和外角平分面的几个结论; 最后证明了一道数学奥林匹克竞赛题.

2.4.1 二面角和两有向平面夹角等分面的概念与性质

定义 2.4.1 设两有向平面 π_1,π_n 的交线为 l, 它们之间的夹角为 $\langle\widehat{\pi_1,\pi_n}\rangle=n\theta$. 若有 $n-1$ $(n>2)$ 个过直线 l 的有向平面 $\pi_2,\pi_3,\cdots,\pi_{n-1}$, 使

$$\langle\widehat{\pi_1,\pi_2}\rangle=\langle\widehat{\pi_2,\pi_3}\rangle=\cdots=\langle\widehat{\pi_{n-1},\pi_n}\rangle=\theta,$$

则称这 $n-1$ 个有向平面为 π_1,π_n 之间夹角 (或内角) 的 n 等分面; 并称 $\langle\widehat{\pi_1,\pi_2}\rangle$, $\langle\widehat{\pi_2,\pi_3}\rangle,\cdots,\langle\widehat{\pi_{n-1},\pi_n}\rangle$ 为 π_1,π_n 之间夹角 (或内角) 的 n 等分角 (图 2.4.1).

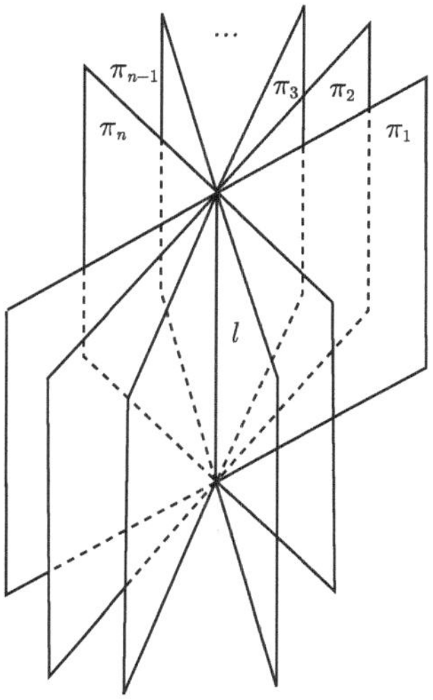

图 2.4.1

特别地, 当 $n=3$ 时, π_2 称为 π_1,π_3 之间夹角 (或内角) 的平分面.

定义 2.4.2　二面角 P_3-P_1P_2-P_4 的平分面定义为两有向平面 $\pi_{P_3P_1P_2},\pi_{P_4P_1P_2}$ 夹角的平分面, 记为 $\pi_{3\text{-}12\text{-}4}$.

有向平面之间夹角的平分面具有如下的性质定理.

定理 2.4.1　设 π_1,π_2,π_3 是相交于直线 l 的三个有向平面. 在 π_2 上任取异于 l 上一点 P, 则 π_2 是 π_1,π_3 之间夹角 (或内角) 的平分面的充分必要条件是 P 到 π_1,π_3 间的有向距离互为相反数, 即

$$\mathrm{D}_{P\text{-}\pi_1}=-\mathrm{D}_{P\text{-}\pi_3}\quad 或\quad \mathrm{D}_{P\text{-}\pi_1}+\mathrm{D}_{P\text{-}\pi_3}=0.$$

证明　如图 2.4.2 所示, 作 PQ_1 垂直 π_1 于点 Q_1, PQ_2 垂直 π_3 于点 Q_2, 并设 PQ_1Q_2 所在平面与 l 相交于点 O.

(1) **充分性**　因为 P 是有向平面 π_2 上一点, 且 $\mathrm{D}_{P\text{-}\pi_1}=-\mathrm{D}_{P\text{-}\pi_3}$, 则 P 位于 π_1,π_3 的异侧且 $\mathrm{d}_{P\text{-}\pi_1}=\mathrm{d}_{P\text{-}\pi_3}$. 于是 $\mathrm{Rt}\triangle Q_1OP\cong\mathrm{Rt}\triangle Q_2OP$, $\angle Q_1OP=\angle Q_2OP=\angle POQ_2$.

又由有向平面夹角的定义, 有

$$\langle\widehat{\pi_1,\pi_2}\rangle=\angle Q_1OP,\quad \langle\widehat{\pi_2,\pi_3}\rangle=\angle POQ_2,$$

所以 $\langle\widehat{\pi_1,\pi_2}\rangle=\langle\widehat{\pi_2,\pi_3}\rangle$, 即 π_2 是 π_1,π_3 之间夹角 (或内角) 的平分面.

(2) **必要性**　若 π_2 是 π_1, π_3 之间夹角的平分面, 则由有向平面夹角的定义, 有

$$\angle Q_1OP = \langle\widehat{\pi_1, \pi_2}\rangle = \langle\widehat{\pi_2, \pi_3}\rangle = \angle POQ_2,$$

故 P 位于 π_1, π_3 的异侧且 $\mathrm{d}_{P\text{-}l_1} = \mathrm{d}_{P\text{-}l_3}$, 于是 $\mathrm{D}_{P\text{-}\pi_1} = -\mathrm{D}_{P\text{-}\pi_3}$.

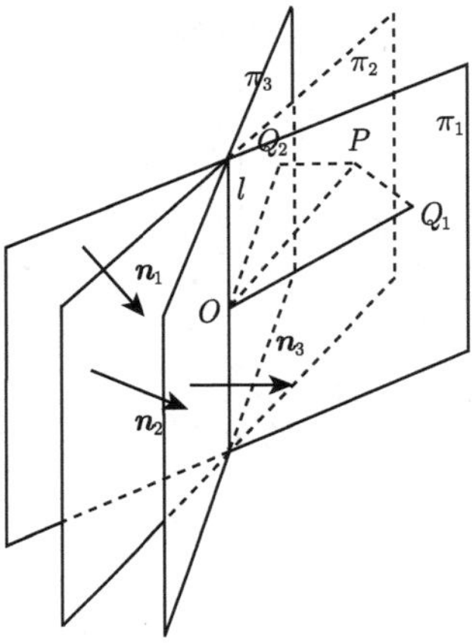

图 2.4.2

推论 2.4.1　平面 π 是二面角 $P_3\text{-}P_1P_2\text{-}P_4$ 平分面的充分必要条件是, 对 $\forall P \in \pi$, 恒有

$$\mathrm{D}_{P\text{-}\pi_{P_3P_1P_2}} = -\mathrm{D}_{P\text{-}\pi_{P_4P_1P_2}} \quad 或 \quad \mathrm{D}_{P\text{-}\pi_{P_3P_1P_2}} + \mathrm{D}_{P\text{-}\pi_{P_4P_1P_2}} = 0;$$

或者

$$\mathrm{D}_{P\text{-}\pi_{P_3P_1P_2}} = \mathrm{D}_{P\text{-}\pi_{P_2P_1P_4}} \quad 或 \quad \mathrm{D}_{P\text{-}\pi_{P_3P_1P_2}} - \mathrm{D}_{P\text{-}\pi_{P_2P_1P_4}} = 0.$$

证明　根据定义 2.4.1 和定理 2.4.1, 以及定理 2.2.1 及其推论即得.

推论 2.4.2　二面角 $P_3\text{-}P_1P_2\text{-}P_4$ 的平分面 $\pi_{3\text{-}12\text{-}4}$ 与 $P_4\text{-}P_1P_2\text{-}P_3$ 的平分面 $\pi_{4\text{-}12\text{-}3}$ 是同向重合的平面; 与 $P_3\text{-}P_2P_1\text{-}P_4$ 的平分面 $\pi_{3\text{-}21\text{-}4}$ 和 $P_4\text{-}P_2P_1\text{-}P_3$ 的平分面 $\pi_{4\text{-}21\text{-}3}$ 是反向重合的平面.

证明　根据推论 2.4.2 和定理 2.2.1 及其推论即得.

推论 2.4.3　二面角 $P_3\text{-}P_1P_2\text{-}P_4$ 的平分面 $\pi_{3\text{-}12\text{-}4}$ 与二面角 $P_3'\text{-}P_1P_2\text{-}P_4'$ $(P_3''\text{-}P_1P_2\text{-}P_4'')$ 的平分面 $\pi_{3'\text{-}12\text{-}4'}(\pi_{3''\text{-}12\text{-}4''})$ 是同向重合的平面, 其中 $P_3'P_1P_2$ $(P_3''P_1P_2), P_4'P_1P_2(P_4''P_1P_2)$ 分别是 $P_3\text{-}P_1P_2\text{-}P_4$ 的两面 $P_3P_1P_2, P_4P_1P_2$ 的反向延伸面.

证明　因为 $P_3'\text{-}P_1P_2\text{-}P_4'$ 的两面 $P_3'P_1P_2, P_4'P_1P_2$ 分别是 $P_3\text{-}P_1P_2\text{-}P_4$ 的两面 $P_3P_1P_2, P_4P_1P_2$ 的反向延伸面, 从而 $\pi_{P_3'P_1P_2}$ 与 $\pi_{P_3P_1P_2}$, $\pi_{P_4'P_1P_2}$ 与 $\pi_{P_4P_1P_2}$ 都是

反向重合的平面. 于是对空间任意一点 P, 均有

$$\mathrm{D}_{P\text{-}\pi_{P_3'P_1P_2}} = -\mathrm{D}_{P\text{-}\pi_{P_3P_1P_2}}, \quad \mathrm{D}_{P\text{-}\pi_{P_4'P_1P_2}} = -\mathrm{D}_{P\text{-}\pi_{P_4P_1P_2}}.$$

故由推论 2.4.1 和以上两式, 可得

$$\begin{aligned} & P \text{ 是二面角 } P_3'\text{-}P_1P_2\text{-}P_4' \text{ 平分面 } \pi_{3'\text{-}12\text{-}4'} \text{ 上任意一点} \\ \Leftrightarrow\ & \mathrm{D}_{P\text{-}\pi_{P_3'P_1P_2}} + \mathrm{D}_{P\text{-}\pi_{P_4'P_1P_2}} = 0 \\ \Leftrightarrow\ & -\mathrm{D}_{P\text{-}\pi_{P_3P_1P_2}} - \mathrm{D}_{P\text{-}\pi_{P_4P_1P_2}} = 0 \\ \Leftrightarrow\ & \mathrm{D}_{P\text{-}\pi_{P_3P_1P_2}} + \mathrm{D}_{P\text{-}\pi_{P_4P_1P_2}} = 0 \\ \Leftrightarrow\ & P \text{ 是二面角 } P_3\text{-}P_1P_2\text{-}P_4 \text{ 平分面 } \pi_{3\text{-}12\text{-}4} \text{ 上任意一点,} \end{aligned}$$

因此, 二面角 $P_3\text{-}P_1P_2\text{-}P_4$ 的平分面 $\pi_{3\text{-}12\text{-}4}$ 与二面角 $P_3'\text{-}P_1P_2\text{-}P_4'$ 的平分面 $\pi_{3'\text{-}12\text{-}4'}$ 是同向重合的平面.

类似地, 可以证明二面角 $P_3''\text{-}P_1P_2\text{-}P_4''$ 的情形.

定理 2.4.2 设 π_1, π_2', π_3 是相交于直线 l 的三个有向平面. 在 π_2' 上任取异于 l 上一点 P', 则 π_2' 是 π_1, π_3 外角的平分面的充分必要条件是 P' 到 π_1, π_3 间的有向距离相等, 即

$$\mathrm{D}_{P'\text{-}\pi_1} = \mathrm{D}_{P'\text{-}\pi_3} \quad \text{或} \quad \mathrm{D}_{P'\text{-}\pi_1} - \mathrm{D}_{P'\text{-}\pi_3} = 0.$$

证明 如图 2.4.3 所示, 作 PQ_1' 垂直 π_1 于点 Q_1', PQ_2' 垂直 π_3 于点 Q_2', 并设 $PQ_1'Q_2'$ 所在平面与 l 相交于点 O.

(1)**充分性** 因为 P' 是有向平面 π_2' 上一点, 且 $\mathrm{D}_{P'\text{-}\pi_1} = \mathrm{D}_{P'\text{-}\pi_3}$, 则 P' 位于 π_1, π_3 的同侧且 $\mathrm{d}_{P'\text{-}\pi_1} = \mathrm{d}_{P'\text{-}\pi_3}$. 于是 $\mathrm{Rt}\triangle Q_1'OP' \cong \mathrm{Rt}\triangle Q_2'OP'$, $\angle Q_1'OP' = \angle Q_2'OP' = \angle P'OQ_2'$.

又由有向平面夹角的定义, 有

$$\left\langle \widehat{\pi_1^-, \pi_2'} \right\rangle = \angle Q_1'OP', \quad \left\langle \widehat{\pi_2'^-, \pi_3} \right\rangle = \angle P'OQ_2',$$

所以 $\left\langle \widehat{\pi_1^-, \pi_2'} \right\rangle = \left\langle \widehat{\pi_2'^-, \pi_3} \right\rangle$, 即 π_2' 是 $\left\langle \widehat{\pi_1^-, \pi_3} \right\rangle$ 的平分面, 即是 π_1, π_3 之间夹角的外角的平分面.

(2) **必要性** 若 π_2' 是 π_1, π_3 之间夹角的外角的平分面, 由有向平面夹角的定义和性质, 有

$$\angle Q_1'OP' = \left\langle \widehat{\pi_1^-, \pi_2} \right\rangle = \left\langle \widehat{\pi_2^-, \pi_3} \right\rangle = \angle P'OQ_2',$$

故 P' 位于 π_1, π_3 的同侧且 $\mathrm{d}_{P'\text{-}\pi_1} = \mathrm{d}_{P'\text{-}\pi_3}$, 于是 $\mathrm{D}_{P'\text{-}\pi_1} = \mathrm{D}_{P'\text{-}\pi_3}$.

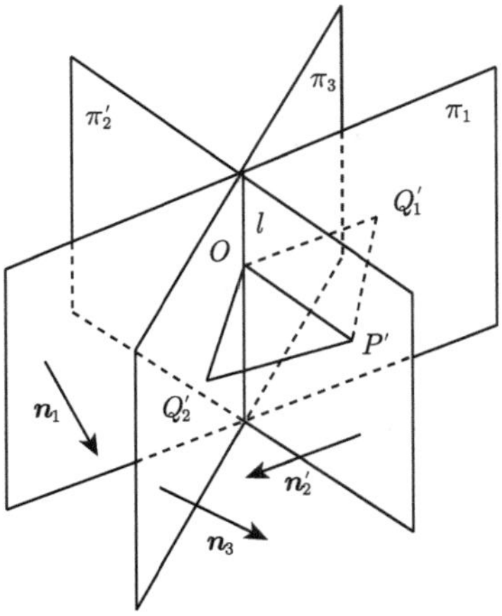

图 2.4.3

推论 2.4.4　设二面角 P_3-P_1P_2-P_4, 则 π' 是 P_3-P_1P_2-P_4 外角平分面的充分必要条件是, 对 $\forall P\in\pi'$, 恒有

$$\mathrm{D}_{P\text{-}\pi_{P_3P_1P_2}}=\mathrm{D}_{P\text{-}\pi_{P_4P_1P_2}}\quad\text{或}\quad \mathrm{D}_{P\text{-}\pi_{P_3P_1P_2}}-\mathrm{D}_{P\text{-}\pi_{P_4P_1P_2}}=0;$$

或者

$$\mathrm{D}_{P\text{-}\pi_{P_3P_1P_2}}=-\mathrm{D}_{P\text{-}\pi_{P_2P_1P_4}}\quad\text{或}\quad \mathrm{D}_{P\text{-}\pi_{P_3P_1P_2}}+\mathrm{D}_{P\text{-}\pi_{P_2P_1P_4}}=0.$$

证明　根据定理 2.2.1 及其推论和定理 2.4.2 即得.

推论 2.4.5　二面角 P_3-P_1P_2-P_4 两种表达形式的外角 P_3'-P_1P_2-P_4(P_3''-P_1P_2-P_4) 和 P_3-P_1P_2-P_4'(P_3-P_1P_2-P_4'') 的平分面 $\pi_{3'\text{-}12\text{-}4}(\pi_{3''\text{-}12\text{-}4})$ 和 $\pi_{3\text{-}12\text{-}4'}(\pi_{3\text{-}12\text{-}4''})$ 是同向重合的平面.

证明　因为 P_3'-P_1P_2-P_4 和 P_3-P_1P_2-P_4' 都是二面角 P_3-P_1P_2-P_4 的外角, 故 $P_3'P_1P_2$, $P_4'P_1P_2$ 分别是二面角 P_3-P_1P_2-P_4 的面 $P_3P_1P_2, P_4P_1P_2$ 的反向延伸面, 从而 $\pi_{P_3'P_1P_2}$ 与 $\pi_{P_3P_1P_2}$, $\pi_{P_4'P_1P_2}$ 与 $\pi_{P_4P_1P_2}$ 都是反向重合的平面. 于是对空间任意一点 P, 均有

$$\mathrm{D}_{P\text{-}\pi_{P_3'P_1P_2}}=-\mathrm{D}_{P\text{-}\pi_{P_3P_1P_2}},\quad \mathrm{D}_{P\text{-}\pi_{P_4'P_1P_2}}=-\mathrm{D}_{P\text{-}\pi_{P_4P_1P_2}}.$$

故由推论 2.4.1 和以上两式, 可得

$$\begin{aligned}&P\text{是二面角}P_3'\text{-}P_1P_2\text{-}P_4\text{平分面}\pi_{3'\text{-}12\text{-}4}\text{上任意一点}\\ \Leftrightarrow&\mathrm{D}_{P\text{-}\pi_{P_3'P_1P_2}}+\mathrm{D}_{P\text{-}\pi_{P_4P_1P_2}}=0\\ \Leftrightarrow&-\mathrm{D}_{P\text{-}\pi_{P_3P_1P_2}}-\mathrm{D}_{P\text{-}\pi_{P_4'P_1P_2}}=0\\ \Leftrightarrow&\mathrm{D}_{P\text{-}\pi_{P_3P_1P_2}}+\mathrm{D}_{P\text{-}\pi_{P_4'P_1P_2}}=0\end{aligned}$$

$$\Leftrightarrow P\text{是二面角}P_3\text{-}P_1P_2\text{-}P_4'\text{平分面}\pi_{3\text{-}12\text{-}4'}\text{上任意一点},$$

因此, P_3'-P_1P_2-P_4 和 P_3-P_1P_2-P_4' 的平分面 $\pi_{3'\text{-}12\text{-}4}$ 和 $\pi_{3\text{-}12\text{-}4'}$ 是同向重合的平面.

类似地, 可以证明二面角 P_3-P_1P_2-P_4 两种表达形式的外角 P_3''-P_1P_2-P_4 和 P_3-P_1P_2-P_4'' 的情形.

注 2.4.1 推论 2.4.5 说明, 二面角 P_3-P_1P_2-P_4 四种表达形式的外角平分面 $\pi_{3'\text{-}12\text{-}4}(\pi_{3''\text{-}12\text{-}4})$ 和 $\pi_{3\text{-}12\text{-}4'}(\pi_{3\text{-}12\text{-}4''})$ 是同向重合的, 即是同一的, 因此我们将二面角 P_3-P_1P_2-P_4 外角的平分面, 统一记为 $\pi'_{3\text{-}12\text{-}4}$.

推论 2.4.6 二面角 P_3-P_1P_2-P_4 外角的平分面 $\pi'_{3\text{-}12\text{-}4}$ 与 P_4-P_1P_2-P_3 外角的平分面 $\pi'_{4\text{-}12\text{-}3}$ 是同向重合的平面; 与 P_3-P_2P_1-P_4 外角的平分面 $\pi'_{3\text{-}21\text{-}4}$ 和 P_4-P_2P_1-P_3 外角的平分面 $\pi'_{4\text{-}21\text{-}3}$ 是反向重合的平面.

证明 根据推论 2.4.2 和推论 2.4.5 即得.

例 2.4.1 分别求两平面 $\pi_1: x-2y+2z+3=0$, $\pi_2: 3x-4z-5=0$ 内角平分面 π_3 和外角的平分面 π_4 的方程.

解 设 $P(x,y,z)$ 是 π_1,π_2 内角平分面 π_3 上任意一点, 则由定理 2.4.1, 可得 $\mathrm{D}_{P\text{-}\pi_1}+\mathrm{D}_{P\text{-}\pi_2}=0$, 即

$$\frac{x-2y+2z+3}{\sqrt{1^2+(-2)^2+2^2}}+\frac{3x-4z-5}{\sqrt{3^2+(-4)^2}}=0,$$

化简即得 π_3 的方程 $\pi_3: 7x-5y-z=0$;

又设 $P(x,y,z)$ 是 π_1,π_2 外角平分面 π_4 上任意一点, 则由定理 2.4.2, 可得 $\mathrm{D}_{P\text{-}\pi_1}-\mathrm{D}_{P\text{-}\pi_2}=0$, 即

$$\frac{x-2y+2z+3}{\sqrt{1^2+(-2)^2+2^2}}-\frac{3x-4z-5}{\sqrt{3^2+(-4)^2}}=0,$$

化简即得 π_4 的方程 $\pi_4: -2x-5y+11z+15=0$.

注 2.4.2 在求两平面的内角平分面和外角平分面时, 若需要化简, 则方程两边只能消除一个正常数因子. 否则, 若方程两边消除一个负常数因子, 得出将是两平面的内角平分面 π_3 或外角平分面 π_4 的反向重合平面 π_3^- 或 π_4^-.

2.4.2 二面角与两有向平面夹角平分面定理的应用

定理 2.4.3 (二面角平分面定理) 设 P_3-P_1P_2-P_4 是二面角, Q_1,Q_2 分别是面 $P_3P_1P_2$, $P_4P_1P_2$ 上异于棱线 P_1P_2 上的任意两点, Q 是 Q_1Q_2 的 λ-分点, 则

$$\mathrm{a}_{P_3P_1P_2}\mathrm{D}_{Q\text{-}\pi_{P_3P_1P_2}}+\lambda\mathrm{a}_{P_4P_1P_2}\mathrm{D}_{Q\text{-}\pi_{P_4P_1P_2}}=0. \tag{2.4.1}$$

证明　如图 2.4.4 所示, 根据二面角的定义, 不妨设 $Q_1=P_3, Q_2=P_4$. 设二面角 $P_3\text{-}P_1P_2\text{-}P_4$ 上各有关点的坐标为 $P_i(x_i,y_i,z_i)(i=1,2,3,4)$, 则 Q 点的坐标为

$$Q\left(\frac{x_3+\lambda x_4}{1+\lambda},\frac{y_3+\lambda y_4}{1+\lambda},\frac{z_3+\lambda z_4}{1+\lambda}\right).$$

根据定理 2.1.1, 可得 $\pi_{P_3P_1P_2},\pi_{P_4P_1P_2}$ 的方程分别为

$$x\mathrm{Prj}_{yz}\mathrm{D}_{P_3P_1P_2}+y\mathrm{Prj}_{zx}\mathrm{D}_{P_3P_1P_2}+z\mathrm{Prj}_{xy}\mathrm{D}_{P_3P_1P_2}-\Delta_{P_3P_1P_2}=0,$$
$$x\mathrm{Prj}_{yz}\mathrm{D}_{P_4P_1P_2}+y\mathrm{Prj}_{zx}\mathrm{D}_{P_4P_1P_2}+z\mathrm{Prj}_{xy}\mathrm{D}_{P_4P_1P_2}-\Delta_{P_4P_1P_2}=0,$$

其中 $\Delta_{P_3P_1P_2}=\dfrac{1}{2}\begin{vmatrix}x_3&y_3&z_3\\x_1&y_1&z_1\\x_2&y_2&z_2\end{vmatrix},\Delta_{P_4P_1P_2}=\dfrac{1}{2}\begin{vmatrix}x_4&y_4&z_4\\x_1&y_1&z_1\\x_2&y_2&z_2\end{vmatrix}$.

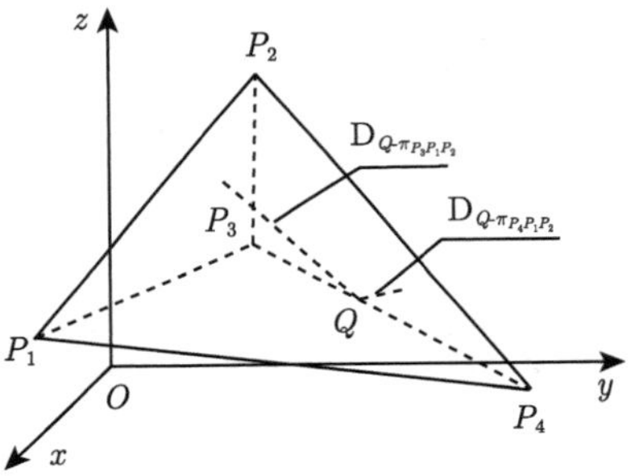

图 2.4.4

于是由点到平面有向距离公式和行列式的性质, 可得

$$\begin{aligned}
&\mathrm{a}_{P_3P_1P_2}\mathrm{D}_{Q\text{-}\pi_{P_3P_1P_2}}\\
=&x_Q\mathrm{Prj}_{yz}\mathrm{D}_{P_3P_1P_2}+y_Q\mathrm{Prj}_{zx}\mathrm{D}_{P_3P_1P_2}+z_Q\mathrm{Prj}_{xy}\mathrm{D}_{P_3P_1P_2}-\Delta_{P_3P_1P_2}\\
=&\frac{1}{2}\begin{vmatrix}x_Q&y_Q&z_Q&1\\x_3&y_3&z_3&1\\x_1&y_1&z_1&1\\x_2&y_2&z_2&1\end{vmatrix}=\frac{1}{2(1+\lambda)}\begin{vmatrix}x_3+\lambda x_4&y_3+\lambda y_4&z_3+\lambda z_4&1+\lambda\\x_3&y_3&z_3&1\\x_1&y_1&z_1&1\\x_2&y_2&z_2&1\end{vmatrix}\\
=&\frac{\lambda}{2(1+\lambda)}\begin{vmatrix}x_4&y_4&z_4&1\\x_3&y_3&z_3&1\\x_1&y_1&z_1&1\\x_2&y_2&z_2&1\end{vmatrix}=-\frac{\lambda}{2(1+\lambda)}\begin{vmatrix}x_1&y_1&z_1&1\\x_2&y_2&z_2&1\\x_3&y_3&z_3&1\\x_4&y_4&z_4&1\end{vmatrix},
\end{aligned}\tag{2.4.2}$$

$$
\begin{aligned}
&\mathrm{a}_{P_4P_1P_2}\mathrm{D}_{Q\text{-}\pi_{P_4P_1P_2}}\\
=&x_Q\mathrm{Prj}_{yz}\mathrm{D}_{P_4P_1P_2}+y_Q\mathrm{Prj}_{zx}\mathrm{D}_{P_4P_1P_2}+z_Q\mathrm{Prj}_{xy}\mathrm{D}_{P_4P_1P_2}-\Delta_{P_4P_1P_2}\\
=&\frac{1}{2}\begin{vmatrix} x_Q & y_Q & z_Q & 1\\ x_4 & y_4 & z_4 & 1\\ x_1 & y_1 & z_1 & 1\\ x_2 & y_2 & z_2 & 1\end{vmatrix}=\frac{1}{2(1+\lambda)}\begin{vmatrix} x_3+\lambda x_4 & y_3+\lambda y_4 & z_3+\lambda z_4 & 1+\lambda\\ x_4 & y_4 & z_4 & 1\\ x_1 & y_1 & z_1 & 1\\ x_2 & y_2 & z_2 & 1\end{vmatrix}\\
=&\frac{1}{2(1+\lambda)}\begin{vmatrix} x_3 & y_3 & z_3 & 1\\ x_4 & y_4 & z_4 & 1\\ x_1 & y_1 & z_1 & 1\\ x_2 & y_2 & z_2 & 1\end{vmatrix}=\frac{1}{2(1+\lambda)}\begin{vmatrix} x_1 & y_1 & z_1 & 1\\ x_2 & y_2 & z_2 & 1\\ x_3 & y_3 & z_3 & 1\\ x_4 & y_4 & z_4 & 1\end{vmatrix},
\end{aligned}
\tag{2.4.3}
$$

式 (2.4.2)+$\lambda\times$(2.4.3), 即得式 (2.4.1).

推论 2.4.7 设 P_3-P_1P_2-P_4 是二面角, Q_1,Q_2 分别是面 $P_3P_1P_2,P_4P_1P_2$ 上异于棱线 P_1P_2 上的任意两点, Q 是 Q_1Q_2 的 λ-分点. 若 $\mathrm{a}_{P_3P_1P_2}=\mathrm{a}_{P_4P_1P_2}$, 则

$$
\mathrm{D}_{Q\text{-}\pi_{P_3P_1P_2}}+\lambda\mathrm{D}_{Q\text{-}\pi_{P_4P_1P_2}}=0. \tag{2.4.4}
$$

证明 将 $\mathrm{a}_{P_3P_1P_2}=\mathrm{a}_{P_4P_1P_2}$ 代入式 (2.4.1) 并化简, 即得式 (2.4.4).

推论 2.4.8 设 P_3-P_1P_2-P_4 是二面角, Q_1,Q_2 分别是面 $P_3P_1P_2,P_4P_1P_2$ 上异于棱线 P_1P_2 上的任意两点, Q 是 Q_1Q_2 的中点, 则

$$
\frac{\mathrm{D}_{Q\text{-}\pi_{P_3P_1P_2}}}{\mathrm{D}_{Q\text{-}\pi_{P_4P_1P_2}}}=-\frac{\mathrm{a}_{P_4P_1P_2}}{\mathrm{a}_{P_3P_1P_2}}. \tag{2.4.5}
$$

证明 因为 Q 是 Q_1Q_2 的中点, 所以 $\lambda=1$. 代入式 (2.4.1) 并化简, 即得式 (2.4.5).

定理 2.4.4 (1957 年波兰数学奥林匹克题) 在四面体中, 它的任意一个二面角的平分面分对棱所得两线段之比, 等于组成这个二面角的两个面 (三角形) 的面积之比.

证明 如图 2.4.5 所示. 设 $P_1P_2P_3P_4$ 是四面体, Q_{23} 是 P_2P_3 的 λ-分点, 且 $P_4P_1Q_{23}$ 是二面角 P_2-P_1P_4-P_3 的角平分面, 则 $\mathrm{D}_{Q_{23}\text{-}\pi_{P_2P_1P_4}}=-\mathrm{D}_{Q_{23}\text{-}\pi_{P_4P_1P_3}}$. 又由定理 2.4.3, 可得

$$
\lambda=-\frac{\mathrm{a}_{P_2P_1P_4}\mathrm{D}_{Q_{23}\text{-}\pi_{P_2P_1P_4}}}{\mathrm{a}_{P_4P_1P_3}\mathrm{D}_{Q_{23}\text{-}\pi_{P_4P_1P_3}}}=\frac{\mathrm{a}_{P_2P_1P_4}}{\mathrm{a}_{P_4P_1P_3}},
$$

因此, 此时定理 2.4.4 结论成立.

类似地, 可以证明结论对四面体中其余的二面角也成立.

推论 2.4.9 在四面体中, 任意两个面积相等的面所构成的二面角的平分面经过对棱的中点.

证明　不妨设在 $P_1P_2P_3P_4$ 是四面体中, 两面 $P_2P_1P_4, P_3P_1P_4$ 的面积相等, 即 $\mathrm{a}_{P_2P_1P_4} = \mathrm{a}_{P_3P_1P_4}$, Q_{23} 是 P_2P_3 的 λ-分点, 且 $P_4P_1Q_{23}$ 是二面角 P_2-P_1P_4-P_3 的角平分面, 则由定理 2.4.4, 可得 $\lambda = 1$. 因此, Q_{23} 是 P_2P_3 的中分点, 即二面角 P_2-P_1P_4-P_3 的角平分面 $P_4P_1Q_{23}$ 经过对棱 P_2P_3 的中点 Q_{23}.

推论 2.4.10　在等面四面体中, 任意一个二面角的平分面经过对棱的中点.

证明　根据推论 2.4.9 即得.

定理 2.4.5　在四面体中, 它的任意一个二面角外角的平分面分对棱所得两线段之比, 等于组成这个二面角的两个面 (三角形) 的面积之比的负值.

证明　如图 2.4.6 所示. 若 Q'_{23} 是 P_2P_3 的 λ-分点, 且 $P_4P_1Q'_{23}$ 是二面角 P_2-P_1P_4-P_3 外角的平分面, 则 $\mathrm{D}_{Q_{23}\text{-}\pi_{P_2P_1P_4}} = \mathrm{D}_{Q_{23}\text{-}\pi_{P_4P_1P_3}}$. 又由定理 2.4.3, 可得

$$\lambda = -\frac{\mathrm{a}_{P_2P_1P_4}\mathrm{D}_{Q_{23}\text{-}\pi_{P_2P_1P_4}}}{\mathrm{a}_{P_4P_1P_3}\mathrm{D}_{Q_{23}\text{-}\pi_{P_4P_1P_3}}} = -\frac{\mathrm{a}_{P_2P_1P_4}}{\mathrm{a}_{P_4P_1P_3}},$$

此时, 定理 2.4.5 结论成立.

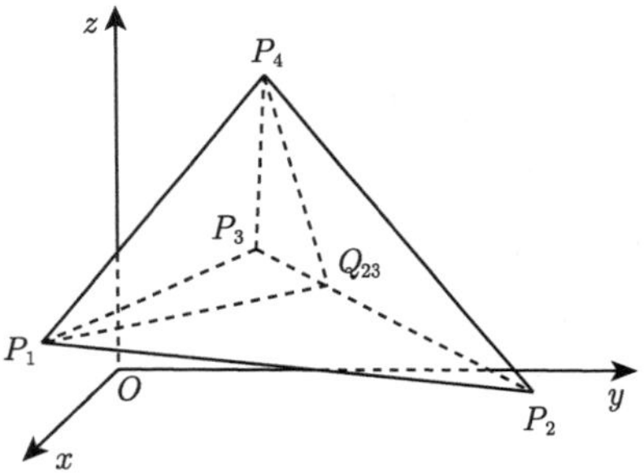

图 2.4.5

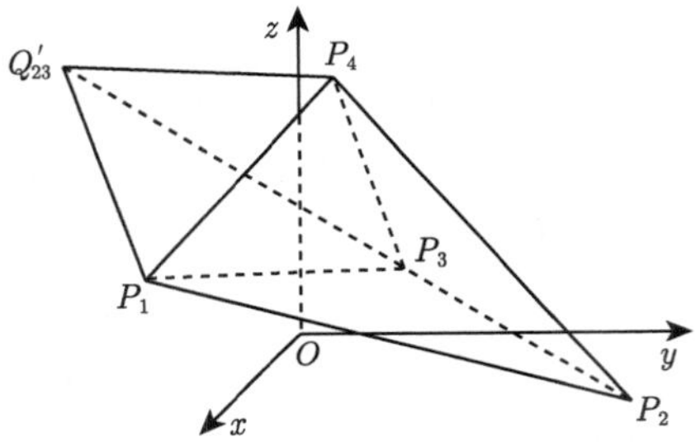

图 2.4.6

类似地, 可以证明结论对四面体中其余的二面角的外角也成立.

推论 2.4.11　在四面体中, 任意两个面积相等的面所构成的二面角的外角的平分面与对棱平行.

证明　不妨设在四面体 $P_1P_2P_3P_4$ 中, 两面 $P_2P_1P_4, P_3P_1P_4$ 的面积相等, 即 $\mathrm{a}_{P_2P_1P_4} = \mathrm{a}_{P_3P_1P_4}$, Q'_{23} 是 P_2P_3 的 λ-分点, 且 $P_4P_1Q'_{23}$ 是二面角 P_2-P_1P_4-P_3 外角的平分面, 则由定理 2.4.5, 可得 $\lambda = -1$. 因此, Q'_{23} 是 P_2P_3 的无穷远点. 因此, 二面角 P_2-P_1P_4-P_3 的角平分面 $P_4P_1Q_{23}$ 与对棱 P_2P_3 相交于无穷远点 Q'_{23}, 即二面角 P_2-P_1P_4-P_3 的角平分面 $P_4P_1Q_{23}$ 与对棱 P_2P_3 平行.

推论 2.4.12　在等面四面体中, 任意一个二面角外角的平分面与对棱平行.

证明　根据推论 2.4.10 即得.

定理 2.4.6　设 $P_1P_2P_3P_4$ 是四面体, Q_{12}, Q_{23}, Q_{31} 分别为三角形面 $P_1P_2P_3$

上各边 P_1P_2, P_2P_3, P_3P_1 的内角平分点, 则

$$\frac{\mathrm{a}_{P_4P_3P_1}\mathrm{D}_{Q_{12}\text{-}\pi_{P_4P_3P_1}}}{\mathrm{a}_{P_4P_3P_2}\mathrm{D}_{Q_{12}\text{-}\pi_{P_4P_3P_2}}}=-\frac{\mathrm{d}_{P_3P_1}}{\mathrm{d}_{P_3P_2}}, \tag{2.4.6}$$

$$\frac{\mathrm{a}_{P_4P_1P_2}\mathrm{D}_{Q_{23}\text{-}\pi_{P_4P_1P_2}}}{\mathrm{a}_{P_4P_1P_3}\mathrm{D}_{Q_{23}\text{-}\pi_{P_4P_1P_3}}}=-\frac{\mathrm{d}_{P_1P_2}}{\mathrm{d}_{P_1P_3}}, \tag{2.4.7}$$

$$\frac{\mathrm{a}_{P_4P_2P_3}\mathrm{D}_{Q_{31}\text{-}\pi_{P_4P_2P_3}}}{\mathrm{a}_{P_4P_2P_1}\mathrm{D}_{Q_{31}\text{-}\pi_{P_4P_2P_1}}}=-\frac{\mathrm{d}_{P_2P_3}}{\mathrm{d}_{P_2P_1}}. \tag{2.4.8}$$

对四面体 $P_1P_2P_3P_4$ 其余三角形面 $P_2P_3P_4, P_3P_4P_1, P_4P_1P_2$ 上各边的内角平分点 R_{23}, $R_{34}, R_{42}; S_{34}, S_{41}, S_{13}; T_{41}, T_{12}, T_{24}$, 也可以得出类似的结果.

证明 因为 Q_{12} 为三角形面 $P_1P_2P_3$ 上边 P_1P_2 的内角平分点, 故由三角形内角平分线性质及定理 2.4.3, 分别有

$$\lambda=\frac{\mathrm{D}_{P_1Q_{12}}}{\mathrm{D}_{Q_{12}P_2}}=\frac{\mathrm{d}_{P_3P_1}}{\mathrm{d}_{P_3P_2}},\quad \frac{\mathrm{a}_{P_1P_3P_4}\mathrm{D}_{Q_{12}\text{-}\pi_{P_1P_3P_4}}}{\mathrm{a}_{P_2P_3P_4}\mathrm{D}_{Q_{12}\text{-}\pi_{P_2P_3P_4}}}=\frac{\mathrm{a}_{P_4P_3P_1}\mathrm{D}_{Q_{12}\text{-}\pi_{P_4P_3P_1}}}{\mathrm{a}_{P_4P_3P_2}\mathrm{D}_{Q_{12}\text{-}\pi_{P_4P_3P_2}}}=-\lambda,$$

因此, 式 (2.4.6) 成立;

类似地, 可以证明式 (2.4.7) 和 (2.4.8) 成立.

推论 2.4.13 设 $P_1P_2P_3P_4$ 是四面体, Q_{12}, Q_{23}, Q_{31} 分别为三角形面 $P_1P_2P_3$ 上各边 P_1P_2, P_2P_3, P_3P_1 的内角平分点.

(1) 若 $\mathrm{a}_{P_4P_3P_1}=\mathrm{a}_{P_4P_3P_2}$, 则

$$\frac{\mathrm{D}_{Q_{12}\text{-}\pi_{P_4P_3P_1}}}{\mathrm{D}_{Q_{12}\text{-}\pi_{P_4P_3P_2}}}=-\frac{\mathrm{d}_{P_3P_1}}{\mathrm{d}_{P_3P_2}};$$

(2) 若 $\mathrm{a}_{P_4P_1P_2}=\mathrm{a}_{P_4P_1P_3}$, 则

$$\frac{\mathrm{D}_{Q_{23}\text{-}\pi_{P_4P_1P_2}}}{\mathrm{D}_{Q_{23}\text{-}\pi_{P_4P_1P_3}}}=-\frac{\mathrm{d}_{P_1P_2}}{\mathrm{d}_{P_1P_3}};$$

(3) 若 $\mathrm{a}_{P_4P_2P_3}=\mathrm{a}_{P_4P_2P_1}$, 则

$$\frac{\mathrm{D}_{Q_{31}\text{-}\pi_{P_4P_2P_3}}}{\mathrm{D}_{Q_{31}\text{-}\pi_{P_4P_2P_1}}}=-\frac{\mathrm{d}_{P_2P_3}}{\mathrm{d}_{P_2P_1}}.$$

对四面体 $P_1P_2P_3P_4$ 其余三角形面 $P_2P_3P_4, P_3P_4P_1, P_4P_1P_2$ 上各边的内角平分点 R_{23}, $R_{34}, R_{42}; S_{34}, S_{41}, S_{13}; T_{41}, T_{12}, T_{24}$, 也可以得出类似的结果.

推论 2.4.14 设 $P_1P_2P_3P_4$ 是四面体, $Q_{12}, Q_{23}, Q_{31}; R_{23}, R_{34}, R_{42}; S_{34}, S_{41}$, $S_{13}; T_{41}, T_{12}, T_{24}$ 分别为三角形面 $P_1P_2P_3, P_2P_3P_4, P_3P_4P_1, P_4P_1P_2$ 上各边的内角平分点, 则

$$\frac{\mathrm{D}_{Q_{12}\text{-}\pi_{P_4P_3P_1}}}{\mathrm{D}_{Q_{12}\text{-}\pi_{P_4P_3P_2}}}\cdot\frac{\mathrm{D}_{Q_{23}\text{-}\pi_{P_4P_1P_2}}}{\mathrm{D}_{Q_{23}\text{-}\pi_{P_4P_1P_3}}}\cdot\frac{\mathrm{D}_{Q_{31}\text{-}\pi_{P_4P_2P_3}}}{\mathrm{D}_{Q_{31}\text{-}\pi_{P_4P_2P_1}}}=-1, \tag{2.4.9}$$

$$\frac{D_{R_{23}\text{-}\pi_{P_1P_4P_2}}}{D_{R_{23}\text{-}\pi_{P_1P_4P_3}}} \cdot \frac{D_{R_{34}\text{-}\pi_{P_1P_2P_3}}}{D_{R_{34}\text{-}\pi_{P_1P_2P_4}}} \cdot \frac{D_{R_{42}\text{-}\pi_{P_1P_3P_4}}}{D_{R_{42}\text{-}\pi_{P_1P_3P_2}}} = -1, \tag{2.4.10}$$

$$\frac{D_{S_{34}\text{-}\pi_{P_2P_1P_3}}}{D_{S_{34}\text{-}\pi_{P_2P_1P_4}}} \cdot \frac{D_{S_{41}\text{-}\pi_{P_2P_3P_4}}}{D_{S_{41}\text{-}\pi_{P_2P_3P_1}}} \cdot \frac{D_{S_{13}\text{-}\pi_{P_2P_4P_1}}}{D_{S_{13}\text{-}\pi_{P_2P_4P_3}}} = -1, \tag{2.4.11}$$

$$\frac{D_{T_{41}\text{-}\pi_{P_3P_2P_4}}}{D_{T_{41}\text{-}\pi_{P_3P_2P_1}}} \cdot \frac{D_{T_{12}\text{-}\pi_{P_3P_4P_1}}}{D_{T_{12}\text{-}\pi_{P_3P_4P_2}}} \cdot \frac{D_{T_{24}\text{-}\pi_{P_3P_1P_2}}}{D_{T_{24}\text{-}\pi_{P_3P_1P_4}}} = -1. \tag{2.4.12}$$

证明 根据定理 2.4.6, 式 (2.4.6)~(2.4.8) 相乘并化简, 即得式 (2.4.9);

类似地, 可以证明式 (2.4.10)~(2.4.12) 成立.

定理 2.4.7 设 $P_1P_2P_3P_4$ 是四面体, $Q'_{12}, Q'_{23}, Q'_{31}$ 分别为三角形面 $P_1P_2P_3$ 上各边 P_1P_2, P_2P_3, P_3P_1 延长线的外角平分点, 则

$$\frac{a_{P_4P_3P_1} D_{Q'_{12}\text{-}\pi_{P_4P_3P_1}}}{a_{P_4P_3P_2} D_{Q'_{12}\text{-}\pi_{P_4P_3P_2}}} = \frac{d_{P_3P_1}}{d_{P_3P_2}}, \tag{2.4.13}$$

$$\frac{a_{P_4P_1P_2} D_{Q'_{23}\text{-}\pi_{P_4P_1P_2}}}{a_{P_4P_1P_3} D_{Q'_{23}\text{-}\pi_{P_4P_1P_3}}} = \frac{d_{P_1P_2}}{d_{P_1P_3}}, \tag{2.4.14}$$

$$\frac{a_{P_4P_2P_3} D_{Q'_{31}\text{-}\pi_{P_4P_2P_3}}}{a_{P_4P_2P_1} D_{Q'_{31}\text{-}\pi_{P_4P_2P_1}}} = \frac{d_{P_2P_3}}{d_{P_2P_1}}. \tag{2.4.15}$$

对四面体 $P_1P_2P_3P_4$ 其余三角形面 $P_2P_3P_4, P_3P_4P_1, P_4P_1P_2$ 各边延长线的外角平分点 $R'_{23}, R'_{34}, R'_{42}; S'_{34}, S'_{41}, S'_{13}; T'_{41}, T'_{12}, T'_{24}$, 也可以得出类似的结果.

证明 因为 Q'_{12} 为三角形面 $P_1P_2P_3$ 上边 P_1P_2 延长线的外角平分点, 故由三角形外角平分线性质及定理 2.4.3, 分别有

$$\lambda = \frac{D_{P_1Q'_{12}}}{D_{Q'_{12}P_2}} = -\frac{d_{P_3P_1}}{d_{P_3P_2}}, \quad \frac{a_{P_1P_3P_4} D_{Q'_{12}\text{-}\pi_{P_1P_3P_4}}}{a_{P_2P_3P_4} D_{Q'_{12}\text{-}\pi_{P_2P_3P_4}}} = \frac{a_{P_4P_3P_1} D_{Q'_{12}\text{-}\pi_{P_4P_3P_1}}}{a_{P_4P_3P_2} D_{Q'_{12}\text{-}\pi_{P_4P_3P_2}}} = -\lambda,$$

因此, 式 (2.4.13) 成立;

类似地, 可以证明式 (2.4.14) 和 (2.4.15) 成立.

推论 2.4.15 设 $P_1P_2P_3P_4$ 是四面体, $Q'_{12}, Q'_{23}, Q'_{31}$ 分别为三角形面 $P_1P_2P_3$ 上各边 P_1P_2, P_2P_3, P_3P_1 延长线的外角平分点.

(1) 若 $a_{P_4P_3P_1} = a_{P_4P_3P_2}$, 则

$$\frac{D_{Q'_{12}\text{-}\pi_{P_4P_3P_1}}}{D_{Q'_{12}\text{-}\pi_{P_4P_3P_2}}} = \frac{d_{P_3P_1}}{d_{P_3P_2}};$$

(2) 若 $a_{P_4P_1P_2} = a_{P_4P_1P_3}$, 则

$$\frac{D_{Q'_{23}\text{-}\pi_{P_4P_1P_2}}}{D_{Q'_{23}\text{-}\pi_{P_4P_1P_3}}} = \frac{d_{P_1P_2}}{d_{P_1P_3}};$$

(3) 若 $\mathrm{a}_{P_4P_2P_3}=\mathrm{a}_{P_4P_2P_1}$, 则

$$\frac{\mathrm{D}_{Q'_{31}\text{-}\pi_{P_4P_2P_3}}}{\mathrm{D}_{Q'_{31}\text{-}\pi_{P_4P_2P_1}}}=\frac{\mathrm{d}_{P_2P_3}}{\mathrm{d}_{P_2P_1}}.$$

对四面体 $P_1P_2P_3P_4$ 其余三角形面 $P_2P_3P_4, P_3P_4P_1, P_4P_1P_2$ 上各边延长线的外角平分点 $R'_{23}, R'_{34}, R'_{42}; S'_{34}, S'_{41}, S'_{13}; T'_{41}, T'_{12}, T'_{24}$, 也可以得出类似的结果.

推论 2.4.16 设 $P_1P_2P_3P_4$ 是四面体, $Q'_{12}, Q'_{23}, Q'_{31}; R'_{23}, R'_{34}, R'_{42}; S'_{34}, S'_{41}, S'_{13}; T'_{41}, T'_{12}, T'_{24}$ 分别为三角形面 $P_1P_2P_3, P_2P_3P_4, P_3P_4P_1, P_4P_1P_2$ 延长线的外角平分点, 则

$$\frac{\mathrm{D}_{Q'_{12}\text{-}\pi_{P_4P_3P_1}}}{\mathrm{D}_{Q'_{12}\text{-}\pi_{P_4P_3P_2}}}\cdot\frac{\mathrm{D}_{Q'_{23}\text{-}\pi_{P_4P_1P_2}}}{\mathrm{D}_{Q'_{23}\text{-}\pi_{P_4P_1P_3}}}\cdot\frac{\mathrm{D}_{Q'_{31}\text{-}\pi_{P_4P_2P_3}}}{\mathrm{D}_{Q'_{31}\text{-}\pi_{P_4P_2P_1}}}=1, \tag{2.4.16}$$

$$\frac{\mathrm{D}_{R'_{23}\text{-}\pi_{P_1P_4P_2}}}{\mathrm{D}_{R'_{23}\text{-}\pi_{P_1P_4P_3}}}\cdot\frac{\mathrm{D}_{R'_{34}\text{-}\pi_{P_1P_2P_3}}}{\mathrm{D}_{R'_{34}\text{-}\pi_{P_1P_2P_4}}}\cdot\frac{\mathrm{D}_{R'_{42}\text{-}\pi_{P_1P_3P_4}}}{\mathrm{D}_{R'_{42}\text{-}\pi_{P_1P_3P_2}}}=1, \tag{2.4.17}$$

$$\frac{\mathrm{D}_{S'_{34}\text{-}\pi_{P_2P_1P_3}}}{\mathrm{D}_{S'_{34}\text{-}\pi_{P_2P_1P_4}}}\cdot\frac{\mathrm{D}_{S'_{41}\text{-}\pi_{P_2P_3P_4}}}{\mathrm{D}_{S'_{41}\text{-}\pi_{P_2P_3P_1}}}\cdot\frac{\mathrm{D}_{S'_{13}\text{-}\pi_{P_2P_4P_1}}}{\mathrm{D}_{S'_{13}\text{-}\pi_{P_2P_4P_3}}}=1, \tag{2.4.18}$$

$$\frac{\mathrm{D}_{T'_{41}\text{-}\pi_{P_3P_2P_4}}}{\mathrm{D}_{T'_{41}\text{-}\pi_{P_3P_2P_1}}}\cdot\frac{\mathrm{D}_{T'_{12}\text{-}\pi_{P_3P_4P_1}}}{\mathrm{D}_{T'_{12}\text{-}\pi_{P_3P_4P_2}}}\cdot\frac{\mathrm{D}_{T'_{24}\text{-}\pi_{P_3P_1P_2}}}{\mathrm{D}_{T'_{24}\text{-}\pi_{P_3P_1P_4}}}=1. \tag{2.4.19}$$

证明 根据定理 2.4.7, 式 (2.4.13)~(2.4.15) 相乘并化简, 即得式 (2.4.16). 类似地, 可以证明式 (2.4.17)~(2.4.19) 成立.

第 3 章　多面角平分面有向距离的定值定理与应用

3.1　三面角平分面有向距离的定值定理与应用

本节主要应用三角形面的投影法式方程和有向距离定值法，研究四面体中点到三面角平分面有向距离的定值问题．首先，介绍三面角的基本概念；其次，给出点到三面角内角平分面有向距离的定值定理及其应用，从而得出三面角内角平分面相交于一线等的结论；最后，给出点到三面内、外角平分面有向距离的定值定理及其应用，从而得出三面角的一条内角平分线和另两条外角的平分线相交于一点的结论．

3.1.1　三面角的基本概念

定义 3.1.1　设 OP_1, OP_2, OP_3 是空间中不在一个平面上的三条射线，P_1OP_2，P_2OP_3, P_3OP_1 是由这三条射线所构成的三角形半平面，则称这三个三角形半平面所围成的图形为三面角，记为 $O\text{-}P_1P_2P_3$；其中点 O 称为三面角的顶点，$P_3\text{-}OP_1\text{-}P_2$，$P_1\text{-}OP_2\text{-}P_3, P_2\text{-}OP_3\text{-}P_1$ 称为三面角的二面角，$P_1OP_2, P_2OP_3, P_3OP_1$ 称为三面角的面．

定义 3.1.2　设 $O\text{-}P_1P_2P_3$ 是三面角，则称其三个二面角 $P_3\text{-}OP_1\text{-}P_2, P_1\text{-}OP_2\text{-}P_3$，$P_2\text{-}OP_3\text{-}P_1$ 的内角 (外角) 为该三面角的内角 (外角)．

定义 3.1.3　设 $O\text{-}P_1P_2P_3$ 是三面角，则称其三个二面角 $P_3\text{-}OP_1\text{-}P_2, P_1\text{-}OP_2\text{-}P_3$，$P_2\text{-}OP_3\text{-}P_1$ 的平分面为三面角 $O\text{-}P_1P_2P_3$ 的内角平分面，简称三面角的平分面，记为 $\pi_{3\text{-}01\text{-}2}, \pi_{1\text{-}02\text{-}3}, \pi_{2\text{-}03\text{-}1}$；称其三个二面角 $P_3\text{-}OP_1\text{-}P_2, P_1\text{-}OP_2\text{-}P_3, P_2\text{-}OP_3\text{-}P_1$ 外角的平分面为三面角 $O\text{-}P_1P_2P_3$ 外角的平分面，简称三面角外角的平分面，记为 $\pi'_{3\text{-}01\text{-}2}, \pi'_{1\text{-}02\text{-}3}, \pi'_{2\text{-}03\text{-}1}$．

定义 3.1.4　设 $O\text{-}P_1P_2P_3$ 是三面角，若过三面角顶点 O 的一条直线上任意一点 Q 到三面角各面 $P_1OP_2, P_2OP_3, P_3OP_1$ 的有向距离相等，即

$$\mathrm{D}_{Q\text{-}\pi_{P_3OP_1}} - \mathrm{D}_{Q\text{-}\pi_{P_1OP_2}} = 0,\quad \mathrm{D}_{Q\text{-}\pi_{P_1OP_2}} - \mathrm{D}_{Q\text{-}\pi_{P_2OP_3}} = 0,$$
$$\mathrm{D}_{Q\text{-}\pi_{P_2OP_3}} - \mathrm{D}_{Q\text{-}\pi_{P_3OP_1}} = 0,$$

则称该直线为三面角 $O\text{-}P_1P_2P_3$ 内角的平分线，简称三面角的平分线，记为 $l_{0\text{-}123}$．

定义 3.1.5　设 $O\text{-}P_1P_2P_3$ 是三面角．若过三面角顶点 O 的一条直线上任意一点 Q 到三面角的面 $P_1OP_2, P_2OP_3, P_3OP_1$ 中的面 P_1OP_2 和其余两面 P_2OP_3, P_3OP_1

的延伸面的距离相等, 即

$$\begin{aligned}&\mathrm{D}_{Q\text{-}\pi_{P_3OP_1}}-\mathrm{D}_{Q\text{-}\pi_{P_1OP_2}}=0,\quad \mathrm{D}_{Q\text{-}\pi_{P_1OP_2}}+\mathrm{D}_{Q\text{-}\pi_{P_2OP_3}}=0,\\&\mathrm{D}_{Q\text{-}\pi_{P_2OP_3}}+\mathrm{D}_{Q\text{-}\pi_{P_3OP_1}}=0,\end{aligned}$$

则称该直线为三面角 $O\text{-}P_1P_2P_3$ 的外角平分线, 记为 $l'_{0\text{-}12'3'}$.

类似地, 可以定义三面角 $O\text{-}P_1P_2P_3$ 的外角平分线 $l'_{0\text{-}23'1'}$, 若直线 $l'_{0\text{-}23'1'}$ 上任意一点 Q 到三面角的面 $P_1OP_2, P_2OP_3, P_3OP_1$ 中的面 P_2OP_3 和其余两面 P_1OP_2, P_3OP_1 的延伸面的距离相等, 即

$$\begin{aligned}&\mathrm{D}_{Q\text{-}\pi_{P_3OP_1}}+\mathrm{D}_{Q\text{-}\pi_{P_1OP_2}}=0,\quad \mathrm{D}_{Q\text{-}\pi_{P_1OP_2}}-\mathrm{D}_{Q\text{-}\pi_{P_2OP_3}}=0,\\&\mathrm{D}_{Q\text{-}\pi_{P_2OP_3}}+\mathrm{D}_{Q\text{-}\pi_{P_3OP_1}}=0\end{aligned}$$

及三面角 $O\text{-}P_1P_2P_3$ 的外角平分线 $l'_{0\text{-}31'2'}$, 若直线 $l'_{0\text{-}23'1'}$ 上任意一点 Q 到三面角的面 $P_1OP_2, P_2OP_3, P_3OP_1$ 中的面 P_3OP_1 和其余两面 P_1OP_2, P_2OP_3 的延伸面的距离相等, 即

$$\begin{aligned}&\mathrm{D}_{Q\text{-}\pi_{P_3OP_1}}+\mathrm{D}_{Q\text{-}\pi_{P_1OP_2}}=0,\quad \mathrm{D}_{Q\text{-}\pi_{P_1OP_2}}+\mathrm{D}_{Q\text{-}\pi_{P_2OP_3}}=0,\\&\mathrm{D}_{Q\text{-}\pi_{P_2OP_3}}-\mathrm{D}_{Q-\pi_{P_3OP_1}}=0.\end{aligned}$$

3.1.2 三面角内角平分面有向距离的定值定理及其应用

定理 3.1.1 设 $O\text{-}P_1P_2P_3$ 为三面角, $\pi_{3\text{-}01\text{-}2}, \pi_{1\text{-}02\text{-}3}, \pi_{2\text{-}03\text{-}1}$ 依次为其二面角 $P_3\text{-}OP_1\text{-}P_2$, $P_1\text{-}OP_2\text{-}P_3$, $P_2\text{-}OP_3\text{-}P_1$ 的平分面, P 是空间任意一点, 则

$$\delta_{3\text{-}01\text{-}2}\mathrm{D}_{P\text{-}\pi_{3\text{-}01\text{-}2}}+\delta_{1\text{-}02\text{-}3}\mathrm{D}_{P\text{-}\pi_{1\text{-}02\text{-}3}}+\delta_{2\text{-}03\text{-}1}\mathrm{D}_{P\text{-}\pi_{2\text{-}03\text{-}1}}=0,\tag{3.1.1}$$

其中 $\delta_{3\text{-}01\text{-}2}=\sqrt{1-\cos\alpha_{P_1OP_2}\cos\alpha_{P_3OP_1}-\cos\beta_{P_1OP_2}\cos\beta_{P_3OP_1}-\cos\gamma_{P_1OP_2}\cos\gamma_{P_3OP_1}}$, 其余类同.

证明 如图 3.1.1 所示. 根据推论 2.1.1, 可得三面角 $O\text{-}P_1P_2P_3$ 各面的投影法式方程

$$\begin{aligned}&\pi_{P_1OP_2}: x\cos\alpha_{P_1OP_2}+y\cos\beta_{P_1OP_2}+z\cos\gamma_{P_1OP_2}-\delta_{P_1OP_2}=0,\\&\pi_{P_2OP_3}: x\cos\alpha_{P_2OP_3}+y\cos\beta_{P_2OP_3}+z\cos\gamma_{P_2OP_3}-\delta_{P_2OP_3}=0,\\&\pi_{P_3OP_1}: x\cos\alpha_{P_3OP_1}+y\cos\beta_{P_3OP_1}+z\cos\gamma_{P_3OP_1}-\delta_{P_3OP_1}=0.\end{aligned}$$

设 $Q(x,y,z)$ 是二面角 $P_3\text{-}OP_1\text{-}P_2$ 平分面上任意一点, 则由 $\mathrm{D}_{Q\text{-}\pi_{P_3OP_1}}-\mathrm{D}_{Q\text{-}\pi_{P_1OP_2}}=0$, 可得二面角平分面的方程为

$$\pi_{3\text{-}01\text{-}2}: x(\cos\alpha_{P_3OP_1}-\cos\alpha_{P_1OP_2})+y(\cos\beta_{P_3OP_1}-\cos\beta_{P_1OP_2})$$

$$+ z(\cos\gamma_{P_3OP_1} - \cos\gamma_{P_1OP_2}) + (\delta_{P_1OP_2} - \delta_{P_3OP_1}) = 0.$$

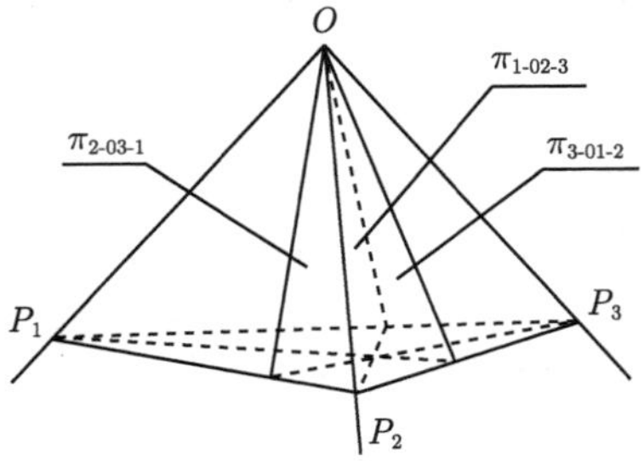

图 3.1.1

类似地, 可以求得二面角 $P_1\text{-}OP_2\text{-}P_3, P_2\text{-}OP_3\text{-}P_1$ 的方程

$$\begin{aligned}\pi_{1\text{-}02\text{-}3}: &x(\cos\alpha_{P_1OP_2} - \cos\alpha_{P_2OP_3}) + y(\cos\beta_{P_1OP_2} - \cos\beta_{P_2OP_3})\\ &+ z(\cos\gamma_{P_1OP_2} - \cos\gamma_{P_2OP_3}) + (\delta_{P_2OP_3} - \delta_{P_1OP_2}) = 0,\\ \pi_{2\text{-}03\text{-}1}: &x(\cos\alpha_{P_2OP_3} - \cos\alpha_{P_3OP_1}) + y(\cos\beta_{P_2OP_3} - \cos\beta_{P_3OP_1})\\ &+ z(\cos\gamma_{P_2OP_3} - \cos\gamma_{P_3OP_1}) + (\delta_{P_3OP_1} - \delta_{P_2OP_3}) = 0.\end{aligned}$$

设空间任意点的坐标为 $P(x, y, z)$, 则由点到平面的有向距离公式, 可得

$$\begin{aligned}\sqrt{2}\delta_{3\text{-}01\text{-}2}\mathrm{D}_{P\text{-}\pi_{3\text{-}01\text{-}2}} &= x(\cos\alpha_{P_3OP_1} - \cos\alpha_{P_1OP_2}) + y(\cos\beta_{P_3OP_1} - \cos\beta_{P_1OP_2})\\ &\quad + z(\cos\gamma_{P_3OP_1} - \cos\gamma_{P_1OP_2}) + (\delta_{P_1OP_2} - \delta_{P_3OP_1}), \quad (3.1.2)\\ \sqrt{2}\delta_{1\text{-}02\text{-}3}\mathrm{D}_{P\text{-}\pi_{1\text{-}02\text{-}3}} &= x(\cos\alpha_{P_1OP_2} - \cos\alpha_{P_2OP_3}) + y(\cos\beta_{P_1OP_2} - \cos\beta_{P_2OP_3})\\ &\quad + z(\cos\gamma_{P_1OP_2} - \cos\gamma_{P_2OP_3}) + (\delta_{P_2OP_3} - \delta_{P_1OP_2}), \quad (3.1.3)\\ \sqrt{2}\delta_{2\text{-}03\text{-}1}\mathrm{D}_{P\text{-}\pi_{2\text{-}03\text{-}1}} &= x(\cos\alpha_{P_2OP_3} - \cos\alpha_{P_3OP_1}) + y(\cos\beta_{P_2OP_3} - \cos\beta_{P_3OP_1})\\ &\quad + z(\cos\gamma_{P_2OP_3} - \cos\gamma_{P_3OP_1}) + (\delta_{P_3OP_1} - \delta_{P_2OP_3}). \quad (3.1.4)\end{aligned}$$

式 (3.1.2)+(3.1.3)+(3.1.4),

$$\sqrt{2}\delta_{3\text{-}01\text{-}2}\mathrm{D}_{P\text{-}\pi_{3\text{-}01\text{-}2}} + \sqrt{2}\delta_{1\text{-}02\text{-}3}\mathrm{D}_{P\text{-}\pi_{1\text{-}02\text{-}3}} + \sqrt{2}\delta_{2\text{-}03\text{-}1}\mathrm{D}_{P\text{-}\pi_{2\text{-}03\text{-}1}} = 0,$$

因此, 式 (3.1.1) 成立.

推论 3.1.1　设 $O\text{-}P_1P_2P_3$ 为三面角, $\pi_{3\text{-}01\text{-}2}, \pi_{1\text{-}02\text{-}3}, \pi_{2\text{-}03\text{-}1}$ 依次为其二面角 $P_3\text{-}OP_1\text{-}P_2$, $P_1\text{-}OP_2\text{-}P_3, P_2\text{-}OP_3\text{-}P_1$ 的平分面, 则 P 是二面角 $P_{i+2}\text{-}OP_i\text{-}P_{i+1}$ 平分面 $\pi_{(i+2)\text{-}0i\text{-}(i+1)}$ 上任意一点的充分必要条件是

$$\delta_{i\text{-}0(i+1)\text{-}(i+2)}\mathrm{D}_{P\text{-}\pi_{i\text{-}0(i+1)\text{-}(i+2)}} + \delta_{(i+1)\text{-}0(i+2)\text{-}i}\mathrm{D}_{P\text{-}\pi_{(i+1)\text{-}0(i+2)\text{-}i}} = 0\ (i = 1, 2, 3). \quad (3.1.5)$$

证明 根据定理 3.1.1, 由式 (3.1.1) 可得

P 是 $\pi_{(i+2)\text{-}0i\text{-}(i+1)}$ 上任意一点 $\Leftrightarrow \mathrm{D}_{P\text{-}\pi_{(i+2)\text{-}0i\text{-}(i+1)}}=0 \Leftrightarrow$ 式 (3.1.5) 成立.

推论 3.1.2 设 $O\text{-}P_1P_2P_3$ 为三面角, $\pi_{3\text{-}01\text{-}2},\pi_{1\text{-}02\text{-}3},\pi_{2\text{-}03\text{-}1}$ 依次为其二面角 $P_3\text{-}OP_1\text{-}P_2$, $P_1\text{-}OP_2\text{-}P_3,P_2\text{-}OP_3\text{-}P_1$ 的平分面. 若 P 是二面角 $P_{i+2}\text{-}OP_i\text{-}P_{i+1}$ 平分面 $\pi_{(i+2)\text{-}0i\text{-}(i+1)}$ 上任意一点, 则

$$\delta_{i\text{-}0(i+1)\text{-}(i+2)}\mathrm{d}_{P\text{-}\pi_{i\text{-}0(i+1)\text{-}(i+2)}}=\delta_{(i+1)\text{-}0(i+2)\text{-}i}\mathrm{d}_{P\text{-}\pi_{(i+1)\text{-}0(i+2)\text{-}i}}\ (i=1,2,3). \quad (3.1.6)$$

证明 根据推论 3.1.1 的必要性, 式 (3.1.5) 移项后等式两边取绝对值, 即得式 (3.1.6).

定理 3.1.2 三面角 $O\text{-}P_1P_2P_3$ 三个内角平分面 $\pi_{3\text{-}01\text{-}2},\pi_{1\text{-}02\text{-}3},\pi_{2\text{-}03\text{-}1}$ 相交于一线, 即三面角 $O\text{-}P_1P_2P_3$ 的平分线 $l_{0\text{-}123}$.

证明 如图 3.1.2 所示. 显然, 三面角 $O\text{-}P_1P_2P_3$ 的两二面角 $P_3\text{-}OP_1\text{-}P_2$, $P_1\text{-}OP_2\text{-}P_3$ 的平分面 $\pi_{3\text{-}01\text{-}2},\pi_{1\text{-}02\text{-}3}$ 相交于一线, 设此交线为 l.

设 Q 是 l 上任意一点, 则 $\mathrm{D}_{Q\text{-}\pi_{3\text{-}01\text{-}2}}=\mathrm{D}_{Q\text{-}\pi_{1\text{-}02\text{-}3}}=0$, 代入式 (3.1.1) 并注意到 $\delta_{2\text{-}03\text{-}1}\neq 0$, 得 $\mathrm{D}_{Q\text{-}\pi_{2\text{-}03\text{-}1}}=0$, 从而 Q 在二面角 $P_2\text{-}OP_3\text{-}P_1$ 的平分面 $\pi_{2\text{-}03\text{-}1}$ 上. 于是三面角 $O\text{-}P_1P_2P_3$ 的三个平分面 $\pi_{3\text{-}01\text{-}2},\pi_{1\text{-}02\text{-}3},\pi_{2\text{-}03\text{-}1}$ 相交于一线 l.

又显然, l 通过三面角的顶点 O, 且 l 上任意一点 Q 到三面角各面 P_1OP_2, P_2OP_3,P_3OP_1 的有向距离相等, 因此 l 就是三面角 $O\text{-}P_1P_2P_3$ 的平分线 $l_{0\text{-}123}$.

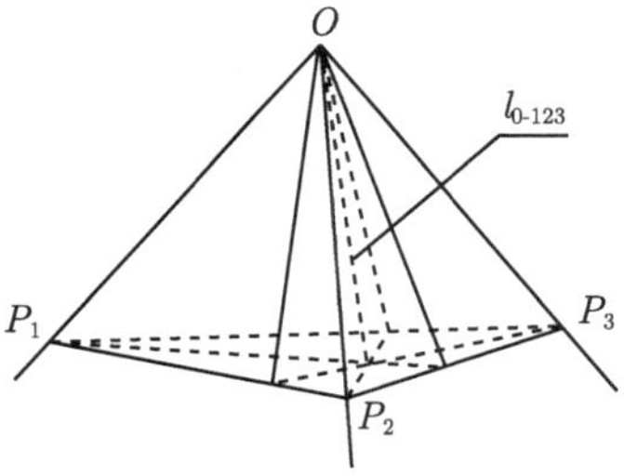

图 3.1.2

定理 3.1.3 设 $O\text{-}P_1P_2P_3$ 为三面角, $\pi_{3\text{-}01\text{-}2},\pi_{1\text{-}02\text{-}3},\pi_{2\text{-}03\text{-}1}$ 依次为其二面角 $P_3\text{-}OP_1\text{-}P_2$, $P_1\text{-}OP_2\text{-}P_3,P_2\text{-}OP_3\text{-}P_1$ 的平分面, P 是空间任意一点. 若 $\delta_{3\text{-}01\text{-}2}=\delta_{1\text{-}02\text{-}3}=\delta_{2\text{-}03\text{-}1}$, 则

$$\mathrm{D}_{P\text{-}\pi_{3\text{-}01\text{-}2}}+\mathrm{D}_{P\text{-}\pi_{1\text{-}02\text{-}3}}+\mathrm{D}_{P\text{-}\pi_{2\text{-}03\text{-}1}}=0. \quad (3.1.7)$$

证明 根据定理 3.1.1, 将 $\delta_{3\text{-}01\text{-}2}=\delta_{1\text{-}02\text{-}3}=\delta_{2\text{-}03\text{-}1}\neq 0$ 代入式 (3.1.1) 并化简, 即得式 (3.1.7).

推论 3.1.3 设 $O\text{-}P_1P_2P_3$ 为三面角, $\pi_{3\text{-}01\text{-}2},\pi_{1\text{-}02\text{-}3},\pi_{2\text{-}03\text{-}1}$ 依次为其二面角 $P_3\text{-}OP_1\text{-}P_2$, $P_1\text{-}OP_2\text{-}P_3,P_2\text{-}OP_3\text{-}P_1$ 的平分面, P 是空间任意一点. 若 $\delta_{3\text{-}01\text{-}2}=\delta_{1\text{-}02\text{-}3}$

$=\delta_{2\text{-}03\text{-}1}$, 则在如下三个点到平面的距离

$$\mathrm{d}_{P\text{-}\pi_{3\text{-}01\text{-}2}},\quad \mathrm{d}_{P\text{-}\pi_{1\text{-}02\text{-}3}},\quad \mathrm{d}_{P\text{-}\pi_{2\text{-}03\text{-}1}}$$

中, 其中一个较长的距离等于另两个较短的距离的和.

证明 在式 (3.1.7) 中, 注意到其中一个较长的有向距离与另两个较短的有向距离异号即得.

定理 3.1.4 设 $O\text{-}P_1P_2P_3$ 为三面角, $\pi_{3\text{-}01\text{-}2},\pi_{1\text{-}02\text{-}3},\pi_{2\text{-}03\text{-}1}$ 依次为其二面角 $P_3\text{-}OP_1\text{-}P_2$, $P_1\text{-}OP_2\text{-}P_3, P_2\text{-}OP_3\text{-}P_1$ 的平分面. 若 $\delta_{i\text{-}0(i+1)\text{-}(i+2)}=\delta_{(i+1)\text{-}0(i+2)\text{-}i}$, 则 P 是二面角 $P_{i+2}\text{-}OP_i\text{-}P_{i+1}$ 平分面 $\pi_{(i+2)\text{-}0i\text{-}(i+1)}$ 上任意一点的充分必要条件是

$$\mathrm{D}_{P\text{-}\pi_{i\text{-}0(i+1)\text{-}(i+2)}}+\mathrm{D}_{P\text{-}\pi_{(i+1)\text{-}0(i+2)\text{-}i}}=0\ (i=1,2,3), \tag{3.1.8}$$

即 $\pi_{(i+2)\text{-}0i\text{-}(i+1)}$ 是 $\pi_{i\text{-}0(i+1)\text{-}(i+2)},\pi_{(i+1)\text{-}0(i+2)\text{-}i}$ 内角的平分面.

证明 因为 $\delta_{i\text{-}0(i+1)\text{-}(i+2)}=\delta_{(i+1)\text{-}0(i+2)-i}\neq 0$, 故式 (3.1.1) 可改写成

$$\begin{aligned}&\delta_{(i+2)\text{-}0i\text{-}(i+1)}\mathrm{D}_{P\text{-}\pi_{(i+2)\text{-}0i\text{-}(i+1)}}/\delta_{i\text{-}0(i+1)\text{-}(i+2)}\\&+\mathrm{D}_{P\text{-}\pi_{i\text{-}0(i+1)\text{-}(i+2)}}+\mathrm{D}_{P\text{-}\pi_{(i+1)\text{-}0(i+2)\text{-}i}}=0.\end{aligned}$$

于是由上式, 可得

P 是 $\pi_{(i+2)\text{-}0i\text{-}(i+1)}$ 上任意一点 $\Leftrightarrow \mathrm{D}_{P\text{-}\pi_{(i+2)\text{-}0i\text{-}(i+1)}}=0\Leftrightarrow$ 式 (3.1.8) 成立, 即 $\pi_{(i+2)\text{-}0i\text{-}(i+1)}$ 是 $\pi_{i\text{-}0(i+1)\text{-}(i+2)},\pi_{(i+1)\text{-}0(i+2)\text{-}i}$ 内角的平分面.

推论 3.1.4 设 $O\text{-}P_1P_2P_3$ 为三面角, $\pi_{3\text{-}01\text{-}2},\pi_{1\text{-}02\text{-}3},\pi_{2\text{-}03\text{-}1}$ 依次为其二面角 $P_3\text{-}OP_1\text{-}P_2$, $P_1\text{-}OP_2\text{-}P_3, P_2\text{-}OP_3\text{-}P_1$ 的平分面, P 是二面角 $P_{i+2}\text{-}OP_i\text{-}P_{i+1}$ 平分面 $\pi_{(i+2)\text{-}0i\text{-}(i+1)}$ 上任意一点. 若 $\delta_{i\text{-}0(i+1)\text{-}(i+2)}=\delta_{(i+1)\text{-}0(i+2)\text{-}i}$, 则

$$\mathrm{d}_{P\text{-}\pi_{i\text{-}0(i+1)\text{-}(i+2)}}=\mathrm{d}_{P\text{-}\pi_{(i+1)\text{-}0(i+2)\text{-}i}}\ (i=1,2,3). \tag{3.1.9}$$

证明 根据定理 3.1.4 的必要性, 式 (3.1.8) 移项后等式两边取绝对值, 即得式 (3.1.9).

3.1.3 三面角内、外角平分面有向距离的定值定理及其应用

定理 3.1.5 设 $O\text{-}P_1P_2P_3$ 为三面角, $\pi_{3\text{-}01\text{-}2},\pi_{1\text{-}02\text{-}3},\pi_{2\text{-}03\text{-}1}(\pi'_{3\text{-}01\text{-}2},\pi'_{1\text{-}02\text{-}3},\pi'_{2\text{-}03\text{-}1})$ 依次为其二面角 $P_3\text{-}OP_1\text{-}P_2,P_1\text{-}OP_2\text{-}P_3,P_2\text{-}OP_3\text{-}P_1$ 的平分面 (外角平分面), P 是空间任意一点, 则

$$\delta_{3\text{-}01\text{-}2}\mathrm{D}_{P\text{-}\pi_{3\text{-}01\text{-}2}}+\delta'_{1\text{-}02\text{-}3}\mathrm{D}_{P\text{-}\pi'_{1\text{-}02\text{-}3}}-\delta'_{2\text{-}03\text{-}1}\mathrm{D}_{P\text{-}\pi'_{2\text{-}03\text{-}1}}=0, \tag{3.1.10}$$

$$\delta_{1\text{-}02\text{-}3}\mathrm{D}_{P\text{-}\pi_{1\text{-}02\text{-}3}}+\delta'_{2\text{-}03\text{-}1}\mathrm{D}_{P\text{-}\pi'_{2\text{-}03\text{-}1}}-\delta'_{3\text{-}01\text{-}2}\mathrm{D}_{P\text{-}\pi'_{3\text{-}01\text{-}2}}=0, \tag{3.1.11}$$

$$\delta_{2\text{-}03\text{-}1}\mathrm{D}_{P\text{-}\pi_{2\text{-}03\text{-}1}}+\delta'_{3\text{-}01\text{-}2}\mathrm{D}_{P\text{-}\pi'_{3\text{-}01\text{-}2}}-\delta'_{1\text{-}02\text{-}3}\mathrm{D}_{P\text{-}\pi'_{1\text{-}02\text{-}3}}=0, \tag{3.1.12}$$

其中

$$\begin{aligned}&\delta_{3\text{-}01\text{-}2}\\=&\sqrt{1-\cos\alpha_{P_1OP_2}\cos\alpha_{P_3OP_1}-\cos\beta_{P_1OP_2}\cos\beta_{P_3OP_1}-\cos\gamma_{P_1OP_2}\cos\gamma_{P_3OP_1}},\\&\delta'_{3\text{-}01\text{-}2}\\=&\sqrt{1+\cos\alpha_{P_1OP_2}\cos\alpha_{P_3OP_1}+\cos\beta_{P_1OP_2}\cos\beta_{P_3OP_1}+\cos\gamma_{P_1OP_2}\cos\gamma_{P_3OP_1}},\end{aligned}$$

其余类同.

证明 如图 3.1.3 所示. 根据平面的投影法式方程, 可得三面角 $O\text{-}P_1P_2P_3$ 各面的投影法式方程

$$\begin{aligned}&\pi_{P_1OP_2}: x\cos\alpha_{P_1OP_2}+y\cos\beta_{P_1OP_2}+z\cos\gamma_{P_1OP_2}-\delta_{P_1OP_2}=0,\\&\pi_{P_2OP_3}: x\cos\alpha_{P_2OP_3}+y\cos\beta_{P_2OP_3}+z\cos\gamma_{P_2OP_3}-\delta_{P_2OP_3}=0,\\&\pi_{P_3OP_1}: x\cos\alpha_{P_3OP_1}+y\cos\beta_{P_3OP_1}+z\cos\gamma_{P_3OP_1}-\delta_{P_3OP_1}=0.\end{aligned}$$

则由 3.1.2 节可得二面角 $P_3\text{-}OP_1\text{-}P_2$ 平分面的方程

$$\begin{aligned}\pi_{3\text{-}01\text{-}2}: &x(\cos\alpha_{P_3OP_1}-\cos\alpha_{P_1OP_2})+y(\cos\beta_{P_3OP_1}-\cos\beta_{P_1OP_2})\\&+z(\cos\gamma_{P_3OP_1}-\cos\gamma_{P_1OP_2})+(\delta_{P_1OP_2}-\delta_{P_3OP_1})=0.\end{aligned}$$

又设 $Q(x,y,z)$ 是二面角 $P_1\text{-}OP_2\text{-}P_3$ 外角平分面上任意一点, 则由 $\mathrm{D}_{Q\text{-}\pi_{P_1OP_2}}+\mathrm{D}_{Q\text{-}\pi_{P_3OP_2}}=0$, 可得二面角 $P_1\text{-}OP_2\text{-}P_3$ 外角平分面的方程为

$$\begin{aligned}\pi'_{1\text{-}02\text{-}3}: &x(\cos\alpha_{P_1OP_2}+\cos\alpha_{P_2OP_3})+y(\cos\beta_{P_1OP_2}+\cos\beta_{P_2OP_3})\\&+z(\cos\gamma_{P_1OP_2}+\cos\gamma_{P_2OP_3})-(\delta_{P_2OP_3}+\delta_{P_1OP_2})=0.\end{aligned}$$

类似地, 可以求得二面角 $P_2\text{-}OP_3\text{-}P_1$ 外角平分面的方程

$$\begin{aligned}\pi'_{2\text{-}03\text{-}1}: &x(\cos\alpha_{P_2OP_3}+\cos\alpha_{P_3OP_1})+y(\cos\beta_{P_2OP_3}+\cos\beta_{P_3OP_1})\\&+z(\cos\gamma_{P_2OP_3}+\cos\gamma_{P_3OP_1})-(\delta_{P_3OP_1}+\delta_{P_2OP_3})=0.\end{aligned}$$

设空间任意点的坐标为 $P(x,y,z)$, 则由点到平面的有向距离公式, 可得

$$\begin{aligned}&\sqrt{2}\delta_{3\text{-}01\text{-}2}\mathrm{D}_{P\text{-}\pi_{3\text{-}01\text{-}2}}\\=&x(\cos\alpha_{P_3OP_1}-\cos\alpha_{P_1OP_2})+y(\cos\beta_{P_3OP_1}-\cos\beta_{P_1OP_2})\\&+z(\cos\gamma_{P_3OP_1}-\cos\gamma_{P_1OP_2})+(\delta_{P_1OP_2}-\delta_{P_3OP_1}),\end{aligned}\tag{3.1.13}$$

$$\begin{aligned}&\sqrt{2}\delta'_{1\text{-}02\text{-}3}\mathrm{D}_{P\text{-}\pi'_{1\text{-}02\text{-}3}}\\=&x(\cos\alpha_{P_1OP_2}+\cos\alpha_{P_2OP_3})+y(\cos\beta_{P_1OP_2}+\cos\beta_{P_2OP_3})\\&+z(\cos\gamma_{P_1OP_2}+\cos\gamma_{P_2OP_3})-(\delta_{P_2OP_3}+\delta_{P_1OP_2}),\end{aligned}\tag{3.1.14}$$

$$\begin{aligned}&\sqrt{2}\delta'_{2\text{-}03\text{-}1}\mathrm{D}_{P\text{-}\pi'_{2\text{-}03\text{-}1}}\\=&x(\cos\alpha_{P_2OP_3}+\cos\alpha_{P_3OP_1})+y(\cos\beta_{P_2OP_3}+\cos\beta_{P_3OP_1})\\&+z(\cos\gamma_{P_2OP_3}+\cos\gamma_{P_3OP_1})-(\delta_{P_3OP_1}+\delta_{P_2OP_3}).\end{aligned}\tag{3.1.15}$$

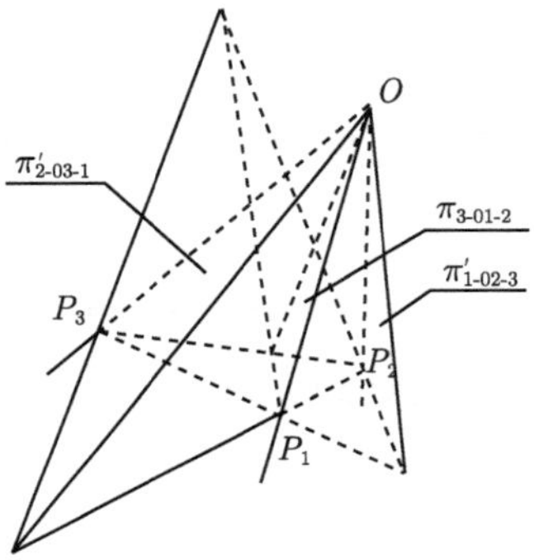

图 3.1.3

式 (3.1.13)+(3.1.14)−(3.1.15), 得

$$\sqrt{2}\delta_{3\text{-}01\text{-}2}\mathrm{D}_{P\text{-}\pi_{3\text{-}01\text{-}2}}+\sqrt{2}\delta'_{1\text{-}02\text{-}3}\mathrm{D}_{P\text{-}\pi'_{1\text{-}02\text{-}3}}-\sqrt{2}\delta'_{2\text{-}03\text{-}1}\mathrm{D}_{P\text{-}\pi'_{2\text{-}03\text{-}1}}=0,$$

因此, 式 (3.1.10) 成立.

类似地, 可以证明式 (3.1.11) 和 (3.1.12) 成立.

推论 3.1.5　设 $O\text{-}P_1P_2P_3$ 为三面角，$\pi_{3\text{-}01\text{-}2},\pi_{1\text{-}02\text{-}3},\pi_{2\text{-}03\text{-}1}(\pi'_{3\text{-}01\text{-}2}，\pi'_{1\text{-}02\text{-}3}，\pi'_{2\text{-}03\text{-}1})$ 依次为其二面角 $P_3\text{-}OP_1\text{-}P_2, P_1\text{-}OP_2\text{-}P_3, P_2\text{-}OP_3\text{-}P_1$ 的平分面 (外角平分面), 则

(1) P 是二面角 $P_{i+2}\text{-}OP_i\text{-}P_{i+1}$ 平分面 $\pi_{(i+2)\text{-}0i\text{-}(i+1)}$ 所在平面上任意一点的充分必要条件是

$$\delta'_{i\text{-}0(i+1)\text{-}(i+2)}\mathrm{D}_{P\text{-}\pi'_{i\text{-}0(i+1)\text{-}(i+2)}}=\delta'_{(i+1)\text{-}0(i+2)\text{-}i}\mathrm{D}_{P\text{-}\pi'_{(i+1)\text{-}0(i+2)\text{-}i}}\ (i=1,2,3);\tag{3.1.16}$$

(2) P 是二面角 $P_i\text{-}OP_{i+1}\text{-}P_{i+2}$ 外角平分面 $\pi'_{i\text{-}0(i+1)\text{-}(i+2)}$ 所在平面上任意一点的充分必要条件是

$$\delta_{(i+2)\text{-}0i\text{-}(i+1)}\mathrm{D}_{P\text{-}\pi_{(i+2)\text{-}0i\text{-}(i+1)}}=\delta'_{(i+1)\text{-}0(i+2)\text{-}i}\mathrm{D}_{P\text{-}\pi'_{(i+1)\text{-}0(i+2)\text{-}i}}(i=1,2,3);$$

(3) P 是二面角 $P_{i+1}\text{-}OP_{i+2}\text{-}P_i$ 外角平分面 $\pi'_{(i+1)\text{-}0(i+2)\text{-}i}$ 所在平面上任意一点的充分必要条件是

$$\delta_{(i+2)\text{-}0i\text{-}(i+1)}\mathrm{D}_{P\text{-}\pi_{(i+2)\text{-}0i\text{-}(i+1)}}+\delta'_{i\text{-}0(i+1)\text{-}(i+2)}\mathrm{D}_{P\text{-}\pi'_{i\text{-}0(i+1)\text{-}(i+2)}}=0\quad(i=1,2,3).$$

证明 (1) 根据定理 3.1.5, 由式 (3.1.10), 可得

P 是二面角 $P_{i+2}\text{-}OP_i\text{-}P_{i+1}$ 平分面 $\pi_{(i+2)\text{-}0i\text{-}(i+1)}$ 所在平面上任意一点

$\Leftrightarrow \mathrm{D}_{P\text{-}\pi_{(i+2)\text{-}0i\text{-}(i+1)}}=0 \Leftrightarrow$ 式 (3.1.16) 成立.

类似地, 可以证明 (2) 和 (3) 中结论成立.

推论 3.1.6 设 $O\text{-}P_1P_2P_3$ 为三面角, $\pi_{3\text{-}01\text{-}2},\pi_{1\text{-}02\text{-}3},\pi_{2\text{-}03\text{-}1}(\pi'_{3\text{-}01\text{-}2}$, $\pi'_{1\text{-}02\text{-}3}$, $\pi'_{2\text{-}03\text{-}1})$ 依次为其二面角 $P_3\text{-}OP_1\text{-}P_2, P_1\text{-}OP_2\text{-}P_3, P_2\text{-}OP_3\text{-}P_1$ 的平分面 (外角平分面).

(1) 若 P 是二面角 $P_{i+2}\text{-}OP_i\text{-}P_{i+1}$ 平分面 $\pi_{(i+2)\text{-}0i\text{-}(i+1)}$ 所在平面上任意一点, 则

$$\delta'_{i\text{-}0(i+1)\text{-}(i+2)}\mathrm{d}_{P\text{-}\pi'_{i\text{-}0(i+1)\text{-}(i+2)}}=\delta'_{(i+1)\text{-}0(i+2)\text{-}i}\mathrm{d}_{P\text{-}\pi'_{(i+1)\text{-}0(i+2)\text{-}i}}\ (i=1,2,3);\quad(3.1.17)$$

(2) 若 P 是二面角 $P_i\text{-}OP_{i+1}\text{-}P_{i+2}$ 外角平分面 $\pi'_{i\text{-}0(i+1)\text{-}(i+2)}$ 所在平面上任意一点, 则

$$\delta_{(i+2)\text{-}0i\text{-}(i+1)}\mathrm{d}_{P\text{-}\pi_{(i+2)\text{-}0i\text{-}(i+1)}}=\delta'_{(i+1)\text{-}0(i+2)\text{-}i}\mathrm{d}_{P\text{-}\pi'_{(i+1)\text{-}0(i+2)\text{-}i}}(i=1,2,3);$$

(3) 若 P 是二面角 $P_{i+1}\text{-}OP_{i+2}\text{-}P_i$ 外角平分面 $\pi'_{(i+1)\text{-}0(i+2)\text{-}i}$ 所在平面上任意一点, 则

$$\delta_{(i+2)\text{-}0i\text{-}(i+1)}\mathrm{d}_{P\text{-}\pi_{(i+2)\text{-}0i\text{-}(i+1)}}=\delta'_{i\text{-}0(i+1)\text{-}(i+2)}\mathrm{d}_{P\text{-}\pi'_{i\text{-}0(i+1)\text{-}(i+2)}}(i=1,2,3).$$

证明 (1) 因为 P 是二面角 $P_{i+2}\text{-}OP_i\text{-}P_{i+1}$ 平分面 $\pi_{(i+2)\text{-}0i\text{-}(i+1)}$ 所在平面上任意一点, 故由推论 3.1.5(1) 的必要性, 在式 (3.1.16) 两边取绝对值, 即得式 (3.1.17).

类似地, 可以证明 (2) 和 (3) 中结论成立.

定理 3.1.6 三面角 $O\text{-}P_1P_2P_3$ 的一个二面角 $P_{i+2}\text{-}OP_i\text{-}P_{i+1}$ 的平分面 $\pi_{(i+2)\text{-}0i\text{-}(i+1)}$ 和另两个二面角 $P_i\text{-}OP_{i+1}\text{-}P_{i+2}, P_{i+1}\text{-}OP_{i+2}\text{-}P_i$ 的外角平分面 $\pi'_{i\text{-}0(i+1)\text{-}(i+2)}$, $\pi'_{(i+1)\text{-}0(i+2)\text{-}i}$ 相交于一线, 即三面角 $O\text{-}P_1P_2P_3$ 的外角平分线 $l'_{0\text{-}i(i+1)'(i+2)'}(i=1,2,3)$.

证明 如图 3.1.4 所示. 三面角 $O\text{-}P_1P_2P_3$ 的两二面角 $P_1\text{-}OP_2\text{-}P_3, P_2\text{-}OP_3\text{-}P_1$ 外角的平分面 $\pi'_{1\text{-}02\text{-}3},\pi'_{2\text{-}03\text{-}1}$ 相交于一线, 设此交线为 l.

设 Q 是 l 上任意一点, 则 $\mathrm{D}_{Q\text{-}\pi'_{1\text{-}02\text{-}3}}=\mathrm{D}_{Q\text{-}\pi'_{2\text{-}03\text{-}1}}=0$, 代入式 (3.1.10) 并注意到 $\delta_{3\text{-}01\text{-}2}\neq0$, 得 $\mathrm{D}_{Q\text{-}\pi_{3\text{-}01\text{-}2}}=0$, 从而 Q 在二面角 $P_3\text{-}OP_1\text{-}P_2$ 的平分面 $\pi_{3\text{-}01\text{-}2}$ 上. 于是三面角 $O\text{-}P_1P_2P_3$ 的一个二面角 $P_3\text{-}OP_1\text{-}P_2$ 的平分面 $\pi_{3\text{-}01\text{-}2}$ 和另两个二面角 $P_1\text{-}OP_2\text{-}P_3, P_2\text{-}OP_3\text{-}P_1$ 外角的平分面 $\pi'_{1\text{-}02\text{-}3},\pi'_{2\text{-}03\text{-}1}$ 相交于一线 l.

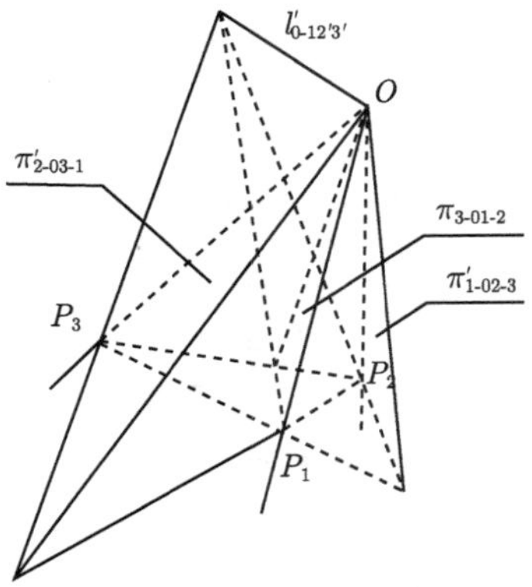

图 3.1.4

又显然, l 通过三面角的顶点 O, 且 l 上任意一点 Q 到三面角一面 P_1OP_2(另两面 P_2OP_3, P_3OP_1 延伸面) 的有向距离相等 (相反), 因此 l 就是三面角 $O\text{-}P_1P_2P_3$ 外角的平分线 $l'_{0\text{-}12'\text{-}3'}$. 因此, 当 $i=1$ 时, 定理 3.1.6 结论成立.

类似地, 可以证明当 $i=2,3$ 时, 定理 3.1.6 结论成立.

定理 3.1.7　设 $O\text{-}P_1P_2P_3$ 为三面角, $\pi_{3\text{-}01\text{-}2}, \pi_{1\text{-}02\text{-}3}, \pi_{2\text{-}03\text{-}1}(\pi'_{3\text{-}01\text{-}2}, \pi'_{1\text{-}02\text{-}3}, \pi'_{2\text{-}03\text{-}1})$ 依次为其二面角 $P_3\text{-}OP_1\text{-}P_2, P_1\text{-}OP_2\text{-}P_3, P_2\text{-}OP_3\text{-}P_1$ 的平分面 (外角平分面), P 是空间任意一点.

(1) 若 $\delta_{3\text{-}01\text{-}2} = \delta'_{1\text{-}02\text{-}3} = \delta'_{2\text{-}03\text{-}1}$, 则

$$\mathrm{D}_{P\text{-}\pi_{3\text{-}01\text{-}2}} + \mathrm{D}_{P\text{-}\pi'_{1\text{-}02\text{-}3}} - \mathrm{D}_{P\text{-}\pi'_{2\text{-}03\text{-}1}} = 0; \tag{3.1.18}$$

(2) 若 $\delta_{1\text{-}02\text{-}3} = \delta'_{2\text{-}03\text{-}1} = \delta'_{3\text{-}01\text{-}2}$, 则

$$\mathrm{D}_{P\text{-}\pi_{1\text{-}02\text{-}3}} + \mathrm{D}_{P\text{-}\pi'_{2\text{-}03\text{-}1}} - \mathrm{D}_{P\text{-}\pi'_{3\text{-}01\text{-}2}} = 0;$$

(3) 若 $\delta_{2\text{-}03\text{-}1} = \delta'_{3\text{-}01\text{-}2} = \delta'_{1\text{-}02\text{-}3}$, 则

$$\mathrm{D}_{P\text{-}\pi_{2\text{-}03\text{-}1}} + \mathrm{D}_{P\text{-}\pi'_{3\text{-}01\text{-}2}} - \mathrm{D}_{P\text{-}\pi'_{1\text{-}02\text{-}3}} = 0.$$

证明　(1) 根据定理 3.1.5, 将 $\delta_{3\text{-}01\text{-}2} = \delta'_{1\text{-}02\text{-}3} = \delta'_{2\text{-}03\text{-}1} \neq 0$, 代入式 (3.1.10) 并化简, 即得式 (3.1.18).

类似地, 可以证明 (2) 和 (3) 中结论成立.

推论 3.1.7　设 $O\text{-}P_1P_2P_3$ 为三面角, $\pi_{3\text{-}01\text{-}2}, \pi_{1\text{-}02\text{-}3}, \pi_{2\text{-}03\text{-}1}(\pi'_{3\text{-}01\text{-}2}, \pi'_{1\text{-}02\text{-}3}, \pi'_{2\text{-}03\text{-}1})$ 依次为其二面角 $P_3\text{-}OP_1\text{-}P_2, P_1\text{-}OP_2\text{-}P_3, P_2\text{-}OP_3\text{-}P_1$ 的平分面 (外角平分面), P 是空间任意一点.

(1) 若 $\delta_{3\text{-}01\text{-}2}=\delta'_{1\text{-}02\text{-}3}=\delta'_{2\text{-}03\text{-}1}$, 则在如下三个点到平面的距离

$$\mathrm{d}_{P\text{-}\pi_{3\text{-}01\text{-}2}},\quad \mathrm{d}_{P\text{-}\pi'_{1\text{-}02\text{-}3}},\quad \mathrm{d}_{P\text{-}\pi'_{2\text{-}03\text{-}1}}$$

中, 其中一个较长的距离等于另两个较短的距离的和;

(2) 若 $\delta_{1\text{-}02\text{-}3}=\delta'_{2\text{-}03\text{-}1}=\delta'_{3\text{-}01\text{-}2}$, 则在如下三个点到平面的距离

$$\mathrm{d}_{P\text{-}\pi_{1\text{-}02\text{-}3}},\quad \mathrm{d}_{P\text{-}\pi'_{2\text{-}03\text{-}1}},\quad \mathrm{d}_{P\text{-}\pi'_{3\text{-}01\text{-}2}}$$

中, 其中一个较长的距离等于另两个较短的距离的和;

(3) 若 $\delta_{2\text{-}03\text{-}1}=\delta'_{3\text{-}01\text{-}2}=\delta'_{1\text{-}02\text{-}3}$, 则在如下三个点到平面的距离

$$\mathrm{d}_{P\text{-}\pi_{2\text{-}03\text{-}1}},\quad \mathrm{d}_{P\text{-}\pi'_{3\text{-}01\text{-}2}},\quad \mathrm{d}_{P\text{-}\pi'_{1\text{-}02\text{-}3}}$$

中, 其中一个较长的距离等于另两个较短的距离的和.

证明 (1) 在式 (3.1.18) 中, 注意到其中一个较长的有向距离与另两个较短的有向距离同号, 或与另两个较短的有向距离中的一个同号一个反号, 即得.

类似地, 可以证明 (2) 和 (3) 中结论成立.

定理 3.1.8 设 $O\text{-}P_1P_2P_3$ 为三面角, $\pi_{3\text{-}01\text{-}2},\pi_{1\text{-}02\text{-}3},\pi_{2\text{-}03\text{-}1}(\pi'_{3\text{-}01\text{-}2},\pi'_{1\text{-}02\text{-}3},\pi'_{2\text{-}03\text{-}1})$ 依次为其二面角 $P_3\text{-}OP_1\text{-}P_2,P_1\text{-}OP_2\text{-}P_3,P_2\text{-}OP_3\text{-}P_1$ 的平分面 (外角平分面).

(1) 若 $\delta'_{i\text{-}0(i+1)\text{-}(i+2)}=\delta'_{(i+1)\text{-}0(i+2)\text{-}i}$, 则 P 是二面角 $P_{i+2}\text{-}OP_i\text{-}P_{i+1}$ 平分面 $\pi_{(i+2)\text{-}0i\text{-}(i+1)}$ 所在平面上任意一点的充分必要条件是

$$\mathrm{D}_{P\text{-}\pi'_{i\text{-}0(i+1)\text{-}(i+2)}}=\mathrm{D}_{P\text{-}\pi'_{(i+1)\text{-}0(i+2)\text{-}i}}\ (i=1,2,3),\tag{3.1.19}$$

即 $\pi_{(i+2)\text{-}0i\text{-}(i+1)}$ 是两平面 $\pi'_{i\text{-}0(i+1)\text{-}(i+2)},\pi'_{(i+1)\text{-}0(i+2)\text{-}i}$ 外角的平分面;

(2) 若 $\delta_{(i+2)\text{-}0i\text{-}(i+1)}=\delta'_{(i+1)\text{-}0(i+2)\text{-}i}$, 则 P 是二面角 $P_i\text{-}OP_{i+1}\text{-}P_{i+2}$ 外角平分面 $\pi'_{i\text{-}0(i+1)\text{-}(i+2)}$ 所在平面上任意一点的充分必要条件是

$$\mathrm{D}_{P\text{-}\pi_{(i+2)\text{-}0i\text{-}(i+1)}}=\mathrm{D}_{P\text{-}\pi'_{(i+1)\text{-}0(i+2)\text{-}i}}(i=1,2,3),$$

即 $\pi'_{i\text{-}0(i+1)\text{-}(i+2)}$ 是两平面 $\pi_{(i+2)\text{-}0i\text{-}(i+1)},\pi'_{(i+1)\text{-}0(i+2)\text{-}i}$ 外角的平分面;

(3) 若 $\delta_{(i+2)\text{-}0i\text{-}(i+1)}=\delta'_{i\text{-}0(i+1)\text{-}(i+2)}$, 则 P 是二面角 $P_{i+1}\text{-}OP_{i+2}\text{-}P_i$ 外角平分面 $\pi'_{(i+1)\text{-}0(i+2)\text{-}i}$ 所在平面上任意一点的充分必要条件是

$$\mathrm{D}_{P\text{-}\pi_{(i+2)\text{-}0i\text{-}(i+1)}}+\mathrm{D}_{P\text{-}\pi'_{i\text{-}0(i+1)\text{-}(i+2)}}=0\ \ (i=1,2,3),$$

即 $\pi'_{(i+1)\text{-}0(i+2)\text{-}i}$ 是两平面 $\pi_{(i+2)\text{-}0i\text{-}(i+1)},\pi'_{i\text{-}0(i+1)\text{-}(i+2)}$ 内角的平分面.

证明 (1) 因为 $\delta'_{i\text{-}0(i+1)\text{-}(i+2)}=\delta'_{(i+1)\text{-}0(i+2)\text{-}i}\neq 0$, 故由定理 3.1.5, 可得

$$\delta_{(i+2)\text{-}0i\text{-}(i+1)}\mathrm{D}_{P\text{-}\pi_{(i+2)\text{-}0i\text{-}(i+1)}}/\delta'_{i\text{-}0(i+1)\text{-}(i+2)}+\mathrm{D}_{P\text{-}\pi'_{i\text{-}0(i+1)\text{-}(i+2)}}=\mathrm{D}_{P\text{-}\pi'_{(i+1)\text{-}0(i+2)\text{-}i}},$$

其中 $i=1,2,3$. 于是由上式可得

P 是二面角 $P_{i+2}\text{-}OP_i\text{-}P_{i+1}$ 平分面 $\pi_{(i+2)\text{-}0i\text{-}(i+1)}$ 所在平面上任意一点

$\Leftrightarrow \mathrm{D}_{P\text{-}\pi_{(i+2)\text{-}0i\text{-}(i+1)}}=0 \Leftrightarrow$ 式 (3.1.19) 成立,

即 $\pi_{(i+2)\text{-}0i\text{-}(i+1)}$ 是两平面 $\pi'_{i\text{-}0(i+1)\text{-}(i+2)}, \pi'_{(i+1)\text{-}0(i+2)\text{-}i}$ 外角的平分面.

类似地, 可以证明 (2) 和 (3) 中结论成立.

推论 3.1.8　设 $O\text{-}P_1P_2P_3$ 为三面角, $\pi_{3\text{-}01\text{-}2}, \pi_{1\text{-}02\text{-}3}, \pi_{2\text{-}03\text{-}1}$($\pi'_{3\text{-}01\text{-}2}$, $\pi'_{1\text{-}02\text{-}3}$, $\pi'_{2\text{-}03\text{-}1}$) 依次为其二面角 $P_3\text{-}OP_1\text{-}P_2, P_1\text{-}OP_2\text{-}P_3, P_2\text{-}OP_3\text{-}P_1$ 的平分面 (外角平分面).

(1) 若 $\delta'_{i\text{-}0(i+1)\text{-}(i+2)}=\delta'_{(i+1)\text{-}0(i+2)\text{-}i}$, P 是二面角 $P_{i+2}\text{-}OP_i\text{-}P_{i+1}$ 平分面 $\pi_{(i+2)\text{-}0i\text{-}(i+1)}$ 所在平面上任意一点, 则

$$\mathrm{d}_{P\text{-}\pi'_{i\text{-}0(i+1)\text{-}(i+2)}}=\mathrm{d}_{P\text{-}\pi'_{(i+1)\text{-}0(i+2)\text{-}i}}\ (i=1,2,3); \tag{3.1.20}$$

(2) 若 $\delta_{(i+2)\text{-}0i\text{-}(i+1)}=\delta'_{(i+1)\text{-}0(i+2)\text{-}i}$, P 是二面角 $P_i\text{-}OP_{i+1}\text{-}P_{i+2}$ 外角平分面 $\pi'_{i\text{-}0(i+1)\text{-}(i+2)}$ 所在平面上任意一点, 则

$$\mathrm{d}_{P\text{-}\pi_{(i+2)\text{-}0i\text{-}(i+1)}}=\mathrm{d}_{P\text{-}\pi'_{(i+1)\text{-}0(i+2)\text{-}i}}(i=1,2,3);$$

(3) 若 $\delta_{(i+2)\text{-}0i\text{-}(i+1)}=\delta'_{i\text{-}0(i+1)\text{-}(i+2)}$, P 是二面角 $P_{i+1}\text{-}OP_{i+2}\text{-}P_i$ 外角平分面 $\pi'_{(i+1)\text{-}0(i+2)\text{-}i}$ 所在平面上任意一点, 则

$$\mathrm{d}_{P\text{-}\pi_{(i+2)\text{-}0i\text{-}(i+1)}}=\mathrm{d}_{P\text{-}\pi'_{i\text{-}0(i+1)\text{-}(i+2)}}(i=1,2,3).$$

证明　(1) 因为 P 是二面角 $P_{i+2}\text{-}OP_i\text{-}P_{i+1}$ 平分面 $\pi_{(i+2)\text{-}0i\text{-}(i+1)}$ 所在平面上任意一点, 故由定理 3.1.8(1) 的必要性, 在式 (3.1.19) 两边取绝对值, 即得式 (3.1.20).

类似地, 可以证明 (2) 和 (3) 中结论成立.

3.2　四面体内角平分面有向距离的定值定理与应用

本节主要应用三面角内角平分面有向距离的定值定理, 采用 “由面及体, 由面及线, 由面及点, 点线面体交融” 的思想方法, 研究点到四面体内角平分面有向距离的定值问题. 首先, 阐述四面体内角平分面的基本概念; 其次, 给出四面体内角平分面有向距离的定值定理; 再次, 应用四面体内角平分面有向距离定值定理, 得出四面体四条内角平分线相交于一点等的结论; 最后, 给出四面体四内角平分面有向距离定值定理, 从而得出四面体四内角平分面相关的一些结论.

3.2.1 四面体内角平分面的基本概念

定义 3.2.1 四面体 $P_1P_2P_3P_4$ 的各个顶点 P_4, P_1, P_2, P_3 分别与各自对面的 $P_1P_2P_3, P_2P_3P_4$, $P_3P_4P_1, P_4P_1P_2$ 所构成的三面 $P_4\text{-}P_1P_2P_3, P_1\text{-}P_2P_3P_4, P_2\text{-}P_3P_4P_1$, $P_3\text{-}P_4P_1P_2$, 统称为四面体 $P_1P_2P_3P_4$ 的三面角.

定义 3.2.2 四面体 $P_1P_2P_3P_4$ 各个三面角 $P_4\text{-}P_1P_2P_3, P_1\text{-}P_2P_3P_4, P_2\text{-}P_3P_4P_1$, $P_3\text{-}P_4P_1P_2$ 的内角平分面为四面体 $P_1P_2P_3P_4$ 的内角平分面.

定义 3.2.3 四面体 $P_1P_2P_3P_4$ 各个三面角 $P_4\text{-}P_1P_2P_3, P_1\text{-}P_2P_3P_4, P_2\text{-}P_3P_4P_1$, $P_3\text{-}P_4P_1P_2$ 的平分线 $l_{4\text{-}123}, l_{1\text{-}234}, l_{2\text{-}341}, l_{3\text{-}412}$, 统称为四面体 $P_1P_2P_3P_4$ 的内角平分线.

定义 3.2.4 与四面体 $P_1P_2P_3P_4$ 各面 $P_1P_2P_3, P_2P_3P_4, P_3P_4P_1, P_4P_1P_2$ 均相切的球面, 称为 $P_1P_2P_3P_4$ 内切球面; 内切球的球心称为 $P_1P_2P_3P_4$ 的内心.

显然, 四面体 $P_1P_2P_3P_4$ 的内心到四面体 $P_1P_2P_3P_4$ 各面 $P_1P_2P_3, P_2P_3P_4$, $P_3P_4P_1, P_4P_1P_2$ 的距离相等.

3.2.2 四面体内角平分面有向距离的定值定理

定理 3.2.1 设 $P_1P_2P_3P_4$ 为四面体,$\pi_{i\text{-}kl\text{-}j}$ 是其二面角 $P_i\text{-}P_kP_l\text{-}P_j(i,j,k,l=1,2,3,4)$ 的平分面, P 是空间任意一点, 则

$$\delta_{3\text{-}41\text{-}2}\mathrm{D}_{P\text{-}\pi_{3\text{-}41\text{-}2}}+\delta_{1\text{-}42\text{-}3}\mathrm{D}_{P\text{-}\pi_{1\text{-}42\text{-}3}}+\delta_{2\text{-}43\text{-}1}\mathrm{D}_{P\text{-}\pi_{2\text{-}43\text{-}1}}=0, \tag{3.2.1}$$

$$\delta_{4\text{-}12\text{-}3}\mathrm{D}_{P\text{-}\pi_{4\text{-}12\text{-}3}}+\delta_{2\text{-}13\text{-}4}\mathrm{D}_{P\text{-}\pi_{2\text{-}13\text{-}4}}+\delta_{3\text{-}14\text{-}2}\mathrm{D}_{P\text{-}\pi_{3\text{-}14\text{-}2}}=0, \tag{3.2.2}$$

$$\delta_{1\text{-}23\text{-}4}\mathrm{D}_{P\text{-}\pi_{1\text{-}23\text{-}4}}+\delta_{3\text{-}24\text{-}1}\mathrm{D}_{P\text{-}\pi_{3\text{-}24\text{-}1}}+\delta_{4\text{-}21\text{-}3}\mathrm{D}_{P\text{-}\pi_{4\text{-}21\text{-}3}}=0, \tag{3.2.3}$$

$$\delta_{2\text{-}34\text{-}1}\mathrm{D}_{P\text{-}\pi_{2\text{-}34\text{-}1}}+\delta_{4\text{-}31\text{-}2}\mathrm{D}_{P\text{-}\pi_{4\text{-}31\text{-}2}}+\delta_{1\text{-}32\text{-}4}\mathrm{D}_{P\text{-}\pi_{1\text{-}32\text{-}4}}=0, \tag{3.2.4}$$

其中$\delta_{i\text{-}kl\text{-}j}=\sqrt{1-\cos\alpha_{P_iP_kP_l}\cos\alpha_{P_jP_kP_l}-\cos\beta_{P_iP_kP_l}\cos\beta_{P_jP_kP_l}-\cos\gamma_{P_iP_kP_l}\cos\gamma_{P_jP_kP_l}}$, $i,j,k,l=1,2,3,4$.

证明 对四面体的各个三面角 $P_4\text{-}P_1P_2P_3, P_1\text{-}P_2P_3P_4, P_2\text{-}P_3P_4P_1, P_3\text{-}P_4P_1P_2$, 依次应用定理 3.1.1 即得.

推论 3.2.1 设 $P_1P_2P_3P_4$ 为四面体, $\pi_{i\text{-}kl\text{-}j}$ 是其二面角 $P_i\text{-}P_kP_l\text{-}P_j(i,j,k,l=1,2,3,4)$ 的平分面, 则

(1) P 是 $\pi_{3\text{-}41\text{-}2}(\pi_{3\text{-}14\text{-}2})$ 任意一点的充分必要条件是

$$\delta_{1\text{-}42\text{-}3}\mathrm{D}_{P\text{-}\pi_{1\text{-}42\text{-}3}}+\delta_{2\text{-}43\text{-}1}\mathrm{D}_{P\text{-}\pi_{2\text{-}43\text{-}1}}=0, \tag{3.2.5}$$

或

$$\delta_{4\text{-}12\text{-}3}\mathrm{D}_{P\text{-}\pi_{4\text{-}12\text{-}3}}+\delta_{2\text{-}13\text{-}4}\mathrm{D}_{P\text{-}\pi_{2\text{-}13\text{-}4}}=0; \tag{3.2.6}$$

(2) P 是 $\pi_{1\text{-}42\text{-}3}(\pi_{3\text{-}24\text{-}1})$ 任意一点的充分必要条件是

$$\delta_{3\text{-}41\text{-}2}\mathrm{D}_{P\text{-}\pi_{3\text{-}41\text{-}2}}+\delta_{2\text{-}43\text{-}1}\mathrm{D}_{P\text{-}\pi_{2\text{-}43\text{-}1}}=0,$$

或

$$\delta_{1\text{-}23\text{-}4}\mathrm{D}_{P\text{-}\pi_{1\text{-}23\text{-}4}}+\delta_{4\text{-}21\text{-}3}\mathrm{D}_{P\text{-}\pi_{4\text{-}21\text{-}3}}=0;$$

(3) P 是 $\pi_{2\text{-}43\text{-}1}(\pi_{2\text{-}34\text{-}1})$ 任意一点的充分必要条件是

$$\delta_{3\text{-}41\text{-}2}\mathrm{D}_{P\text{-}\pi_{3\text{-}41\text{-}2}}+\delta_{1\text{-}42\text{-}3}\mathrm{D}_{P\text{-}\pi_{1\text{-}42\text{-}3}}=0,$$

或

$$\delta_{4\text{-}31\text{-}2}\mathrm{D}_{P\text{-}\pi_{4\text{-}31\text{-}2}}+\delta_{1\text{-}32\text{-}4}\mathrm{D}_{P\text{-}\pi_{1\text{-}32\text{-}4}}=0.$$

对四面体 $P_1P_2P_3P_4$ 其余三个三面角 $P_1\text{-}P_2P_3P_4, P_1\text{-}P_3P_4P_2, P_1\text{-}P_4P_2P_3$ 的二面角, 也可以得出类似的结果.

证明　(1) 首先, 根据二面角的对称性可知, 二面角 $P_3\text{-}P_4P_1\text{-}P_2(P_3\text{-}P_1P_4\text{-}P_2)$ 的平分面 $\pi_{3\text{-}41\text{-}2}(\pi_{3\text{-}14\text{-}2})$ 重合. 于是根据定理 3.2.1, 分别由式 (3.2.1) 和 (3.2.2) 可知

P 是 $\pi_{3\text{-}41\text{-}2}(\pi_{3\text{-}14\text{-}2})$ 任意一点 $\Leftrightarrow \mathrm{D}_{P\text{-}\pi_{3\text{-}41\text{-}2}}=\mathrm{D}_{P\text{-}\pi_{3\text{-}14\text{-}2}}=0$

$\Leftrightarrow$ 式 (3.2.5) 成立 $\Leftrightarrow$ 式 (3.2.6) 成立.

类似地, 可以证明 (2) 和 (3) 中结论成立.

推论 3.2.2　设 $P_1P_2P_3P_4$ 为四面体, $\pi_{i\text{-}kl\text{-}j}$ 是其二面角 $P_i\text{-}P_kP_l\text{-}P_j(i,j,k,l=1,2,3,4)$ 的平分面.

(1) 若 P 是 $\pi_{3\text{-}41\text{-}2}(\pi_{3\text{-}14\text{-}2})$ 任意一点, 则

$$\delta_{1\text{-}42\text{-}3}\mathrm{d}_{P\text{-}\pi_{1\text{-}42\text{-}3}}=\delta_{2\text{-}43\text{-}1}\mathrm{d}_{P\text{-}\pi_{2\text{-}43\text{-}1}},\quad \delta_{4\text{-}12\text{-}3}\mathrm{d}_{P\text{-}\pi_{4\text{-}12\text{-}3}}=\delta_{2\text{-}13\text{-}4}\mathrm{d}_{P\text{-}\pi_{2\text{-}13\text{-}4}};$$

(2) 若 P 是 $\pi_{1\text{-}42\text{-}3}(\pi_{3\text{-}24\text{-}1})$ 任意一点, 则

$$\delta_{3\text{-}41\text{-}2}\mathrm{d}_{P\text{-}\pi_{3\text{-}41\text{-}2}}=\delta_{2\text{-}43\text{-}1}\mathrm{d}_{P\text{-}\pi_{2\text{-}43\text{-}1}},\quad \delta_{1\text{-}23\text{-}4}\mathrm{d}_{P\text{-}\pi_{1\text{-}23\text{-}4}}=\delta_{4\text{-}21\text{-}3}\mathrm{d}_{P\text{-}\pi_{4\text{-}21\text{-}3}};$$

(3) 若 P 是 $\pi_{2\text{-}43\text{-}1}(\pi_{2\text{-}34\text{-}1})$ 任意一点, 则

$$\delta_{3\text{-}41\text{-}2}\mathrm{d}_{P\text{-}\pi_{3\text{-}41\text{-}2}}=\delta_{1\text{-}42\text{-}3}\mathrm{d}_{P\text{-}\pi_{1\text{-}42\text{-}3}},\quad \delta_{4\text{-}31\text{-}2}\mathrm{d}_{P\text{-}\pi_{4\text{-}31\text{-}2}}=\delta_{1\text{-}32\text{-}4}\mathrm{d}_{P\text{-}\pi_{1\text{-}32\text{-}4}}.$$

对四面体 $P_1P_2P_3P_4$ 其余三个三面角 $P_1\text{-}P_2P_3P_4, P_1\text{-}P_3P_4P_2, P_1\text{-}P_4P_2P_3$ 的二面角, 也可以得出类似的结果.

证明　(1) 根据推论 3.2.1 的必要性, 分别由式 (3.2.5) 和式 (3.2.6) 移项后, 等式两边分别取绝对值, 即得

$$\delta_{1\text{-}42\text{-}3}\mathrm{d}_{P\text{-}\pi_{1\text{-}42\text{-}3}}=\delta_{2\text{-}43\text{-}1}\mathrm{d}_{P\text{-}\pi_{2\text{-}43\text{-}1}},\quad \delta_{4\text{-}12\text{-}3}\mathrm{d}_{P\text{-}\pi_{4\text{-}12\text{-}3}}=\delta_{2\text{-}13\text{-}4}\mathrm{d}_{P\text{-}\pi_{2\text{-}13\text{-}4}}.$$

类似地, 可以证明 (2) 和 (3) 中结论成立.

3.2.3 四面体内角平分面有向距离的定值定理的应用

定理 3.2.2 四面体 $P_1P_2P_3P_4$ 为四面体, $\pi_{i\text{-}kl\text{-}j}$ 是其二面角 $P_i\text{-}P_kP_l\text{-}P_j(i,j,k,l=1,2,3,4)$ 的平分面, 则 $P_1P_2P_3P_4$ 的各个三面角 $P_4\text{-}P_1P_2P_3, P_1\text{-}P_2P_3P_4, P_2\text{-}P_3P_4P_1, P_3\text{-}P_4P_1P_2$ 的三个平分面 $\pi_{3\text{-}41\text{-}2},\pi_{1\text{-}42\text{-}3},\pi_{2\text{-}43\text{-}1};\pi_{4\text{-}12\text{-}3},\pi_{2\text{-}13\text{-}4},\pi_{3\text{-}14\text{-}2};\pi_{1\text{-}23\text{-}4},\pi_{3\text{-}24\text{-}1},\pi_{4\text{-}21\text{-}3};\pi_{2\text{-}34\text{-}1},\pi_{4\text{-}31\text{-}2},\pi_{1\text{-}32\text{-}4}$ 均相交于一线, 即四面体的内角平分线 $l_{4\text{-}123},l_{1\text{-}234},l_{2\text{-}341},l_{3\text{-}412}$.

证明 对四面体的各个三面角 $P_4\text{-}P_1P_2P_3, P_1\text{-}P_2P_3P_4, P_2\text{-}P_3P_4P_1, P_3\text{-}P_4P_1P_2$, 依次应用定理 3.1.2 即得.

定理 3.2.3 四面体 $P_1P_2P_3P_4$ 的四条内角平分线 $l_{4\text{-}123},l_{1\text{-}234},l_{2\text{-}341},l_{3\text{-}412}$ 相交于一点, 即四面体的内心.

证明 显然, 三面角 $P_4\text{-}P_1P_2P_3$ 的平分线 $l_{4\text{-}123}$ 与三面角 $P_1\text{-}P_2P_3P_4$ 的二面角 $P_4\text{-}P_1P_2\text{-}P_3$ 的平分面相交, 即 $P_4\text{-}P_1P_2P_3$ 的三个二面角的平分面 $\pi_{3\text{-}41\text{-}2},\pi_{1\text{-}42\text{-}3},\pi_{2\text{-}43\text{-}1}$ 和三面角 $P_1\text{-}P_2P_3P_4$ 的二面角 $\pi_{4\text{-}12\text{-}3}$ 的平分面相交, 设此交点为 G, 则

$$\mathrm{D}_{G\text{-}\pi_{3\text{-}41\text{-}2}}=\mathrm{D}_{G\text{-}\pi_{1\text{-}42\text{-}3}}=\mathrm{D}_{G\text{-}\pi_{2\text{-}43\text{-}1}}=\mathrm{D}_{G\text{-}\pi_{4\text{-}12\text{-}3}}=0.$$

将 $\mathrm{D}_{G\text{-}\pi_{3\text{-}24\text{-}1}}=\mathrm{D}_{G\text{-}\pi_{1\text{-}42\text{-}3}}=0,\mathrm{D}_{G\text{-}\pi_{4\text{-}12\text{-}3}}=\mathrm{D}_{G\text{-}\pi_{4\text{-}21\text{-}3}}=0$, 代入式 (3.2.3) 并注意到 $\delta_{1\text{-}23\text{-}4}\neq 0$, 得 $\mathrm{D}_{G\text{-}\pi_{1\text{-}23\text{-}4}}=0$, 即点 G 在三面角 $P_2\text{-}P_3P_4P_1$ 的二面角 $P_1\text{-}P_2P_3\text{-}P_4$ 的平分面 $\pi_{1\text{-}23\text{-}4}$ 上. 因此, 点 G 在三面角 $P_2\text{-}P_3P_4P_1$ 的平分线 $l_{2\text{-}341}$ 上.

再将 $\mathrm{D}_{G\text{-}\pi_{2\text{-}34\text{-}1}}=\mathrm{D}_{G\text{-}\pi_{2\text{-}43\text{-}1}}=0,\mathrm{D}_{G\text{-}\pi_{1\text{-}32\text{-}4}}=\mathrm{D}_{G\text{-}\pi_{1\text{-}23\text{-}4}}=0$, 代入式 (3.2.4) 并注意到 $\delta_{4\text{-}31\text{-}2}\neq 0$, 得 $\mathrm{D}_{G\text{-}\pi_{4\text{-}31\text{-}2}}=0$, 即点 G 在三面角 $P_3\text{-}P_4P_1P_2$ 的二面角 $P_4\text{-}P_3P_1\text{-}P_2$ 的平分面 $\pi_{4\text{-}31\text{-}2}$ 上. 因此, 点 G 在三面角 $P_3\text{-}P_4P_1P_2$ 的平分线 $l_{3\text{-}412}$ 上.

最后, 将 $\mathrm{D}_{P\text{-}\pi_{4\text{-}12\text{-}3}}=0,\mathrm{D}_{G\text{-}\pi_{2\text{-}13\text{-}4}}=\mathrm{D}_{G\text{-}\pi_{4\text{-}31\text{-}2}}=0$, 代入式 (3.2.2) 并注意到 $\delta_{3\text{-}14\text{-}2}\neq 0$, 得 $\mathrm{D}_{G\text{-}\pi_{3\text{-}14\text{-}2}}=0$, 即点 G 在三面角 $P_1\text{-}P_2P_3P_4$ 的二面角 $P_3\text{-}P_1P_4\text{-}P_2$ 的平分面 $\pi_{3\text{-}14\text{-}2}$ 上. 因此, 点 G 在三面角 $P_1\text{-}P_2P_3P_4$ 的平分线 $l_{1\text{-}234}$ 上.

故四面体 $P_1P_2P_3P_4$ 的四条内角平分线 $l_{4\text{-}123},l_{1\text{-}234},l_{2\text{-}341},l_{3\text{-}412}$ 相交于一点 G. 又由 $\mathrm{D}_{G-\pi_{3\text{-}41\text{-}2}}=\mathrm{D}_{G\text{-}\pi_{1\text{-}42\text{-}3}}=\mathrm{D}_{G\text{-}\pi_{2\text{-}43\text{-}1}}=0$ 及三面角内角平分面的定义, 有

$$\mathrm{D}_{G\text{-}\pi_{P_3P_4P_1}}=-\mathrm{D}_{G\text{-}\pi_{P_2P_4P_1}},\mathrm{D}_{G\text{-}\pi_{P_1P_4P_2}}=-\mathrm{D}_{G\text{-}\pi_{P_3P_4P_2}},\mathrm{D}_{G\text{-}\pi_{P_2P_4P_3}}=-\mathrm{D}_{G\text{-}\pi_{P_1P_4P_3}},$$

从而 $\mathrm{D}_{G\text{-}\pi_{P_4P_1P_2}}=\mathrm{D}_{G\text{-}\pi_{P_2P_3P_4}}=-\mathrm{D}_{G\text{-}\pi_{P_3P_4P_1}}$; 同理可得 $\mathrm{D}_{G\text{-}\pi_{P_1P_2P_3}}=\mathrm{D}_{G\text{-}\pi_{P_3P_4P_1}}=-\mathrm{D}_{G\text{-}\pi_{P_4P_1P_2}}$. 于是

$$\begin{aligned}\mathrm{D}_{G\text{-}\pi_{P_4P_1P_2}}&=\mathrm{D}_{G\text{-}\pi_{P_2P_3P_4}}=-\mathrm{D}_{G\text{-}\pi_{P_3P_4P_1}}=-\mathrm{D}_{G\text{-}\pi_{P_1P_2P_3}}(\mathrm{d}_{G\text{-}\pi_{P_4P_1P_2}}\\&=\mathrm{d}_{G\text{-}\pi_{P_2P_3P_4}}=\mathrm{d}_{G\text{-}\pi_{P_3P_4P_1}}=\mathrm{d}_{G\text{-}\pi_{P_1P_2P_3}}),\end{aligned}$$

因此, G 是四面体的内心.

推论 3.2.3　设 $l_{4\text{-}123}, l_{1\text{-}234}, l_{2\text{-}341}, l_{3\text{-}412}$ 是四面体 $P_1P_2P_3P_4$ 的四条内角平分线, 则 $l_{4\text{-}123}$ 和 $l_{1\text{-}234}$; $l_{4\text{-}123}$ 和 $l_{2\text{-}341}$; $l_{4\text{-}123}$ 和 $l_{3\text{-}412}$; $l_{1\text{-}234}$ 和 $l_{2\text{-}341}$; $l_{1\text{-}234}$ 和 $l_{3\text{-}412}$; $l_{2\text{-}341}$ 和 $l_{3\text{-}412}$ 均两线共面.

证明　根据定理 3.2.3 即得.

定理 3.2.4　设 $P_1P_2P_3P_4$ 为四面体, $\pi_{i\text{-}kl\text{-}j}$ 是其二面角 $P_i\text{-}P_kP_l\text{-}P_j(i,j,k,l=1,2,3,4)$ 的平分面, P 是空间任意一点.

(1) 若 $\delta_{3\text{-}41\text{-}2}=\delta_{1\text{-}42\text{-}3}=\delta_{2\text{-}43\text{-}1}$, 则

$$\mathrm{D}_{P\text{-}\pi_{3\text{-}41\text{-}2}}+\mathrm{D}_{P\text{-}\pi_{1\text{-}42\text{-}3}}+\mathrm{D}_{P\text{-}\pi_{2\text{-}43\text{-}1}}=0;\tag{3.2.7}$$

(2) 若 $\delta_{4\text{-}12\text{-}3}=\delta_{2\text{-}13\text{-}4}=\delta_{3\text{-}14\text{-}2}$, 则

$$\mathrm{D}_{P\text{-}\pi_{4\text{-}12\text{-}3}}+\mathrm{D}_{P\text{-}\pi_{2\text{-}13\text{-}4}}+\mathrm{D}_{P\text{-}\pi_{3\text{-}14\text{-}2}}=0;$$

(3) 若 $\delta_{1\text{-}23\text{-}4}=\delta_{3\text{-}24\text{-}1}=\delta_{4\text{-}21\text{-}3}$, 则

$$\mathrm{D}_{P\text{-}\pi_{1\text{-}23\text{-}4}}+\mathrm{D}_{P\text{-}\pi_{3\text{-}24\text{-}1}}+\mathrm{D}_{P\text{-}\pi_{4\text{-}21\text{-}3}}=0;$$

(4) 若 $\delta_{2\text{-}34\text{-}1}=\delta_{4\text{-}31\text{-}2}=\delta_{1\text{-}32\text{-}4}$, 则

$$\mathrm{D}_{P\text{-}\pi_{2\text{-}34\text{-}1}}+\mathrm{D}_{P\text{-}\pi_{4\text{-}31\text{-}2}}+\mathrm{D}_{P\text{-}\pi_{1\text{-}32\text{-}4}}=0.$$

证明　(1) 将 $\delta_{3\text{-}41\text{-}2}=\delta_{1\text{-}42\text{-}3}=\delta_{2\text{-}43\text{-}1}\neq 0$, 代入式 (3.2.1) 并化简, 即得式 (3.2.7).

类似地, 可以证明 (2)~(4) 中结论成立.

推论 3.2.4　设 $P_1P_2P_3P_4$ 为四面体, $\pi_{i\text{-}kl\text{-}j}$ 是其二面角 $P_i\text{-}P_kP_l\text{-}P_j(i,j,k,l=1,2,3,4)$ 的平分面, P 是空间任意一点.

(1) 若 $\delta_{3\text{-}41\text{-}2}=\delta_{1\text{-}42\text{-}3}=\delta_{2\text{-}43\text{-}1}$, 则在如下的三个点到平面的距离

$$\mathrm{d}_{P\text{-}\pi_{3\text{-}41\text{-}2}},\quad \mathrm{d}_{P\text{-}\pi_{1\text{-}42\text{-}3}},\quad \mathrm{d}_{P\text{-}\pi_{2\text{-}43\text{-}1}}$$

中, 其中一个较长的距离等于另两个较短的距离的和;

(2) 若 $\delta_{4\text{-}12\text{-}3}=\delta_{2\text{-}13\text{-}4}=\delta_{3\text{-}14\text{-}2}$, 则在如下的三个点到平面的距离

$$\mathrm{d}_{P\text{-}\pi_{4\text{-}12\text{-}3}},\quad \mathrm{d}_{P\text{-}\pi_{2\text{-}13\text{-}4}},\quad \mathrm{d}_{P\text{-}\pi_{3\text{-}14\text{-}2}}$$

中, 其中一个较长的距离等于另两个较短的距离的和;

(3) 若 $\delta_{1\text{-}23\text{-}4}=\delta_{3\text{-}24\text{-}1}=\delta_{4\text{-}21\text{-}3}$, 则在如下的三个点到平面的距离

$$\mathrm{d}_{P\text{-}\pi_{1\text{-}23\text{-}4}},\quad \mathrm{d}_{P\text{-}\pi_{3\text{-}24\text{-}1}},\quad \mathrm{d}_{P\text{-}\pi_{4\text{-}21\text{-}3}}$$

中, 其中一个较长的距离等于另两个较短的距离的和;

(4) 若 $\delta_{2\text{-}34\text{-}1}=\delta_{4\text{-}31\text{-}2}=\delta_{1\text{-}32\text{-}4}$, 则在如下的三个点到平面的距离

$$\mathrm{d}_{P\text{-}\pi_{2\text{-}34\text{-}1}},\quad \mathrm{d}_{P\text{-}\pi_{4\text{-}31\text{-}2}},\quad \mathrm{d}_{P\text{-}\pi_{1\text{-}32\text{-}4}}$$

中, 其中一个较长的距离等于另两个较短的距离的和.

证明 (1) 在式 (3.2.7) 中, 注意到其中一个较长的有向距离与另两个较短的有向距离异号即得.

类似地, 可以证明 (2)~(4) 中结论成立.

定理 3.2.5 设 $P_1P_2P_3P_4$ 为四面体, $\pi_{i\text{-}kl\text{-}j}$ 是其二面角 $P_i\text{-}P_kP_l\text{-}P_j(i,j,k,l=1,2,3,4)$ 的平分面.

(1) 若 $\delta_{1\text{-}42\text{-}3}=\delta_{2\text{-}43\text{-}1}$, 则 P 是 $\pi_{3\text{-}41\text{-}2}(\pi_{3\text{-}14\text{-}2})$ 上任意一点的充分必要条件是

$$\mathrm{D}_{P\text{-}\pi_{1\text{-}42\text{-}3}}+\mathrm{D}_{P\text{-}\pi_{2\text{-}43\text{-}1}}=0,$$

即 $\pi_{3\text{-}41\text{-}2}(\pi_{3\text{-}14\text{-}2})$ 是 $\pi_{1\text{-}42\text{-}3},\pi_{2\text{-}43\text{-}1}$ 内角的平分面;

若 $\delta_{4\text{-}12\text{-}3}=\delta_{2\text{-}13\text{-}4}$, 则 P 是 $\pi_{3\text{-}41\text{-}2}(\pi_{3\text{-}14\text{-}2})$ 上任意一点的充分必要条件是

$$\mathrm{D}_{P\text{-}\pi_{4\text{-}12\text{-}3}}+\mathrm{D}_{P\text{-}\pi_{2\text{-}13\text{-}4}}=0,$$

即 $\pi_{3\text{-}41\text{-}2}(\pi_{3\text{-}14\text{-}2})$ 是 $\pi_{4\text{-}12\text{-}3},\pi_{2\text{-}13\text{-}4}$ 内角的平分面.

(2) 若 $\delta_{3\text{-}41\text{-}2}=\delta_{2\text{-}43\text{-}1}$, 则 P 是 $\pi_{1\text{-}42\text{-}3}(\pi_{3\text{-}24\text{-}1})$ 上任意一点的充分必要条件是

$$\mathrm{D}_{P\text{-}\pi_{3\text{-}41\text{-}2}}+\mathrm{D}_{P\text{-}\pi_{2\text{-}43\text{-}1}}=0,$$

即 $\pi_{1\text{-}42\text{-}3}(\pi_{3\text{-}24\text{-}1})$ 是 $\pi_{3\text{-}41\text{-}2},\pi_{2\text{-}43\text{-}1}$ 内角的平分面;

若 $\delta_{1\text{-}23\text{-}4}=\delta_{4\text{-}21\text{-}3}$, 则 P 是 $\pi_{1\text{-}42\text{-}3}(\pi_{3\text{-}24\text{-}1})$ 上任意一点的充分必要条件是

$$\mathrm{D}_{P\text{-}\pi_{1\text{-}23\text{-}4}}+\mathrm{D}_{P\text{-}\pi_{4\text{-}21\text{-}3}}=0,$$

即 $\pi_{1\text{-}42\text{-}3}(\pi_{3\text{-}24\text{-}1})$ 是 $\pi_{1\text{-}23\text{-}4},\pi_{4\text{-}21\text{-}3}$ 内角的平分面.

(3) 若 $\delta_{3\text{-}41\text{-}2}=\delta_{1\text{-}42\text{-}3}$, 则 P 是 $\pi_{2\text{-}43\text{-}1}(\pi_{2\text{-}34\text{-}1})$ 上任意一点的充分必要条件是

$$\mathrm{D}_{P\text{-}\pi_{3\text{-}41\text{-}2}}+\mathrm{D}_{P\text{-}\pi_{1\text{-}42\text{-}3}}=0,$$

即 $\pi_{2\text{-}43\text{-}1}(\pi_{2\text{-}34\text{-}1})$ 是 $\pi_{3\text{-}41\text{-}2},\pi_{1\text{-}42\text{-}3}$ 内角的平分面;

若 $\delta_{4\text{-}31\text{-}2}=\delta_{1\text{-}32\text{-}4}$, 则 P 是 $\pi_{2\text{-}43\text{-}1}(\pi_{2\text{-}34\text{-}1})$ 上任意一点的充分必要条件是

$$\mathrm{D}_{P\text{-}\pi_{4\text{-}31\text{-}2}}+\mathrm{D}_{P\text{-}\pi_{1\text{-}32\text{-}4}}=0,$$

即 $\pi_{2\text{-}43\text{-}1}(\pi_{2\text{-}34\text{-}1})$ 是 $\pi_{4\text{-}31\text{-}2},\pi_{1\text{-}32\text{-}4}$ 内角的平分面.

对四面体 $P_1P_2P_3P_4$ 其余三个三面角 $P_1\text{-}P_2P_3P_4,P_1\text{-}P_3P_4P_2,P_1\text{-}P_4P_2P_3$ 的二面角, 也可以得出类似的结果.

证明 (1) 根据定理 3.2.1, 由式 (3.2.1) 和 (3.2.2), 仿定理 3.1.4 证明即得.

类似地, 可以证明 (2) 和 (3) 中结论成立.

推论 3.2.5　设 $P_1P_2P_3P_4$ 为四面体, $\pi_{i\text{-}kl\text{-}j}$ 是其二面角 $P_i\text{-}P_kP_l\text{-}P_j(i,j,k,l=1,2,3,4)$ 的平分面.

(1) 若 $\delta_{1\text{-}42\text{-}3}=\delta_{2\text{-}43\text{-}1}$, P 是 $\pi_{3\text{-}41\text{-}2}(\pi_{3\text{-}14\text{-}2})$ 上任意一点, 则 $\mathrm{d}_{P\text{-}\pi_{1\text{-}42\text{-}3}}=\mathrm{d}_{P\text{-}\pi_{2\text{-}43\text{-}1}}$; 若 $\delta_{4\text{-}12\text{-}3}=\delta_{2\text{-}13\text{-}4}$, P 是 $\pi_{3\text{-}41\text{-}2}(\pi_{3\text{-}14\text{-}2})$ 上任意一点, 则 $\mathrm{d}_{P\text{-}\pi_{4\text{-}12\text{-}3}}=\mathrm{d}_{P\text{-}\pi_{2\text{-}13\text{-}4}}$.

(2) 若 $\delta_{3\text{-}41\text{-}2}=\delta_{2\text{-}43\text{-}1}$, P 是 $\pi_{1\text{-}42\text{-}3}(\pi_{3\text{-}24\text{-}1})$ 上任意一点, 则 $\mathrm{d}_{P\text{-}\pi_{3\text{-}41\text{-}2}}=\mathrm{d}_{P\text{-}\pi_{2\text{-}43\text{-}1}}$; 若 $\delta_{1\text{-}23\text{-}4}=\delta_{4\text{-}21\text{-}3}$, P 是 $\pi_{1\text{-}42\text{-}3}(\pi_{3\text{-}24\text{-}1})$ 上任意一点, 则 $\mathrm{d}_{P\text{-}\pi_{1\text{-}23\text{-}4}}=\mathrm{d}_{P\text{-}\pi_{4\text{-}21\text{-}3}}$.

(3) 若 $\delta_{3\text{-}41\text{-}2}=\delta_{1\text{-}42\text{-}3}$, P 是 $\pi_{2\text{-}43\text{-}1}(\pi_{2\text{-}34\text{-}1})$ 上任意一点, 则 $\mathrm{d}_{P\text{-}\pi_{3\text{-}41\text{-}2}}=\mathrm{d}_{P\text{-}\pi_{1\text{-}42\text{-}3}}$; 若 $\delta_{4\text{-}31\text{-}2}=\delta_{1\text{-}32\text{-}4}$, P 是 $\pi_{2\text{-}43\text{-}1}(\pi_{2\text{-}34\text{-}1})$ 上任意一点, 则 $\mathrm{d}_{P\text{-}\pi_{4\text{-}31\text{-}2}}=\mathrm{d}_{P\text{-}\pi_{1\text{-}32\text{-}4}}$.

对四面体 $P_1P_2P_3P_4$ 其余三个三面角 $P_1\text{-}P_2P_3P_4, P_1\text{-}P_3P_4P_2, P_1\text{-}P_4P_2P_3$ 的二面角, 也可以得出类似的结果.

证明　(1) 根据定理 3.2.5(1) 的必要性, 若 $\delta_{1\text{-}42\text{-}3}=\delta_{2\text{-}43\text{-}1}$, 式 $\mathrm{D}_{P\text{-}\pi_{1\text{-}42\text{-}3}}+\mathrm{D}_{P\text{-}\pi_{2\text{-}43\text{-}1}}=0$ 移项后, 等式两边分别取绝对值, 即得 $\mathrm{d}_{P\text{-}\pi_{1\text{-}42\text{-}3}}=\mathrm{d}_{P\text{-}\pi_{2\text{-}43\text{-}1}}$; 若 $\delta_{4\text{-}12\text{-}3}=\delta_{2\text{-}13\text{-}4}$, 式 $\mathrm{D}_{P\text{-}\pi_{4\text{-}12\text{-}3}}+\mathrm{D}_{P\text{-}\pi_{2\text{-}13\text{-}4}}=0$ 移项后, 等式两边分别取绝对值, 即得 $\mathrm{d}_{P\text{-}\pi_{4\text{-}12\text{-}3}}=\mathrm{d}_{P\text{-}\pi_{2\text{-}13\text{-}4}}$.

类似地, 可以证明 (2) 和 (3) 中结论成立.

3.2.4　四面体四内角平分面有向距离的定值定理及其应用

定理 3.2.6　设 $P_1P_2P_3P_4$ 为四面体, $\pi_{i\text{-}kl\text{-}j}$ 是其二面角 $P_i\text{-}P_kP_l\text{-}P_j(i,j,k,l=1,2,3,4)$ 的平分面, P 是空间任意一点, 则

$$\delta_{1\text{-}42\text{-}3}\mathrm{D}_{P\text{-}\pi_{1\text{-}42\text{-}3}}+\delta_{2\text{-}43\text{-}1}\mathrm{D}_{P\text{-}\pi_{2\text{-}43\text{-}1}}+\delta_{4\text{-}12\text{-}3}\mathrm{D}_{P\text{-}\pi_{4\text{-}12\text{-}3}}+\delta_{2\text{-}13\text{-}4}\mathrm{D}_{P\text{-}\pi_{2\text{-}13\text{-}4}}=0, \tag{3.2.8}$$

$$\delta_{3\text{-}41\text{-}2}\mathrm{D}_{P\text{-}\pi_{3\text{-}41\text{-}2}}+\delta_{2\text{-}43\text{-}1}\mathrm{D}_{P\text{-}\pi_{2\text{-}43\text{-}1}}+\delta_{1\text{-}23\text{-}4}\mathrm{D}_{P\text{-}\pi_{1\text{-}23\text{-}4}}+\delta_{4\text{-}21\text{-}3}\mathrm{D}_{P\text{-}\pi_{4\text{-}21\text{-}3}}=0, \tag{3.2.9}$$

$$\delta_{3\text{-}41\text{-}2}\mathrm{D}_{P\text{-}\pi_{3\text{-}41\text{-}2}}+\delta_{1\text{-}42\text{-}3}\mathrm{D}_{P\text{-}\pi_{1\text{-}42\text{-}3}}+\delta_{4\text{-}31\text{-}2}\mathrm{D}_{P\text{-}\pi_{4\text{-}31\text{-}2}}+\delta_{1\text{-}32\text{-}4}\mathrm{D}_{P\text{-}\pi_{1\text{-}32\text{-}4}}=0, \tag{3.2.10}$$

$$\delta_{2\text{-}13\text{-}4}\mathrm{D}_{P\text{-}\pi_{2\text{-}13\text{-}4}}+\delta_{3\text{-}14\text{-}2}\mathrm{D}_{P\text{-}\pi_{3\text{-}14\text{-}2}}+\delta_{1\text{-}23\text{-}4}\mathrm{D}_{P\text{-}\pi_{1\text{-}23\text{-}4}}+\delta_{3\text{-}24\text{-}1}\mathrm{D}_{P\text{-}\pi_{3\text{-}24\text{-}1}}=0, \tag{3.2.11}$$

$$\delta_{4\text{-}12\text{-}3}\mathrm{D}_{P\text{-}\pi_{4\text{-}12\text{-}3}}+\delta_{3\text{-}14\text{-}2}\mathrm{D}_{P\text{-}\pi_{3\text{-}14\text{-}2}}+\delta_{2\text{-}34\text{-}1}\mathrm{D}_{P\text{-}\pi_{2\text{-}34\text{-}1}}+\delta_{1\text{-}32\text{-}4}\mathrm{D}_{P\text{-}\pi_{1\text{-}32\text{-}4}}=0, \tag{3.2.12}$$

$$\delta_{3\text{-}24\text{-}1}\mathrm{D}_{P\text{-}\pi_{3\text{-}24\text{-}1}}+\delta_{4\text{-}21\text{-}3}\mathrm{D}_{P\text{-}\pi_{4\text{-}21\text{-}3}}+\delta_{2\text{-}34\text{-}1}\mathrm{D}_{P\text{-}\pi_{2\text{-}34\text{-}1}}+\delta_{4\text{-}31\text{-}2}\mathrm{D}_{P\text{-}\pi_{4\text{-}31\text{-}2}}=0. \tag{3.2.13}$$

证明 根据定理 3.2.1 和推论 2.4.2, 式 (3.2.1)+(3.2.2), 即得式 (3.2.8); 式 (3.2.1)+(3.2.3), 即得式 (3.2.9); 式 (3.2.1)+(3.2.4), 即得式 (3.2.10); 式 (3.2.2)+(3.2.3), 即得式 (3.2.11); 式 (3.2.2)+(3.2.4), 即得式 (3.2.12); 式 (3.2.3)+(3.2.4), 即得式 (3.2.13).

推论 3.2.6 设 $P_1P_2P_3P_4$ 为四面体, $\pi_{i\text{-}kl\text{-}j}$ 是其二面角 $P_i\text{-}P_kP_l\text{-}P_j(i,j,k,l=1,2,3,4)$ 的平分面, 则

(1)P 是 $\pi_{1\text{-}42\text{-}3}(\pi_{3\text{-}24\text{-}1})$ 上任意一点的充分必要条件是

$$\delta_{2\text{-}43\text{-}1}\mathrm{D}_{P\text{-}\pi_{2\text{-}43\text{-}1}}+\delta_{4\text{-}12\text{-}3}\mathrm{D}_{P\text{-}\pi_{4\text{-}12\text{-}3}}+\delta_{2\text{-}13\text{-}4}\mathrm{D}_{P\text{-}\pi_{2\text{-}13\text{-}4}}=0, \tag{3.2.14}$$

或

$$\delta_{3\text{-}41\text{-}2}\mathrm{D}_{P\text{-}\pi_{3\text{-}41\text{-}2}}+\delta_{4\text{-}31\text{-}2}\mathrm{D}_{P\text{-}\pi_{4\text{-}31\text{-}2}}+\delta_{1\text{-}32\text{-}4}\mathrm{D}_{P\text{-}\pi_{1\text{-}32\text{-}4}}=0, \tag{3.2.15}$$

或

$$\delta_{2\text{-}13\text{-}4}\mathrm{D}_{P\text{-}\pi_{2\text{-}13\text{-}4}}+\delta_{3\text{-}14\text{-}2}\mathrm{D}_{P\text{-}\pi_{3\text{-}14\text{-}2}}+\delta_{1\text{-}23\text{-}4}\mathrm{D}_{P\text{-}\pi_{1\text{-}23\text{-}4}}=0, \tag{3.2.16}$$

或

$$\delta_{4\text{-}21\text{-}3}\mathrm{D}_{P\text{-}\pi_{4\text{-}21\text{-}3}}+\delta_{2\text{-}34\text{-}1}\mathrm{D}_{P\text{-}\pi_{2\text{-}34\text{-}1}}+\delta_{4\text{-}31\text{-}2}\mathrm{D}_{P\text{-}\pi_{4\text{-}31\text{-}2}}=0. \tag{3.2.17}$$

(2) P 是 $\pi_{2\text{-}43\text{-}1}(\pi_{2\text{-}34\text{-}1})$ 上任意一点的充分必要条件是

$$\delta_{1\text{-}42\text{-}3}\mathrm{D}_{P\text{-}\pi_{1\text{-}42\text{-}3}}+\delta_{4\text{-}12\text{-}3}\mathrm{D}_{P\text{-}\pi_{4\text{-}12\text{-}3}}+\delta_{2\text{-}13\text{-}4}\mathrm{D}_{P\text{-}\pi_{2\text{-}13\text{-}4}}=0,$$

或

$$\delta_{3\text{-}41\text{-}2}\mathrm{D}_{P\text{-}\pi_{3\text{-}41\text{-}2}}+\delta_{1\text{-}23\text{-}4}\mathrm{D}_{P\text{-}\pi_{1\text{-}23\text{-}4}}+\delta_{4\text{-}21\text{-}3}\mathrm{D}_{P\text{-}\pi_{4\text{-}21\text{-}3}}=0,$$

或

$$\delta_{4\text{-}12\text{-}3}\mathrm{D}_{P\text{-}\pi_{4\text{-}12\text{-}3}}+\delta_{3\text{-}14\text{-}2}\mathrm{D}_{P\text{-}\pi_{3\text{-}14\text{-}2}}+\delta_{1\text{-}32\text{-}4}\mathrm{D}_{P\text{-}\pi_{1\text{-}32\text{-}4}}=0,$$

或

$$\delta_{3\text{-}24\text{-}1}\mathrm{D}_{P\text{-}\pi_{3\text{-}24\text{-}1}}+\delta_{4\text{-}21\text{-}3}\mathrm{D}_{P\text{-}\pi_{4\text{-}21\text{-}3}}+\delta_{4\text{-}31\text{-}2}\mathrm{D}_{P\text{-}\pi_{4\text{-}31\text{-}2}}=0.$$

对平面 $\pi_{3\text{-}41\text{-}2}(\pi_{3\text{-}14\text{-}2}),\pi_{4\text{-}21\text{-}3}(\pi_{4\text{-}12\text{-}3}),\pi_{2\text{-}31\text{-}4}(\pi_{2\text{-}13\text{-}4}),\pi_{1\text{-}23\text{-}4}(\pi_{1\text{-}32\text{-}4})$ 亦可得出类似的结果.

证明 (1) 分别由式 (3.2.8)、(3.2.10)、(3.2.11) 和 (3.2.13), 可得

P 是 $\pi_{1\text{-}42\text{-}3}(\pi_{3\text{-}24\text{-}1})$ 上任意一点 $\Leftrightarrow \mathrm{D}_{P\text{-}\pi_{1\text{-}42\text{-}3}}=0(\mathrm{D}_{P\text{-}\pi_{3\text{-}24\text{-}1}}=0)\Leftrightarrow$ 式 (3.2.14) ~(3.2.17) 之一成立.

类似地, 可以证明 (2) 中结论成立.

定理 3.2.7　设 $P_1P_2P_3P_4$ 为四面体, $\pi_{i\text{-}kl\text{-}j}$ 是其二面角 $P_i\text{-}P_kP_l\text{-}P_j(i,j,k,l=1,2,3,4)$ 的平分面.

(1) 若 P 是三面角 $P_4\text{-}P_1P_2P_3$ 平分线 $l_{4\text{-}123}$ 上任意一点, 则

$$\delta_{4\text{-}12\text{-}3}\mathrm{D}_{P\text{-}\pi_{4\text{-}12\text{-}3}}+\delta_{2\text{-}13\text{-}4}\mathrm{D}_{P\text{-}\pi_{2\text{-}13\text{-}4}}=0, \tag{3.2.18}$$

$$\delta_{1\text{-}23\text{-}4}\mathrm{D}_{P\text{-}\pi_{1\text{-}23\text{-}4}}+\delta_{4\text{-}21\text{-}3}\mathrm{D}_{P\text{-}\pi_{4\text{-}21\text{-}3}}=0, \tag{3.2.19}$$

$$\delta_{4\text{-}31\text{-}2}\mathrm{D}_{P\text{-}\pi_{4\text{-}31\text{-}2}}+\delta_{1\text{-}32\text{-}4}\mathrm{D}_{P\text{-}\pi_{1\text{-}32\text{-}4}}=0; \tag{3.2.20}$$

(2) 若 P 是三面角 $P_1\text{-}P_2P_3P_4$ 平分线 $l_{1\text{-}234}$ 上任意一点, 则

$$\delta_{1\text{-}42\text{-}3}\mathrm{D}_{P\text{-}\pi_{1\text{-}42\text{-}3}}+\delta_{2\text{-}43\text{-}1}\mathrm{D}_{P\text{-}\pi_{2\text{-}43\text{-}1}}=0,$$

$$\delta_{1\text{-}23\text{-}4}\mathrm{D}_{P\text{-}\pi_{1\text{-}23\text{-}4}}+\delta_{3\text{-}24\text{-}1}\mathrm{D}_{P\text{-}\pi_{3\text{-}24\text{-}1}}=0,$$

$$\delta_{2\text{-}34\text{-}1}\mathrm{D}_{P\text{-}\pi_{2\text{-}34\text{-}1}}+\delta_{1\text{-}32\text{-}4}\mathrm{D}_{P\text{-}\pi_{1\text{-}32\text{-}4}}=0;$$

(3) 若 P 是三面角 $P_2\text{-}P_3P_4P_1$ 平分线 $l_{2\text{-}341}$ 上任意一点, 则

$$\delta_{3\text{-}41\text{-}2}\mathrm{D}_{P\text{-}\pi_{3\text{-}41\text{-}2}}+\delta_{2\text{-}43\text{-}1}\mathrm{D}_{P\text{-}\pi_{2\text{-}43\text{-}1}}=0,$$

$$\delta_{2\text{-}43\text{-}1}\mathrm{D}_{P\text{-}\pi_{2\text{-}43\text{-}1}}+\delta_{2\text{-}13\text{-}4}\mathrm{D}_{P\text{-}\pi_{2\text{-}13\text{-}4}}=0,$$

$$\delta_{3\text{-}41\text{-}2}\mathrm{D}_{P\text{-}\pi_{3\text{-}41\text{-}2}}+\delta_{4\text{-}31\text{-}2}\mathrm{D}_{P\text{-}\pi_{4\text{-}31\text{-}2}}=0;$$

(4) 若 P 是三面角 $P_3\text{-}P_4P_1P_2$ 平分线 $l_{3\text{-}412}$ 上任意一点, 则

$$\delta_{3\text{-}41\text{-}2}\mathrm{D}_{P\text{-}\pi_{3\text{-}41\text{-}2}}+\delta_{1\text{-}42\text{-}3}\mathrm{D}_{P\text{-}\pi_{1\text{-}42\text{-}3}}=0,$$

$$\delta_{4\text{-}12\text{-}3}\mathrm{D}_{P\text{-}\pi_{4\text{-}12\text{-}3}}+\delta_{3\text{-}14\text{-}2}\mathrm{D}_{P\text{-}\pi_{3\text{-}14\text{-}2}}=0,$$

$$\delta_{3\text{-}24\text{-}1}\mathrm{D}_{P\text{-}\pi_{3\text{-}24\text{-}1}}+\delta_{4\text{-}21\text{-}3}\mathrm{D}_{P\text{-}\pi_{4\text{-}21\text{-}3}}=0.$$

证明　(1) 因为 P 是三面角 $P_4\text{-}P_1P_2P_3$ 平分线 $l_{4\text{-}123}$ 上任意一点, 所以

$$\mathrm{D}_{P\text{-}\pi_{3\text{-}41\text{-}2}}=\mathrm{D}_{P\text{-}\pi_{1\text{-}42\text{-}3}}=\mathrm{D}_{P\text{-}\pi_{2\text{-}43\text{-}1}}=0.$$

分别代入式 (3.2.8)~(3.2.10), 即得式 (3.2.18)~(3.2.20).

类似地, 可以证明 (2)~(4) 中结论成立.

推论 3.2.7　设 $P_1P_2P_3P_4$ 为四面体, $\pi_{i\text{-}kl\text{-}j}$ 是其二面角 $P_i\text{-}P_kP_l\text{-}P_j(i,j,k,l=1,2,3,4)$ 的平分面.

(1) 若 P 是三面角 $P_4\text{-}P_1P_2P_3$ 平分线 $l_{4\text{-}123}$ 上任意一点, 则

$$\delta_{4\text{-}12\text{-}3}\mathrm{d}_{P\text{-}\pi_{4\text{-}12\text{-}3}}=\delta_{2\text{-}13\text{-}4}\mathrm{d}_{P\text{-}\pi_{2\text{-}13\text{-}4}}=\delta_{1\text{-}23\text{-}4}\mathrm{d}_{P\text{-}\pi_{1\text{-}23\text{-}4}};$$

(2) 若 P 是三面角 $P_1\text{-}P_2P_3P_4$ 平分线 $l_{1\text{-}234}$ 上任意一点, 则

$$\delta_{1\text{-}42\text{-}3}\mathrm{d}_{P\text{-}\pi_{1\text{-}42\text{-}3}}=\delta_{2\text{-}43\text{-}1}\mathrm{d}_{P\text{-}\pi_{2\text{-}43\text{-}1}}=\delta_{1\text{-}23\text{-}4}\mathrm{d}_{P\text{-}\pi_{1\text{-}23\text{-}4}};$$

(3) 若 P 是三面角 $P_2\text{-}P_3P_4P_1$ 平分线 $l_{2\text{-}341}$ 上任意一点, 则

$$\delta_{3\text{-}41\text{-}2}\mathrm{d}_{P\text{-}\pi_{3\text{-}41\text{-}2}}=\delta_{2\text{-}43\text{-}1}\mathrm{d}_{P\text{-}\pi_{2\text{-}43\text{-}1}}=\delta_{2\text{-}13\text{-}4}\mathrm{d}_{P\text{-}\pi_{2\text{-}13\text{-}4}};$$

(4) 若 P 是三面角 $P_3\text{-}P_4P_1P_2$ 平分线 $l_{3\text{-}412}$ 上任意一点, 则

$$\delta_{3\text{-}41\text{-}2}\mathrm{d}_{P\text{-}\pi_{3\text{-}41\text{-}2}}=\delta_{1\text{-}42\text{-}3}\mathrm{d}_{P\text{-}\pi_{1\text{-}42\text{-}3}}=\delta_{4\text{-}12\text{-}3}\mathrm{d}_{P\text{-}\pi_{4\text{-}12\text{-}3}}.$$

证明 (1) 根据定理 3.2.7, 式 (3.2.18)~(3.2.20) 分别移项后, 等式两边分别取绝对值, 即得

$$\delta_{4\text{-}12\text{-}3}\mathrm{d}_{P\text{-}\pi_{4\text{-}12\text{-}3}}=\delta_{2\text{-}13\text{-}4}\mathrm{d}_{P\text{-}\pi_{2\text{-}13\text{-}4}}=\delta_{1\text{-}23\text{-}4}\mathrm{d}_{P\text{-}\pi_{1\text{-}23\text{-}4}};$$

类似地, 可以证明 (2)~(4) 中结论成立.

定理 3.2.8 设 $P_1P_2P_3P_4$ 为四面体, $\pi_{i\text{-}kl\text{-}j}$ 是其二面角 $P_i\text{-}P_kP_l\text{-}P_j(i,j,k,l=1,2,3,4)$ 的平分面, P 是空间任意一点.

(1) 若 $\delta_{1\text{-}42\text{-}3}=\delta_{2\text{-}43\text{-}1}=\delta_{4\text{-}12\text{-}3}=\delta_{2\text{-}13\text{-}4}$, 则

$$\mathrm{D}_{P\text{-}\pi_{1\text{-}42\text{-}3}}+\mathrm{D}_{P\text{-}\pi_{2\text{-}43\text{-}1}}+\mathrm{D}_{P\text{-}\pi_{4\text{-}12\text{-}3}}+\mathrm{D}_{P\text{-}\pi_{2\text{-}13\text{-}4}}=0; \tag{3.2.21}$$

(2) 若 $\delta_{3\text{-}41\text{-}2}=\delta_{2\text{-}43\text{-}1}=\delta_{1\text{-}23\text{-}4}=\delta_{4\text{-}21\text{-}3}$, 则

$$\mathrm{D}_{P\text{-}\pi_{3\text{-}41\text{-}2}}+\mathrm{D}_{P\text{-}\pi_{2\text{-}43\text{-}1}}+\mathrm{D}_{P\text{-}\pi_{1\text{-}23\text{-}4}}+\mathrm{D}_{P\text{-}\pi_{4\text{-}21\text{-}3}}=0; \tag{3.2.22}$$

(3) 若 $\delta_{3\text{-}41\text{-}2}=\delta_{1\text{-}42\text{-}3}=\delta_{4\text{-}31\text{-}2}=\delta_{1\text{-}32\text{-}4}$, 则

$$\mathrm{D}_{P\text{-}\pi_{3\text{-}41\text{-}2}}+\mathrm{D}_{P\text{-}\pi_{1\text{-}42\text{-}3}}+\mathrm{D}_{P\text{-}\pi_{4\text{-}31\text{-}2}}+\mathrm{D}_{P\text{-}\pi_{1\text{-}32\text{-}4}}=0; \tag{3.2.23}$$

(4) 若 $\delta_{2\text{-}13\text{-}4}=\delta_{3\text{-}14\text{-}2}=\delta_{1\text{-}23\text{-}4}=\delta_{3\text{-}24\text{-}1}$, 则

$$\mathrm{D}_{P\text{-}\pi_{2\text{-}13\text{-}4}}+\mathrm{D}_{P\text{-}\pi_{3\text{-}14\text{-}2}}+\mathrm{D}_{P\text{-}\pi_{1\text{-}23\text{-}4}}+\mathrm{D}_{P\text{-}\pi_{3\text{-}24\text{-}1}}=0; \tag{3.2.24}$$

(5) 若 $\delta_{4\text{-}12\text{-}3}=\delta_{3\text{-}14\text{-}2}=\delta_{2\text{-}34\text{-}1}=\delta_{1\text{-}32\text{-}4}$, 则

$$\mathrm{D}_{P\text{-}\pi_{4\text{-}12\text{-}3}}+\mathrm{D}_{P\text{-}\pi_{3\text{-}14\text{-}2}}+\mathrm{D}_{P\text{-}\pi_{2\text{-}34\text{-}1}}+\mathrm{D}_{P\text{-}\pi_{1\text{-}32\text{-}4}}=0; \tag{3.2.25}$$

(6) 若 $\delta_{3\text{-}24\text{-}1}=\delta_{4\text{-}21\text{-}3}=\delta_{2\text{-}34\text{-}1}=\delta_{4\text{-}31\text{-}2}$, 则

$$\mathrm{D}_{P\text{-}\pi_{3\text{-}24\text{-}1}}+\mathrm{D}_{P\text{-}\pi_{4\text{-}21\text{-}3}}+\mathrm{D}_{P\text{-}\pi_{2\text{-}34\text{-}1}}+\mathrm{D}_{P\text{-}\pi_{4\text{-}31\text{-}2}}=0. \tag{3.2.26}$$

证明　(1) 根据定理 3.2.6, 将 $\delta_{1\text{-}42\text{-}3}=\delta_{2\text{-}43\text{-}1}=\delta_{4\text{-}12\text{-}3}=\delta_{2\text{-}13\text{-}4}\neq 0$, 代入式 (3.2.8) 并化简, 即得式 (3.2.21).

类似地, 可以证明 (2)~(6) 中结论成立.

推论 3.2.8　设 $P_1P_2P_3P_4$ 为四面体, $\pi_{i\text{-}kl\text{-}j}$ 是其二面角 $P_i\text{-}P_kP_l\text{-}P_j(i,j,k,l=1,2,3,4)$ 的平分面. 若 $\delta_{1\text{-}42\text{-}3}=\delta_{2\text{-}43\text{-}1}=\delta_{4\text{-}12\text{-}3}=\delta_{2\text{-}13\text{-}4}$, 则

(1) $\pi_{1\text{-}42\text{-}3},\pi_{2\text{-}43\text{-}1}$ 内角的平分面与 $\pi_{4\text{-}12\text{-}3},\pi_{2\text{-}13\text{-}4}$ 内角的平分面重合;

(2) $\pi_{1\text{-}42\text{-}3},\pi_{4\text{-}12\text{-}3}$ 内角的平分面与 $\pi_{2\text{-}43\text{-}1},\pi_{2\text{-}13\text{-}4}$ 内角的平分面重合;

(3) $\pi_{1\text{-}42\text{-}3},\pi_{2\text{-}13\text{-}4}$ 内角的平分面与 $\pi_{2\text{-}43\text{-}1},\pi_{4\text{-}12\text{-}3}$ 内角的平分面重合.

对式 (3.2.22)~(3.2.26), 也可以得出类似的结果.

证明　(1) 设 P 是 $\pi_{1\text{-}42\text{-}3},\pi_{2\text{-}43\text{-}1}$ 内角平分面上任意一点, 则 $\mathrm{D}_{P\text{-}\pi_{1\text{-}42\text{-}3}}+\mathrm{D}_{P\text{-}\pi_{2\text{-}43\text{-}1}}=0$. 代入式 (3.2.21) 得 $\mathrm{D}_{P\text{-}\pi_{4\text{-}12\text{-}3}}+\mathrm{D}_{P\text{-}\pi_{2\text{-}13\text{-}4}}=0$, 因此 P 在 $\pi_{1\text{-}42\text{-}3},\pi_{2\text{-}43\text{-}1}$ 的内角平分面上; 反之亦然. 因此, $\pi_{1\text{-}42\text{-}3},\pi_{2\text{-}43\text{-}1}$ 内角的平分面与 $\pi_{4\text{-}12\text{-}3},\pi_{2\text{-}13\text{-}4}$ 内角的平分面重合.

类似地, 可以证明 (2) 和 (3) 中结论成立.

定理 3.2.9　设 $P_1P_2P_3P_4$ 为四面体, $\pi_{i\text{-}kl\text{-}j}$ 是其二面角 $P_i\text{-}P_kP_l\text{-}P_j(i,j,k,l=1,2,3,4)$ 的平分面.

(1) 若 $\delta_{2\text{-}43\text{-}1}=\delta_{4\text{-}12\text{-}3}=\delta_{2\text{-}13\text{-}4}$, 则 P 是 $\pi_{1\text{-}42\text{-}3}$ 上任意一点的充分必要条件是

$$\mathrm{D}_{P\text{-}\pi_{2\text{-}43\text{-}1}}+\mathrm{D}_{P\text{-}\pi_{4\text{-}12\text{-}3}}+\mathrm{D}_{P\text{-}\pi_{2\text{-}13\text{-}4}}=0; \tag{3.2.27}$$

(2) 若 $\delta_{1\text{-}42\text{-}3}=\delta_{4\text{-}12\text{-}3}=\delta_{2\text{-}13\text{-}4}$, 则 P 是 $\pi_{2\text{-}43\text{-}1}$ 上任意一点的充分必要条件是

$$\mathrm{D}_{P\text{-}\pi_{1\text{-}42\text{-}3}}+\mathrm{D}_{P\text{-}\pi_{4\text{-}12\text{-}3}}+\mathrm{D}_{P\text{-}\pi_{2\text{-}13\text{-}4}}=0;$$

(3) 若 $\delta_{1\text{-}42\text{-}3}=\delta_{2\text{-}43\text{-}1}=\delta_{2\text{-}13\text{-}4}$, 则 P 是 $\pi_{4\text{-}12\text{-}3}$ 上任意一点的充分必要条件是

$$\mathrm{D}_{P\text{-}\pi_{1\text{-}42\text{-}3}}+\mathrm{D}_{P\text{-}\pi_{2\text{-}43\text{-}1}}+\mathrm{D}_{P\text{-}\pi_{2\text{-}13\text{-}4}}=0;$$

(4) 若 $\delta_{1\text{-}42\text{-}3}=\delta_{2\text{-}43\text{-}1}=\delta_{4\text{-}12\text{-}3}$, 则 P 是 $\pi_{2\text{-}13\text{-}4}$ 上任意一点的充分必要条件是

$$\mathrm{D}_{P\text{-}\pi_{1\text{-}42\text{-}3}}+\mathrm{D}_{P\text{-}\pi_{2\text{-}43\text{-}1}}+\mathrm{D}_{P\text{-}\pi_{4\text{-}12\text{-}3}}=0.$$

利用式 (3.2.9)~(3.2.12), 也可以得出类似的结果.

证明　(1) 记 $\delta_{2\text{-}43\text{-}1}=\delta_{4\text{-}12\text{-}3}=\delta_{2\text{-}13\text{-}4}=\delta$, 则式 (3.2.8) 可以改写成

$$\delta_{1\text{-}42\text{-}3}\mathrm{D}_{P\text{-}\pi_{1\text{-}42\text{-}3}}/\delta+\mathrm{D}_{P\text{-}\pi_{2\text{-}43\text{-}1}}+\mathrm{D}_{P\text{-}\pi_{4\text{-}12\text{-}3}}+\mathrm{D}_{P\text{-}\pi_{2\text{-}13\text{-}4}}=0.$$

故由上式可得: P 是 $\pi_{1\text{-}42\text{-}3}$ 上任意一点的充分必要条件是式 (3.2.27) 成立.

类似地, 可以证明 (2)~(4) 中结论成立.

推论 3.2.9 设 $P_1P_2P_3P_4$ 为四面体, $\pi_{i\text{-}kl\text{-}j}$ 是其二面角 $P_i\text{-}P_kP_l\text{-}P_j(i,j,k,l=1,2,3,4)$ 的平分面.

(1) 若 $\delta_{2\text{-}43\text{-}1}=\delta_{4\text{-}12\text{-}3}=\delta_{2\text{-}13\text{-}4}$, P 是 $\pi_{1\text{-}42\text{-}3}$ 上任意一点, 则在以下三个点到平面的距离

$$\mathrm{d}_{P\text{-}\pi_{2\text{-}43\text{-}1}},\quad \mathrm{d}_{P\text{-}\pi_{4\text{-}12\text{-}3}},\quad \mathrm{d}_{P\text{-}\pi_{2\text{-}13\text{-}4}}$$

中, 其中一个较长的距离等于另两个较短的距离的和;

(2) 若 $\delta_{1\text{-}42\text{-}3}=\delta_{4\text{-}12\text{-}3}=\delta_{2\text{-}13\text{-}4}$, P 是 $\pi_{2\text{-}43\text{-}1}$ 上任意一点, 则在以下三个点到平面的距离

$$\mathrm{d}_{P\text{-}\pi_{1\text{-}42\text{-}3}},\quad \mathrm{d}_{P\text{-}\pi_{4\text{-}12\text{-}3}},\quad \mathrm{d}_{P\text{-}\pi_{2\text{-}13\text{-}4}}$$

中, 其中一个较长的距离等于另两个较短的距离的和;

(3) 若 $\delta_{1\text{-}42\text{-}3}=\delta_{2\text{-}43\text{-}1}=\delta_{2\text{-}13\text{-}4}$, P 是 $\pi_{4\text{-}12\text{-}3}$ 上任意一点, 则在以下三个点到平面的距离

$$\mathrm{d}_{P\text{-}\pi_{1\text{-}42\text{-}3}},\quad \mathrm{d}_{P\text{-}\pi_{2\text{-}43\text{-}1}},\quad \mathrm{d}_{P\text{-}\pi_{2\text{-}13\text{-}4}}$$

中, 其中一个较长的距离等于另两个较短的距离的和;

(4) 若 $\delta_{1\text{-}42\text{-}3}=\delta_{2\text{-}43\text{-}1}=\delta_{4\text{-}12\text{-}3}$, P 是 $\pi_{2\text{-}13\text{-}4}$ 上任意一点, 则在以下三个点到平面的距离

$$\mathrm{d}_{P\text{-}\pi_{1\text{-}42\text{-}3}},\quad \mathrm{d}_{P\text{-}\pi_{2\text{-}43\text{-}1}},\quad \mathrm{d}_{P\text{-}\pi_{4\text{-}12\text{-}3}}$$

中, 其中一个较长的距离等于另两个较短的距离的和.

利用式 (3.2.9)~(3.2.12), 也可以得出类似的结果.

证明 (1) 注意到式 (3.2.27) 中, 一个较长的有向距离与另两个较短的有向距离反号即得.

类似地, 可以证明 (2)~(4) 中结论成立.

3.3 四面体内、外角平分面有向距离的定值定理与应用

本节主要应用三面角内、外角平分面有向距离的定值定理, 采用 "由面及体, 由面及线, 由面及点, 点线面体交融" 的思想方法, 研究点到四面体中内、外角平分面有向距离的定值问题. 首先, 介绍四面体外角的基本概念; 其次, 给出四面体内、外角平分面有向距离的定值定理; 最后, 利用四面体三内、外角平分面有向距离定值定理, 得出四面体各个三面角的一个内角平分面和另两个外角平分面相交于一线及四个三面角的一些内角平分面和外角平分面相交于一点等的结论.

3.3.1　四面体外角平分面的基本概念

定义 3.3.1　四面体 $P_1P_2P_3P_4$ 各个顶点 P_4, P_1, P_2, P_3 分别与其对面 $P_1P_2P_3$, $P_2P_3P_4, P_3P_4P_1$, $P_4P_1P_2$ 所成三面角的外角, 统称为四面体的外角.

定义 3.3.2　四面体 $P_1P_2P_3P_4$ 各个三面角 $P_4\text{-}P_1P_2P_3, P_1\text{-}P_2P_3P_4, P_2\text{-}P_3P_4P_1$, $P_3\text{-}P_4P_1P_2$ 的外角平分面为四面体 $P_1P_2P_3P_4$ 的外角平分面.

定义 3.3.3　四面体 $P_1P_2P_3P_4$ 各个顶点 P_4, P_1, P_2, P_3 分别与其对面 $P_1P_2P_3$, $P_2P_3P_4, P_3P_4P_1$, $P_4P_1P_2$ 所成三面角的外角平分线 $l'_{4\text{-}12'3'}, l'_{4\text{-}23'1'}, l'_{4\text{-}31'2'}; l'_{1\text{-}23'4'}$, $l'_{1\text{-}34'2'}, l'_{1\text{-}42'3'}; l'_{2\text{-}34'1'}, l'_{2\text{-}41'3'}, l'_{2\text{-}13'4'}; l'_{3\text{-}41'2'}, l'_{3\text{-}12'4'}, l'_{3\text{-}24'1'}$ 称为四面体的外角平分线.

定义 3.3.4　与四面体 $P_1P_2P_3P_4$ 四面 $P_1P_2P_3, P_2P_3P_4, P_3P_4P_1, P_4P_1P_2$ 中的一面和另三面延伸面相伸面相切的球面, 称为 $P_1P_2P_3P_4$ 旁切球; 旁切球的球心称为 $P_1P_2P_3P_4$ 的旁心.

显然, 四面体 $P_1P_2P_3P_4$ 的旁心, 到四面体 $P_1P_2P_3P_4$ 的四面 $P_1P_2P_3, P_2P_3P_4$, $P_3P_4P_1, P_4P_1P_2$ 中的一面和另三面延伸面的距离相等.

3.3.2　四面体内、外角平分面有向距离的定值定理

定理 3.3.1　设 $P_1P_2P_3P_4$ 为四面体, $\pi_{i\text{-}kl\text{-}j}(\pi'_{i\text{-}kl\text{-}j})$ 是其二面角 $P_i\text{-}P_kP_l\text{-}P_j(i, j, k, l = 1, 2, 3, 4)$ 的平分面 (外角的平分面), P 是空间任意一点, 则

$$\delta_{3\text{-}41\text{-}2}\mathrm{D}_{P\text{-}\pi_{3\text{-}41\text{-}2}} + \delta'_{1\text{-}42\text{-}3}\mathrm{D}_{P\text{-}\pi'_{1\text{-}42\text{-}3}} - \delta'_{2\text{-}43\text{-}1}\mathrm{D}_{P\text{-}\pi'_{2\text{-}43\text{-}1}} = 0, \tag{3.3.1}$$

$$\delta_{1\text{-}42\text{-}3}\mathrm{D}_{P\text{-}\pi_{1\text{-}42\text{-}3}} + \delta'_{2\text{-}43\text{-}1}\mathrm{D}_{P\text{-}\pi'_{2\text{-}43\text{-}1}} - \delta'_{3\text{-}41\text{-}2}\mathrm{D}_{P\text{-}\pi'_{3\text{-}41\text{-}2}} = 0, \tag{3.3.2}$$

$$\delta_{2\text{-}43\text{-}1}\mathrm{D}_{P\text{-}\pi_{2\text{-}43\text{-}1}} + \delta'_{3\text{-}41\text{-}2}\mathrm{D}_{P\text{-}\pi'_{3\text{-}41\text{-}2}} - \delta'_{1\text{-}42\text{-}3}\mathrm{D}_{P\text{-}\pi'_{1\text{-}42\text{-}3}} = 0; \tag{3.3.3}$$

$$\delta_{4\text{-}12\text{-}3}\mathrm{D}_{P\text{-}\pi_{4\text{-}12\text{-}3}} + \delta'_{2\text{-}13\text{-}4}\mathrm{D}_{P\text{-}\pi'_{2\text{-}13\text{-}4}} - \delta'_{3\text{-}14\text{-}2}\mathrm{D}_{P\text{-}\pi'_{3\text{-}14\text{-}2}} = 0, \tag{3.3.4}$$

$$\delta_{2\text{-}13\text{-}4}\mathrm{D}_{P\text{-}\pi_{2\text{-}13\text{-}4}} + \delta'_{3\text{-}14\text{-}2}\mathrm{D}_{P\text{-}\pi'_{3\text{-}14\text{-}2}} - \delta'_{4\text{-}12\text{-}3}\mathrm{D}_{P\text{-}\pi'_{4\text{-}12\text{-}3}} = 0, \tag{3.3.5}$$

$$\delta_{3\text{-}14\text{-}2}\mathrm{D}_{P\text{-}\pi_{3\text{-}14\text{-}2}} + \delta'_{4\text{-}12\text{-}3}\mathrm{D}_{P\text{-}\pi'_{4\text{-}12\text{-}3}} - \delta'_{2\text{-}13\text{-}4}\mathrm{D}_{P\text{-}\pi'_{2\text{-}13\text{-}4}} = 0; \tag{3.3.6}$$

$$\delta_{1\text{-}23\text{-}4}\mathrm{D}_{P\text{-}\pi_{1\text{-}23\text{-}4}} + \delta'_{3\text{-}24\text{-}1}\mathrm{D}_{P\text{-}\pi'_{3\text{-}24\text{-}1}} - \delta'_{4\text{-}21\text{-}3}\mathrm{D}_{P\text{-}\pi'_{4\text{-}21\text{-}3}} = 0, \tag{3.3.7}$$

$$\delta_{3\text{-}24\text{-}1}\mathrm{D}_{P\text{-}\pi_{3\text{-}24\text{-}1}} + \delta'_{4\text{-}21\text{-}3}\mathrm{D}_{P\text{-}\pi'_{4\text{-}21\text{-}3}} - \delta'_{1\text{-}23\text{-}4}\mathrm{D}_{P\text{-}\pi'_{1\text{-}23\text{-}4}} = 0, \tag{3.3.8}$$

$$\delta_{4\text{-}21\text{-}3}\mathrm{D}_{P\text{-}\pi_{4\text{-}21\text{-}3}} + \delta'_{1\text{-}23\text{-}4}\mathrm{D}_{P\text{-}\pi'_{1\text{-}23\text{-}4}} - \delta'_{3\text{-}24\text{-}1}\mathrm{D}_{P\text{-}\pi'_{3\text{-}24\text{-}1}} = 0; \tag{3.3.9}$$

$$\delta_{2\text{-}34\text{-}1}\mathrm{D}_{P\text{-}\pi_{2\text{-}34\text{-}1}} + \delta'_{4\text{-}31\text{-}2}\mathrm{D}_{P\text{-}\pi'_{4\text{-}31\text{-}2}} - \delta'_{1\text{-}32\text{-}4}\mathrm{D}_{P\text{-}\pi'_{1\text{-}32\text{-}4}} = 0, \tag{3.3.10}$$

$$\delta_{4\text{-}31\text{-}2}\mathrm{D}_{P\text{-}\pi_{4\text{-}31\text{-}2}} + \delta'_{1\text{-}32\text{-}4}\mathrm{D}_{P\text{-}\pi'_{1\text{-}32\text{-}4}} - \delta'_{2\text{-}34\text{-}1}\mathrm{D}_{P\text{-}\pi'_{2\text{-}34\text{-}1}} = 0, \tag{3.3.11}$$

$$\delta_{1\text{-}32\text{-}4}\mathrm{D}_{P\text{-}\pi_{1\text{-}32\text{-}4}} + \delta'_{2\text{-}34\text{-}1}\mathrm{D}_{P\text{-}\pi'_{2\text{-}34\text{-}1}} - \delta'_{4\text{-}31\text{-}2}\mathrm{D}_{P\text{-}\pi'_{4\text{-}31\text{-}2}} = 0; \tag{3.3.12}$$

其中

$$\delta_{3\text{-}41\text{-}2}$$
$$=\sqrt{1-\cos\alpha_{P_1P_4P_2}\cos\alpha_{P_3P_4P_1}-\cos\beta_{P_1P_4P_2}\cos\beta_{P_3P_4P_1}-\cos\gamma_{P_1P_4P_2}\cos\gamma_{P_3P_4P_1}},$$
$$\delta'_{3\text{-}41\text{-}2}$$
$$=\sqrt{1+\cos\alpha_{P_1P_4P_2}\cos\alpha_{P_3P_4P_1}+\cos\beta_{P_1P_4P_2}\cos\beta_{P_3P_4P_1}+\cos\gamma_{P_1P_4P_2}\cos\gamma_{P_3P_4P_1}},$$

以下类同.

证明 对四面体的四个三面角 $P_4\text{-}P_1P_2P_3, P_1\text{-}P_2P_3P_4, P_2\text{-}P_3P_4P_1, P_3\text{-}P_4P_1P_2$, 依次应用定理 3.1.5 即得.

推论 3.3.1 设 $P_1P_2P_3P_4$ 为四面体, $\pi_{i\text{-}kl\text{-}j}(\pi'_{i\text{-}kl\text{-}j})$ 是其二面角 $P_i\text{-}P_kP_l\text{-}P_j$ $(i,j,k,l=1,2,3,4)$ 的平分面 (外角的平分面), 则

(1) P 是二面角平分面 $\pi_{3\text{-}41\text{-}2}(\pi_{3\text{-}14\text{-}2})$ 任意一点的充分必要条件是

$$\delta'_{1\text{-}42\text{-}3}\mathrm{D}_{P\text{-}\pi'_{1\text{-}42\text{-}3}}-\delta'_{2\text{-}43\text{-}1}\mathrm{D}_{P\text{-}\pi'_{2\text{-}43\text{-}1}}=0, \tag{3.3.13}$$

或

$$\delta'_{4\text{-}21\text{-}3}\mathrm{D}_{P\text{-}\pi'_{4\text{-}21\text{-}3}}-\delta'_{1\text{-}23\text{-}4}\mathrm{D}_{P\text{-}\pi'_{1\text{-}23\text{-}4}}=0; \tag{3.3.14}$$

(2) P 是二面角平分面 $\pi_{1\text{-}42\text{-}3}(\pi_{3\text{-}24\text{-}1})$ 任意一点的充分必要条件是

$$\delta'_{2\text{-}43\text{-}1}\mathrm{D}_{P\text{-}\pi'_{2\text{-}43\text{-}1}}-\delta'_{3\text{-}41\text{-}2}\mathrm{D}_{P\text{-}\pi'_{3\text{-}41\text{-}2}}=0,$$

或

$$\delta'_{4\text{-}21\text{-}3}\mathrm{D}_{P\text{-}\pi'_{4\text{-}21\text{-}3}}-\delta'_{1\text{-}23\text{-}4}\mathrm{D}_{P\text{-}\pi'_{1\text{-}23\text{-}4}}=0;$$

(3) P 是二面角平分面 $\pi_{2\text{-}43\text{-}1}(\pi_{2\text{-}34\text{-}1})$ 任意一点的充分必要条件是

$$\delta'_{3\text{-}41\text{-}2}\mathrm{D}_{P\text{-}\pi'_{3\text{-}41\text{-}2}}-\delta'_{1\text{-}42\text{-}3}\mathrm{D}_{P\text{-}\pi'_{1\text{-}42\text{-}3}}=0,$$

或

$$\delta'_{4\text{-}31\text{-}2}\mathrm{D}_{P\text{-}\pi'_{4\text{-}31\text{-}2}}-\delta'_{1\text{-}32\text{-}4}\mathrm{D}_{P\text{-}\pi'_{1\text{-}32\text{-}4}}=0.$$

(4) P 是二面角平分面 $\pi'_{1\text{-}42\text{-}3}(\pi'_{3\text{-}24\text{-}1})$ 任意一点的充分必要条件是

$$\delta_{3\text{-}41\text{-}2}\mathrm{D}_{P\text{-}\pi_{3\text{-}41\text{-}2}}-\delta'_{2\text{-}43\text{-}1}\mathrm{D}_{P\text{-}\pi'_{2\text{-}43\text{-}1}}=0,$$

或

$$\delta_{2\text{-}43\text{-}1}\mathrm{D}_{P\text{-}\pi_{2\text{-}43\text{-}1}}+\delta'_{3\text{-}41\text{-}2}\mathrm{D}_{P\text{-}\pi'_{3\text{-}41\text{-}2}}=0,$$

或

$$\delta_{1\text{-}23\text{-}4}\mathrm{D}_{P\text{-}\pi_{1\text{-}23\text{-}4}}-\delta'_{4\text{-}21\text{-}3}\mathrm{D}_{P\text{-}\pi'_{4\text{-}21\text{-}3}}=0,$$

或

$$\delta_{4\text{-}21\text{-}3}\mathrm{D}_{P\text{-}\pi_{4\text{-}21\text{-}3}}+\delta'_{1\text{-}23\text{-}4}\mathrm{D}_{P\text{-}\pi'_{1\text{-}23\text{-}4}}=0;$$

(5) P 是二面角平分面 $\pi'_{2\text{-}43\text{-}1}(\pi'_{2\text{-}34\text{-}1})$ 任意一点的充分必要条件是

$$\delta_{3\text{-}41\text{-}2}\mathrm{D}_{P\text{-}\pi_{3\text{-}41\text{-}2}}+\delta'_{1\text{-}42\text{-}3}\mathrm{D}_{P\text{-}\pi'_{1\text{-}42\text{-}3}}=0,$$

或

$$\delta_{1\text{-}42\text{-}3}\mathrm{D}_{P\text{-}\pi_{1\text{-}42\text{-}3}}-\delta'_{3\text{-}41\text{-}2}\mathrm{D}_{P\text{-}\pi'_{3\text{-}41\text{-}2}}=0,$$

或

$$\delta_{4\text{-}31\text{-}2}\mathrm{D}_{P\text{-}\pi_{4\text{-}31\text{-}2}}+\delta'_{1\text{-}32\text{-}4}\mathrm{D}_{P\text{-}\pi'_{1\text{-}32\text{-}4}}=0,$$

或

$$\delta_{1\text{-}32\text{-}4}\mathrm{D}_{P\text{-}\pi_{1\text{-}32\text{-}4}}-\delta'_{4\text{-}31\text{-}2}\mathrm{D}_{P\text{-}\pi'_{4\text{-}31\text{-}2}}=0;$$

(6) P 是二面角平分面 $\pi'_{3\text{-}41\text{-}2}(\pi'_{3\text{-}14\text{-}2})$ 任意一点的充分必要条件是

$$\delta_{1\text{-}42\text{-}3}\mathrm{D}_{P\text{-}\pi_{1\text{-}42\text{-}3}}+\delta'_{2\text{-}43\text{-}1}\mathrm{D}_{P\text{-}\pi'_{2\text{-}43\text{-}1}}=0,$$

或

$$\delta_{2\text{-}43\text{-}1}\mathrm{D}_{P\text{-}\pi_{2\text{-}43\text{-}1}}-\delta'_{1\text{-}42\text{-}3}\mathrm{D}_{P\text{-}\pi'_{1\text{-}42\text{-}3}}=0,$$

或

$$\delta_{4\text{-}12\text{-}3}\mathrm{D}_{P\text{-}\pi_{4\text{-}12\text{-}3}}+\delta'_{2\text{-}13\text{-}4}\mathrm{D}_{P\text{-}\pi'_{2\text{-}13\text{-}4}}=0,$$

或

$$\delta_{2\text{-}13\text{-}4}\mathrm{D}_{P\text{-}\pi_{2\text{-}13\text{-}4}}-\delta'_{4\text{-}12\text{-}3}\mathrm{D}_{P\text{-}\pi'_{4\text{-}12\text{-}3}}=0.$$

对四面体 $P_1P_2P_3P_4$ 其余三个三面角 $P_1\text{-}P_2P_3P_4, P_1\text{-}P_3P_4P_2, P_1\text{-}P_4P_2P_3$ 的二面角, 也可以得出 18 个类似的结果.

证明　(1) 根据定理 3.3.1, 分别由式 (3.3.1) 和 (3.3.6), 可得

P 是二面角平分面 $\pi_{3\text{-}41\text{-}2}(\pi_{3\text{-}14\text{-}2})$ 任意一点

$\Leftrightarrow \mathrm{D}_{P\text{-}\pi_{3\text{-}41\text{-}2}}=\mathrm{D}_{P\text{-}\pi_{3\text{-}14\text{-}2}}=0 \Leftrightarrow$ 式 (3.3.13) 成立 $\Leftrightarrow$ 式 (3.3.14) 成立.

类似地, 可以证明 (2)~(6) 中结论成立.

推论 3.3.2　设 $P_1P_2P_3P_4$ 为四面体, $\pi_{i\text{-}kl\text{-}j}(\pi'_{i\text{-}kl\text{-}j})$ 是其二面角 $P_i\text{-}P_kP_l\text{-}P_j$ $(i,j,k,l=1,2,3,4)$ 的平分面 (外角的平分面).

(1) 若 P 是二面角平分面 $\pi_{3\text{-}41\text{-}2}(\pi_{3\text{-}14\text{-}2})$ 任意一点, 则

$$\delta'_{1\text{-}42\text{-}3}\mathrm{d}_{P\text{-}\pi'_{1\text{-}42\text{-}3}}=\delta'_{2\text{-}43\text{-}1}\mathrm{d}_{P\text{-}\pi'_{2\text{-}43\text{-}1}},\quad \delta'_{4\text{-}12\text{-}3}\mathrm{d}_{P\text{-}\pi'_{4\text{-}12\text{-}3}}=\delta'_{2\text{-}13\text{-}4}\mathrm{d}_{P\text{-}\pi'_{2\text{-}13\text{-}4}};$$

(2) 若 P 是二面角平分面 $\pi_{1\text{-}42\text{-}3}(\pi_{3\text{-}24\text{-}1})$ 任意一点, 则

$$\delta'_{2\text{-}43\text{-}1}\mathrm{d}_{P\text{-}\pi'_{2\text{-}43\text{-}1}}=\delta'_{3\text{-}41\text{-}2}\mathrm{d}_{P\text{-}\pi'_{3\text{-}41\text{-}2}},\quad \delta'_{4\text{-}21\text{-}3}\mathrm{d}_{P\text{-}\pi'_{4\text{-}21\text{-}3}}=\delta'_{1\text{-}23\text{-}4}\mathrm{d}_{P\text{-}\pi'_{1\text{-}23\text{-}4}};$$

(3) 若 P 是二面角平分面 $\pi_{2\text{-}43\text{-}1}(\pi_{2\text{-}34\text{-}1})$ 任意一点, 则

$$\delta'_{3\text{-}41\text{-}2}\mathrm{d}_{P\text{-}\pi'_{3\text{-}41\text{-}2}}=\delta'_{1\text{-}42\text{-}3}\mathrm{d}_{P\text{-}\pi'_{1\text{-}42\text{-}3}},$$

$$\delta'_{4\text{-}31\text{-}2}\mathrm{d}_{P\text{-}\pi'_{4\text{-}31\text{-}2}}=\delta'_{1\text{-}32\text{-}4}\mathrm{d}_{P\text{-}\pi'_{1\text{-}32\text{-}4}};$$

(4) 若 P 是二面角平分面 $\pi'_{1\text{-}42\text{-}3}(\pi'_{3\text{-}24\text{-}1})$ 任意一点, 则

$$\delta_{3\text{-}41\text{-}2}\mathrm{d}_{P\text{-}\pi_{3\text{-}41\text{-}2}}=\delta'_{2\text{-}43\text{-}1}\mathrm{d}_{P\text{-}\pi'_{2\text{-}43\text{-}1}},\quad \delta_{2\text{-}43\text{-}1}\mathrm{d}_{P\text{-}\pi_{2\text{-}43\text{-}1}}=\delta'_{3\text{-}41\text{-}2}\mathrm{d}_{P\text{-}\pi'_{3\text{-}41\text{-}2}},$$

$$\delta_{1\text{-}23\text{-}4}\mathrm{d}_{P\text{-}\pi_{1\text{-}23\text{-}4}}=\delta'_{4\text{-}21\text{-}3}\mathrm{d}_{P\text{-}\pi'_{4\text{-}21\text{-}3}},\quad \delta_{4\text{-}21\text{-}3}\mathrm{d}_{P\text{-}\pi_{4\text{-}21\text{-}3}}=\delta'_{1\text{-}23\text{-}4}\mathrm{d}_{P\text{-}\pi'_{1\text{-}23\text{-}4}};$$

(5) 若 P 是二面角平分面 $\pi'_{2\text{-}43\text{-}1}(\pi'_{2\text{-}34\text{-}1})$ 任意一点, 则

$$\delta_{3\text{-}41\text{-}2}\mathrm{d}_{P\text{-}\pi_{3\text{-}41\text{-}2}}=\delta'_{1\text{-}42\text{-}3}\mathrm{d}_{P\text{-}\pi'_{1\text{-}42\text{-}3}},\quad \delta_{1\text{-}42\text{-}3}\mathrm{d}_{P\text{-}\pi_{1\text{-}42\text{-}3}}=\delta'_{3\text{-}41\text{-}2}\mathrm{d}_{P\text{-}\pi'_{3\text{-}41\text{-}2}},$$

$$\delta_{4\text{-}31\text{-}2}\mathrm{d}_{P\text{-}\pi_{4\text{-}31\text{-}2}}=\delta'_{1\text{-}32\text{-}4}\mathrm{d}_{P\text{-}\pi'_{1\text{-}32\text{-}4}},\quad \delta_{1\text{-}32\text{-}4}\mathrm{d}_{P\text{-}\pi_{1\text{-}32\text{-}4}}=\delta'_{4\text{-}31\text{-}2}\mathrm{d}_{P\text{-}\pi'_{4\text{-}31\text{-}2}};$$

(6) 若 P 是二面角平分面 $\pi'_{3\text{-}41\text{-}2}(\pi'_{3\text{-}14\text{-}2})$ 任意一点, 则

$$\delta_{1\text{-}42\text{-}3}\mathrm{d}_{P\text{-}\pi_{1\text{-}42\text{-}3}}=\delta'_{2\text{-}43\text{-}1}\mathrm{d}_{P\text{-}\pi'_{2\text{-}43\text{-}1}},\quad \delta_{2\text{-}43\text{-}1}\mathrm{d}_{P\text{-}\pi_{2\text{-}43\text{-}1}}=\delta'_{1\text{-}42\text{-}3}\mathrm{d}_{P\text{-}\pi'_{1\text{-}42\text{-}3}},$$

$$\delta_{4\text{-}12\text{-}3}\mathrm{d}_{P\text{-}\pi_{4\text{-}12\text{-}3}}=\delta'_{2\text{-}13\text{-}4}\mathrm{d}_{P\text{-}\pi'_{2\text{-}13\text{-}4}},\quad \delta_{2\text{-}13\text{-}4}\mathrm{d}_{P\text{-}\pi_{2\text{-}13\text{-}4}}=\delta'_{4\text{-}12\text{-}3}\mathrm{d}_{P\text{-}\pi'_{4\text{-}12\text{-}3}}.$$

对四面体 $P_1P_2P_3P_4$ 其余三个三面角 $P_1\text{-}P_2P_3P_4, P_1\text{-}P_3P_4P_2, P_1\text{-}P_4P_2P_3$ 的二面角, 也可以得出 18 个类似的结果.

证明 (1) 根据推论 3.3.1 的必要性, 式 (3.3.13) 和 (3.3.14) 移项后, 等式两边分别取绝对值即得.

类似地, 可以证明 (2)~(6) 中结论成立.

3.3.3 四面体内、外角平分面有向距离定值定理的应用

定理 3.3.2 设 $P_1P_2P_3P_4$ 为四面体, $\pi_{i\text{-}kl\text{-}j}(\pi'_{i\text{-}kl\text{-}j})$ 是其二面角 $P_i\text{-}P_kP_l\text{-}P_j(i,j,k,l=1,2,3,4)$ 的平分面 (外角的平分面), 则 $P_1P_2P_3P_4$ 的各个三面角 $P_4\text{-}P_1P_2P_3$, $P_1\text{-}P_2P_3P_4, P_2\text{-}P_3P_4P_1$, $P_3\text{-}P_4P_1P_2$ 的三个二面角中一个的平分面和另两个外角的平分面 $\pi_{3\text{-}41\text{-}2},\pi'_{1\text{-}42\text{-}3},\pi'_{2\text{-}43\text{-}1}$; $\pi_{1\text{-}42\text{-}3},\pi'_{2\text{-}43\text{-}1},\pi'_{3\text{-}41\text{-}2}$; $\pi_{2\text{-}43\text{-}1},\pi'_{3\text{-}41\text{-}2},\pi'_{1\text{-}42\text{-}3}$; $\pi_{4\text{-}12\text{-}3},\pi'_{2\text{-}13\text{-}4},\pi'_{3\text{-}14\text{-}2}$; $\pi_{2\text{-}13\text{-}4},\pi'_{3\text{-}14\text{-}2},\pi'_{4\text{-}12\text{-}3}$; $\pi_{3\text{-}14\text{-}2},\pi'_{4\text{-}12\text{-}3},\pi'_{2\text{-}13\text{-}4}$; $\pi_{1\text{-}23\text{-}4},\pi'_{3\text{-}24\text{-}1},\pi'_{4\text{-}21\text{-}3}$; $\pi_{3\text{-}24\text{-}1},\pi'_{4\text{-}21\text{-}3},\pi'_{1\text{-}23\text{-}4}$; $\pi_{4\text{-}21\text{-}3},\pi'_{1\text{-}23\text{-}4},\pi'_{3\text{-}24\text{-}1}$; $\pi_{2\text{-}34\text{-}1},\pi'_{4\text{-}31\text{-}2},\pi'_{1\text{-}32\text{-}4}$; $\pi_{4\text{-}31\text{-}2},\pi'_{1\text{-}32\text{-}4},\pi'_{2\text{-}34\text{-}1}$; $\pi_{1\text{-}32\text{-}4},\pi'_{2\text{-}34\text{-}1},\pi'_{4\text{-}31\text{-}2}$ 均相交于一线, 即三面角 $P_4\text{-}P_1P_2P_3, P_1\text{-}P_2P_3P_4,$

P_2-$P_3P_4P_1$, P_3-$P_4P_1P_2$ 外角的平分线 $l'_{4\text{-}12'3'}, l'_{4\text{-}23'1'}, l'_{4\text{-}31'2'}; l'_{1\text{-}23'4'}, l'_{1\text{-}34'2'}, l'_{1\text{-}42'3'}; l'_{2\text{-}34'1'}, l'_{2\text{-}41'3'}, l'_{2\text{-}13'4'}; l'_{3\text{-}41'2'}, l'_{3\text{-}12'4'}, l'_{3\text{-}24'1'}$.

证明 对四面体 $P_1P_2P_3P_4$ 的四个三面角 P_4-$P_1P_2P_3$, P_1-$P_2P_3P_4$, P_2-$P_3P_4P_1$, P_3-$P_4P_1P_2$, 依次应用定理 3.1.6 即得.

定理 3.3.3 设 $P_1P_2P_3P_4$ 为四面体, $\pi_{i\text{-}kl\text{-}j}(\pi'_{i\text{-}kl\text{-}j})$ 是其二面角 $P_i-P_kP_l-P_j$ $(i,j,k,l=1,2,3,4)$ 的平分面 (外角的平分面), 则

(1) 内角平分面 $\pi_{3\text{-}41\text{-}2}$ 与外角平分面 $\pi'_{1\text{-}42\text{-}3}(\pi'_{3\text{-}24\text{-}1}), \pi'_{2\text{-}43\text{-}1}(\pi'_{2\text{-}34\text{-}1}), \pi'_{4\text{-}12\text{-}3}(\pi'_{4\text{-}21\text{-}3}), \pi'_{2\text{-}13\text{-}4}(\pi'_{4\text{-}31\text{-}2})$ 五面相交于一点 $G_{41\text{-}2'3'}$;

(2) 内角平分面 $\pi_{1\text{-}42\text{-}3}$ 与外角平分面 $\pi'_{2\text{-}43\text{-}1}(\pi'_{2\text{-}34\text{-}1}), \pi'_{3\text{-}41\text{-}2}(\pi'_{3\text{-}14\text{-}2}), \pi'_{4\text{-}21\text{-}3}(\pi'_{4\text{-}12\text{-}3}), \pi'_{1\text{-}23\text{-}4}(\pi'_{1\text{-}32\text{-}4})$ 五面相交于一点 $G_{41\text{-}2'3'}$;

(3) 内角平分面 $\pi_{2\text{-}43\text{-}1}$ 与外角平分面 $\pi'_{3\text{-}41\text{-}2}(\pi'_{3\text{-}14\text{-}2}), \pi'_{1\text{-}42\text{-}3}(\pi'_{3\text{-}24\text{-}1}), \pi'_{4\text{-}31\text{-}2}(\pi'_{2\text{-}13\text{-}4}), \pi'_{1\text{-}32\text{-}4}(\pi'_{1\text{-}23\text{-}4})$ 五面相交于一点 $G_{43\text{-}1'2'}$;

(4) 内角平分面 $\pi_{4\text{-}12\text{-}3}$ 与外角平分面 $\pi'_{2\text{-}13\text{-}4}(\pi'_{4\text{-}31\text{-}2}), \pi'_{3\text{-}14\text{-}2}(\pi'_{3\text{-}41\text{-}2}), \pi'_{1\text{-}23\text{-}4}(\pi'_{1\text{-}32\text{-}4})$, 五面相交于一点 $G_{12\text{-}3'4'}$;

(5) 内角平分面 $\pi_{2\text{-}13\text{-}4}$ 与外角平分面 $\pi'_{3\text{-}14\text{-}2}(\pi'_{3\text{-}41\text{-}2}), \pi'_{4\text{-}12\text{-}3}(\pi'_{4\text{-}21\text{-}3}), \pi'_{1\text{-}32\text{-}4}(\pi'_{1\text{-}23\text{-}4}), \pi'_{2\text{-}34\text{-}1}(\pi'_{2\text{-}43\text{-}1})$ 五面相交于一点 $G_{13\text{-}2'4'}$;

(6) 内角平分面 $\pi_{1\text{-}23\text{-}4}$ 与外角平分面 $\pi'_{3\text{-}24\text{-}1}(\pi'_{1\text{-}32\text{-}4}), \pi'_{4\text{-}21\text{-}3}(\pi'_{4\text{-}12\text{-}3}), \pi'_{2\text{-}34\text{-}1}(\pi'_{2\text{-}43\text{-}1}), \pi'_{4\text{-}31\text{-}2}(\pi'_{2\text{-}13\text{-}4})$ 五面相交于一点 $G_{23\text{-}4'1'}$.

证明 (1) 显然外角平分面 $\pi'_{4\text{-}12\text{-}3}$ 与外角平分线 $l'_{4\text{-}12'3'}$ 相交于一点, 依题设记为 $G_{41\text{-}2'3'}$. 即内角平分面 $\pi_{3\text{-}41\text{-}2}$ 与外角平分面 $\pi'_{1\text{-}42\text{-}3}, \pi'_{2\text{-}43\text{-}1}, \pi'_{4\text{-}12\text{-}3}$ 四面相交于一点 $G_{41\text{-}2'3'}$, 于是

$$\mathrm{D}_{G_{41\text{-}2'3'}\text{-}\pi_{3\text{-}41\text{-}2}} = \mathrm{D}_{G_{41\text{-}2'3'}\text{-}\pi'_{1\text{-}42\text{-}3}} = \mathrm{D}_{G_{41\text{-}2'3'}\text{-}\pi'_{2\text{-}43\text{-}1}} = \mathrm{D}_{G_{41\text{-}2'3'}\text{-}\pi'_{4\text{-}12\text{-}3}} = 0.$$

将 $\mathrm{D}_{G_{41\text{-}2'3'}\text{-}\pi_{3\text{-}41\text{-}2}} = \mathrm{D}_{G_{41\text{-}2'3'}\text{-}\pi'_{4\text{-}12\text{-}3}} = 0$, 代入式 (3.3.6) 并注意到 $\delta'_{2\text{-}13\text{-}4} \neq 0$, 得 $\mathrm{D}_{G_{41\text{-}2'3'}\text{-}\pi'_{2\text{-}13\text{-}4}} = 0$, 即 $G_{41\text{-}2'3'}$ 在外角平分面 $\pi'_{2\text{-}13\text{-}4}$ 上, 从而内角平分面 $\pi_{3\text{-}41\text{-}2}$ 与外角平分面 $\pi'_{1\text{-}42\text{-}3}, \pi'_{2\text{-}43\text{-}1}, \pi'_{4\text{-}12\text{-}3}, \pi'_{2\text{-}13\text{-}4}$ 五面相交于一点 $G_{41\text{-}2'3'}$.

类似地, 可以证明 (2)~(6) 中结论成立.

推论 3.3.3 设 $P_1P_2P_3P_4$ 为四面体, $l'_{4\text{-}12'3'}, l'_{4\text{-}23'1'}, l'_{4\text{-}31'2'}; l'_{1\text{-}23'4'}, l'_{1\text{-}34'2'}, l'_{1\text{-}42'3'}; l'_{2\text{-}34'1'}, l'_{2\text{-}41'3'}, l'_{2\text{-}13'4'}; l'_{3\text{-}41'2'}, l'_{3\text{-}12'4'}, l'_{3\text{-}24'1'}$ 为 $P_1P_2P_3P_4$ 的外角平分线, 则

(1) 外角平分线 $l'_{4\text{-}12'3'}, l'_{1\text{-}42'3'}$ 共面, 且相交于一点 $G_{41\text{-}2'3'}$;

(2) 外角平分线 $l'_{4\text{-}23'1'}, l'_{2\text{-}41'3'}$ 共面, 且相交于一点 $G_{42\text{-}1'3'}$;

(3) 外角平分线 $l'_{4\text{-}31'2'}, l'_{3\text{-}41'2'}$ 共面, 且相交于一点 $G_{43\text{-}1'2'}$;

(4) 外角平分线 $l'_{1\text{-}23'4'}, l'_{2\text{-}13'4'}$ 共面, 且相交于一点 $G_{12\text{-}3'4'}$;

(5) 外角平分线 $l'_{1\text{-}34'2'}, l'_{3\text{-}12'4'}$ 共面, 且相交于一点 $G_{13\text{-}2'4'}$;

(6) 外角平分线 $l'_{2\text{-}34'1'}, l'_{3\text{-}24'1'}$ 共面, 且相交于一点 $G_{23\text{-}4'1'}$.

证明 根据定理 3.3.3 和四面体外角平分线的定义即得.

定理 3.3.4 设 $P_1P_2P_3P_4$ 为四面体, $\pi_{i\text{-}kl\text{-}j}(\pi'_{i\text{-}kl\text{-}j})$ 是其二面角 $P_i-P_kP_l-P_j$ $(i,j,k,l=1,2,3,4)$ 的平分面 (外角的平分面), 则

(1) 内角平分面 $\pi_{3\text{-}41\text{-}2},\pi_{1\text{-}42\text{-}3},\pi_{2\text{-}43\text{-}1}$ 与外角平分面 $\pi'_{1\text{-}42\text{-}3}(\pi'_{3\text{-}24\text{-}1}),\pi'_{2\text{-}43\text{-}1}$ $(\pi'_{2\text{-}34\text{-}1})$, $\pi'_{3\text{-}41\text{-}2}(\pi'_{3\text{-}14\text{-}2})$ 六面相交于一点 P_4; 与外角平分面 $\pi'_{4\text{-}12\text{-}3}(\pi'_{4\text{-}21\text{-}3})$, $\pi'_{2\text{-}13\text{-}4}(\pi'_{4\text{-}31\text{-}2}),\pi'_{1\text{-}23\text{-}4}(\pi'_{1\text{-}32\text{-}4})$ 六面相交于一点 $K_{4\text{-}1'2'3'}$, 且此点为四面体 $P_1P_2P_3P_4$ 内心线 $l_{4\text{-}123}$ 延长线上的旁心.

(2) 内角平分面 $\pi_{4\text{-}12\text{-}3},\pi_{2\text{-}13\text{-}4},\pi_{3\text{-}14\text{-}2}$ 与外角平分面 $\pi'_{2\text{-}13\text{-}4}(\pi'_{4\text{-}31\text{-}2}),\pi'_{3\text{-}14\text{-}2}$ $(\pi'_{3\text{-}41\text{-}2})$, $\pi'_{4\text{-}12\text{-}3}(\pi'_{4\text{-}21\text{-}3})$ 六面相交于一点 P_1; 与外角平分面 $\pi'_{1\text{-}23\text{-}4}(\pi'_{1\text{-}32\text{-}4}),\pi'_{3\text{-}24\text{-}1}$ $(\pi'_{1\text{-}42\text{-}3})$, $\pi'_{2\text{-}43\text{-}1}(\pi'_{2\text{-}34\text{-}1})$ 六面相交于一点 $K_{1\text{-}2'3'4'}$, 且此点为四面体 $P_1P_2P_3P_4$ 内心线 $l_{1\text{-}234}$ 延长线上的旁心.

(3) 内角平分面 $\pi_{1\text{-}23\text{-}4},\pi_{3\text{-}24\text{-}1},\pi_{4\text{-}21\text{-}3}$ 与外角平分面 $\pi'_{3\text{-}24\text{-}1}(\pi'_{1\text{-}42\text{-}3}),\pi'_{4\text{-}21\text{-}3}$ $(\pi'_{1\text{-}12\text{-}3})$, $\pi'_{1\text{-}23\text{-}4}(\pi'_{1\text{-}32\text{-}4})$ 六面相交于一点 P_2; 与外角平分面 $\pi'_{2\text{-}34\text{-}1}(\pi'_{2\text{-}43\text{-}1}),\pi'_{2\text{-}13\text{-}4}$ $(\pi'_{4\text{-}31\text{-}2})$, $\pi'_{3\text{-}41\text{-}2}(\pi'_{3\text{-}14\text{-}2})$ 六面相交于一点 $K_{2\text{-}3'4'1'}$, 且此点为四面体 $P_1P_2P_3P_4$ 内心线 $l_{2\text{-}341}$ 延长线上的旁心.

(4) 内角平分面 $\pi_{2\text{-}34\text{-}1},\pi_{4\text{-}31\text{-}2},\pi_{1\text{-}32\text{-}4}$ 与外角平分面 $\pi'_{4\text{-}31\text{-}2}(\pi'_{2\text{-}13\text{-}4}),\pi'_{1\text{-}32\text{-}4}$ $(\pi'_{1\text{-}23\text{-}4})$, $\pi'_{2\text{-}34\text{-}1}(\pi'_{2\text{-}43\text{-}1})$ 六面相交于一点 P_3; 与外角平分面 $\pi'_{3\text{-}41\text{-}2}(\pi'_{3\text{-}14\text{-}2}),\pi'_{1\text{-}42\text{-}3}$ $(\pi'_{3\text{-}24\text{-}1})$, $\pi'_{4\text{-}12\text{-}3}(\pi'_{4\text{-}21\text{-}3})$ 六面相交于一点 $K_{3\text{-}4'1'2'}$, 且此点为四面体 $P_1P_2P_3P_4$ 内心线 $l_{3\text{-}412}$ 延长线上的旁心.

证明 (1) 首先, 由内角平分面和外角平分面的定义, 易知内角平分面 $\pi_{3\text{-}41\text{-}2}$, $\pi_{1\text{-}42\text{-}3},\pi_{2\text{-}43\text{-}1}$ 与外角平分面 $\pi'_{3\text{-}24\text{-}1}(\pi'_{1\text{-}42\text{-}3}),\pi'_{4\text{-}21\text{-}3}(\pi'_{1\text{-}12\text{-}3}),\pi'_{1\text{-}23\text{-}4}(\pi'_{1\text{-}32\text{-}4})$ 六面相交于一点 P_4.

其次, 显然外角平分面 $\pi'_{4\text{-}12\text{-}3}$ 与外角平分线 $l_{4\text{-}123}$ 相交于一点, 依题设记此点为 $K_{4\text{-}1'2'3'}$. 即内角平分面 $\pi_{3\text{-}41\text{-}2},\pi_{1\text{-}42\text{-}3},\pi_{2\text{-}43\text{-}1}$ 与外角平分面 $\pi'_{4\text{-}12\text{-}3}$ 四面相交于一点 $K_{4\text{-}1'2'3'}$, 于是

$$\mathrm{D}_{K_{4\text{-}1'2'3'}\text{-}\pi_{3\text{-}41\text{-}2}}=\mathrm{D}_{K_{4\text{-}1'2'3'}\text{-}\pi_{1\text{-}42\text{-}3}}=\mathrm{D}_{K_{4\text{-}1'2'3'}\text{-}\pi_{2\text{-}43\text{-}1}}=\mathrm{D}_{K_{4\text{-}1'2'3'}\text{-}\pi'_{4\text{-}12\text{-}3}}=0.$$

将 $\mathrm{D}_{K_{4\text{-}1'2'3'}\text{-}\pi_{3\text{-}41\text{-}2}}=\mathrm{D}_{K_{4\text{-}1'2'3'}\text{-}\pi'_{4\text{-}12\text{-}3}}=0$, 代入式 (3.3.6) 并注意到 $\delta'_{2\text{-}13\text{-}4}\neq 0$, 得 $\mathrm{D}_{K_{4\text{-}1'2'3'}\text{-}\pi'_{2\text{-}13\text{-}4}}=0$, 即 $K_{4\text{-}1'2'3'}$ 在外角平分面 $\pi'_{2\text{-}13\text{-}4}$ 上; 再将 $\mathrm{D}_{K_{4\text{-}1'2'3'}\text{-}\pi_{3\text{-}24\text{-}1}}=\mathrm{D}_{K_{4\text{-}1'2'3'}\text{-}\pi_{1\text{-}42\text{-}3}}=0$, $\mathrm{D}_{K_{4\text{-}1'2'3'}\text{-}\pi'_{4\text{-}21\text{-}3}}=\mathrm{D}_{K_{4\text{-}1'2'3'}\text{-}\pi'_{4\text{-}12\text{-}3}}=0$, 代入式 (3.3.8) 并注意到 $\delta'_{1\text{-}23\text{-}4}\neq 0$, 得 $\mathrm{D}_{K_{4\text{-}1'2'3'}\text{-}\pi'_{1\text{-}23\text{-}4}}=0$, 即 $K_{4\text{-}1'2'3'}$ 在外角平分面 $\pi'_{1\text{-}23\text{-}4}$ 上. 因此, 内角平分面 $\pi_{3\text{-}41\text{-}2},\pi_{1\text{-}42\text{-}3},\pi_{2\text{-}43\text{-}1}$ 与外角平分面 $\pi'_{4\text{-}12\text{-}3}(\pi'_{4\text{-}21\text{-}3}),\pi'_{2\text{-}13\text{-}4}(\pi'_{4\text{-}31\text{-}2})$, $\pi'_{1\text{-}23\text{-}4}(\pi'_{1\text{-}32\text{-}4})$ 六面相交于一点 $K_{4\text{-}1'2'3'}$.

又由 $\mathrm{D}_{K_{4\text{-}1'2'3'}\text{-}\pi'_{4\text{-}12\text{-}3}}=\mathrm{D}_{K_{4\text{-}1'2'3'}\text{-}\pi'_{2\text{-}13\text{-}4}}=\mathrm{D}_{K_{4\text{-}1'2'3'}\text{-}\pi'_{1\text{-}23\text{-}4}}=0$ 及三面角外角平分面的定义, 有

$$\mathrm{D}_{K_{4\text{-}1'2'3'}\text{-}\pi_{P_4P_1P_2}}=\mathrm{D}_{K_{4\text{-}1'2'3'}\text{-}\pi_{P_3P_1P_2}},\quad \mathrm{D}_{K_{4\text{-}1'2'3'}\text{-}\pi_{P_2P_1P_3}}=\mathrm{D}_{K_{4\text{-}1'2'3'}\text{-}\pi_{P_4P_1P_3}},$$

$$\mathrm{D}_{K_{4\text{-}1'2'3'}\text{-}\pi_{P_1P_2P_3}}=\mathrm{D}_{K_{4\text{-}1'2'3'}\text{-}\pi_{P_4P_2P_3}},$$

从而

$$\mathrm{D}_{K_{4\text{-}1'2'3'}\text{-}\pi_{P_4P_1P_2}}=\mathrm{D}_{K_{4\text{-}1'2'3'}\text{-}\pi_{P_1P_2P_3}}=\mathrm{D}_{K_{4\text{-}1'2'3'}\text{-}\pi_{P_2P_3P_4}}=\text{-}\mathrm{D}_{K_{4\text{-}1'2'3'}\text{-}\pi_{P_3P_4P_1}},$$

故 $K_{4\text{-}1'2'3'}$ 是四面体的旁心.

类似地, 可以证明 (2)~(4) 中结论成立.

推论 3.3.4 设 $P_1P_2P_3P_4$ 为四面体, $\pi_{i\text{-}kl\text{-}j}(\pi'_{i\text{-}kl\text{-}j})$ 是其二面角 $P_i\text{–}P_kP_l\text{–}P_j$ $(i,j,k,l=1,2,3,4)$ 的平分面 (外角的平分面), 则

(1) 内角平分线 $l_{4\text{-}123}$ 与外角平分线 $l'_{4\text{-}12'3'},l'_{4\text{-}23'1'},l'_{4\text{-}31'2'}$ 两两共面, 且四线相交于一点 P_4; 与外角平分线 $l'_{1\text{-}42'3'},l'_{2\text{-}41'3'},l'_{3\text{-}41'2'}$ 两两共面, 且相交于一点 $K_{4\text{-}1'2'3'}$ (此点为四面体 $P_1P_2P_3P_4$ 内心线 $l_{4\text{-}123}$ 延长线上的旁心).

(2) 内角平分线 $l_{1\text{-}234}$ 与外角平分线 $l'_{1\text{-}23'4'},l'_{1\text{-}34'2'},l'_{1\text{-}42'3'}$ 两两共面, 且四线相交于一点 P_1; 与外角平分线 $l'_{3\text{-}41'2'},l'_{4\text{-}12'3'},l'_{3\text{-}12'4'}$ 两两共面, 且相交于一点 $K_{1\text{-}2'3'4'}$ (此点为四面体 $P_1P_2P_3P_4$ 内心线 $l_{1\text{-}234}$ 延长线上的旁心).

(3) 内角平分线 $l_{2\text{-}341}$ 与外角平分线 $l'_{2\text{-}34'1'},l'_{2\text{-}41'3'},l'_{2\text{-}13'4'}$ 两两共面, 且四线相交于一点 P_2; 与外角平分线 $l'_{3\text{-}24'1'},l'_{4\text{-}23'1'},l'_{1\text{-}23'4'}$ 两两共面, 且相交于一点 $K_{2\text{-}3'4'1'}$ (此点为四面体 $P_1P_2P_3P_4$ 内心线 $l_{2\text{-}341}$ 延长线上的旁心).

(4) 内角平分线 $l_{3\text{-}412}$ 与外角平分线 $l'_{3\text{-}41'2'},l'_{3\text{-}12'4'},l'_{3\text{-}24'1'}$ 两两共面, 且四线相交于一点 P_3; 与外角平分线 $l'_{4\text{-}31'2'},l'_{1\text{-}34'2'},l'_{2\text{-}34'1'}$ 两两共面, 且相交于一点 $K_{3\text{-}4'1'2'}$ (此点为四面体 $P_1P_2P_3P_4$ 内心线 $l_{3\text{-}412}$ 延长线上的旁心).

证明 根据定理 3.3.4 和四面体内、外角平分线的定义即得.

定理 3.3.5 设 $P_1P_2P_3P_4$ 为四面体, $\pi_{i\text{-}kl\text{-}j}(\pi'_{i\text{-}kl\text{-}j})$ 是其二面角 $P_i\text{-}P_kP_l\text{-}P_j(i,j,k,l=1,2,3,4)$ 的平分面 (外角的平分面), P 是空间任意一点.

(1) 若 $\delta_{3\text{-}41\text{-}2}=\delta'_{1\text{-}42\text{-}3}=\delta'_{2\text{-}43\text{-}1}$, 则

$$\mathrm{D}_{P\text{-}\pi_{3\text{-}41\text{-}2}}+\mathrm{D}_{P\text{-}\pi'_{1\text{-}42\text{-}3}}-\mathrm{D}_{P\text{-}\pi'_{2\text{-}43\text{-}1}}=0;\tag{3.3.15}$$

(2) 若 $\delta_{1\text{-}42\text{-}3}=\delta'_{2\text{-}43\text{-}1}=\delta'_{3\text{-}41\text{-}2}$, 则

$$\mathrm{D}_{P\text{-}\pi_{1\text{-}42\text{-}3}}+\mathrm{D}_{P\text{-}\pi'_{2\text{-}43\text{-}1}}-\mathrm{D}_{P\text{-}\pi'_{3\text{-}41\text{-}2}}=0;$$

(3) 若 $\delta_{2\text{-}43\text{-}1}=\delta'_{3\text{-}41\text{-}2}=\delta'_{1\text{-}42\text{-}3}$, 则

$$\mathrm{D}_{P\text{-}\pi_{2\text{-}43\text{-}1}}+\mathrm{D}_{P\text{-}\pi'_{3\text{-}41\text{-}2}}-\mathrm{D}_{P\text{-}\pi'_{1\text{-}42\text{-}3}}=0;$$

(4) 若 $\delta_{4\text{-}12\text{-}3}=\delta'_{2\text{-}13\text{-}4}=\delta'_{3\text{-}14\text{-}2}$, 则

$$\mathrm{D}_{P\text{-}\pi_{4\text{-}12\text{-}3}}+\mathrm{D}_{P\text{-}\pi'_{2\text{-}13\text{-}4}}-\mathrm{D}_{P\text{-}\pi'_{3\text{-}14\text{-}2}}=0;$$

(5) 若 $\delta_{2\text{-}13\text{-}4}=\delta'_{3\text{-}14\text{-}2}=\delta'_{4\text{-}12\text{-}3}$, 则

$$\mathrm{D}_{P\text{-}\pi_{2\text{-}13\text{-}4}}+\mathrm{D}_{P\text{-}\pi'_{3\text{-}14\text{-}2}}-\mathrm{D}_{P\text{-}\pi'_{4\text{-}12\text{-}3}}=0;$$

(6) 若 $\delta_{3\text{-}14\text{-}2}=\delta'_{4\text{-}12\text{-}3}=\delta'_{2\text{-}13\text{-}4}$, 则

$$\mathrm{D}_{P\text{-}\pi_{3\text{-}14\text{-}2}}+\mathrm{D}_{P\text{-}\pi'_{4\text{-}12\text{-}3}}-\mathrm{D}_{P\text{-}\pi'_{2\text{-}13\text{-}4}}=0;$$

(7) 若 $\delta_{1\text{-}23\text{-}4}=\delta'_{3\text{-}24\text{-}1}=\delta'_{4\text{-}21\text{-}3}$, 则

$$\mathrm{D}_{P\text{-}\pi_{1\text{-}23\text{-}4}}+\mathrm{D}_{P\text{-}\pi'_{3\text{-}24\text{-}1}}-\mathrm{D}_{P\text{-}\pi'_{4\text{-}21\text{-}3}}=0;$$

(8) 若 $\delta_{3\text{-}24\text{-}1}=\delta'_{4\text{-}21\text{-}3}=\delta'_{1\text{-}23\text{-}4}$, 则

$$\mathrm{D}_{P\text{-}\pi_{3\text{-}24\text{-}1}}+\mathrm{D}_{P\text{-}\pi'_{4\text{-}21\text{-}3}}-\mathrm{D}_{P\text{-}\pi'_{1\text{-}23\text{-}4}}=0;$$

(9) 若 $\delta_{4\text{-}21\text{-}3}=\delta'_{1\text{-}23\text{-}4}=\delta'_{3\text{-}24\text{-}1}$, 则

$$\mathrm{D}_{P\text{-}\pi_{4\text{-}21\text{-}3}}+\mathrm{D}_{P\text{-}\pi'_{1\text{-}23\text{-}4}}-\mathrm{D}_{P\text{-}\pi'_{3\text{-}24\text{-}1}}=0;$$

(10) 若 $\delta_{2\text{-}34\text{-}1}=\delta'_{4\text{-}31\text{-}2}=\delta'_{1\text{-}32\text{-}4}$, 则

$$\mathrm{D}_{P\text{-}\pi_{2\text{-}34\text{-}1}}+\mathrm{D}_{P\text{-}\pi'_{4\text{-}31\text{-}2}}-\mathrm{D}_{P\text{-}\pi'_{1\text{-}32\text{-}4}}=0;$$

(11) 若 $\delta_{4\text{-}31\text{-}2}=\delta'_{1\text{-}32\text{-}4}=\delta'_{2\text{-}34\text{-}1}$, 则

$$\mathrm{D}_{P\text{-}\pi_{4\text{-}31\text{-}2}}+\mathrm{D}_{P\text{-}\pi'_{1\text{-}32\text{-}4}}-\mathrm{D}_{P\text{-}\pi'_{2\text{-}34\text{-}1}}=0;$$

(12) 若 $\delta_{1\text{-}32\text{-}4}=\delta'_{2\text{-}34\text{-}1}=\delta'_{4\text{-}31\text{-}2}$, 则

$$\mathrm{D}_{P\text{-}\pi_{1\text{-}32\text{-}4}}+\mathrm{D}_{P\text{-}\pi'_{2\text{-}34\text{-}1}}-\mathrm{D}_{P\text{-}\pi'_{4\text{-}31\text{-}2}}=0.$$

证明 将 $\delta_{3\text{-}41\text{-}2}=\delta'_{1\text{-}42\text{-}3}=\delta'_{2\text{-}43\text{-}1}\neq 0$, 代入式 (3.3.1) 并化简, 即得式 (3.3.15). 类似地, 可以证明 (2)~(12) 中结论成立.

推论 3.3.5 设 $P_1P_2P_3P_4$ 为四面体, $\pi_{i\text{-}kl\text{-}j}(\pi'_{i\text{-}kl\text{-}j})$ 是其二面角 $P_i\text{-}P_kP_l\text{-}P_j(i,j,k,l=1,2,3,4)$ 的平分面 (外角的平分面), P 是空间任意一点.

(1) 若 $\delta_{3\text{-}41\text{-}2}=\delta'_{1\text{-}42\text{-}3}=\delta'_{2\text{-}43\text{-}1}$, 则在如下三个点到平面的距离

$$\mathrm{d}_{P\text{-}\pi_{3\text{-}41\text{-}2}},\quad \mathrm{d}_{P\text{-}\pi'_{1\text{-}42\text{-}3}},\quad \mathrm{d}_{P\text{-}\pi'_{2\text{-}43\text{-}1}}$$

中, 其中一个较长的距离等于另两个较短的距离的和;

(2) 若 $\delta_{1\text{-}42\text{-}3}=\delta'_{2\text{-}43\text{-}1}=\delta'_{3\text{-}41\text{-}2}$, 则在如下三个点到平面的距离

$$\mathrm{d}_{P\text{-}\pi_{1\text{-}42\text{-}3}},\quad \mathrm{d}_{P\text{-}\pi'_{2\text{-}43\text{-}1}},\quad \mathrm{d}_{P\text{-}\pi'_{3\text{-}41\text{-}2}}$$

中, 其中一个较长的距离等于另两个较短的距离的和;

(3) 若 $\delta_{2\text{-}43\text{-}1}=\delta'_{3\text{-}41\text{-}2}=\delta'_{1\text{-}42\text{-}3}$, 则在如下三个点到平面的距离

$$\mathrm{d}_{P\text{-}\pi_{2\text{-}43\text{-}1}},\quad \mathrm{d}_{P\text{-}\pi'_{3\text{-}41\text{-}2}},\quad \mathrm{d}_{P\text{-}\pi'_{1\text{-}42\text{-}3}}$$

中, 其中一个较长的距离等于另两个较短的距离的和;

(4) 若 $\delta_{4\text{-}12\text{-}3}=\delta'_{2\text{-}13\text{-}4}=\delta'_{3\text{-}14\text{-}2}$, 则在如下三个点到平面的距离

$$\mathrm{d}_{P\text{-}\pi_{4\text{-}12\text{-}3}},\quad \mathrm{d}_{P\text{-}\pi'_{2\text{-}13\text{-}4}},\quad \mathrm{d}_{P\text{-}\pi'_{3\text{-}14\text{-}2}}$$

中, 其中一个较长的距离等于另两个较短的距离的和;

(5) 若 $\delta_{2\text{-}13\text{-}4}=\delta'_{3\text{-}14\text{-}2}=\delta'_{4\text{-}12\text{-}3}$, 则在如下三个点到平面的距离

$$\mathrm{d}_{P\text{-}\pi_{2\text{-}13\text{-}4}},\quad \mathrm{d}_{P\text{-}\pi'_{3\text{-}14\text{-}2}},\quad \mathrm{d}_{P\text{-}\pi'_{4\text{-}12\text{-}3}}$$

中, 其中一个较长的距离等于另两个较短的距离的和;

(6) 若 $\delta_{3\text{-}14\text{-}2}=\delta'_{4\text{-}12\text{-}3}=\delta'_{2\text{-}13\text{-}4}$, 则在如下三个点到平面的距离

$$\mathrm{d}_{P\text{-}\pi_{3\text{-}14\text{-}2}},\quad \mathrm{d}_{P\text{-}\pi'_{4\text{-}12\text{-}3}},\quad \mathrm{d}_{P\text{-}\pi'_{2\text{-}13\text{-}4}}$$

中, 其中一个较长的距离等于另两个较短的距离的和;

(7) 若 $\delta_{1\text{-}23\text{-}4}=\delta'_{3\text{-}24\text{-}1}=\delta'_{4\text{-}21\text{-}3}$, 则在如下三个点到平面的距离

$$\mathrm{d}_{P\text{-}\pi_{1\text{-}23\text{-}4}},\quad \mathrm{d}_{P\text{-}\pi'_{3\text{-}24\text{-}1}},\quad \mathrm{d}_{P\text{-}\pi'_{4\text{-}21\text{-}3}}$$

中, 其中一个较长的距离等于另两个较短的距离的和;

(8) 若 $\delta_{3\text{-}24\text{-}1}=\delta'_{4\text{-}21\text{-}3}=\delta'_{1\text{-}23\text{-}4}$, 则在如下三个点到平面的距离

$$\mathrm{d}_{P\text{-}\pi_{3\text{-}24\text{-}1}},\quad \mathrm{d}_{P\text{-}\pi'_{4\text{-}21\text{-}3}},\quad \mathrm{d}_{P\text{-}\pi'_{1\text{-}23\text{-}4}}$$

中, 其中一个较长的距离等于另两个较短的距离的和;

(9) 若 $\delta_{4\text{-}21\text{-}3}=\delta'_{1\text{-}23\text{-}4}=\delta'_{3\text{-}24\text{-}1}$, 则在如下三个点到平面的距离

$$\mathrm{d}_{P\text{-}\pi_{4\text{-}21\text{-}3}},\quad \mathrm{d}_{P\text{-}\pi'_{1\text{-}23\text{-}4}},\quad \mathrm{d}_{P\text{-}\pi'_{3\text{-}24\text{-}1}}$$

中, 其中一个较长的距离等于另两个较短的距离的和;

(10) 若 $\delta_{2\text{-}34\text{-}1}=\delta'_{4\text{-}31\text{-}2}=\delta'_{1\text{-}32\text{-}4}$, 则在如下三个点到平面的距离

$$\mathrm{d}_{P\text{-}\pi_{2\text{-}34\text{-}1}},\quad \mathrm{d}_{P\text{-}\pi'_{4\text{-}31\text{-}2}},\quad \mathrm{d}_{P\text{-}\pi'_{1\text{-}32\text{-}4}}$$

中, 其中一个较长的距离等于另两个较短的距离的和;

(11) 若 $\delta_{4\text{-}31\text{-}2}=\delta'_{1\text{-}32\text{-}4}=\delta'_{2\text{-}34\text{-}1}$, 则在如下三个点到平面的距离

$$\mathrm{d}_{P\text{-}\pi_{4\text{-}31\text{-}2}},\quad \mathrm{d}_{P\text{-}\pi'_{1\text{-}32\text{-}4}},\quad \mathrm{d}_{P\text{-}\pi'_{2\text{-}34\text{-}1}}$$

中, 其中一个较长的距离等于另两个较短的距离的和;

(12) 若 $\delta_{1\text{-}32\text{-}4}=\delta'_{2\text{-}34\text{-}1}=\delta'_{4\text{-}31\text{-}2}$, 则在如下三个点到平面的距离

$$\mathrm{d}_{P\text{-}\pi_{1\text{-}32\text{-}4}},\quad \mathrm{d}_{P\text{-}\pi'_{2\text{-}34\text{-}1}},\quad \mathrm{d}_{P\text{-}\pi'_{4\text{-}31\text{-}2}}$$

中, 其中一个较长的距离等于另两个较短的距离的和.

证明 在式 (3.3.15) 中, 注意到其中一个较长的有向距离与另两个较短的有向距离同号或另两个较短的有向距离中的一个同号、一个异号即得.

类似地, 可以证明 (2)~(12) 中结论成立.

定理 3.3.6 设 $P_1P_2P_3P_4$ 为四面体, $\pi_{i\text{-}kl\text{-}j}(\pi'_{i\text{-}kl\text{-}j})$ 是其二面角 $P_i\text{-}P_kP_l\text{-}P_j(i,j,k,l=1,2,3,4)$ 的平分面 (外角的平分面).

(1) 若 $\delta'_{1\text{-}42\text{-}3}=\delta'_{2\text{-}43\text{-}1}$, 则 P 是平面 $\pi_{3\text{-}41\text{-}2}(\pi_{3\text{-}14\text{-}2})$ 上任意一点的充分必要条件是

$$\mathrm{D}_{P\text{-}\pi'_{1\text{-}42\text{-}3}}-\mathrm{D}_{P\text{-}\pi'_{2\text{-}43\text{-}1}}=0, \tag{3.3.16}$$

即 $\pi_{3\text{-}41\text{-}2}(\pi_{3\text{-}14\text{-}2})$ 是两平面 $\pi'_{1\text{-}42\text{-}3},\pi'_{2\text{-}43\text{-}1}$ 外角的平分面;

若 $\delta'_{4\text{-}12\text{-}3}=\delta'_{2\text{-}13\text{-}4}$, 则 P 是平面 $\pi_{3\text{-}41\text{-}2}(\pi_{3\text{-}14\text{-}2})$ 上任意一点的充分必要条件是

$$\mathrm{D}_{P\text{-}\pi'_{4\text{-}12\text{-}3}}-\mathrm{D}_{P\text{-}\pi'_{2\text{-}13\text{-}4}}=0, \tag{3.3.17}$$

即 $\pi_{3\text{-}41\text{-}2}(\pi_{3\text{-}14\text{-}2})$ 是两平面 $\pi'_{4\text{-}12\text{-}3},\pi'_{2\text{-}13\text{-}4}$ 外角的平分面.

(2) 若 $\delta_{3\text{-}41\text{-}2}=\delta'_{1\text{-}42\text{-}3}$, 则 P 是平面 $\pi'_{2\text{-}43\text{-}1}(\pi'_{2\text{-}34\text{-}1})$ 上任意一点的充分必要条件是

$$\mathrm{D}_{P\text{-}\pi_{3\text{-}41\text{-}2}}+\mathrm{D}_{P\text{-}\pi'_{1\text{-}42\text{-}3}}=0,$$

即 $\pi'_{2\text{-}43\text{-}1}(\pi'_{2\text{-}34\text{-}1})$ 是两平面 $\pi_{3\text{-}41\text{-}2},\pi'_{1\text{-}42\text{-}3}$ 内角的平分面;

若 $\delta_{1\text{-}42\text{-}3}=\delta'_{3\text{-}41\text{-}2}$, 则 P 是平面 $\pi'_{2\text{-}43\text{-}1}(\pi'_{2\text{-}34\text{-}1})$ 上任意一点的充分必要条件是

$$\mathrm{D}_{P\text{-}\pi_{1\text{-}42\text{-}3}}-\mathrm{D}_{P\text{-}\pi'_{3\text{-}41\text{-}2}}=0,$$

即 $\pi'_{2\text{-}43\text{-}1}(\pi'_{2\text{-}34\text{-}1})$ 是两平面 $\pi_{1\text{-}42\text{-}3},\pi'_{3\text{-}41\text{-}2}$ 外角的平分面.

(3) 若 $\delta_{3\text{-}41\text{-}2}=\delta'_{2\text{-}43\text{-}1}$, 则 P 是平面 $\pi'_{1\text{-}42\text{-}3}(\pi'_{1\text{-}24\text{-}3})$ 上任意一点的充分必要条件是

$$\mathrm{D}_{P\text{-}\pi_{3\text{-}41\text{-}2}}-\mathrm{D}_{P\text{-}\pi'_{2\text{-}43\text{-}1}}=0,$$

即 $\pi'_{1\text{-}42\text{-}3}(\pi'_{1\text{-}24\text{-}3})$ 是两平面 $\pi_{3\text{-}41\text{-}2},\pi'_{2\text{-}43\text{-}1}$ 外角的平分面;

若 $\delta_{2\text{-}43\text{-}1}=\delta'_{3\text{-}41\text{-}2}$, 则 P 是平面 $\pi'_{1\text{-}42\text{-}3}(\pi'_{1\text{-}24\text{-}3})$ 上任意一点的充分必要条件是

$$\mathrm{D}_{P\text{-}\pi_{2\text{-}43\text{-}1}}+\mathrm{D}_{P\text{-}\pi'_{3\text{-}41\text{-}2}}=0,$$

即 $\pi'_{1\text{-}42\text{-}3}(\pi'_{1\text{-}24\text{-}3})$ 是两平面 $\pi_{2\text{-}43\text{-}1},\pi'_{3\text{-}41\text{-}2}$ 内角的平分面.

(4) 若 $\delta'_{2\text{-}43\text{-}1}=\delta'_{3\text{-}41\text{-}2}$, 则 P 是平面 $\pi_{1\text{-}42\text{-}3}(\pi_{1\text{-}24\text{-}3})$ 上任意一点的充分必要条件是

$$\mathrm{D}_{P\text{-}\pi'_{2\text{-}43\text{-}1}}-\mathrm{D}_{P\text{-}\pi'_{3\text{-}41\text{-}2}}=0,$$

即 $\pi_{1\text{-}42\text{-}3}(\pi_{1\text{-}24\text{-}3})$ 是两平面 $\pi'_{2\text{-}43\text{-}1},\pi'_{3\text{-}41\text{-}2}$ 外角的平分面;

若 $\delta'_{4\text{-}21\text{-}3}=\delta'_{1\text{-}23\text{-}4}$, 则 P 是平面 $\pi_{1\text{-}42\text{-}3}(\pi_{1\text{-}24\text{-}3})$ 上任意一点的充分必要条件是

$$\mathrm{D}_{P\text{-}\pi'_{4\text{-}21\text{-}3}}-\mathrm{D}_{P\text{-}\pi'_{1\text{-}23\text{-}4}}=0,$$

即 $\pi_{1\text{-}42\text{-}3}(\pi_{1\text{-}24\text{-}3})$ 是两平面 $\pi'_{4\text{-}21\text{-}3},\pi'_{1\text{-}23\text{-}4}$ 外角的平分面.

(5) 若 $\delta_{1\text{-}42\text{-}3}=\delta'_{2\text{-}43\text{-}1}$, 则 P 是平面 $\pi'_{3\text{-}41\text{-}2}(\pi'_{3\text{-}14\text{-}2})$ 上任意一点的充分必要条件是

$$\mathrm{D}_{P\text{-}\pi_{1\text{-}42\text{-}3}}+\mathrm{D}_{P-\pi'_{2\text{-}43\text{-}1}}=0,$$

即 $\pi'_{3\text{-}41\text{-}2}(\pi'_{3\text{-}14\text{-}2})$ 是两平面 $\pi_{1\text{-}42\text{-}3},\pi'_{2\text{-}43\text{-}1}$ 内角的平分面;

若 $\delta_{2\text{-}43\text{-}1}=\delta'_{1\text{-}42\text{-}3}$, 则 P 是平面 $\pi'_{3\text{-}41\text{-}2}(\pi'_{3\text{-}14\text{-}2})$ 上任意一点的充分必要条件是

$$\mathrm{D}_{P\text{-}\pi_{2\text{-}43\text{-}1}}-\mathrm{D}_{P\text{-}\pi'_{1\text{-}42\text{-}3}}=0,$$

即 $\pi'_{3\text{-}41\text{-}2}(\pi'_{3\text{-}14\text{-}2})$ 是两平面 $\pi_{2\text{-}43\text{-}1},\pi'_{1\text{-}42\text{-}3}$ 外角的平分面.

(6) 若 $\delta_{1\text{-}42\text{-}3}=\delta'_{3\text{-}41\text{-}2}$, 则 P 是平面 $\pi'_{2\text{-}43\text{-}1}(\pi'_{2\text{-}34\text{-}1})$ 上任意一点的充分必要条件是

$$\mathrm{D}_{P\text{-}\pi_{1\text{-}42\text{-}3}}-\mathrm{D}_{P\text{-}\pi'_{3\text{-}41\text{-}2}}=0,$$

即 $\pi'_{2\text{-}43\text{-}1}(\pi'_{2\text{-}34\text{-}1})$ 是两平面 $\pi_{1\text{-}42\text{-}3},\pi'_{3\text{-}41\text{-}2}$ 外角的平分面;

若 $\delta_{1\text{-}32\text{-}4}=\delta'_{4\text{-}31\text{-}2}$, 则 P 是平面 $\pi'_{2\text{-}43\text{-}1}(\pi'_{2\text{-}34\text{-}1})$ 上任意一点的充分必要条件是

$$\mathrm{D}_{P\text{-}\pi_{1\text{-}32\text{-}4}}-\mathrm{D}_{P\text{-}\pi'_{4\text{-}31\text{-}2}}=0,$$

即 $\pi'_{2\text{-}43\text{-}1}(\pi'_{2\text{-}34\text{-}1})$ 是两平面 $\pi_{1\text{-}32\text{-}4},\pi'_{4\text{-}31\text{-}2}$ 外角的平分面.

(7) 若 $\delta'_{3\text{-}41\text{-}2}=\delta'_{1\text{-}42\text{-}3}$, 则 P 是平面 $\pi_{2\text{-}43\text{-}1}(\pi_{2\text{-}34\text{-}1})$ 上任意一点的充分必要条件是

$$\mathrm{D}_{P\text{-}\pi'_{3\text{-}41\text{-}2}}-\mathrm{D}_{P\text{-}\pi'_{1\text{-}42\text{-}3}}=0,$$

即 $\pi_{2\text{-}43\text{-}1}(\pi_{2\text{-}34\text{-}1})$ 是两平面 $\pi'_{3\text{-}41\text{-}2},\pi'_{1\text{-}42\text{-}3}$ 外角的平分面;

若 $\delta'_{4\text{-}31\text{-}2}=\delta'_{1\text{-}32\text{-}4}$, 则 P 是平面 $\pi_{2\text{-}43\text{-}1}(\pi_{2\text{-}34\text{-}1})$ 上任意一点的充分必要条件是

$$\mathrm{D}_{P\text{-}\pi'_{4\text{-}31\text{-}2}}-\mathrm{D}_{P\text{-}\pi'_{1\text{-}32\text{-}4}}=0,$$

即 $\pi_{2\text{-}43\text{-}1}(\pi_{2\text{-}34\text{-}1})$ 是两平面 $\pi'_{4\text{-}21\text{-}3},\pi'_{1\text{-}23\text{-}4}$ 外角的平分面.

(8) 若 $\delta_{2\text{-}43\text{-}1}=\delta'_{3\text{-}41\text{-}2}$, 则 P 是平面 $\pi'_{1\text{-}42\text{-}3}(\pi'_{3\text{-}24\text{-}1})$ 上任意一点的充分必要条件是

$$\mathrm{D}_{P\text{-}\pi_{2\text{-}43\text{-}1}}+\mathrm{D}_{P\text{-}\pi'_{3\text{-}41\text{-}2}}=0,$$

即 $\pi'_{1\text{-}42\text{-}3}(\pi'_{3\text{-}24\text{-}1})$ 是两平面 $\pi_{2\text{-}43\text{-}1},\pi'_{3\text{-}41\text{-}2}$ 内角的平分面;

若 $\delta_{1\text{-}23\text{-}4}=\delta'_{4\text{-}21\text{-}3}$, 则 P 是平面 $\pi'_{1\text{-}42\text{-}3}(\pi'_{3\text{-}24\text{-}1})$ 上任意一点的充分必要条件是

$$\mathrm{D}_{P\text{-}\pi_{1\text{-}23\text{-}4}}-\mathrm{D}_{P\text{-}\pi'_{4\text{-}21\text{-}3}}=0,$$

即 $\pi'_{1\text{-}42\text{-}3}(\pi'_{3\text{-}24\text{-}1})$ 是两平面 $\pi_{1\text{-}23\text{-}4},\pi'_{4\text{-}21\text{-}3}$ 外角的平分面.

(9) 若 $\delta_{2\text{-}43\text{-}1}=\delta'_{1\text{-}42\text{-}3}$, 则 P 是平面 $\pi'_{3\text{-}41\text{-}2}(\pi'_{3\text{-}14\text{-}2})$ 上任意一点的充分必要条件是

$$\mathrm{D}_{P\text{-}\pi_{2\text{-}43\text{-}1}}-\mathrm{D}_{P\text{-}\pi'_{1\text{-}42\text{-}3}}=0,$$

即 $\pi'_{3\text{-}41\text{-}2}(\pi'_{3\text{-}14\text{-}2})$ 是两平面 $\pi_{2\text{-}43\text{-}1},\pi'_{1\text{-}42\text{-}3}$ 外角的平分面;

若 $\delta_{1\text{-}42\text{-}3}=\delta'_{2\text{-}43\text{-}1}$, 则 P 是平面 $\pi'_{3\text{-}41\text{-}2}(\pi'_{3\text{-}14\text{-}2})$ 上任意一点的充分必要条件是

$$\mathrm{D}_{P\text{-}\pi_{1\text{-}42\text{-}3}}+\mathrm{D}_{P\text{-}\pi'_{2\text{-}43\text{-}1}}=0,$$

即 $\pi'_{3\text{-}41\text{-}2}(\pi'_{3\text{-}14\text{-}2})$ 是两平面 $\pi_{4\text{-}12\text{-}3},\pi'_{2\text{-}13\text{-}4}$ 内角的平分面.

由定理 3.3.1 中式 (3.3.4)~(3.3.12), 还可以得出 27 个类似的结论.

证明 (1) 依题设, 则式 (3.3.1) 和 (3.3.6) 分别可以改写成

$$\delta_{3\text{-}41\text{-}2}\mathrm{D}_{P\text{-}\pi_{3\text{-}41\text{-}2}}/\delta'_{1\text{-}42\text{-}3}+\mathrm{D}_{P\text{-}\pi'_{1\text{-}42\text{-}3}}-\mathrm{D}_{P\text{-}\pi'_{2\text{-}43\text{-}1}}=0,$$
$$\delta_{3\text{-}14\text{-}2}\mathrm{D}_{P\text{-}\pi_{3\text{-}14\text{-}2}}/\delta'_{4\text{-}12\text{-}3}+\mathrm{D}_{P\text{-}\pi'_{4\text{-}12\text{-}3}}-\mathrm{D}_{P\text{-}\pi'_{2\text{-}13\text{-}4}}=0.$$

于是分别由以上两式, 可得

P 是平面 $\pi_{3\text{-}41\text{-}2}(\pi_{3\text{-}14\text{-}2})$ 上任意一点的充分必要条件是

$\Leftrightarrow \mathrm{D}_{P\text{-}\pi'_{1\text{-}42\text{-}3}}-\mathrm{D}_{P\text{-}\pi'_{2\text{-}43\text{-}1}}=0\Leftrightarrow$ 式 (3.3.16) 成立,

即 $\pi_{3\text{-}41\text{-}2}(\pi_{3\text{-}14\text{-}2})$ 是两平面 $\pi'_{1\text{-}42\text{-}3},\pi'_{2\text{-}43\text{-}1}$ 外角的平分面;

P 是平面 $\pi_{3\text{-}41\text{-}2}(\pi_{3\text{-}14\text{-}2})$ 上任意一点的充分必要条件是

$\Leftrightarrow \mathrm{D}_{P\text{-}\pi'_{4\text{-}12\text{-}3}}-\mathrm{D}_{P\text{-}\pi'_{2\text{-}13\text{-}4}}=0\Leftrightarrow$ 式 (3.3.17) 成立,

即 $\pi_{3\text{-}41\text{-}2}(\pi_{3\text{-}14\text{-}2})$ 是两平面 $\pi'_{4\text{-}12\text{-}3},\pi'_{2\text{-}13\text{-}4}$ 外角的平分面.

类似地, 可以证明 (2)~(9) 中结论成立.

推论 3.3.6 设 $P_1P_2P_3P_4$ 为四面体, $\pi_{i\text{-}kl\text{-}j}(\pi'_{i\text{-}kl\text{-}j})$ 是其二面角 $P_i\text{-}P_kP_l\text{-}P_j(i,j,k,l=1,2,3,4)$ 的平分面 (外角的平分面).

(1) 若 $\delta'_{1\text{-}42\text{-}3}=\delta'_{2\text{-}43\text{-}1}$, P 是平面 $\pi_{3\text{-}41\text{-}2}(\pi_{3\text{-}14\text{-}2})$ 上任意一点, 则 $\mathrm{d}_{P\text{-}\pi'_{1\text{-}42\text{-}3}}=\mathrm{d}_{P\text{-}\pi'_{2\text{-}43\text{-}1}}$; 若 $\delta'_{4\text{-}12\text{-}3}=\delta'_{2\text{-}13\text{-}4}$, P 是平面 $\pi_{3\text{-}41\text{-}2}(\pi_{3\text{-}14\text{-}2})$ 上任意一点, 则 $\mathrm{d}_{P\text{-}\pi'_{4\text{-}12\text{-}3}}=\mathrm{d}_{P\text{-}\pi'_{2\text{-}13\text{-}4}}$.

(2) 若 $\delta_{3\text{-}41\text{-}2}=\delta'_{1\text{-}42\text{-}3}$, P 是平面 $\pi'_{2\text{-}43\text{-}1}(\pi'_{2\text{-}34\text{-}1})$ 上任意一点, 则 $\mathrm{d}_{P\text{-}\pi_{3\text{-}41\text{-}2}}=\mathrm{d}_{P\text{-}\pi'_{1\text{-}42\text{-}3}}$; 若 $\delta_{1\text{-}42\text{-}3}=\delta'_{3\text{-}41\text{-}2}$, P 是平面 $\pi'_{2\text{-}43\text{-}1}(\pi'_{2\text{-}34\text{-}1})$ 上任意一点, 则 $\mathrm{d}_{P\text{-}\pi_{1\text{-}42\text{-}3}}=\mathrm{d}_{P\text{-}\pi'_{3\text{-}41\text{-}2}}$.

(3) 若 $\delta_{3\text{-}41\text{-}2}=\delta'_{2\text{-}43\text{-}1}$, P 是平面 $\pi'_{1\text{-}42\text{-}3}(\pi'_{1\text{-}24\text{-}3})$ 上任意一点, 则 $\mathrm{d}_{P\text{-}\pi_{3\text{-}41\text{-}2}}=\mathrm{d}_{P\text{-}\pi'_{2\text{-}43\text{-}1}}$, 若 $\delta_{2\text{-}43\text{-}1}=\delta'_{3\text{-}41\text{-}2}$, P 是平面 $\pi'_{1\text{-}42\text{-}3}(\pi'_{1\text{-}24\text{-}3})$ 上任意一点, 则 $\mathrm{d}_{P\text{-}\pi_{2\text{-}43\text{-}1}}=\mathrm{d}_{P\text{-}\pi'_{3\text{-}41\text{-}2}}$.

(4) 若 $\delta'_{2\text{-}43\text{-}1}=\delta'_{3\text{-}41\text{-}2}$, P 是平面 $\pi_{1\text{-}42\text{-}3}(\pi_{3\text{-}24\text{-}1})$ 上任意一点, 则 $\mathrm{d}_{P\text{-}\pi'_{2\text{-}43\text{-}1}}=\mathrm{d}_{P\text{-}\pi'_{3\text{-}41\text{-}2}}$; 若 $\delta'_{4\text{-}21\text{-}3}=\delta'_{1\text{-}23\text{-}4}$, P 是平面 $\pi_{1\text{-}42\text{-}3}(\pi_{3\text{-}24\text{-}1})$ 上任意一点, 则 $\mathrm{d}_{P\text{-}\pi'_{4\text{-}21\text{-}3}}=\mathrm{d}_{P\text{-}\pi'_{1\text{-}23\text{-}4}}$.

(5) 若 $\delta_{1\text{-}42\text{-}3}=\delta'_{2\text{-}43\text{-}1}$, P 是平面 $\pi'_{3\text{-}41\text{-}2}(\pi'_{3\text{-}14\text{-}2})$ 上任意一点, 则 $\mathrm{d}_{P\text{-}\pi_{1\text{-}42\text{-}3}}=\mathrm{d}_{P\text{-}\pi'_{2\text{-}43\text{-}1}}$; 若 $\delta_{2\text{-}43\text{-}1}=\delta'_{1\text{-}42\text{-}3}$, P 是平面 $\pi'_{3\text{-}41\text{-}2}(\pi'_{3\text{-}14\text{-}2})$ 上任意一点, 则 $\mathrm{d}_{P\text{-}\pi_{2\text{-}43\text{-}1}}=\mathrm{d}_{P\text{-}\pi'_{1\text{-}42\text{-}3}}$.

(6) 若 $\delta_{1\text{-}42\text{-}3}=\delta'_{3\text{-}41\text{-}2}$, P 是平面 $\pi'_{2\text{-}43\text{-}1}(\pi'_{2\text{-}34\text{-}1})$ 上任意一点, $\mathrm{d}_{P\text{-}\pi_{1\text{-}42\text{-}3}}=\mathrm{d}_{P\text{-}\pi'_{3\text{-}41\text{-}2}}$; 若 $\delta_{1\text{-}32\text{-}4}=\delta'_{4\text{-}31\text{-}2}$, P 是平面 $\pi'_{2\text{-}43\text{-}1}(\pi'_{2\text{-}34\text{-}1})$ 上任意一点, 则 $\mathrm{d}_{P\text{-}\pi_{1\text{-}32\text{-}4}}=\mathrm{d}_{P\text{-}\pi'_{4\text{-}31\text{-}2}}$.

(7) 若 $\delta'_{3\text{-}41\text{-}2}=\delta'_{1\text{-}42\text{-}3}$, P 是平面 $\pi_{2\text{-}43\text{-}1}(\pi_{2\text{-}34\text{-}1})$ 上任意一点, 则 $\mathrm{d}_{P\text{-}\pi'_{3\text{-}41\text{-}2}}=\mathrm{d}_{P\text{-}\pi'_{1\text{-}42\text{-}3}}$; 若 $\delta'_{4\text{-}31\text{-}2}=\delta'_{1\text{-}32\text{-}4}$, P 是平面 $\pi_{2\text{-}43\text{-}1}(\pi_{2\text{-}34\text{-}1})$ 上任意一点, 则 $\mathrm{d}_{P\text{-}\pi'_{4\text{-}31\text{-}2}}=\mathrm{d}_{P\text{-}\pi'_{1\text{-}32\text{-}4}}$.

(8) 若 $\delta_{2\text{-}43\text{-}1}=\delta'_{3\text{-}41\text{-}2}$, P 是平面 $\pi'_{1\text{-}42\text{-}3}(\pi'_{3\text{-}24\text{-}1})$ 上任意一点, 则 $\mathrm{d}_{P\text{-}\pi_{2\text{-}43\text{-}1}}=\mathrm{d}_{P\text{-}\pi'_{3\text{-}41\text{-}2}}$, 若 $\delta_{1\text{-}23\text{-}4}=\delta'_{4\text{-}21\text{-}3}$, P 是平面 $\pi'_{1\text{-}42\text{-}3}(\pi'_{3\text{-}24\text{-}1})$ 上任意一点, 则 $\mathrm{d}_{P\text{-}\pi_{1\text{-}23\text{-}4}}=\mathrm{d}_{P\text{-}\pi'_{4\text{-}21\text{-}3}}$.

(9) 若 $\delta_{2\text{-}43\text{-}1}=\delta'_{1\text{-}42\text{-}3}$, P 是平面 $\pi'_{3\text{-}41\text{-}2}(\pi'_{3\text{-}14\text{-}2})$ 上任意一点, 则 $\mathrm{d}_{P\text{-}\pi_{2\text{-}43\text{-}1}}=\mathrm{d}_{P\text{-}\pi'_{1\text{-}42\text{-}3}}$; 若 $\delta_{1\text{-}42\text{-}3}=\delta'_{2\text{-}43\text{-}1}$, P 是平面 $\pi'_{3\text{-}41\text{-}2}(\pi'_{3\text{-}14\text{-}2})$ 上任意一点, 则 $\mathrm{d}_{P\text{-}\pi_{1\text{-}42\text{-}3}}=\mathrm{d}_{P\text{-}\pi'_{2\text{-}43\text{-}1}}$.

由定理 3.3.6 中未列出的 27 个结论, 也可以得出类似的 27 个结论.

证明　(1) 根据定理 3.3.6(1) 的必要性, 则式 (3.3.16) 和 (3.3.17) 移项后, 等式两边分别取绝对值, 即得.

类似地, 可以证明 (2)~(9) 中结论成立.

3.4　四面体四内、外角平分面有向距离的定值定理与应用

本节主要应用四面体内、外角平分面有向距离的定值定理, 采用 “由面及体, 由面及线, 由面及点, 点线面体交融” 的思想方法, 研究点到四面体四内、外角平分面有向距离的定值问题. 首先, 给出四面体两双内、外角平分面有向距离的定值定理,

从而得出四面体内、外角平分面的一些结论; 其次, 给出四面体四外角平分面有向距离的定值定理, 从而得出四面体外角平分面的一些结论.

3.4.1 四面体双内、外角平分面有向距离的定值定理及其应用

定理 3.4.1 设 $P_1P_2P_3P_4$ 为四面体, $\pi_{i\text{-}kl\text{-}j}(\pi'_{i\text{-}kl\text{-}j})$ 是其二面角 $P_i\text{-}P_kP_l\text{-}P_j(i,j,k,l=1,2,3,4)$ 的平分面 (外角的平分面), P 是空间任意一点, 则

$$\delta_{3\text{-}41\text{-}2}\mathrm{D}_{P\text{-}\pi_{3\text{-}41\text{-}2}}+\delta'_{1\text{-}42\text{-}3}\mathrm{D}_{P\text{-}\pi'_{1\text{-}42\text{-}3}}+\delta_{1\text{-}42\text{-}3}\mathrm{D}_{P\text{-}\pi_{1\text{-}42\text{-}3}}-\delta'_{3\text{-}41\text{-}2}\mathrm{D}_{P\text{-}\pi'_{3\text{-}41\text{-}2}}=0,\tag{3.4.1}$$

$$\delta_{1\text{-}42\text{-}3}\mathrm{D}_{P\text{-}\pi_{1\text{-}42\text{-}3}}+\delta'_{2\text{-}43\text{-}1}\mathrm{D}_{P\text{-}\pi'_{2\text{-}43\text{-}1}}+\delta_{2\text{-}43\text{-}1}\mathrm{D}_{P\text{-}\pi_{2\text{-}43\text{-}1}}-\delta'_{1\text{-}42\text{-}3}\mathrm{D}_{P\text{-}\pi'_{1\text{-}42\text{-}3}}=0,\tag{3.4.2}$$

$$\delta_{2\text{-}43\text{-}1}\mathrm{D}_{P\text{-}\pi_{2\text{-}43\text{-}1}}+\delta'_{3\text{-}41\text{-}2}\mathrm{D}_{P\text{-}\pi'_{3\text{-}41\text{-}2}}+\delta_{3\text{-}41\text{-}2}\mathrm{D}_{P\text{-}\pi_{3\text{-}41\text{-}2}}-\delta'_{2\text{-}43\text{-}1}\mathrm{D}_{P\text{-}\pi'_{2\text{-}43\text{-}1}}=0;\tag{3.4.3}$$

$$\delta_{4\text{-}12\text{-}3}\mathrm{D}_{P\text{-}\pi_{4\text{-}12\text{-}3}}+\delta'_{2\text{-}13\text{-}4}\mathrm{D}_{P\text{-}\pi'_{2\text{-}13\text{-}4}}+\delta_{2\text{-}13\text{-}4}\mathrm{D}_{P\text{-}\pi_{2\text{-}13\text{-}4}}-\delta'_{4\text{-}12\text{-}3}\mathrm{D}_{P\text{-}\pi'_{4\text{-}12\text{-}3}}=0,\tag{3.4.4}$$

$$\delta_{2\text{-}13\text{-}4}\mathrm{D}_{P\text{-}\pi_{2\text{-}13\text{-}4}}+\delta'_{3\text{-}14\text{-}2}\mathrm{D}_{P\text{-}\pi'_{3\text{-}14\text{-}2}}+\delta_{3\text{-}14\text{-}2}\mathrm{D}_{P\text{-}\pi_{3\text{-}14\text{-}2}}-\delta'_{2\text{-}13\text{-}4}\mathrm{D}_{P\text{-}\pi'_{2\text{-}13\text{-}4}}=0,\tag{3.4.5}$$

$$\delta_{3\text{-}14\text{-}2}\mathrm{D}_{P\text{-}\pi_{3\text{-}14\text{-}2}}+\delta'_{4\text{-}12\text{-}3}\mathrm{D}_{P\text{-}\pi'_{4\text{-}12\text{-}3}}+\delta_{4\text{-}12\text{-}3}\mathrm{D}_{P\text{-}\pi_{4\text{-}12\text{-}3}}-\delta'_{3\text{-}14\text{-}2}\mathrm{D}_{P\text{-}\pi'_{3\text{-}14\text{-}2}}=0;\tag{3.4.6}$$

$$\delta_{1\text{-}23\text{-}4}\mathrm{D}_{P\text{-}\pi_{1\text{-}23\text{-}4}}+\delta'_{3\text{-}24\text{-}1}\mathrm{D}_{P\text{-}\pi'_{3\text{-}24\text{-}1}}+\delta_{3\text{-}24\text{-}1}\mathrm{D}_{P\text{-}\pi_{3\text{-}24\text{-}1}}-\delta'_{1\text{-}23\text{-}4}\mathrm{D}_{P\text{-}\pi'_{1\text{-}23\text{-}4}}=0,\tag{3.4.7}$$

$$\delta_{3\text{-}24\text{-}1}\mathrm{D}_{P\text{-}\pi_{3\text{-}24\text{-}1}}+\delta'_{4\text{-}21\text{-}3}\mathrm{D}_{P\text{-}\pi'_{4\text{-}21\text{-}3}}+\delta_{4\text{-}21\text{-}3}\mathrm{D}_{P\text{-}\pi_{4\text{-}21\text{-}3}}-\delta'_{3\text{-}24\text{-}1}\mathrm{D}_{P\text{-}\pi'_{3\text{-}24\text{-}1}}=0,\tag{3.4.8}$$

$$\delta_{4\text{-}21\text{-}3}\mathrm{D}_{P\text{-}\pi_{4\text{-}21\text{-}3}}+\delta'_{1\text{-}23\text{-}4}\mathrm{D}_{P\text{-}\pi'_{1\text{-}23\text{-}4}}+\delta_{1\text{-}23\text{-}4}\mathrm{D}_{P\text{-}\pi_{1\text{-}23\text{-}4}}-\delta'_{4\text{-}21\text{-}3}\mathrm{D}_{P\text{-}\pi'_{4\text{-}21\text{-}3}}=0;\tag{3.4.9}$$

$$\delta_{2\text{-}34\text{-}1}\mathrm{D}_{P\text{-}\pi_{2\text{-}34\text{-}1}}+\delta'_{4\text{-}31\text{-}2}\mathrm{D}_{P\text{-}\pi'_{4\text{-}31\text{-}2}}+\delta_{4\text{-}31\text{-}2}\mathrm{D}_{P\text{-}\pi_{4\text{-}31\text{-}2}}-\delta'_{2\text{-}34\text{-}1}\mathrm{D}_{P\text{-}\pi'_{2\text{-}34\text{-}1}}=0,\tag{3.4.10}$$

$$\delta_{4\text{-}31\text{-}2}\mathrm{D}_{P\text{-}\pi_{4\text{-}31\text{-}2}}+\delta'_{1\text{-}32\text{-}4}\mathrm{D}_{P\text{-}\pi'_{1\text{-}32\text{-}4}}+\delta_{1\text{-}32\text{-}4}\mathrm{D}_{P\text{-}\pi_{1\text{-}32\text{-}4}}-\delta'_{4\text{-}31\text{-}2}\mathrm{D}_{P\text{-}\pi'_{4\text{-}31\text{-}2}}=0,\tag{3.4.11}$$

$$\delta_{1\text{-}32\text{-}4}\mathrm{D}_{P\text{-}\pi_{1\text{-}32\text{-}4}}+\delta'_{2\text{-}34\text{-}1}\mathrm{D}_{P\text{-}\pi'_{2\text{-}34\text{-}1}}+\delta_{2\text{-}34\text{-}1}\mathrm{D}_{P\text{-}\pi_{2\text{-}34\text{-}1}}-\delta'_{1\text{-}32\text{-}4}\mathrm{D}_{P\text{-}\pi'_{1\text{-}32\text{-}4}}=0.\tag{3.4.12}$$

证明　根据定理 3.3.1, 式 (3.3.1)+(3.3.2), 即得式 (3.4.1); 式 (3.3.2)+(3.3.3), 即得式 (3.4.2); 式 (3.3.3)+(3.3.1), 即得式 (3.4.3).

类似地, 可以证明式 (3.4.4)~(3.4.12) 成立.

推论 3.4.1　设 $P_1P_2P_3P_4$ 为四面体, $\pi_{i\text{-}kl\text{-}j}(\pi'_{i\text{-}kl\text{-}j})$ 是其二面角 $P_i\text{-}P_kP_l\text{-}P_j(i,j,k,l=1,2,3,4)$ 的平分面 (外角的平分面), 则

(1) P 是 $\pi_{3\text{-}41\text{-}2}(\pi_{3\text{-}14\text{-}2})$ 上任意一点的充分必要条件是

$$\delta'_{1\text{-}42\text{-}3}\mathrm{D}_{P\text{-}\pi'_{1\text{-}42\text{-}3}}+\delta_{1\text{-}42\text{-}3}\mathrm{D}_{P\text{-}\pi_{1\text{-}42\text{-}3}}-\delta'_{3\text{-}41\text{-}2}\mathrm{D}_{P\text{-}\pi'_{3\text{-}41\text{-}2}}=0, \tag{3.4.13}$$

或

$$\delta_{2\text{-}43\text{-}1}\mathrm{D}_{P\text{-}\pi_{2\text{-}43\text{-}1}}+\delta'_{3\text{-}41\text{-}2}\mathrm{D}_{P\text{-}\pi'_{3\text{-}41\text{-}2}}-\delta'_{2\text{-}43\text{-}1}\mathrm{D}_{P\text{-}\pi'_{2\text{-}43\text{-}1}}=0, \tag{3.4.14}$$

或

$$\delta_{2\text{-}13\text{-}4}\mathrm{D}_{P\text{-}\pi_{2\text{-}13\text{-}4}}+\delta'_{3\text{-}14\text{-}2}\mathrm{D}_{P\text{-}\pi'_{3\text{-}14\text{-}2}}-\delta'_{2\text{-}13\text{-}4}\mathrm{D}_{P\text{-}\pi'_{2\text{-}13\text{-}4}}=0, \tag{3.4.15}$$

或

$$\delta'_{4\text{-}12\text{-}3}\mathrm{D}_{P\text{-}\pi'_{4\text{-}12\text{-}3}}+\delta_{4\text{-}12\text{-}3}\mathrm{D}_{P\text{-}\pi_{4\text{-}12\text{-}3}}-\delta'_{3\text{-}14\text{-}2}\mathrm{D}_{P\text{-}\pi'_{3\text{-}14\text{-}2}}=0. \tag{3.4.16}$$

(2) P 是 $\pi'_{3\text{-}41\text{-}2}(\pi'_{3\text{-}14\text{-}2})$ 上任意一点的充分必要条件是

$$\delta_{3\text{-}41\text{-}2}\mathrm{D}_{P\text{-}\pi_{3\text{-}41\text{-}2}}+\delta'_{1\text{-}42\text{-}3}\mathrm{D}_{P\text{-}\pi'_{1\text{-}42\text{-}3}}+\delta_{1\text{-}42\text{-}3}\mathrm{D}_{P\text{-}\pi_{1\text{-}42\text{-}3}}=0,$$

或

$$\delta_{2\text{-}43\text{-}1}\mathrm{D}_{P\text{-}\pi_{2\text{-}43\text{-}1}}+\delta_{3\text{-}41\text{-}2}\mathrm{D}_{P\text{-}\pi_{3\text{-}41\text{-}2}}-\delta'_{2\text{-}43\text{-}1}\mathrm{D}_{P\text{-}\pi'_{2\text{-}43\text{-}1}}=0,$$

或

$$\delta_{2\text{-}13\text{-}4}\mathrm{D}_{P\text{-}\pi_{2\text{-}13\text{-}4}}+\delta_{3\text{-}14\text{-}2}\mathrm{D}_{P\text{-}\pi_{3\text{-}14\text{-}2}}-\delta'_{2\text{-}13\text{-}4}\mathrm{D}_{P\text{-}\pi'_{2\text{-}13\text{-}4}}=0,$$

或

$$\delta_{3\text{-}14\text{-}2}\mathrm{D}_{P\text{-}\pi_{3\text{-}14\text{-}2}}+\delta'_{4\text{-}12\text{-}3}\mathrm{D}_{P\text{-}\pi'_{4\text{-}12\text{-}3}}+\delta_{4\text{-}12\text{-}3}\mathrm{D}_{P\text{-}\pi_{4\text{-}12\text{-}3}}=0.$$

对平面 $\pi_{2\text{-}43\text{-}1}(\pi_{2\text{-}34\text{-}1}),\pi_{1\text{-}42\text{-}3}(\pi_{3\text{-}24\text{-}1}),\pi_{4\text{-}21\text{-}3}(\pi_{4\text{-}12\text{-}3}),\pi_{2\text{-}13\text{-}4}(\pi_{2\text{-}31\text{-}4}),\pi_{1\text{-}23\text{-}4}(\pi_{1\text{-}32\text{-}4})$; $\pi'_{2\text{-}43\text{-}1}(\pi'_{2\text{-}34\text{-}1})$, $\pi'_{1\text{-}42\text{-}3}(\pi'_{3\text{-}24\text{-}1})$, $\pi'_{4\text{-}21\text{-}3}(\pi'_{4\text{-}12\text{-}3})$, $\pi'_{2\text{-}13\text{-}4}(\pi'_{2\text{-}31\text{-}4})$, $\pi'_{1\text{-}23\text{-}4}(\pi'_{1\text{-}32\text{-}4})$ 亦可得出类似的结果.

证明　(1) 根据定理 3.4.1, 分别由式 (3.4.1)、(3.4.3)、(3.4.5) 和 (3.4.6), 可得

P 是 $\pi_{3\text{-}41\text{-}2}(\pi_{3\text{-}14\text{-}2})$ 上任意一点 $\Leftrightarrow$ $\mathrm{D}_{P\text{-}\pi_{3\text{-}41\text{-}2}}=0(\mathrm{D}_{P\text{-}\pi_{3\text{-}14\text{-}2}}=0)$ $\Leftrightarrow$ 式 (3.4.13)~(3.4.16) 之一成立.

类似地, 可以证明 (2) 中结论成立.

定理 3.4.2　设 $P_1P_2P_3P_4$ 为四面体, $\pi_{i\text{-}kl\text{-}j}(\pi'_{i\text{-}kl\text{-}j})$ 是其二面角 $P_i\text{-}P_kP_l\text{-}P_j(i,j,k,l=1,2,3,4)$ 的平分面 (外角的平分面).

(1) 若 P 是三面角 $P_4\text{-}P_1P_2P_3$ 平分线 $l_{4\text{-}123}$ 上任意一点, 则

$$\delta'_{1\text{-}42\text{-}3}\mathrm{D}_{P\text{-}\pi'_{1\text{-}42\text{-}3}}-\delta'_{3\text{-}41\text{-}2}\mathrm{D}_{P\text{-}\pi'_{3\text{-}41\text{-}2}}=0, \tag{3.4.17}$$

$$\delta'_{2\text{-}43\text{-}1}\mathrm{D}_{P\text{-}\pi'_{2\text{-}43\text{-}1}}-\delta'_{1\text{-}42\text{-}3}\mathrm{D}_{P\text{-}\pi'_{1\text{-}42\text{-}3}}=0, \tag{3.4.18}$$

$$\delta'_{3\text{-}41\text{-}2}\mathrm{D}_{P\text{-}\pi'_{3\text{-}41\text{-}2}}-\delta'_{2\text{-}43\text{-}1}\mathrm{D}_{P\text{-}\pi'_{2\text{-}43\text{-}1}}=0. \tag{3.4.19}$$

(2) 若 P 是三面角 $P_1\text{-}P_2P_3P_4$ 平分线 $l_{1\text{-}234}$ 上任意一点, 则

$$\delta'_{2\text{-}13\text{-}4}\mathrm{D}_{P\text{-}\pi'_{2\text{-}13\text{-}4}}-\delta'_{4\text{-}12\text{-}3}\mathrm{D}_{P\text{-}\pi'_{4\text{-}12\text{-}3}}=0,$$
$$\delta'_{3\text{-}14\text{-}2}\mathrm{D}_{P\text{-}\pi'_{3\text{-}14\text{-}2}}-\delta'_{2\text{-}13\text{-}4}\mathrm{D}_{P\text{-}\pi'_{2\text{-}13\text{-}4}}=0,$$
$$\delta'_{4\text{-}12\text{-}3}\mathrm{D}_{P\text{-}\pi'_{4\text{-}12\text{-}3}}-\delta'_{3\text{-}14\text{-}2}\mathrm{D}_{P\text{-}\pi'_{3\text{-}14\text{-}2}}=0.$$

(3) 若 P 是三面角 $P_2\text{-}P_3P_4P_1$ 平分线 $l_{2\text{-}341}$ 上任意一点, 则

$$\delta'_{3\text{-}24\text{-}1}\mathrm{D}_{P\text{-}\pi'_{3\text{-}24\text{-}1}}-\delta'_{1\text{-}23\text{-}4}\mathrm{D}_{P\text{-}\pi'_{1\text{-}23\text{-}4}}=0,$$
$$\delta'_{4\text{-}21\text{-}3}\mathrm{D}_{P\text{-}\pi'_{4\text{-}21\text{-}3}}-\delta'_{3\text{-}24\text{-}1}\mathrm{D}_{P\text{-}\pi'_{3\text{-}24\text{-}1}}=0,$$
$$\delta'_{1\text{-}23\text{-}4}\mathrm{D}_{P\text{-}\pi'_{1\text{-}23\text{-}4}}-\delta'_{4\text{-}21\text{-}3}\mathrm{D}_{P\text{-}\pi'_{4\text{-}21\text{-}3}}=0.$$

(4) 若 P 是三面角 $P_3\text{-}P_4P_1P_2$ 平分线 $l_{3\text{-}412}$ 上任意一点, 则

$$\delta'_{4\text{-}31\text{-}2}\mathrm{D}_{P\text{-}\pi'_{4\text{-}31\text{-}2}}-\delta'_{2\text{-}34\text{-}1}\mathrm{D}_{P\text{-}\pi'_{2\text{-}34\text{-}1}}=0,$$
$$\delta'_{1\text{-}32\text{-}4}\mathrm{D}_{P\text{-}\pi'_{1\text{-}32\text{-}4}}-\delta'_{4\text{-}31\text{-}2}\mathrm{D}_{P\text{-}\pi'_{4\text{-}31\text{-}2}}=0,$$
$$\delta'_{2\text{-}34\text{-}1}\mathrm{D}_{P\text{-}\pi'_{2\text{-}34\text{-}1}}-\delta'_{1\text{-}32\text{-}4}\mathrm{D}_{P\text{-}\pi'_{1\text{-}32\text{-}4}}=0.$$

证明 (1) 因为 P 是三面角 $P_4\text{-}P_1P_2P_3$ 平分线 $l_{4\text{-}123}$ 上任意一点, 所以

$$\mathrm{D}_{P\text{-}\pi_{3\text{-}41\text{-}2}}=\mathrm{D}_{P\text{-}\pi_{1\text{-}42\text{-}3}}=\mathrm{D}_{P\text{-}\pi_{2\text{-}43\text{-}1}}=0.$$

分别代入式 (3.4.1)、(3.4.2) 和 (3.4.3), 即得式 (3.4.17)、(3.4.18) 和 (3.4.19).

类似地, 可以证明 (2)~(4) 中结论成立.

推论 3.4.2 设 $P_1P_2P_3P_4$ 为四面体, $\pi_{i\text{-}kl\text{-}j}(\pi'_{i\text{-}kl\text{-}j})$ 是其二面角 $P_i\text{-}P_kP_l\text{-}P_j(i,j,k,l=1,2,3,4)$ 的平分面 (外角的平分面).

(1) 若 P 是三面角 $P_4\text{-}P_1P_2P_3$ 平分线 $l_{4\text{-}123}$ 上任意一点, 则

$$\delta'_{3\text{-}41\text{-}2}\mathrm{d}_{P\text{-}\pi'_{3\text{-}41\text{-}2}}=\delta'_{1\text{-}42\text{-}3}\mathrm{d}_{P\text{-}\pi'_{1\text{-}42\text{-}3}}=\delta'_{2\text{-}43\text{-}1}\mathrm{d}_{P\text{-}\pi'_{2\text{-}43\text{-}1}};$$

(2) 若 P 是三面角 $P_1\text{-}P_2P_3P_4$ 平分线 $l_{1\text{-}234}$ 上任意一点, 则

$$\delta'_{4\text{-}12\text{-}3}\mathrm{d}_{P\text{-}\pi'_{4\text{-}12\text{-}3}}=\delta'_{2\text{-}13\text{-}4}\mathrm{d}_{P\text{-}\pi'_{2\text{-}13\text{-}4}}=\delta'_{3\text{-}14\text{-}2}\mathrm{d}_{P\text{-}\pi'_{3\text{-}14\text{-}2}};$$

(3) 若 P 是三面角 $P_2\text{-}P_3P_4P_1$ 平分线 $l_{2\text{-}341}$ 上任意一点, 则

$$\delta'_{1\text{-}23\text{-}4}\mathrm{d}_{P\text{-}\pi'_{1\text{-}23\text{-}4}}=\delta'_{3\text{-}24\text{-}1}\mathrm{d}_{P\text{-}\pi'_{3\text{-}24\text{-}1}}=\delta'_{4\text{-}21\text{-}3}\mathrm{d}_{P\text{-}\pi'_{4\text{-}21\text{-}3}};$$

(4) 若 P 是三面角 $P_3\text{-}P_4P_1P_2$ 平分线 $l_{3\text{-}412}$ 上任意一点, 则

$$\delta'_{2\text{-}34\text{-}1}\mathrm{d}_{P\text{-}\pi'_{2\text{-}34\text{-}1}}=\delta'_{4\text{-}31\text{-}2}\mathrm{d}_{P\text{-}\pi'_{4\text{-}31\text{-}2}}=\delta'_{1\text{-}32\text{-}4}\mathrm{d}_{P\text{-}\pi'_{1\text{-}32\text{-}4}}.$$

证明 (1) 根据定理 3.4.2 , 式 (3.4.17)~(3.4.19) 分别移项后, 等式两边分别取绝对值, 即得

$$\delta'_{3\text{-}41\text{-}2}\mathrm{d}_{P\text{-}\pi'_{3\text{-}41\text{-}2}}=\delta'_{1\text{-}42\text{-}3}\mathrm{d}_{P\text{-}\pi'_{1\text{-}42\text{-}3}}=\delta'_{2\text{-}43\text{-}1}\mathrm{d}_{P\text{-}\pi'_{2\text{-}43\text{-}1}};$$

类似地, 可以证明 (2)~(4) 中结论成立.

定理 3.4.3 设 $P_1P_2P_3P_4$ 为四面体, $\pi_{i\text{-}kl\text{-}j}(\pi'_{i\text{-}kl\text{-}j})$ 是其二面角 $P_i\text{-}P_kP_l\text{-}P_j(i,j,k,l=1,2,3,4)$ 的平分面 (外角的平分面), P 是空间任意一点.

(1) 若 $\delta_{3\text{-}41\text{-}2}=\delta'_{1\text{-}42\text{-}3}=\delta_{1\text{-}42\text{-}3}=\delta'_{3\text{-}41\text{-}2}$, 则

$$\mathrm{D}_{P\text{-}\pi_{3\text{-}41\text{-}2}}+\mathrm{D}_{P\text{-}\pi'_{1\text{-}42\text{-}3}}+\mathrm{D}_{P\text{-}\pi_{1\text{-}42\text{-}3}}-\mathrm{D}_{P\text{-}\pi'_{3\text{-}41\text{-}2}}=0; \tag{3.4.20}$$

(2) 若 $\delta_{1\text{-}42\text{-}3}=\delta'_{2\text{-}43\text{-}1}=\delta_{2\text{-}43\text{-}1}=\delta'_{1\text{-}42\text{-}3}$, 则

$$\mathrm{D}_{P\text{-}\pi_{1\text{-}42\text{-}3}}+\mathrm{D}_{P\text{-}\pi'_{2\text{-}43\text{-}1}}+\mathrm{D}_{P\text{-}\pi_{2\text{-}43\text{-}1}}-\mathrm{D}_{P\text{-}\pi'_{1\text{-}42\text{-}3}}=0; \tag{3.4.21}$$

(3) 若 $\delta_{2\text{-}43\text{-}1}=\delta'_{3\text{-}41\text{-}2}=\delta_{3\text{-}41\text{-}2}=\delta'_{2\text{-}43\text{-}1}$, 则

$$\mathrm{D}_{P\text{-}\pi_{2\text{-}43\text{-}1}}+\mathrm{D}_{P\text{-}\pi'_{3\text{-}41\text{-}2}}+\mathrm{D}_{P\text{-}\pi_{3\text{-}41\text{-}2}}-\mathrm{D}_{P\text{-}\pi'_{2\text{-}43\text{-}1}}=0; \tag{3.4.22}$$

(4) 若 $\delta_{4\text{-}12\text{-}3}=\delta'_{2\text{-}13\text{-}4}=\delta_{2\text{-}13\text{-}4}=\delta'_{4\text{-}12\text{-}3}$, 则

$$\mathrm{D}_{P\text{-}\pi_{4\text{-}12\text{-}3}}+\mathrm{D}_{P\text{-}\pi'_{2\text{-}13\text{-}4}}+\mathrm{D}_{P\text{-}\pi_{2\text{-}13\text{-}4}}-\mathrm{D}_{P\text{-}\pi'_{4\text{-}12\text{-}3}}=0; \tag{3.4.23}$$

(5) 若 $\delta_{2\text{-}13\text{-}4}=\delta'_{3\text{-}14\text{-}2}=\delta_{3\text{-}14\text{-}2}=\delta'_{2\text{-}13\text{-}4}$, 则

$$\mathrm{D}_{P\text{-}\pi_{2\text{-}13\text{-}4}}+\mathrm{D}_{P\text{-}\pi'_{3\text{-}14\text{-}2}}+\mathrm{D}_{P\text{-}\pi_{3\text{-}14\text{-}2}}-\mathrm{D}_{P\text{-}\pi'_{2\text{-}13\text{-}4}}=0; \tag{3.4.24}$$

(6) 若 $\delta_{3\text{-}14\text{-}2}=\delta'_{4\text{-}12\text{-}3}=\delta_{4\text{-}12\text{-}3}=\delta'_{3\text{-}14\text{-}2}$, 则

$$\mathrm{D}_{P\text{-}\pi_{3\text{-}14\text{-}2}}+\mathrm{D}_{P\text{-}\pi'_{4\text{-}12\text{-}3}}+\mathrm{D}_{P\text{-}\pi_{4\text{-}12\text{-}3}}-\mathrm{D}_{P\text{-}\pi'_{3\text{-}14\text{-}2}}=0; \tag{3.4.25}$$

(7) 若 $\delta_{1\text{-}23\text{-}4}=\delta'_{3\text{-}24\text{-}1}=\delta_{3\text{-}24\text{-}1}=\delta'_{1\text{-}23\text{-}4}$, 则

$$\mathrm{D}_{P\text{-}\pi_{1\text{-}23\text{-}4}}+\mathrm{D}_{P\text{-}\pi'_{3\text{-}24\text{-}1}}+\mathrm{D}_{P\text{-}\pi_{3\text{-}24\text{-}1}}-\mathrm{D}_{P\text{-}\pi'_{1\text{-}23\text{-}4}}=0; \tag{3.4.26}$$

(8) 若 $\delta_{3\text{-}24\text{-}1}=\delta'_{4\text{-}21\text{-}3}=\delta_{4\text{-}21\text{-}3}=\delta'_{3\text{-}24\text{-}1}$, 则

$$\mathrm{D}_{P\text{-}\pi_{3\text{-}24\text{-}1}}+\mathrm{D}_{P\text{-}\pi'_{4\text{-}21\text{-}3}}+\mathrm{D}_{P\text{-}\pi_{4\text{-}21\text{-}3}}-\mathrm{D}_{P\text{-}\pi'_{3\text{-}24\text{-}1}}=0; \tag{3.4.27}$$

(9) 若 $\delta_{4\text{-}21\text{-}3}=\delta'_{1\text{-}23\text{-}4}=\delta_{1\text{-}23\text{-}4}=\delta'_{4\text{-}21\text{-}3}$, 则

$$\mathrm{D}_{P\text{-}\pi_{4\text{-}21\text{-}3}}+\mathrm{D}_{P\text{-}\pi'_{1\text{-}23\text{-}4}}+\mathrm{D}_{P\text{-}\pi_{1\text{-}23\text{-}4}}-\mathrm{D}_{P\text{-}\pi'_{4\text{-}21\text{-}3}}=0; \tag{3.4.28}$$

(10) 若 $\delta_{2\text{-}34\text{-}1}=\delta'_{4\text{-}31\text{-}2}=\delta_{4\text{-}31\text{-}2}=\delta'_{2\text{-}34\text{-}1}$, 则

$$\mathrm{D}_{P\text{-}\pi_{2\text{-}34\text{-}1}}+\mathrm{D}_{P\text{-}\pi'_{4\text{-}31\text{-}2}}+\mathrm{D}_{P\text{-}\pi_{4\text{-}31\text{-}2}}-\mathrm{D}_{P\text{-}\pi'_{2\text{-}34\text{-}1}}=0; \tag{3.4.29}$$

(11) 若 $\delta_{4\text{-}31\text{-}2}=\delta'_{1\text{-}32\text{-}4}=\delta_{1\text{-}32\text{-}4}=\delta'_{4\text{-}31\text{-}2}$, 则

$$\mathrm{D}_{P\text{-}\pi_{4\text{-}31\text{-}2}}+\mathrm{D}_{P\text{-}\pi'_{1\text{-}32\text{-}4}}+\mathrm{D}_{P\text{-}\pi_{1\text{-}32\text{-}4}}-\mathrm{D}_{P\text{-}\pi'_{4\text{-}31\text{-}2}}=0; \tag{3.4.30}$$

(12) 若 $\delta_{1\text{-}32\text{-}4}=\delta'_{2\text{-}34\text{-}1}=\delta_{2\text{-}34\text{-}1}=\delta'_{1\text{-}32\text{-}4}$, 则

$$\mathrm{D}_{P\text{-}\pi_{1\text{-}32\text{-}4}}+\mathrm{D}_{P\text{-}\pi'_{2\text{-}34\text{-}1}}+\mathrm{D}_{P\text{-}\pi_{2\text{-}34\text{-}1}}-\mathrm{D}_{P\text{-}\pi'_{1\text{-}32\text{-}4}}=0. \tag{3.4.31}$$

证明 (1) 根据定理 3.4.1, 将 $\delta_{3\text{-}41\text{-}2}=\delta'_{1\text{-}42\text{-}3}=\delta_{1\text{-}42\text{-}3}=\delta'_{3\text{-}41\text{-}2}\neq 0$, 代入式 (3.4.1) 并化简, 即得式 (3.4.20).

类似地, 可以证明 (2)~(12) 中结论成立.

推论 3.4.3 设 $P_1P_2P_3P_4$ 为四面体, $\pi_{i\text{-}kl\text{-}j}(\pi'_{i\text{-}kl\text{-}j})$ 是其二面角 $P_i\text{-}P_kP_l\text{-}P_j(i,j,k,l=1,2,3,4)$ 的平分面 (外角的平分面). 若 $\delta_{3\text{-}41\text{-}2}=\delta'_{1\text{-}42\text{-}3}=\delta_{1\text{-}42\text{-}3}=\delta'_{3\text{-}41\text{-}2}$, 则

(1)$\pi_{3\text{-}41\text{-}2},\pi'_{1\text{-}42\text{-}3}$ 内角的平分面与 $\pi_{1\text{-}42\text{-}3},\pi'_{3\text{-}41\text{-}2}$ 外角的平分面重合;

(2)$\pi_{3\text{-}41\text{-}2},\pi_{1\text{-}42\text{-}3}$ 内角的平分面与 $\pi'_{1\text{-}42\text{-}3},\pi'_{3\text{-}41\text{-}2}$ 外角的平分面重合;

(3)$\pi_{3\text{-}41\text{-}2},\pi'_{3\text{-}41\text{-}2}$ 外角的平分面与 $\pi'_{1\text{-}42\text{-}3},\pi_{1\text{-}42\text{-}3}$ 内角的平分面重合.

对式 (3.2.21)~(3.4.31), 也可以得出类似的结果.

证明 (1) 设 P 是 $\pi_{3\text{-}41\text{-}2},\pi'_{1\text{-}42\text{-}3}$ 内角平分面上任意一点, 则 $\mathrm{D}_{P\text{-}\pi_{3\text{-}41\text{-}2}}+\mathrm{D}_{P\text{-}\pi'_{1\text{-}42\text{-}3}}=0$. 代入式 (3.4.20) 得 $\mathrm{D}_{P\text{-}\pi_{1\text{-}42\text{-}3}}-\mathrm{D}_{P\text{-}\pi'_{3\text{-}41\text{-}2}}=0$, 因此 P 在 $\pi_{1\text{-}42\text{-}3}$, $\pi'_{3\text{-}41\text{-}2}$ 外角的平分面上; 反之亦然. 因此, $\pi_{3\text{-}41\text{-}2},\pi'_{1\text{-}42\text{-}3}$ 内角的平分面与 $\pi_{1\text{-}42\text{-}3}$, $\pi'_{3\text{-}41\text{-}2}$ 外角的平分面重合.

类似地, 可以证明 (2) 和 (3) 中结论成立.

定理 3.4.4 设 $P_1P_2P_3P_4$ 为四面体, $\pi_{i\text{-}kl\text{-}j}(\pi'_{i\text{-}kl\text{-}j})$ 是其二面角 $P_i\text{-}P_kP_l\text{-}P_j(i,j,k,l=1,2,3,4)$ 的平分面 (外角的平分面).

(1) 若 $\delta'_{1\text{-}42\text{-}3}=\delta_{1\text{-}42\text{-}3}=\delta'_{3\text{-}41\text{-}2}$, 则 P 是 $\pi_{3\text{-}41\text{-}2}$ 上任意一点的充分必要条件是

$$\mathrm{D}_{P\text{-}\pi'_{1\text{-}42\text{-}3}}+\mathrm{D}_{P\text{-}\pi_{1\text{-}42\text{-}3}}-\mathrm{D}_{P\text{-}\pi'_{3\text{-}41\text{-}2}}=0; \tag{3.4.32}$$

(2) 若 $\delta_{3\text{-}41\text{-}2}=\delta_{1\text{-}42\text{-}3}=\delta'_{3\text{-}41\text{-}2}$, 则 P 是 $\pi'_{1\text{-}42\text{-}3}$ 上任意一点的充分必要条件是

$$\mathrm{D}_{P\text{-}\pi_{3\text{-}41\text{-}2}}+\mathrm{D}_{P\text{-}\pi_{1\text{-}42\text{-}3}}-\mathrm{D}_{P\text{-}\pi'_{3\text{-}41\text{-}2}}=0;$$

(3) 若 $\delta_{3\text{-}41\text{-}2}=\delta'_{1\text{-}42\text{-}3}=\delta'_{3\text{-}41\text{-}2}$, 则 P 是 $\pi_{1\text{-}42\text{-}3}$ 上任意一点的充分必要条件是

$$\mathrm{D}_{P\text{-}\pi_{3\text{-}41\text{-}2}}+\mathrm{D}_{P\text{-}\pi'_{1\text{-}42\text{-}3}}-\mathrm{D}_{P\text{-}\pi'_{3\text{-}41\text{-}2}}=0;$$

(4) 若 $\delta_{3\text{-}41\text{-}2}=\delta'_{1\text{-}42\text{-}3}=\delta_{1\text{-}42\text{-}3}$, 则 P 是 $\pi'_{3\text{-}41\text{-}2}$ 上任意一点的充分必要条件是

$$\mathrm{D}_{P\text{-}\pi_{3\text{-}41\text{-}2}}+\mathrm{D}_{P\text{-}\pi'_{1\text{-}42\text{-}3}}+\mathrm{D}_{P\text{-}\pi_{1\text{-}42\text{-}3}}=0.$$

利用式 (3.4.21)~(3.4.31), 也可以得出类似的结果.

证明　(1) 记 $\delta'_{1\text{-}42\text{-}3}=\delta_{1\text{-}42\text{-}3}=\delta'_{3\text{-}41\text{-}2}=\delta$, 则式 (3.4.1) 可以改写成

$$\delta_{3\text{-}41\text{-}2}\mathrm{D}_{P\text{-}\pi_{3\text{-}41\text{-}2}}/\delta+\mathrm{D}_{P\text{-}\pi'_{1\text{-}42\text{-}3}}+\mathrm{D}_{P\text{-}\pi_{1\text{-}42\text{-}3}}-\mathrm{D}_{P\text{-}\pi'_{3\text{-}41\text{-}2}}=0.$$

故由上式可得: P 是 $\pi_{3\text{-}41\text{-}2}$ 上任意一点的充分必要条件是式 (3.4.32) 成立.

类似地, 可以证明 (2)~(4) 中结论成立.

推论 3.4.4　设 $P_1P_2P_3P_4$ 为四面体, $\pi_{i\text{-}kl\text{-}j}(\pi'_{i\text{-}kl\text{-}j})$ 是其二面角 $P_i\text{-}P_kP_l\text{-}P_j(i,j,k,l=1,2,3,4)$ 的平分面 (外角的平分面).

(1) 若 $\delta'_{1\text{-}42\text{-}3}=\delta_{1\text{-}42\text{-}3}=\delta'_{3\text{-}41\text{-}2}$, P 是 $\pi_{3\text{-}41\text{-}2}$ 上任意一点, 则在以下三个点到平面的距离

$$\mathrm{d}_{P\text{-}\pi'_{1\text{-}42\text{-}3}},\quad \mathrm{d}_{P\text{-}\pi_{1\text{-}42\text{-}3}},\quad \mathrm{d}_{P\text{-}\pi'_{3\text{-}41\text{-}2}}$$

中, 其中一个较长的距离等于另两个较短的距离的和;

(2) 若 $\delta_{3\text{-}41\text{-}2}=\delta_{1\text{-}42\text{-}3}=\delta'_{3\text{-}41\text{-}2}$, P 是 $\pi'_{1\text{-}42\text{-}3}$ 上任意一点, 则在以下三个点到平面的距离

$$\mathrm{d}_{P\text{-}\pi_{3\text{-}41\text{-}2}},\quad \mathrm{d}_{P\text{-}\pi_{1\text{-}42\text{-}3}},\quad \mathrm{d}_{P\text{-}\pi'_{3\text{-}41\text{-}2}}$$

中, 其中一个较长的距离等于另两个较短的距离的和;

(3) 若 $\delta_{3\text{-}41\text{-}2}=\delta'_{1\text{-}42\text{-}3}=\delta'_{3\text{-}41\text{-}2}$, P 是 $\pi_{1\text{-}42\text{-}3}$ 上任意一点, 则在以下三个点到平面的距离

$$\mathrm{d}_{P\text{-}\pi_{3\text{-}41\text{-}2}},\quad \mathrm{d}_{P\text{-}\pi'_{1\text{-}42\text{-}3}},\quad \mathrm{d}_{P\text{-}\pi'_{3\text{-}41\text{-}2}}$$

中, 其中一个较长的距离等于另两个较短的距离的和;

(4) 若 $\delta_{3\text{-}41\text{-}2}=\delta'_{1\text{-}42\text{-}3}=\delta_{1\text{-}42\text{-}3}$, P 是 $\pi'_{3\text{-}41\text{-}2}$ 上任意一点, 则在以下三个点到平面的距离

$$\mathrm{d}_{P\text{-}\pi_{3\text{-}41\text{-}2}},\quad \mathrm{d}_{P\text{-}\pi'_{1\text{-}42\text{-}3}},\quad \mathrm{d}_{P\text{-}\pi_{1\text{-}42\text{-}3}}$$

中, 其中一个较长的距离等于另两个较短的距离的和.

利用式 (3.4.21)~(3.4.31), 也可以得出类似的结果.

证明 (1) 注意到式 (3.4.32) 中, 一个较长的有向距离与另两个较短的有向距离同号或另两个较短的有向距离中的一个同号、一个反号即得.

类似地, 可以证明 (2)~(4) 中结论成立.

3.4.2 四面体四外角平分面有向距离的定值定理及其应用

定理 3.4.5 设 $P_1P_2P_3P_4$ 为四面体, $\pi'_{i\text{-}kl\text{-}j}$ 是其二面角 $P_i\text{-}P_kP_l\text{-}P_j(i,j,k,l=1,2,3,4)$ 的外角的平分面, P 是空间任意一点, 则

$$\delta'_{1\text{-}42\text{-}3}\mathrm{D}_{P\text{-}\pi'_{1\text{-}42\text{-}3}}-\delta'_{2\text{-}43\text{-}1}\mathrm{D}_{P\text{-}\pi'_{2\text{-}43\text{-}1}}+\delta'_{4\text{-}12\text{-}3}\mathrm{D}_{P\text{-}\pi'_{4\text{-}12\text{-}3}}-\delta'_{2\text{-}13\text{-}4}\mathrm{D}_{P\text{-}\pi'_{2\text{-}13\text{-}4}}=0, \tag{3.4.33}$$

$$\delta'_{2\text{-}43\text{-}1}\mathrm{D}_{P\text{-}\pi'_{2\text{-}43\text{-}1}}-\delta'_{3\text{-}41\text{-}2}\mathrm{D}_{P\text{-}\pi'_{3\text{-}41\text{-}2}}+\delta'_{4\text{-}21\text{-}3}\mathrm{D}_{P\text{-}\pi'_{4\text{-}21\text{-}3}}-\delta'_{1\text{-}23\text{-}4}\mathrm{D}_{P\text{-}\pi'_{1\text{-}23\text{-}4}}=0, \tag{3.4.34}$$

$$\delta'_{3\text{-}41\text{-}2}\mathrm{D}_{P\text{-}\pi'_{3\text{-}41\text{-}2}}-\delta'_{1\text{-}42\text{-}3}\mathrm{D}_{P\text{-}\pi'_{1\text{-}42\text{-}3}}+\delta'_{4\text{-}31\text{-}2}\mathrm{D}_{P\text{-}\pi'_{4\text{-}31\text{-}2}}-\delta'_{1\text{-}32\text{-}4}\mathrm{D}_{P\text{-}\pi'_{1\text{-}32\text{-}4}}=0; \tag{3.4.35}$$

$$\delta'_{2\text{-}13\text{-}4}\mathrm{D}_{P\text{-}\pi'_{2\text{-}13\text{-}4}}-\delta'_{3\text{-}14\text{-}2}\mathrm{D}_{P\text{-}\pi'_{3\text{-}14\text{-}2}}+\delta'_{1\text{-}23\text{-}4}\mathrm{D}_{P\text{-}\pi'_{1\text{-}23\text{-}4}}-\delta'_{3\text{-}24\text{-}1}\mathrm{D}_{P\text{-}\pi'_{3\text{-}24\text{-}1}}=0, \tag{3.4.36}$$

$$\delta'_{3\text{-}14\text{-}2}\mathrm{D}_{P\text{-}\pi'_{3\text{-}14\text{-}2}}-\delta'_{4\text{-}12\text{-}3}\mathrm{D}_{P\text{-}\pi'_{4\text{-}12\text{-}3}}+\delta'_{1\text{-}32\text{-}4}\mathrm{D}_{P\text{-}\pi'_{1\text{-}32\text{-}4}}-\delta'_{2\text{-}34\text{-}1}\mathrm{D}_{P\text{-}\pi'_{2\text{-}34\text{-}1}}=0, \tag{3.4.37}$$

$$\delta'_{3\text{-}24\text{-}1}\mathrm{D}_{P\text{-}\pi'_{3\text{-}24\text{-}1}}-\delta'_{4\text{-}21\text{-}3}\mathrm{D}_{P\text{-}\pi'_{4\text{-}21\text{-}3}}+\delta'_{2\text{-}34\text{-}1}\mathrm{D}_{P\text{-}\pi'_{2\text{-}34\text{-}1}}-\delta'_{4\text{-}31\text{-}2}\mathrm{D}_{P\text{-}\pi'_{4\text{-}31\text{-}2}}=0. \tag{3.4.38}$$

证明 根据定理 3.3.1, 式 (3.3.1)+(3.3.6), 即得式 (3.4.33); 式 (3.3.2)+(3.3.8), 即得式 (3.4.34); 式 (3.3.3)+(3.3.10), 即得式 (3.4.35).

类似地, 可以证明式 (3.4.36)~(3.4.38) 成立.

推论 3.4.5 设 $P_1P_2P_3P_4$ 为四面体, $\pi'_{i\text{-}kl\text{-}j}$ 是其二面角 $P_i\text{-}P_kP_l\text{-}P_j(i,j,k,l=1,2,3,4)$ 的外角的平分面, 则

(1) P 是 $\pi'_{1\text{-}42\text{-}3}(\pi'_{3\text{-}24\text{-}1})$ 上任意一点的充分必要条件是

$$\delta'_{2\text{-}43\text{-}1}\mathrm{D}_{P\text{-}\pi'_{2\text{-}43\text{-}1}}-\delta'_{4\text{-}12\text{-}3}\mathrm{D}_{P\text{-}\pi'_{4\text{-}12\text{-}3}}+\delta'_{2\text{-}13\text{-}4}\mathrm{D}_{P\text{-}\pi'_{2\text{-}13\text{-}4}}=0, \tag{3.4.39}$$

或

$$\delta'_{3\text{-}41\text{-}2}\mathrm{D}_{P\text{-}\pi'_{3\text{-}41\text{-}2}}+\delta'_{4\text{-}31\text{-}2}\mathrm{D}_{P\text{-}\pi'_{4\text{-}31\text{-}2}}-\delta'_{1\text{-}32\text{-}4}\mathrm{D}_{P\text{-}\pi'_{1\text{-}32\text{-}4}}=0, \tag{3.4.40}$$

或

$$\delta'_{2\text{-}13\text{-}4}\mathrm{D}_{P\text{-}\pi'_{2\text{-}13\text{-}4}}-\delta'_{3\text{-}14\text{-}2}\mathrm{D}_{P\text{-}\pi'_{3\text{-}14\text{-}2}}+\delta'_{1\text{-}23\text{-}4}\mathrm{D}_{P\text{-}\pi'_{1\text{-}23\text{-}4}}=0, \tag{3.4.41}$$

或

$$\delta'_{4\text{-}21\text{-}3}\mathrm{D}_{P\text{-}\pi'_{4\text{-}21\text{-}3}}-\delta'_{2\text{-}34\text{-}1}\mathrm{D}_{P\text{-}\pi'_{2\text{-}34\text{-}1}}+\delta'_{4\text{-}31\text{-}2}\mathrm{D}_{P\text{-}\pi'_{4\text{-}31\text{-}2}}=0. \tag{3.4.42}$$

(2) P 是 $\pi'_{3\text{-}41\text{-}2}(\pi'_{3\text{-}14\text{-}2})$ 上任意一点的充分必要条件是

$$\delta'_{2\text{-}43\text{-}1}\mathrm{D}_{P\text{-}\pi'_{2\text{-}43\text{-}1}}+\delta'_{4\text{-}21\text{-}3}\mathrm{D}_{P\text{-}\pi'_{4\text{-}21\text{-}3}}-\delta'_{1\text{-}23\text{-}4}\mathrm{D}_{P\text{-}\pi'_{1\text{-}23\text{-}4}}=0,$$

或

$$\delta'_{1\text{-}42\text{-}3}\mathrm{D}_{P\text{-}\pi'_{1\text{-}42\text{-}3}}-\delta'_{4\text{-}31\text{-}2}\mathrm{D}_{P\text{-}\pi'_{4\text{-}31\text{-}2}}+\delta'_{1\text{-}32\text{-}4}\mathrm{D}_{P\text{-}\pi'_{1\text{-}32\text{-}4}}=0,$$

或

$$\delta'_{2\text{-}13\text{-}4}\mathrm{D}_{P\text{-}\pi'_{2\text{-}13\text{-}4}}+\delta'_{1\text{-}23\text{-}4}\mathrm{D}_{P\text{-}\pi'_{1\text{-}23\text{-}4}}-\delta'_{3\text{-}24\text{-}1}\mathrm{D}_{P\text{-}\pi'_{3\text{-}24\text{-}1}}=0,$$

或

$$\delta'_{4\text{-}12\text{-}3}\mathrm{D}_{P\text{-}\pi'_{4\text{-}12\text{-}3}}-\delta'_{1\text{-}32\text{-}4}\mathrm{D}_{P\text{-}\pi'_{1\text{-}32\text{-}4}}+\delta'_{2\text{-}34\text{-}1}\mathrm{D}_{P\text{-}\pi'_{2\text{-}34\text{-}1}}=0.$$

对平面 $\pi'_{2\text{-}43\text{-}1}(\pi'_{2\text{-}34\text{-}1}),\pi'_{4\text{-}21\text{-}3}(\pi'_{4\text{-}12\text{-}3}),\pi'_{2\text{-}13\text{-}4}(\pi'_{2\text{-}31\text{-}4}),\pi'_{1\text{-}23\text{-}4}(\pi'_{1\text{-}32\text{-}4})$ 亦可得出类似的结果.

证明　(1) 分别由式 (3.4.33)、(3.4.35)、(3.4.36) 和 (3.4.38), 可得

$$\begin{aligned}&P\text{ 是 }\pi'_{1\text{-}42\text{-}3}(\pi'_{3\text{-}24\text{-}1})\text{ 上任意一点}\\ \Leftrightarrow\ &\mathrm{D}_{P\text{-}\pi'_{1\text{-}42\text{-}3}}=0(\mathrm{D}_{P\text{-}\pi'_{3\text{-}24\text{-}1}}=0)\\ \Leftrightarrow\ &\text{式 }(3.4.39)\sim(3.4.42)\text{ 之一成立}.\end{aligned}$$

类似地, 可以证明 (2) 中结论成立.

定理 3.4.6　设 $P_1P_2P_3P_4$ 为四面体, $\pi'_{i\text{-}kl\text{-}j}$ 是其二面角 $P_i\text{-}P_kP_l\text{-}P_j(i,j,k,l=1,2,3,4)$ 的外角的平分面, P 是空间任意一点.

(1) 若 $\delta'_{1\text{-}42\text{-}3}=\delta'_{2\text{-}43\text{-}1}=\delta'_{4\text{-}12\text{-}3}=\delta'_{2\text{-}13\text{-}4}$, 则

$$\mathrm{D}_{P\text{-}\pi'_{1\text{-}42\text{-}3}}-\mathrm{D}_{P\text{-}\pi'_{2\text{-}43\text{-}1}}+\mathrm{D}_{P\text{-}\pi'_{4\text{-}12\text{-}3}}-\mathrm{D}_{P\text{-}\pi'_{2\text{-}13\text{-}4}}=0;\tag{3.4.43}$$

(2) 若 $\delta'_{2\text{-}43\text{-}1}=\delta'_{3\text{-}41\text{-}2}=\delta'_{4\text{-}21\text{-}3}=\delta'_{1\text{-}23\text{-}4}$, 则

$$\mathrm{D}_{P\text{-}\pi'_{2\text{-}43\text{-}1}}-\mathrm{D}_{P\text{-}\pi'_{3\text{-}41\text{-}2}}+\mathrm{D}_{P\text{-}\pi'_{4\text{-}21\text{-}3}}-\mathrm{D}_{P\text{-}\pi'_{1\text{-}23\text{-}4}}=0;\tag{3.4.44}$$

(3) 若 $\delta'_{3\text{-}41\text{-}2}=\delta'_{1\text{-}42\text{-}3}=\delta'_{4\text{-}31\text{-}2}=\delta'_{1\text{-}32\text{-}4}$, 则

$$\mathrm{D}_{P\text{-}\pi'_{3\text{-}41\text{-}2}}-\mathrm{D}_{P\text{-}\pi'_{1\text{-}42\text{-}3}}+\mathrm{D}_{P\text{-}\pi'_{4\text{-}31\text{-}2}}-\mathrm{D}_{P\text{-}\pi'_{1\text{-}32\text{-}4}}=0;\tag{3.4.45}$$

(4) 若 $\delta'_{2\text{-}13\text{-}4}=\delta'_{3\text{-}14\text{-}2}=\delta'_{1\text{-}23\text{-}4}=\delta'_{3\text{-}24\text{-}1}$, 则

$$\mathrm{D}_{P\text{-}\pi'_{2\text{-}13\text{-}4}}-\mathrm{D}_{P\text{-}\pi'_{3\text{-}14\text{-}2}}+\mathrm{D}_{P\text{-}\pi'_{1\text{-}23\text{-}4}}-\mathrm{D}_{P\text{-}\pi'_{3\text{-}24\text{-}1}}=0;\tag{3.4.46}$$

(5) 若 $\delta'_{3\text{-}14\text{-}2}=\delta'_{4\text{-}12\text{-}3}=\delta'_{1\text{-}32\text{-}4}=\delta'_{2\text{-}34\text{-}1}$, 则

$$\mathrm{D}_{P\text{-}\pi'_{3\text{-}14\text{-}2}}-\mathrm{D}_{P\text{-}\pi'_{4\text{-}12\text{-}3}}+\mathrm{D}_{P\text{-}\pi'_{1\text{-}32\text{-}4}}-\mathrm{D}_{P\text{-}\pi'_{2\text{-}34\text{-}1}}=0;\tag{3.4.47}$$

(6) 若 $\delta'_{3\text{-}24\text{-}1}=\delta'_{4\text{-}21\text{-}3}=\delta'_{2\text{-}34\text{-}1}=\delta'_{4\text{-}31\text{-}2}$, 则

$$\mathrm{D}_{P\text{-}\pi'_{3\text{-}24\text{-}1}}-\mathrm{D}_{P\text{-}\pi'_{4\text{-}21\text{-}3}}+\mathrm{D}_{P\text{-}\pi'_{2\text{-}34\text{-}1}}-\mathrm{D}_{P\text{-}\pi'_{4\text{-}31\text{-}2}}=0.\tag{3.4.48}$$

证明 (1) 根据定理 3.4.5, 将 $\delta'_{1\text{-}42\text{-}3}=\delta'_{2\text{-}43\text{-}1}=\delta'_{4\text{-}12\text{-}3}=\delta'_{2\text{-}13\text{-}4}\neq 0$, 代入式 (3.4.33) 并化简, 即得式 (3.4.43).

类似地, 可以证明 (2)~(6) 中结论成立.

推论 3.4.6 设 $P_1P_2P_3P_4$ 为四面体, $\pi'_{i\text{-}kl\text{-}j}$ 是其二面角 $P_i\text{-}P_kP_l\text{-}P_j(i,j,k,l=1,2,3,4)$ 的外角的平分面. 若 $\delta'_{1\text{-}42\text{-}3}=\delta'_{2\text{-}43\text{-}1}=\delta'_{4\text{-}12\text{-}3}=\delta'_{2\text{-}13\text{-}4}$, 则

(1) $\pi'_{1\text{-}42\text{-}3},\pi'_{2\text{-}43\text{-}1}$ 外角的平分面与 $\pi'_{4\text{-}12\text{-}3},\pi'_{2\text{-}13\text{-}4}$ 外角的平分面重合;

(2) $\pi'_{1\text{-}42\text{-}3},\pi'_{4\text{-}12\text{-}3}$ 内角的平分面与 $\pi'_{2\text{-}43\text{-}1},\pi'_{2\text{-}13\text{-}4}$ 内角的平分面重合;

(3) $\pi'_{1\text{-}42\text{-}3},\pi'_{2\text{-}13\text{-}4}$ 外角的平分面与 $\pi'_{2\text{-}43\text{-}1},\pi'_{4\text{-}12\text{-}3}$ 外角的平分面重合.

对式 (3.4.44)~(3.4.48), 也可以得出类似的结果.

证明 (1) 设 P 是 $\pi'_{1\text{-}42\text{-}3},\pi'_{2\text{-}43\text{-}1}$ 外角平分面上任意一点, 则 $\mathrm{D}_{P\text{-}\pi'_{1\text{-}42\text{-}3}}-\mathrm{D}_{P\text{-}\pi'_{2\text{-}43\text{-}1}}=0$. 代入式 (3.4.43) 得 $\mathrm{D}_{P\text{-}\pi'_{4\text{-}12\text{-}3}}-\mathrm{D}_{P\text{-}\pi'_{2\text{-}13\text{-}4}}=0$, 因此 P 在 $\pi'_{4\text{-}12\text{-}3}$, $\pi'_{2\text{-}13\text{-}4}$ 外角的平分面上; 反之亦然. 因此, $\pi'_{1\text{-}42\text{-}3},\pi'_{2\text{-}43\text{-}1}$ 外角的平分面与 $\pi'_{4\text{-}12\text{-}3}$, $\pi'_{2\text{-}13\text{-}4}$ 外角的平分面重合.

类似地, 可以证明 (2) 和 (3) 中结论成立.

定理 3.4.7 设 $P_1P_2P_3P_4$ 为四面体, $\pi'_{i\text{-}kl\text{-}j}$ 是其二面角 $P_i\text{-}P_kP_l\text{-}P_j(i,j,k,l=1,2,3,4)$ 的外角的平分面.

(1) 若 $\delta'_{2\text{-}43\text{-}1}=\delta'_{4\text{-}12\text{-}3}=\delta'_{2\text{-}13\text{-}4}$, 则 P 是 $\pi'_{1\text{-}42\text{-}3}$ 上任意一点的充分必要条件是

$$\mathrm{D}_{P\text{-}\pi'_{2\text{-}43\text{-}1}}-\mathrm{D}_{P\text{-}\pi'_{4\text{-}12\text{-}3}}+\mathrm{D}_{P\text{-}\pi'_{2\text{-}13\text{-}4}}=0;\tag{3.4.49}$$

(2) 若 $\delta'_{1\text{-}42\text{-}3}=\delta'_{4\text{-}12\text{-}3}=\delta'_{2\text{-}13\text{-}4}$, 则 P 是 $\pi'_{2\text{-}43\text{-}1}$ 上任意一点的充分必要条件是

$$\mathrm{D}_{P\text{-}\pi'_{1\text{-}42\text{-}3}}+\mathrm{D}_{P\text{-}\pi'_{4\text{-}12\text{-}3}}-\mathrm{D}_{P\text{-}\pi'_{2\text{-}13\text{-}4}}=0;$$

(3) 若 $\delta'_{1\text{-}42\text{-}3}=\delta'_{2\text{-}43\text{-}1}=\delta'_{2\text{-}13\text{-}4}$, 则 P 是 $\pi'_{4\text{-}12\text{-}3}$ 上任意一点的充分必要条件是

$$\mathrm{D}_{P\text{-}\pi'_{1\text{-}42\text{-}3}}-\mathrm{D}_{P\text{-}\pi'_{2\text{-}43\text{-}1}}-\mathrm{D}_{P\text{-}\pi'_{2\text{-}13\text{-}4}}=0;$$

(4) 若 $\delta'_{1\text{-}42\text{-}3}=\delta'_{2\text{-}43\text{-}1}=\delta'_{4\text{-}12\text{-}3}$, 则 P 是 $\pi'_{2\text{-}13\text{-}4}$ 上任意一点的充分必要条件是

$$\mathrm{D}_{P\text{-}\pi'_{1\text{-}42\text{-}3}}-\mathrm{D}_{P\text{-}\pi'_{2\text{-}43\text{-}1}}+\mathrm{D}_{P\text{-}\pi'_{4\text{-}12\text{-}3}}=0.$$

利用式 (3.4.34)~(3.4.38), 也可以得出类似的结果.

证明 (1) 记 $\delta'_{2\text{-}43\text{-}1}=\delta'_{4\text{-}12\text{-}3}=\delta'_{2\text{-}13\text{-}4}=\delta$, 则式 (3.4.33) 可以改写成

$$\delta'_{1\text{-}42\text{-}3}\mathrm{D}_{P\text{-}\pi'_{1\text{-}42\text{-}3}}/\delta-\mathrm{D}_{P\text{-}\pi'_{2\text{-}43\text{-}1}}+\mathrm{D}_{P\text{-}\pi'_{4\text{-}12\text{-}3}}-\mathrm{D}_{P\text{-}\pi'_{2\text{-}13\text{-}4}}=0.$$

故由上式可得: P 是 $\pi'_{1\text{-}42\text{-}3}$ 上任意一点的充分必要条件是式 (3.4.49) 成立.

类似地, 可以证明 (2)~(4) 中结论成立.

推论 3.4.7　设 $P_1P_2P_3P_4$ 为四面体, $\pi'_{i\text{-}kl\text{-}j}$ 是其二面角 $P_i\text{-}P_kP_l\text{-}P_j(i,j,k,l=1,2,3,4)$ 的外角的平分面.

(1) 若 $\delta'_{2\text{-}43\text{-}1}=\delta'_{4\text{-}12\text{-}3}=\delta'_{2\text{-}13\text{-}4}$, P 是 $\pi'_{1\text{-}42\text{-}3}$ 上任意一点, 则在以下三个点到平面的距离

$$\mathrm{d}_{P\text{-}\pi'_{2\text{-}43\text{-}1}},\quad \mathrm{d}_{P\text{-}\pi'_{4\text{-}12\text{-}3}},\quad \mathrm{d}_{P\text{-}\pi'_{2\text{-}13\text{-}4}}$$

中, 其中一个较长的距离等于另两个较短的距离的和;

(2) 若 $\delta'_{1\text{-}42\text{-}3}=\delta'_{4\text{-}12\text{-}3}=\delta'_{2\text{-}13\text{-}4}$, P 是 $\pi'_{2\text{-}43\text{-}1}$ 上任意一点, 则在以下三个点到平面的距离

$$\mathrm{d}_{P\text{-}\pi'_{1\text{-}42\text{-}3}},\quad \mathrm{d}_{P\text{-}\pi'_{4\text{-}12\text{-}3}},\quad \mathrm{d}_{P\text{-}\pi'_{2\text{-}13\text{-}4}}$$

中, 其中一个较长的距离等于另两个较短的距离的和;

(3) 若 $\delta'_{1\text{-}42\text{-}3}=\delta'_{2\text{-}43\text{-}1}=\delta'_{2\text{-}13\text{-}4}$, P 是 $\pi'_{4\text{-}12\text{-}3}$ 上任意一点, 则在以下三个点到平面的距离

$$\mathrm{d}_{P\text{-}\pi'_{1\text{-}42\text{-}3}},\quad \mathrm{d}_{P\text{-}\pi'_{2\text{-}43\text{-}1}},\quad \mathrm{d}_{P\text{-}\pi'_{2\text{-}13\text{-}4}}$$

中, 其中一个较长的距离等于另两个较短的距离的和;

(4) 若 $\delta'_{1\text{-}42\text{-}3}=\delta'_{2\text{-}43\text{-}1}=\delta'_{4\text{-}12\text{-}3}$, P 是 $\pi'_{2\text{-}13\text{-}4}$ 上任意一点, 则在以下三个点到平面的距离

$$\mathrm{d}_{P\text{-}\pi'_{1\text{-}42\text{-}3}},\quad \mathrm{d}_{P\text{-}\pi'_{2\text{-}43\text{-}1}},\quad \mathrm{d}_{P\text{-}\pi'_{4\text{-}12\text{-}3}}$$

中, 其中一个较长的距离等于另两个较短的距离的和.

利用式 (3.4.34)~(3.4.38), 也可以得出类似的结果, 从略.

证明　(1) 注意到式 (3.4.49) 中, 一个较长的有向距离与另两个较短的有向距离同号或另两个较短的有向距离中的一个同号、一个反号即得.

类似地, 可以证明 (2)~(4) 中结论成立.

3.5　多面角内角平分面有向距离的定值定理与应用

本节主要三角形面的投影法式方程和有向距离定值法, 研究点到多面角平分面有向距离的定值问题. 首先, 给出多面角内、外角平分面的基本概念; 其次, 给出多面角平分面有向距离的定值定理及其应用; 最后, 应用多面角平分面有向距离的定值定理和 “由面及体, 由面及线, 由面及点, 点线面体交融” 的思想方法, 得出 n 棱锥顶角平分面有向距离的定值定理, 并讨论定值定理的一些应用, 从而得出 n 棱锥顶角的平分线存在的条件下, 顶角平分线与其底三面角平分线相交于一点等的结论.

3.5.1 多面角内、外平分面的基本概念

定义 3.5.1 设 $OP_1, OP_2, \cdots, OP_n$ 是空间中的 n 条射线, 且其中任何三条都不在同一平面上, $P_1OP_2, P_2OP_3, \cdots, P_nOP_1$ 是由这 n 条射线所构成的三角形半平面, 则称这 n 个三角形半平面依次所围成的图形为 n 面角, 记为 $O\text{-}P_1P_2\cdots P_n$; 其中 O 称为 n 面角的顶点, $P_n\text{-}OP_1\text{-}P_2, P_1\text{-}OP_2\text{-}P_3, \cdots, P_{n-1}\text{-}OP_n\text{-}P_1$ 称为 n 面角的二面角, $P_1OP_2, P_2OP_3, \cdots, P_nOP_1$ 称为 n 面角的面.

定义 3.5.2 设 $O\text{-}P_1P_2\cdots P_n$ 是 n 面角, 则称其 n 个二面角 $P_n\text{-}OP_1\text{-}P_2$, $P_1\text{-}OP_2\text{-}P_3, \cdots$, $P_{n-1}\text{-}OP_n\text{-}P_1$ 的内角 (外角) 统为该 n 面角的内角 (外角).

定义 3.5.3 设 $O\text{-}P_1P_2\cdots P_n$ 是 n 面角, 则称其 n 个二面角 $P_n\text{-}OP_1\text{-}P_2$, $P_1\text{-}OP_2\text{-}P_3, \cdots, P_{n-1}\text{-}OP_n\text{-}P_1$ 的平分面 (外角平分面) 为 $O\text{-}P_1P_2\cdots P_n$ 内角 (外角) 的平分面, 依次记为 $\pi_{n\text{-}01\text{-}2}, \pi_{1\text{-}02\text{-}3}, \cdots, \pi_{(n-1)\text{-}0n\text{-}1}$ $(\pi'_{n\text{-}01\text{-}2}, \pi'_{1\text{-}02\text{-}3}, \cdots, \pi'_{(n-1)\text{-}0n\text{-}1})$.

定义 3.5.4 设 $O\text{-}P_1P_2\cdots P_n$ 是 n 面角, $l_{0\text{-}12\cdots n}$ 是过三面角顶点 O 的一条直线. 若 $l_{0\text{-}12\cdots n}$ 上任意一点 Q 到 n 面角各面 $P_1OP_2, P_2OP_3, \cdots, P_nOP_1$ 的有向距离相等, 即

$$\mathrm{D}_{Q\text{-}\pi_{P_nOP_1}} - \mathrm{D}_{Q\text{-}\pi_{P_1OP_2}} = 0, \quad \mathrm{D}_{Q\text{-}\pi_{P_1OP_2}} - \mathrm{D}_{Q\text{-}\pi_{P_2OP_3}} = 0, \quad \cdots,$$
$$\mathrm{D}_{Q\text{-}\pi_{P_{n-1}OP_n}} - \mathrm{D}_{Q\text{-}\pi_{P_nOP_1}} = 0,$$

则称 $l_{0\text{-}12\cdots n}$ 为三面角 $O\text{-}P_1P_2\cdots P_n$ 的平分线.

注意, 当 $n>3$ 时, n 面角 $O\text{-}P_1P_2\cdots P_n$ 未必有角平分线, 但由 3.1 节可知, 三面角的平分线总是存在的.

3.5.2 多面角内角平分面有向距离的定值定理及其应用

定理 3.5.1 设 $O\text{-}P_1P_2\cdots P_n$ 为 n 面角, $\pi_{n\text{-}01\text{-}2}, \pi_{1\text{-}02\text{-}3}, \cdots, \pi_{(n\text{-}1)\text{-}0n\text{-}1}$ 是 $O\text{-}P_1P_2\cdots P_n$ 的平分面, P 是空间任意一点, 则

$$\delta_{n\text{-}01\text{-}2}\mathrm{D}_{P\text{-}\pi_{n\text{-}01\text{-}2}} + \delta_{1\text{-}02\text{-}3}\mathrm{D}_{P\text{-}\pi_{1\text{-}02\text{-}3}} + \cdots + \delta_{(n-1)\text{-}0n\text{-}1}\mathrm{D}_{P\text{-}\pi_{(n-1)\text{-}0n\text{-}1}} = 0, \quad (3.5.1)$$

其中 $\delta_{n\text{-}01\text{-}2} = \sqrt{1 - \cos\alpha_{P_1OP_2}\cos\alpha_{P_nOP_1} - \cos\beta_{P_1OP_2}\cos\beta_{P_nOP_1} - \cos\gamma_{P_1OP_2}\cos\gamma_{P_nOP_1}}$, 其余类同.

证明 根据平面的投影法式方程, 可得 n 面角 $O\text{-}P_1P_2\cdots P_n$ 各面的投影法式方程

$$\pi_{P_1OP_2}: x\cos\alpha_{P_1OP_2} + y\cos\beta_{P_1OP_2} + z\cos\gamma_{P_1OP_2} - \delta_{P_1OP_2} = 0,$$

$$\pi_{P_2OP_3}: x\cos\alpha_{P_2OP_3} + y\cos\beta_{P_2OP_3} + z\cos\gamma_{P_2OP_3} - \delta_{P_2OP_3} = 0,$$

$$\cdots$$

$$\pi_{P_nOP_1}: x\cos\alpha_{P_nOP_1}+y\cos\beta_{P_nOP_1}+z\cos\gamma_{P_nOP_1}-\delta_{P_nOP_1}=0.$$

设 $Q(x,y,z)$ 是二面角 $P_n\text{-}OP_1\text{-}P_2$ 平分面上任意一点，则由 $\mathrm{D}_{Q\text{-}\pi_{P_nOP_1}}-\mathrm{D}_{Q\text{-}\pi_{P_2OP_1}}=0$, 可得二面角平分面的方程为

$$\begin{aligned}\pi_{n\text{-}01\text{-}2}: &x(\cos\alpha_{P_nOP_1}-\cos\alpha_{P_1OP_2})+y(\cos\beta_{P_nOP_1}-\cos\beta_{P_1OP_2})\\&+z(\cos\gamma_{P_nOP_1}-\cos\gamma_{P_1OP_2})+(\delta_{P_1OP_2}-\delta_{P_nOP_1})=0;\end{aligned}$$

类似地, 可以求得二面角 $P_1\text{-}OP_2\text{-}P_3,\cdots,P_{n-1}\text{-}OP_n\text{-}P_1$ 平分面的方程为

$$\begin{aligned}\pi_{1\text{-}02\text{-}3}: &x(\cos\alpha_{P_1OP_2}-\cos\alpha_{P_2OP_3})+y(\cos\beta_{P_1OP_2}-\cos\beta_{P_2OP_3})\\&+z(\cos\gamma_{P_1OP_2}-\cos\gamma_{P_2OP_3})+(\delta_{P_2OP_3}-\delta_{P_1OP_2})=0,\\&\cdots\\\pi_{(n-1)\text{-}0n\text{-}1}: &x(\cos\alpha_{P_{n-1}OP_n}-\cos\alpha_{P_nOP_1})+y(\cos\beta_{P_{n-1}OP_n}-\cos\beta_{P_nOP_1})\\&+z(\cos\gamma_{P_{n-1}OP_n}-\cos\gamma_{P_nOP_1})+(\delta_{P_nOP_1}-\delta_{P_{n-1}OP_n})=0.\end{aligned}$$

设空间任意点的坐标为 $P(x,y,z)$, 则由点到平面的有向距离公式, 可得

$$\begin{aligned}&\sqrt{2}\delta_{n\text{-}01\text{-}2}\mathrm{D}_{P\text{-}\pi_{n\text{-}01\text{-}2}}\\=&x(\cos\alpha_{P_nOP_1}-\cos\alpha_{P_1OP_2})+y(\cos\beta_{P_nOP_1}-\cos\beta_{P_1OP_2})\\&+z(\cos\gamma_{P_nOP_1}-\cos\gamma_{P_1OP_2})+(\delta_{P_1OP_2}-\delta_{P_nOP_1}),\end{aligned}\tag{3.5.2}$$

$$\begin{aligned}&\sqrt{2}\delta_{1\text{-}02\text{-}3}\mathrm{D}_{P\text{-}\pi_{1\text{-}02\text{-}3}}\\=&x(\cos\alpha_{P_1OP_2}-\cos\alpha_{P_2OP_3})+y(\cos\beta_{P_1OP_2}-\cos\beta_{P_2OP_3})\\&+z(\cos\gamma_{P_1OP_2}-\cos\gamma_{P_2OP_3})+(\delta_{P_2OP_3}-\delta_{P_1OP_2}),\end{aligned}\tag{3.5.3}$$

$$\cdots$$

$$\begin{aligned}&\sqrt{2}\delta_{(n-1)\text{-}0n\text{-}1}\mathrm{D}_{P\text{-}\pi_{(n-1)\text{-}0n\text{-}1}}\\=&x(\cos\alpha_{P_{n-1}OP_n}-\cos\alpha_{P_nOP_1})+y(\cos\beta_{P_{n-1}OP_n}-\cos\beta_{P_nOP_1})\\&+z(\cos\gamma_{P_{n-1}OP_n}-\cos\gamma_{P_nOP_1})+(\delta_{P_nOP_1}-\delta_{P_{n-1}OP_n}).\end{aligned}\tag{3.5.4}$$

式 (3.5.2)+(3.5.3)+ $\cdots$ +(3.5.4), 即得

$$\sqrt{2}\delta_{n\text{-}01\text{-}2}\mathrm{D}_{P\text{-}\pi_{n\text{-}01\text{-}2}}+\sqrt{2}\delta_{1\text{-}02\text{-}3}\mathrm{D}_{P\text{-}\pi_{1\text{-}02\text{-}3}}+\cdots+\sqrt{2}\delta_{(n-1)\text{-}0n\text{-}1}\mathrm{D}_{P\text{-}\pi_{(n-1)\text{-}0n\text{-}1}}=0,$$

因此, 式 (3.5.1) 成立.

推论 3.5.1　设 $O\text{-}P_1P_2\cdots P_n$ 为 n 面角, $\pi_{n\text{-}01\text{-}2},\pi_{1\text{-}02\text{-}3},\cdots,\pi_{(n-1)\text{-}0n\text{-}1}$ 是 $O\text{-}P_1P_2\cdots P_n$ 的平分面, 则 P 是平分面 $\pi_{(j+n-1)\text{-}0j\text{-}(j+1)}$ 所在平面上任意一点的充

分必要条件是

$$\sum_{i=1,i\neq j}^{n}\delta_{(n+i-1)\text{-}0i\text{-}(i+1)}\mathrm{D}_{P\text{-}\pi_{(n+i-1)\text{-}0i\text{-}(i+1)}}=0\ (j=1,2,\cdots,n). \tag{3.5.5}$$

证明 根据定理 3.5.1, 由式 (3.5.1) 可得

P 是二面角 $P_{j+n-1}\text{-}OP_j\text{-}P_{j+1}$ 平分面 $\pi_{(j+n-1)\text{-}0j\text{-}(j+1)}$ 所在平面上任意一点 $\Leftrightarrow \mathrm{D}_{P\text{-}\pi_{(j+n-1)\text{-}0j\text{-}(j+1)}}=0 \Leftrightarrow$ 式 (3.5.5) 成立.

推论 3.5.2 设 $O\text{-}P_1P_2\cdots P_n$ 为 n 面角, $\pi_{n\text{-}01\text{-}2},\pi_{1\text{-}02\text{-}3},\cdots,\pi_{(n-1)\text{-}0n\text{-}1}$ 是 $O\text{-}P_1P_2\cdots P_n$ 的平分面. 若 P 是两平分面 $\pi_{(j+n-1)\text{-}0j\text{-}(j+1)},\pi_{(k+n-1)\text{-}0k\text{-}(k+1)}$ 交线上任意一点, 则

$$\sum_{i=1,i\neq j,k}^{n}\delta_{(n+i-1)\text{-}0i\text{-}(i+1)}\mathrm{D}_{P\text{-}\pi_{(n+i-1)\text{-}0i\text{-}(i+1)}}=0\ (j,k=1,2,\cdots,n), \tag{3.5.6}$$

证明 根据定理 3.5.1, 由式 (3.5.1) 可得

P 是两平分面 $\pi_{(j+n-1)\text{-}0j\text{-}(j+1)},\pi_{(k+n-1)\text{-}0k\text{-}(k+1)}$ 交线上任意一点

$\Rightarrow \mathrm{D}_{P\text{-}\pi_{(j+n-1)\text{-}0j\text{-}(j+1)}}=\mathrm{D}_{P\text{-}\pi_{(k+n-1)\text{-}0k\text{-}(k+1)}}=0\Rightarrow$ 式 (3.5.6) 成立.

推论 3.5.3 设 $O\text{-}P_1P_2P_3P_4$ 为四面角, $\pi_{4\text{-}01\text{-}2},\pi_{1\text{-}02\text{-}3},\pi_{2\text{-}03\text{-}4},\pi_{3\text{-}04\text{-}1}$ 是 $O\text{-}P_1P_2P_3P_4$ 的平分面. 若 P 是两平分面 $\pi_{(j+3)\text{-}0j\text{-}(j+1)},\pi_{(k+3)\text{-}0k\text{-}(k+1)}(j,k=1,2,3,4)$ 交线上任意一点, 则

$$\delta_{(i_1+3)\text{-}0i_1\text{-}(i_1+1)}\mathrm{d}_{P\text{-}\pi_{(i_1+3)\text{-}0i_1\text{-}(i_1+1)}}=\delta_{(i_2+3)\text{-}0i_2\text{-}(i_2+1)}\mathrm{d}_{P\text{-}\pi_{(i_2+3)\text{-}0i_2\text{-}(i_2+1)}}. \tag{3.5.7}$$

其中 $i_1,i_2=1,2,3,4;i_1,i_2\neq j,k$.

证明 令 $n=4$, 则式 (3.5.6) 可以写成

$$\delta_{(i_1+3)\text{-}0i_1\text{-}(i_1+1)}\mathrm{D}_{P\text{-}\pi_{(i_1+3)\text{-}0i_1\text{-}(i_1+1)}}+\delta_{(i_2+3)\text{-}0i_2\text{-}(i_2+1)}\mathrm{D}_{P\text{-}\pi_{(i_2+3)\text{-}0i_2\text{-}(i_2+1)}}=0,$$

其中 $i_1,i_2=1,2,3,4;i_1,i_2\neq j,k$.

上式移项后等式两边取绝对值, 即得式 (3.5.7).

定理 3.5.2 设 $O\text{-}P_1P_2\cdots P_n$ 为 n 面角, $\pi_{n\text{-}01\text{-}2},\pi_{1\text{-}02\text{-}3},\cdots,\pi_{(n-1)\text{-}0n\text{-}1}$ 是 $O\text{-}P_1P_2\cdots P_n$ 的平分面.

(1) 若 $\pi_{n\text{-}01\text{-}2},\pi_{1\text{-}02\text{-}3},\cdots,\pi_{(n-1)\text{-}0n\text{-}1}$ 中有 $n-1$ 个角平分面相交于一线, 则这 n 个角平分面相交于一线, 即 n 面角 $O\text{-}P_1P_2\cdots P_n$ 的平分线.

(2) 若 $\pi_{n\text{-}01\text{-}2},\pi_{1\text{-}02\text{-}3},\cdots,\pi_{(n-1)\text{-}0n\text{-}1}$ 中有三个角平分面仅相交于点 O, 则这 n 个角平分面仅相交于点 O.

证明 (1) 不妨设 n 面角 $O\text{-}P_1P_2\cdots P_n$ 的平分面 $\pi_{1\text{-}02\text{-}3},\cdots,\pi_{(n-1)\text{-}0n\text{-}1}$ 相交于一线, 设此交线为 l.

设 Q 是 l 上任意一点, 则 $\mathrm{D}_{Q\text{-}\pi_{1\text{-}02\text{-}3}}=\cdots=\mathrm{D}_{Q\text{-}\pi_{(n-1)\text{-}0n\text{-}1}}=0$, 代入式 (3.5.1) 并注意到 $\delta_{n\text{-}01\text{-}2}\neq 0$, 得 $\mathrm{D}_{P\text{-}\pi_{n\text{-}01\text{-}2}}=0$, 从而 Q 在平分面 $\pi_{n\text{-}01\text{-}2}$ 上. 于是 n 面角 $O\text{-}P_1P_2\cdots P_n$ 的 n 个平分面 $\pi_{n\text{-}01\text{-}2},\pi_{1\text{-}02\text{-}3},\cdots,\pi_{(n-1)\text{-}0n\text{-}1}$ 相交于一线 l.

又显然, l 通过 n 面角的顶点 O, 且 l 上任意一点 Q 到 n 面角各面 P_1OP_2, $P_2OP_3,\cdots,P_nOP_1$, 即二面角 $P_n\text{-}OP_1\text{-}P_2,P_1\text{-}OP_2\text{-}P_3,\cdots,P_{n-1}\text{-}OP_n\text{-}P_1$ 各面的有向距离相等, 因此 l 就是 n 面角 $O\text{-}P_1P_2\cdots P_n$ 的平分线 $l_{0\text{-}12\cdots n}$.

(2) 假设 $\pi_{n\text{-}01\text{-}2},\pi_{1\text{-}02\text{-}3},\cdots,\pi_{(n-1)\text{-}0n\text{-}1}$ 相交于一线, 则其中任何三个平面相交于一线, 这与 $\pi_{n\text{-}01\text{-}2},\pi_{1\text{-}02\text{-}3},\cdots,\pi_{(n-1)\text{-}0n\text{-}1}$ 中有三个平面仅相交于一点相矛盾. 因此, $\pi_{n\text{-}01\text{-}2},\pi_{1\text{-}02\text{-}3},\cdots,\pi_{(n-1)\text{-}0n\text{-}1}$ 仅相交于一点.

推论 3.5.4 三面角 $O\text{-}P_1P_2P_3$ 的三个二面角 $P_3\text{-}OP_1\text{-}P_2,P_1\text{-}OP_2\text{-}P_3,P_2\text{-}OP_3\text{-}P_1$ 的平分面 $\pi_{3\text{-}01\text{-}2},\pi_{1\text{-}02\text{-}3},\pi_{2\text{-}03\text{-}1}$ 相交于一线, 即三面角 $O\text{-}P_1P_2P_3$ 的平分线 $l_{0\text{-}123}$.

证明 在定理 3.5.2 中, 令 $n=3$, 并注意到三面角 $O\text{-}P_1P_2P_3$ 的任何两二面角的平分面相交于一线即得.

定理 3.5.3 设 $O\text{-}P_1P_2\cdots P_n$ 为 n 面角, $\pi_{n\text{-}01\text{-}2},\pi_{1\text{-}02\text{-}3},\cdots,\pi_{(n-1)\text{-}0n\text{-}1}$ 是 $O\text{-}P_1P_2\cdots P_n$ 的平分面, P 是空间任意一点. 若 $\delta_{n\text{-}01\text{-}2}=\delta_{1\text{-}02\text{-}3}=\cdots=\delta_{(n-1)\text{-}0n\text{-}1}$, 则

$$\mathrm{D}_{P\text{-}\pi_{n\text{-}01\text{-}2}}+\mathrm{D}_{P\text{-}\pi_{1\text{-}02\text{-}3}}+\cdots+\mathrm{D}_{P\text{-}\pi_{(n-1)\text{-}0n\text{-}1}}=0. \tag{3.5.8}$$

证明 将 $\delta_{n\text{-}01\text{-}2}=\delta_{1\text{-}02\text{-}3}=\cdots=\delta_{(n-1)\text{-}0n\text{-}1}\neq 0$, 代入式 (3.5.1) 并化简, 即得式 (3.5.8).

推论 3.5.5 设 $O\text{-}P_1P_2\cdots P_n$ 为 n 面角, $\pi_{n\text{-}01\text{-}2},\pi_{1\text{-}02\text{-}3},\cdots,\pi_{(n-1)\text{-}0n\text{-}1}$ 是 $O\text{-}P_1P_2\cdots P_n$ 的平分面. 若所有的 $\delta_{(n+i-1)\text{-}0i\text{-}(i+1)}(i=1,2,\cdots,n;i\neq j)$ 都相等, 则 P 是平分面 $\pi_{(j+n-1)\text{-}0j\text{-}(j+1)}$ 所在平面上任意一点的充分必要条件是

$$\sum_{i=1,i\neq j}^{n}\mathrm{D}_{P\text{-}\pi_{(n+i-1)\text{-}0i\text{-}(i+1)}}=0\ (j=1,2,\cdots,n). \tag{3.5.9}$$

证明 依题设, 式 (3.5.1) 可以改写成

$$\sum_{i=1,i\neq j}^{n}\mathrm{D}_{P\text{-}\pi_{(n+i-1)\text{-}0i\text{-}(i+1)}}=-\delta_{(n+j-1)\text{-}0j\text{-}(j+1)}\mathrm{D}_{P\text{-}\pi_{(n+j-1)\text{-}0j\text{-}(j+1)}}/\delta_{n\text{-}01\text{-}2},$$

其中 $j=1,2,\cdots,n$. 故由上式可得

P 是平分面 $\pi_{(j+n-1)\text{-}0j\text{-}(j+1)}$ 所在平面上任意一点

$\Leftrightarrow \mathrm{D}_{P\text{-}\pi_{(j+n-1)\text{-}0j\text{-}(j+1)}}=0\Leftrightarrow$ 式 (3.5.9) 成立.

推论 3.5.6 设 $O\text{-}P_1P_2\cdots P_n$ 为 n 面角, $\pi_{n\text{-}01\text{-}2},\pi_{1\text{-}02\text{-}3},\cdots,\pi_{(n-1)\text{-}0n\text{-}1}$ 是 $O\text{-}P_1P_2\cdots P_n$ 的平分面. 若对所有的 $\delta_{(n+i-1)\text{-}0i\text{-}(i+1)}(i=1,2,\cdots,n;i\neq j,k)$ 都相

等, P 是两平分面 $\pi_{(j+n-1)\text{-}0j\text{-}(j+1)}, \pi_{(k+n-1)\text{-}0k\text{-}(k+1)}$ 交线上任意一点, 则

$$\sum_{i=1, i\neq j,k}^{n} \mathrm{D}_{P\text{-}\pi_{(n+i-1)\text{-}0i\text{-}(i+1)}} = 0(j,k=1,2,\cdots,n).$$

证明 仿推论 3.5.4 证明即得.

推论 3.5.7 设 $O\text{-}P_1P_2P_3P_4$ 为四面角, $\pi_{4\text{-}01\text{-}2}, \pi_{1\text{-}02\text{-}3}, \pi_{2\text{-}03\text{-}4}, \pi_{3\text{-}04\text{-}1}$ 是 $O\text{-}P_1P_2P_3P_4$ 的平分面. 若 $\delta_{(i_1+3)\text{-}0i_1\text{-}(i_1+1)} = \delta_{(i_2+3)\text{-}0i_2\text{-}(i_2+1)}$, P 是两平分面 $\pi_{(j+3)\text{-}0j\text{-}(j+1)}, \pi_{(k+3)\text{-}0k\text{-}(k+1)}(k,j=1,2,3,4)$ 交线上任意一点, 则

$$\mathrm{D}_{P\text{-}\pi_{(i_1+3)\text{-}0i_1\text{-}(i_1+1)}} + \mathrm{D}_{P\text{-}\pi_{(i_2+3)\text{-}0i_2\text{-}(i_2+1)}} = 0\ (i_1,i_2=1,2,3,4; i_1,i_2\neq j,k),$$

即 $\pi_{(j+3)\text{-}0j\text{-}(j+1)}, \pi_{(k+3)\text{-}0k\text{-}(k+1)}(j,k=1,2,3,4)$ 的交线, 在两平面 $\pi_{(i_1+3)\text{-}0i_1\text{-}(i_1+1)}$, $\pi_{(i_2+3)\text{-}0i_2\text{-}(i_2+1)}$ 内角的平分面上.

证明 令 $n=4$, 则式 (3.5.9) 可以写成

$$\mathrm{D}_{P\text{-}\pi_{(n+i_1-1)\text{-}0i_1\text{-}(i_1+1)}} + \mathrm{D}_{P\text{-}\pi_{(n+i_2-1)\text{-}0i_2\text{-}(i_2+1)}} = 0,$$

其中 $i_1,i_2=1,2,3,4; i_1,i_2\neq j,k$.

推论 3.5.8 设 $O\text{-}P_1P_2\cdots P_5$ 为五面角, $\pi_{5\text{-}01\text{-}2}, \pi_{1\text{-}02\text{-}3}, \cdots, \pi_{4\text{-}05\text{-}1}$ 是 $O\text{-}P_1P_2\cdots P_5$ 的平分面. 若 $\delta_{(i_1+4)\text{-}0i_1\text{-}(i_1+1)} = \delta_{(i_2+4)\text{-}0i_2\text{-}(i_2+1)}$, P 是两平分面 $\pi_{(j+4)\text{-}0j\text{-}(j+1)}$, $\pi_{(k+4)\text{-}0k\text{-}(k+1)}(k,j=1,2,\cdots,5)$ 交线上任意一点, 则在如下三个点到平面的距离

$$\mathrm{d}_{P\text{-}\pi_{(i_1+4)\text{-}0i_1\text{-}(i_1+1)}},\quad \mathrm{d}_{P\text{-}\pi_{(i_2+4)\text{-}0i_2\text{-}(i_2+1)}},\quad \mathrm{d}_{P\text{-}\pi_{(i_3+4)\text{-}0i_3\text{-}(i_3+1)}}$$

$(i_1,i_2,i_3=1,2,\cdots,5; i_1,i_2,i_3\neq j,k)$ 中, 其中一个较长的距离等于另两个较短距离的和.

证明 令 $n=5$, 则式 (3.5.9) 可以写成

$$\mathrm{D}_{P\text{-}\pi_{(i_1+4)\text{-}0i_1\text{-}(i_1+1)}} + \mathrm{D}_{P\text{-}\pi_{(i_2+4)\text{-}0i_2\text{-}(i_2+1)}} + \mathrm{D}_{P\text{-}\pi_{(i_3+4)\text{-}0i_3\text{-}(i_3+1)}} = 0,$$

其中 $i_1,i_2,i_3=1,2,\cdots,5; i_1,i_2,i_3\neq j,k$.

注意到上式中一个较长的有向距离与另两个较短的有向距离异号, 即得推论 3.5.8 结论.

3.5.3 n 棱锥内角平分面有向距离的定值定理及其应用

定理 3.5.4 设 $P_0\text{-}P_1P_2\cdots P_n$ 为 n 棱锥, $P_1P_2\cdots P_n$ 是底面, $\pi_{(i+n-1)\text{-}0i\text{-}(i+1)}$ $(i=1,2,\cdots,n)$ 是顶角 $P_0\text{-}P_1P_2\cdots P_n$ 的平分面, $\pi_{i\text{-}0(i+1)\text{-}(i+n-1)}, \pi_{(i+1)\text{-}(i+n-1)0\text{-}i}$ $(i=1,2,\cdots,n)$ 是底三面角 $P_i\text{-}P_0P_{i+n-1}P_{i+1}$ 的平分面, P 是空间任意一点, 则

$$\delta_{n\text{-}01\text{-}2}\mathrm{D}_{P\text{-}\pi_{n\text{-}01\text{-}2}} + \delta_{1\text{-}02\text{-}3}\mathrm{D}_{P\text{-}\pi_{1\text{-}02\text{-}3}} + \cdots + \delta_{(n-1)\text{-}0n\text{-}1}\mathrm{D}_{P\text{-}\pi_{(n-1)\text{-}0n\text{-}1}} = 0, \quad (3.5.10)$$

$$\delta_{n\text{-}10\text{-}2}\mathrm{D}_{P\text{-}\pi_{n\text{-}10\text{-}2}}+\delta_{1\text{-}20\text{-}n}\mathrm{D}_{P\text{-}\pi_{1\text{-}20\text{-}n}}+\delta_{2\text{-}n0\text{-}1}\mathrm{D}_{P\text{-}\pi_{2\text{-}n0\text{-}1}}=0, \tag{3.5.11}$$

$$\delta_{1\text{-}20\text{-}3}\mathrm{D}_{P\text{-}\pi_{1\text{-}20\text{-}3}}+\delta_{2\text{-}30\text{-}1}\mathrm{D}_{P\text{-}\pi_{2\text{-}30\text{-}1}}+\delta_{3\text{-}10\text{-}2}\mathrm{D}_{P\text{-}\pi_{3\text{-}10\text{-}2}}=0, \tag{3.5.12}$$

$$\cdots$$

$$\delta_{(n-1)\text{-}n0\text{-}1}\mathrm{D}_{P\text{-}\pi_{(n-1)\text{-}n0\text{-}1}}+\delta_{n\text{-}10\text{-}(n-1)}\mathrm{D}_{P\text{-}\pi_{n\text{-}10\text{-}(n-1)}}+\delta_{1\text{-}(n-1)0\text{-}n}\mathrm{D}_{P\text{-}\pi_{1\text{-}(n-1)0\text{-}n}}=0, \tag{3.5.13}$$

其中

$$\delta_{n\text{-}01\text{-}2}=\sqrt{1-\cos\alpha_{P_1P_0P_2}\cos\alpha_{P_nP_0P_1}-\cos\beta_{P_1P_0P_2}\cos\beta_{P_nP_0P_1}-\cos\gamma_{P_1P_0P_2}\cos\gamma_{P_nP_0P_1}},$$

其余类同.

证明　因为 n 棱锥 $P_0\text{-}P_1P_2\cdots P_n$ 的底面 $P_1P_2\cdots P_n$ 是平面多边形, 故其顶角 $P_0\text{-}P_1P_2\cdots P_n$ 是 n 面角的特殊情形. 于是对其顶角 $P_0\text{-}P_1P_2\cdots P_n$ 应用定理 3.5.1, 即得式 (3.5.10); 而在底三面角 $P_i\text{-}P_0P_{i+n-1}P_{i+1}$ 中, 应用定理 3.1.1 即得式 (3.5.11)~(3.5.13).

定理 3.5.5　设 $P_0\text{-}P_1P_2\cdots P_n$ 为 n 棱锥, $P_1P_2\cdots P_n$ 是底面, $\pi_{(i+n-1)\text{-}0i\text{-}(i+1)}$ $(i=1,2,\cdots,n)$ 是顶角 $P_0\text{-}P_1P_2\cdots P_n$ 的平分面, $\pi_{i\text{-}(i+1)0\text{-}(i+n-1)}, \pi_{(i+1)\text{-}(i+n-1)0\text{-}i}$ $(i=1,2,\cdots,n)$ 是底三面角 $P_i\text{-}P_0P_{i+n-1}P_{i+1}$ 的平分面.

(1) 若 $\pi_{(i+n-1)\text{-}0i\text{-}(i+1)}(i=1,2,\cdots,n)$ 中有 $n-1$ 个平面相交于一线, 则这 $n-1$ 个平面相交于一线, 即 n 棱锥顶角 $P_0\text{-}P_1P_2\cdots P_n$ 的平分线 $l_{0\text{-}12\cdots n}$;

(2) 各底三面角 $P_i\text{-}P_0P_{i+n-1}P_{i+1}$ 的平分面 $\pi_{(i+n-1)\text{-}0i\text{-}(i+1)}, \pi_{i\text{-}(i+1)0\text{-}(i+n-1)}$, $\pi_{(i+1)\text{-}(i+n-1)0\text{-}i}$ 均相交于一线, 即底三面角 $P_i\text{-}P_0P_{i+n-1}P_{i+1}$ 的平分线 $l_{i\text{-}0(i+n-1)(i+1)}$ $(i=1,2,\cdots,n)$.

证明　(1) 对 n 棱锥 $P_0\text{-}P_1P_2\cdots P_n$ 的顶角应用定理 3.5.3 即得.

(2) 对 n 棱锥 $P_0\text{-}P_1P_2\cdots P_n$ 各底的三面角 $P_i\text{-}P_0P_{i+n-1}P_{i+1}$ 应用定理 3.1.2 即得.

定理 3.5.6　设 $P_0\text{-}P_1P_2\cdots P_n$ 为 n 棱锥, $P_1P_2\cdots P_n$ 是底面, $\pi_{(i+n-1)\text{-}0i\text{-}(i+1)}$ $(i=1,2,\cdots,n)$ 是顶角 $P_0\text{-}P_1P_2\cdots P_n$ 的平分面, $\pi_{i\text{-}(i+1)0\text{-}(i+n-1)}, \pi_{(i+1)\text{-}(i+n-1)0\text{-}i}$ $(i=1,2,\cdots,n)$ 是底三面角 $P_i\text{-}P_0P_{i+n-1}P_{i+1}$ 的平分面. 若 n 个顶角平分面 $\pi_{(i+n-1)\text{-}0i\text{-}(i+1)}(i=1,2,\cdots,n)$ 中有 $n-1$ 平面相交于一线, 则 n 棱锥顶角 $P_0\text{-}P_1P_2\cdots P_n$ 的平分线 $l_{0\text{-}12\cdots n}$ 存在, 且 $l_{0\text{-}12\cdots n}$ 与其底三面角 $P_i\text{-}P_0P_{i+n-1}P_{i+1}$ 的平分线 $l_{i\text{-}0(i+n-1)(i+1)}$ 均相交于一点 $G_{i\text{-}0(i+n-1)(i+1)}(i=1,2,\cdots,n)$.

证明　根据定理 3.5.5, n 棱锥顶角 $P_0\text{-}P_1P_2\cdots P_n$ 的平分线 $l_{0\text{-}12\cdots n}$ 存在. 又显然, $l_{0\text{-}12\cdots n}$ 与 n 棱锥底三面角 $P_1\text{-}P_0P_nP_2$ 的平分面 $\pi_{1\text{-}20\text{-}n}$ 相交于一点, 依题设此交点为 $G_{1\text{-}0n2}$, 则

$$\mathrm{D}_{G_{1\text{-}0n2}\text{-}\pi_{(i+n-1)\text{-}0i\text{-}(i+1)}}=0(i=1,2,\cdots,n),\quad \mathrm{D}_{G_{1\text{-}0n2}\text{-}\pi_{1\text{-}20\text{-}n}}=0.$$

将 $\mathrm{D}_{G_{1\text{-}0n2}\text{-}\pi_{n\text{-}10\text{-}2}} = \mathrm{D}_{G_{1\text{-}0n2}\text{-}\pi_{1\text{-}20\text{-}n}} = 0$ 代入式 (3.5.11) 并注意到 $\delta_{2\text{-}n0\text{-}1} \neq 0$, 得 $\mathrm{D}_{G_{1\text{-}0n2}\text{-}\pi_{2\text{-}n0\text{-}1}} = 0$, 即点 $G_{1\text{-}0n2}$ 在三面角 $P_1\text{-}P_0P_nP_2$ 的平分面 $\pi_{2\text{-}n0\text{-}1}$ 上. 因此, 点 $G_{1\text{-}0n2}$ 在三面角 $P_1\text{-}P_0P_nP_2$ 的平分线 $l_{1\text{-}0n2}$ 上. 从而, n 棱锥顶角 $P_0\text{-}P_1P_2\cdots P_n$ 的平分线 $l_{0\text{-}12\cdots n}$ 与底三面角 $P_1\text{-}P_0P_nP_2$ 的平分线 $l_{1\text{-}0n2}$ 相交于一点 $G_{1\text{-}0n2}$.

类似地, 可以证明 n 棱锥顶角 $P_0\text{-}P_1P_2\cdots P_n$ 的平分线 $l_{0\text{-}12\cdots n}$ 与其底三面角 $P_i\text{-}P_0P_{i+n-1}P_{i+1}$ 的平分线 $l_{i\text{-}0(i+n-1)(i+1)}$ 均相交于一点 $G_{i\text{-}0(i+n-1)(i+1)}(i = 2,\cdots,n)$.

推论 3.5.9 设 $P_0\text{-}P_1P_2\cdots P_n$ 为 n 棱锥, $P_1P_2\cdots P_n$ 是底面, $l_{i\text{-}0(i+n-1)(i+1)}$ 是其底三面角 $P_i\text{-}P_0P_{i+n-1}P_{i+1}(i = 1,2,\cdots,n)$ 的平分线. 若 n 棱锥顶角 $P_0\text{-}P_1P_2\cdots P_n$ 的平分线 $l_{0\text{-}12\cdots n}$ 存在, 则 $l_{0\text{-}12\cdots n}$ 分别与 $l_{i\text{-}0(i+n-1)(i+1)}$ 共面, 且相交于一点 $G_{i\text{-}0(i+n-1)(i+1)}(i = 1,2,\cdots,n)$.

证明 由定理 3.5.6 即得.

3.6 共线三点到平面有向距离的线性性质与应用

本节主要应用有向距离法, 研究共线三点到平面有向距离的线性性质与应用. 首先, 给出线段定比分点到平面有向距离和线段端点到该平面有向距离之间的线性关系定理; 其次, 给出四面体内角平分位线的概念和四面体内角平分位线上的点到四面体各面有向距离的定值定理, 并讨论定值定理的应用; 最后, 给出四面体外角平分位线的概念和四面体外角平分位线上的点到四面体各面有向距离的定值定理, 并讨论定值定理的应用.

3.6.1 点到平面有向距离的线性性质

定理 3.6.1 已知平面 π 和空间两点 Q_1, Q_2. 若 Q 是 Q_1Q_2 所在直线上一点, 且 $t\mathrm{D}_{Q_1Q}-(1-t)\mathrm{D}_{QQ_2} = 0$, 则

$$\mathrm{D}_{Q\text{-}\pi} = t\mathrm{D}_{Q_1\text{-}\pi} + (1-t)\mathrm{D}_{Q_2\text{-}\pi}. \tag{3.6.1}$$

证明 如图 3.6.1 所示. 不妨设已知平面的方程为 $\pi: Ax + By + Cz + D = 0$, 已知点的坐标为 $Q_1(x_1, y_1, z_1), Q_2(x_2, y_2, z_2)$. 因为 $t\mathrm{D}_{Q_1Q}-(1-t)\mathrm{D}_{QQ_2} = 0$, 即 $\mathrm{D}_{Q_1Q}/\mathrm{D}_{QQ_2} = (1-t)/t$, 故由定比分点的坐标公式, 求得 Q 的坐标

$$Q\left(tx_1 + (1-t)\,x_2, ty_1 + (1-t)\,y_2, tz_1 + (1-t)\,z_2\right).$$

于是由点到平面有向距离公式, 可得

$$\begin{aligned}&\sqrt{A^2+B^2+C^2}\mathrm{D}_{Q\text{-}\pi}\\ =&A\left[tx_1 + (1-t)\,x_2\right] + B\left[ty_1 + (1-t)\,y_2\right] + C\left[tz_1 + (1-t)\,z_2\right] + D\end{aligned}$$

$$=t\left(Ax_1+By_1+Cz_1+D\right)+(1-t)\left(Ax_2+By_2+Cz_2+D\right)$$
$$=\sqrt{A^2+B^2+C^2}t\mathrm{D}_{Q_1\text{-}\pi}+\sqrt{A^2+B^2+C^2}(1-t)\mathrm{D}_{Q_2\text{-}\pi},$$

注意到 $\sqrt{A^2+B^2+C^2}\neq 0$, 即得式 (3.6.1).

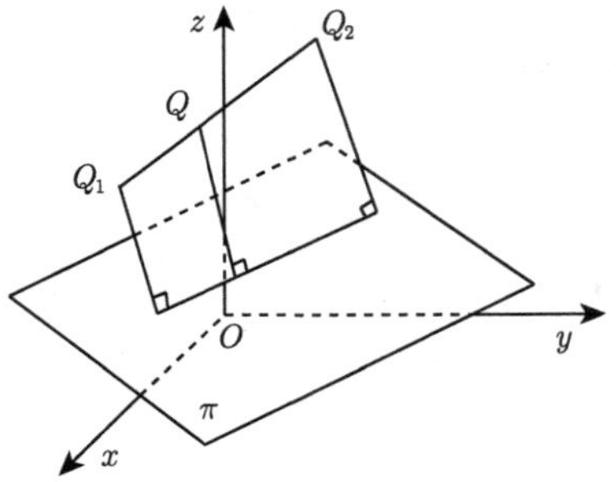

图 3.6.1

3.6.2　四面体内角平分位线上的点到其各面有向距离的定值定理与应用

定义 3.6.1　设 $P_1P_2P_3P_4$ 是四面体, Q_{ij} 是 $P_1P_2P_3P_4$ 二面角 $P_i\text{-}P_kP_l\text{-}P_j$ 的内角平分面 $\pi_{i\text{-}kl\text{-}j}(i,j,k,l=1,2,3,4)$ 与棱 P_kP_l 的交点, 则称其中任意两点 $Q_{i_1j_1},Q_{i_2j_2}$ 连线 $Q_{i_1j_1}Q_{i_2j_2}(i_1,i_2;j_1,j_2=1,2,3,4)$ 是四面体 $P_1P_2P_3P_4$ 内角的平分位线.

定理 3.6.2　设 $P_1P_2P_3P_4$ 是四面体, Q_{ij} 是 $P_1P_2P_3P_4$ 内角平分面 $\pi_{j\text{-}kl\text{-}i}(i,j,k,l=1,2,3,4)$ 与其对棱 P_2P_3 的交点.

(1) 若 P 是内角平分位线 $Q_{12}Q_{23}$ 所在直线上任意一点, 则

$$\mathrm{D}_{P\text{-}\pi_{P_4P_1P_2}}+\mathrm{D}_{P\text{-}\pi_{P_4P_2P_3}}-\mathrm{D}_{P\text{-}\pi_{P_4P_3P_1}}=0; \tag{3.6.2}$$

(2) 若 P 是内角平分位线 $Q_{23}Q_{31}$ 所在直线上任意一点, 则

$$\mathrm{D}_{P\text{-}\pi_{P_4P_2P_3}}+\mathrm{D}_{P\text{-}\pi_{P_4P_3P_1}}-\mathrm{D}_{P\text{-}\pi_{P_4P_1P_2}}=0;$$

(3) 若 P 是内角平分位线 $Q_{31}Q_{12}$ 所在直线上任意一点, 则

$$\mathrm{D}_{P\text{-}\pi_{P_4P_3P_1}}+\mathrm{D}_{P\text{-}\pi_{P_4P_1P_2}}-\mathrm{D}_{P\text{-}\pi_{P_4P_2P_3}}=0.$$

对四面体 $P_1P_2P_3P_4$ 其余三面 $P_2P_3P_4,P_3P_4P_1,P_4P_1P_2$ 上的内角平分位线, 也可以得出类似的结果.

证明　(1) 如图 3.6.2 所示. 因为 P 是四面体 $P_1P_2P_3P_4$ 内角平分位线 $Q_{12}Q_{23}$ 所在直线上任意一点, 故 Q_{12} 是角平分面 $\pi_{3\text{-}12\text{-}4}$ 与边 P_1P_2 的交点. 于是由点到有

向平面角平分面定理, 得

$$\mathrm{D}_{Q_{12}\text{-}\pi_{P_4P_1P_2}}=\mathrm{d}_{Q_{12}\text{-}\pi_{P_4P_1P_2}}=0,\quad \mathrm{D}_{Q_{12}\text{-}\pi_{P_4P_2P_3}}=\mathrm{D}_{Q_{12}\text{-}\pi_{P_4P_3P_1}},$$

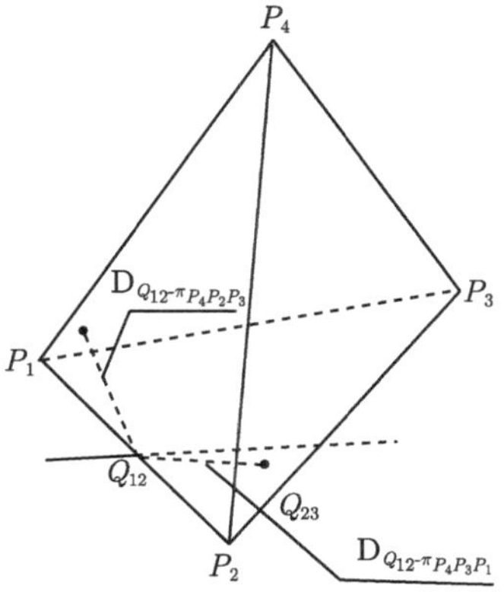

图 3.6.2

因此

$$\mathrm{D}_{Q_{12}\text{-}\pi_{P_4P_1P_2}}+\mathrm{D}_{Q_{12}\text{-}\pi_{P_4P_2P_3}}-\mathrm{D}_{Q_{12}\text{-}\pi_{P_4P_3P_1}}=0.$$

类似地, 可以证明

$$\mathrm{D}_{Q_{23}\text{-}\pi_{P_4P_1P_2}}+\mathrm{D}_{Q_{23}\text{-}\pi_{P_4P_2P_3}}-\mathrm{D}_{Q_{23}\text{-}\pi_{P_4P_3P_1}}=0.$$

因为 P 是 $Q_{12}Q_{23}$ 所在直线上任意一点, 故存在实数 t 使 $tD_{Q_{12}P}-(1-t)\mathrm{D}_{PQ_{23}}=0$ 成立. 于是由式 (3.6.1), 得

$$\begin{aligned}&\mathrm{D}_{P\text{-}\pi_{P_4P_1P_2}}+\mathrm{D}_{P\text{-}\pi_{P_4P_2P_3}}-\mathrm{D}_{P\text{-}\pi_{P_4P_3P_1}}\\=&\left[t\mathrm{D}_{Q_{12}\text{-}\pi_{P_4P_1P_2}}+(1-t)\,\mathrm{D}_{Q_{23}\text{-}\pi_{P_4P_1P_2}}\right]+\left[t\mathrm{D}_{Q_{12}\text{-}\pi_{P_4P_2P_3}}+(1-t)\,\mathrm{D}_{Q_{23}\text{-}\pi_{P_4P_2P_3}}\right]\\&-\left[t\mathrm{D}_{Q_{12}\text{-}\pi_{P_4P_3P_1}}+(1-t)\,\mathrm{D}_{Q_{23}\text{-}\pi_{P_4P_3P_1}}\right]\\=&t\left(\mathrm{D}_{Q_{12}\text{-}\pi_{P_4P_1P_2}}+\mathrm{D}_{Q_{12}\text{-}\pi_{P_4P_2P_3}}-\mathrm{D}_{Q_{12}\text{-}\pi_{P_4P_3P_1}}\right)\\&+(1-t)\left(\mathrm{D}_{Q_{23}\text{-}\pi_{P_4P_1P_2}}+\mathrm{D}_{Q_{23}\text{-}\pi_{P_4P_2P_3}}-\mathrm{D}_{Q_{23}\text{-}\pi_{P_4P_3P_1}}\right)\\=&0,\end{aligned}$$

因此, 式 (3.6.2) 成立.

类似地, 可以证明 (2) 和 (3) 中结论成立.

推论 3.6.1 设 $P_1P_2P_3P_4$ 是四面体, Q_{ij} 是 $P_1P_2P_3P_4$ 内角平分面 $\pi_{j\text{-}kl\text{-}i}(i,j,k,l=1,2,3,4)$ 与其对棱 P_2P_3 的交点.

(1) 若 P 是内角平分位线 $Q_{12}Q_{23}$ 所在直线上任意一点, 则在以下三个点到平面的距离

$$\mathrm{d}_{P\text{-}\pi_{P_4P_1P_2}},\quad \mathrm{d}_{P\text{-}\pi_{P_4P_2P_3}},\quad \mathrm{d}_{P\text{-}\pi_{P_4P_3P_1}}$$

中, 其中一个较长的距离等于另两个较短的距离的和;

(2) 若 P 是内角平分位线 $Q_{23}Q_{31}$ 所在直线上任意一点, 则在以下三个点到平面的距离

$$\mathrm{d}_{P\text{-}\pi_{P_4P_2P_3}},\quad \mathrm{d}_{P\text{-}\pi_{P_4P_3P_1}},\quad \mathrm{d}_{P\text{-}\pi_{P_4P_1P_2}}$$

中, 其中一个较长的距离等于另两个较短的距离的和;

(3) 若 P 是内角平分位线 $Q_{31}Q_{12}$ 所在直线上任意一点, 则在以下三个点到平面的距离

$$\mathrm{d}_{P\text{-}\pi_{P_4P_3P_1}},\quad \mathrm{d}_{P\text{-}\pi_{P_4P_1P_2}},\quad \mathrm{d}_{P\text{-}\pi_{P_4P_2P_3}}$$

中, 其中一个较长的距离等于另两个较短的距离的和.

对四面体 $P_1P_2P_3P_4$ 其余三面 $P_2P_3P_4, P_3P_4P_1, P_4P_1P_2$ 上的内角平分位线, 也可以得出类似的结果.

证明　(1) 注意到式 (3.6.2) 中, 一个较长的有向距离与另两个较小的有向距离同号或与另两个较小的有向距离中的一个同号、一个反号即得.

类似地, 可以证明 (2) 和 (3) 中结论成立.

3.6.3　四面体外角平分位线上的点到其各面有向距离的定值定理与应用

定义 3.6.2　设 $P_1P_2P_3P_4$ 是四面体, Q'_{ij} 是 $P_1P_2P_3P_4$ 二面角 $P_i\text{-}P_kP_l\text{-}P_j$ 的外角平分面 $\pi'_{i\text{-}kl\text{-}j}(i,j,k,l=1,2,3,4)$ 与棱 P_kP_l 延长线的交点, 则称其中任意两点 $Q'_{i_1j_1}, Q'_{i_2j_2}$ 连线 $Q'_{i_1j_1}Q'_{i_2j_2}(i_1,i_2;j_1,j_2=1,2,3,4)$ 是四面体 $P_1P_2P_3P_4$ 外角的平分位线.

定理 3.6.3　设 $P_1P_2P_3P_4$ 是四面体, Q'_{ij} 是 $P_1P_2P_3P_4$ 外角平分面 $\pi'_{j\text{-}kl\text{-}i}(i,j,k,l=1,2,3,4)$ 与其对棱 P_2P_3 延长线的交点.

(1) 若 P 是外角平分位线 $Q'_{12}Q'_{23}$ 所在直线上任意一点, 则

$$\mathrm{D}_{P\text{-}\pi_{P_4P_1P_2}}+\mathrm{D}_{P\text{-}\pi_{P_4P_2P_3}}+\mathrm{D}_{P\text{-}\pi_{P_4P_3P_1}}=0; \tag{3.6.3}$$

(2) 若 P 是外角平分位线 $Q'_{23}Q'_{31}$ 所在直线上任意一点, 则

$$\mathrm{D}_{P\text{-}\pi_{P_4P_2P_3}}+\mathrm{D}_{P\text{-}\pi_{P_4P_3P_1}}+\mathrm{D}_{P\text{-}\pi_{P_4P_1P_2}}=0;$$

(3) 若 P 是外角平分位线 $Q'_{31}Q'_{12}$ 所在直线上任意一点, 则

$$\mathrm{D}_{P\text{-}\pi_{P_4P_3P_1}}+\mathrm{D}_{P\text{-}\pi_{P_4P_1P_2}}+\mathrm{D}_{P\text{-}\pi_{P_4P_2P_3}}=0.$$

对四面体 $P_1P_2P_3P_4$ 其余三面 $P_2P_3P_4, P_3P_4P_1, P_4P_1P_2$ 上的外角平分位线, 也可以得出类似的结果.

证明 (1) 如图 3.6.3 所示. 因为 P 是四面体 $P_1P_2P_3P_4$ 外角平分位线 $Q'_{12}Q'_{23}$ 所在直线上任意一点, 故 Q'_{12} 是外角平分面 $\pi'_{3\text{-}12\text{-}4}$ 与边 P_1P_2 延长线的交点. 于是由点到有向平面角平分面定理, 得

$$\mathrm{D}_{Q'_{12}\text{-}\pi_{P_4P_1P_2}} = \mathrm{d}_{Q'_{12}\text{-}\pi_{P_4P_1P_2}} = 0, \quad \mathrm{D}_{Q'_{12}\text{-}\pi_{P_4P_2P_3}} = -\mathrm{D}_{Q'_{12}\text{-}\pi_{P_4P_3P_1}},$$

因此

$$\mathrm{D}_{Q'_{12}\text{-}\pi_{P_4P_1P_2}} + \mathrm{D}_{Q'_{12}\text{-}\pi_{P_4P_2P_3}} + \mathrm{D}_{Q'_{12}\text{-}\pi_{P_4P_3P_1}} = 0.$$

类似地, 可以证明

$$\mathrm{D}_{Q'_{23}\text{-}\pi_{P_4P_1P_2}} + \mathrm{D}_{Q'_{23}\text{-}\pi_{P_4P_2P_3}} + \mathrm{D}_{Q'_{23}\text{-}\pi_{P_4P_3P_1}} = 0.$$

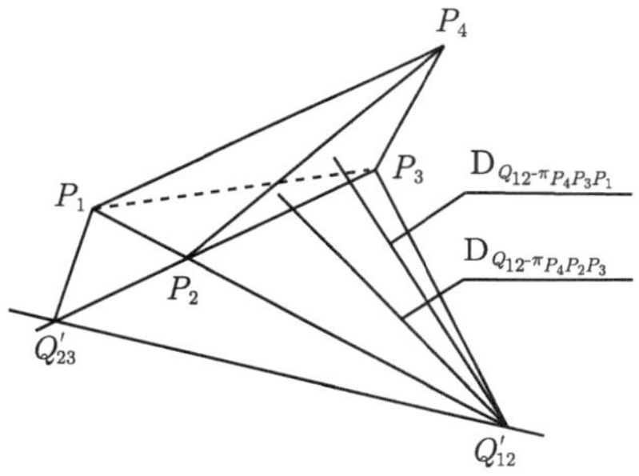

图 3.6.3

因为 P 是 $Q'_{12}Q'_{23}$ 所在直线上任意一点, 故存在实数 t 使 $tD_{Q'_{12}P}-(1-t)\mathrm{D}_{PQ'_{23}} = 0$ 成立. 于是由式 (3.6.1), 得

$$\begin{aligned}
&\mathrm{D}_{P\text{-}\pi_{P_4P_1P_2}} + \mathrm{D}_{P\text{-}\pi_{P_4P_2P_3}} + \mathrm{D}_{P\text{-}\pi_{P_4P_3P_1}} \\
=&\left[t\mathrm{D}_{Q'_{12}\text{-}\pi_{P_4P_1P_2}} + (1-t)\,\mathrm{D}_{Q'_{23}\text{-}\pi_{P_4P_1P_2}}\right] + \left[t\mathrm{D}_{Q'_{12}\text{-}\pi_{P_4P_2P_3}} + (1-t)\,\mathrm{D}_{Q'_{23}\text{-}\pi_{P_4P_2P_3}}\right] \\
&+ \left[t\mathrm{D}_{Q'_{12}\text{-}\pi_{P_4P_3P_1}} + (1-t)\,\mathrm{D}_{Q'_{23}\text{-}\pi_{P_4P_3P_1}}\right] \\
=&t\left(\mathrm{D}_{Q'_{12}\text{-}\pi_{P_4P_1P_2}} + \mathrm{D}_{Q'_{12}\text{-}\pi_{P_4P_2P_3}} + \mathrm{D}_{Q'_{12}\text{-}\pi_{P_4P_3P_1}}\right) \\
&+ (1-t)\left(\mathrm{D}_{Q'_{23}\text{-}\pi_{P_4P_1P_2}} + \mathrm{D}_{Q'_{23}\text{-}\pi_{P_4P_2P_3}} + \mathrm{D}_{Q'_{23}\text{-}\pi_{P_4P_3P_1}}\right) \\
=&0,
\end{aligned}$$

因此, 式 (3.6.3) 成立.

类似地, 可以证明 (2) 和 (3) 中结论成立.

推论 3.6.2　设 $P_1P_2P_3P_4$ 是四面体, Q'_{ij} 是 $P_1P_2P_3P_4$ 外角平分面 $\pi'_{j\text{-}kl\text{-}i}(i,j,k,l=1,2,3,4)$ 与其对棱 P_2P_3 延长线的交点.

(1) 若 P 是外角平分位线 $Q'_{12}Q'_{23}$ 所在直线上任意一点, 则在以下三个点到平面的距离

$$\mathrm{d}_{P\text{-}\pi_{P_4P_1P_2}},\quad \mathrm{d}_{P\text{-}\pi_{P_4P_2P_3}},\quad \mathrm{d}_{P\text{-}\pi_{P_4P_3P_1}}$$

中, 其中一个较长的距离等于另两个较短的距离的和;

(2) 若 P 是外角平分位线 $Q'_{23}Q'_{31}$ 所在直线上任意一点, 则在以下三个点到平面的距离

$$\mathrm{d}_{P\text{-}\pi_{P_4P_2P_3}},\quad \mathrm{d}_{P\text{-}\pi_{P_4P_3P_1}},\quad \mathrm{d}_{P\text{-}\pi_{P_4P_1P_2}}$$

中, 其中一个较长的距离等于另两个较短的距离的和;

(3) 若 P 是外角平分位线 $Q'_{23}Q'_{31}$ 所在直线上任意一点, 则在以下三个点到平面的距离

$$\mathrm{d}_{P\text{-}\pi_{P_4P_3P_1}},\quad \mathrm{d}_{P\text{-}\pi_{P_4P_1P_2}},\quad \mathrm{d}_{P\text{-}\pi_{P_4P_2P_3}}$$

中, 其中一个较长的距离等于另两个较短的距离的和.

对四面体 $P_1P_2P_3P_4$ 其余三面 $P_2P_3P_4, P_3P_4P_1, P_4P_1P_2$ 上的外角平分位线, 也可以得出类似的结果.

证明　(1) 注意到式 (3.6.3) 中, 一个较长的有向距离与另两个较短的有向距离同号即得.

类似地, 可以证明 (2) 和 (3) 中结论成立.

第 4 章　点类平面有向距离的定值定理与应用

4.1　四点类平面有向距离的定值定理与应用

本节主要应用三角形面的投影方程和有向距离定值法, 研究过一点的四点类平面有向距离的定值问题. 首先, 给出过一点的 n 点类平面的概念; 其次, 给出过一点的四点类平面有向距离的定值定理; 最后, 利用过一点的四点类平面有向距离的定值定理和"由面及体, 由面及线, 由面及点, 点线面体交融"的思想方法, 得出四面体过各个顶点的四点类平面的有关结论.

4.1.1　过一点的 n 点类平面的概念

定义 4.1.1　设 P_0 是空间一定点, $P_1, P_2, \cdots, P_n(n \geqslant 3)$ 是空间 n 点. 若 $P_1, P_2, \cdots, P_n$ 中三点 P_i, P_j, P_k 不共线, 则称过 P_0 且与 P_i, P_j, P_k 所在平面平行的平面为 P_0 的一个 n 点 $P_1, P_2, \cdots, P_n$ 类平面; $P_1, P_2, \cdots, P_n$ 过 P_0 点的所有 n 点类平面, 称为 $P_1, P_2, \cdots, P_n$ 过 P_0 的 n 点类平面, 简称为 P_0 的 n 点类平面.

显然, 过定点 P_0 的 n 点类平面至多有 C_n^3 个.

过 P_0 且以三角形 $P_iP_jP_k$ 的投影向量 $\boldsymbol{n}_{ijk}$ 为法向量的 n 点类平面, 记为 $\pi_{0\text{-}ijk}$; 反之, 以三角形 $P_jP_iP_k$ 的投影向量 $\boldsymbol{n}_{jik}$ 为法向量的 n 点类平面, 记为 $\pi_{0\text{-}jik}$.

特别地, 当 P_0 在三角形 $P_iP_jP_k$ 所在平面上 (包括 P_0 与三角形 $P_iP_jP_k$ 顶点重合) 时, P_0 的 n 点类平面 $\pi_{0\text{-}ijk}$ 与三角形 $P_iP_jP_k$ 所在平面同向重合. 因此, n 点类平面 $\pi_{0\text{-}ijk}$ 可以简记为 π_{ijk}. 此时, n 点类平面 $\pi_{i\text{-}ijk}, \pi_{j\text{-}ijk}, \pi_{k\text{-}ijk}$ 都是同一平面 π_{ijk}.

当 $P_1, P_2, \cdots, P_n(n \geqslant 3)$ 中不共线的 m 点 $P_{i_1}, P_{i_2}, \cdots, P_{i_m}(1 \leqslant i_1 < i_2 < \cdots < i_m \leqslant n)$ 共面且构成平面多边形 $P_{i_1}P_{i_2}\cdots P_{i_m}$ 时, 其中任意三点 $P_i, P_j, P_k(i_1 \leqslant i < j < k \leqslant i_m)$ 的 n 点类平面 $\pi_{0\text{-}ijk}$, 均与 $P_{i_1}P_{i_2}\cdots P_{i_m}$ 所在平面同向重合. 因此, P_0 的 n 点类平面 $\pi_{0\text{-}ijk}$, 亦可记为 $\pi_{0\text{-}i_1i_2\cdots i_m}$.

例如, n 棱锥 $P_0\text{-}P_1P_2\cdots P_n$ 底面 $P_1P_2\cdots P_n$ 上任意三点 P_i, P_j, P_k 所确定的且过其顶点 P_0 的 n 点类平面 $\pi_{0\text{-}ijk}$, 亦可记为 $\pi_{0\text{-}12\cdots n}$.

定义 4.1.2　设 $P_0\text{-}P_1P_2\cdots P_n$ 是 n 棱锥, $P_1P_2\cdots P_n$ 是底面. 若 $P_0\text{-}P_1P_2\cdots P_n$ 各侧面的面积均相等, 则称 $P_0\text{-}P_1P_2\cdots P_n$ 为等侧面 n 棱锥; $P_0\text{-}P_1P_2\cdots P_n$ 各侧面及底面的面积均相等, 则称 $P_0\text{-}P_1P_2\cdots P_n$ 是等面 (或等积)n 棱锥.

特别地, 当 $n = 3$ 时, 等侧面三棱锥 (等面三棱锥), 亦称为等侧面四面体 (等面四面体). 例如, 正四面体是等面 (等积) 四面体.

4.1.2　过一点的四点类平面有向距离的定值定理

定理 4.1.1　设 P_0 是空间一定点, P_1, P_2, P_3, P_4 是空间四点且其中任意三点均不共线, $\pi_{0\text{-}123}, \pi_{0\text{-}234}, \pi_{0\text{-}341}, \pi_{0\text{-}412}$ 是 P_0 的四点类平面, P 是空间任意一点, 则

$$\mathrm{a}_{P_1P_2P_3}\mathrm{D}_{P\text{-}\pi_{0\text{-}123}} - \mathrm{a}_{P_2P_3P_4}\mathrm{D}_{P\text{-}\pi_{0\text{-}234}} + \mathrm{a}_{P_3P_4P_1}\mathrm{D}_{P\text{-}\pi_{0\text{-}341}} - \mathrm{a}_{P_4P_1P_2}\mathrm{D}_{P\text{-}\pi_{0\text{-}412}} = 0. \tag{4.1.1}$$

证明　如图 4.1.1 所示, 以 P_0 为坐标原点, 建立空间直角坐标系. 设四点的坐标为 $P_i(x_i, y_i, z_i)(i = 1, 2, 3, 4)$, 于是三角形 $P_iP_{i+1}P_{i+2}$ 的投影向量

$$\boldsymbol{n}_{i(i+1)(i+2)} = \left(\mathrm{Prj}_{yz}\mathrm{D}_{P_iP_{i+1}P_{i+2}}, \mathrm{Prj}_{zx}\mathrm{D}_{P_iP_{i+1}P_{i+2}}, \mathrm{Prj}_{xy}\mathrm{D}_{P_iP_{i+1}P_{i+2}}\right),$$

平面 $\pi_{0\text{-}i(i+1)(i+2)}$ 的方程为

$$x\mathrm{Prj}_{yz}\mathrm{D}_{P_iP_{i+1}P_{i+2}} + y\mathrm{Prj}_{zx}\mathrm{D}_{P_iP_{i+1}P_{i+2}} + z\mathrm{Prj}_{xy}\mathrm{D}_{P_iP_{i+1}P_{i+2}} = 0\ (i = 1, 2, 3, 4).$$

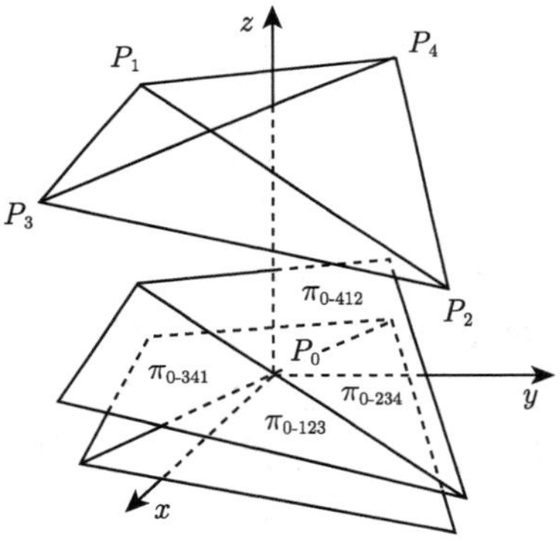

图 4.1.1

设空间任意点的坐标为 $P(x, y, z)$, 则由点到平面的距离公式, 可得

$$\begin{aligned}\mathrm{a}_{P_iP_{i+1}P_{i+2}}\mathrm{D}_{P\text{-}\pi_{0\text{-}i(i+1)(i+2)}} =& x\mathrm{Prj}_{yz}\mathrm{D}_{P_iP_{i+1}P_{i+2}} + y\mathrm{Prj}_{zx}\mathrm{D}_{P_iP_{i+1}P_{i+2}} \\ &+ z\mathrm{Prj}_{xy}\mathrm{D}_{P_iP_{i+1}P_{i+2}}\ (i = 1, 2, 3, 4).\end{aligned}$$

因为

$$\begin{aligned}&\sum_{i=1}^{4}(-1)^{i-1}\mathrm{Prj}_{yz}\mathrm{D}_{P_iP_{i+1}P_{i+2}} \\ =&\frac{1}{2}\sum_{i=1}^{4}(-1)^{i-1}\begin{vmatrix} y_i & z_i & 1 \\ y_{i+1} & z_{i+1} & 1 \\ y_{i+2} & z_{i+2} & 1 \end{vmatrix}\end{aligned}$$

$$=\frac{1}{2}\sum_{i=1}^{4}(-1)^{i-1}\left[(y_iz_{i+1}-y_{i+1}z_i)+(y_{i+1}z_{i+2}-y_{i+2}z_{i+1})+(y_{i+2}z_i-y_iz_{i+2})\right]$$

$$=\frac{1}{2}\sum_{i=1}^{4}(-1)^{i-1}\left[(y_iz_{i+1}-y_{i+1}z_i)-(y_iz_{i+1}-y_{i+1}z_i)+(y_{i+2}z_i-y_{i+2}z_i)\right]$$

$$=0;$$

同理

$$\sum_{i=1}^{4}(-1)^{i-1}\mathrm{Prj}_{zx}\mathrm{D}_{P_iP_{i+1}P_{i+2}}=0,\quad \sum_{i=1}^{4}(-1)^{i-1}\mathrm{Prj}_{xy}\mathrm{D}_{P_iP_{i+1}P_{i+2}}=0.$$

所以

$$\begin{aligned}&\sum_{i=1}^{4}(-1)^{i-1}\mathrm{a}_{P_iP_{i+1}P_{i+2}}\mathrm{D}_{P\text{-}\pi_{0\text{-}i(i+1)(i+2)}}\\=&x\sum_{i=1}^{4}(-1)^{i-1}\mathrm{Prj}_{yz}\mathrm{D}_{P_iP_{i+1}P_{i+2}}+y\sum_{i=1}^{4}(-1)^{i-1}\mathrm{Prj}_{zx}\mathrm{D}_{P_iP_{i+1}P_{i+2}}\\&+z\sum_{i=1}^{4}(-1)^{i-1}\mathrm{Prj}_{xy}\mathrm{D}_{P_iP_{i+1}P_{i+2}}\\=&0,\end{aligned}$$

即式 (4.1.1) 成立.

推论 4.1.1 设 P_0 是空间一定点, P_1,P_2,P_3,P_4 是空间四点且其中任意三点均不共线, $\pi_{0\text{-}123}$, $\pi_{0\text{-}234}$, $\pi_{0\text{-}341}$, $\pi_{0\text{-}412}$ 是 P_0 的四点类平面, 则 P 是平面 $\pi_{0\text{-}j(j+1)(j+2)}$ 上任意一点的充分必要条件是

$$\sum_{i=1,i\neq j}^{4}(-1)^{i-1}\mathrm{a}_{P_iP_{i+1}P_{i+2}}\mathrm{D}_{P\text{-}\pi_{0\text{-}i(i+1)(i+2)}}=0. \tag{4.1.2}$$

证明 依题设, 由式 (4.1.1), 可得

P 是平面 $\pi_{0\text{-}j(j+1)(j+2)}$ 上任意一点 $\Leftrightarrow \mathrm{D}_{P\text{-}\pi_{0\text{-}j(j+1)(j+2)}}=0\Leftrightarrow$ 式 (4.1.2) 成立.

推论 4.1.2 设 P_0 是空间一定点, P_1,P_2,P_3,P_4 是空间不共面四点且其中任意三点均不共线, $\pi_{0\text{-}123}$, $\pi_{0\text{-}234}$, $\pi_{0\text{-}341}$, $\pi_{0\text{-}412}$ 是 P_0 的四点类平面. 若 P 是平面 $\pi_{0\text{-}i(i+1)(i+2)}$, $\pi_{0\text{-}j(j+1)(j+2)}$ 交线上任意一点, 则

$$\mathrm{a}_{P_kP_{k+1}P_{k+2}}\mathrm{d}_{P\text{-}\pi_{0\text{-}k(k+1)(k+2)}}=\mathrm{a}_{P_lP_{l+1}P_{l+2}}\mathrm{d}_{P\text{-}\pi_{0\text{-}l(l+1)(l+2)}}, \tag{4.1.3}$$

其中 $i,j,k,l=1,2,3,4;k,l\neq i,j;k<l$.

证明　显然, 由于 P_1,P_2,P_3,P_4 是空间不共面四点, 故 P_0 的任意两个四点类平面相交于过 P_0 的一条直线. 故若 P 是平面 $\pi_{0\text{-}i(i+1)(i+2)},\pi_{0\text{-}j(j+1)(j+2)}$ 交线上任意一点, 则 $\mathrm{D}_{P\text{-}\pi_{0\text{-}i(i+1)(i+2)}}=\mathrm{D}_{P\text{-}\pi_{0\text{-}j(j+1)(j+2)}}=0$. 代入式 (4.1.1), 可得

$$(-1)^{k-1}\mathrm{a}_{P_kP_{k+1}P_{k+2}}\mathrm{d}_{P\text{-}\pi_{0\text{-}k(k+1)(k+2)}}+(-1)^{l-1}\mathrm{a}_{P_lP_{l+1}P_{l+2}}\mathrm{d}_{P\text{-}\pi_{0\text{-}l(l+1)(l+2)}}=0,$$

其中 $i,j,k,l=1,2,3,4;\ k,l\neq i,j;k<l$.

上式移项后, 等式两边取绝对值, 即得式 (4.1.3).

定理 4.1.2　设 P_0 是空间一定点, P_1,P_2,P_3,P_4 是空间四点且其中任意三点均不共线, $\pi_{0\text{-}123},\pi_{0\text{-}234},\pi_{0\text{-}341},\pi_{0\text{-}412}$ 是 P_0 的四点类平面. 若 P_1,P_2,P_3,P_4 中任意三点所组成的三角形的面积均相等, P 是空间任意一点, 则

$$\mathrm{D}_{P\text{-}\pi_{0\text{-}123}}-\mathrm{D}_{P\text{-}\pi_{0\text{-}234}}+\mathrm{D}_{P\text{-}\pi_{0\text{-}341}}-\mathrm{D}_{P\text{-}\pi_{0\text{-}412}}=0. \tag{4.1.4}$$

证明　因为 P_1,P_2,P_3,P_4 中任意三点所组成的三角形的面积均相等, 所以

$$\mathrm{a}_{P_1P_2P_3}=\mathrm{a}_{P_2P_3P_4}=\mathrm{a}_{P_3P_4P_1}=\mathrm{a}_{P_4P_1P_2},$$

代入式 (4.1.1) 并化简, 即式 (4.1.4).

推论 4.1.3　设 P_0 是空间一定点, P_1,P_2,P_3,P_4 是空间四点且其中任意三点均不共线, $\pi_{0\text{-}123},\pi_{0\text{-}234},\pi_{0\text{-}341},\pi_{0\text{-}412}$ 是 P_0 的四点类平面. 若 P_1,P_2,P_3,P_4 中任意三点所组成的三角形的面积均相等, 则

(1) $\pi_{0\text{-}123},\pi_{0\text{-}234}$ 外角的平分面与 $\pi_{0\text{-}341},\pi_{0\text{-}412}$ 外角的平分面重合;

(2) $\pi_{0\text{-}123},\pi_{0\text{-}341}$ 内角的平分面与 $\pi_{0\text{-}234},\pi_{0\text{-}412}$ 内角的平分面重合;

(3) $\pi_{0\text{-}123},\pi_{0\text{-}412}$ 外角的平分面与 $\pi_{0\text{-}234},\pi_{0\text{-}341}$ 外角的平分面重合.

证明　(1) 设 P 是 $\pi_{0\text{-}123},\pi_{0\text{-}234}$ 外角平分面上任意一点, 则 $\mathrm{D}_{P\text{-}\pi_{0\text{-}123}}-\mathrm{D}_{P\text{-}\pi_{0\text{-}234}}=0$. 代入式 (4.1.4) 得 $\mathrm{D}_{P\text{-}\pi_{0\text{-}341}}-\mathrm{D}_{P\text{-}\pi_{0\text{-}412}}=0$, 因此 P 在 $\pi_{0\text{-}341},\pi_{0\text{-}412}$ 外角的平分面上; 反之亦然. 因此, $\pi_{0\text{-}123},\pi_{0\text{-}234}$ 外角的平分面与 $\pi_{0\text{-}341},\pi_{0\text{-}412}$ 外角的平分面重合.

类似地, 可以证明 (2) 和 (3) 中结论成立.

定理 4.1.3　设 P_0 是空间一定点, P_1,P_2,P_3,P_4 是空间四点且其中任意三点均不共线, $\pi_{0\text{-}123}$, $\pi_{0\text{-}234},\pi_{0\text{-}341},\pi_{0\text{-}412}$ 是 P_0 的四点类平面. 若 $\mathrm{a}_{P_iP_{i+1}P_{i+2}}=\mathrm{a}_{P_{i+1}P_{i+2}P_{i+3}}=\mathrm{a}_{P_{i+2}P_{i+3}P_i}$, 则 P 是平面 $\pi_{0\text{-}(i+3)i(i+1)}$ 上任意一点的充分必要条件是

$$\mathrm{D}_{P\text{-}\pi_{0\text{-}i(i+1)(i+2)}}-\mathrm{D}_{P\text{-}\pi_{0\text{-}(i+1)(i+2)(i+3)}}+\mathrm{D}_{P\text{-}\pi_{0\text{-}(i+2)(i+3)i}}=0\ (i=1,2,3,4). \tag{4.1.5}$$

证明　记 $\mathrm{a}_{P_iP_{i+1}P_{i+2}}=\mathrm{a}_{P_{i+1}P_{i+2}P_{i+3}}=\mathrm{a}_{P_{i+2}P_{i+3}P_i}=a_i$, 则式 (4.1.5) 可以改写成

$$(-1)^{i-1}\left(\mathrm{D}_{P\text{-}\pi_{0\text{-}i(i+1)(i+2)}}-\mathrm{D}_{P\text{-}\pi_{0\text{-}(i+1)(i+2)(i+3)}}+\mathrm{D}_{P\text{-}\pi_{0\text{-}(i+2)(i+3)i}}-\mathrm{D}_{P\text{-}\pi_{0\text{-}(i+3)i(i+1)}}/a_i\right)$$

$=0\ (i=1,2,3,4)$.

其中 $i=1,2,3,4$. 于是由上式可得

P 是平面 $\pi_{0\text{-}(i+3)i(i+1)}$ 上任意一点 $\Leftrightarrow \mathrm{D}_{P\text{-}\pi_{0\text{-}(i+3)i(i+1)}}=0 \Leftrightarrow$ 式 (4.1.5) 成立.

推论 4.1.4 设 P_0 是空间一定点, P_1,P_2,P_3,P_4 是空间四点且其中任意三点均不共线, $\pi_{0\text{-}123}$, $\pi_{0\text{-}234},\pi_{0\text{-}341},\pi_{0\text{-}412}$ 是 P_0 的四点类平面. 若 $\mathrm{a}_{P_iP_{i+1}P_{i+2}}=\mathrm{a}_{P_{i+1}P_{i+2}P_{i+3}}=\mathrm{a}_{P_{i+2}P_{i+3}P_i}$, P 是平面 $\pi_{0\text{-}(i+3)i(i+1)}$ 上任意一点, 则对特定的 i, 在以下三个点到平面的距离

$$\mathrm{d}_{P\text{-}\pi_{0\text{-}i(i+1)(i+2)}},\quad \mathrm{d}_{P\text{-}\pi_{0\text{-}(i+1)(i+2)(i+3)}},\quad \mathrm{d}_{P\text{-}\pi_{0\text{-}(i+2)(i+3)i}}$$

$(i=1,2,3,4)$ 中, 其中一个较长的距离等于另两个较短的距离的和.

证明 注意到式 (4.1.5) 中, 一个较长的有向距离与另两个较短的有向距离同号或另两个较短的有向距离中的一个同号、一个反号即得.

定理 4.1.4 设 P_0 是空间一定点, P_1,P_2,P_3,P_4 是空间不共面四点且其中任意三点均不共线, $\pi_{0\text{-}123},\pi_{0\text{-}234},\pi_{0\text{-}341},\pi_{0\text{-}412}$ 是 P_0 的四点类平面. 若 $\mathrm{a}_{k(k+1)(k+2)}=\mathrm{a}_{l(l+1)(l+2)}$, P 是平面 $\pi_{0\text{-}i(i+1)(i+2)}$, $\pi_{0\text{-}j(j+1)(j+2)}$ 交线上任意一点, 则

$$\mathrm{D}_{P\text{-}\pi_{0\text{-}k(k+1)(k+2)}}+(-1)^{l-k}\mathrm{D}_{P\text{-}\pi_{0\text{-}l(l+1)(l+2)}}=0, \tag{4.1.6}$$

其中 $i,j,k,l=1,2,3,4;\ k,l\neq j,k;\ k<l$. 即当 $l-k$ 为奇数 (偶数) 时, $\pi_{0\text{-}i(i+1)(i+2)}$, $\pi_{0\text{-}j(j+1)(j+2)}$ 的交线在平面 $\pi_{0\text{-}k(k+1)(k+2)},\pi_{0\text{-}l(l+1)(l+2)}$ 外角 (内角) 的平分面上.

证明 记 $\mathrm{a}_{k(k+1)(k+2)}=\mathrm{a}_{l(l+1)(l+2)}=\mathrm{a}$. 由于 P_1,P_2,P_3,P_4 是空间不共面四点, 故 P_0 的任意两个四点类平面相交于过 P_0 的一条直线, 且式 (4.1.1) 可以改写成

$$\begin{aligned}&\mathrm{D}_{P\text{-}\pi_{0\text{-}k(k+1)(k+2)}}+(-1)^{l-k}\mathrm{D}_{P\text{-}\pi_{0\text{-}l(l+1)(l+2)}}\\=&-\left(\mathrm{a}_{P_iP_{i+1}P_{i+2}}\mathrm{D}_{P\text{-}\pi_{0\text{-}i(i+1)(i+2)}}+(-1)^{j-i}\mathrm{a}_{P_jP_{j+1}P_{j+2}}\mathrm{D}_{P\text{-}\pi_{0\text{-}j(j+1)(j+2)}}\right)\Big/\mathrm{a},\end{aligned}$$

其中 $i,j,k,l=1,2,3,4;\ k,l\neq j,k;\ k<l$. 故由上式可得

$$P\ \text{是平面}\ \pi_{0\text{-}i(i+1)(i+2)},\pi_{0\text{-}j(j+1)(j+2)}\ \text{交线上任意一点}$$
$$\Leftrightarrow \mathrm{D}_{P\text{-}\pi_{0\text{-}i(i+1)(i+2)}}=\mathrm{D}_{P\text{-}\pi_{0\text{-}j(j+1)(j+2)}}=0 \Leftrightarrow \text{式 (4.1.6) 成立.}$$

推论 4.1.5 设 P_0 是空间一定点, P_1,P_2,P_3,P_4 是空间不共面四点且其中任意三点均不共线, $\pi_{0\text{-}123},\pi_{0\text{-}234},\pi_{0\text{-}341},\pi_{0\text{-}412}$ 是 P_0 的四点类平面. 若 $\mathrm{a}_{k(k+1)(k+2)}=\mathrm{a}_{l(l+1)(l+2)}$, P 是平面 $\pi_{0\text{-}i(i+1)(i+2)}$, $\pi_{0\text{-}j(j+1)(j+2)}$ 交线上任意一点, 则

$$\mathrm{d}_{P\text{-}\pi_{0\text{-}k(k+1)(k+2)}}=\mathrm{d}_{P\text{-}\pi_{0\text{-}l(l+1)(l+2)}}\ (i,j,k,l=1,2,3,4;k,l\neq j,k;k<l). \tag{4.1.7}$$

证明 式 (4.1.6) 移项后, 等式两边取绝对值即得.

4.1.3 过一点的四点类平面有向距离定值定理的应用

定理 4.1.5 设 $P_1P_2P_3P_4$ 是四面体, $\pi_{412},\pi_{423},\pi_{431},\pi_{4\text{-}123}$; $\pi_{134},\pi_{142},\pi_{123},\pi_{1\text{-}234}$; $\pi_{241},\pi_{213},\pi_{234},\pi_{2\text{-}341}$; $\pi_{312},\pi_{324},\pi_{341},\pi_{3\text{-}412}$ 分别是四面体 $P_1P_2P_3P_4$ 各顶点 $P_{i+3}(i=1,2,3,4)$ 的四点 P_1,P_2,P_3,P_4 类平面, P 空间任意一点, 则

$$\mathrm{a}_{P_4P_1P_2}\mathrm{D}_{P\text{-}\pi_{412}}+\mathrm{a}_{P_4P_2P_3}\mathrm{D}_{P\text{-}\pi_{423}}+\mathrm{a}_{P_4P_3P_1}\mathrm{D}_{P\text{-}\pi_{431}}=\mathrm{a}_{P_1P_2P_3}\mathrm{D}_{P\text{-}\pi_{4\text{-}123}},\tag{4.1.8}$$

$$\mathrm{a}_{P_1P_2P_3}\mathrm{D}_{P\text{-}\pi_{123}}+\mathrm{a}_{P_1P_3P_4}\mathrm{D}_{P\text{-}\pi_{134}}+\mathrm{a}_{P_1P_4P_2}\mathrm{D}_{P\text{-}\pi_{142}}=\mathrm{a}_{P_2P_3P_4}\mathrm{D}_{P\text{-}\pi_{1\text{-}234}},\tag{4.1.9}$$

$$\mathrm{a}_{P_2P_3P_4}\mathrm{D}_{P\text{-}\pi_{234}}+\mathrm{a}_{P_2P_4P_1}\mathrm{D}_{P\text{-}\pi_{241}}+\mathrm{a}_{P_2P_1P_3}\mathrm{D}_{P\text{-}\pi_{213}}=\mathrm{a}_{P_3P_4P_1}\mathrm{D}_{P\text{-}\pi_{2\text{-}341}},\tag{4.1.10}$$

$$\mathrm{a}_{P_3P_4P_1}\mathrm{D}_{P\text{-}\pi_{341}}+\mathrm{a}_{P_3P_1P_2}\mathrm{D}_{P\text{-}\pi_{312}}+\mathrm{a}_{P_3P_2P_4}\mathrm{D}_{P\text{-}\pi_{324}}=\mathrm{a}_{P_4P_1P_2}\mathrm{D}_{P\text{-}\pi_{3\text{-}412}}.\tag{4.1.11}$$

证明 对过四面体$P_1P_2P_3P_4$ 顶点P_4 的四点P_1,P_2,P_3,P_4 类平面 $\pi_{4\text{-}123},\pi_{4\text{-}234},\pi_{4\text{-}341},\pi_{4\text{-}412}$, 即 $\pi_{4\text{-}123},\pi_{234},\pi_{341},\pi_{412}$ 应用定理 4.1.1, 得

$$\mathrm{a}_{P_1P_2P_3}\mathrm{D}_{P\text{-}\pi_{4\text{-}123}}-\mathrm{a}_{P_2P_3P_4}\mathrm{D}_{P\text{-}\pi_{234}}+\mathrm{a}_{P_3P_4P_1}\mathrm{D}_{P\text{-}\pi_{341}}-\mathrm{a}_{P_4P_1P_2}\mathrm{D}_{P\text{-}\pi_{412}}=0,$$

即

$$\mathrm{a}_{P_1P_2P_3}\mathrm{D}_{P\text{-}\pi_{4\text{-}123}}-\mathrm{a}_{P_4P_2P_3}\mathrm{D}_{P\text{-}\pi_{423}}-\mathrm{a}_{P_4P_3P_1}\mathrm{D}_{P\text{-}\pi_{431}}-\mathrm{a}_{P_4P_1P_2}\mathrm{D}_{P\text{-}\pi_{412}}=0,$$

因此, 式 (4.1.8) 成立.

类似地, 可以证明式 (4.1.9)~(4.1.11) 成立.

推论 4.1.6 设 $P_1P_2P_3P_4$ 是四面体, $\pi_{412},\pi_{423},\pi_{431},\pi_{4\text{-}123}$; $\pi_{134},\pi_{142},\pi_{123},\pi_{1\text{-}234}$; $\pi_{241},\pi_{213},\pi_{234},\pi_{2\text{-}341}$; $\pi_{312},\pi_{324},\pi_{341},\pi_{3\text{-}412}$ 是四面体 $P_1P_2P_3P_4$ 各顶点 P_{i+3} $(i=1,2,3,4)$ 的四点 P_1,P_2,P_3,P_4 类平面, 则

(1) P 是平面 π_{412} 上任意一点的充分必要条件是

$$\mathrm{a}_{P_4P_2P_3}\mathrm{D}_{P\text{-}\pi_{423}}+\mathrm{a}_{P_4P_3P_1}\mathrm{D}_{P\text{-}\pi_{431}}=\mathrm{a}_{P_1P_2P_3}\mathrm{D}_{P\text{-}\pi_{4\text{-}123}},\tag{4.1.12}$$

或

$$\mathrm{a}_{P_1P_2P_3}\mathrm{D}_{P\text{-}\pi_{123}}+\mathrm{a}_{P_1P_3P_4}\mathrm{D}_{P\text{-}\pi_{134}}=\mathrm{a}_{P_2P_3P_4}\mathrm{D}_{P\text{-}\pi_{1\text{-}234}},\tag{4.1.13}$$

或

$$\mathrm{a}_{P_2P_3P_4}\mathrm{D}_{P\text{-}\pi_{234}}+\mathrm{a}_{P_2P_1P_3}\mathrm{D}_{P\text{-}\pi_{213}}=\mathrm{a}_{P_3P_4P_1}\mathrm{D}_{P\text{-}\pi_{2\text{-}341}}.\tag{4.1.14}$$

(2) P 是平面 π_{423} 上任意一点的充分必要条件是

$$\mathrm{a}_{P_4P_1P_2}\mathrm{D}_{P\text{-}\pi_{412}}+\mathrm{a}_{P_4P_3P_1}\mathrm{D}_{P\text{-}\pi_{431}}=\mathrm{a}_{P_1P_2P_3}\mathrm{D}_{P\text{-}\pi_{4\text{-}123}},$$

或

$$\mathrm{a}_{P_2P_4P_1}\mathrm{D}_{P\text{-}\pi_{241}}+\mathrm{a}_{P_2P_1P_3}\mathrm{D}_{P\text{-}\pi_{213}}=\mathrm{a}_{P_3P_4P_1}\mathrm{D}_{P\text{-}\pi_{2\text{-}341}},$$

或

$$\mathrm{a}_{P_3P_4P_1}\mathrm{D}_{P\text{-}\pi_{341}}+\mathrm{a}_{P_3P_1P_2}\mathrm{D}_{P\text{-}\pi_{312}}=\mathrm{a}_{P_4P_1P_2}\mathrm{D}_{P\text{-}\pi_{3\text{-}412}}.$$

(3) P 是平面 π_{431} 上任意一点的充分必要条件是

$$\mathrm{a}_{P_4P_1P_2}\mathrm{D}_{P\text{-}\pi_{412}}+\mathrm{a}_{P_4P_2P_3}\mathrm{D}_{P\text{-}\pi_{423}}=\mathrm{a}_{P_1P_2P_3}\mathrm{D}_{P\text{-}\pi_{4\text{-}123}},$$

或

$$\mathrm{a}_{P_1P_2P_3}\mathrm{D}_{P\text{-}\pi_{123}}+\mathrm{a}_{P_1P_4P_2}\mathrm{D}_{P\text{-}\pi_{142}}=\mathrm{a}_{P_2P_3P_4}\mathrm{D}_{P\text{-}\pi_{1\text{-}234}},$$

或

$$\mathrm{a}_{P_3P_1P_2}\mathrm{D}_{P\text{-}\pi_{312}}+\mathrm{a}_{P_3P_2P_4}\mathrm{D}_{P\text{-}\pi_{324}}=\mathrm{a}_{P_4P_1P_2}\mathrm{D}_{P\text{-}\pi_{3\text{-}412}}.$$

对四面体 $P_1P_2P_3P_4$ 各顶点 $P_{i+3}(i=2,3,4)$ 的四点 P_1,P_2,P_3,P_4 类平面 π_{134}, $\pi_{142},\pi_{123},\pi_{1\text{-}234}$; $\pi_{241},\pi_{213},\pi_{234},\pi_{2\text{-}341}$;$\pi_{312},\pi_{324},\pi_{341},\pi_{3\text{-}412}$, 也可以得出类似的结果.

证明 (1) 由式 (4.1.8)~(4.1.10), 可得

$$P\text{ 是平面 }\pi_{412}\text{ 任意一点}\Leftrightarrow \mathrm{D}_{P\text{-}\pi_{412}}=\mathrm{D}_{P\text{-}\pi_{142}}=\mathrm{D}_{P\text{-}\pi_{241}}=0$$
$$\Leftrightarrow\text{式 (4.1.12) 成立}\Leftrightarrow\text{式 (4.1.13) 成立}\Leftrightarrow\text{式 (4.1.14) 成立.}$$

类似地, 可以证明 (2) 和 (3) 中结论成立.

定理 4.1.6 设 $P_1P_2P_3P_4$ 是四面体, $\pi_{412},\pi_{423},\pi_{431},\pi_{4\text{-}123}$;$\pi_{134},\pi_{142},\pi_{123},\pi_{1\text{-}234}$;$\pi_{241},\pi_{213},\pi_{234},\pi_{2\text{-}341}$; $\pi_{312},\pi_{324},\pi_{341},\pi_{3\text{-}412}$ 是四面体 $P_1P_2P_3P_4$ 各顶点 P_{i+3} $(i=1,2,3,4)$ 的四点 P_1,P_2,P_3,P_4 类平面.

(1) 若 P 是平面 π_{412},π_{423} 交线 P_4P_2 上任意一点, 则

$$\mathrm{a}_{P_4P_3P_1}\mathrm{D}_{P\text{-}\pi_{431}}=\mathrm{a}_{P_1P_2P_3}\mathrm{D}_{P\text{-}\pi_{4\text{-}123}}(\mathrm{a}_{P_4P_3P_1}\mathrm{d}_{P\text{-}\pi_{431}}=\mathrm{a}_{P_1P_2P_3}\mathrm{d}_{P\text{-}\pi_{4\text{-}123}}),\quad(4.1.15)$$
$$\mathrm{a}_{P_2P_1P_3}\mathrm{D}_{P\text{-}\pi_{213}}=\mathrm{a}_{P_3P_4P_1}\mathrm{D}_{P\text{-}\pi_{2\text{-}341}}(\mathrm{a}_{P_2P_1P_3}\mathrm{d}_{P\text{-}\pi_{213}}=\mathrm{a}_{P_3P_4P_1}\mathrm{d}_{P\text{-}\pi_{2\text{-}341}}).\quad(4.1.16)$$

(2) 若 P 是平面 π_{423},π_{431} 交线 P_4P_3 上任意一点, 则

$$\mathrm{a}_{P_4P_1P_2}\mathrm{D}_{P\text{-}\pi_{412}}=\mathrm{a}_{P_1P_2P_3}\mathrm{D}_{P\text{-}\pi_{4\text{-}123}}(\mathrm{a}_{P_4P_1P_2}\mathrm{d}_{P\text{-}\pi_{412}}=\mathrm{a}_{P_1P_2P_3}\mathrm{d}_{P\text{-}\pi_{4\text{-}123}}),$$
$$\mathrm{a}_{P_3P_1P_2}\mathrm{D}_{P\text{-}\pi_{312}}=\mathrm{a}_{P_4P_1P_2}\mathrm{D}_{P\text{-}\pi_{3\text{-}412}}(\mathrm{a}_{P_3P_1P_2}\mathrm{d}_{P\text{-}\pi_{312}}=\mathrm{a}_{P_4P_1P_2}\mathrm{d}_{P\text{-}\pi_{3\text{-}412}}).$$

(3) 若 P 是平面 π_{431},π_{412} 交线 P_4P_1 上任意一点, 则

$$\mathrm{a}_{P_4P_2P_3}\mathrm{D}_{P\text{-}\pi_{423}}=\mathrm{a}_{P_1P_2P_3}\mathrm{D}_{P\text{-}\pi_{4\text{-}123}}(\mathrm{a}_{P_4P_2P_3}\mathrm{d}_{P\text{-}\pi_{423}}=\mathrm{a}_{P_1P_2P_3}\mathrm{d}_{P\text{-}\pi_{4\text{-}123}}),$$
$$\mathrm{a}_{P_1P_2P_3}\mathrm{D}_{P\text{-}\pi_{123}}=\mathrm{a}_{P_2P_3P_4}\mathrm{D}_{P\text{-}\pi_{1\text{-}234}}(\mathrm{a}_{P_1P_2P_3}\mathrm{d}_{P\text{-}\pi_{123}}=\mathrm{a}_{P_2P_3P_4}\mathrm{d}_{P\text{-}\pi_{1\text{-}234}}).$$

对四面体 $P_1P_2P_3P_4$ 各顶点 $P_{i+3}(i=2,3,4)$ 的四点 P_1,P_2,P_3,P_4 类平面 π_{134}, π_{142}, π_{123}, $\pi_{1\text{-}234}$; π_{241}, π_{213}, π_{234}, $\pi_{2\text{-}341}$; π_{312}, π_{324}, π_{341}, $\pi_{3\text{-}412}$, 也可以得出类似的结果.

证明　(1) 根据定理 4.1.5, 由式 (4.1.8) 和 (4.1.10), 可得

P 是平面 π_{412},π_{423} 交线 P_4P_2 上任意一点 $\Rightarrow \mathrm{D}_{P\text{-}\pi_{412}}=\mathrm{D}_{P\text{-}\pi_{423}}=0\Rightarrow$ 式 (4.1.15) 和 (4.1.16) 成立.

类似地, 可以证明 (2) 和 (3) 中结论成立.

定理 4.1.7　设 $P_1P_2P_3P_4$ 是四面体, $\pi_{412},\pi_{423},\pi_{431},\pi_{4\text{-}123};\pi_{134},\pi_{142},\pi_{123},\pi_{1\text{-}234};\pi_{241},\pi_{213},\pi_{234},\pi_{2\text{-}341};\pi_{312},\pi_{324},\pi_{341},\pi_{3\text{-}412}$ 是四面体 $P_1P_2P_3P_4$ 各顶点 P_{i+3} $(i=1,2,3,4)$ 的四点 P_1,P_2,P_3,P_4 类平面.

(1) 若 P 是平面 $\pi_{412},\pi_{4\text{-}123}$ 交线上任意一点, 则

$$\mathrm{a}_{P_4P_2P_3}\mathrm{D}_{P\text{-}\pi_{423}}+\mathrm{a}_{P_4P_3P_1}\mathrm{D}_{P\text{-}\pi_{431}}=0(\mathrm{a}_{P_4P_2P_3}\mathrm{d}_{P\text{-}\pi_{423}}=\mathrm{a}_{P_4P_3P_1}\mathrm{d}_{P\text{-}\pi_{431}});\quad(4.1.17)$$

若 P 是平面 $\pi_{412},\pi_{1\text{-}234}$ 交线上任意一点, 则

$$\mathrm{a}_{P_1P_2P_3}\mathrm{D}_{P\text{-}\pi_{123}}+\mathrm{a}_{P_1P_3P_4}\mathrm{D}_{P\text{-}\pi_{134}}=0(\mathrm{a}_{P_1P_2P_3}\mathrm{d}_{P\text{-}\pi_{123}}=\mathrm{a}_{P_1P_3P_4}\mathrm{d}_{P\text{-}\pi_{134}});\quad(4.1.18)$$

若 P 是平面 $\pi_{412},\pi_{2\text{-}341}$ 交线上任意一点, 则

$$\mathrm{a}_{P_2P_3P_4}\mathrm{D}_{P\text{-}\pi_{234}}+\mathrm{a}_{P_2P_1P_3}\mathrm{D}_{P\text{-}\pi_{213}}=0(\mathrm{a}_{P_2P_3P_4}\mathrm{d}_{P\text{-}\pi_{234}}=\mathrm{a}_{P_2P_1P_3}\mathrm{d}_{P\text{-}\pi_{213}}).\quad(4.1.19)$$

(2) 若 P 是平面 $\pi_{423},\pi_{4\text{-}123}$ 交线上任意一点, 则

$$\mathrm{a}_{P_4P_1P_2}\mathrm{D}_{P\text{-}\pi_{412}}+\mathrm{a}_{P_4P_3P_1}\mathrm{D}_{P\text{-}\pi_{431}}=0(\mathrm{a}_{P_4P_1P_2}\mathrm{d}_{P\text{-}\pi_{412}}=\mathrm{a}_{P_4P_3P_1}\mathrm{d}_{P\text{-}\pi_{431}});$$

若 P 是平面 $\pi_{423},\pi_{2\text{-}341}$ 交线上任意一点, 则

$$\mathrm{a}_{P_2P_4P_1}\mathrm{D}_{P\text{-}\pi_{241}}+\mathrm{a}_{P_2P_1P_3}\mathrm{D}_{P\text{-}\pi_{213}}=0(\mathrm{a}_{P_2P_4P_1}\mathrm{d}_{P\text{-}\pi_{241}}=\mathrm{a}_{P_2P_1P_3}\mathrm{d}_{P\text{-}\pi_{213}});$$

若 P 是平面 $\pi_{423},\pi_{3\text{-}412}$ 交线上任意一点, 则

$$\mathrm{a}_{P_3P_4P_1}\mathrm{D}_{P\text{-}\pi_{341}}+\mathrm{a}_{P_3P_1P_2}\mathrm{D}_{P\text{-}\pi_{312}}=0(\mathrm{a}_{P_3P_4P_1}\mathrm{d}_{P\text{-}\pi_{341}}=\mathrm{a}_{P_3P_1P_2}\mathrm{d}_{P\text{-}\pi_{312}}).$$

(3) 若 P 是平面 $\pi_{431},\pi_{4\text{-}123}$ 交线上任意一点, 则

$$\mathrm{a}_{P_4P_1P_2}\mathrm{D}_{P\text{-}\pi_{412}}+\mathrm{a}_{P_4P_2P_3}\mathrm{D}_{P\text{-}\pi_{423}}=0(\mathrm{a}_{P_4P_1P_2}\mathrm{d}_{P\text{-}\pi_{412}}=\mathrm{a}_{P_4P_2P_3}\mathrm{d}_{P\text{-}\pi_{423}});$$

若 P 是平面 $\pi_{431},\pi_{1\text{-}234}$ 交线上任意一点, 则

$$\mathrm{a}_{P_1P_2P_3}\mathrm{D}_{P\text{-}\pi_{123}}+\mathrm{a}_{P_1P_4P_2}\mathrm{D}_{P\text{-}\pi_{142}}=0(\mathrm{a}_{P_1P_2P_3}\mathrm{d}_{P\text{-}\pi_{123}}=\mathrm{a}_{P_1P_4P_2}\mathrm{d}_{P\text{-}\pi_{142}});$$

若 P 是平面 $\pi_{431},\pi_{3\text{-}412}$ 交线上任意一点, 则

$$\mathrm{a}_{P_3P_1P_2}\mathrm{D}_{P\text{-}\pi_{312}}+\mathrm{a}_{P_3P_2P_4}\mathrm{D}_{P\text{-}\pi_{324}}=0(\mathrm{a}_{P_3P_1P_2}\mathrm{d}_{P\text{-}\pi_{312}}=\mathrm{a}_{P_3P_2P_4}\mathrm{d}_{P\text{-}\pi_{324}}).$$

对四面体 $P_1P_2P_3P_4$ 各顶点 $P_{i+3}(i=2,3,4)$ 的四点 P_1,P_2,P_3,P_4 类平面 π_{134}，π_{142}，π_{123}，$\pi_{1\text{-}234}$；π_{241}，π_{213}，π_{234}，$\pi_{2\text{-}341}$；π_{312}，π_{324}，π_{341}，$\pi_{3\text{-}412}$，也可以得出类似的结果.

证明 (1) 根据定理 4.1.5, 由式 (4.1.8)~(4.1.10), 可得

P 是平面 $\pi_{412},\pi_{4\text{-}123}$ 交线上任意一点 $\Rightarrow \mathrm{D}_{P\text{-}\pi_{412}}=\mathrm{D}_{P\text{-}\pi_{4\text{-}123}}=0\Rightarrow$ 式 (4.1.17) 成立;

P 是平面 $\pi_{412},\pi_{1\text{-}234}$ 交线上任意一点 $\Rightarrow \mathrm{D}_{P\text{-}\pi_{412}}=\mathrm{D}_{P\text{-}\pi_{1\text{-}234}}=0\Rightarrow$ 式 (4.1.18) 成立;

P 是平面 $\pi_{412},\pi_{2\text{-}341}$ 交线上任意一点 $\Rightarrow \mathrm{D}_{P\text{-}\pi_{412}}=\mathrm{D}_{P\text{-}\pi_{2\text{-}341}}=0\Rightarrow$ 式 (4.1.19) 成立.

类似地, 可以证明 (2) 和 (3) 中结论成立.

定理 4.1.8 设 $P_1P_2P_3P_4$ 是四面体, $\pi_{412},\pi_{423},\pi_{431},\pi_{4\text{-}123};\pi_{134},\pi_{142},\pi_{123},\pi_{1\text{-}234};\pi_{241},\pi_{213},\pi_{234},\pi_{2\text{-}341};\pi_{312},\pi_{324},\pi_{341},\pi_{3\text{-}412}$ 是四面体 $P_1P_2P_3P_4$ 各顶点 P_{i+3} $(i=1,2,3,4)$ 的四点 P_1,P_2,P_3,P_4 类平面.

(1) 若 P 是平面 $\pi_{4\text{-}123},\pi_{1\text{-}234}$ 交线上任意一点, 则

$$\mathrm{a}_{P_4P_2P_3}\mathrm{D}_{P\text{-}\pi_{423}}+\mathrm{a}_{P_1P_2P_3}\mathrm{D}_{P\text{-}\pi_{123}}=0\ (\mathrm{a}_{P_4P_2P_3}\mathrm{d}_{P\text{-}\pi_{423}}=\mathrm{a}_{P_1P_2P_3}\mathrm{d}_{P\text{-}\pi_{123}}); \tag{4.1.20}$$

(2) 若 P 是平面 $\pi_{4\text{-}123},\pi_{2\text{-}341}$ 交线上任意一点, 则

$$\mathrm{a}_{P_4P_3P_1}\mathrm{D}_{P\text{-}\pi_{431}}-\mathrm{a}_{P_2P_1P_3}\mathrm{D}_{P\text{-}\pi_{213}}=0\ (\mathrm{a}_{P_4P_3P_1}\mathrm{d}_{P\text{-}\pi_{431}}=\mathrm{a}_{P_2P_1P_3}\mathrm{d}_{P\text{-}\pi_{213}});$$

(3) 若 P 是平面 $\pi_{4\text{-}123},\pi_{3\text{-}412}$ 交线上任意一点, 则

$$\mathrm{a}_{P_4P_1P_2}\mathrm{D}_{P\text{-}\pi_{412}}+\mathrm{a}_{P_3P_1P_2}\mathrm{D}_{P\text{-}\pi_{312}}=0\ (\mathrm{a}_{P_4P_1P_2}\mathrm{d}_{P\text{-}\pi_{412}}=\mathrm{a}_{P_3P_1P_2}\mathrm{d}_{P\text{-}\pi_{312}});$$

(4) 若 P 是平面 $\pi_{1\text{-}234},\pi_{2\text{-}341}$ 交线上任意一点, 则

$$\mathrm{a}_{P_1P_3P_4}\mathrm{D}_{P\text{-}\pi_{134}}+\mathrm{a}_{P_2P_3P_4}\mathrm{D}_{P\text{-}\pi_{234}}=0\ (\mathrm{a}_{P_1P_3P_4}\mathrm{d}_{P\text{-}\pi_{134}}=\mathrm{a}_{P_2P_3P_4}\mathrm{d}_{P\text{-}\pi_{234}});$$

(5) 若 P 是平面 $\pi_{1\text{-}234},\pi_{3\text{-}412}$ 交线上任意一点, 则

$$\mathrm{a}_{P_1P_4P_2}\mathrm{D}_{P\text{-}\pi_{142}}-\mathrm{a}_{P_3P_2P_4}\mathrm{D}_{P\text{-}\pi_{324}}=0\ (\mathrm{a}_{P_1P_4P_2}\mathrm{d}_{P\text{-}\pi_{142}}=\mathrm{a}_{P_3P_2P_4}\mathrm{d}_{P\text{-}\pi_{324}});$$

(6) 若 P 是平面 $\pi_{2\text{-}341},\pi_{3\text{-}412}$ 交线上任意一点, 则

$$\mathrm{a}_{P_2P_4P_1}\mathrm{D}_{P\text{-}\pi_{241}}+\mathrm{a}_{P_3P_4P_1}\mathrm{D}_{P\text{-}\pi_{341}}=0\ (\mathrm{a}_{P_2P_4P_1}\mathrm{d}_{P\text{-}\pi_{241}}=\mathrm{a}_{P_3P_4P_1}\mathrm{d}_{P\text{-}\pi_{341}}).$$

证明 (1) 因为 P 是平面 $\pi_{4\text{-}123},\pi_{1\text{-}234}$ 交线上任意一点, 所以 $\mathrm{D}_{P\text{-}\pi_{4\text{-}123}}=\mathrm{D}_{P\text{-}\pi_{1\text{-}234}}=0$. 分别代入式 (4.1.8) 和 (4.1.9), 可得

$$\mathrm{a}_{P_4P_1P_2}\mathrm{D}_{P\text{-}\pi_{412}}+\mathrm{a}_{P_4P_2P_3}\mathrm{D}_{P\text{-}\pi_{423}}+\mathrm{a}_{P_4P_3P_1}\mathrm{D}_{P\text{-}\pi_{431}}=0, \tag{4.1.21}$$

$$\mathrm{a}_{P_1P_2P_3}\mathrm{D}_{P\text{-}\pi_{123}}+\mathrm{a}_{P_1P_3P_4}\mathrm{D}_{P\text{-}\pi_{134}}+\mathrm{a}_{P_1P_4P_2}\mathrm{D}_{P\text{-}\pi_{142}}=0. \tag{4.1.22}$$

又因为 $\mathrm{D}_{P\text{-}\pi_{412}}=-\mathrm{D}_{P\text{-}\pi_{142}}, \mathrm{D}_{P\text{-}\pi_{431}}=-\mathrm{D}_{P\text{-}\pi_{134}}$, 所以

$$\mathrm{a}_{P_4P_1P_2}\mathrm{D}_{P\text{-}\pi_{412}}+\mathrm{a}_{P_1P_4P_2}\mathrm{D}_{P\text{-}\pi_{142}}=0,\quad \mathrm{a}_{P_4P_3P_1}\mathrm{D}_{P\text{-}\pi_{431}}+\mathrm{a}_{P_1P_3P_4}\mathrm{D}_{P\text{-}\pi_{134}}=0.$$

式 (4.1.21)+(4.1.22) 并化简, 即得式 (4.1.20).

类似地, 可以证明 (2)~(6) 中结论成立.

定理 4.1.9　设 $P_1P_2P_3P_4$ 是等积四面体, $\pi_{412}, \pi_{423}, \pi_{431}, \pi_{4\text{-}123}; \pi_{134}, \pi_{142}, \pi_{123}, \pi_{1\text{-}234}; \pi_{241}, \pi_{213}, \pi_{234}, \pi_{2\text{-}341}; \pi_{312}, \pi_{324}, \pi_{341}, \pi_{3\text{-}412}$ 分别是四面体 $P_1P_2P_3P_4$ 各顶点 $P_{i+3}(i=1,2,3,4)$ 的四点 P_1, P_2, P_3, P_4 类平面, P 是空间任意一点, 则

$$\mathrm{D}_{P\text{-}\pi_{412}}+\mathrm{D}_{P\text{-}\pi_{423}}+\mathrm{D}_{P\text{-}\pi_{431}}=\mathrm{D}_{P\text{-}\pi_{4\text{-}123}}, \tag{4.1.23}$$

$$\mathrm{D}_{P\text{-}\pi_{123}}+\mathrm{D}_{P\text{-}\pi_{134}}+\mathrm{D}_{P\text{-}\pi_{142}}=\mathrm{D}_{P\text{-}\pi_{1\text{-}234}}, \tag{4.1.24}$$

$$\mathrm{D}_{P\text{-}\pi_{234}}+\mathrm{D}_{P\text{-}\pi_{241}}+\mathrm{D}_{P\text{-}\pi_{213}}=\mathrm{D}_{P\text{-}\pi_{2\text{-}341}}, \tag{4.1.25}$$

$$\mathrm{D}_{P\text{-}\pi_{341}}+\mathrm{D}_{P\text{-}\pi_{312}}+\mathrm{D}_{P\text{-}\pi_{324}}=\mathrm{D}_{P\text{-}\pi_{3\text{-}412}}. \tag{4.1.26}$$

证明　因为 $P_1P_2P_3P_4$ 是等积四面体, 所以

$$\mathrm{a}_{P_4P_1P_2}=\mathrm{a}_{P_4P_2P_3}=\mathrm{a}_{P_4P_3P_1}=\mathrm{a}_{P_1P_2P_3},$$

代入式 (4.1.8) 并化简, 即得式 (4.1.23) 成立.

类似地, 可以证明式 (4.1.24)~(4.1.26) 成立.

推论 4.1.7　设 $P_1P_2P_3P_4$ 是等积四面体, $\pi_{412}, \pi_{423}, \pi_{431}, \pi_{4\text{-}123}; \pi_{134}, \pi_{142}, \pi_{123}, \pi_{1\text{-}234}; \pi_{241}, \pi_{213}, \pi_{234}, \pi_{2\text{-}341}; \pi_{312}, \pi_{324}, \pi_{341}, \pi_{3\text{-}412}$ 分别是四面体 $P_1P_2P_3P_4$ 各顶点 $P_{i+3}(i=1,2,3,4)$ 的四点 P_1, P_2, P_3, P_4 类平面, 则 π_{412}, π_{423} 外角的平分面与 $\pi_{431}, \pi_{4\text{-}123}$ 内角的平分面重合; π_{412}, π_{431} 外角的平分面与 $\pi_{423}, \pi_{4\text{-}123}$ 内角的平分面重合; $\pi_{412}, \pi_{4\text{-}123}$ 内角的平分面与 π_{423}, π_{431} 外角的平分面重合.

利用式 (4.1.24)~(4.1.26), 也可以得出类似的结果.

证明　利用式 (4.1.23), 仿推论 4.1.3 证明即得.

定理 4.1.10　设 $P_1P_2P_3P_4$ 是等积四面体, $\pi_{412}, \pi_{423}, \pi_{431}, \pi_{4\text{-}123}; \pi_{134}, \pi_{142}, \pi_{123}, \pi_{1\text{-}234}; \pi_{241}, \pi_{213}, \pi_{234}, \pi_{2\text{-}341}; \pi_{312}, \pi_{324}, \pi_{341}, \pi_{3\text{-}412}$ 分别是四面体 $P_1P_2P_3P_4$ 各顶点 $P_{i+3}(i=1,2,3,4)$ 的四点 P_1, P_2, P_3, P_4 类平面, 则

(1) P 是平面 π_{412} 上任意一点的充分必要条件是

$$\mathrm{D}_{P\text{-}\pi_{423}}+\mathrm{D}_{P\text{-}\pi_{431}}=\mathrm{D}_{P\text{-}\pi_{4\text{-}123}}, \tag{4.1.27}$$

或

$$\mathrm{D}_{P\text{-}\pi_{123}}+\mathrm{D}_{P\text{-}\pi_{134}}=\mathrm{D}_{P\text{-}\pi_{1\text{-}234}}, \tag{4.1.28}$$

或

$$\mathrm{D}_{P\text{-}\pi_{234}}+\mathrm{D}_{P\text{-}\pi_{213}}=\mathrm{D}_{P\text{-}\pi_{2\text{-}341}}. \tag{4.1.29}$$

(2) P 是平面 π_{423} 上任意一点的充分必要条件是

$$\mathrm{D}_{P\text{-}\pi_{412}}+\mathrm{D}_{P\text{-}\pi_{431}}=\mathrm{D}_{P\text{-}\pi_{4\text{-}123}},$$

或

$$\mathrm{D}_{P\text{-}\pi_{241}}+\mathrm{D}_{P\text{-}\pi_{213}}=\mathrm{D}_{P\text{-}\pi_{2\text{-}341}},$$

或

$$\mathrm{D}_{P\text{-}\pi_{341}}+\mathrm{D}_{P\text{-}\pi_{312}}=\mathrm{D}_{P\text{-}\pi_{3\text{-}412}}.$$

(3) P 是平面 π_{431} 上任意一点的充分必要条件是

$$\mathrm{D}_{P\text{-}\pi_{412}}+\mathrm{D}_{P\text{-}\pi_{423}}=\mathrm{D}_{P\text{-}\pi_{4\text{-}123}},$$

或

$$\mathrm{D}_{P\text{-}\pi_{123}}+\mathrm{D}_{P\text{-}\pi_{142}}=\mathrm{D}_{P\text{-}\pi_{1\text{-}234}},$$

或

$$\mathrm{D}_{P\text{-}\pi_{312}}+\mathrm{D}_{P\text{-}\pi_{324}}=\mathrm{D}_{P\text{-}\pi_{3\text{-}412}}.$$

对四面体 $P_1P_2P_3P_4$ 各顶点 $P_{i+3}(i=2,3,4)$ 的四点 P_1,P_2,P_3,P_4 类平面 π_{134}, π_{142}, π_{123}, $\pi_{1\text{-}234}$; π_{241}, π_{213}, π_{234}, $\pi_{2\text{-}341}$; π_{312}, π_{324}, π_{341}, $\pi_{3\text{-}412}$, 也可以得出类似的结果.

证明 (1) 由式 (4.1.23)~(4.1.25), 可得

P 是平面 π_{412} 任意一点 $\Leftrightarrow \mathrm{D}_{P\text{-}\pi_{412}}=\mathrm{D}_{P\text{-}\pi_{142}}=\mathrm{D}_{P\text{-}\pi_{241}}=0 \Leftrightarrow$ 式 (4.1.27) 成立 $\Leftrightarrow$ 式 (4.1.28) 成立 $\Leftrightarrow$ 式 (4.1.29) 成立.

类似地, 可以证明 (2) 和 (3) 中结论成立.

推论 4.1.8 设 $P_1P_2P_3P_4$ 是等积四面体, $\pi_{412},\pi_{423},\pi_{431},\pi_{4\text{-}123}$; $\pi_{134},\pi_{142},\pi_{123},\pi_{1\text{-}234}$; $\pi_{241},\pi_{213},\pi_{234},\pi_{2\text{-}341}$; $\pi_{312},\pi_{324},\pi_{341},\pi_{3\text{-}412}$ 分别是四面体 $P_1P_2P_3P_4$ 各顶点 $P_{i+3}(i=1,2,3,4)$ 的四点 P_1,P_2,P_3,P_4 类平面.

(1) 若 P 是平面 π_{412} 上任意一点, 则在以下各组三个点到平面的距离

$$\mathrm{d}_{P\text{-}\pi_{423}},\quad \mathrm{d}_{P\text{-}\pi_{431}},\quad \mathrm{d}_{P\text{-}\pi_{4\text{-}123}};\quad \mathrm{d}_{P\text{-}\pi_{123}},\quad \mathrm{d}_{P\text{-}\pi_{134}},\quad \mathrm{d}_{P\text{-}\pi_{1\text{-}234}};$$
$$\mathrm{d}_{P\text{-}\pi_{234}},\quad \mathrm{d}_{P\text{-}\pi_{213}},\quad \mathrm{d}_{P\text{-}\pi_{2\text{-}341}}$$

中, 均有其中一个较长的距离等于另两个较短的距离的和.

(2) 若 P 是平面 π_{423} 上任意一点, 则在以下各组三个点到平面的距离

$$\mathrm{d}_{P\text{-}\pi_{412}},\quad \mathrm{d}_{P\text{-}\pi_{431}},\quad \mathrm{d}_{P\text{-}\pi_{4\text{-}123}};\quad \mathrm{d}_{P\text{-}\pi_{241}},\quad \mathrm{d}_{P\text{-}\pi_{213}},\quad \mathrm{d}_{P\text{-}\pi_{2\text{-}341}};$$
$$\mathrm{d}_{P\text{-}\pi_{341}},\quad \mathrm{d}_{P\text{-}\pi_{312}},\quad \mathrm{d}_{P\text{-}\pi_{3\text{-}412}}$$

中, 均有其中一个较长的距离等于另两个较短的距离的和.

(3) 若 P 是平面 π_{431} 上任意一点, 则在以下各组三个点到平面的距离

$$\mathrm{d}_{P\text{-}\pi_{412}},\quad \mathrm{d}_{P\text{-}\pi_{423}},\quad \mathrm{d}_{P\text{-}\pi_{4\text{-}123}};\quad \mathrm{d}_{P\text{-}\pi_{123}},\quad \mathrm{d}_{P\text{-}\pi_{142}},\quad \mathrm{d}_{P\text{-}\pi_{1\text{-}234}};$$
$$\mathrm{d}_{P\text{-}\pi_{312}},\quad \mathrm{d}_{P\text{-}\pi_{324}},\quad \mathrm{d}_{P\text{-}\pi_{3\text{-}412}}$$

中, 均有其中一个较长的距离等于另两个较短的距离的和.

对四面体 $P_1P_2P_3P_4$ 各顶点 $P_{i+3}(i=2,3,4)$ 的四点 P_1,P_2,P_3,P_4 类平面 π_{134}, π_{142}, π_{123}, $\pi_{1\text{-}234}$; π_{241}, π_{213}, π_{234}, $\pi_{2\text{-}341}$; π_{312}, π_{324}, π_{341}, $\pi_{3\text{-}412}$, 也可以得出类似的结果.

证明　(1) 由式 (4.1.27)~(4.1.29), 仿推论 4.1.4 证明即得.

类似地, 可以证明 (2) 和 (3) 中结论成立.

定理 4.1.11　设 $P_1P_2P_3P_4$ 是等积四面体, $\pi_{412},\pi_{423},\pi_{431},\pi_{4\text{-}123};\pi_{134},\pi_{142},\pi_{123},\pi_{1\text{-}234};\pi_{241},\pi_{213},\pi_{234},\pi_{2\text{-}341};\pi_{312},\pi_{324},\pi_{341},\pi_{3\text{-}412}$ 分别是四面体 $P_1P_2P_3P_4$ 各顶点 $P_{i+3}(i=1,2,3,4)$ 的四点 P_1,P_2,P_3,P_4 类平面.

(1) 若 P 是平面 π_{412},π_{423} 交线 P_4P_2 上任意一点, 则

$$\mathrm{D}_{P\text{-}\pi_{431}}=\mathrm{D}_{P\text{-}\pi_{4\text{-}123}}(\mathrm{d}_{P\text{-}\pi_{431}}=\mathrm{d}_{P\text{-}\pi_{4\text{-}123}}),\tag{4.1.30}$$
$$\mathrm{D}_{P\text{-}\pi_{213}}=\mathrm{D}_{P\text{-}\pi_{2\text{-}341}}(\mathrm{d}_{P\text{-}\pi_{213}}=\mathrm{d}_{P\text{-}\pi_{2\text{-}341}}).\tag{4.1.31}$$

(2) 若 P 是平面 π_{423},π_{431} 交线 P_4P_3 上任意一点, 则

$$\mathrm{D}_{P\text{-}\pi_{412}}=\mathrm{D}_{P\text{-}\pi_{4\text{-}123}}(\mathrm{d}_{P\text{-}\pi_{412}}=\mathrm{d}_{P\text{-}\pi_{4\text{-}123}}),$$
$$\mathrm{D}_{P\text{-}\pi_{312}}=\mathrm{D}_{P\text{-}\pi_{3\text{-}412}}(\mathrm{d}_{P\text{-}\pi_{312}}=\mathrm{d}_{P\text{-}\pi_{3\text{-}412}}).$$

(3) 若 P 是平面 π_{431},π_{412} 交线 P_4P_1 上任意一点, 则

$$\mathrm{D}_{P\text{-}\pi_{423}}=\mathrm{D}_{P\text{-}\pi_{4\text{-}123}}(\mathrm{d}_{P\text{-}\pi_{423}}=\mathrm{d}_{P\text{-}\pi_{4\text{-}123}}),$$
$$\mathrm{D}_{P\text{-}\pi_{123}}=\mathrm{D}_{P\text{-}\pi_{1\text{-}234}}(\mathrm{d}_{P\text{-}\pi_{123}}=\mathrm{d}_{P\text{-}\pi_{1\text{-}234}}).$$

对四面体 $P_1P_2P_3P_4$ 各顶点 $P_{i+3}(i=2,3,4)$ 的四点 P_1,P_2,P_3,P_4 类平面 π_{134}, π_{142}, π_{123}, $\pi_{1\text{-}234}$; π_{241}, π_{213}, π_{234}, $\pi_{2\text{-}341}$; π_{312}, π_{324}, π_{341}, $\pi_{3\text{-}412}$, 也可以得出类似的结果.

证明　(1) 根据定理 4.1.9, 由式 (4.1.23) 和 (4.1.25), 可得

P 是平面 π_{412},π_{423} 交线 P_4P_2 上任意一点 $\Rightarrow \mathrm{D}_{P\text{-}\pi_{412}}=\mathrm{D}_{P\text{-}\pi_{423}}=0\Rightarrow$ 式 (4.1.30) 和 (4.1.31) 成立.

类似地, 可以证明 (2) 和 (3) 中结论成立.

定理 4.1.12　设 $P_1P_2P_3P_4$ 是等积四面体, $\pi_{412},\pi_{423},\pi_{431},\pi_{4\text{-}123};\pi_{134},\pi_{142},\pi_{123},\pi_{1\text{-}234};\pi_{241},\pi_{213},\pi_{234},\pi_{2\text{-}341};\pi_{312},\pi_{324},\pi_{341},\pi_{3\text{-}412}$ 分别是四面体 $P_1P_2P_3P_4$ 各顶点 $P_{i+3}(i=1,2,3,4)$ 的四点 P_1,P_2,P_3,P_4 类平面.

(1) 若 P 是平面 $\pi_{412},\pi_{4\text{-}123}$ 交线上任意一点, 则

$$\mathrm{D}_{P\text{-}\pi_{423}}+\mathrm{D}_{P\text{-}\pi_{431}}=0(\mathrm{d}_{P\text{-}\pi_{423}}=\mathrm{d}_{P\text{-}\pi_{431}});\tag{4.1.32}$$

若 P 是平面 $\pi_{412},\pi_{1\text{-}234}$ 交线上任意一点, 则

$$\mathrm{D}_{P\text{-}\pi_{123}}+\mathrm{D}_{P\text{-}\pi_{134}}=0(\mathrm{d}_{P\text{-}\pi_{123}}=\mathrm{d}_{P\text{-}\pi_{134}});\tag{4.1.33}$$

若 P 是平面 $\pi_{412},\pi_{2\text{-}341}$ 交线上任意一点, 则

$$\mathrm{D}_{P\text{-}\pi_{234}}+\mathrm{D}_{P\text{-}\pi_{213}}=0(\mathrm{d}_{P\text{-}\pi_{234}}=\mathrm{d}_{P\text{-}\pi_{213}}).\tag{4.1.34}$$

(2) 若 P 是平面 $\pi_{423},\pi_{4\text{-}123}$ 交线上任意一点, 则

$$\mathrm{D}_{P\text{-}\pi_{412}}+\mathrm{D}_{P\text{-}\pi_{431}}=0(\mathrm{d}_{P\text{-}\pi_{412}}=\mathrm{d}_{P\text{-}\pi_{431}});$$

若 P 是平面 $\pi_{423},\pi_{2\text{-}341}$ 交线上任意一点, 则

$$\mathrm{D}_{P\text{-}\pi_{241}}+\mathrm{D}_{P\text{-}\pi_{213}}=0(\mathrm{d}_{P\text{-}\pi_{241}}=\mathrm{d}_{P\text{-}\pi_{213}});$$

若 P 是平面 $\pi_{423},\pi_{3\text{-}412}$ 交线上任意一点, 则

$$\mathrm{D}_{P\text{-}\pi_{341}}+\mathrm{D}_{P\text{-}\pi_{312}}=0(\mathrm{d}_{P\text{-}\pi_{341}}=\mathrm{d}_{P\text{-}\pi_{312}}).$$

(3) 若 P 是平面 $\pi_{431},\pi_{4\text{-}123}$ 交线上任意一点, 则

$$\mathrm{D}_{P\text{-}\pi_{412}}+\mathrm{D}_{P\text{-}\pi_{423}}=0(\mathrm{d}_{P\text{-}\pi_{412}}=\mathrm{d}_{P\text{-}\pi_{423}});$$

若 P 是平面 $\pi_{431},\pi_{1\text{-}234}$ 交线上任意一点, 则

$$\mathrm{D}_{P\text{-}\pi_{123}}+\mathrm{D}_{P\text{-}\pi_{142}}=0(\mathrm{d}_{P\text{-}\pi_{123}}=\mathrm{d}_{P\text{-}\pi_{142}});$$

若 P 是平面 $\pi_{431},\pi_{3\text{-}412}$ 交线上任意一点, 则

$$\mathrm{D}_{P\text{-}\pi_{312}}+\mathrm{D}_{P\text{-}\pi_{324}}=0(\mathrm{d}_{P\text{-}\pi_{312}}=\mathrm{d}_{P\text{-}\pi_{324}}).$$

对四面体 $P_1P_2P_3P_4$ 各顶点 $P_{i+3}(i=2,3,4)$ 的四点 P_1,P_2,P_3,P_4 类平面 π_{134}, π_{142}, π_{123}, $\pi_{1\text{-}234}$; π_{241}, π_{213}, π_{234}, $\pi_{2\text{-}341}$; π_{312}, π_{324}, π_{341}, $\pi_{3\text{-}412}$, 也可以得出类似的结果.

证明 (1) 根据定理 4.1.9, 由式 (4.1.23)~(4.1.25), 可得

P 是平面 $\pi_{412},\pi_{4\text{-}123}$ 交线上任意一点 $\Rightarrow \mathrm{D}_{P\text{-}\pi_{412}}=\mathrm{D}_{P\text{-}\pi_{4\text{-}123}}=0\Rightarrow$ 式 (4.1.32) 成立;

P 是平面 $\pi_{412}, \pi_{1\text{-}234}$ 交线上任意一点 $\Rightarrow \mathrm{D}_{P\text{-}\pi_{412}} = \mathrm{D}_{P\text{-}\pi_{1\text{-}234}} = 0 \Rightarrow$ 式 (4.1.33) 成立;

P 是平面 $\pi_{412}, \pi_{2\text{-}341}$ 交线上任意一点 $\Rightarrow \mathrm{D}_{P\text{-}\pi_{412}} = \mathrm{D}_{P\text{-}\pi_{2\text{-}341}} = 0 \Rightarrow$ 式 (4.1.34) 成立.

类似地, 可以证明 (2) 和 (3) 中结论成立.

定理 4.1.13　设 $P_1P_2P_3P_4$ 是等积四面体, $\pi_{412}, \pi_{423}, \pi_{431}, \pi_{4\text{-}123}; \pi_{134}, \pi_{142}, \pi_{123}, \pi_{1\text{-}234}; \pi_{241}, \pi_{213}, \pi_{234}, \pi_{2\text{-}341}; \pi_{312}, \pi_{324}, \pi_{341}, \pi_{3\text{-}412}$ 分别是四面体 $P_1P_2P_3P_4$ 各顶点 $P_{i+3}(i = 1, 2, 3, 4)$ 的四点 P_1, P_2, P_3, P_4 类平面.

(1) 若 P 是平面 $\pi_{4\text{-}123}, \pi_{1\text{-}234}$ 交线上任意一点, 则

$$\mathrm{D}_{P\text{-}\pi_{423}} + \mathrm{D}_{P\text{-}\pi_{123}} = 0\ (\mathrm{d}_{P\text{-}\pi_{423}} = \mathrm{d}_{P\text{-}\pi_{123}}); \tag{4.1.35}$$

(2) 若 P 是平面 $\pi_{4\text{-}123}, \pi_{2\text{-}341}$ 交线上任意一点, 则

$$\mathrm{D}_{P\text{-}\pi_{431}} - \mathrm{D}_{P\text{-}\pi_{213}} = 0\ (\mathrm{d}_{P\text{-}\pi_{431}} = \mathrm{d}_{P\text{-}\pi_{213}});$$

(3) 若 P 是平面 $\pi_{4\text{-}123}, \pi_{3\text{-}412}$ 交线上任意一点, 则

$$\mathrm{D}_{P\text{-}\pi_{412}} + \mathrm{D}_{P\text{-}\pi_{312}} = 0\ (\mathrm{d}_{P\text{-}\pi_{412}} = \mathrm{d}_{P\text{-}\pi_{312}});$$

(4) 若 P 是平面 $\pi_{1\text{-}234}, \pi_{2\text{-}341}$ 交线上任意一点, 则

$$\mathrm{D}_{P\text{-}\pi_{134}} + \mathrm{D}_{P\text{-}\pi_{234}} = 0\ (\mathrm{d}_{P\text{-}\pi_{134}} = \mathrm{d}_{P\text{-}\pi_{234}});$$

(5) 若 P 是平面 $\pi_{1\text{-}234}, \pi_{3\text{-}412}$ 交线上任意一点, 则

$$\mathrm{D}_{P\text{-}\pi_{142}} - \mathrm{D}_{P\text{-}\pi_{324}} = 0\ (\mathrm{d}_{P\text{-}\pi_{142}} = \mathrm{d}_{P\text{-}\pi_{324}});$$

(6) 若 P 是平面 $\pi_{2\text{-}341}, \pi_{3\text{-}412}$ 交线上任意一点, 则

$$\mathrm{D}_{P\text{-}\pi_{241}} + \mathrm{D}_{P\text{-}\pi_{341}} = 0\ (\mathrm{d}_{P\text{-}\pi_{241}} = \mathrm{d}_{P\text{-}\pi_{341}}).$$

证明　(1) 因为 P 是平面 $\pi_{4\text{-}123}, \pi_{1\text{-}234}$ 交线上任意一点, 所以 $\mathrm{D}_{P\text{-}\pi_{4\text{-}123}} = \mathrm{D}_{P\text{-}\pi_{1\text{-}234}} = 0$. 分别代入式 (4.1.23) 和 (4.1.24), 可得

$$\mathrm{D}_{P\text{-}\pi_{412}} + \mathrm{D}_{P\text{-}\pi_{423}} + \mathrm{D}_{P\text{-}\pi_{431}} = 0, \tag{4.1.36}$$

$$\mathrm{D}_{P\text{-}\pi_{123}} + \mathrm{D}_{P\text{-}\pi_{134}} + \mathrm{D}_{P\text{-}\pi_{142}} = 0. \tag{4.1.37}$$

又因为 $\mathrm{D}_{P\text{-}\pi_{412}} = -\mathrm{D}_{P\text{-}\pi_{142}}, \mathrm{D}_{P\text{-}\pi_{431}} = -\mathrm{D}_{P\text{-}\pi_{134}}$, 所以

$$\mathrm{D}_{P\text{-}\pi_{412}} + \mathrm{D}_{P\text{-}\pi_{142}} = 0, \quad \mathrm{D}_{P\text{-}\pi_{431}} + \mathrm{D}_{P\text{-}\pi_{134}} = 0.$$

于是式 (4.1.36)+(4.1.37) 并化简, 即得式 (4.1.35).

类似地, 可以证明 (2)~(6) 中结论成立.

4.2 $n(n \geqslant 5)$ 点类平面有向距离的定值定理与应用

本节主要应用有向距离定值法和 4.1 节的有关结论, 研究过一点的 $n(n \geqslant 5)$ 点类平面有向距离的定值问题. 首先, 给出五点类平面有向距离的定值定理, 并讨论定理的一些应用; 其次, 给出一类 n 点类平面有向距离的定值定理, 并采用"由面及体, 由面及线, 由面及点, 点线面体交融"的思想方法, 据此得出 $n(n \geqslant 4)$ 棱锥过各个顶点的棱线的两射线平面的一些结论.

4.2.1 过一点的五点类平面有向距离的定值定理与应用

定理 4.2.1 设 P_0 是空间一定点, P_1, P_2, P_3, P_4, P_5 是空间五点且其中任意三点均不共线, $\pi_{0\text{-}123}$, $\pi_{0\text{-}124}, \pi_{0\text{-}125}, \pi_{0\text{-}134}, \pi_{0\text{-}135}, \pi_{0\text{-}145}, \pi_{0\text{-}234}, \pi_{0\text{-}235}, \pi_{0\text{-}245}, \pi_{0\text{-}345}$ 是 P_0 的五点 P_1, P_2, P_3, P_4, P_5 类平面, P 是空间任意一点, 则

$$\mathrm{a}_{P_1P_2P_3}\mathrm{D}_{P\text{-}\pi_{0\text{-}123}} - \mathrm{a}_{P_2P_3P_4}\mathrm{D}_{P\text{-}\pi_{0\text{-}234}} + \mathrm{a}_{P_3P_4P_1}\mathrm{D}_{P\text{-}\pi_{0\text{-}341}} - \mathrm{a}_{P_4P_1P_2}\mathrm{D}_{P\text{-}\pi_{0\text{-}412}} = 0, \tag{4.2.1}$$

$$\mathrm{a}_{P_1P_2P_3}\mathrm{D}_{P\text{-}\pi_{0\text{-}123}} - \mathrm{a}_{P_2P_3P_5}\mathrm{D}_{P\text{-}\pi_{0\text{-}235}} + \mathrm{a}_{P_3P_5P_1}\mathrm{D}_{P\text{-}\pi_{0\text{-}351}} - \mathrm{a}_{P_5P_1P_2}\mathrm{D}_{P\text{-}\pi_{0\text{-}512}} = 0, \tag{4.2.2}$$

$$\mathrm{a}_{P_1P_2P_4}\mathrm{D}_{P\text{-}\pi_{0\text{-}124}} - \mathrm{a}_{P_2P_4P_5}\mathrm{D}_{P\text{-}\pi_{0\text{-}245}} + \mathrm{a}_{P_4P_5P_1}\mathrm{D}_{P\text{-}\pi_{0\text{-}451}} - \mathrm{a}_{P_5P_1P_2}\mathrm{D}_{P\text{-}\pi_{0\text{-}512}} = 0, \tag{4.2.3}$$

$$\mathrm{a}_{P_1P_3P_4}\mathrm{D}_{P\text{-}\pi_{0\text{-}134}} - \mathrm{a}_{P_3P_4P_5}\mathrm{D}_{P\text{-}\pi_{0\text{-}345}} + \mathrm{a}_{P_4P_5P_1}\mathrm{D}_{P\text{-}\pi_{0\text{-}451}} - \mathrm{a}_{P_5P_1P_3}\mathrm{D}_{P\text{-}\pi_{0\text{-}513}} = 0, \tag{4.2.4}$$

$$\mathrm{a}_{P_2P_3P_4}\mathrm{D}_{P\text{-}\pi_{0\text{-}234}} - \mathrm{a}_{P_3P_4P_5}\mathrm{D}_{P\text{-}\pi_{0\text{-}345}} + \mathrm{a}_{P_4P_5P_2}\mathrm{D}_{P\text{-}\pi_{0\text{-}452}} - \mathrm{a}_{P_5P_2P_3}\mathrm{D}_{P\text{-}\pi_{0\text{-}523}} = 0. \tag{4.2.5}$$

证明 对过点 P_0 的四点 P_1, P_2, P_3, P_4 类平面 $\pi_{0\text{-}123}, \pi_{0\text{-}134}, \pi_{0\text{-}124}, \pi_{0\text{-}234}$, 即 $\pi_{0\text{-}123}, \pi_{0\text{-}234}, \pi_{0\text{-}341}$, $\pi_{0\text{-}412}$ 应用定理 4.1.1, 得

$$\mathrm{a}_{P_1P_2P_3}\mathrm{D}_{P\text{-}\pi_{0\text{-}123}} - \mathrm{a}_{P_2P_3P_4}\mathrm{D}_{P\text{-}\pi_{0\text{-}234}} + \mathrm{a}_{P_3P_4P_1}\mathrm{D}_{P\text{-}\pi_{0\text{-}341}} - \mathrm{a}_{P_4P_1P_2}\mathrm{D}_{P\text{-}\pi_{0\text{-}412}} = 0,$$

因此, 式 (4.2.1) 成立.

类似地, 可以证明式 (4.2.2)~(4.2.5) 成立.

推论 4.2.1 设 P_0 是空间一定点, P_1, P_2, P_3, P_4, P_5 是空间五点且其中任意三点均不共线, $\pi_{0\text{-}123}$, $\pi_{0\text{-}124}, \pi_{0\text{-}125}, \pi_{0\text{-}134}, \pi_{0\text{-}135}, \pi_{0\text{-}145}, \pi_{0\text{-}234}, \pi_{0\text{-}235}, \pi_{0\text{-}245}, \pi_{0\text{-}345}$ 是 P_0 的五点 P_1, P_2, P_3, P_4, P_5 类平面, 则

(1) P 是平面 $\pi_{0\text{-}123}$ 上任意一点的充分必要条件是

$$\mathrm{a}_{P_2P_3P_4}\mathrm{D}_{P\text{-}\pi_{0\text{-}234}}-\mathrm{a}_{P_3P_4P_1}\mathrm{D}_{P\text{-}\pi_{0\text{-}341}}+\mathrm{a}_{P_4P_1P_2}\mathrm{D}_{P\text{-}\pi_{0\text{-}412}}=0, \tag{4.2.6}$$

或

$$\mathrm{a}_{P_2P_3P_5}\mathrm{D}_{P\text{-}\pi_{0\text{-}235}}-\mathrm{a}_{P_3P_5P_1}\mathrm{D}_{P\text{-}\pi_{0\text{-}351}}+\mathrm{a}_{P_5P_1P_2}\mathrm{D}_{P\text{-}\pi_{0\text{-}512}}=0. \tag{4.2.7}$$

(2) P 是平面 $\pi_{0\text{-}234}$ 上任意一点的充分必要条件是

$$\mathrm{a}_{P_1P_2P_3}\mathrm{D}_{P\text{-}\pi_{0\text{-}123}}+\mathrm{a}_{P_3P_4P_1}\mathrm{D}_{P\text{-}\pi_{0\text{-}341}}-\mathrm{a}_{P_4P_1P_2}\mathrm{D}_{P\text{-}\pi_{0\text{-}412}}=0,$$

或

$$\mathrm{a}_{P_3P_4P_5}\mathrm{D}_{P\text{-}\pi_{0\text{-}345}}-\mathrm{a}_{P_4P_5P_2}\mathrm{D}_{P\text{-}\pi_{0\text{-}452}}+\mathrm{a}_{P_5P_2P_3}\mathrm{D}_{P\text{-}\pi_{0\text{-}523}}=0.$$

(3) P 是平面 $\pi_{0\text{-}341}$ 上任意一点的充分必要条件是

$$\mathrm{a}_{P_1P_2P_3}\mathrm{D}_{P\text{-}\pi_{0\text{-}123}}-\mathrm{a}_{P_2P_3P_4}\mathrm{D}_{P\text{-}\pi_{0\text{-}234}}-\mathrm{a}_{P_4P_1P_2}\mathrm{D}_{P\text{-}\pi_{0\text{-}412}}=0,$$

或

$$\mathrm{a}_{P_3P_4P_5}\mathrm{D}_{P\text{-}\pi_{0\text{-}345}}-\mathrm{a}_{P_4P_5P_1}\mathrm{D}_{P\text{-}\pi_{0\text{-}451}}+\mathrm{a}_{P_5P_1P_3}\mathrm{D}_{P\text{-}\pi_{0\text{-}513}}=0.$$

(4) P 是平面 $\pi_{0\text{-}412}$ 上任意一点的充分必要条件是

$$\mathrm{a}_{P_1P_2P_3}\mathrm{D}_{P\text{-}\pi_{0\text{-}123}}-\mathrm{a}_{P_2P_3P_4}\mathrm{D}_{P\text{-}\pi_{0\text{-}234}}+\mathrm{a}_{P_3P_4P_1}\mathrm{D}_{P\text{-}\pi_{0\text{-}341}}=0,$$

或

$$\mathrm{a}_{P_2P_4P_5}\mathrm{D}_{P\text{-}\pi_{0\text{-}245}}-\mathrm{a}_{P_4P_5P_1}\mathrm{D}_{P\text{-}\pi_{0\text{-}451}}+\mathrm{a}_{P_5P_1P_2}\mathrm{D}_{P\text{-}\pi_{0\text{-}512}}=0.$$

对 P_0 的其余四个五点 P_1,P_2,P_3,P_4,P_5 类平面组：$\pi_{0\text{-}123},\pi_{0\text{-}235},\pi_{0\text{-}351},\pi_{0\text{-}512}$；$\pi_{0\text{-}124}$，$\pi_{0\text{-}245},\pi_{0\text{-}451},\pi_{0\text{-}512}$；$\pi_{0\text{-}134},\pi_{0\text{-}345},\pi_{0\text{-}451},\pi_{0\text{-}513}$；$\pi_{0\text{-}234},\pi_{0\text{-}345},\pi_{0\text{-}452},\pi_{0\text{-}523}$，也可以得到类似的结论.

证明　(1) 依题设, 由式 (4.2.1) 和 (4.2.2), 可得

P 是平面 $\pi_{0\text{-}123}$ 任意一点 $\Leftrightarrow \mathrm{D}_{P\text{-}\pi_{0\text{-}123}}=0 \Leftrightarrow$ 式 (4.2.6) 成立 $\Leftrightarrow$ 式 (4.2.7) 成立.

类似地, 可以证明 (2)~(4) 中结论成立.

推论 4.2.2　设 P_0 是空间一定点, P_1,P_2,P_3,P_4,P_5 是空间五点且其中任意三点均不共线, $\pi_{0\text{-}123}$, $\pi_{0\text{-}124},\pi_{0\text{-}125},\pi_{0\text{-}134},\pi_{0\text{-}135},\pi_{0\text{-}145},\pi_{0\text{-}234},\pi_{0\text{-}235},\pi_{0\text{-}245},\pi_{0\text{-}345}$ 是 P_0 的五点 P_1,P_2,P_3,P_4,P_5 类平面.

(1) 若 P 是平面 $\pi_{0\text{-}123},\pi_{0\text{-}234}$ 交线上任意一点, 则

$$\mathrm{a}_{P_3P_4P_1}\mathrm{D}_{P\text{-}\pi_{0\text{-}341}}-\mathrm{a}_{P_4P_1P_2}\mathrm{D}_{P\text{-}\pi_{0\text{-}412}}=0(\mathrm{a}_{P_3P_4P_1}\mathrm{d}_{P\text{-}\pi_{0\text{-}341}}=\mathrm{a}_{P_4P_1P_2}\mathrm{d}_{P\text{-}\pi_{0\text{-}412}}); \tag{4.2.8}$$

(2) 若 P 是平面 $\pi_{0\text{-}123},\pi_{0\text{-}341}$ 交线上任意一点, 则

$$\mathrm{a}_{P_2P_3P_4}\mathrm{D}_{P\text{-}\pi_{0\text{-}234}}+\mathrm{a}_{P_4P_1P_2}\mathrm{D}_{P\text{-}\pi_{0\text{-}412}}=0(\mathrm{a}_{P_2P_3P_4}\mathrm{d}_{P\text{-}\pi_{0\text{-}234}}=\mathrm{a}_{P_4P_1P_2}\mathrm{d}_{P\text{-}\pi_{0\text{-}412}});$$

(3) 若 P 是平面 $\pi_{0\text{-}123},\pi_{0\text{-}412}$ 交线上任意一点, 则

$$\mathrm{a}_{P_2P_3P_4}\mathrm{D}_{P\text{-}\pi_{0\text{-}234}}-\mathrm{a}_{P_3P_4P_1}\mathrm{D}_{P\text{-}\pi_{0\text{-}341}}=0(\mathrm{a}_{P_2P_3P_4}\mathrm{d}_{P\text{-}\pi_{0\text{-}234}}=\mathrm{a}_{P_3P_4P_1}\mathrm{d}_{P\text{-}\pi_{0\text{-}341}});$$

(4) 若 P 是平面 $\pi_{0\text{-}234},\pi_{0\text{-}341}$ 交线上任意一点, 则

$$\mathrm{a}_{P_1P_2P_3}\mathrm{D}_{P\text{-}\pi_{0\text{-}123}}-\mathrm{a}_{P_4P_1P_2}\mathrm{D}_{P\text{-}\pi_{0\text{-}412}}=0(\mathrm{a}_{P_1P_2P_3}\mathrm{d}_{P\text{-}\pi_{0\text{-}123}}=\mathrm{a}_{P_4P_1P_2}\mathrm{d}_{P\text{-}\pi_{0\text{-}412}});$$

(5) 若 P 是平面 $\pi_{0\text{-}234},\pi_{0\text{-}412}$ 交线上任意一点, 则

$$\mathrm{a}_{P_1P_2P_3}\mathrm{D}_{P\text{-}\pi_{0\text{-}123}}+\mathrm{a}_{P_3P_4P_1}\mathrm{D}_{P\text{-}\pi_{0\text{-}341}}=0(\mathrm{a}_{P_1P_2P_3}\mathrm{d}_{P\text{-}\pi_{0\text{-}123}}=\mathrm{a}_{P_3P_4P_1}\mathrm{d}_{P\text{-}\pi_{0\text{-}341}});$$

(6) 若 P 是平面 $\pi_{0\text{-}341},\pi_{0\text{-}412}$ 交线上任意一点, 则

$$\mathrm{a}_{P_1P_2P_3}\mathrm{D}_{P\text{-}\pi_{0\text{-}123}}-\mathrm{a}_{P_2P_3P_4}\mathrm{D}_{P\text{-}\pi_{0\text{-}234}}=0(\mathrm{a}_{P_1P_2P_3}\mathrm{d}_{P\text{-}\pi_{0\text{-}123}}=\mathrm{a}_{P_2P_3P_4}\mathrm{d}_{P\text{-}\pi_{0\text{-}234}}).$$

对 P_0 的其余四个五点 P_1,P_2,P_3,P_4,P_5 类平面组：$\pi_{0\text{-}123},\pi_{0\text{-}235},\pi_{0\text{-}351},\pi_{0\text{-}512}$；$\pi_{0\text{-}124}$，$\pi_{0\text{-}245},\pi_{0\text{-}451},\pi_{0\text{-}512}$；$\pi_{0\text{-}134},\pi_{0\text{-}345},\pi_{0\text{-}451},\pi_{0\text{-}513}$；$\pi_{0\text{-}234},\pi_{0\text{-}345},\pi_{0\text{-}452},\pi_{0\text{-}523}$，也可以得到类似的结论.

证明 (1) 因为 P 是平面 $\pi_{0\text{-}123},\pi_{0\text{-}234}$ 交线上任意一点, 所以 $\mathrm{D}_{P\text{-}\pi_{0\text{-}123}}=\mathrm{D}_{P\text{-}\pi_{0\text{-}234}}=0$. 代入式 (4.2.1), 可得

$$\mathrm{a}_{P_3P_4P_1}\mathrm{D}_{P\text{-}\pi_{0\text{-}341}}-\mathrm{a}_{P_4P_1P_2}\mathrm{D}_{P\text{-}\pi_{0\text{-}412}}=0,$$

上式移项后, 等式两边取绝对值, 即得式 (4.2.8).

类似地, 可以证明 (2)~(6) 中结论成立.

定理 4.2.2 设 P_0 是空间一定点, P_1,P_2,P_3,P_4,P_5 是空间五点且其中任意三点均不共线, $\pi_{0\text{-}123}$, $\pi_{0\text{-}124},\pi_{0\text{-}125},\pi_{0\text{-}134},\pi_{0\text{-}135},\pi_{0\text{-}145},\pi_{0\text{-}234},\pi_{0\text{-}235},\pi_{0\text{-}245},\pi_{0\text{-}345}$ 是 P_0 的五点 P_1,P_2,P_3,P_4,P_5 类平面. 若 P_1,P_2,P_3,P_4,P_5 中任意三点所组成的三角形的面积均相等, P 是空间任意一点, 则

$$\mathrm{D}_{P\text{-}\pi_{0\text{-}123}}-\mathrm{D}_{P\text{-}\pi_{0\text{-}234}}+\mathrm{D}_{P\text{-}\pi_{0\text{-}341}}-\mathrm{D}_{P\text{-}\pi_{0\text{-}412}}=0, \tag{4.2.9}$$

$$\mathrm{D}_{P\text{-}\pi_{0\text{-}123}}-\mathrm{D}_{P\text{-}\pi_{0\text{-}235}}+\mathrm{D}_{P\text{-}\pi_{0\text{-}351}}-\mathrm{D}_{P\text{-}\pi_{0\text{-}512}}=0, \tag{4.2.10}$$

$$\mathrm{D}_{P\text{-}\pi_{0\text{-}124}}-\mathrm{D}_{P\text{-}\pi_{0\text{-}245}}+\mathrm{D}_{P\text{-}\pi_{0\text{-}451}}-\mathrm{D}_{P\text{-}\pi_{0\text{-}512}}=0, \tag{4.2.11}$$

$$\mathrm{D}_{P\text{-}\pi_{0\text{-}134}}-\mathrm{D}_{P\text{-}\pi_{0\text{-}345}}+\mathrm{D}_{P\text{-}\pi_{0\text{-}451}}-\mathrm{D}_{P\text{-}\pi_{0\text{-}513}}=0, \tag{4.2.12}$$

$$\mathrm{D}_{P\text{-}\pi_{0\text{-}234}}-\mathrm{D}_{P\text{-}\pi_{0\text{-}345}}+\mathrm{D}_{P\text{-}\pi_{0\text{-}452}}-\mathrm{D}_{P\text{-}\pi_{0\text{-}523}}=0. \tag{4.2.13}$$

证明　因为 P_1,P_2,P_3,P_4,P_5 中任意三点所组成的三角形的面积均相等, 所以

$$\mathrm{a}_{P_1P_2P_3}=\mathrm{a}_{P_2P_3P_4}=\mathrm{a}_{P_3P_4P_1}=\mathrm{a}_{P_4P_1P_2}.$$

代入式 (4.2.1) 并化简, 即得式 (4.2.9).

类似地, 可以证明式 (4.2.10)~(4.2.13) 成立.

推论 4.2.3　设 P_0 是空间一定点, P_1,P_2,P_3,P_4,P_5 是空间五点且其中任意三点均不共线, $\pi_{0\text{-}123}$, $\pi_{0\text{-}124},\pi_{0\text{-}125},\pi_{0\text{-}134},\pi_{0\text{-}135},\pi_{0\text{-}145},\pi_{0\text{-}234},\pi_{0\text{-}235},\pi_{0\text{-}245},\pi_{0\text{-}345}$ 是 P_0 的五点 P_1,P_2,P_3,P_4,P_5 类平面. 若 P_1,P_2,P_3,P_4,P_5 中任意三点所组成的三角形的面积均相等, 则

(1) $\pi_{0\text{-}123},\pi_{0\text{-}234}$ 外角的平分面与 $\pi_{0\text{-}341},\pi_{0\text{-}412}$ 外角的平分面重合; $\pi_{0\text{-}123},\pi_{0\text{-}341}$ 内角的平分面与 $\pi_{0\text{-}234},\pi_{0\text{-}412}$ 内角的平分面重合; $\pi_{0\text{-}123},\pi_{0\text{-}412}$ 外角的平分面与 $\pi_{0\text{-}234},\pi_{0\text{-}341}$ 外角的平分面重合.

(2) $\pi_{0\text{-}123},\pi_{0\text{-}235}$ 外角的平分面与 $\pi_{0\text{-}351},\pi_{0\text{-}512}$ 外角的平分面重合; $\pi_{0\text{-}123},\pi_{0\text{-}351}$ 内角的平分面与 $\pi_{0\text{-}235},\pi_{0\text{-}512}$ 内角的平分面重合; $\pi_{0\text{-}123},\pi_{0\text{-}512}$ 外角的平分面与 $\pi_{0\text{-}235},\pi_{0\text{-}351}$ 外角的平分面重合.

(3) $\pi_{0\text{-}124},\pi_{0\text{-}245}$ 外角的平分面与 $\pi_{0\text{-}451},\pi_{0\text{-}512}$ 外角的平分面重合; $\pi_{0\text{-}124},\pi_{0\text{-}451}$ 内角的平分面与 $\pi_{0\text{-}245},\pi_{0\text{-}512}$ 内角的平分面重合; $\pi_{0\text{-}124},\pi_{0\text{-}512}$ 外角的平分面与 $\pi_{0\text{-}245},\pi_{0\text{-}451}$ 外角的平分面重合.

(4) $\pi_{0\text{-}134},\pi_{0\text{-}345}$ 外角的平分面与 $\pi_{0\text{-}451},\pi_{0\text{-}513}$ 外角的平分面重合; $\pi_{0\text{-}134},\pi_{0\text{-}451}$ 内角的平分面与 $\pi_{0\text{-}345},\pi_{0\text{-}513}$ 内角的平分面重合; $\pi_{0\text{-}134},\pi_{0\text{-}513}$ 外角的平分面与 $\pi_{0\text{-}345},\pi_{0\text{-}451}$ 外角的平分面重合.

(5) $\pi_{0\text{-}234},\pi_{0\text{-}345}$ 外角的平分面与 $\pi_{0\text{-}452},\pi_{0\text{-}523}$ 外角的平分面重合; $\pi_{0\text{-}234},\pi_{0\text{-}452}$ 内角的平分面与 $\pi_{0\text{-}345},\pi_{0\text{-}523}$ 内角的平分面重合; $\pi_{0\text{-}234},\pi_{0\text{-}523}$ 外角的平分面与 $\pi_{0\text{-}345},\pi_{0\text{-}452}$ 外角的平分面重合.

证明　根据式 (4.2.9)~(4.2.13), 仿推论 4.1.3 证明即得.

推论 4.2.4　设 P_0 是空间一定点, P_1,P_2,P_3,P_4,P_5 是空间五点且其中任意三点均不共线, $\pi_{0\text{-}123}$, $\pi_{0\text{-}124},\pi_{0\text{-}125},\pi_{0\text{-}134},\pi_{0\text{-}135},\pi_{0\text{-}145},\pi_{0\text{-}234},\pi_{0\text{-}235},\pi_{0\text{-}245},\pi_{0\text{-}345}$ 是 P_0 的五点 P_1,P_2,P_3,P_4,P_5 类平面, 且 P_1,P_2,P_3,P_4,P_5 中任意三点所组成的三角形的面积均相等.

(1) 若 P 是平面 $\pi_{0\text{-}123},\pi_{0\text{-}234}$ 交线上任意一点, 则

$$\mathrm{D}_{P\text{-}\pi_{0\text{-}341}}-\mathrm{D}_{P\text{-}\pi_{0\text{-}412}}=0(\mathrm{d}_{P\text{-}\pi_{0\text{-}341}}=\mathrm{d}_{P\text{-}\pi_{0\text{-}412}}), \tag{4.2.14}$$

即 $\pi_{0\text{-}123},\pi_{0\text{-}234}$ 的交线在 $\pi_{0\text{-}341},\pi_{0\text{-}412}$ 外角的平分面上;

(2) 若 P 是平面 $\pi_{0\text{-}123}, \pi_{0\text{-}341}$ 交线上任意一点, 则

$$\mathrm{D}_{P\text{-}\pi_{0\text{-}234}} + \mathrm{D}_{P\text{-}\pi_{0\text{-}412}} = 0(\mathrm{d}_{P\text{-}\pi_{0\text{-}234}} = \mathrm{d}_{P\text{-}\pi_{0\text{-}412}}),$$

即 $\pi_{0\text{-}123}, \pi_{0\text{-}341}$ 的交线在 $\pi_{0\text{-}234}, \pi_{0\text{-}412}$ 内角的平分面上;

(3) 若 P 是平面 $\pi_{0\text{-}123}, \pi_{0\text{-}412}$ 交线上任意一点, 则

$$\mathrm{D}_{P\text{-}\pi_{0\text{-}234}} - \mathrm{D}_{P\text{-}\pi_{0\text{-}341}} = 0(\mathrm{d}_{P\text{-}\pi_{0\text{-}234}} = \mathrm{d}_{P\text{-}\pi_{0\text{-}341}}),$$

即 $\pi_{0\text{-}123}, \pi_{0\text{-}412}$ 的交线在 $\pi_{0\text{-}234}, \pi_{0\text{-}341}$ 外角的平分面上;

(4) 若 P 是平面 $\pi_{0\text{-}234}, \pi_{0\text{-}341}$ 交线上任意一点, 则

$$\mathrm{D}_{P\text{-}\pi_{0\text{-}123}} - \mathrm{D}_{P\text{-}\pi_{0\text{-}412}} = 0(\mathrm{d}_{P\text{-}\pi_{0\text{-}123}} = \mathrm{d}_{P\text{-}\pi_{0\text{-}412}});$$

即 $\pi_{0\text{-}234}, \pi_{0\text{-}341}$ 的交线在 $\pi_{0\text{-}123}, \pi_{0\text{-}341}$ 外角的平分面上;

(5) 若 P 是平面 $\pi_{0\text{-}234}, \pi_{0\text{-}412}$ 交线上任意一点, 则

$$\mathrm{D}_{P\text{-}\pi_{0\text{-}123}} + \mathrm{D}_{P\text{-}\pi_{0\text{-}341}} = 0(\mathrm{d}_{P\text{-}\pi_{0\text{-}123}} = \mathrm{d}_{P\text{-}\pi_{0\text{-}341}});$$

即 $\pi_{0\text{-}234}, \pi_{0\text{-}412}$ 的交线在 $\pi_{0\text{-}123}, \pi_{0\text{-}341}$ 内角的平分面上;

(6) 若 P 是平面 $\pi_{0\text{-}341}, \pi_{0\text{-}412}$ 交线上任意一点, 则

$$\mathrm{D}_{P\text{-}\pi_{0\text{-}123}} - \mathrm{D}_{P\text{-}\pi_{0\text{-}234}} = 0(\mathrm{d}_{P\text{-}\pi_{0\text{-}123}} = \mathrm{d}_{P\text{-}\pi_{0\text{-}234}}),$$

即 $\pi_{0\text{-}341}, \pi_{0\text{-}412}$ 的交线在 $\pi_{0\text{-}123}, \pi_{0\text{-}234}$ 外角的平分面上.

对 P_0 的其余四个五点 P_1, P_2, P_3, P_4, P_5 类平面组: $\pi_{0\text{-}123}, \pi_{0\text{-}235}, \pi_{0\text{-}351}, \pi_{0\text{-}512}$; $\pi_{0\text{-}124}$, $\pi_{0\text{-}245}, \pi_{0\text{-}451}, \pi_{0\text{-}512}$; $\pi_{0\text{-}134}, \pi_{0\text{-}345}, \pi_{0\text{-}451}, \pi_{0\text{-}513}$; $\pi_{0\text{-}234}, \pi_{0\text{-}345}, \pi_{0\text{-}452}, \pi_{0\text{-}523}$, 也可以得到类似的结论.

证明 (1) 因为 P 是平面 $\pi_{0\text{-}123}, \pi_{0\text{-}234}$ 交线上任意一点, 所以 $\mathrm{D}_{P\text{-}\pi_{0\text{-}123}} = \mathrm{D}_{P\text{-}\pi_{0\text{-}234}} = 0$. 代入式 (4.2.9), 即得式 (4.2.14).

类似地, 可以证明 (2)~(6) 中结论成立.

定理 4.2.3 设 P_0 是空间一定点, P_1, P_2, P_3, P_4, P_5 是空间五点且其中任意三点均不共线, $\pi_{0\text{-}123}$, $\pi_{0\text{-}124}, \pi_{0\text{-}125}, \pi_{0\text{-}134}, \pi_{0\text{-}135}, \pi_{0\text{-}145}, \pi_{0\text{-}234}, \pi_{0\text{-}235}, \pi_{0\text{-}245}, \pi_{0\text{-}345}$ 是 P_0 的五点 P_1, P_2, P_3, P_4, P_5 类平面. 若 P_1, P_2, P_3, P_4, P_5 中任意三点所组成的三角形的面积均相等, 则

(1) P 是平面 $\pi_{0\text{-}123}$ 上任意一点的充分必要条件是

$$\mathrm{D}_{P\text{-}\pi_{0\text{-}234}} - \mathrm{D}_{P\text{-}\pi_{0\text{-}341}} + \mathrm{D}_{P\text{-}\pi_{0\text{-}412}} = 0, \tag{4.2.15}$$

或

$$\mathrm{D}_{P\text{-}\pi_{0\text{-}235}} - \mathrm{D}_{P\text{-}\pi_{0\text{-}351}} + \mathrm{D}_{P\text{-}\pi_{0\text{-}512}} = 0. \tag{4.2.16}$$

(2) P 是平面 $\pi_{0\text{-}234}$ 上任意一点的充分必要条件是

$$\mathrm{D}_{P\text{-}\pi_{0\text{-}123}}+\mathrm{D}_{P\text{-}\pi_{0\text{-}341}}-\mathrm{D}_{P\text{-}\pi_{0\text{-}412}}=0,$$

或

$$\mathrm{D}_{P\text{-}\pi_{0\text{-}345}}-\mathrm{D}_{P\text{-}\pi_{0\text{-}452}}+\mathrm{D}_{P\text{-}\pi_{0\text{-}523}}=0.$$

(3) P 是平面 $\pi_{0\text{-}341}$ 上任意一点的充分必要条件是

$$\mathrm{D}_{P\text{-}\pi_{0\text{-}123}}-\mathrm{D}_{P\text{-}\pi_{0\text{-}234}}-\mathrm{D}_{P\text{-}\pi_{0\text{-}412}}=0,$$

或

$$\mathrm{D}_{P\text{-}\pi_{0\text{-}345}}-\mathrm{D}_{P\text{-}\pi_{0\text{-}451}}+\mathrm{D}_{P\text{-}\pi_{0\text{-}513}}=0.$$

(4) P 是平面 $\pi_{0\text{-}412}$ 上任意一点的充分必要条件是

$$\mathrm{D}_{P\text{-}\pi_{0\text{-}123}}-\mathrm{D}_{P\text{-}\pi_{0\text{-}234}}+\mathrm{D}_{P\text{-}\pi_{0\text{-}341}}=0,$$

或

$$\mathrm{D}_{P\text{-}\pi_{0\text{-}245}}-\mathrm{D}_{P\text{-}\pi_{0\text{-}451}}+\mathrm{D}_{P\text{-}\pi_{0\text{-}512}}=0.$$

对 P_0 的其余四个五点 P_1,P_2,P_3,P_4,P_5 类平面组：$\pi_{0\text{-}123},\pi_{0\text{-}235},\pi_{0\text{-}351},\pi_{0\text{-}512}$；$\pi_{0\text{-}124}$，$\pi_{0\text{-}245},\pi_{0\text{-}451},\pi_{0\text{-}512}$；$\pi_{0\text{-}134},\pi_{0\text{-}345},\pi_{0\text{-}451},\pi_{0\text{-}513}$；$\pi_{0\text{-}234},\pi_{0\text{-}345},\pi_{0\text{-}452},\pi_{0\text{-}523}$，也可以得到类似的结论.

证明　(1) 依题设, 由式 (4.2.9) 和 (4.2.10), 可得

P 是平面 $\pi_{0\text{-}123}$ 上任意一点 $\Leftrightarrow \mathrm{D}_{P\text{-}\pi_{0\text{-}123}}=0 \Leftrightarrow$ 式 (4.2.15) 成立 $\Leftrightarrow$ 式 (4.2.16) 成立.

类似地, 可以证明 (2)~(4) 中结论成立.

推论 4.2.5　设 P_0 是空间一定点, P_1,P_2,P_3,P_4,P_5 是空间五点且其中任意三点均不共线, $\pi_{0\text{-}123}$, $\pi_{0\text{-}124},\pi_{0\text{-}125},\pi_{0\text{-}134},\pi_{0\text{-}135},\pi_{0\text{-}145},\pi_{0\text{-}234},\pi_{0\text{-}235},\pi_{0\text{-}245},\pi_{0\text{-}345}$ 是 P_0 的五点 P_1,P_2,P_3,P_4,P_5 类平面, 且 P_1,P_2,P_3,P_4,P_5 中任意三点所组成的三角形的面积均相等.

(1) 若 P 是平面 $\pi_{0\text{-}123}$ 上任意一点, 则在以下各组三个点到平面的距离

$$\mathrm{d}_{P\text{-}\pi_{0\text{-}234}},\quad \mathrm{d}_{P\text{-}\pi_{0\text{-}341}},\quad \mathrm{d}_{P\text{-}\pi_{0\text{-}412}};\quad \mathrm{d}_{P\text{-}\pi_{0\text{-}235}},\quad \mathrm{d}_{P\text{-}\pi_{0\text{-}351}},\quad \mathrm{d}_{P\text{-}\pi_{0\text{-}512}}$$

中, 均有其中一个较长的距离等于另外两个较短的距离的和.

(2) 若 P 是平面 $\pi_{0\text{-}234}$ 上任意一点, 则在以下各组三个点到平面的距离

$$\mathrm{d}_{P\text{-}\pi_{0\text{-}123}},\quad \mathrm{d}_{P\text{-}\pi_{0\text{-}341}},\quad \mathrm{d}_{P\text{-}\pi_{0\text{-}412}};\quad \mathrm{d}_{P\text{-}\pi_{0\text{-}345}},\quad \mathrm{d}_{P\text{-}\pi_{0\text{-}452}},\quad \mathrm{d}_{P\text{-}\pi_{0\text{-}523}}$$

中, 均有其中一个较长的距离等于另外两个较短的距离的和.

(3) 若 P 是平面 $\pi_{0\text{-}341}$ 上任意一点, 则在以下各组三个点到平面的距离

$$\mathrm{d}_{P\text{-}\pi_{0\text{-}123}},\quad \mathrm{d}_{P\text{-}\pi_{0\text{-}234}},\quad \mathrm{d}_{P\text{-}\pi_{0\text{-}412}};\quad \mathrm{d}_{P\text{-}\pi_{0\text{-}345}},\quad \mathrm{d}_{P\text{-}\pi_{0\text{-}451}},\quad \mathrm{d}_{P\text{-}\pi_{0\text{-}513}}$$

中, 均有其中一个较长的距离等于另外两个较短的距离的和.

(4) 若 P 是平面 $\pi_{0\text{-}412}$ 上任意一点, 则在以下各组三个点到平面的距离

$$\mathrm{d}_{P\text{-}\pi_{0\text{-}123}},\quad \mathrm{d}_{P\text{-}\pi_{0\text{-}234}},\quad \mathrm{d}_{P\text{-}\pi_{0\text{-}341}};\quad \mathrm{d}_{P\text{-}\pi_{0\text{-}245}},\quad \mathrm{d}_{P\text{-}\pi_{0\text{-}451}},\quad \mathrm{d}_{P\text{-}\pi_{0\text{-}512}}$$

中, 均有其中一个较长的距离等于另外两个较短的距离的和.

对 P_0 的其余四个五点 P_1,P_2,P_3,P_4,P_5 类平面组: $\pi_{0\text{-}123},\pi_{0\text{-}235},\pi_{0\text{-}351},\pi_{0\text{-}512}$; $\pi_{0\text{-}124}$, $\pi_{0\text{-}245},\pi_{0\text{-}451},\pi_{0\text{-}512}$; $\pi_{0\text{-}134},\pi_{0\text{-}345},\pi_{0\text{-}451},\pi_{0\text{-}513}$; $\pi_{0\text{-}234},\pi_{0\text{-}345},\pi_{0\text{-}452},\pi_{0\text{-}523}$, 也可以得到类似的结论.

证明 (1) 在式 (4.2.15) 和 (4.2.16) 中, 注意到其中一个较长的有向距离与另两个较短的有向距离同号, 或与另两个较短的有向距离中的一个同号、一个反号即得.

类似地, 可以证明 (2)~(4) 中结论成立.

注 4.2.1 对一般的过一点的 $n(n>5)$ 点类平面, 也可以用以上的方法, 得出如上类似的结果.

4.2.2 过一点的一类 $n(n>4)$ 点类平面有向距离的定值定理与应用

定理 4.2.4 设 $P_0,P_1,P_2,\cdots,P_n(n>4)$ 是空间 $n+1$ 点且其中任意三点均不共线, $\pi_{012},\pi_{023},\cdots,\pi_{0n1}$; $\pi_{031},\pi_{041},\cdots,\pi_{0(n-1)1}$; $\pi_{0\text{-}123},\pi_{0\text{-}234},\cdots,\pi_{0\text{-}n12}$ 是 $P_0,P_1,P_2,\cdots,P_n$ 过 P_0 的 $n+1$ 点类平面, 则

$$\mathrm{a}_{P_0P_1P_2}\mathrm{D}_{P\text{-}\pi_{012}}+\mathrm{a}_{P_0P_2P_3}\mathrm{D}_{P\text{-}\pi_{023}}+\mathrm{a}_{P_0P_3P_1}\mathrm{D}_{P\text{-}\pi_{031}}=\mathrm{a}_{P_1P_2P_3}\mathrm{D}_{P\text{-}\pi_{0\text{-}123}},\tag{4.2.17}$$

$$\mathrm{a}_{P_0P_1P_3}\mathrm{D}_{P\text{-}\pi_{013}}+\mathrm{a}_{P_0P_3P_4}\mathrm{D}_{P\text{-}\pi_{034}}+\mathrm{a}_{P_0P_4P_1}\mathrm{D}_{P\text{-}\pi_{041}}=\mathrm{a}_{P_1P_3P_4}\mathrm{D}_{P\text{-}\pi_{0\text{-}134}},\tag{4.2.18}$$

$$\mathrm{a}_{P_0P_1P_4}\mathrm{D}_{P\text{-}\pi_{014}}+\mathrm{a}_{P_0P_4P_5}\mathrm{D}_{P\text{-}\pi_{045}}+\mathrm{a}_{P_0P_5P_1}\mathrm{D}_{P\text{-}\pi_{051}}=\mathrm{a}_{P_1P_4P_5}\mathrm{D}_{P\text{-}\pi_{0\text{-}145}},\tag{4.2.19}$$

$$\cdots$$

$$\begin{aligned}&\mathrm{a}_{P_0P_1P_{n-2}}\mathrm{D}_{P\text{-}\pi_{01(n-2)}}+\mathrm{a}_{P_0P_{n-2}P_{n-1}}\mathrm{D}_{P\text{-}\pi_{0(n-2)(n-1)}}+\mathrm{a}_{P_0P_{n-1}P_1}\mathrm{D}_{P\text{-}\pi_{0(n-1)1}}\\=&\mathrm{a}_{P_1P_{n-2}P_{n-1}}\mathrm{D}_{P\text{-}\pi_{0\text{-}1(n-2)(n-1)}},\end{aligned}\tag{4.2.20}$$

$$\begin{aligned}&\mathrm{a}_{P_0P_1P_{n-1}}\mathrm{D}_{P\text{-}\pi_{01(n-1)}}+\mathrm{a}_{P_0P_{n-1}P_n}\mathrm{D}_{P\text{-}\pi_{0(n-1)n}}+\mathrm{a}_{P_0P_nP_1}\mathrm{D}_{P\text{-}\pi_{0n1}}\\=&\mathrm{a}_{P_1P_{n-1}P_n}\mathrm{D}_{P\text{-}\pi_{0\text{-}1(n-1)n}}.\end{aligned}\tag{4.2.21}$$

证明 对 P_0 的四点 P_0,P_1,P_2,P_3 类平面 $\pi_{0\text{-}012},\pi_{0\text{-}023},\pi_{0\text{-}031},\pi_{0\text{-}123}$, 即 π_{012},

$\pi_{023},\pi_{031},\pi_{0\text{-}123}$ 应用定理 4.1.2, 得

$$\mathrm{a}_{P_0P_1P_2}\mathrm{D}_{P\text{-}\pi_{012}}+\mathrm{a}_{P_0P_2P_3}\mathrm{D}_{P\text{-}\pi_{023}}+\mathrm{a}_{P_0P_3P_1}\mathrm{D}_{P\text{-}\pi_{031}}=\mathrm{a}_{P_1P_2P_3}\mathrm{D}_{P\text{-}\pi_{0\text{-}123}},$$

因此, 式 (4.2.16) 成立.

分别对P_0 的四点$P_0,P_1,P_3,P_4;P_0,P_1,P_4,P_5;\cdots;P_0,P_1,P_{n\text{-}2},P_{n\text{-}1};P_0,P_1,P_{n\text{-}1},P_n$ 类平面 $\pi_{0\text{-}013},\pi_{0\text{-}034},\pi_{0\text{-}041},\pi_{0\text{-}134};\pi_{0\text{-}014},\pi_{0\text{-}045},\pi_{0\text{-}051},\pi_{0\text{-}145};\ \cdots;\ \pi_{0\text{-}01(n\text{-}2)},\pi_{0\text{-}0(n\text{-}2)(n\text{-}1)},\pi_{0\text{-}0(n\text{-}1)1},\pi_{0\text{-}1(n\text{-}2)(n\text{-}1)};\ \pi_{0\text{-}01(n\text{-}1)},\pi_{0\text{-}0(n\text{-}1)n},\pi_{0\text{-}0n1},\pi_{0\text{-}1(n\text{-}1)n}$, 即 $\pi_{013},\pi_{034},\ \pi_{041},\ \pi_{0\text{-}134};\ \pi_{014},\ \pi_{045},\pi_{051},\ \pi_{0\text{-}145};\ \cdots;\ \pi_{01(n\text{-}2)},\ \pi_{0(n\text{-}2)(n\text{-}1)},\ \pi_{0(n\text{-}1)1},\pi_{0\text{-}1(n\text{-}2)(n\text{-}1)};\pi_{01(n\text{-}1)},\pi_{0(n\text{-}1)n},\pi_{0n1},\pi_{0\text{-}1(n\text{-}1)n}$, 分别应用定理 4.1.1, 即得式(4.2.17)~(4.2.21).

推论 4.2.6　设 $P_0,P_1,P_2,\cdots,P_n(n>4)$ 是空间 $n+1$ 点且其中任意三点均不共线, $\pi_{012},\pi_{023},\cdots,\pi_{0n1};\pi_{031},\pi_{041},\cdots,\pi_{0(n-1)1};\pi_{0\text{-}123},\pi_{0\text{-}234},\cdots,\pi_{0\text{-}n12}$ 是 $P_0,P_1,P_2,\cdots,P_n$ 过 P_0 的 $n+1$ 点类平面, 则

(1) P 是平面 π_{013} 上任意一点的充分必要条件是

$$\mathrm{a}_{P_0P_1P_2}\mathrm{D}_{P\text{-}\pi_{012}}+\mathrm{a}_{P_0P_2P_3}\mathrm{D}_{P\text{-}\pi_{023}}=\mathrm{a}_{P_1P_2P_3}\mathrm{D}_{P\text{-}\pi_{0\text{-}123}},\tag{4.2.22}$$

或

$$\mathrm{a}_{P_0P_3P_4}\mathrm{D}_{P\text{-}\pi_{034}}+\mathrm{a}_{P_0P_4P_1}\mathrm{D}_{P\text{-}\pi_{041}}=\mathrm{a}_{P_1P_3P_4}\mathrm{D}_{P\text{-}\pi_{0\text{-}134}}.\tag{4.2.23}$$

(2) P 是平面 π_{014} 上任意一点的充分必要条件是

$$\mathrm{a}_{P_0P_1P_3}\mathrm{D}_{P\text{-}\pi_{013}}+\mathrm{a}_{P_0P_3P_4}\mathrm{D}_{P\text{-}\pi_{034}}=\mathrm{a}_{P_1P_3P_4}\mathrm{D}_{P\text{-}\pi_{0\text{-}134}},$$

或

$$\mathrm{a}_{P_0P_4P_5}\mathrm{D}_{P\text{-}\pi_{045}}+\mathrm{a}_{P_0P_5P_1}\mathrm{D}_{P\text{-}\pi_{051}}=\mathrm{a}_{P_1P_4P_5}\mathrm{D}_{P\text{-}\pi_{0\text{-}145}}.$$

$$\cdots$$

(3) P 是平面 $\pi_{0(n-1)1}$ 上任意一点的充分必要条件是

$$\mathrm{a}_{P_0P_1P_{n-2}}\mathrm{D}_{P\text{-}\pi_{01(n-2)}}+\mathrm{a}_{P_0P_{n-2}P_{n-1}}\mathrm{D}_{P\text{-}\pi_{0(n-2)(n-1)}}=\mathrm{a}_{P_1P_{n-2}P_{n-1}}\mathrm{D}_{P\text{-}\pi_{0\text{-}1(n-2)(n-1)}},$$

或

$$\mathrm{a}_{P_0P_{n-1}P_n}\mathrm{D}_{P\text{-}\pi_{0(n-1)n}}+\mathrm{a}_{P_0P_nP_1}\mathrm{D}_{P\text{-}\pi_{0n1}}=\mathrm{a}_{P_1P_{n-1}P_n}\mathrm{D}_{P\text{-}\pi_{0\text{-}1(n-1)n}}.$$

证明　(1) 由式 (4.2.17) 和 (4.2.18), 可得

P 是平面 π_{013} 上任意一点 $\Leftrightarrow \mathrm{D}_{P\text{-}\pi_{013}}=\mathrm{D}_{P\text{-}\pi_{031}}=0 \Leftrightarrow$ 式 (4.2.22) 成立 $\Leftrightarrow$ 式 (4.2.23) 成立.

类似地, 可以证明 (2) 和 (3) 中结论成立.

定理 4.2.5 设 $P_0, P_1, P_2, \cdots, P_n (n>4)$ 是空间 $n+1$ 点且其中任意三点均不共线, $P_1P_2\cdots P_n$ 是多边形, $\pi_{012}, \pi_{023}, \cdots, \pi_{0n1}; \pi_{0\text{-}12\cdots n}$ 是 $P_0, P_1, P_2, \cdots, P_n$ 过 P_0 的 $n+1$ 点类平面, P 是空间任意一点, 则

$$\sum_{i=1}^{n} \mathrm{a}_{P_0P_iP_{i+1}} \mathrm{D}_{P\text{-}\pi_{0i(i+1)}} = \mathrm{a}_{P_1P_2\cdots P_n} \mathrm{D}_{P\text{-}\pi_{0\text{-}12\cdots n}}. \tag{4.2.24}$$

证明 根据定理 4.2.4, 式 (4.2.17)~(4.2.21) 相加, 并注意到 $\mathrm{D}_{P\text{-}\pi_{013}} = -\mathrm{D}_{P\text{-}\pi_{031}}$, $\mathrm{D}_{P\text{-}\pi_{014}} = -\mathrm{D}_{P\text{-}\pi_{041}}, \cdots, \mathrm{D}_{P\text{-}\pi_{01(n-1)}} = -\mathrm{D}_{P\text{-}\pi_{0(n-1)1}}$, 可得

$$\sum_{i=1}^{n} \mathrm{a}_{P_0P_iP_{i+1}} \mathrm{D}_{P\text{-}\pi_{0i(i+1)}} = \sum_{i=1}^{n-2} \mathrm{a}_{P_1P_{i+1}P_{i+2}} \mathrm{D}_{P\text{-}\pi_{0\text{-}1(i+1)(i+2)}}.$$

因为 $P_1P_2\cdots P_n$ 是多边形, 所以 $\mathrm{D}_{P\text{-}\pi_{0\text{-}123}} = \mathrm{D}_{P\text{-}\pi_{0\text{-}134}} = \cdots = \mathrm{D}_{P\text{-}\pi_{0\text{-}1(n-1)n}} = \mathrm{D}_{P\text{-}\pi_{0\text{-}12\cdots n}}$. 于是

$$\sum_{i=1}^{n-2} \mathrm{a}_{P_1P_{i+1}P_{i+2}} \mathrm{D}_{P\text{-}\pi_{0\text{-}1(i+1)(i+2)}} = \mathrm{D}_{P\text{-}\pi_{0\text{-}12\cdots n}} \sum_{i=1}^{n-2} \mathrm{a}_{P_1P_{i+1}P_{i+2}} = \mathrm{a}_{P_1P_2\cdots P_n} \mathrm{D}_{P\text{-}\pi_{0\text{-}12\cdots n}},$$

因此, 式 (4.2.24) 成立.

推论 4.2.7 设 $P_0, P_1, P_2, \cdots, P_n (n>4)$ 是空间 $n+1$ 点且其中任意三点均不共线, $P_1P_2\cdots P_n$ 是多边形, $\pi_{012}, \pi_{023}, \cdots, \pi_{0n1}; \pi_{0\text{-}12\cdots n}$ 是 $P_0, P_1, P_2, \cdots, P_n$ 过 P_0 的 $n+1$ 点类平面, 则

(1) P 是平面 $\pi_{0j(j+1)}$ 上任意一点的充分必要条件是

$$\sum_{i=1, i\neq j}^{n} \mathrm{a}_{P_0P_iP_{i+1}} \mathrm{D}_{P\text{-}\pi_{0i(i+1)}} = \mathrm{a}_{P_1P_2\cdots P_n} \mathrm{D}_{P\text{-}\pi_{0\text{-}12\cdots n}} \quad (j=1,2,\cdots,n); \tag{4.2.25}$$

(2) P 是平面 $\pi_{0\text{-}12\cdots n}$ 上任意一点的充分必要条件是

$$\mathrm{a}_{P_0P_1P_2} \mathrm{D}_{P\text{-}\pi_{012}} + \mathrm{a}_{P_0P_2P_3} \mathrm{D}_{P\text{-}\pi_{023}} + \cdots + \mathrm{a}_{P_0P_nP_1} \mathrm{D}_{P\text{-}\pi_{0n1}} = 0.$$

证明 (1) 依题设, 由式 (4.2.24), 可得

P 是平面 $\pi_{0j(j+1)}$ 上任意一点 $\Leftrightarrow \mathrm{D}_{P\text{-}\pi_{0j(j+1)}} = 0 \Leftrightarrow$ 式 (4.2.25) 成立.

类似地, 可以证明 (2) 中结论成立.

推论 4.2.8 设 $P_0, P_1, P_2, \cdots, P_n (n>4)$ 是空间 $n+1$ 点且其中任意三点均不共线, $P_1P_2\cdots P_n$ 是多边形, $\pi_{012}, \pi_{023}, \cdots, \pi_{0n1}; \pi_{0\text{-}12\cdots n}$ 是 $P_0, P_1, P_2, \cdots, P_n$ 过 P_0 的 $n+1$ 点类平面.

(1) 若 P 是平面 $\pi_{0j(j+1)}, \pi_{0k(k+1)}$ 交线上任意一点, 则

$$\sum_{i=1, i\neq j,k}^{n} \mathrm{a}_{P_0P_iP_{i+1}}\mathrm{D}_{P\text{-}\pi_{0i(i+1)}} = \mathrm{a}_{P_1P_2\cdots P_n}\mathrm{D}_{P\text{-}\pi_{0\text{-}12\cdots n}}\ (j,k=1,2,\cdots,n; j<k); \tag{4.2.26}$$

(2) 若 P 是平面 $\pi_{0j(j+1)}, \pi_{0\text{-}12\cdots n}$ 交线上任意一点, 则

$$\sum_{i=1, i\neq j}^{n} \mathrm{a}_{P_0P_iP_{i+1}}\mathrm{D}_{P\text{-}\pi_{0i(i+1)}} = 0\ (j=1,2,\cdots,n).$$

证明　(1) 依题设, 由式 (4.2.24), 可得

P 是平面 $\pi_{0j(j+1)}, \pi_{0k(k+1)}$ 交线上任意一点 $\Rightarrow \mathrm{D}_{P\text{-}\pi_{0j(j+1)}} = \mathrm{D}_{P\text{-}\pi_{0k(k+1)}} = 0 \Rightarrow$ 式 (4.2.26) 成立.

类似地, 可以证明 (2) 中结论成立.

定理 4.2.6　设 $P_0\text{-}P_1P_2\cdots P_n$ 是 $n(n\geqslant 4)$ 棱锥, $P_1P_2\cdots P_n$ 是底面. $\pi_{i(i+1)0}$, $\pi_{i(i+1)(i+n-1)}, \pi_{i(i+n-1)0}, \pi_{i\text{-}(i+n-1)(i+1)0}$ 是 $P_0, P_{i+1}, P_{i+n\text{-}1}(i=1,2,\cdots,n)$ 过底面顶点 P_i 的三点类平面; $\pi_{012}, \pi_{023}, \cdots, \pi_{0n1}; \pi_{0\text{-}12\cdots n}$ 是 $P_0, P_1, \cdots, P_n$ 过顶点 P_0 的 $n+1$ 点类平面, P 是空间任意一点, 则

$$\begin{aligned}&\mathrm{a}_{P_iP_{i+1}P_0}\mathrm{D}_{P\text{-}\pi_{i(i+1)0}} + \mathrm{a}_{P_iP_{i+1}P_{i+n-1}}\mathrm{D}_{P\text{-}\pi_{i(i+1)(i+n-1)}} + \mathrm{a}_{P_iP_{i+n-1}P_0}\mathrm{D}_{P\text{-}\pi_{i(i+n-1)0}}\\ =&\mathrm{a}_{P_{i+n-1}P_{i+1}P_0}\mathrm{D}_{P\text{-}\pi_{i\text{-}(i+n-1)(i+1)0}}\ (i=1,2,\cdots,n);\end{aligned} \tag{4.2.27}$$

$$\sum_{i=1}^{n} \mathrm{a}_{P_0P_iP_{i+1}}\mathrm{D}_{P\text{-}\pi_{0i(i+1)}} = \mathrm{a}_{P_1P_2\cdots P_n}\mathrm{D}_{P\text{-}\pi_{0\text{-}12\cdots n}}. \tag{4.2.28}$$

证明　对 $P_0, P_{i+1}, P_{i+n-1}(i=1,2,\cdots,n)$ 过底面顶点 P_i 的三点类平面应用定理 4.1.1, 即得式 (4.2.27); 对 $P_0, P_1, \cdots, P_n$ 过顶点 P_0 的 $n+1$ 点类平面应用定理 4.2.5, 即得式 (4.2.28).

推论 4.2.9　设 $P_0\text{-}P_1P_2\cdots P_n$ 是 $n(n\geqslant 4)$ 棱锥, $P_1P_2\cdots P_n$ 是底面. $\pi_{i(i+1)0}$, $\pi_{i(i+1)(i+n-1)}, \pi_{i(i+n-1)0}, \pi_{i\text{-}(i+n-1)(i+1)0}$ 是 $P_0, P_{i+1}, P_{i+n-1}(i=1,2,\cdots,n)$ 过底面顶点 P_i 的三点类平面; $\pi_{012}, \pi_{023}, \cdots, \pi_{0n1}; \pi_{0\text{-}12\cdots n}$ 是 $P_0, P_1, \cdots, P_n$ 过顶点 P_0 的 $n+1$ 点类平面, 则 P 是平面 $\pi_{i(i+n-1)0}$ 上任意一点的充分必要条件是

$$\begin{aligned}&\mathrm{a}_{P_iP_{i+1}P_0}\mathrm{D}_{P\text{-}\pi_{i(i+1)0}} + \mathrm{a}_{P_iP_{i+1}P_{i+n-1}}\mathrm{D}_{P\text{-}\pi_{i(i+1)(i+n-1)}}\\ =&\mathrm{a}_{P_{i+n-1}P_{i+1}P_0}\mathrm{D}_{P\text{-}\pi_{i\text{-}(i+n-1)(i+1)0}}\ (i=1,2,\cdots,n),\end{aligned} \tag{4.2.29}$$

或

$$\sum_{j=1, j\neq i}^{n} \mathrm{a}_{P_0P_jP_{j+1}}\mathrm{D}_{P\text{-}\pi_{0j(j+1)}} = \mathrm{a}_{P_1P_2\cdots P_n}\mathrm{D}_{P\text{-}\pi_{0\text{-}12\cdots n}}. \tag{4.2.30}$$

证明 由式 (4.2.27) 和 (4.2.28), 可得

P 是平面 $\pi_{i(i+n-1)0}$ 上任意一点 $\Leftrightarrow \mathrm{D}_{P\text{-}\pi_{i(i+n-1)0}}=0 \Leftrightarrow$ 式 (4.2.29) 成立 $\Leftrightarrow$ 式 (4.2.30) 成立.

推论 4.2.10 设 $P_0\text{-}P_1P_2\cdots P_n$ 是 $n(n\geqslant 4)$ 棱锥, $P_1P_2\cdots P_n$ 是底面; $\pi_{i(i+1)0}$, $\pi_{i(i+1)(i+n-1)}$, $\pi_{i(i+n-1)0}$, $\pi_{i\text{-}(i+n-1)(i+1)0}$ 是 $P_0, P_{i+1}, P_{i+n-1}(i=1,2,\cdots,n)$ 过底面顶点 P_i 的三点类平面. 若 P 是平面 $\pi_{i(i+n-1)0}$, $\pi_{i\text{-}(i+n-1)(i+1)0}$ 交线 P_iP_0 上任意一点, 则

$$\mathrm{a}_{P_iP_{i+1}P_0}\mathrm{D}_{P\text{-}\pi_{i(i+1)0}}+\mathrm{a}_{P_iP_{i+1}P_{i+n-1}}\mathrm{D}_{P\text{-}\pi_{i(i+1)(i+n-1)}}=0\ (i=1,2,\cdots,n); \tag{4.2.31}$$

$$\mathrm{a}_{P_iP_{i+1}P_0}\mathrm{d}_{P\text{-}\pi_{i(i+1)0}}=\mathrm{a}_{P_iP_{i+1}P_{i+n-1}}\mathrm{d}_{P\text{-}\pi_{i(i+1)(i+n-1)}}\ (i=1,2,\cdots,n). \tag{4.2.32}$$

证明 根据定理 4.2.6, 由式 (4.2.27), 可得

P 是平面 $\pi_{i(i+n-1)0}$, $\pi_{i\text{-}(i+n-1)(i+1)0}$ 交线 P_iP_0 上任意一点 $\Rightarrow \mathrm{D}_{P\text{-}\pi_{i(i+n-1)0}}=\mathrm{D}_{P\text{-}\pi_{i\text{-}(i+n-1)(i+1)0}}=0 \Rightarrow$ 式 (4.2.31) 成立;

式 (4.2.31) 移项后等式两边取绝对值, 即得式 (4.2.32).

定理 4.2.7 设 $P_0\text{-}P_1P_2\cdots P_n$ 是 $n(n\geqslant 4)$ 棱锥, $P_1P_2\cdots P_n$ 是底面. $\pi_{i(i+1)0}$, $\pi_{i(i+1)(i+n-1)}$, $\pi_{i(i+n-1)0}$, $\pi_{i\text{-}(i+n-1)(i+1)0}$ 是 $P_0, P_{i+1}, P_{i+n-1}(i=1,2,\cdots,n)$ 过底面顶点 P_i 的三点类平面. 若 P 是平面 $\pi_{i\text{-}(i+n-1)(i+1)0}$, $\pi_{(i+1)\text{-}i(i+2)0}$ 交线上任意一点, 且 $\mathrm{a}_{P_iP_{i+n-1}P_0}=\mathrm{a}_{P_{i+1}P_{i+2}P_0}$, 则

$$\mathrm{a}_{P_iP_{i+1}P_{i+n-1}}\mathrm{D}_{P\text{-}\pi_{i(i+1)(i+n-1)}}+\mathrm{a}_{P_{i+1}P_{i+2}P_i}\mathrm{D}_{P\text{-}\pi_{(i+1)(i+2)i}}=0\ (i=1,2,\cdots,n), \tag{4.2.33}$$

$$\mathrm{a}_{P_iP_{i+1}P_{i+n-1}}\mathrm{d}_{P\text{-}\pi_{i(i+1)(i+n-1)}}=\mathrm{a}_{P_{i+1}P_{i+2}P_i}\mathrm{d}_{P\text{-}\pi_{(i+1)(i+2)i}}\ (i=1,2,\cdots,n). \tag{4.2.34}$$

证明 因为 P 是平面 $\pi_{i\text{-}(i+n-1)(i+1)0}$, $\pi_{(i+1)\text{-}i(i+2)0}$ 交线上任意一点, 所以

$$\mathrm{D}_{P\text{-}\pi_{i\text{-}(i+n-1)(i+1)0}}=\mathrm{D}_{P\text{-}\pi_{(i+1)\text{-}i(i+2)0}}=0.$$

分别代入式 (4.2.27), 可得

$$\mathrm{a}_{P_iP_{i+1}P_0}\mathrm{D}_{P\text{-}\pi_{i(i+1)0}}+\mathrm{a}_{P_iP_{i+1}P_{i+n-1}}\mathrm{D}_{P\text{-}\pi_{i(i+1)(i+n-1)}}+\mathrm{a}_{P_iP_{i+n-1}P_0}\mathrm{D}_{P\text{-}\pi_{i(i+n-1)0}}=0, \tag{4.2.35}$$

$$\mathrm{a}_{P_{i+1}P_{i+2}P_0}\mathrm{D}_{P\text{-}\pi_{(i+1)(i+2)0}}+\mathrm{a}_{P_{i+1}P_{i+2}P_i}\mathrm{D}_{P\text{-}\pi_{(i+1)(i+2)i}}+\mathrm{a}_{P_{i+1}P_iP_0}\mathrm{D}_{P\text{-}\pi_{(i+1)i0}}=0. \tag{4.2.36}$$

又因为$\mathrm{D}_{P\text{-}\pi_{i(i+1)0}}=-\mathrm{D}_{P\text{-}\pi_{(i+1)i0}}$, $\mathrm{D}_{P\text{-}\pi_{i(i+n-1)0}}=-\mathrm{D}_{P\text{-}\pi_{(i+1)(i+2)0}}$且$\mathrm{a}_{P_iP_{i+n-1}P_0}=\mathrm{a}_{P_{i+1}P_{i+2}P_0}$, 所以

$$\mathrm{a}_{P_iP_{i+1}P_0}\mathrm{D}_{P\text{-}\pi_{i(i+1)0}}+\mathrm{a}_{P_{i+1}P_iP_0}\mathrm{D}_{P\text{-}\pi_{(i+1)i0}}=0,$$

$$\mathrm{a}_{P_iP_{i+n-1}P_0}\mathrm{D}_{P\text{-}\pi_{i(i+n-1)0}}+\mathrm{a}_{P_{i+1}P_{i+2}P_0}\mathrm{D}_{P\text{-}\pi_{(i+1)(i+2)0}}=0.$$

式 (4.2.35)+(4.2.36), 即得式 (4.2.33); 式 (4.2.33) 移项后等式两边取绝对值, 即得式 (4.2.34).

定理 4.2.8 设 $P_0\text{-}P_1P_2\cdots P_n$ 是等面 $n(n\geqslant 4)$ 棱锥, $P_1P_2\cdots P_n$ 是底面. $\pi_{012},\pi_{023},\cdots,\pi_{0n1};\pi_{0\text{-}12\cdots n}$ 是 $P_0,P_1,\cdots,P_n$ 过顶点 P_0 的 $n+1$ 点类平面, P 是空间任意一点, 则

$$\sum_{i=1}^{n}\mathrm{D}_{P\text{-}\pi_{0i(i+1)}}=\mathrm{D}_{P\text{-}\pi_{0\text{-}12\cdots n}}. \tag{4.2.37}$$

证明 因为 $P_0\text{-}P_1P_2\cdots P_n$ 是等面 $n(n\geqslant 4)$ 棱锥, 所以 $\mathrm{a}_{P_0P_1P_2}=\mathrm{a}_{P_0P_2P_3}=\cdots=\mathrm{a}_{P_0P_nP_1}=\mathrm{a}_{P_1P_2\cdots P_n}$. 代入式 (4.2.28) 并化简, 即得式 (4.2.37).

推论 4.2.11 设 $P_0\text{-}P_1P_2\cdots P_n$ 是等面 $n(n\geqslant 4)$ 棱锥, $P_1P_2\cdots P_n$ 是底面. $\pi_{012},\pi_{023},\cdots,\pi_{0n1};\pi_{0\text{-}12\cdots n}$ 是 $P_0,P_1,\cdots,P_n$ 过顶点 P_0 的 $n+1$ 点类平面, 则

(1) P 是平面 $\pi_{i(i+n-1)0}$ 上任意一点的充分必要条件是

$$\sum_{j=1,j\neq i}^{n}\mathrm{D}_{P\text{-}\pi_{0j(j+1)}}=\mathrm{D}_{P\text{-}\pi_{0\text{-}12\cdots n}}. \tag{4.2.38}$$

(2) P 是平面 $\pi_{0\text{-}12\cdots n}$ 上任意一点的充分必要条件是

$$\sum_{i=1}^{n}\mathrm{D}_{P\text{-}\pi_{0i(i+1)}}=0.$$

证明 (1) 由式 (4.2.37), 可得

P 是平面 $\pi_{i(i+n-1)0}$ 任意一点 $\Leftrightarrow \mathrm{D}_{P\text{-}\pi_{i(i+n-1)0}}=0\Leftrightarrow$ 式 (4.2.38) 成立.

类似地, 可以证明 (2) 中结论成立.

4.3 多面体中点类平面有向距离的定值定理与应用

本节主要应用三角形面的投影方程和有向距离定值法, 以及 "由面及体, 由面及线, 由面及点, 点线面体交融" 的思想方法, 研究多面体中点类平面有向距离的定值问题. 首先, 给出带脊的拟四边形五面体中过顶点的六点类平面有向距离的定值定理, 并据此得出带脊的拟四边形五面体的一些结论; 其次, 给出四边形六面体中过顶点的八点类平面有向距离的定值定理, 并讨论定值定理的一些应用; 最后, 归纳得出一般多面体过其每个顶点的点类平面定值定理的结构.

4.3.1 带脊的拟四边形五面体中点类平面有向距离的定值定理及其应用

如图 4.3.1 所示. 带脊的拟四边形五面体 $Q_1Q_2\text{-}P_1P_2P_3P_4$ 是一种形似刍甍的立体, 其中 Q_1Q_2 是上脊线, $P_1P_2P_3P_4$ 是底面四边形, $Q_1Q_2P_1P_2, Q_1Q_2P_3P_4, Q_1P_4P_1$ 和 $Q_2P_2P_3$ 分别是侧面四边形和侧面三角形.

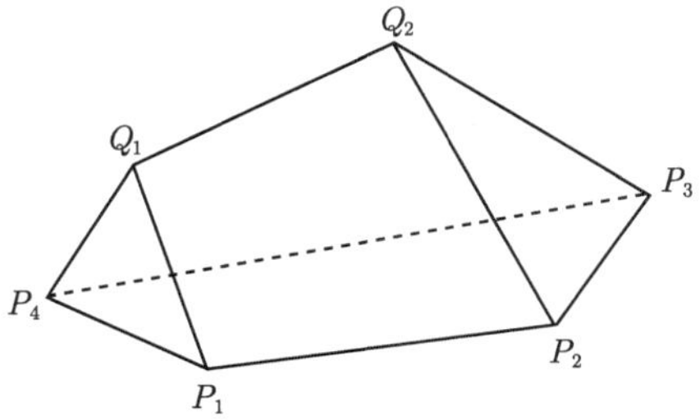

图 4.3.1

特别地, 当 $Q_1Q_2\text{-}P_1P_2P_3P_4$ 的底面 $P_1P_2P_3P_4$ 是矩形, 侧面 $Q_1Q_2P_1P_2, Q_1Q_2P_3P_4, Q_1P_4P_1$ 和 $Q_2P_2P_3$ 分别是两个全等的等腰梯形和两个全等的等腰三角形时, 带线拟四边形五面体 $Q_1Q_2\text{-}P_1P_2P_3P_4$ 就是我国古算中研究的一种几何体, 即所谓的"刍甍".

定理 4.3.1 设 $Q_1Q_2\text{-}P_1P_2P_3P_4$ 是带脊的拟四边形五面体, $\pi_{Q_1P_4P_1}, \pi_{Q_1P_1P_2Q_2}$, $\pi_{Q_1\text{-}Q_2P_2P_3}$, $\pi_{Q_1Q_2P_3P_4}$, $\pi_{Q_1\text{-}P_1P_2P_3P_4}$; $\pi_{Q_2\text{-}Q_1P_4P_1}$, $\pi_{Q_2Q_1P_1P_2}$, $\pi_{Q_2P_2P_3}$, $\pi_{Q_2P_3P_4Q_1}$, $\pi_{Q_2\text{-}P_1P_2P_3P_4}$; $\pi_{P_1Q_1P_4}$, $\pi_{P_1P_2Q_2Q_1}$, $\pi_{P_1\text{-}P_2P_3Q_2}$, $\pi_{P_1P_4P_3P_2}$, $\pi_{P_1\text{-}P_4P_3Q_2Q_1}$; $\pi_{P_2Q_2P_3}$, $\pi_{P_2P_1Q_1Q_2}$, $\pi_{P_2\text{-}P_1P_4Q_1}$, $\pi_{P_2P_3P_4P_1}$, $\pi_{P_2\text{-}P_3P_4Q_1Q_2}$; $\pi_{P_3P_2Q_2}$, $\pi_{P_3Q_2Q_1P_4}$, $\pi_{P_3\text{-}P_1P_4Q_1}$, $\pi_{P_3P_4P_1P_2}$, $\pi_{P_3\text{-}P_2Q_2Q_1P_1}$; $\pi_{P_4\text{-}P_3P_2Q_2}$, $\pi_{P_4P_3Q_2Q_1}$, $\pi_{P_4Q_1P_1}$, $\pi_{P_4P_3P_2P_1}$, $\pi_{P_4\text{-}Q_2Q_1P_1P_2}$ 分别是 $Q_1Q_2\text{-}P_1P_2P_3P_4$ 顶点 $Q_1, Q_2, P_1, P_2, P_3, P_4$ 的六点类平面, P 空间任意一点, 则

$$\begin{aligned}&\mathrm{a}_{Q_1P_4P_1}\mathrm{D}_{P\text{-}\pi_{Q_1P_4P_1}}+\mathrm{a}_{Q_1P_1P_2Q_2}\mathrm{D}_{P\text{-}\pi_{Q_1P_1P_2Q_2}}\\&\quad+\mathrm{a}_{Q_2P_2P_3}\mathrm{D}_{P\text{-}\pi_{Q_1\text{-}Q_2P_2P_3}}+\mathrm{a}_{Q_1Q_2P_3P_4}\mathrm{D}_{P\text{-}\pi_{Q_1Q_2P_3P_4}}\\&=\mathrm{a}_{P_1P_2P_3P_4}\mathrm{D}_{P\text{-}\pi_{Q_1\text{-}P_1P_2P_3P_4}};\end{aligned}\tag{4.3.1}$$

$$\begin{aligned}&\mathrm{a}_{Q_1P_4P_1}\mathrm{D}_{P\text{-}\pi_{Q_2\text{-}Q_1P_4P_1}}+\mathrm{a}_{Q_2Q_1P_1P_2}\mathrm{D}_{P\text{-}\pi_{Q_2Q_1P_1P_2}}\\&\quad+\mathrm{a}_{Q_2P_2P_3}\mathrm{D}_{P\text{-}\pi_{Q_2P_2P_3}}+\mathrm{a}_{Q_2P_3P_4Q_1}\mathrm{D}_{P\text{-}\pi_{Q_2P_3P_4Q_1}}\\&=\mathrm{a}_{P_1P_2P_3P_4}\mathrm{D}_{P\text{-}\pi_{Q_2\text{-}P_1P_2P_3P_4}};\end{aligned}\tag{4.3.2}$$

$$\begin{aligned}&\mathrm{a}_{P_1Q_1P_4}\mathrm{D}_{P\text{-}\pi_{P_1Q_1P_4}}+\mathrm{a}_{P_1P_2Q_2Q_1}\mathrm{D}_{P\text{-}\pi_{P_1P_2Q_2Q_1}}\\&\quad+\mathrm{a}_{P_2P_3Q_2}\mathrm{D}_{P\text{-}\pi_{P_1\text{-}P_2P_3Q_2}}+\mathrm{a}_{P_1P_4P_3P_2}\mathrm{D}_{P\text{-}\pi_{P_1P_4P_3P_2}}\\&=\mathrm{a}_{P_4P_3Q_2Q_1}\mathrm{D}_{P\text{-}\pi_{P_1\text{-}P_4P_3Q_2Q_1}};\end{aligned}\tag{4.3.3}$$

$$\begin{aligned}&\mathrm{a}_{P_2Q_2P_3}\mathrm{D}_{P\text{-}\pi_{P_2Q_2P_3}}+\mathrm{a}_{P_2P_1Q_1Q_2}\mathrm{D}_{P\text{-}\pi_{P_2P_1Q_1Q_2}}\\&\quad+\mathrm{a}_{P_1P_4Q_1}\mathrm{D}_{P\text{-}\pi_{P_2\text{-}P_1P_4Q_1}}+\mathrm{a}_{P_2P_3P_4P_1}\mathrm{D}_{P\text{-}\pi_{P_2P_3P_4P_1}}\\&=\mathrm{a}_{P_3P_4Q_1Q_2}\mathrm{D}_{P\text{-}\pi_{P_2\text{-}P_3P_4Q_1Q_2}};\end{aligned}\tag{4.3.4}$$

$$\mathrm{a}_{P_3P_2Q_2}\mathrm{D}_{P\text{-}\pi_{P_3P_2Q_2}}+\mathrm{a}_{P_3Q_2Q_1P_4}\mathrm{D}_{P\text{-}\pi_{P_3Q_2Q_1P_4}}$$

$$
\begin{aligned}
&+\mathrm{a}_{P_1P_4Q_1}\mathrm{D}_{P\text{-}\pi_{P_3\text{-}P_1P_4Q_1}}+\mathrm{a}_{P_3P_4P_1P_2}\mathrm{D}_{P\text{-}\pi_{P_3P_4P_1P_2}}\\
=&\mathrm{a}_{P_2Q_2Q_1P_1}\mathrm{D}_{P\text{-}\pi_{P_3\text{-}P_2Q_2Q_1P_1}};
\end{aligned}\tag{4.3.5}
$$

$$
\begin{aligned}
&\mathrm{a}_{P_3P_2Q_2}\mathrm{D}_{P\text{-}\pi_{P_4\text{-}P_3P_2Q_2}}+\mathrm{a}_{P_4P_3Q_2Q_1}\mathrm{D}_{P\text{-}\pi_{P_4P_3Q_2Q_1}}\\
&+\mathrm{a}_{P_4Q_1P_1}\mathrm{D}_{P\text{-}\pi_{P_4Q_1P_1}}+\mathrm{a}_{P_4P_3P_2P_1}\mathrm{D}_{P\text{-}\pi_{P_4P_3P_2P_1}}\\
=&\mathrm{a}_{Q_2Q_1P_1P_2}\mathrm{D}_{P\text{-}\pi_{P_4\text{-}Q_2Q_1P_1P_2}}.
\end{aligned}\tag{4.3.6}
$$

证明　以 Q_1 为坐标原点, 建立空间直角坐标系. 设 $Q_1Q_2\text{-}P_1P_2P_3P_4$ 顶点的坐标为 $Q_1(0,0,0)$, $Q_2(a,b,c)$, $P_i(x_i,y_i,z_i)(i=1,2,3,4)$, 于是由推论 1.1.2 可知, 三角形 $Q_1P_4P_1$ 和四边形 $Q_1Q_2P_1P_2$ 的投影向量分别为

$$
\boldsymbol{n}_{Q_1P_4P_1}=\left(\mathrm{Prj}_{yz}\mathrm{D}_{Q_1P_4P_1},\mathrm{Prj}_{zx}\mathrm{D}_{Q_1P_4P_1},\mathrm{Prj}_{xy}\mathrm{D}_{Q_1P_4P_1}\right),
$$

$$
\boldsymbol{n}_{Q_1P_1P_2Q_2}=\left(\mathrm{Prj}_{yz}\mathrm{D}_{Q_1P_1P_2Q_2},\mathrm{Prj}_{zx}\mathrm{D}_{Q_1P_1P_2Q_2},\mathrm{Prj}_{xy}\mathrm{D}_{Q_1P_1P_2Q_2}\right),
$$

平面 $\pi_{Q_1P_4P_1},\pi_{Q_1P_1P_2Q_2}$ 的方程分别为

$$
x\mathrm{Prj}_{yz}\mathrm{D}_{Q_1P_4P_1}+y\mathrm{Prj}_{zx}\mathrm{D}_{Q_1P_4P_1}+z\mathrm{Prj}_{xy}\mathrm{D}_{Q_1P_4P_1}=0,
$$

$$
x\mathrm{Prj}_{yz}\mathrm{D}_{Q_1P_1P_2Q_2}+y\mathrm{Prj}_{zx}\mathrm{D}_{Q_1P_1P_2Q_2}+z\mathrm{Prj}_{xy}\mathrm{D}_{Q_1P_1P_2Q_2}=0;
$$

类似地, 可以求得平面 $\pi_{Q_1\text{-}Q_2P_2P_3},\pi_{Q_1Q_2P_3P_4},\pi_{Q_1\text{-}P_1P_2P_3P_4}$ 的方程分别为

$$
x\mathrm{Prj}_{yz}\mathrm{D}_{Q_2P_2P_3}+y\mathrm{Prj}_{zx}\mathrm{D}_{Q_2P_2P_3}+z\mathrm{Prj}_{xy}\mathrm{D}_{Q_2P_2P_3}=0,
$$

$$
x\mathrm{Prj}_{yz}\mathrm{D}_{Q_1Q_2P_3P_4}+y\mathrm{Prj}_{zx}\mathrm{D}_{Q_1Q_2P_3P_4}+z\mathrm{Prj}_{xy}\mathrm{D}_{Q_1Q_2P_3P_4}=0,
$$

$$
x\mathrm{Prj}_{yz}\mathrm{D}_{P_1P_2P_3P_4}+y\mathrm{Prj}_{zx}\mathrm{D}_{P_1P_2P_3P_4}+z\mathrm{Prj}_{xy}\mathrm{D}_{P_1P_2P_3P_4}=0.
$$

设空间任意点的坐标为 $P(x,y,z)$, 则由点到平面的距离公式, 可得

$$
\mathrm{a}_{Q_1P_4P_1}\mathrm{D}_{P\text{-}\pi_{Q_1P_4P_1}}=x\mathrm{Prj}_{yz}\mathrm{D}_{Q_1P_4P_1}+y\mathrm{Prj}_{zx}\mathrm{D}_{Q_1P_4P_1}+z\mathrm{Prj}_{xy}\mathrm{D}_{Q_1P_4P_1},
$$

$$
\mathrm{a}_{Q_1P_1P_2Q_2}\mathrm{D}_{P\text{-}\pi_{Q_1P_1P_2Q_2}}=x\mathrm{Prj}_{yz}\mathrm{D}_{Q_1P_1P_2Q_2}+y\mathrm{Prj}_{zx}\mathrm{D}_{Q_1P_1P_2Q_2}+z\mathrm{Prj}_{xy}\mathrm{D}_{Q_1P_1P_2Q_2},
$$

$$
\mathrm{a}_{Q_2P_2P_3}\mathrm{D}_{P\text{-}\pi_{Q_1\text{-}Q_2P_2P_3}}=x\mathrm{Prj}_{yz}\mathrm{D}_{Q_2P_2P_3}+y\mathrm{Prj}_{zx}\mathrm{D}_{Q_2P_2P_3}+z\mathrm{Prj}_{xy}\mathrm{D}_{Q_2P_2P_3},
$$

$$
\mathrm{a}_{Q_1Q_2P_3P_4}\mathrm{D}_{P\text{-}\pi_{Q_1Q_2P_3P_4}}=x\mathrm{Prj}_{yz}\mathrm{D}_{Q_1Q_2P_3P_4}+y\mathrm{Prj}_{zx}\mathrm{D}_{Q_1Q_2P_3P_4}+z\mathrm{Prj}_{xy}\mathrm{D}_{Q_1Q_2P_3P_4},
$$

$$
\mathrm{a}_{P_1P_2P_3P_4}\mathrm{D}_{P\text{-}\pi_{Q_1\text{-}P_1P_2P_3P_4}}=x\mathrm{Prj}_{yz}\mathrm{D}_{P_1P_2P_3P_4}+y\mathrm{Prj}_{zx}\mathrm{D}_{P_1P_2P_3P_4}+z\mathrm{Prj}_{xy}\mathrm{D}_{P_1P_2P_3P_4}.
$$

因为

$$
\mathrm{Prj}_{yz}\mathrm{D}_{Q_1P_4P_1}+\mathrm{Prj}_{yz}\mathrm{D}_{Q_1P_1P_2Q_2}+\mathrm{Prj}_{yz}\mathrm{D}_{Q_2P_2P_3}+\mathrm{Prj}_{yz}\mathrm{D}_{Q_1Q_2P_3P_4}
$$

$$=\frac{1}{2}(y_4z_1-y_1z_4)+\frac{1}{2}[(y_1z_2-y_2z_1)+(cy_2-bz_2)]$$
$$+\frac{1}{2}[(bz_2-cy_2)+(y_2z_3-y_3z_2)+(cy_3-bz_3)]+\frac{1}{2}[(bz_3-cy_3)+(y_3z_4-y_4z_3)]$$
$$=\frac{1}{2}[(y_1z_2-y_2z_1)+(y_2z_3-y_3z_2)+(y_3z_4-y_4z_3)+(y_4z_1-y_1z_4)]$$
$$=\mathrm{Prj}_{yz}\mathrm{D}_{P_1P_2P_3P_4};$$

同理

$$\mathrm{Prj}_{zx}\mathrm{D}_{Q_1P_4P_1}+\mathrm{Prj}_{zx}\mathrm{D}_{Q_1P_1P_2Q_2}+\mathrm{Prj}_{zx}\mathrm{D}_{Q_2P_2P_3}+\mathrm{Prj}_{zx}\mathrm{D}_{Q_1Q_2P_3P_4}$$
$$=\mathrm{Prj}_{zx}\mathrm{D}_{P_1P_2P_3P_4},$$
$$\mathrm{Prj}_{xy}\mathrm{D}_{Q_1P_4P_1}+\mathrm{Prj}_{xy}\mathrm{D}_{Q_1P_1P_2Q_2}+\mathrm{Prj}_{xy}\mathrm{D}_{Q_2P_2P_3}+\mathrm{Prj}_{xy}\mathrm{D}_{Q_1Q_2P_3P_4}$$
$$=\mathrm{Prj}_{xy}\mathrm{D}_{P_1P_2P_3P_4},$$

所以

$$\mathrm{a}_{Q_1P_4P_1}\mathrm{D}_{P\text{-}\pi_{Q_1P_4P_1}}+\mathrm{a}_{Q_1P_1P_2Q_2}\mathrm{D}_{P\text{-}\pi_{Q_1P_1P_2Q_2}}$$
$$+\mathrm{a}_{Q_2P_2P_3}\mathrm{D}_{P\text{-}\pi_{Q_1\text{-}Q_2P_2P_3}}+\mathrm{a}_{Q_1Q_2P_3P_4}\mathrm{D}_{P\text{-}\pi_{Q_1Q_2P_3P_4}}$$
$$=x(\mathrm{Prj}_{yz}\mathrm{D}_{Q_1P_4P_1}+\mathrm{Prj}_{yz}\mathrm{D}_{Q_1P_1P_2Q_2}+\mathrm{Prj}_{yz}\mathrm{D}_{Q_2P_2P_3}+\mathrm{Prj}_{yz}\mathrm{D}_{Q_1Q_2P_3P_4})$$
$$+y(\mathrm{Prj}_{zx}\mathrm{D}_{Q_1P_4P_1}+\mathrm{Prj}_{zx}\mathrm{D}_{Q_1P_1P_2Q_2}+\mathrm{Prj}_{zx}\mathrm{D}_{Q_2P_2P_3}+\mathrm{Prj}_{zx}\mathrm{D}_{Q_1Q_2P_3P_4})$$
$$+z(\mathrm{Prj}_{xy}\mathrm{D}_{Q_1P_4P_1}+\mathrm{Prj}_{xy}\mathrm{D}_{Q_1P_1P_2Q_2}+\mathrm{Prj}_{xy}\mathrm{D}_{Q_2P_2P_3}+\mathrm{Prj}_{xy}\mathrm{D}_{Q_1Q_2P_3P_4})$$
$$=x\mathrm{Prj}_{yz}\mathrm{D}_{P_1P_2P_3P_4}+y\mathrm{Prj}_{zx}\mathrm{D}_{P_1P_2P_3P_4}+z\mathrm{Prj}_{xy}\mathrm{D}_{P_1P_2P_3P_4}$$
$$=\mathrm{a}_{P_1P_2P_3P_4}\mathrm{D}_{P\text{-}\pi_{Q_1\text{-}P_1P_2P_3P_4}},$$

即式 (4.3.1) 成立.

类似地, 可以证明式 (4.3.2)~(4.3.6) 成立.

推论 4.3.1 设 $Q_1Q_2\text{-}P_1P_2P_3P_4$ 是带脊拟四边形五面体, $\pi_{Q_1P_4P_1}, \pi_{Q_1P_1P_2Q_2}$, $\pi_{Q_1\text{-}Q_2P_2P_3}, \pi_{Q_1Q_2P_3P_4}$, $\pi_{Q_1\text{-}P_1P_2P_3P_4}$ 是 $Q_1Q_2\text{-}P_1P_2P_3P_4$ 顶点 $Q_1, Q_2, P_1, P_2, P_3, P_4$ 的六点类平面, 则

(1) P 是平面 $\pi_{Q_1P_4P_1}$ 上任意一点的充分必要条件是

$$\mathrm{a}_{Q_1P_1P_2Q_2}\mathrm{D}_{P\text{-}\pi_{Q_1P_1P_2Q_2}}+\mathrm{a}_{Q_2P_2P_3}\mathrm{D}_{P\text{-}\pi_{Q_1\text{-}Q_2P_2P_3}}+\mathrm{a}_{Q_1Q_2P_3P_4}\mathrm{D}_{P\text{-}\pi_{Q_1Q_2P_3P_4}}$$
$$=\mathrm{a}_{P_1P_2P_3P_4}\mathrm{D}_{P\text{-}\pi_{Q_1\text{-}P_1P_2P_3P_4}}; \tag{4.3.7}$$

(2) P 是平面 $\pi_{Q_1P_1P_2Q_2}$ 上任意一点的充分必要条件是

$$\mathrm{a}_{Q_1P_4P_1}\mathrm{D}_{P\text{-}\pi_{Q_1P_4P_1}}+\mathrm{a}_{Q_2P_2P_3}\mathrm{D}_{P\text{-}\pi_{Q_1\text{-}Q_2P_2P_3}}+\mathrm{a}_{Q_1Q_2P_3P_4}\mathrm{D}_{P\text{-}\pi_{Q_1Q_2P_3P_4}}$$

$$=\mathrm{a}_{P_1P_2P_3P_4}\mathrm{D}_{P\text{-}\pi_{Q_1\text{-}P_1P_2P_3P_4}};$$

(3) P 是平面 $\pi_{Q_1\text{-}Q_2P_2P_3}$ 上任意一点的充分必要条件是

$$\mathrm{a}_{Q_1P_4P_1}\mathrm{D}_{P\text{-}\pi_{Q_1P_4P_1}}+\mathrm{a}_{Q_1P_1P_2Q_2}\mathrm{D}_{P\text{-}\pi_{Q_1P_1P_2Q_2}}+\mathrm{a}_{Q_1Q_2P_3P_4}\mathrm{D}_{P\text{-}\pi_{Q_1Q_2P_3P_4}}$$
$$=\mathrm{a}_{P_1P_2P_3P_4}\mathrm{D}_{P\text{-}\pi_{Q_1\text{-}P_1P_2P_3P_4}};$$

(4) P 是平面 $\pi_{Q_1Q_2P_3P_4}$ 上任意一点的充分必要条件是

$$\mathrm{a}_{Q_1P_4P_1}\mathrm{D}_{P\text{-}\pi_{Q_1P_4P_1}}+\mathrm{a}_{Q_1P_1P_2Q_2}\mathrm{D}_{P\text{-}\pi_{Q_1P_1P_2Q_2}}+\mathrm{a}_{Q_2P_2P_3}\mathrm{D}_{P\text{-}\pi_{Q_1\text{-}Q_2P_2P_3}}$$
$$=\mathrm{a}_{P_1P_2P_3P_4}\mathrm{D}_{P\text{-}\pi_{Q_1\text{-}P_1P_2P_3P_4}};$$

(5) P 是平面 $\pi_{Q_1\text{-}P_1P_2P_3P_4}$ 上任意一点的充分必要条件是

$$\mathrm{a}_{Q_1P_4P_1}\mathrm{D}_{P\text{-}\pi_{Q_1P_4P_1}}+\mathrm{a}_{Q_1P_1P_2Q_2}\mathrm{D}_{P\text{-}\pi_{Q_1P_1P_2Q_2}}+\mathrm{a}_{Q_2P_2P_3}\mathrm{D}_{P\text{-}\pi_{Q_1\text{-}Q_2P_2P_3}}$$
$$+\mathrm{a}_{Q_1Q_2P_3P_4}\mathrm{D}_{P\text{-}\pi_{Q_1Q_2P_3P_4}}=0.$$

对过 $Q_1Q_2\text{-}P_1P_2P_3P_4$ 顶点 Q_2,P_1,P_2,P_3,P_4 的六点类平面, 也有类似的结论.

证明　(1) 由式 (4.3.1), 可得

P 是平面 $\pi_{Q_1P_4P_1}$ 上任意一点 $\Leftrightarrow \mathrm{D}_{P\text{-}\pi_{Q_1P_4P_1}}=0 \Leftrightarrow$ 式 (4.3.7) 成立.

类似地, 可以证明 (2)~(5) 中结论成立.

推论 4.3.2　设 $Q_1Q_2\text{-}P_1P_2P_3P_4$ 是带脊拟四边形五面体, $\pi_{Q_1P_4P_1},\pi_{Q_1P_1P_2Q_2}$, $\pi_{Q_1\text{-}Q_2P_2P_3},\pi_{Q_1Q_2P_3P_4}$, $\pi_{Q_1\text{-}P_1P_2P_3P_4}$ 是 $Q_1Q_2\text{-}P_1P_2P_3P_4$ 顶点 Q_1,Q_2,P_1,P_2,P_3,P_4 的六点类平面.

(1) 若 P 是平面 $\pi_{Q_1P_4P_1},\pi_{Q_1P_1P_2Q_2}$ 交线上任意一点, 则

$$\mathrm{a}_{Q_2P_2P_3}\mathrm{D}_{P\text{-}\pi_{Q_1\text{-}Q_2P_2P_3}}+\mathrm{a}_{Q_1Q_2P_3P_4}\mathrm{D}_{P\text{-}\pi_{Q_1Q_2P_3P_4}}=\mathrm{a}_{P_1P_2P_3P_4}\mathrm{D}_{P\text{-}\pi_{Q_1\text{-}P_1P_2P_3P_4}};\quad(4.3.8)$$

(2) 若 P 是平面 $\pi_{Q_1P_4P_1},\pi_{Q_1\text{-}Q_2P_2P_3}$ 交线上任意一点, 则

$$\mathrm{a}_{Q_1P_1P_2Q_2}\mathrm{D}_{P\text{-}\pi_{Q_1P_1P_2Q_2}}+\mathrm{a}_{Q_1Q_2P_3P_4}\mathrm{D}_{P\text{-}\pi_{Q_1Q_2P_3P_4}}=\mathrm{a}_{P_1P_2P_3P_4}\mathrm{D}_{P\text{-}\pi_{Q_1\text{-}P_1P_2P_3P_4}};$$

(3) 若 P 是平面 $\pi_{Q_1P_4P_1},\pi_{Q_1Q_2P_3P_4}$ 交线上任意一点, 则

$$\mathrm{a}_{Q_1P_1P_2Q_2}\mathrm{D}_{P\text{-}\pi_{Q_1P_1P_2Q_2}}+\mathrm{a}_{Q_2P_2P_3}\mathrm{D}_{P\text{-}\pi_{Q_1\text{-}Q_2P_2P_3}}=\mathrm{a}_{P_1P_2P_3P_4}\mathrm{D}_{P\text{-}\pi_{Q_1\text{-}P_1P_2P_3P_4}};$$

(4) 若 P 是平面 $\pi_{Q_1P_4P_1},\pi_{Q_1\text{-}P_1P_2P_3P_4}$ 交线上任意一点, 则

$$\mathrm{a}_{Q_1P_1P_2Q_2}\mathrm{D}_{P\text{-}\pi_{Q_1P_1P_2Q_2}}+\mathrm{a}_{Q_2P_2P_3}\mathrm{D}_{P\text{-}\pi_{Q_1\text{-}Q_2P_2P_3}}+\mathrm{a}_{Q_1Q_2P_3P_4}\mathrm{D}_{P\text{-}\pi_{Q_1Q_2P_3P_4}}=0;$$

(5) 若 P 是平面 $\pi_{Q_1P_1P_2Q_2},\pi_{Q_1\text{-}Q_2P_2P_3}$ 交线上任意一点, 则

$$\mathrm{a}_{Q_1P_4P_1}\mathrm{D}_{P\text{-}\pi_{Q_1P_4P_1}}+\mathrm{a}_{Q_1Q_2P_3P_4}\mathrm{D}_{P\text{-}\pi_{Q_1Q_2P_3P_4}}=\mathrm{a}_{P_1P_2P_3P_4}\mathrm{D}_{P\text{-}\pi_{Q_1\text{-}P_1P_2P_3P_4}};$$

(6) 若 P 是平面 $\pi_{Q_1P_1P_2Q_2},\pi_{Q_1Q_2P_3P_4}$ 交线上任意一点, 则

$$\mathrm{a}_{Q_1P_4P_1}\mathrm{D}_{P\text{-}\pi_{Q_1P_4P_1}}+\mathrm{a}_{Q_2P_2P_3}\mathrm{D}_{P\text{-}\pi_{Q_1\text{-}Q_2P_2P_3}}=\mathrm{a}_{P_1P_2P_3P_4}\mathrm{D}_{P\text{-}\pi_{Q_1\text{-}P_1P_2P_3P_4}};$$

(7) 若 P 是平面 $\pi_{Q_1P_1P_2Q_2},\pi_{Q_1\text{-}P_1P_2P_3P_4}$ 交线上任意一点, 则

$$\mathrm{a}_{Q_1P_4P_1}\mathrm{D}_{P\text{-}\pi_{Q_1P_4P_1}}+\mathrm{a}_{Q_2P_2P_3}\mathrm{D}_{P\text{-}\pi_{Q_1\text{-}Q_2P_2P_3}}+\mathrm{a}_{Q_1Q_2P_3P_4}\mathrm{D}_{P\text{-}\pi_{Q_1Q_2P_3P_4}}=0;$$

(8) 若 P 是平面 $\pi_{Q_1\text{-}Q_2P_2P_3},\pi_{Q_1Q_2P_3P_4}$ 交线上任意一点, 则

$$\mathrm{a}_{Q_1P_4P_1}\mathrm{D}_{P\text{-}\pi_{Q_1P_4P_1}}+\mathrm{a}_{Q_1P_1P_2Q_2}\mathrm{D}_{P\text{-}\pi_{Q_1P_1P_2Q_2}}=\mathrm{a}_{P_1P_2P_3P_4}\mathrm{D}_{P\text{-}\pi_{Q_1\text{-}P_1P_2P_3P_4}};$$

(9) 若 P 是平面 $\pi_{Q_1\text{-}Q_2P_2P_3},\pi_{Q_1\text{-}P_1P_2P_3P_4}$ 交线上任意一点, 则

$$\mathrm{a}_{Q_1P_4P_1}\mathrm{D}_{P\text{-}\pi_{Q_1P_4P_1}}+\mathrm{a}_{Q_1P_1P_2Q_2}\mathrm{D}_{P\text{-}\pi_{Q_1P_1P_2Q_2}}+\mathrm{a}_{Q_1Q_2P_3P_4}\mathrm{D}_{P\text{-}\pi_{Q_1Q_2P_3P_4}}=0;$$

(10) 若 P 是平面 $\pi_{Q_1Q_2P_3P_4},\pi_{Q_1\text{-}P_1P_2P_3P_4}$ 交线上任意一点, 则

$$\mathrm{a}_{Q_1P_4P_1}\mathrm{D}_{P\text{-}\pi_{Q_1P_4P_1}}+\mathrm{a}_{Q_1P_1P_2Q_2}\mathrm{D}_{P\text{-}\pi_{Q_1P_1P_2Q_2}}+\mathrm{a}_{Q_2P_2P_3}\mathrm{D}_{P\text{-}\pi_{Q_1\text{-}Q_2P_2P_3}}=0.$$

对过 $Q_1Q_2\text{-}P_1P_2P_3P_4$ 顶点 Q_2,P_1,P_2,P_3,P_4 的六点类平面, 也有类似的结论.

证明 (1) 由式 (4.3.1), 可得

P 是平面 $\pi_{Q_1P_4P_1},\pi_{Q_1P_1P_2Q_2}$ 交线上任意一点 $\Rightarrow \mathrm{D}_{P\text{-}\pi_{Q_1P_4P_1}}=\mathrm{D}_{P\text{-}\pi_{Q_1P_1P_2Q_2}}=0\Rightarrow$ 式 (4.3.8) 成立.

类似地, 可以证明 (2)~(10) 中结论成立.

定理 4.3.2 设 $Q_1Q_2\text{-}P_1P_2P_3P_4$ 是等面带脊拟四边形五面体, $\pi_{Q_1P_4P_1}$, $\pi_{Q_1P_1P_2Q_2}$, $\pi_{Q_1\text{-}Q_2P_2P_3}$, $\pi_{Q_1Q_2P_3P_4}$, $\pi_{Q_1\text{-}P_1P_2P_3P_4}$; $\pi_{Q_2\text{-}Q_1P_4P_1}$, $\pi_{Q_2Q_1P_1P_2}$, $\pi_{Q_2P_2P_3}$, $\pi_{Q_2P_3P_4Q_1}$, $\pi_{Q_2\text{-}P_1P_2P_3P_4}$; $\pi_{P_1Q_1P_4}$, $\pi_{P_1P_2Q_2Q_1}$, $\pi_{P_1\text{-}P_2P_3Q_2}$, $\pi_{P_1P_4P_3P_2}$, $\pi_{P_1\text{-}P_4P_3Q_2Q_1}$; $\pi_{P_2Q_2P_3}$, $\pi_{P_2P_1Q_1Q_2}$, $\pi_{P_2\text{-}P_1P_4Q_1}$, $\pi_{P_2P_3P_4P_1}$, $\pi_{P_2\text{-}P_3P_4Q_1Q_2}$; $\pi_{P_3P_2Q_2}$, $\pi_{P_3Q_2Q_1P_4}$, $\pi_{P_3\text{-}P_1P_4Q_1}$, $\pi_{P_3P_4P_1P_2}$, $\pi_{P_3\text{-}P_2Q_2Q_1P_1}$; $\pi_{P_4\text{-}P_3P_2Q_2}$, $\pi_{P_4P_3Q_2Q_1}$, $\pi_{P_4Q_1P_1}$, $\pi_{P_4P_3P_2P_1}$, $\pi_{P_4\text{-}Q_2Q_1P_1P_2}$ 分别是 $Q_1Q_2\text{-}P_1P_2P_3P_4$ 顶点 Q_1,Q_2,P_1,P_2,P_3,P_4 的六点类平面. P 是空间任意一点, 则

$$\begin{aligned}&\mathrm{D}_{P\text{-}\pi_{Q_1P_4P_1}}+\mathrm{D}_{P\text{-}\pi_{Q_1P_1P_2Q_2}}+\mathrm{D}_{P\text{-}\pi_{Q_1\text{-}Q_2P_2P_3}}+\mathrm{D}_{P\text{-}\pi_{Q_1Q_2P_3P_4}}\\=&\mathrm{D}_{P\text{-}\pi_{Q_1\text{-}P_1P_2P_3P_4}},\\&\mathrm{D}_{P\text{-}\pi_{Q_2\text{-}Q_1P_4P_1}}+\mathrm{D}_{P\text{-}\pi_{Q_2Q_1P_1P_2}}+\mathrm{D}_{P\text{-}\pi_{Q_2P_2P_3}}+\mathrm{D}_{P\text{-}\pi_{Q_2P_3P_4Q_1}}\end{aligned}\tag{4.3.9}$$

$$=\mathrm{D}_{P\text{-}\pi_{Q_2\text{-}P_1P_2P_3P_4}}, \tag{4.3.10}$$

$$\mathrm{D}_{P\text{-}\pi_{P_1Q_1P_4}}+\mathrm{D}_{P\text{-}\pi_{P_1P_2Q_2Q_1}}+\mathrm{D}_{P\text{-}\pi_{P_1\text{-}P_2P_3Q_2}}+\mathrm{D}_{P\text{-}\pi_{P_1P_4P_3P_2}}$$
$$=\mathrm{D}_{P\text{-}\pi_{P_1\text{-}P_4P_3Q_2Q_1}}, \tag{4.3.11}$$

$$\mathrm{D}_{P\text{-}\pi_{P_2Q_2P_3}}+\mathrm{D}_{P\text{-}\pi_{P_2P_1Q_1Q_2}}+\mathrm{D}_{P\text{-}\pi_{P_2\text{-}P_1P_4Q_1}}+\mathrm{D}_{P\text{-}\pi_{P_2P_3P_4P_1}}$$
$$=\mathrm{D}_{P\text{-}\pi_{P_2\text{-}P_3P_4Q_1Q_2}}, \tag{4.3.12}$$

$$\mathrm{D}_{P\text{-}\pi_{P_3P_2Q_2}}+\mathrm{D}_{P\text{-}\pi_{P_3Q_2Q_1P_4}}+\mathrm{D}_{P\text{-}\pi_{P_3\text{-}P_1P_4Q_1}}+\mathrm{D}_{P\text{-}\pi_{P_3P_4P_1P_2}}$$
$$=\mathrm{D}_{P\text{-}\pi_{P_3\text{-}P_2Q_2Q_1P_1}}, \tag{4.3.13}$$

$$\mathrm{D}_{P\text{-}\pi_{P_4\text{-}P_3P_2Q_2}}+\mathrm{D}_{P\text{-}\pi_{P_4P_3Q_2Q_1}}+\mathrm{D}_{P\text{-}\pi_{P_4Q_1P_1}}+\mathrm{D}_{P\text{-}\pi_{P_4P_3P_2P_1}}$$
$$=\mathrm{D}_{P\text{-}\pi_{P_4\text{-}Q_2Q_1P_1P_2}}. \tag{4.3.14}$$

证明　因为 $Q_1Q_2\text{-}P_1P_2P_3P_4$ 是等面带脊拟四边形五面体, 所以 $Q_1Q_2\text{-}P_1P_2P_3P_4$ 五个面的面积均相等, 即

$$\mathrm{a}_{Q_1P_4P_1}=\mathrm{a}_{Q_1P_1P_2Q_2}=\mathrm{a}_{Q_2P_2P_3}=\mathrm{a}_{Q_1Q_2P_3P_4}=\mathrm{a}_{P_1P_2P_3P_4},$$

代入式 (4.3.1), 即得式 (4.3.9).

类似地, 可以证明式 (4.3.10)~(4.3.14) 成立.

推论 4.3.3　设 $Q_1Q_2\text{-}P_1P_2P_3P_4$ 是等面带脊拟四边形五面体, $\pi_{Q_1P_4P_1}$, $\pi_{Q_1P_1P_2Q_2}$, $\pi_{Q_1\text{-}Q_2P_2P_3}$, $\pi_{Q_1Q_2P_3P_4}$, $\pi_{Q_1\text{-}P_1P_2P_3P_4}$ 是 $Q_1Q_2\text{-}P_1P_2P_3P_4$ 顶点 $Q_1, Q_2, P_1, P_2, P_3, P_4$ 的六点类平面, 则

(1) P 是平面 $\pi_{Q_1P_4P_1}$ 上任意一点的充分必要条件是

$$\mathrm{D}_{P\text{-}\pi_{Q_1P_1P_2Q_2}}+\mathrm{D}_{P\text{-}\pi_{Q_1\text{-}Q_2P_2P_3}}+\mathrm{D}_{P\text{-}\pi_{Q_1Q_2P_3P_4}}=\mathrm{D}_{P\text{-}\pi_{Q_1\text{-}P_1P_2P_3P_4}}; \tag{4.3.15}$$

(2) P 是平面 $\pi_{Q_1P_1P_2Q_2}$ 上任意一点的充分必要条件是

$$\mathrm{D}_{P\text{-}\pi_{Q_1P_4P_1}}+\mathrm{D}_{P\text{-}\pi_{Q_1\text{-}Q_2P_2P_3}}+\mathrm{D}_{P\text{-}\pi_{Q_1Q_2P_3P_4}}=\mathrm{D}_{P\text{-}\pi_{Q_1\text{-}P_1P_2P_3P_4}};$$

(3) P 是平面 $\pi_{Q_1\text{-}Q_2P_2P_3}$ 上任意一点的充分必要条件是

$$\mathrm{D}_{P\text{-}\pi_{Q_1P_4P_1}}+\mathrm{D}_{P\text{-}\pi_{Q_1P_1P_2Q_2}}+\mathrm{D}_{P\text{-}\pi_{Q_1Q_2P_3P_4}}=\mathrm{D}_{P\text{-}\pi_{Q_1\text{-}P_1P_2P_3P_4}};$$

(4) P 是平面 $\pi_{Q_1Q_2P_3P_4}$ 上任意一点的充分必要条件是

$$\mathrm{D}_{P\text{-}\pi_{Q_1P_4P_1}}+\mathrm{D}_{P\text{-}\pi_{Q_1P_1P_2Q_2}}+\mathrm{D}_{P\text{-}\pi_{Q_1\text{-}Q_2P_2P_3}}=\mathrm{D}_{P\text{-}\pi_{Q_1\text{-}P_1P_2P_3P_4}};$$

(5) P 是平面 $\pi_{Q_1\text{-}P_1P_2P_3P_4}$ 上任意一点的充分必要条件是

$$\mathrm{D}_{P\text{-}\pi_{Q_1P_4P_1}}+\mathrm{D}_{P\text{-}\pi_{Q_1P_1P_2Q_2}}+\mathrm{D}_{P\text{-}\pi_{Q_1\text{-}Q_2P_2P_3}}+\mathrm{D}_{P\text{-}\pi_{Q_1Q_2P_3P_4}}=0.$$

对过 $Q_1Q_2\text{-}P_1P_2P_3P_4$ 顶点 Q_2, P_1, P_2, P_3, P_4 的六点类平面, 也有类似的结论.

证明 (1) 由式 (4.3.9), 可得

P 是平面 $\pi_{Q_1P_4P_1}$ 上任意一点 $\Leftrightarrow \mathrm{D}_{P\text{-}\pi_{Q_1P_4P_1}}=0 \Leftrightarrow$ 式 (4.3.15) 成立.

类似地, 可以证明 (2)~(5) 中结论成立.

推论 4.3.4 设 $Q_1Q_2\text{-}P_1P_2P_3P_4$ 是等面带脊拟四边形五面体, $\pi_{Q_1P_4P_1}$, $\pi_{Q_1P_1P_2Q_2}$, $\pi_{Q_1\text{-}Q_2P_2P_3}$, $\pi_{Q_1Q_2P_3P_4}$, $\pi_{Q_1\text{-}P_1P_2P_3P_4}$ 是 $Q_1Q_2\text{-}P_1P_2P_3P_4$ 顶点 $Q_1, Q_2, P_1, P_2, P_3, P_4$ 的六点类平面.

(1) 若 P 是平面 $\pi_{Q_1P_4P_1}, \pi_{Q_1P_1P_2Q_2}$ 交线上任意一点, 则

$$\mathrm{D}_{P\text{-}\pi_{Q_1\text{-}Q_2P_2P_3}}+\mathrm{D}_{P\text{-}\pi_{Q_1Q_2P_3P_4}}=\mathrm{D}_{P\text{-}\pi_{Q_1\text{-}P_1P_2P_3P_4}}; \tag{4.3.16}$$

(2) 若 P 是平面 $\pi_{Q_1P_4P_1}, \pi_{Q_1\text{-}Q_2P_2P_3}$ 交线上任意一点, 则

$$\mathrm{D}_{P\text{-}\pi_{Q_1P_1P_2Q_2}}+\mathrm{D}_{P\text{-}\pi_{Q_1Q_2P_3P_4}}=\mathrm{D}_{P\text{-}\pi_{Q_1\text{-}P_1P_2P_3P_4}};$$

(3) 若 P 是平面 $\pi_{Q_1P_4P_1}, \pi_{Q_1Q_2P_3P_4}$ 交线上任意一点, 则

$$\mathrm{D}_{P\text{-}\pi_{Q_1P_1P_2Q_2}}+\mathrm{D}_{P\text{-}\pi_{Q_1\text{-}Q_2P_2P_3}}=\mathrm{D}_{P\text{-}\pi_{Q_1\text{-}P_1P_2P_3P_4}};$$

(4) 若 P 是平面 $\pi_{Q_1P_4P_1}, \pi_{Q_1\text{-}P_1P_2P_3P_4}$ 交线上任意一点, 则

$$\mathrm{D}_{P\text{-}\pi_{Q_1P_1P_2Q_2}}+\mathrm{D}_{P\text{-}\pi_{Q_1\text{-}Q_2P_2P_3}}+\mathrm{D}_{P\text{-}\pi_{Q_1Q_2P_3P_4}}=0;$$

(5) 若 P 是平面 $\pi_{Q_1P_1P_2Q_2}, \pi_{Q_1\text{-}Q_2P_2P_3}$ 交线上任意一点, 则

$$\mathrm{D}_{P\text{-}\pi_{Q_1P_4P_1}}+\mathrm{D}_{P\text{-}\pi_{Q_1Q_2P_3P_4}}=\mathrm{D}_{P\text{-}\pi_{Q_1\text{-}P_1P_2P_3P_4}};$$

(6) 若 P 是平面 $\pi_{Q_1P_1P_2Q_2}, \pi_{Q_1Q_2P_3P_4}$ 交线上任意一点, 则

$$\mathrm{D}_{P\text{-}\pi_{Q_1P_4P_1}}+\mathrm{D}_{P\text{-}\pi_{Q_1\text{-}Q_2P_2P_3}}=\mathrm{D}_{P\text{-}\pi_{Q_1\text{-}P_1P_2P_3P_4}};$$

(7) 若 P 是平面 $\pi_{Q_1P_1P_2Q_2}, \pi_{Q_1\text{-}P_1P_2P_3P_4}$ 交线上任意一点, 则

$$\mathrm{D}_{P\text{-}\pi_{Q_1P_4P_1}}+\mathrm{D}_{P\text{-}\pi_{Q_1\text{-}Q_2P_2P_3}}+\mathrm{D}_{P\text{-}\pi_{Q_1Q_2P_3P_4}}=0;$$

(8) 若 P 是平面 $\pi_{Q_1\text{-}Q_2P_2P_3}, \pi_{Q_1Q_2P_3P_4}$ 交线上任意一点, 则

$$\mathrm{D}_{P\text{-}\pi_{Q_1P_4P_1}}+\mathrm{D}_{P\text{-}\pi_{Q_1P_1P_2Q_2}}=\mathrm{D}_{P\text{-}\pi_{Q_1\text{-}P_1P_2P_3P_4}};$$

(9) 若 P 是平面 $\pi_{Q_1\text{-}Q_2P_2P_3}, \pi_{Q_1\text{-}P_1P_2P_3P_4}$ 交线上任意一点, 则

$$\mathrm{D}_{P\text{-}\pi_{Q_1P_4P_1}}+\mathrm{D}_{P\text{-}\pi_{Q_1P_1P_2Q_2}}+\mathrm{D}_{P\text{-}\pi_{Q_1Q_2P_3P_4}}=0;$$

(10) 若 P 是平面 $\pi_{Q_1Q_2P_3P_4}, \pi_{Q_1\text{-}P_1P_2P_3P_4}$ 交线上任意一点, 则

$$\mathrm{D}_{P\text{-}\pi_{Q_1P_4P_1}} + \mathrm{D}_{P\text{-}\pi_{Q_1P_1P_2Q_2}} + \mathrm{D}_{P\text{-}\pi_{Q_1\text{-}Q_2P_2P_3}} = 0.$$

对过 $Q_1Q_2\text{-}P_1P_2P_3P_4$ 顶点 Q_2, P_1, P_2, P_3, P_4 的六点类平面, 也有类似的结论.

证明　(1) 由式 (4.3.9), 可得

P 是平面 $\pi_{Q_1P_4P_1}, \pi_{Q_1P_1P_2Q_2}$ 交线上任意一点 $\Rightarrow \mathrm{D}_{P\text{-}\pi_{Q_1P_4P_1}} = \mathrm{D}_{P\text{-}\pi_{Q_1P_1P_2Q_2}} = 0 \Rightarrow$ 式 (4.3.16) 成立.

类似地, 可以证明 (2)~(10) 中结论成立.

推论 4.3.5　设 $Q_1Q_2\text{-}P_1P_2P_3P_4$ 是等面带脊拟四边形五面体, $\pi_{Q_1P_4P_1}$, $\pi_{Q_1P_1P_2Q_2}$, $\pi_{Q_1\text{-}Q_2P_2P_3}$, $\pi_{Q_1Q_2P_3P_4}$, $\pi_{Q_1\text{-}P_1P_2P_3P_4}$ 是 $Q_1Q_2\text{-}P_1P_2P_3P_4$ 顶点 $Q_1, Q_2, P_1, P_2, P_3, P_4$ 的六点类平面.

(1) 若 P 是平面 $\pi_{Q_1P_4P_1}, \pi_{Q_1P_1P_2Q_2}$ 交线上任意一点, 则在如下点到三个平面的距离

$$\mathrm{d}_{P\text{-}\pi_{Q_1\text{-}Q_2P_2P_3}},\quad \mathrm{d}_{P\text{-}\pi_{Q_1Q_2P_3P_4}},\quad \mathrm{d}_{P\text{-}\pi_{Q_1\text{-}P_1P_2P_3P_4}}$$

中, 其中一个较长的距离等于另两个较短的距离的和;

(2) 若 P 是平面 $\pi_{Q_1P_4P_1}, \pi_{Q_1\text{-}Q_2P_2P_3}$ 交线上任意一点, 则在如下点到三个平面的距离

$$\mathrm{d}_{P\text{-}\pi_{Q_1P_1P_2Q_2}},\quad \mathrm{d}_{P\text{-}\pi_{Q_1Q_2P_3P_4}},\quad \mathrm{d}_{P\text{-}\pi_{Q_1\text{-}P_1P_2P_3P_4}}$$

中, 其中一个较长的距离等于另两个较短的距离的和;

(3) 若 P 是平面 $\pi_{Q_1P_4P_1}$, $\pi_{Q_1Q_2P_3P_4}$ 交线上任意一点, 则在如下点到三个平面的距离

$$\mathrm{d}_{P\text{-}\pi_{Q_1P_1P_2Q_2}},\quad \mathrm{d}_{P\text{-}\pi_{Q_1\text{-}Q_2P_2P_3}},\quad \mathrm{d}_{P\text{-}\pi_{Q_1\text{-}P_1P_2P_3P_4}}$$

中, 其中一个较长的距离等于另两个较短的距离的和;

(4) 若 P 是平面 $\pi_{Q_1P_4P_1}, \pi_{Q_1\text{-}P_1P_2P_3P_4}$ 交线上任意一点, 则在如下点到三个平面的距离

$$\mathrm{d}_{P\text{-}\pi_{Q_1P_1P_2Q_2}},\quad \mathrm{d}_{P\text{-}\pi_{Q_1\text{-}Q_2P_2P_3}},\quad \mathrm{d}_{P\text{-}\pi_{Q_1Q_2P_3P_4}}$$

中, 其中一个较长的距离等于另两个较短的距离的和;

(5) 若 P 是平面 $\pi_{Q_1P_1P_2Q_2}, \pi_{Q_1\text{-}Q_2P_2P_3}$ 交线上任意一点, 则在如下点到三个平面的距离

$$\mathrm{d}_{P\text{-}\pi_{Q_1P_4P_1}},\quad \mathrm{d}_{P\text{-}\pi_{Q_1Q_2P_3P_4}},\quad \mathrm{d}_{P\text{-}\pi_{Q_1\text{-}P_1P_2P_3P_4}}$$

中, 其中一个较长的距离等于另两个较短的距离的和;

(6) 若 P 是平面 $\pi_{Q_1P_1P_2Q_2}, \pi_{Q_1Q_2P_3P_4}$ 交线上任意一点, 则在如下点到三个平面的距离

$$\mathrm{d}_{P\text{-}\pi_{Q_1P_4P_1}},\quad \mathrm{d}_{P\text{-}\pi_{Q_1\text{-}Q_2P_2P_3}},\quad \mathrm{d}_{P\text{-}\pi_{Q_1\text{-}P_1P_2P_3P_4}}$$

中, 其中一个较长的距离等于另两个较短的距离的和;

(7) 若 P 是平面 $\pi_{Q_1P_1P_2Q_2}, \pi_{Q_1\text{-}P_1P_2P_3P_4}$ 交线上任意一点, 则在如下点到三个平面的距离

$$\mathrm{d}_{P\text{-}\pi_{Q_1P_4P_1}},\quad \mathrm{d}_{P\text{-}\pi_{Q_1\text{-}Q_2P_2P_3}},\quad \mathrm{d}_{P\text{-}\pi_{Q_1Q_2P_3P_4}}$$

中, 其中一个较长的距离等于另两个较短的距离的和;

(8) 若 P 是平面 $\pi_{Q_1\text{-}Q_2P_2P_3}, \pi_{Q_1Q_2P_3P_4}$ 交线上任意一点, 则在如下点到三个平面的距离

$$\mathrm{d}_{P\text{-}\pi_{Q_1P_4P_1}},\quad \mathrm{d}_{P\text{-}\pi_{Q_1P_1P_2Q_2}},\quad \mathrm{d}_{P\text{-}\pi_{Q_1\text{-}P_1P_2P_3P_4}}$$

中, 其中一个较长的距离等于另两个较短的距离的和;

(9) 若 P 是平面 $\pi_{Q_1\text{-}Q_2P_2P_3}, \pi_{Q_1\text{-}P_1P_2P_3P_4}$ 交线上任意一点, 则在如下点到三个平面的距离

$$\mathrm{d}_{P\text{-}\pi_{Q_1P_4P_1}},\quad \mathrm{d}_{P\text{-}\pi_{Q_1P_1P_2Q_2}},\quad \mathrm{d}_{P\text{-}\pi_{Q_1Q_2P_3P_4}}$$

中, 其中一个较长的距离等于另两个较短的距离的和;

(10) 若 P 是平面 $\pi_{Q_1Q_2P_3P_4}, \pi_{Q_1\text{-}P_1P_2P_3P_4}$ 交线上任意一点, 则在如下点到三个平面的距离

$$\mathrm{d}_{P\text{-}\pi_{Q_1P_4P_1}},\quad \mathrm{d}_{P\text{-}\pi_{Q_1P_1P_2Q_2}},\quad \mathrm{d}_{P\text{-}\pi_{Q_1\text{-}Q_2P_2P_3}}$$

中, 其中一个较长的距离等于另两个较短的距离的和.

对过 $Q_1Q_2\text{-}P_1P_2P_3P_4$ 顶点 Q_2, P_1, P_2, P_3, P_4 的六点类平面, 也有类似的结论.

证明 由推论 4.3.4 中各式即得.

4.3.2 四边形六面体中点类平面有向距离的定值定理及其应用

定理 4.3.3 设 $P_1P_2P_3P_4\text{-}Q_1Q_2Q_3Q_4$ 是四边形六面体, $P_1P_2P_3P_4, Q_1Q_2Q_3Q_4$, $P_1P_2Q_2Q_1$, $P_2P_3Q_3Q_2$, $P_3P_4Q_4Q_3$, $P_4P_1Q_1Q_4$ 是四边形, $\pi_{P_1P_2P_3P_4}$, $\pi_{P_1P_2Q_2Q_1}$, $\pi_{P_1P_4Q_4Q_1}$, $\pi_{P_1\text{-}Q_1Q_2Q_3Q_4}$, $\pi_{P_1\text{-}P_2P_3Q_3Q_2}$, $\pi_{P_1\text{-}P_3P_4Q_4Q_3}$; $\pi_{P_2P_3P_4P_1}$, $\pi_{P_2Q_2Q_1P_1}$, $\pi_{P_2\text{-}P_1P_4Q_4Q_1}$, $\pi_{P_2\text{-}Q_1Q_2Q_3Q_4}$, $\pi_{P_2P_3Q_3Q_2}$, $\pi_{P_2\text{-}P_3P_4Q_4Q_3}$; $\pi_{P_3P_4P_1P_2}$, $\pi_{P_3\text{-}P_1P_2Q_2Q_1}$, $\pi_{P_3\text{-}P_1P_4Q_4Q_1}$, $\pi_{P_3\text{-}Q_1Q_2Q_3Q_4}$, $\pi_{P_3Q_3Q_2P_2}$, $\pi_{P_3P_4Q_4Q_3}$; $\pi_{P_4P_1P_2P_3}$, $\pi_{P_4\text{-}P_1P_2Q_2Q_1}$, $\pi_{P_4Q_4Q_1P_1}, \pi_{P_4\text{-}Q_1Q_2Q_3Q_4}, \pi_{P_4\text{-}P_2P_3Q_3Q_2}, \pi_{P_4Q_4Q_3P_3}$ 分别是四边形六面体过顶点 P_1, P_2, P_3, P_4 的八点类平面, P 是空间任意一点, 则

$$\mathrm{a}_{Q_1Q_2Q_3Q_4}\mathrm{D}_{P\text{-}\pi_{P_1\text{-}Q_1Q_2Q_3Q_4}} + \sum_{i=1}^{4}\mathrm{a}_{P_iP_{i+1}Q_{i+1}Q_i}\mathrm{D}_{P\text{-}\pi_{P_1\text{-}P_iP_{i+1}Q_{i+1}Q_i}}$$

$$=\mathrm{a}_{P_1P_2P_3P_4}\mathrm{D}_{P\text{-}\pi_{P_1P_2P_3P_4}},\tag{4.3.17}$$

$$\mathrm{a}_{Q_2Q_3Q_4Q_1}\mathrm{D}_{P\text{-}\pi_{P_2\text{-}Q_2Q_3Q_4Q_1}}+\sum_{i=1}^{4}\mathrm{a}_{P_{i+1}P_{i+2}Q_{i+2}Q_{i+1}}\mathrm{D}_{P\text{-}\pi_{P_2\text{-}P_{i+1}P_{i+2}Q_{i+2}Q_{i+1}}}$$

$$=\mathrm{a}_{P_2P_3P_4P_1}\mathrm{D}_{P\text{-}\pi_{P_2P_3P_4P_1}},\tag{4.3.18}$$

$$\mathrm{a}_{Q_3Q_4Q_1Q_2}\mathrm{D}_{P\text{-}\pi_{P_3\text{-}Q_3Q_4Q_1Q_2}}+\sum_{i=1}^{4}\mathrm{a}_{P_{i+2}P_{i+3}Q_{i+3}Q_{i+2}}\mathrm{D}_{P\text{-}\pi_{P_3\text{-}P_{i+2}P_{i+3}Q_{i+3}Q_{i+2}}}$$

$$=\mathrm{a}_{P_3P_4P_1P_2}\mathrm{D}_{P\text{-}\pi_{P_3P_4P_1P_2}},\tag{4.3.19}$$

$$\mathrm{a}_{Q_4Q_1Q_2Q_3}\mathrm{D}_{P\text{-}\pi_{P_4\text{-}Q_4Q_1Q_2Q_3}}+\sum_{i=1}^{4}\mathrm{a}_{P_{i+3}P_iQ_iQ_{i+3}}\mathrm{D}_{P\text{-}\pi_{P_4\text{-}P_{i+3}P_iQ_iQ_{i+3}}}$$

$$=\mathrm{a}_{P_4P_1P_2P_3}\mathrm{D}_{P\text{-}\pi_{P_4P_1P_2P_3}}.\tag{4.3.20}$$

对四边形六面体 $P_1P_2P_3P_4\text{-}Q_1Q_2Q_3Q_4$ 其余各面 $Q_1Q_2Q_3Q_4, P_1P_2Q_2Q_1, P_2P_3Q_3Q_2, P_3P_4Q_4Q_3$, $P_4P_1Q_1Q_4$ 也可以得到类似的结果.

证明　如图 4.3.2 所示, 以 P_1 为坐标原点建立空间直角坐标系. 设 $P_1P_2P_3P_4\text{-}Q_1Q_2Q_3Q_4$ 其余各顶点的坐标为 $P_i(x_i,y_i,z_i)(i=2,3,4)$; $Q_i(a_i,b_i,c_i)(i=1,2,3,4)$. 于是由推论 1.1.2 可知, 四边形 $P_1P_2P_3P_4$, $Q_1Q_2Q_3Q_4$, $P_iP_{i+1}Q_{i+1}Q_i(i=1,2,3,4)$ 的投影向量分别为

$$\boldsymbol{n}_{P_1P_2P_3P_4}=\left(\mathrm{Prj}_{yz}\mathrm{D}_{P_1P_2P_3P_4},\mathrm{Prj}_{zx}\mathrm{D}_{P_1P_2P_3P_4},\mathrm{Prj}_{xy}\mathrm{D}_{P_1P_2P_3P_4}\right),$$

$$\boldsymbol{n}_{Q_1Q_2Q_3Q_4}=\left(\mathrm{Prj}_{yz}\mathrm{D}_{Q_1Q_2Q_3Q_4},\mathrm{Prj}_{zx}\mathrm{D}_{Q_1Q_2Q_3Q_4},\mathrm{Prj}_{xy}\mathrm{D}_{Q_1Q_2Q_3Q_4}\right),$$

$$\boldsymbol{n}_{P_iP_{i+1}Q_{i+1}Q_i}=\left(\mathrm{Prj}_{yz}\mathrm{D}_{P_iP_{i+1}Q_{i+1}Q_ii},\mathrm{Prj}_{zx}\mathrm{D}_{P_iP_{i+1}Q_{i+1}Q_i},\mathrm{Prj}_{xy}\mathrm{D}_{P_iP_{i+1}Q_{i+1}Q_i}\right),$$

平面 $\pi_{P_1P_2P_3P_4},\pi_{P_1\text{-}Q_1Q_2Q_3Q_4},\pi_{P_1\text{-}P_iP_{i+1}Q_{i+1}Q_i}$ 的方程分别为

$$x\mathrm{Prj}_{yz}\mathrm{D}_{P_1P_2P_3P_4}+y\mathrm{Prj}_{zx}\mathrm{D}_{P_1P_2P_3P_4}+z\mathrm{Prj}_{xy}\mathrm{D}_{P_1P_2P_3P_4}=0,$$

$$x\mathrm{Prj}_{yz}\mathrm{D}_{Q_1Q_2Q_3Q_4}+y\mathrm{Prj}_{zx}\mathrm{D}_{Q_1Q_2Q_3Q_4}+z\mathrm{Prj}_{xy}\mathrm{D}_{Q_1Q_2Q_3Q_4}=0,$$

$$x\mathrm{Prj}_{yz}\mathrm{D}_{P_iP_{i+1}Q_{i+1}Q_i}+y\mathrm{Prj}_{zx}\mathrm{D}_{P_iP_{i+1}Q_{i+1}Q_i}+z\mathrm{Prj}_{xy}\mathrm{D}_{P_iP_{i+1}Q_{i+1}Q_i}=0(i=1,2,3,4).$$

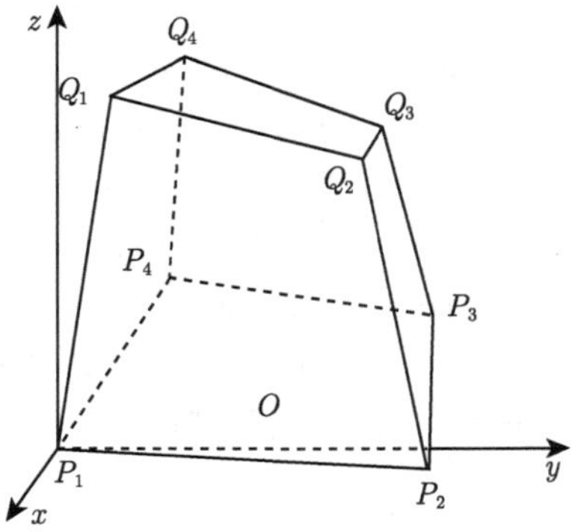

图 4.3.2

设空间任意点的坐标为 $P(x,y,z)$, 则由点到平面的距离公式, 可得

$$
\begin{aligned}
&\mathrm{a}_{P_1P_2P_3P_4}\mathrm{D}_{P\text{-}\pi_{P_1P_2P_3P_4}}\\
=&x\mathrm{Prj}_{yz}\mathrm{D}_{P_1P_2P_3P_4}+y\mathrm{Prj}_{zx}\mathrm{D}_{P_1P_2P_3P_4}+z\mathrm{Prj}_{xy}\mathrm{D}_{P_1P_2P_3P_4},\\
&\mathrm{a}_{Q_1Q_2Q_3Q_4}\mathrm{D}_{P\text{-}\pi_{P_1\text{-}Q_1Q_2Q_3Q_4}}\\
=&x\mathrm{Prj}_{yz}\mathrm{D}_{Q_1Q_2Q_3Q_4}+y\mathrm{Prj}_{zx}\mathrm{D}_{Q_1Q_2Q_3Q_4}+z\mathrm{Prj}_{xy}\mathrm{D}_{Q_1Q_2Q_3Q_4},\\
&\mathrm{a}_{P_iP_{i+1}Q_{i+1}Q_i}\mathrm{D}_{P\text{-}\pi_{P_1\text{-}P_iP_{i+1}Q_{i+1}Q_i}}\\
=&x\mathrm{Prj}_{yz}\mathrm{D}_{P_iP_{i+1}Q_{i+1}Q_i}+y\mathrm{Prj}_{zx}\mathrm{D}_{P_iP_{i+1}Q_{i+1}Q_i}+z\mathrm{Prj}_{xy}\mathrm{D}_{P_iP_{i+1}Q_{i+1}Q_i}(i=1,2,3,4).
\end{aligned}
$$

因为

$$
\begin{aligned}
&2\mathrm{Prj}_{yz}\mathrm{D}_{Q_1Q_2Q_3Q_4}+2\sum_{i=1}^{4}\mathrm{Prj}_{yz}\mathrm{D}_{P_iP_{i+1}Q_{i+1}Q_i}\\
=&(b_1c_2-b_2c_1)+(b_2c_3-b_3c_2)+(b_3c_4-b_4c_3)+(b_4c_1-b_1c_4)\\
&+(y_2c_2-b_2z_2)+(b_2c_1-b_1c_2)\\
&+(y_2z_3-y_3z_2)+(y_3c_3-b_3z_3)+(b_3c_2-b_2c_3)+(b_2z_2-y_2c_2)\\
&+(y_3z_4-y_4z_3)+(y_4c_4-b_4z_4)+(b_4c_3-b_3c_4)+(b_3z_3-y_3c_3)\\
&+(b_1c_4-b_4c_1)+(b_4z_4-y_4c_4)\\
=&(y_2z_3-y_3z_2)+(y_3z_4-y_4z_3)\\
=&2\mathrm{Prj}_{yz}\mathrm{D}_{P_1P_2P_3P_4};
\end{aligned}
$$

同理

$$2\mathrm{Prj}_{zx}\mathrm{D}_{Q_1Q_2Q_3Q_4}+2\sum_{i=1}^{4}\mathrm{Prj}_{zx}\mathrm{D}_{P_iP_{i+1}Q_{i+1}Q_i}=2\mathrm{Prj}_{zx}\mathrm{D}_{P_1P_2P_3P_4},$$

$$2\mathrm{Prj}_{xy}\mathrm{D}_{Q_1Q_2Q_3Q_4}+2\sum_{i=1}^{4}\mathrm{Prj}_{xy}\mathrm{D}_{P_iP_{i+1}Q_{i+1}Q_i}=2\mathrm{Prj}_{xy}\mathrm{D}_{P_1P_2P_3P_4},$$

所以

$$
\begin{aligned}
&2\mathrm{a}_{Q_1Q_2Q_3Q_4}\mathrm{D}_{P\text{-}\pi_{P_1\text{-}Q_1Q_2Q_3Q_4}}+2\sum_{i=1}^{4}\mathrm{a}_{P_iP_{i+1}Q_{i+1}Q_i}\mathrm{D}_{P\text{-}\pi_{P_1\text{-}P_iP_{i+1}Q_{i+1}Q_i}}\\
=&2x\left(\mathrm{Prj}_{yz}\mathrm{D}_{Q_1Q_2Q_3Q_4}+\sum_{i=1}^{4}\mathrm{Prj}_{yz}\mathrm{D}_{P_iP_{i+1}Q_{i+1}Q_i}\right)\\
&+2y\left(\mathrm{Prj}_{zx}\mathrm{D}_{Q_1Q_2Q_3Q_4}+\sum_{i=1}^{4}\mathrm{Prj}_{zx}\mathrm{D}_{P_iP_{i+1}Q_{i+1}Q_i}\right)
\end{aligned}
$$

$$
\begin{aligned}
&+2z\left(\mathrm{Prj}_{xy}\mathrm{D}_{Q_1Q_2Q_3Q_4}+\sum_{i=1}^{4}\mathrm{Prj}_{xy}\mathrm{D}_{P_iP_{i+1}Q_{i+1}Q_i}\right)\\
&=2x\mathrm{Prj}_{yz}\mathrm{D}_{P_1P_2P_3P_4}+2y\mathrm{Prj}_{zx}\mathrm{D}_{P_1P_2P_3P_4}+2z\mathrm{Prj}_{xy}\mathrm{D}_{P_1P_2P_3P_4}\\
&=2\mathrm{a}_{P_1P_2P_3P_4}\mathrm{D}_{P\text{-}\pi_{P_1P_2P_3P_4}},
\end{aligned}
$$

即式 (4.3.17) 成立.

类似地, 可以证明式 (4.3.18)~(4.3.20) 成立.

推论 4.3.6　设 $P_1P_2P_3P_4\text{-}Q_1Q_2Q_3Q_4$ 是四边形六面体, $P_1P_2P_3P_4$, $Q_1Q_2Q_3Q_4$, $P_1P_2Q_2Q_1$, $P_2P_3Q_3Q_2$, $P_3P_4Q_4Q_3$, $P_4P_1Q_1Q_4$ 是四边形, $\pi_{P_1P_2P_3P_4}$, $\pi_{P_1P_2Q_2Q_1}$, $\pi_{P_1P_4Q_4Q_1}$, $\pi_{P_1\text{-}Q_1Q_2Q_3Q_4}$, $\pi_{P_1\text{-}P_2P_3Q_3Q_2}$, $\pi_{P_1\text{-}P_3P_4Q_4Q_3}$ 是四边形六面体过顶点 P_1 的八点类平面, 则

(1) P 是平面 $\pi_{P_1\text{-}Q_1Q_2Q_3Q_4}$ 上任意一点的充分必要条件是

$$
\sum_{i=1}^{4}\mathrm{a}_{P_iP_{i+1}Q_{i+1}Q_i}\mathrm{D}_{P\text{-}\pi_{P_1\text{-}P_iP_{i+1}Q_{i+1}Q_i}}=\mathrm{a}_{P_1P_2P_3P_4}\mathrm{D}_{P\text{-}\pi_{P_1P_2P_3P_4}};\tag{4.3.21}
$$

(2) P 是平面 $\pi_{P_jP_{j+1}Q_{j+1}Q_j}$ 上任意一点的充分必要条件是

$$
\begin{aligned}
&\mathrm{a}_{Q_1Q_2Q_3Q_4}\mathrm{D}_{P\text{-}\pi_{P_1\text{-}Q_1Q_2Q_3Q_4}}+\sum_{i=1,i\neq j}^{4}\mathrm{a}_{P_iP_{i+1}Q_{i+1}Q_i}\mathrm{D}_{P\text{-}\pi_{P_1\text{-}P_iP_{i+1}Q_{i+1}Q_i}}\\
=&\mathrm{a}_{P_1P_2P_3P_4}\mathrm{D}_{P\text{-}\pi_{P_1P_2P_3P_4}},
\end{aligned}
$$

其中 $j=1,2,3,4$;

(3) P 是平面 $\pi_{P_1P_2P_3P_4}$ 上任意一点的充分必要条件是

$$
\mathrm{a}_{Q_1Q_2Q_3Q_4}\mathrm{D}_{P\text{-}\pi_{P_1\text{-}Q_1Q_2Q_3Q_4}}+\sum_{i=1}^{4}\mathrm{a}_{P_iP_{i+1}Q_{i+1}Q_i}\mathrm{D}_{P\text{-}\pi_{P_1\text{-}P_iP_{i+1}Q_{i+1}Q_i}}=0.
$$

对四边形六面体 $P_1P_2P_3P_4\text{-}Q_1Q_2Q_3Q_4$ 过其余顶点 $P_2,P_3,P_4;Q_1,Q_2,Q_3,Q_4$ 的八点类平面, 也可以得到类似的结果.

证明　(1) 由式 (4.3.17), 可得

P 是平面 $\pi_{P_1\text{-}Q_1Q_2Q_3Q_4}$ 上任意一点 $\Leftrightarrow$ $\mathrm{D}_{P\text{-}\pi_{P_1\text{-}Q_1Q_2Q_3Q_4}}=0$ $\Leftrightarrow$ 式 (4.3.21) 成立.

类似地, 可以证明 (2) 和 (3) 中结论成立.

推论 4.3.7　设 $P_1P_2P_3P_4\text{-}Q_1Q_2Q_3Q_4$ 是四边形六面体, $P_1P_2P_3P_4$, $Q_1Q_2Q_3Q_4$, $P_1P_2Q_2Q_1$, $P_2P_3Q_3Q_2$, $P_3P_4Q_4Q_3$, $P_4P_1Q_1Q_4$ 是四边形, $\pi_{P_1P_2P_3P_4}$, $\pi_{P_1P_2Q_2Q_1}$, $\pi_{P_1P_4Q_4Q_1}$, $\pi_{P_1\text{-}Q_1Q_2Q_3Q_4}$, $\pi_{P_1\text{-}P_2P_3Q_3Q_2}$, $\pi_{P_1\text{-}P_3P_4Q_4Q_3}$ 是四边形六面体过顶点 P_1 的八点类平面.

(1) 若 P 是平面 $\pi_{P_1\text{-}Q_1Q_2Q_3Q_4}, \pi_{P_1\text{-}P_jP_{j+1}Q_{j+1}Q_j}$ 交线上任意一点, 则

$$\sum_{i=1,i\neq j}^{4} \mathrm{a}_{P_iP_{i+1}Q_{i+1}Q_i}\mathrm{D}_{P\text{-}\pi_{P_1\text{-}P_iP_{i+1}Q_{i+1}Q_i}} = \mathrm{a}_{P_1P_2P_3P_4}\mathrm{D}_{P\text{-}\pi_{P_1P_2P_3P_4}}, \tag{4.3.22}$$

其中 $j=1,2,3,4$;

(2) 若 P 是平面 $\pi_{P_1P_2P_3P_4}, \pi_{P_1\text{-}P_jP_{j+1}Q_{j+1}Q_j}$ 交线上任意一点, 则

$$\mathrm{a}_{Q_1Q_2Q_3Q_4}\mathrm{D}_{P\text{-}\pi_{P_1\text{-}Q_1Q_2Q_3Q_4}} + \sum_{i=1,i\neq j}^{4} \mathrm{a}_{P_iP_{i+1}Q_{i+1}Q_i}\mathrm{D}_{P\text{-}\pi_{P_1\text{-}P_iP_{i+1}Q_{i+1}Q_i}} = 0,$$

其中 $j=1,2,3,4$;

(3) 若 P 是平面 $\pi_{P_1P_2P_3P_4}, \pi_{P_1\text{-}Q_1Q_2Q_3Q_4}$ 交线上任意一点, 则

$$\sum_{i=1}^{4} \mathrm{a}_{P_iP_{i+1}Q_{i+1}Q_i}\mathrm{D}_{P\text{-}\pi_{P_1\text{-}P_iP_{i+1}Q_{i+1}Q_i}} = 0;$$

(4) 若 P 是平面 $\pi_{P_1\text{-}P_jP_{j+1}Q_{j+1}Q_j}, \pi_{P_1\text{-}P_kP_{k+1}Q_{k+1}Q_k}$ 交线上任意一点, 则

$$\begin{aligned}\mathrm{a}_{Q_1Q_2Q_3Q_4}\mathrm{D}_{P\text{-}\pi_{P\text{-}Q_1Q_2Q_3Q_4}} + &\sum_{i=1,i\neq j,k}^{4} \mathrm{a}_{P_iP_{i+1}Q_{i+1}Q_i}\mathrm{D}_{P\text{-}\pi_{P_1-P_iP_{i+1}Q_{i+1}Q_i}} \\ &= \mathrm{a}_{Q_1Q_2Q_3Q_4}\mathrm{D}_{P\text{-}\pi_{P_1P_2P_3Q_4}}\end{aligned}$$

其中 $j,k=1,2,3,4$.

对四边形六面体 $P_1P_2P_3P_4\text{-}Q_1Q_2Q_3Q_4$ 过其余顶点 $P_2,P_3,P_4;Q_1,Q_2,Q_3,Q_4$ 的八点类平面, 也可以得到类似的结果.

证明 (1) 由式 (4.3.17), 可得

P 是平面$\pi_{P_1\text{-}Q_1Q_2Q_3Q_4}, \pi_{P_1\text{-}P_jP_{j+1}Q_{j+1}Q_j}$交线上任意一点$\Rightarrow \mathrm{D}_{P\text{-}\pi_{P_1\text{-}Q_1Q_2Q_3Q_4}} = \mathrm{D}_{P\text{-}\pi_{P_1\text{-}P_jP_{j+1}Q_{j+1}Q_j}} = 0 \Rightarrow$ 式 (4.3.22) 成立.

类似地, 可以证明 (2)~(4) 中结论成立.

定理 4.3.4 设$P_1P_2P_3P_4\text{-}Q_1Q_2Q_3Q_4$是等面四边形六面体, $P_1P_2P_3P_4$, $Q_1Q_2Q_3Q_4$, $P_1P_2Q_2Q_1$, $P_2P_3Q_3Q_2$, $P_3P_4Q_4Q_3$, $P_4P_1Q_1Q_4$ 是四边形, $\pi_{P_1P_2P_3P_4}$, $\pi_{P_1P_2Q_2Q_1}$, $\pi_{P_1P_4Q_4Q_1}$, $\pi_{P_1\text{-}Q_1Q_2Q_3Q_4}$, $\pi_{P_1\text{-}P_2P_3Q_3Q_2}$, $\pi_{P_1\text{-}P_3P_4Q_4Q_3}$, $\pi_{P_2P_3P_4P_1}$, $\pi_{P_2Q_2Q_1P_1}$, $\pi_{P_2\text{-}P_1P_4Q_4Q_1}$, $\pi_{P_2\text{-}Q_1Q_2Q_3Q_4}$, $\pi_{P_2P_3Q_3Q_2}$, $\pi_{P_2\text{-}P_3P_4Q_4Q_3}$;$\pi_{P_3P_4P_1P_2}$, $\pi_{P_3\text{-}P_1P_2Q_2Q_1}$, $\pi_{P_3\text{-}P_1P_4Q_4Q_1}$, $\pi_{P_3\text{-}Q_1Q_2Q_3Q_4}$, $\pi_{P_3Q_3Q_2P_2}$, $\pi_{P_3P_4Q_4Q_3}$; $\pi_{P_4P_1P_2P_3}$, $\pi_{P_4\text{-}P_1P_2Q_2Q_1}$, $\pi_{P_4Q_4Q_1P_1}$, $\pi_{P_4\text{-}Q_1Q_2Q_3Q_4}$, $\pi_{P_4\text{-}P_2P_3Q_3Q_2}$, $\pi_{P_4Q_4Q_3P_3}$ 分别是四边形六面体过顶点 P_1, P_2,P_3,P_4 的八点类平面, P 是空间任意一点, 则

$$\mathrm{D}_{P\text{-}\pi_{P_1\text{-}Q_1Q_2Q_3Q_4}} + \sum_{i=1}^{4} \mathrm{D}_{P\text{-}\pi_{P_1\text{-}P_iP_{i+1}Q_{i+1}Q_i}} = \mathrm{D}_{P\text{-}\pi_{P_1P_2P_3P_4}}, \tag{4.3.23}$$

$$\mathrm{D}_{P\text{-}\pi_{P_2\text{-}Q_2Q_3Q_4Q_1}}+\sum_{i=1}^{4}\mathrm{D}_{P\text{-}\pi_{P_2\text{-}P_{i+1}P_{i+2}Q_{i+2}Q_{i+1}}}=\mathrm{D}_{P\text{-}\pi_{P_2P_3P_4P_1}},\tag{4.3.24}$$

$$\mathrm{D}_{P\text{-}\pi_{P_3\text{-}Q_3Q_4Q_1Q_2}}+\sum_{i=1}^{4}\mathrm{D}_{P\text{-}\pi_{P_3\text{-}P_{i+2}P_{i+3}Q_{i+3}Q_{i+2}}}=\mathrm{D}_{P\text{-}\pi_{P_3P_4P_1P_2}},\tag{4.3.25}$$

$$\mathrm{D}_{P\text{-}\pi_{P_4\text{-}Q_4Q_1Q_2Q_3}}+\sum_{i=1}^{4}\mathrm{D}_{P\text{-}\pi_{P_4\text{-}P_{i+3}P_iQ_iQ_{i+3}}}=\mathrm{D}_{P\text{-}\pi_{P_4P_1P_2P_3}}.\tag{4.3.26}$$

对等面四边形六面体 $P_1P_2P_3P_4\text{-}Q_1Q_2Q_3Q_4$ 其余各面 $Q_1Q_2Q_3Q_4, P_1P_2Q_2Q_1, P_2P_3Q_3Q_2, P_3P_4Q_4Q_3, P_4P_1Q_1Q_4$ 也可以得到类似的结果.

证明　因为 $P_1P_2P_3P_4\text{-}Q_1Q_2Q_3Q_4$ 是等面四边形六面体, 所以

$$\mathrm{a}_{Q_1Q_2Q_3Q_4}=\mathrm{a}_{P_1P_2Q_2Q_1}=\mathrm{a}_{P_2P_3Q_3Q_2}=\mathrm{a}_{P_3P_4Q_4Q_3}=\mathrm{a}_{P_4P_1Q_1Q_4}=\mathrm{a}_{P_1P_2P_3P_4}.$$

分别代入式 (4.3.17)~(4.3.20) 并化简, 即得式 (4.3.23)~(4.3.26).

4.3.3　一般多面体中过其顶点的点类平面定值定理的结构

总之, 在本章 4.1~4.3 节中, 分别得出了四面体、n 棱锥体、带脊的拟四边形五面体和四边形六面体中点类平面有向距离的定值问题, 得出了过各自顶点的点类平面有向距离的定值定理, 这些结论有一个共同的特点, 即空间任意一点到过这些多面体每个顶点的所有点类平面的有向距离, 满足一个以这些有向距离为变量的线性方程, 且这个方程各项的系数, 在相差一个符号的前提下, 是多面体中定义这个点类平面的哪个面的面积.

现在, 假定多面体各个顶点的所有点类平面都是由多面体各面的外法向量 (或都是由多面体各面的内法向量) 来确定的, 则四面体 $P_1P_2P_3P_4$ 过各顶点 $P_{i+3}(i=1,2,3,4)$ 的四点 P_1,P_2,P_3,P_4 类平面满足的方程可以进一步写成

$$\mathrm{a}_{P_4P_1P_2}\mathrm{D}_{P\text{-}\pi_{412}}+\mathrm{a}_{P_4P_2P_3}\mathrm{D}_{P\text{-}\pi_{423}}+\mathrm{a}_{P_4P_3P_1}\mathrm{D}_{P\text{-}\pi_{431}}+\mathrm{a}_{P_3P_2P_1}\mathrm{D}_{P\text{-}\pi_{4\text{-}321}}=0,$$

$$\mathrm{a}_{P_1P_2P_3}\mathrm{D}_{P\text{-}\pi_{123}}+\mathrm{a}_{P_1P_3P_4}\mathrm{D}_{P\text{-}\pi_{134}}+\mathrm{a}_{P_1P_4P_2}\mathrm{D}_{P\text{-}\pi_{142}}+\mathrm{a}_{P_4P_3P_2}\mathrm{D}_{P\text{-}\pi_{1\text{-}432}}=0,$$

$$\mathrm{a}_{P_2P_3P_4}\mathrm{D}_{P\text{-}\pi_{234}}+\mathrm{a}_{P_2P_4P_1}\mathrm{D}_{P\text{-}\pi_{241}}+\mathrm{a}_{P_2P_1P_3}\mathrm{D}_{P\text{-}\pi_{213}}+\mathrm{a}_{P_1P_4P_3}\mathrm{D}_{P\text{-}\pi_{2\text{-}143}}=0,$$

$$\mathrm{a}_{P_3P_4P_1}\mathrm{D}_{P\text{-}\pi_{341}}+\mathrm{a}_{P_3P_1P_2}\mathrm{D}_{P\text{-}\pi_{312}}+\mathrm{a}_{P_3P_2P_4}\mathrm{D}_{P\text{-}\pi_{324}}+\mathrm{a}_{P_2P_1P_4}\mathrm{D}_{P\text{-}\pi_{3\text{-}214}}=0.$$

对 n 棱锥体、带脊的拟四边形五面体和四边形六面体, 也有类似的结论. 这也就是说, 若要求多面体各个顶点的所有点类平面都是由多面体各面的外法向量 (或都是由多面体各面的内法向量) 来确定的, 那么空间任意一点到过这些多面体每个顶点的所有点类平面的有向距离, 满足一个以这些有向距离为变量的线性方程, 且

这个方程各项的系数是多面体中定义这个点类平面的那个面的面积. 一般地, 可以证明如下结论.

定理 4.3.5 设 M 是一个具有 m 个顶点 $P_i(i=1,2,\cdots,m)$、n 个面 $F_j(j=1,2,\cdots,n)$ 的多面体, $\pi_{ij}(i=1,2,\cdots,m;j=1,2,\cdots,n)$ 是过顶点 $P_i(i=1,2,\cdots,m)$ 且由面 $F_j(j=1,2,\cdots,n)$ 的外法向量 (或内法向量) 所确定的 m 点类平面, a_j 是 $F_j(j=1,2,\cdots,n)$ 的面积, P 是空间任意一点, 则

$$\mathrm{a}_1\mathrm{D}_{\pi_{11}}+\mathrm{a}_2\mathrm{D}_{\pi_{12}}+\cdots+\mathrm{a}_n\mathrm{D}_{\pi_{1n}}=0, \tag{4.3.27}$$

$$\mathrm{a}_1\mathrm{D}_{\pi_{21}}+\mathrm{a}_2\mathrm{D}_{\pi_{22}}+\cdots+\mathrm{a}_n\mathrm{D}_{\pi_{2n}}=0, \tag{4.3.28}$$

$$\cdots$$

$$\mathrm{a}_1\mathrm{D}_{\pi_{m1}}+\mathrm{a}_2\mathrm{D}_{\pi_{m2}}+\cdots+\mathrm{a}_n\mathrm{D}_{\pi_{mn}}=0. \tag{4.3.29}$$

定理 4.3.6 设 M 是一个具有 m 个顶点 $P_i(i=1,2,\cdots,m)$、n 个面 $F_j(j=1,2,\cdots,n)$ 的等面多面体, $\pi_{ij}(i=1,2,\cdots,m;j=1,2,\cdots,n)$ 是过顶点 $P_i(i=1,2,\cdots,m)$ 且由面 $F_j(j=1,2,\cdots,n)$ 的外法向量 (或内法向量) 所确定的 m 点类平面, a_j 是 $F_j(j=1,2,\cdots,n)$ 的面积, P 是空间任意一点, 则

$$\mathrm{D}_{\pi_{11}}+\mathrm{D}_{\pi_{12}}+\cdots+\mathrm{D}_{\pi_{1n}}=0, \tag{4.3.30}$$

$$\mathrm{D}_{\pi_{21}}+\mathrm{D}_{\pi_{22}}+\cdots+\mathrm{D}_{\pi_{2n}}=0, \tag{4.3.31}$$

$$\cdots$$

$$\mathrm{D}_{\pi_{m1}}+\mathrm{D}_{\pi_{m2}}+\cdots+\mathrm{D}_{\pi_{mn}}=0. \tag{4.3.32}$$

证明 因为 M 是等面多面体, 故各面的面积相等, 即 $\mathrm{a}_1=\mathrm{a}_2=\cdots=\mathrm{a}_n$. 将 $\mathrm{a}_1=\mathrm{a}_2=\cdots=\mathrm{a}_n\neq 0$ 分别代入式 (4.3.27)~(4.3.29) 并化简, 即得式 (4.3.30)~(4.3.32).

特别地, 若 M 是正多面体, 即得以下结论.

推论 4.3.8 设 M 是一个具有 m 个顶点 $P_i(i=1,2,\cdots,m)$、n 个面 $F_j(j=1,2,\cdots,n)$ 的正多面体, $\pi_{ij}(i=1,2,\cdots,m;j=1,2,\cdots,n)$ 是过顶点 $P_i(i=1,2,\cdots,m)$ 且由面 $F_j(j=1,2,\cdots,n)$ 的外法向量 (或内法向量) 所确定的 m 点类平面, P 是空间任意一点, 则式 (4.3.30)~(4.3.32) 成立, 其中 $n=4,6,8,12,20$.

第 5 章 射线平面有向距离的定值定理与应用

5.1 三射线平面有向距离的定值定理与应用

本节主要应用三角形在坐标面上的投影和有向距离定值法, 研究过一点的三射线平面有向距离的定值问题. 首先, 给出过一点的三射线平面的概念; 其次, 给出过一点的三射线平面的定值定理及其若干推论; 最后, 利用过一点的三条射线平面的定值定理和 "由面及体, 由面及线, 由面及点, 点线面体交融" 的思想方法, 求解一道数学奥林匹克题, 得出过四面体各个顶点的三棱线平面的一些结论.

5.1.1 三射线平面的概念

定义 5.1.1 设 P_0 是空间一点, P_0P_1, P_0P_2, P_0P_3 是自 P_0 引出的三条射线, 且它们两两都不垂直, 则称过 P_0P_i 且与 $P_0P_{i+1}, P_0P_{i+2} (i = 1, 2, 3)$ 所确定的平面垂直的平面为过 P_0 的三射线 P_0P_1, P_0P_2, P_0P_3 平面, 简称过 P_0 的三射线平面.

显然, 不共面的过空间一点 P_0 的三条射线可以确定三个不重合的三射线平面.

过射线 P_0P_i 且以 $\boldsymbol{n}_{0i\text{-}0(i+1)(i+2)} = \overrightarrow{P_0P_i} \times \boldsymbol{n}_{0(i+1)(i+2)}$ 为法向量的三射线平面, 记为 $\pi_{0i\text{-}0(i+1)(i+2)}$; 反之, 以 $\boldsymbol{n}_{0i\text{-}0(i+2)(i+1)} = \overrightarrow{P_0P_i} \times \boldsymbol{n}_{0(i+2)(i+1)}$ 为法向量的三射线平面, 记为 $\pi_{0i\text{-}0(i+2)(i+1)}$. 这里, $\boldsymbol{n}_{0(i+1)(i+2)}$, $\boldsymbol{n}_{0(i+2)(i+1)}$ 分别是三角形 $P_0P_{i+1}P_{i+2}, P_0P_{i+2}P_{i+1}$ 的投影向量.

5.1.2 过一点的三射线平面有向距离的定值定理

定理 5.1.1 设 P_0P_1, P_0P_2, P_0P_3 是自 P_0 引出的三条射线, $\pi_{03\text{-}012}$, $\pi_{01\text{-}023}$, $\pi_{02\text{-}031}$ 是过 P_0 的三射线平面, P 是空间任意一点, 则

$$|\boldsymbol{n}_{01\text{-}023}|\,\mathrm{D}_{P\text{-}\pi_{01\text{-}023}} + |\boldsymbol{n}_{02\text{-}031}|\,\mathrm{D}_{P\text{-}\pi_{02\text{-}031}} + |\boldsymbol{n}_{03\text{-}012}|\,\mathrm{D}_{P\text{-}\pi_{03\text{-}012}} = 0. \tag{5.1.1}$$

证明 以 P_0 为坐标原点, 建立空间直角坐标系. 设射线 P_0P_1, P_0P_2, P_0P_3 上另一点的坐标为 $P_i(x_i, y_i, z_i) (i = 1, 2, 3)$, 于是平面 $\pi_{0i\text{-}0(i+1)(i+2)}$ 的法向量

$$\begin{aligned}
&\boldsymbol{n}_{0i\text{-}0(i+1)(i+2)} = \overrightarrow{P_0P_i} \times \boldsymbol{n}_{P_0P_{i+1}P_{i+2}} \\
=& \begin{vmatrix} \boldsymbol{i} & \boldsymbol{j} & \boldsymbol{k} \\ x_i & y_i & z_i \\ \mathrm{Prj}_{yz}\mathrm{D}_{P_0P_{i+1}P_{i+2}} & \mathrm{Prj}_{zx}\mathrm{D}_{P_0P_{i+1}P_{i+2}} & \mathrm{Prj}_{xy}\mathrm{D}_{P_0P_{i+1}P_{i+2}} \end{vmatrix} = (a_i, b_i, c_i),
\end{aligned}$$

其中 $a_i = y_i\mathrm{Prj}_{xy}\mathrm{D}_{P_0P_{i+1}P_{i+2}} - z_i\mathrm{Prj}_{zx}\mathrm{D}_{P_0P_{i+1}P_{i+2}}$, $b_i = z_i\mathrm{Prj}_{yz}\mathrm{D}_{P_0P_{i+1}P_{i+2}} - x_i\mathrm{Prj}_{xy}\mathrm{D}_{P_0P_{i+1}P_{i+2}}$, $c_i = x_i\mathrm{Prj}_{zx}\mathrm{D}_{P_0P_{i+1}P_{i+2}} - y_i\mathrm{Prj}_{yz}\mathrm{D}_{P_0P_{i+1}P_{i+2}}$; $P_{i+3} = P_3$, 其余类同.

平面 $\pi_{0i\text{-}0(i+1)(i+2)}$ 的方程为

$$a_ix + b_iy + c_iz = 0(i = 1, 2, 3).$$

设空间任意点的坐标为 $P(x, y, z)$, 则由点到平面的距离公式, 可得

$$\left|\boldsymbol{n}_{0i\text{-}0(i+1)(i+2)}\right| \mathrm{D}_{P\text{-}\pi_{0i\text{-}0(i+1)(i+2)}} = a_ix + b_iy + c_iz\,(i = 1, 2, 3),$$

因为

$$\begin{aligned}\sum_{i=1}^{3} a_i &= \sum_{i=1}^{3}\left(y_i\mathrm{Prj}_{xy}\mathrm{D}_{P_0P_{i+1}P_{i+2}} - z_i\mathrm{Prj}_{zx}\mathrm{D}_{P_0P_{i+1}P_{i+2}}\right)\\ &= \frac{1}{2}\sum_{i=1}^{3}[y_i(x_{i+1}y_{i+2} - x_{i+2}y_{i+1}) - z_i(z_{i+1}x_{i+2} - z_{i+2}x_{i+1})]\\ &= \frac{1}{2}\sum_{i=1}^{3}[(x_{i+1}y_iy_{i+2} - x_{i+2}y_iy_{i+1}) - (z_iz_{i+1}x_{i+2} - z_iz_{i+2}x_{i+1})]\\ &= \frac{1}{2}\sum_{i=1}^{3}[(x_{i+1}y_iy_{i+2} - x_{i+1}y_{i+2}y_i) - (z_{i+2}z_ix_{i+1} - z_iz_{i+2}x_{i+1})] = 0.\end{aligned}$$

类似地, $\sum\limits_{i=1}^{3} b_i = 0, \sum\limits_{i=1}^{3} c_i = 0$. 所以

$$\sum_{i=1}^{3}\left|\boldsymbol{n}_{0i\text{-}0(i+1)(i+2)}\right| \mathrm{D}_{P\text{-}\pi_{0i\text{-}0(i+1)(i+2)}} = x\sum_{i=1}^{3} a_i + y\sum_{i=1}^{3} b_i + z\sum_{i=1}^{3} c_i = 0,$$

即式 (5.1.1) 成立.

推论 5.1.1　设 P_0P_1, P_0P_2, P_0P_3 是自 P_0 引出的三条射线, $\pi_{03\text{-}012}$, $\pi_{01\text{-}023}$, $\pi_{02\text{-}031}$ 是过 P_0 的三射线平面, 则 P 是平面 $\pi_{0i\text{-}0(i+1)(i+2)}$ 上任意一点的充分必要条件是

$$\left|\boldsymbol{n}_{0(i+1)\text{-}0(i+2)i}\right| \mathrm{D}_{P\text{-}\pi_{0(i+1)\text{-}0(i+2)i}} + \left|\boldsymbol{n}_{0(i+2)\text{-}0i(i+1)}\right| \mathrm{D}_{P\text{-}\pi_{0(i+2)\text{-}0i(i+1)}} = 0(i = 1, 2, 3). \tag{5.1.2}$$

证明　依题设, 由式 (5.1.1), 可得

P 是平面 $\pi_{0i\text{-}0(i+1)(i+2)}$ 上任意一点 $\Leftrightarrow \mathrm{D}_{P\text{-}\pi_{0i\text{-}0(i+1)(i+2)}} = 0 \Leftrightarrow$ 式 (5.1.2) 成立.

推论 5.1.2　设 P_0P_1, P_0P_2, P_0P_3 是自 P_0 引出的三条射线, $\pi_{03\text{-}012}$, $\pi_{01\text{-}023}$, $\pi_{02\text{-}031}$ 是过 P_0 的三射线平面. 若 P 是平面 $\pi_{0i\text{-}0(i+1)(i+2)}$ 上任意一点, 则

$$\left|\boldsymbol{n}_{0(i+1)\text{-}0(i+2)i}\right| \mathrm{d}_{P\text{-}\pi_{0(i+1)\text{-}0(i+2)i}} = \left|\boldsymbol{n}_{0(i+2)\text{-}0i(i+1)}\right| \mathrm{d}_{P\text{-}\pi_{0(i+2)\text{-}0i(i+1)}} \ (i=1,2,3). \quad (5.1.3)$$

证明　根据推论 5.1.1 的必要性, 式 (5.1.2) 移项后等式两边取绝对值, 即得式 (5.1.3).

定理 5.1.2　设 P_0P_1, P_0P_2, P_0P_3 是自 P_0 引出的三条射线, $\pi_{03\text{-}012}$, $\pi_{01\text{-}023}$, $\pi_{02\text{-}031}$ 是过 P_0 的三射线平面. 若 $|\boldsymbol{n}_{01\text{-}023}| = |\boldsymbol{n}_{02\text{-}031}| = |\boldsymbol{n}_{03\text{-}012}|$, P 为空间任意一点, 则

$$\mathrm{D}_{P\text{-}\pi_{01\text{-}023}} + \mathrm{D}_{P\text{-}\pi_{02\text{-}031}} + \mathrm{D}_{P\text{-}\pi_{03\text{-}012}} = 0. \quad (5.1.4)$$

证明　将 $|\boldsymbol{n}_{01\text{-}023}| = |\boldsymbol{n}_{02\text{-}031}| = |\boldsymbol{n}_{03\text{-}012}| \neq 0$ 代入式 (5.1.1) 并化简, 即得式 (5.1.4).

推论 5.1.3　设 P_0P_1, P_0P_2, P_0P_3 是自 P_0 引出的三条射线, $\pi_{03\text{-}012}$, $\pi_{01\text{-}023}$, $\pi_{02\text{-}031}$ 是过 P_0 的三射线平面. 若 $|\boldsymbol{n}_{01\text{-}023}| = |\boldsymbol{n}_{02\text{-}031}| = |\boldsymbol{n}_{03\text{-}012}|$, P 为空间任意一点, 则在以下三个点到平面的距离

$$\mathrm{d}_{P\text{-}\pi_{01\text{-}023}}, \quad \mathrm{d}_{P\text{-}\pi_{02\text{-}031}}, \quad \mathrm{d}_{P\text{-}\pi_{03\text{-}012}}$$

中, 其中一个较长距离等于另两个较短的距离的和.

证明　在式 (5.1.4) 中, 注意到其中一个点到平面有向距离, 与另两个点到平面有向距离异号即得.

定理 5.1.3　设 P_0P_1, P_0P_2, P_0P_3 是自 P_0 引出的三条射线, $\pi_{03\text{-}012}$, $\pi_{01\text{-}023}$, $\pi_{02\text{-}031}$ 是过 P_0 的三射线平面. 若 $\left|\boldsymbol{n}_{0(i+1)\text{-}0(i+2)i}\right| = \left|\boldsymbol{n}_{0(i+2)\text{-}0i(i+1)}\right|$, 则 P 是平面 $\pi_{0i\text{-}0(i+1)(i+2)}$ 任意一点的充分必要条件是

$$\mathrm{D}_{P\text{-}\pi_{0(i+1)\text{-}0(i+2)i}} + \mathrm{D}_{P\text{-}\pi_{0(i+2)\text{-}0i(i+1)}} = 0(i=1,2,3). \quad (5.1.5)$$

证明　记 $\left|\boldsymbol{n}_{0(i+1)\text{-}0(i+2)i}\right| = \left|\boldsymbol{n}_{0(i+2)\text{-}0i(i+1)}\right| = a_i$, 于是式 (5.1.1) 可以改写成

$$\begin{aligned}&\left|\boldsymbol{n}_{0i\text{-}0(i+1)(i+2)}\right| \mathrm{D}_{P\text{-}\pi_{0i\text{-}0(i+1)(i+2)}}/a_i + \mathrm{D}_{P\text{-}\pi_{0(i+1)\text{-}0(i+2)i}} + \mathrm{D}_{P\text{-}\pi_{0(i+2)\text{-}0i(i+1)}}\\&=0 \ (i=1,2,3),\end{aligned}$$

故由上式可得

P 是平面 $\pi_{0i\text{-}0(i+1)(i+2)}$ 上任意一点 $\Leftrightarrow \mathrm{D}_{P\text{-}\pi_{0i\text{-}0(i+1)(i+2)}} = 0 \Leftrightarrow$ 式 (5.1.5) 成立.

推论 5.1.4　设 P_0P_1, P_0P_2, P_0P_3 是自 P_0 引出的三条射线, $\pi_{03\text{-}012}$, $\pi_{01\text{-}023}$, $\pi_{02\text{-}031}$ 是过 P_0 的三射线平面. 若 $\left|\boldsymbol{n}_{0(i+1)\text{-}0(i+2)i}\right| = \left|\boldsymbol{n}_{0(i+2)\text{-}0i(i+1)}\right|$, P 是平面 $\pi_{0i\text{-}0(i+1)(i+2)}$ 上任意一点, 则

$$\mathrm{d}_{P\text{-}\pi_{0(i+1)\text{-}0(i+2)i}} = \mathrm{d}_{P\text{-}\pi_{0(i+2)\text{-}0i(i+1)}} (i=1,2,3). \quad (5.1.6)$$

证明 根据定理 5.1.3 的必要性, 式 (5.1.5) 移项后等式两边取绝对值, 即得式 (5.1.6).

5.1.3 过一点的三射线平面有向距离定值定理的应用

定理 5.1.4 设 P_0P_1, P_0P_2, P_0P_3 是自 P_0 引出的不共面的三条射线, 则过 P_0 的三射线平面 $\pi_{03\text{-}012}, \pi_{01\text{-}023}, \pi_{02\text{-}031}$ 相交于过点 P_0 的一条直线.

证明 显然, 平面 $\pi_{02\text{-}031}, \pi_{03\text{-}012}$ 相交于过点 P_0 的一条直线 l. 现设 Q 是直线 l 上任意一点, 则 $\mathrm{D}_{Q\text{-}\pi_{02\text{-}031}} = \mathrm{D}_{Q\text{-}\pi_{03\text{-}012}} = 0$. 代入式 (5.1.1), 并注意到 $|\boldsymbol{n}_{01\text{-}023}| \neq 0$, 得 $\mathrm{D}_{Q\text{-}\pi_{01\text{-}023}} = 0$, 因此 Q 在平面 $\pi_{01\text{-}023}$ 上. 故 $\pi_{03\text{-}012}, \pi_{01\text{-}023}, \pi_{02\text{-}031}$ 相交于过点 P_0 的一条直线 l.

注 5.1.1 1962 年波兰数学奥林匹克竞赛题是这样的: 从空间中一点 S 引出三条射线 SA, SB, SC, 它们中任意一条都不与其余两条垂直. 通过每条射线分别作一个平面与另两条射线所确定的平面相垂直, 试证: 所作的三个平面相交于一条直线 l.

定理 5.1.5 设 $P_1\ P_2\ P_3\ P_4$ 是四面体, $\pi_{41\text{-}423}$, $\pi_{42\text{-}431}$, $\pi_{43\text{-}412}$; $\pi_{12\text{-}134}$, $\pi_{13\text{-}142}$, $\pi_{14\text{-}123}$; $\pi_{23\text{-}241}, \pi_{24\text{-}213}$, $\pi_{21\text{-}234}$; $\pi_{34\text{-}312}, \pi_{31\text{-}324}, \pi_{32\text{-}341}$ 分别是过四面体 $P_1P_2P_3P_4$ 顶点 P_{i+3} 的各棱 $P_{i+3}P_i, P_{i+3}P_{i+1}, P_{i+3}P_{i+2}(i = 1, 2, 3, 4; P_{i+4} = P_i$, 以下类同) 的三射线平面, P 是空间任意一点, 则

$$|\boldsymbol{n}_{41\text{-}423}|\mathrm{D}_{P\text{-}\pi_{41\text{-}423}} + |\boldsymbol{n}_{42\text{-}431}|\mathrm{D}_{P\text{-}\pi_{42\text{-}431}} + |\boldsymbol{n}_{43\text{-}412}|\mathrm{D}_{P\text{-}\pi_{43\text{-}412}} = 0, \quad (5.1.7)$$

$$|\boldsymbol{n}_{12\text{-}134}|\mathrm{D}_{P\text{-}\pi_{12\text{-}134}} + |\boldsymbol{n}_{13\text{-}142}|\mathrm{D}_{P\text{-}\pi_{13\text{-}142}} + |\boldsymbol{n}_{14\text{-}123}|\mathrm{D}_{P\text{-}\pi_{14\text{-}123}} = 0, \quad (5.1.8)$$

$$|\boldsymbol{n}_{23\text{-}241}|\mathrm{D}_{P\text{-}\pi_{23\text{-}241}} + |\boldsymbol{n}_{24\text{-}213}|\mathrm{D}_{P\text{-}\pi_{24\text{-}213}} + |\boldsymbol{n}_{21\text{-}234}|\mathrm{D}_{P\text{-}\pi_{21\text{-}234}} = 0, \quad (5.1.9)$$

$$|\boldsymbol{n}_{34\text{-}312}|\mathrm{D}_{P\text{-}\pi_{34\text{-}312}} + |\boldsymbol{n}_{31\text{-}324}|\mathrm{D}_{P\text{-}\pi_{31\text{-}324}} + |\boldsymbol{n}_{32\text{-}341}|\mathrm{D}_{P\text{-}\pi_{32\text{-}341}} = 0, \quad (5.1.10)$$

其中 $\boldsymbol{n}_{41\text{-}423} = \overrightarrow{P_4P_1} \times \boldsymbol{n}_{423}$, 其余类同.

证明 对过四面体 $P_1P_2P_3P_4$ 顶点 P_{i+3} 的各棱 $P_{i+3}P_i, P_{i+3}P_{i+1}, P_{i+3}P_{i+2}(i = 1, 2, 3, 4)$ 的三射线平面应用定理 5.1.1 即得.

推论 5.1.5 设 $P_1\ P_2\ P_3\ P_4$ 是四面体, $\pi_{41\text{-}423}$, $\pi_{42\text{-}431}$, $\pi_{43\text{-}412}$; $\pi_{12\text{-}134}$, $\pi_{13\text{-}142}$, $\pi_{14\text{-}123}$; $\pi_{23\text{-}241}, \pi_{24\text{-}213}$, $\pi_{21\text{-}234}$; $\pi_{34\text{-}312}, \pi_{31\text{-}324}, \pi_{32\text{-}341}$ 分别是过四面体 $P_1P_2P_3P_4$ 顶点 P_{i+3} 的各棱 $P_{i+3}P_i, P_{i+3}P_{i+1}, P_{i+3}P_{i+2}(i = 1, 2, 3, 4)$ 的三射线平面, 则

(1) P 是平面 $\pi_{41\text{-}423}$ 上任意一点的充分必要条件是

$$|\boldsymbol{n}_{42\text{-}431}|\mathrm{D}_{P\text{-}\pi_{42\text{-}431}} + |\boldsymbol{n}_{43\text{-}412}|\mathrm{D}_{P\text{-}\pi_{43\text{-}412}} = 0; \quad (5.1.11)$$

(2) P 是平面 $\pi_{42\text{-}431}$ 上任意一点的充分必要条件是

$$|\boldsymbol{n}_{41\text{-}423}|\mathrm{D}_{P\text{-}\pi_{41\text{-}423}} + |\boldsymbol{n}_{43\text{-}412}|\mathrm{D}_{P\text{-}\pi_{43\text{-}412}} = 0;$$

(3) P 是平面 $\pi_{43\text{-}412}$ 上任意一点的充分必要条件是

$$|\boldsymbol{n}_{41\text{-}423}|\,\mathrm{D}_{P\text{-}\pi_{41\text{-}423}}+|\boldsymbol{n}_{42\text{-}431}|\,\mathrm{D}_{P\text{-}\pi_{42\text{-}431}}=0.$$

对过四面体 $P_1P_2P_3P_4$ 其余顶点 P_{i+3} 的各棱 $P_{i+3}P_i, P_{i+3}P_{i+1}, P_{i+3}P_{i+2}(i=2,3,4)$ 的三射线平面, 也可以得出类似的结果.

证明　(1) 由式 (5.1.7), 可得

P 是平面 $\pi_{41\text{-}423}$ 任意一点 $\Leftrightarrow \mathrm{D}_{P\text{-}\pi_{41\text{-}423}}=0 \Leftrightarrow$ 式 (5.1.11) 成立.

类似地, 可以证明 (2) 和 (3) 中结论成立.

推论 5.1.6　设 $P_1P_2P_3P_4$ 是四面体, $\pi_{41\text{-}423},\pi_{42\text{-}431},\pi_{43\text{-}412};\pi_{12\text{-}134},\pi_{13\text{-}142},\pi_{14\text{-}123};\pi_{23\text{-}241},\pi_{24\text{-}213},\pi_{21\text{-}234};\pi_{34\text{-}312},\pi_{31\text{-}324},\pi_{32\text{-}341}$ 分别是过四面体 $P_1P_2P_3P_4$ 顶点 P_{i+3} 的各棱 $P_{i+3}P_i, P_{i+3}P_{i+1}, P_{i+3}P_{i+2}(i=1,2,3,4;P_{i+4}=P_i)$ 的三射线平面.

(1) 若 P 是平面 $\pi_{41\text{-}423}$ 上任意一点, 则

$$|\boldsymbol{n}_{42\text{-}431}|\,\mathrm{d}_{P\text{-}\pi_{42\text{-}431}}=|\boldsymbol{n}_{43\text{-}412}|\,\mathrm{d}_{P\text{-}\pi_{43\text{-}412}};\tag{5.1.12}$$

(2) 若 P 是平面 $\pi_{42\text{-}431}$ 上任意一点, 则

$$|\boldsymbol{n}_{41\text{-}423}|\,\mathrm{d}_{P\text{-}\pi_{41\text{-}423}}=|\boldsymbol{n}_{43\text{-}412}|\,\mathrm{d}_{P\text{-}\pi_{43\text{-}412}};$$

(3) 若 P 是平面 $\pi_{43\text{-}412}$ 上任意一点, 则

$$|\boldsymbol{n}_{41\text{-}423}|\,\mathrm{d}_{P\text{-}\pi_{41\text{-}423}}=|\boldsymbol{n}_{42\text{-}431}|\,\mathrm{d}_{P\text{-}\pi_{42\text{-}431}}.$$

对过四面体 $P_1P_2P_3P_4$ 其余顶点 P_{i+3} 的各棱 $P_{i+3}P_i, P_{i+3}P_{i+1}, P_{i+3}P_{i+2}(i=2,3,4)$ 三射线的平面, 也可以得出类似的结果.

证明　(1) 根据推论 5.1.5 的必要性, 式 (5.1.11) 移项后取绝对值, 即得式 (5.1.12).

类似地, 可以证明 (2) 和 (3) 中结论成立.

定理 5.1.6　设 $P_1P_2P_3P_4$ 是四面体, $\pi_{41\text{-}423}$, $\pi_{42\text{-}431}$, $\pi_{43\text{-}412}$; $\pi_{12\text{-}134}$, $\pi_{13\text{-}142}$, $\pi_{14\text{-}123};\pi_{23\text{-}241},\pi_{24\text{-}213},\pi_{21\text{-}234};\pi_{34\text{-}312},\pi_{31\text{-}324},\pi_{32\text{-}341}$ 分别是过四面体 $P_1P_2P_3P_4$ 顶点 P_{i+3} 的各棱 $P_{i+3}P_i, P_{i+3}P_{i+1}, P_{i+3}P_{i+2}(i=1,2,3,4)$ 的三射线平面.

(1) 若 $P_4P_1\perp P_2P_3$, 则 $\pi_{41\text{-}423}$ 与 $\pi_{14\text{-}123}$ 重合, $\pi_{23\text{-}241}$ 与 $\pi_{32\text{-}341}$ 重合;

(2) 若 $P_1P_2\perp P_3P_4$, 则 $\pi_{12\text{-}134}$ 与 $\pi_{21\text{-}234}$ 重合, $\pi_{43\text{-}412}$ 与 $\pi_{34\text{-}312}$ 重合;

(3) 若 $P_2P_3\perp P_4P_2$, 则 $\pi_{23\text{-}241}$ 与 $\pi_{32\text{-}341}$ 重合, $\pi_{42\text{-}431}$ 与 $\pi_{24\text{-}213}$ 重合.

证明　(1) 如图 5.1.1 所示. 设 $\pi_{41\text{-}423}$ 与 P_2P_3 的交点为 Q_{23}, 则 $\pi_{41\text{-}423}$ 与平面 $\pi_{P_4P_1Q_{23}}$ 重合. 于是由三射线平面的定义可得 $\pi_{P_4P_1Q_{23}}\perp\pi_{P_4P_2P_3}$, 从而 $P_4Q_{23}\perp P_2P_3$, $P_1Q_{23}\perp P_2P_3$. 又因为 $P_4P_1\perp P_2P_3$, 所以 $\pi_{14\text{-}123}$ 与 $P_4P_1Q_{23}$ 亦重合, 从而 $\pi_{41\text{-}423}$ 与 $\pi_{14\text{-}123}$ 重合.

同理可证, $\pi_{23\text{-}241}$ 与 $\pi_{32\text{-}341}$ 重合.

类似地, 可以证明 (2) 和 (3) 中结论成立.

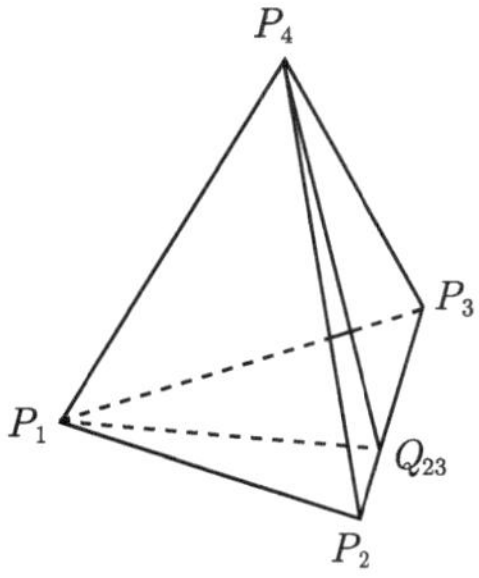

图 5.1.1

推论 5.1.7 垂心四面体 $P_1P_2P_3P_4$ 过同一棱线的两个三射线平面, 即 $\pi_{41\text{-}423}$ 与 $\pi_{14\text{-}123}$; $\pi_{23\text{-}241}$ 与 $\pi_{32\text{-}341}$; $\pi_{12\text{-}134}$ 与 $\pi_{21\text{-}234}$; $\pi_{43\text{-}412}$ 与 $\pi_{34\text{-}312}$; $\pi_{23\text{-}241}$ 与 $\pi_{32\text{-}341}$; $\pi_{42\text{-}431}$ 与 $\pi_{24\text{-}213}$ 均重合.

证明 根据垂心四面体的性质和定理 5.1.5 即得.

定理 5.1.7 设 $P_1\,P_2\,P_3\,P_4$ 是四面体, $\pi_{41\text{-}423}$, $\pi_{42\text{-}431}$, $\pi_{43\text{-}412}$; $\pi_{12\text{-}134}$, $\pi_{13\text{-}142}$, $\pi_{14\text{-}123}$; $\pi_{23\text{-}241}$, $\pi_{24\text{-}213}$, $\pi_{21\text{-}234}$; $\pi_{34\text{-}312}$, $\pi_{31\text{-}324}$, $\pi_{32\text{-}341}$ 分别是过四面体 $P_1P_2P_3P_4$ 顶点 P_{i+3} 的各棱 $P_{i+3}P_i, P_{i+3}P_{i+1}, P_{i+3}P_{i+2} (i=1,2,3,4)$ 的三射线平面.

(1) 若 $P_4P_1 \perp P_2P_3$, 则 P 是平面 $\pi_{41\text{-}423}(\pi_{14\text{-}123})$ 上任意一点的充分必要条件是

$$|\boldsymbol{n}_{42\text{-}431}|\,\mathrm{D}_{P\text{-}\pi_{42\text{-}431}}+|\boldsymbol{n}_{43\text{-}412}|\,\mathrm{D}_{P\text{-}\pi_{43\text{-}412}}=0, \tag{5.1.13}$$

或

$$|\boldsymbol{n}_{12\text{-}134}|\,\mathrm{D}_{P\text{-}\pi_{12\text{-}134}}+|\boldsymbol{n}_{13\text{-}142}|\,\mathrm{D}_{P\text{-}\pi_{13\text{-}142}}=0. \tag{5.1.14}$$

若 $P_2P_3 \perp P_4P_1$, 则 P 是平面 $\pi_{23\text{-}241}(\pi_{32\text{-}341})$ 上任意一点的充分必要条件是

$$|\boldsymbol{n}_{24\text{-}213}|\,\mathrm{D}_{P\text{-}\pi_{24\text{-}213}}+|\boldsymbol{n}_{21\text{-}234}|\,\mathrm{D}_{P\text{-}\pi_{21\text{-}234}}=0, \tag{5.1.15}$$

或

$$|\boldsymbol{n}_{34\text{-}312}|\,\mathrm{D}_{P\text{-}\pi_{34\text{-}312}}+|\boldsymbol{n}_{31\text{-}324}|\,\mathrm{D}_{P\text{-}\pi_{31\text{-}324}}=0. \tag{5.1.16}$$

(2) 若 $P_1P_2 \perp P_3P_4$, 则 P 是平面 $\pi_{12\text{-}134}(\pi_{21\text{-}234})$ 上任意一点的充分必要条件是

$$|\boldsymbol{n}_{13\text{-}142}|\,\mathrm{D}_{P\text{-}\pi_{13\text{-}142}}+|\boldsymbol{n}_{14\text{-}123}|\,\mathrm{D}_{P\text{-}\pi_{14\text{-}123}}=0,$$

或

$$|\boldsymbol{n}_{23\text{-}241}|\,\mathrm{D}_{P\text{-}\pi_{23\text{-}241}}+|\boldsymbol{n}_{24\text{-}213}|\,\mathrm{D}_{P\text{-}\pi_{24\text{-}213}}=0.$$

若 $P_3P_4 \perp P_1P_2$, 则 P 是平面 $\pi_{43\text{-}412}(\pi_{34\text{-}312})$ 上任意一点的充分必要条件是

$$|\boldsymbol{n}_{41\text{-}423}|\,\mathrm{D}_{P\text{-}\pi_{41\text{-}423}} + |\boldsymbol{n}_{42\text{-}431}|\,\mathrm{D}_{P\text{-}\pi_{42\text{-}431}} = 0,$$

或

$$|\boldsymbol{n}_{31\text{-}324}|\,\mathrm{D}_{P\text{-}\pi_{31\text{-}324}} + |\boldsymbol{n}_{32\text{-}341}|\,\mathrm{D}_{P\text{-}\pi_{32\text{-}341}} = 0.$$

(3) 若 $P_4P_2 \perp P_2P_3$, 则 P 是平面 $\pi_{23\text{-}241}(\pi_{32\text{-}341})$ 上任意一点的充分必要条件是

$$|\boldsymbol{n}_{24\text{-}213}|\,\mathrm{D}_{P\text{-}\pi_{24\text{-}213}} + |\boldsymbol{n}_{21\text{-}234}|\,\mathrm{D}_{P\text{-}\pi_{21\text{-}234}} = 0,$$

或

$$|\boldsymbol{n}_{34\text{-}312}|\,\mathrm{D}_{P\text{-}\pi_{34\text{-}312}} + |\boldsymbol{n}_{31\text{-}324}|\,\mathrm{D}_{P\text{-}\pi_{31\text{-}324}} = 0.$$

若 $P_2P_3 \perp P_4P_2$, 则 P 是平面 $\pi_{42\text{-}431}(\pi_{24\text{-}213})$ 上任意一点的充分必要条件是

$$|\boldsymbol{n}_{41\text{-}423}|\,\mathrm{D}_{P\text{-}\pi_{41\text{-}423}} + |\boldsymbol{n}_{43\text{-}412}|\,\mathrm{D}_{P\text{-}\pi_{43\text{-}412}} = 0,$$

或

$$|\boldsymbol{n}_{23\text{-}241}|\,\mathrm{D}_{P\text{-}\pi_{23\text{-}241}} + |\boldsymbol{n}_{21\text{-}234}|\,\mathrm{D}_{P\text{-}\pi_{21\text{-}234}} = 0.$$

证明　(1) 由定理 5.1.5 及式 (5.1.7)~(5.1.10), 可得

P 是平面 $\pi_{41\text{-}423}(\pi_{14\text{-}123})$ 上任意一点 $\Leftrightarrow \mathrm{D}_{P\text{-}\pi_{41\text{-}423}} = 0(\mathrm{D}_{P\text{-}\pi_{14\text{-}123}} = 0) \Leftrightarrow$ 式 (5.1.13) 成立 $\Leftrightarrow$ 式 (5.1.14) 成立;

P 是平面 $\pi_{23\text{-}241}(\pi_{32\text{-}341})$ 上任意一点 $\Leftrightarrow \mathrm{D}_{P\text{-}\pi_{23\text{-}241}} = 0(\mathrm{D}_{P\text{-}\pi_{32\text{-}341}} = 0) \Leftrightarrow$ 式 (5.1.15) 成立 $\Leftrightarrow$ 式 (5.1.16) 成立.

类似地, 可以证明 (2) 和 (3) 中结论成立.

推论 5.1.8　设 $P_1P_2P_3P_4$ 是四面体, $\pi_{41\text{-}423}$, $\pi_{42\text{-}431}$, $\pi_{43\text{-}412}$; $\pi_{12\text{-}134}$, $\pi_{13\text{-}142}$, $\pi_{14\text{-}123}$; $\pi_{23\text{-}241}$, $\pi_{24\text{-}213}$, $\pi_{21\text{-}234}$; $\pi_{34\text{-}312}$, $\pi_{31\text{-}324}$, $\pi_{32\text{-}341}$ 分别是过四面体 $P_1P_2P_3P_4$ 顶点 P_{i+3} 的各棱 $P_{i+3}P_i, P_{i+3}P_{i+1}, P_{i+3}P_{i+2}(i=1,2,3,4)$ 的三射线平面.

(1) 若 $P_4P_1 \perp P_2P_3$, P 是平面 $\pi_{41\text{-}423}(\pi_{14\text{-}123})$ 上任意一点, 则

$$|\boldsymbol{n}_{42\text{-}431}|\,\mathrm{d}_{P\text{-}\pi_{42\text{-}431}} = |\boldsymbol{n}_{43\text{-}412}|\,\mathrm{d}_{P\text{-}\pi_{43\text{-}412}},\quad |\boldsymbol{n}_{12\text{-}134}|\,\mathrm{d}_{P\text{-}\pi_{12\text{-}134}} = |\boldsymbol{n}_{13\text{-}142}|\,\mathrm{d}_{P\text{-}\pi_{13\text{-}142}}.$$

若 $P_2P_3 \perp P_4P_1$, P 是平面 $\pi_{23\text{-}241}(\pi_{32\text{-}341})$ 上任意一点, 则

$$|\boldsymbol{n}_{24\text{-}213}|\,\mathrm{d}_{P\text{-}\pi_{24\text{-}213}} = |\boldsymbol{n}_{21\text{-}234}|\,\mathrm{d}_{P\text{-}\pi_{21\text{-}234}},\quad |\boldsymbol{n}_{34\text{-}312}|\,\mathrm{d}_{P\text{-}\pi_{34\text{-}312}} = |\boldsymbol{n}_{31\text{-}324}|\,\mathrm{d}_{P\text{-}\pi_{31\text{-}324}}.$$

(2) 若 $P_1P_2 \perp P_3P_4$, P 是平面 $\pi_{12\text{-}134}(\pi_{21\text{-}234})$ 上任意一点, 则

$$|\boldsymbol{n}_{13\text{-}142}|\,\mathrm{d}_{P\text{-}\pi_{13\text{-}142}} = |\boldsymbol{n}_{14\text{-}123}|\,\mathrm{d}_{P\text{-}\pi_{14\text{-}123}},\quad |\boldsymbol{n}_{23\text{-}241}|\,\mathrm{d}_{P\text{-}\pi_{23\text{-}241}} = |\boldsymbol{n}_{24\text{-}213}|\,\mathrm{d}_{P\text{-}\pi_{24\text{-}213}}.$$

若 $P_3P_4 \perp P_1P_2$, P 是平面 $\pi_{43\text{-}412}(\pi_{34\text{-}312})$ 上任意一点, 则

$$|\boldsymbol{n}_{41\text{-}423}|\,\mathrm{d}_{P\text{-}\pi_{41\text{-}423}} = |\boldsymbol{n}_{42\text{-}431}|\,\mathrm{d}_{P\text{-}\pi_{42\text{-}431}}, \quad |\boldsymbol{n}_{31\text{-}324}|\,\mathrm{d}_{P\text{-}\pi_{31\text{-}324}} = |\boldsymbol{n}_{32\text{-}341}|\,\mathrm{d}_{P\text{-}\pi_{32\text{-}341}}.$$

(3) 若 $P_4P_2 \perp P_2P_3$, P 是平面 $\pi_{23\text{-}241}(\pi_{32\text{-}341})$ 上任意一点, 则

$$|\boldsymbol{n}_{24\text{-}213}|\,\mathrm{d}_{P\text{-}\pi_{24\text{-}213}} = |\boldsymbol{n}_{21\text{-}234}|\,\mathrm{d}_{P\text{-}\pi_{21\text{-}234}}, \quad |\boldsymbol{n}_{34\text{-}312}|\,\mathrm{d}_{P\text{-}\pi_{34\text{-}312}} = |\boldsymbol{n}_{31\text{-}324}|\,\mathrm{d}_{P\text{-}\pi_{31\text{-}324}}.$$

若 $P_2P_3 \perp P_4P_2$, P 是平面 $\pi_{42\text{-}431}(\pi_{24\text{-}213})$ 上任意一点, 则

$$|\boldsymbol{n}_{41\text{-}423}|\,\mathrm{d}_{P\text{-}\pi_{41\text{-}423}} = |\boldsymbol{n}_{43\text{-}412}|\,\mathrm{d}_{P\text{-}\pi_{43\text{-}412}}, \quad |\boldsymbol{n}_{23\text{-}241}|\,\mathrm{d}_{P\text{-}\pi_{23\text{-}241}} = |\boldsymbol{n}_{21\text{-}234}|\,\mathrm{d}_{P\text{-}\pi_{21\text{-}234}}.$$

证明 (1) 因为 $P_4P_1 \perp P_2P_3$, P 是平面 $\pi_{41\text{-}423}(\pi_{14\text{-}123})$ 上任意一点, 故由定理 5.1.7 的必要性, 式 (5.1.13) 和 (5.1.14) 移项后, 等式两边分别取绝对值, 即得

$$|\boldsymbol{n}_{42\text{-}431}|\,\mathrm{d}_{P\text{-}\pi_{42\text{-}431}} = |\boldsymbol{n}_{43\text{-}412}|\,\mathrm{d}_{P\text{-}\pi_{43\text{-}412}}, \quad |\boldsymbol{n}_{12\text{-}134}|\,\mathrm{d}_{P\text{-}\pi_{12\text{-}134}} = |\boldsymbol{n}_{13\text{-}142}|\,\mathrm{d}_{P\text{-}\pi_{13\text{-}142}};$$

而因 $P_2P_3 \perp P_4P_1$, P 是平面 $\pi_{23\text{-}241}(\pi_{32\text{-}341})$ 上任意一点, 亦由定理 5.1.7 的必要性, 式 (5.1.15) 和 (5.1.16) 移项后, 等式两边分别取绝对值, 即得

$$|\boldsymbol{n}_{24\text{-}213}|\,\mathrm{d}_{P\text{-}\pi_{24\text{-}213}} = |\boldsymbol{n}_{21\text{-}234}|\,\mathrm{d}_{P\text{-}\pi_{21\text{-}234}}, \quad |\boldsymbol{n}_{34\text{-}312}|\,\mathrm{d}_{P\text{-}\pi_{34\text{-}312}} = |\boldsymbol{n}_{31\text{-}324}|\,\mathrm{d}_{P\text{-}\pi_{31\text{-}324}}.$$

类似地, 可以证明 (2) 和 (3) 中结论成立.

定理 5.1.8 设 $P_1P_2P_3P_4$ 是垂心四面体, $\pi_{41\text{-}423}$, $\pi_{42\text{-}431}$, $\pi_{43\text{-}412}$; $\pi_{12\text{-}134}$, $\pi_{13\text{-}142}$, $\pi_{14\text{-}123}$; $\pi_{23\text{-}241}$, $\pi_{24\text{-}213}$, $\pi_{21\text{-}234}$; $\pi_{34\text{-}312}$, $\pi_{31\text{-}324}$, $\pi_{32\text{-}341}$ 分别是过四面体 $P_1P_2P_3P_4$ 顶点 P_{i+3} 的各棱 $P_{i+3}P_i, P_{i+3}P_{i+1}, P_{i+3}P_{i+2}(i=1,2,3,4)$ 的三射线平面, 则

(1) P 是平面 $\pi_{41\text{-}423}(\pi_{14\text{-}123})$ 上任意一点的充分必要条件是

$$|\boldsymbol{n}_{42\text{-}431}|\,\mathrm{D}_{P\text{-}\pi_{42\text{-}431}} + |\boldsymbol{n}_{43\text{-}412}|\,\mathrm{D}_{P\text{-}\pi_{43\text{-}412}} = 0,$$

或

$$|\boldsymbol{n}_{12\text{-}134}|\,\mathrm{D}_{P\text{-}\pi_{12\text{-}134}} + |\boldsymbol{n}_{13\text{-}142}|\,\mathrm{D}_{P\text{-}\pi_{13\text{-}142}} = 0.$$

P 是平面 $\pi_{23\text{-}241}(\pi_{32\text{-}341})$ 上任意一点的充分必要条件是

$$|\boldsymbol{n}_{24\text{-}213}|\,\mathrm{D}_{P\text{-}\pi_{24\text{-}213}} + |\boldsymbol{n}_{21\text{-}234}|\,\mathrm{D}_{P\text{-}\pi_{21\text{-}234}} = 0,$$

或

$$|\boldsymbol{n}_{34\text{-}312}|\,\mathrm{D}_{P\text{-}\pi_{34\text{-}312}} + |\boldsymbol{n}_{31\text{-}324}|\,\mathrm{D}_{P\text{-}\pi_{31\text{-}324}} = 0.$$

(2) P 是平面 $\pi_{12\text{-}134}(\pi_{21\text{-}234})$ 上任意一点的充分必要条件是

$$|\boldsymbol{n}_{13\text{-}142}|\,\mathrm{D}_{P\text{-}\pi_{13\text{-}142}} + |\boldsymbol{n}_{14\text{-}123}|\,\mathrm{D}_{P\text{-}\pi_{14\text{-}123}} = 0,$$

或

$$|\boldsymbol{n}_{23\text{-}241}|\,\mathrm{D}_{P\text{-}\pi_{23\text{-}241}}+|\boldsymbol{n}_{24\text{-}213}|\,\mathrm{D}_{P\text{-}\pi_{24\text{-}213}}=0.$$

P 是平面 $\pi_{43\text{-}412}(\pi_{34\text{-}312})$ 上任意一点的充分必要条件是

$$|\boldsymbol{n}_{41\text{-}423}|\,\mathrm{D}_{P\text{-}\pi_{41\text{-}423}}+|\boldsymbol{n}_{42\text{-}431}|\,\mathrm{D}_{P\text{-}\pi_{42\text{-}431}}=0,$$

或

$$|\boldsymbol{n}_{31\text{-}324}|\,\mathrm{D}_{P\text{-}\pi_{31\text{-}324}}+|\boldsymbol{n}_{32\text{-}341}|\,\mathrm{D}_{P\text{-}\pi_{32\text{-}341}}=0.$$

(3) P 是平面 $\pi_{23\text{-}241}(\pi_{32\text{-}341})$ 上任意一点的充分必要条件是

$$|\boldsymbol{n}_{24\text{-}213}|\,\mathrm{D}_{P\text{-}\pi_{24\text{-}213}}+|\boldsymbol{n}_{21\text{-}234}|\,\mathrm{D}_{P\text{-}\pi_{21\text{-}234}}=0,$$

或

$$|\boldsymbol{n}_{34\text{-}312}|\,\mathrm{D}_{P\text{-}\pi_{34\text{-}312}}+|\boldsymbol{n}_{31\text{-}324}|\,\mathrm{D}_{P\text{-}\pi_{31\text{-}324}}=0.$$

P 是平面 $\pi_{42\text{-}431}(\pi_{24\text{-}213})$ 上任意一点的充分必要条件是

$$|\boldsymbol{n}_{41\text{-}423}|\,\mathrm{D}_{P\text{-}\pi_{41\text{-}423}}+|\boldsymbol{n}_{43\text{-}412}|\,\mathrm{D}_{P\text{-}\pi_{43\text{-}412}}=0,$$

或

$$|\boldsymbol{n}_{23\text{-}241}|\,\mathrm{D}_{P\text{-}\pi_{23\text{-}241}}+|\boldsymbol{n}_{21\text{-}234}|\,\mathrm{D}_{P\text{-}\pi_{21\text{-}234}}=0.$$

证明　根据垂心四面体的性质和定理 5.1.7 即得.

推论 5.1.9　设 $P_1P_2P_3P_4$ 是垂心四面体, $\pi_{41\text{-}423}$，$\pi_{42\text{-}431}$，$\pi_{43\text{-}412}$；$\pi_{12\text{-}134}$，$\pi_{13\text{-}142}$，$\pi_{14\text{-}123}$；$\pi_{23\text{-}241}$，$\pi_{24\text{-}213}$，$\pi_{21\text{-}234}$；$\pi_{34\text{-}312}$，$\pi_{31\text{-}324}$，$\pi_{32\text{-}341}$ 分别是过四面体 $P_1P_2P_3P_4$ 顶点 P_{i+3} 的各棱 $P_{i+3}P_i, P_{i+3}P_{i+1}$，$P_{i+3}P_{i+2}(i=1,2,3,4)$ 的三射线平面.

(1) 若 P 是平面 $\pi_{41\text{-}423}(\pi_{14\text{-}123})$ 上任意一点, 则

$$|\boldsymbol{n}_{42\text{-}431}|\,\mathrm{d}_{P\text{-}\pi_{42\text{-}431}}=|\boldsymbol{n}_{43\text{-}412}|\,\mathrm{d}_{P\text{-}\pi_{43\text{-}412}},\quad |\boldsymbol{n}_{12\text{-}134}|\,\mathrm{d}_{P\text{-}\pi_{12\text{-}134}}=|\boldsymbol{n}_{13\text{-}142}|\,\mathrm{d}_{P\text{-}\pi_{13\text{-}142}};$$

若 P 是平面 $\pi_{23\text{-}241}(\pi_{32\text{-}341})$ 上任意一点, 则

$$|\boldsymbol{n}_{24\text{-}213}|\,\mathrm{d}_{P\text{-}\pi_{24\text{-}213}}=|\boldsymbol{n}_{21\text{-}234}|\,\mathrm{d}_{P\text{-}\pi_{21\text{-}234}},\quad |\boldsymbol{n}_{34\text{-}312}|\,\mathrm{d}_{P\text{-}\pi_{34\text{-}312}}=|\boldsymbol{n}_{31\text{-}324}|\,\mathrm{d}_{P\text{-}\pi_{31\text{-}324}}.$$

(2) 若 P 是平面 $\pi_{12\text{-}134}(\pi_{21\text{-}234})$ 上任意一点, 则

$$|\boldsymbol{n}_{13\text{-}142}|\,\mathrm{d}_{P\text{-}\pi_{13\text{-}142}}=|\boldsymbol{n}_{14\text{-}123}|\,\mathrm{d}_{P\text{-}\pi_{14\text{-}123}},\quad |\boldsymbol{n}_{23\text{-}241}|\,\mathrm{d}_{P\text{-}\pi_{23\text{-}241}}=|\boldsymbol{n}_{24\text{-}213}|\,\mathrm{d}_{P\text{-}\pi_{24\text{-}213}}.$$

若 P 是平面 $\pi_{43\text{-}412}(\pi_{34\text{-}312})$ 上任意一点, 则

$$|\boldsymbol{n}_{41\text{-}423}|\,\mathrm{d}_{P\text{-}\pi_{41\text{-}423}}=|\boldsymbol{n}_{42\text{-}431}|\,\mathrm{d}_{P\text{-}\pi_{42\text{-}431}},\quad |\boldsymbol{n}_{31\text{-}324}|\,\mathrm{d}_{P\text{-}\pi_{31\text{-}324}}=|\boldsymbol{n}_{32\text{-}341}|\,\mathrm{d}_{P\text{-}\pi_{32\text{-}341}}.$$

(3) 若 P 是平面 $\pi_{23\text{-}241}(\pi_{32\text{-}341})$ 上任意一点, 则

$$|\boldsymbol{n}_{24\text{-}213}|\,\mathrm{d}_{P\text{-}\pi_{24\text{-}213}}=|\boldsymbol{n}_{21\text{-}234}|\,\mathrm{d}_{P\text{-}\pi_{21\text{-}234}},\quad |\boldsymbol{n}_{34\text{-}312}|\,\mathrm{d}_{P\text{-}\pi_{34\text{-}312}}=|\boldsymbol{n}_{31\text{-}324}|\,\mathrm{d}_{P\text{-}\pi_{31\text{-}324}};$$

若 P 是平面 $\pi_{42\text{-}431}(\pi_{24\text{-}213})$ 上任意一点, 则

$$|\boldsymbol{n}_{41\text{-}423}|\,\mathrm{d}_{P\text{-}\pi_{41\text{-}423}}=|\boldsymbol{n}_{43\text{-}412}|\,\mathrm{d}_{P\text{-}\pi_{43\text{-}412}},\quad |\boldsymbol{n}_{23\text{-}241}|\,\mathrm{d}_{P\text{-}\pi_{23\text{-}241}}=|\boldsymbol{n}_{21\text{-}234}|\,\mathrm{d}_{P\text{-}\pi_{21\text{-}234}}.$$

证明 (1) 根据垂心四面体的性质和推论 5.1.8 即得.

定理 5.1.9 设 $P_1P_2P_3P_4$ 是四面体, $\pi_{41\text{-}423},\pi_{42\text{-}431},\pi_{43\text{-}412};\pi_{12\text{-}134},\pi_{13\text{-}142},\pi_{14\text{-}123};\pi_{23\text{-}241},\pi_{24\text{-}213},\pi_{21\text{-}234};\pi_{34\text{-}312},\pi_{31\text{-}324},\pi_{32\text{-}341}$ 分别是过四面体 $P_1P_2P_3P_4$ 顶点 P_{i+3} 的各棱 $P_{i+3}P_i,P_{i+3}P_{i+1},P_{i+3}P_{i+2}(i=1,\,2,3,4)$ 的三射线平面.

(1) 若 P 是平面 $\pi_{41\text{-}423},\pi_{21\text{-}234}$ 交线上任意一点, 则

$$|\boldsymbol{n}_{42\text{-}431}|\,\mathrm{D}_{P\text{-}\pi_{42\text{-}431}}+|\boldsymbol{n}_{43\text{-}412}|\,\mathrm{D}_{P\text{-}\pi_{43\text{-}412}}=0(|\boldsymbol{n}_{42\text{-}431}|\,\mathrm{d}_{P\text{-}\pi_{42\text{-}431}}=|\boldsymbol{n}_{43\text{-}412}|\,\mathrm{d}_{P\text{-}\pi_{43\text{-}412}}),\tag{5.1.17}$$

$$|\boldsymbol{n}_{23\text{-}241}|\,\mathrm{D}_{P\text{-}\pi_{23\text{-}241}}+|\boldsymbol{n}_{24\text{-}213}|\,\mathrm{D}_{P\text{-}\pi_{24\text{-}213}}=0(|\boldsymbol{n}_{23\text{-}241}|\,\mathrm{d}_{P\text{-}\pi_{23\text{-}241}}=|\boldsymbol{n}_{24\text{-}213}|\,\mathrm{d}_{P\text{-}\pi_{24\text{-}213}});\tag{5.1.18}$$

(2) 若 P 是平面 $\pi_{41\text{-}423},\pi_{31\text{-}324}$ 交线上任意一点, 则

$$|\boldsymbol{n}_{42\text{-}431}|\,\mathrm{D}_{P\text{-}\pi_{42\text{-}431}}+|\boldsymbol{n}_{43\text{-}412}|\,\mathrm{D}_{P\text{-}\pi_{43\text{-}412}}=0(|\boldsymbol{n}_{42\text{-}431}|\,\mathrm{d}_{P\text{-}\pi_{42\text{-}431}}=|\boldsymbol{n}_{43\text{-}412}|\,\mathrm{d}_{P\text{-}\pi_{43\text{-}412}}),$$

$$|\boldsymbol{n}_{34\text{-}312}|\,\mathrm{D}_{P\text{-}\pi_{34\text{-}312}}+|\boldsymbol{n}_{32\text{-}341}|\,\mathrm{D}_{P\text{-}\pi_{32\text{-}341}}=0(|\boldsymbol{n}_{34\text{-}312}|\,\mathrm{d}_{P\text{-}\pi_{34\text{-}312}}=|\boldsymbol{n}_{32\text{-}341}|\,\mathrm{d}_{P\text{-}\pi_{32\text{-}341}});$$

(3) 若 P 是平面 $\pi_{21\text{-}234},\pi_{31\text{-}324}$ 交线上任意一点, 则

$$|\boldsymbol{n}_{23\text{-}241}|\,\mathrm{D}_{P\text{-}\pi_{23\text{-}241}}+|\boldsymbol{n}_{24\text{-}213}|\,\mathrm{D}_{P\text{-}\pi_{24\text{-}213}}=0(|\boldsymbol{n}_{23\text{-}241}|\,\mathrm{d}_{P\text{-}\pi_{23\text{-}241}}=|\boldsymbol{n}_{24\text{-}213}|\,\mathrm{d}_{P\text{-}\pi_{24\text{-}213}}),$$

$$|\boldsymbol{n}_{34\text{-}312}|\,\mathrm{D}_{P\text{-}\pi_{34\text{-}312}}+|\boldsymbol{n}_{32\text{-}341}|\,\mathrm{D}_{P\text{-}\pi_{32\text{-}341}}=0(|\boldsymbol{n}_{34\text{-}312}|\,\mathrm{d}_{P\text{-}\pi_{34\text{-}312}}=|\boldsymbol{n}_{32\text{-}341}|\,\mathrm{d}_{P\text{-}\pi_{32\text{-}341}}).$$

对四面体 $P_1P_2P_3P_4$ 其余各面的各组三射线平面 $\pi_{12\text{-}134},\pi_{32\text{-}341},\pi_{42\text{-}431};\pi_{23\text{-}241},\pi_{43\text{-}412},\pi_{13\text{-}142};\pi_{34\text{-}312},\pi_{14\text{-}123},\pi_{24\text{-}213}$ 也可以得出类似的结果.

证明 (1) 因为 P 是平面 $\pi_{41\text{-}423},\pi_{21\text{-}234}$ 交线上任意一点, 则 $\mathrm{D}_{P\text{-}\pi_{41\text{-}423}}=\mathrm{D}_{P\text{-}\pi_{21\text{-}234}}=0$. 代入式 (5.1.7) 和式 (5.1.9), 可得

$$|\boldsymbol{n}_{42\text{-}431}|\,\mathrm{D}_{P\text{-}\pi_{42\text{-}431}}+|\boldsymbol{n}_{43\text{-}412}|\,\mathrm{D}_{P\text{-}\pi_{43\text{-}412}}=0,$$
$$|\boldsymbol{n}_{23\text{-}241}|\,\mathrm{D}_{P\text{-}\pi_{23\text{-}241}}+|\boldsymbol{n}_{24\text{-}213}|\,\mathrm{D}_{P\text{-}\pi_{24\text{-}213}}=0.$$

以上两式移项后, 等式分别取绝对值, 即得

$$|\boldsymbol{n}_{42\text{-}431}|\,\mathrm{d}_{P\text{-}\pi_{42\text{-}431}}=|\boldsymbol{n}_{43\text{-}412}|\,\mathrm{d}_{P\text{-}\pi_{43\text{-}412}},\quad |\boldsymbol{n}_{23\text{-}241}|\,\mathrm{d}_{P\text{-}\pi_{23\text{-}241}}=|\boldsymbol{n}_{24\text{-}213}|\,\mathrm{d}_{P\text{-}\pi_{24\text{-}213}},$$

因此式 (5.1.17) 和 (5.1.18) 均成立.

类似地, 可以证明 (2) 和 (3) 中结论成立.

定理 5.1.10 过四面体 $P_1P_2P_3P_4$ 各顶点 P_{i+3} 的三棱 $P_{i+3}P_i, P_{i+3}P_{i+1}, P_{i+3}P_{i+2}(i=1,2,3,4)$ 的三射线平面 $\pi_{41\text{-}423}, \pi_{42\text{-}431}, \pi_{43\text{-}412}$; $\pi_{12\text{-}134}, \pi_{13\text{-}142}, \pi_{14\text{-}123}$; $\pi_{23\text{-}241}, \pi_{24\text{-}213}$, $\pi_{21\text{-}234}$; $\pi_{34\text{-}312}, \pi_{31\text{-}324}, \pi_{32\text{-}341}$ 均依次相交于过顶点 P_{i+3} 的一条直线 $l_{(i+3)\text{-}i(i+1)(i+2)}(i=1,2,3,4)$.

证明 对过四面体 $P_1P_2P_3P_4$ 各顶点 P_{i+3} 的三棱 $P_{i+3}P_i, P_{i+3}P_{i+1}, P_{i+3}P_{i+2}$ $(i=1,2,3,4)$ 的三射线平面 $\pi_{41\text{-}423}, \pi_{42\text{-}431}, \pi_{43\text{-}412}$; $\pi_{12\text{-}134}, \pi_{13\text{-}142}, \pi_{14\text{-}123}$; $\pi_{23\text{-}241}$, $\pi_{24\text{-}213}$, $\pi_{21\text{-}234}$; $\pi_{34\text{-}312}, \pi_{31\text{-}324}, \pi_{32\text{-}341}$ 分别应用定理 5.1.3 即得.

推论 5.1.10 设 $P_1P_2P_3P_4$ 是四面体, $\pi_{41\text{-}423}, \pi_{42\text{-}431}, \pi_{43\text{-}412}$; $\pi_{12\text{-}134}, \pi_{13\text{-}142}$, $\pi_{14\text{-}123}$; $\pi_{23\text{-}241}, \pi_{24\text{-}213}$, $\pi_{21\text{-}234}$; $\pi_{34\text{-}312}, \pi_{31\text{-}324}, \pi_{32\text{-}341}$ 分别是过四面体 $P_1P_2P_3P_4$ 顶点 P_{i+3} 的各棱 $P_{i+3}P_i, P_{i+3}P_{i+1}, P_{i+3}P_{i+2}(i=1,2,3,4)$ 的三射线平面, 则平面 $\pi_{41\text{-}423}, \pi_{42\text{-}431}, \pi_{43\text{-}412}$(即直线 $l_{4\text{-}123}$) 与

(1) 平面 $\pi_{12\text{-}134}$ 相交于一点 $K_{12\text{-}134}$, 且

$$|\boldsymbol{n}_{13\text{-}142}|\,\mathrm{D}_{K_{12\text{-}134}\text{-}\pi_{13\text{-}142}}+|\boldsymbol{n}_{14\text{-}123}|\,\mathrm{D}_{K_{12\text{-}134}\text{-}\pi_{14\text{-}123}}=0, \tag{5.1.19}$$

$$|\boldsymbol{n}_{13\text{-}142}|\,\mathrm{d}_{K_{12\text{-}134}\text{-}\pi_{13\text{-}142}}=|\boldsymbol{n}_{14\text{-}123}|\,\mathrm{d}_{K_{12\text{-}134}\text{-}\pi_{14\text{-}123}}; \tag{5.1.20}$$

(2) 平面 $\pi_{13\text{-}142}$ 相交于一点 $K_{13\text{-}142}$, 且

$$|\boldsymbol{n}_{12\text{-}134}|\,\mathrm{D}_{K_{13\text{-}142}\text{-}\pi_{12\text{-}134}}+|\boldsymbol{n}_{14\text{-}123}|\,\mathrm{D}_{K_{13\text{-}142}\text{-}\pi_{14\text{-}123}}=0,$$

$$|\boldsymbol{n}_{12\text{-}134}|\,\mathrm{d}_{K_{13\text{-}142}\text{-}\pi_{12\text{-}134}}=|\boldsymbol{n}_{14\text{-}123}|\,\mathrm{d}_{K_{13\text{-}142}\text{-}\pi_{14\text{-}123}};$$

(3) 平面 $\pi_{14\text{-}123}$ 相交于一点 $K_{14\text{-}123}$, 且

$$|\boldsymbol{n}_{12\text{-}134}|\,\mathrm{D}_{K_{14\text{-}123}\text{-}\pi_{12\text{-}134}}+|\boldsymbol{n}_{13\text{-}142}|\,\mathrm{D}_{K_{14\text{-}123}\text{-}\pi_{13\text{-}142}}=0,$$

$$|\boldsymbol{n}_{12\text{-}134}|\,\mathrm{d}_{K_{14\text{-}123}\text{-}\pi_{12\text{-}134}}=|\boldsymbol{n}_{13\text{-}142}|\,\mathrm{d}_{K_{14\text{-}123}\text{-}\pi_{13\text{-}142}};$$

(4) 平面 $\pi_{23\text{-}241}$ 相交于一点 $K_{23\text{-}241}$, 且

$$|\boldsymbol{n}_{24\text{-}213}|\,\mathrm{D}_{K_{23\text{-}241}\text{-}\pi_{24\text{-}213}}+|\boldsymbol{n}_{21\text{-}234}|\,\mathrm{D}_{K_{23\text{-}241}\text{-}\pi_{21\text{-}234}}=0,$$

$$|\boldsymbol{n}_{24\text{-}213}|\,\mathrm{d}_{K_{23\text{-}241}\text{-}\pi_{24\text{-}213}}=|\boldsymbol{n}_{21\text{-}234}|\,\mathrm{d}_{K_{23\text{-}241}\text{-}\pi_{21\text{-}234}};$$

(5) 平面 $\pi_{24\text{-}213}$ 相交于一点 $K_{24\text{-}213}$, 且

$$|\boldsymbol{n}_{23\text{-}241}|\,\mathrm{D}_{K_{24\text{-}213}\text{-}\pi_{23\text{-}241}}+|\boldsymbol{n}_{21\text{-}234}|\,\mathrm{D}_{K_{24\text{-}213}\text{-}\pi_{21\text{-}234}}=0,$$

$$|\boldsymbol{n}_{23\text{-}241}|\,\mathrm{d}_{K_{24\text{-}213}\text{-}\pi_{23\text{-}241}}=|\boldsymbol{n}_{21\text{-}234}|\,\mathrm{d}_{K_{24\text{-}213}\text{-}\pi_{21\text{-}234}};$$

(6) 平面 $\pi_{21\text{-}234}$ 相交于一点 $K_{21\text{-}234}$, 且

$$|\boldsymbol{n}_{23\text{-}241}|\,\mathrm{D}_{K_{21\text{-}234}\text{-}\pi_{23\text{-}241}}+|\boldsymbol{n}_{24\text{-}213}|\,\mathrm{D}_{K_{21\text{-}234}\text{-}\pi_{24\text{-}213}}=0,$$

$$|\boldsymbol{n}_{23\text{-}241}|\,\mathrm{d}_{K_{21\text{-}234}\text{-}\pi_{23\text{-}241}}=|\boldsymbol{n}_{24\text{-}213}|\,\mathrm{d}_{K_{21\text{-}234}\text{-}\pi_{24\text{-}213}};$$

(7) 平面 $\pi_{34\text{-}312}$ 相交于一点 $K_{34\text{-}312}$, 且

$$|\boldsymbol{n}_{31\text{-}324}|\,\mathrm{D}_{K_{34\text{-}312}\text{-}\pi_{31\text{-}324}}+|\boldsymbol{n}_{32\text{-}341}|\,\mathrm{D}_{K_{34\text{-}312}\text{-}\pi_{32\text{-}341}}=0,$$

$$|\boldsymbol{n}_{31\text{-}324}|\,\mathrm{d}_{K_{34\text{-}312}\text{-}\pi_{31\text{-}324}}=|\boldsymbol{n}_{32\text{-}341}|\,\mathrm{d}_{K_{34\text{-}312}\text{-}\pi_{32\text{-}341}};$$

(8) 平面 $\pi_{31\text{-}324}$ 相交于一点 $K_{31\text{-}324}$, 且

$$|\boldsymbol{n}_{34\text{-}312}|\,\mathrm{D}_{K_{31\text{-}324}\text{-}\pi_{34\text{-}312}}+|\boldsymbol{n}_{32\text{-}341}|\,\mathrm{D}_{K_{31\text{-}324}\text{-}\pi_{32\text{-}341}}=0,$$

$$|\boldsymbol{n}_{34\text{-}312}|\,\mathrm{d}_{K_{31\text{-}324}\text{-}\pi_{34\text{-}312}}=|\boldsymbol{n}_{32\text{-}341}|\,\mathrm{d}_{K_{31\text{-}324}\text{-}\pi_{32\text{-}341}};$$

(9) 平面 $\pi_{32\text{-}341}$ 相交于一点 $K_{32\text{-}341}$, 且

$$|\boldsymbol{n}_{34\text{-}312}|\,\mathrm{D}_{K_{32\text{-}341}\text{-}\pi_{34\text{-}312}}+|\boldsymbol{n}_{31\text{-}324}|\,\mathrm{D}_{K_{32\text{-}341}\text{-}\pi_{31\text{-}324}}=0,$$

$$|\boldsymbol{n}_{34\text{-}312}|\,\mathrm{d}_{K_{32\text{-}341}\text{-}\pi_{34\text{-}312}}=|\boldsymbol{n}_{31\text{-}324}|\,\mathrm{d}_{K_{32\text{-}341}\text{-}\pi_{31\text{-}324}}.$$

对四面体 $P_1P_2P_3P_4$ 其余各面的各组三射线平面 $\pi_{12\text{-}134},\pi_{32\text{-}341},\pi_{42\text{-}431};\pi_{23\text{-}241}$, $\pi_{43\text{-}412}$, $\pi_{13\text{-}142};\pi_{34\text{-}312},\pi_{14\text{-}123},\pi_{24\text{-}213}$ 也可以得出类似的结果.

证明 (1) 根据定理 5.1.10, $l_{4\text{-}123}$ 是过 P_4 的一条直线. 而 $\pi_{12\text{-}134}$ 是过 P_1 且与三角形 $P_1P_3P_4$ 所在平面垂直的平面, 因此 $l_{4\text{-}123}$ 与 $\pi_{12\text{-}134}$ 相交于一点 $K_{12\text{-}134}$. 即 $\pi_{41\text{-}423},\pi_{42\text{-}431},\pi_{43\text{-}412}$ 与 $\pi_{12\text{-}134}$ 相交于一点 $K_{12\text{-}134}$, 于是 $\mathrm{D}_{K_{12\text{-}134}\text{-}\pi_{12\text{-}134}}=0$. 代入式 (5.1.8), 即得式 (5.1.19); 而式 (5.1.19) 移项后, 等式两边取绝对值, 即得式 (5.1.20).

类似地, 可以证明 (2)~(9) 中结论成立.

推论 5.1.11 垂心四面体 $P_1P_2P_3P_4$ 的六个不同合的三射线平面, 即 $\pi_{41\text{-}423}$ ($\pi_{14\text{-}123}$), $\pi_{23\text{-}241}(\pi_{32\text{-}341})$, $\pi_{12\text{-}134}(\pi_{21\text{-}234})$, $\pi_{43\text{-}412}(\pi_{34\text{-}312})$, $\pi_{13\text{-}142}(\pi_{31\text{-}324})$, $\pi_{42\text{-}431}$ ($\pi_{24\text{-}213}$) 相交于一点, 即直线 $l_{4\text{-}123},l_{1\text{-}234},l_{2\text{-}341},l_{3\text{-}412}$ 相交于一点.

证明 设直线 $l_{4\text{-}123}$ 与平面 $\pi_{12\text{-}134}$ 相交于一点 G, 即平面 $\pi_{41\text{-}423}$, $\pi_{42\text{-}431}$, $\pi_{43\text{-}412}$ 与 $\pi_{12\text{-}134}$ 相交于一点 G, 于是

$$\mathrm{D}_{G\text{-}\pi_{41\text{-}423}}=\mathrm{D}_{G\text{-}\pi_{14\text{-}123}}=0,\quad \mathrm{D}_{G\text{-}\pi_{42\text{-}431}}=\mathrm{D}_{G\text{-}\pi_{24\text{-}213}}=0,$$

$$\mathrm{D}_{G\text{-}\pi_{43\text{-}412}}=\mathrm{D}_{G\text{-}\pi_{34\text{-}312}}=0,\quad \mathrm{D}_{G\text{-}\pi_{12\text{-}134}}=\mathrm{D}_{G\text{-}\pi_{21\text{-}234}}=0.$$

将 $\mathrm{D}_{G\text{-}\pi_{12\text{-}134}}=\mathrm{D}_{G\text{-}\pi_{14\text{-}123}}=0$ 代入式 (5.1.8), 并注意到 $|\boldsymbol{n}_{13\text{-}142}|\neq 0$, 得 $\mathrm{D}_{G\text{-}\pi_{13\text{-}142}}=0$, 因此 G 在平面 $\pi_{13\text{-}142}(\pi_{31\text{-}324})$ 上; 再将 $\mathrm{D}_{G\text{-}\pi_{24\text{-}231}}=\mathrm{D}_{G\text{-}\pi_{21\text{-}234}}=0$ 代入式 (5.1.9), 并注意到 $|\boldsymbol{n}_{23\text{-}241}|\neq 0$, 得 $\mathrm{D}_{G\text{-}\pi_{23\text{-}241}}=0$, 因此 G 在平面 $\pi_{23\text{-}241}(\pi_{32\text{-}341})$ 上. 从而推论 5.1.11 结论成立.

定理 5.1.11　设 $P_1P_2P_3P_4$ 是四面体, $\pi_{41\text{-}423}, \pi_{42\text{-}431}, \pi_{43\text{-}412}; \pi_{12\text{-}134}, \pi_{13\text{-}142}, \pi_{14\text{-}123}; \pi_{23\text{-}241}, \pi_{24\text{-}213}, \pi_{21\text{-}234}; \pi_{34\text{-}312}, \pi_{31\text{-}324}, \pi_{32\text{-}341}$ 分别是过四面体 $P_1P_2P_3P_4$ 顶点 P_{i+3} 的各棱 $P_{i+3}P_i, P_{i+3}P_{i+1}, P_{i+3}P_{i+2}(i=1,\ 2,3,4)$ 的三射线平面, P 是空间任意一点.

(1) 若 $|\boldsymbol{n}_{41\text{-}423}|=|\boldsymbol{n}_{42\text{-}431}|=|\boldsymbol{n}_{43\text{-}412}|$, 则

$$\mathrm{D}_{P\text{-}\pi_{41\text{-}423}}+\mathrm{D}_{P\text{-}\pi_{42\text{-}431}}+\mathrm{D}_{P\text{-}\pi_{43\text{-}412}}=0; \tag{5.1.21}$$

(2) 若 $|\boldsymbol{n}_{12\text{-}134}|=|\boldsymbol{n}_{13\text{-}142}|=|\boldsymbol{n}_{14\text{-}123}|$, 则

$$\mathrm{D}_{P\text{-}\pi_{12\text{-}134}}+\mathrm{D}_{P\text{-}\pi_{13\text{-}142}}+\mathrm{D}_{P\text{-}\pi_{14\text{-}123}}=0;$$

(3) 若 $|\boldsymbol{n}_{23\text{-}241}|=|\boldsymbol{n}_{24\text{-}213}|=|\boldsymbol{n}_{21\text{-}234}|$, 则

$$\mathrm{D}_{P\text{-}\pi_{23\text{-}241}}+\mathrm{D}_{P\text{-}\pi_{24\text{-}213}}+\mathrm{D}_{P\text{-}\pi_{21\text{-}234}}=0;$$

(4) 若 $|\boldsymbol{n}_{34\text{-}312}|=|\boldsymbol{n}_{31\text{-}324}|=|\boldsymbol{n}_{32\text{-}341}|$, 则

$$\mathrm{D}_{P\text{-}\pi_{34\text{-}312}}+\mathrm{D}_{P\text{-}\pi_{31\text{-}324}}+\mathrm{D}_{P\text{-}\pi_{32\text{-}341}}=0.$$

证明　(1) 根据定理 5.1.5, 将 $|\boldsymbol{n}_{41\text{-}423}|=|\boldsymbol{n}_{42\text{-}431}|=|\boldsymbol{n}_{43\text{-}412}|$ 代入 (5.1.7), 即得式 (5.1.21).

类似地, 可以证明 (2)~(4) 中结论成立.

推论 5.1.12　设 $P_1P_2P_3P_4$ 是四面体, $\pi_{41\text{-}423}, \pi_{42\text{-}431}, \pi_{43\text{-}412}; \pi_{12\text{-}134}, \pi_{13\text{-}142}, \pi_{14\text{-}123}; \pi_{23\text{-}241}, \pi_{24\text{-}213}, \pi_{21\text{-}234}; \pi_{34\text{-}312}, \pi_{31\text{-}324}, \pi_{32\text{-}341}$ 分别是过四面体 $P_1P_2P_3P_4$ 顶点 P_{i+3} 的各棱 $P_{i+3}P_i, P_{i+3}P_{i+1}, P_{i+3}P_{i+2}(i=1,2,3,4)$ 的三射线平面, P 为空间任意一点.

(1) 若 $|\boldsymbol{n}_{41\text{-}423}|=|\boldsymbol{n}_{42\text{-}431}|=|\boldsymbol{n}_{43\text{-}412}|$, 则在以下三个点到平面的距离

$$\mathrm{d}_{P\text{-}\pi_{41\text{-}423}},\quad \mathrm{d}_{P\text{-}\pi_{42\text{-}431}},\quad \mathrm{d}_{P\text{-}\pi_{43\text{-}412}}$$

中, 其中一个较长的距离等于另两个较短的距离的和;

(2) 若 $|\boldsymbol{n}_{12\text{-}134}|=|\boldsymbol{n}_{13\text{-}142}|=|\boldsymbol{n}_{14\text{-}123}|$, 则在以下三个点到平面的距离

$$\mathrm{d}_{P\text{-}\pi_{12\text{-}134}},\quad \mathrm{d}_{P\text{-}\pi_{13\text{-}142}},\quad \mathrm{d}_{P\text{-}\pi_{14\text{-}123}}$$

中, 其中一个较长的距离等于另两个较短的距离的和;

(3) 若 $|\boldsymbol{n}_{23\text{-}241}|=|\boldsymbol{n}_{24\text{-}213}|=|\boldsymbol{n}_{21\text{-}234}|$, 则在以下三个点到平面的距离

$$\mathrm{d}_{P\text{-}\pi_{23\text{-}241}},\quad \mathrm{d}_{P\text{-}\pi_{24\text{-}213}},\quad \mathrm{d}_{P\text{-}\pi_{21\text{-}234}}$$

中, 其中一个较长的距离等于另两个较短的距离的和;

(4) 若 $|\boldsymbol{n}_{34\text{-}312}|=|\boldsymbol{n}_{31\text{-}324}|=|\boldsymbol{n}_{32\text{-}341}|$, 则在以下三个点到平面的距离

$$\mathrm{d}_{P\text{-}\pi_{34\text{-}312}},\quad \mathrm{d}_{P\text{-}\pi_{31\text{-}324}},\quad \mathrm{d}_{P\text{-}\pi_{32\text{-}341}}$$

中, 其中一个较长的距离等于另两个较短的距离的和.

证明 (1) 在式 (5.1.21) 中, 注意到其中一个较长的有向距离与另两个较短的有向距离异号即得.

类似地, 可以证明 (2)~(4) 中结论成立.

定理 5.1.12 设 $P_1P_2P_3P_4$ 是四面体, $\pi_{41\text{-}423},\pi_{42\text{-}431},\pi_{43\text{-}412};\pi_{12\text{-}134},\pi_{13\text{-}142},\pi_{14\text{-}123};\pi_{23\text{-}241},\pi_{24\text{-}213},\pi_{21\text{-}234};\pi_{34\text{-}312},\pi_{31\text{-}324},\pi_{32\text{-}341}$ 分别是过四面体 $P_1P_2P_3P_4$ 顶点 P_{i+3} 的各棱 $P_{i+3}P_i, P_{i+3}P_{i+1}, P_{i+3}P_{i+2}(i=1,2,3,4)$ 的三射线平面.

(1) 若 $|\boldsymbol{n}_{42\text{-}431}|=|\boldsymbol{n}_{43\text{-}412}|$, 则 P 是平面 $\pi_{41\text{-}423}$ 上任意一点的充分必要条件是

$$\mathrm{D}_{P\text{-}\pi_{42\text{-}431}}+\mathrm{D}_{P\text{-}\pi_{43\text{-}412}}=0, \tag{5.1.22}$$

即 $\pi_{41\text{-}423}$ 是 $\pi_{42\text{-}431},\pi_{43\text{-}412}$ 外角的平分面;

(2) 若 $|\boldsymbol{n}_{41\text{-}423}|=|\boldsymbol{n}_{43\text{-}412}|$, 则 P 是平面 $\pi_{42\text{-}431}$ 上任意一点的充分必要条件是

$$\mathrm{D}_{P\text{-}\pi_{41\text{-}423}}+\mathrm{D}_{P\text{-}\pi_{43\text{-}412}}=0,$$

即 $\pi_{42\text{-}431}$ 是 $\pi_{41\text{-}423},\pi_{43\text{-}412}$ 外角的平分面;

(3) 若 $|\boldsymbol{n}_{41\text{-}423}|=|\boldsymbol{n}_{42\text{-}431}|$, 则 P 是平面 $\pi_{43\text{-}412}$ 上任意一点的充分必要条件是

$$\mathrm{D}_{P\text{-}\pi_{41\text{-}423}}+\mathrm{D}_{P\text{-}\pi_{42\text{-}431}}=0,$$

即 $\pi_{43\text{-}412}$ 是 $\pi_{41\text{-}423},\pi_{42\text{-}431}$ 外角的平分面.

对过四面体 $P_1P_2P_3P_4$ 其余顶点 P_{i+3} 的各棱 $P_{i+3}P_i, P_{i+3}P_{i+1}, P_{i+3}P_{i+2}(i=2,3,4)$ 三射线的平面, 也可以得出类似的结果.

证明 (1) 因为 $|\boldsymbol{n}_{42\text{-}431}|=|\boldsymbol{n}_{43\text{-}412}|\neq 0$, 故式 (5.1.7) 可以改写成

$$|\boldsymbol{n}_{41\text{-}423}|\,\mathrm{D}_{P\text{-}\pi_{41\text{-}423}}/|\boldsymbol{n}_{42\text{-}431}|+\mathrm{D}_{P\text{-}\pi_{42\text{-}431}}+\mathrm{D}_{P\text{-}\pi_{43\text{-}412}}=0.$$

于是由上式, 可得

P 是平面 $\pi_{41\text{-}423}$ 任意一点 $\Leftrightarrow \mathrm{D}_{P\text{-}\pi_{41\text{-}423}}=0 \Leftrightarrow$ 式 (5.1.22) 成立, 即 $\pi_{41\text{-}423}$ 是 $\pi_{42\text{-}431}, \pi_{43\text{-}412}$ 外角的平分面.

类似地, 可以证明 (2) 和 (3) 中结论成立.

推论 5.1.13 设 $P_1P_2P_3P_4$ 是四面体, $\pi_{41\text{-}423}, \pi_{42\text{-}431}, \pi_{43\text{-}412}; \pi_{12\text{-}134}, \pi_{13\text{-}142}, \pi_{14\text{-}123}; \pi_{23\text{-}241}, \pi_{24\text{-}213}, \pi_{21\text{-}234}; \pi_{34\text{-}312}, \pi_{31\text{-}324}, \pi_{32\text{-}341}$ 分别是过四面体 $P_1P_2P_3P_4$ 顶点 P_{i+3} 的各棱 $P_{i+3}P_i, P_{i+3}P_{i+1}, P_{i+3}P_{i+2}(i=1,\ 2,3,4; P_{i+4}=P_i)$ 的三射线平面.

(1) 若 $|\boldsymbol{n}_{42\text{-}431}|=|\boldsymbol{n}_{43\text{-}412}|$, P 是平面 $\pi_{41\text{-}423}$ 上任意一点, 则

$$\mathrm{d}_{P\text{-}\pi_{42\text{-}431}}=\mathrm{d}_{P\text{-}\pi_{43\text{-}412}}; \tag{5.1.23}$$

(2) 若 $|\boldsymbol{n}_{41\text{-}423}|=|\boldsymbol{n}_{43\text{-}412}|$, P 是平面 $\pi_{42\text{-}431}$ 上任意一点, 则

$$\mathrm{d}_{P\text{-}\pi_{41\text{-}423}}=\mathrm{d}_{P\text{-}\pi_{43\text{-}412}};$$

(3) 若 $|\boldsymbol{n}_{41\text{-}423}|=|\boldsymbol{n}_{42\text{-}431}|$, P 是平面 $\pi_{43\text{-}412}$ 上任意一点, 则

$$\mathrm{d}_{P\text{-}\pi_{41\text{-}423}}=\mathrm{d}_{P\text{-}\pi_{42\text{-}431}}.$$

对过四面体 $P_1P_2P_3P_4$ 其余顶点 P_{i+3} 的各棱 $P_{i+3}P_i, P_{i+3}P_{i+1}, P_{i+3}P_{i+2}(i=2,3,4)$ 三射线的平面, 也可以得出类似的结果.

证明 (1) 根据定理 5.1.12 的必要性, 式 (5.1.22) 移项后取绝对值, 即得式 (5.1.23).

类似地, 可以证明 (2) 和 (3) 中结论成立.

5.2 $3m$ 射线平面有向距离的定值定理与应用

本节主要应用三角形在坐标面上的投影和有向距离定值法, 研究过一点的 $3m$ 条射线平面的定值问题, 从而将 5.1 节的有关概念和结论推广到 $3m$ 射线平面的情形. 首先, 给出过一点的 $n(n\geqslant 3)$ 射线平面的概念; 其次, 给出过一点的 $3m$ 射线的平面的定值定理; 最后, 利用过一点的 $3m$ 射线平面的定值定理和 “由面及体, 由面及线, 由面及点, 点线面体交融” 的思想方法, 得出 $3m$ 棱锥过顶点的 $3m$ 棱线平面的有关结论.

5.2.1 过一点的 n 射线平面的概念

定义 5.2.1 设 P_0 是空间一点, $P_0P_1, P_0P_2, \cdots, P_0P_n(n\geqslant 3)$ 是过 P_0 的 n 条射线. 若其中射线 P_0P_i 与另两条射线 P_0P_j, P_0P_k 都不垂直, 则称过 P_0P_i 且与 P_0P_j, P_0P_k 所确定的平面垂直的平面为过 P_0 的 n 射线 $P_0P_1, P_0P_2, \cdots, P_0P_n$ 平面, 简称过 P_0 的 n 射线平面.

显然, 过空间一点 P_0 的 n 条射线至多可以确定 $\mathrm{C}_n^1\mathrm{C}_n^2$ 个不重合的 n 射线平面.

过射线 P_0P_i 且以 $\boldsymbol{n}_{0i\text{-}0jk}=\overrightarrow{P_0P_i}\times\boldsymbol{n}_{0jk}$ 为法向量的 n 射线平面, 记为 $\pi_{0i\text{-}0jk}$; 反之, 以 $\boldsymbol{n}_{0i\text{-}0kj}=\overrightarrow{P_0P_i}\times\boldsymbol{n}_{0kj}$ 为法向量的 n 射线平面记为 $\pi_{0i\text{-}0kj}$. 这里, $\boldsymbol{n}_{0jk},\boldsymbol{n}_{0kj}$ 分别是三角形 $P_0P_jP_k,P_0P_kP_j$ 的投影向量.

5.2.2　过一点的 $3m$ 射线平面有向距离的定值定理

定理 5.2.1　设$P_0P_i\,(i=1,2,\cdots,3m)$ 是自P_0引出的$3m$ 条射线, $\pi_{0i\text{-}0(i+m)(i+2m)}$ 是过P_0 的 $3m$ 射线平面, P 是空间任意一点, 则

$$\sum_{i=1}^{3m}\left|\boldsymbol{n}_{0i\text{-}0(i+m)(i+2m)}\right|\mathrm{D}_{P\text{-}\pi_{0i\text{-}0(i+m)(i+2m)}}=0.\tag{5.2.1}$$

证明　以 P_0 为坐标原点, 建立空间直角坐标系. 设射线 $P_0P_i\,(i=1,2,\cdots,3m)$ 上另一点的坐标为 $P_i(x_i,y_i,z_i)(i=1,2,\cdots,3m)$, 于是平面 $\pi_{0i\text{-}0(i+m)(i+2m)}$ 的法向量

$$\begin{aligned}&\boldsymbol{n}_{0i\text{-}0(i+m)(i+2m)}=\overrightarrow{P_0P_i}\times\boldsymbol{n}_{P_0P_{i+m}P_{i+2m}}\\&=\begin{vmatrix}\boldsymbol{i}&\boldsymbol{j}&\boldsymbol{k}\\x_i&y_i&z_i\\\mathrm{Prj}_{yz}\mathrm{D}_{P_0P_{i+m}P_{i+2m}}&\mathrm{Prj}_{zx}\mathrm{D}_{P_0P_{i+m}P_{i+2m}}&\mathrm{Prj}_{xy}\mathrm{D}_{P_0P_{i+m}P_{i+2m}}\end{vmatrix}=(a_i,b_i,c_i),\end{aligned}$$

其中 $a_i=y_i\mathrm{Prj}_{xy}\mathrm{D}_{P_0P_{i+m}P_{i+2m}}-z_i\mathrm{Prj}_{zx}\mathrm{D}_{P_0P_{i+m}P_{i+2m}},b_i=z_i\mathrm{Prj}_{yz}\mathrm{D}_{P_0P_{i+m}P_{i+2m}}-x_i\mathrm{Prj}_{xy}\mathrm{D}_{P_0P_{i+m}P_{i+2m}},c_i=x_i\mathrm{Prj}_{zx}\mathrm{D}_{P_0P_{i+m}P_{i+2m}}-y_i\mathrm{Prj}_{yz}\mathrm{D}_{P_0P_{i+m}P_{i+2m}}$.

平面 $\pi_{0i\text{-}0(i+m)(i+2m)}$ 的方程为

$$a_ix+b_iy+c_iz=0\ (i=1,2,\cdots,3m).$$

设空间任意点的坐标为 $P(x,y,z)$, 则由点到平面的距离公式, 可得

$$\left|\boldsymbol{n}_{0i\text{-}0(i+m)(i+2m)}\right|\mathrm{D}_{P\text{-}\pi_{0i\text{-}0(i+m)(i+2m)}}=a_ix+b_iy+c_iz\ (i=1,2,\cdots,3m).$$

因为

$$\begin{aligned}\sum_{i=1}^{3m}a_i&=\sum_{i=1}^{3m}\left(y_i\mathrm{Prj}_{xy}\mathrm{D}_{P_0P_{i+m}P_{i+2m}}-z_i\mathrm{Prj}_{zx}\mathrm{D}_{P_0P_{i+m}P_{i+2m}}\right)\\&=\sum_{i=1}^{3m}\left[y_i(x_{i+m}y_{i+2m}-x_{i+2m}y_{i+m})-z_i(z_{i+m}x_{i+2m}-z_{i+2m}x_{i+m})\right]\end{aligned}$$

$$=\sum_{i=1}^{3m}\left[(x_{i+m}y_iy_{i+2m}-x_{i+2m}y_iy_{i+m})-(z_iz_{i+m}x_{i+2m}-z_iz_{i+2m}x_{i+m})\right]$$

$$=\sum_{i=1}^{3m}\left[(x_{i+m}y_iy_{i+2m}-x_{i+m}y_{i+2m}y_i)-(z_{i+2m}z_ix_{i+m}-z_iz_{i+2m}x_{i+m})\right]=0.$$

类似地, $\sum\limits_{i=1}^{3m}b_i=0$, $\sum\limits_{i=1}^{3m}c_i=0$. 所以

$$\sum_{i=1}^{3m}\left|\boldsymbol{n}_{0i\text{-}0(i+m)(i+2m)}\right|\mathrm{D}_{P\text{-}\pi_{0i\text{-}0(i+m)(i+2m)}}=x\sum_{i=1}^{3m}a_i+y\sum_{i=1}^{3m}b_i+z\sum_{i=1}^{3m}c_i=0,$$

即式 (5.2.1) 成立.

推论 5.2.1　设$P_0P_i\,(i=1,2,\cdots,3m)$ 是自P_0引出的$3m$条射线, $\pi_{0i\text{-}0(i+m)(i+2m)}$ 是过P_0 的 $3m$ 射线平面, 则 P 是平面 $\pi_{0j\text{-}0(j+m)(j+2m)}$ 任意一点的充分必要条件是

$$\sum_{i=1,i\neq j}^{3m}\left|\boldsymbol{n}_{0i\text{-}0(i+m)(i+2m)}\right|\mathrm{D}_{P\text{-}\pi_{0i\text{-}0(i+m)(i+2m)}}=0(j=1,2,\cdots,3m).\tag{5.2.2}$$

证明　依题设, 由式 (5.2.1), 可得

P 是平面 $\pi_{0j\text{-}0(j+m)(j+2m)}$ 上任意一点 $\Leftrightarrow \mathrm{D}_{P\text{-}\pi_{0j\text{-}0(j+m)(j+2m)}}=0\Leftrightarrow$ 式 (5.2.2) 成立.

推论 5.2.2　设$P_0P_i\,(i=1,2,\cdots,3m)$ 是自P_0引出的$3m$条射线, $\pi_{0i\text{-}0(i+m)(i+2m)}$ 是过P_0 的 $3m$ 射线平面. 若 P 是平面 $\pi_{0j\text{-}0(j+m)(j+2m)}, \pi_{0k\text{-}0(k+m)(k+2m)}$ 交线上任意一点, 则

$$\sum_{i=1,i\neq j,k}^{3m}\left|\boldsymbol{n}_{0i\text{-}0(i+m)(i+2m)}\right|\mathrm{D}_{P\text{-}\pi_{0i\text{-}0(i+m)(i+2m)}}=0(j,k=1,2,\cdots,3m;j<k).\tag{5.2.3}$$

证明　依题设, 由式 (5.2.1), 可得

$$\begin{aligned}&P\text{ 是平面 }\pi_{0j\text{-}0(j+m)(j+2m)}, \pi_{0k\text{-}0(k+m)(k+2m)}\text{ 交线上任意一点}\\&\Rightarrow \mathrm{D}_{P\text{-}\pi_{0j\text{-}0(j+m)(j+2m)}}=\mathrm{D}_{P\text{-}\pi_{0k\text{-}0(k+m)(k+2m)}}=0\Rightarrow\text{式 (5.2.3) 成立.}\end{aligned}$$

定理 5.2.2　设$P_0P_i\,(i=1,2,\cdots,3m)$ 是自P_0 引出的$3m$ 条射线, $\pi_{0i\text{-}0(i+m)(i+2m)}$ 是过P_0 的 $3m$ 射线平面. 若 $\left|\boldsymbol{n}_{01\text{-}0(m+1)(2m+1)}\right|=\left|\boldsymbol{n}_{02\text{-}0(m+2)(2m+2)}\right|=\cdots=\left|\boldsymbol{n}_{0(3m)\text{-}0m(2m)}\right|$, P 是空间任意一点, 则

$$\sum_{i=1}^{3m}\mathrm{D}_{P\text{-}\pi_{0i\text{-}0(i+m)(i+2m)}}=0.\tag{5.2.4}$$

证明　将 $\left|\boldsymbol{n}_{01\text{-}0(m+1)(2m+1)}\right|=\left|\boldsymbol{n}_{02\text{-}0(m+2)(2m+2)}\right|=\cdots=\left|\boldsymbol{n}_{0(3m)\text{-}0m(2m)}\right|\neq 0$, 代入式 (5.2.1) 并化简, 即得式 (5.2.4).

推论 5.2.3　设 $P_0P_i\,(i=1,2,\cdots,6)$ 是自 P_0 引出的六条射线, $\pi_{0i\text{-}0(i+m)(i+2m)}$ 是过 P_0 的六射线平面. 若 $|\boldsymbol{n}_{01\text{-}035}|=|\boldsymbol{n}_{02\text{-}046}|=\cdots=|\boldsymbol{n}_{06\text{-}024}|$, P 是空间任意一点, 则在以下三个点到平面距离

$$\mathrm{d}_{P\text{-}\pi_{0i_1\text{-}0(i_1+m)(i_1+2m)}},\quad \mathrm{d}_{P\text{-}\pi_{0i_2\text{-}0(i_2+m)(i_2+2m)}},\quad \mathrm{d}_{P\text{-}\pi_{0i_3\text{-}0(i_3+m)(i_3+2m)}}$$

中, 其中一个较长的距离等于另两个较短的距离的和的充分必要条件是以下另三个点到平面距离

$$\mathrm{d}_{P\text{-}\pi_{0j_1\text{-}0(j_1+m)(j_1+2m)}},\quad \mathrm{d}_{P\text{-}\pi_{0j_2\text{-}0(j_2+m)(j_2+2m)}},\quad \mathrm{d}_{P\text{-}\pi_{0j_3\text{-}0(j_3+m)(j_3+2m)}}$$

中, 其中一个较长的距离等于另两个较短的距离的和.

证明　在定理 5.2.2 中令 $m=2$, 则由式 (5.2.4) 可得

$$\mathrm{D}_{P\text{-}\pi_{0i_1\text{-}0(i_1+m)(i_1+2m)}}+\mathrm{D}_{P\text{-}\pi_{0i_2\text{-}0(i_2+m)(i_2+2m)}}+\mathrm{D}_{P\text{-}\pi_{0i_3\text{-}0(i_3+m)(i_3+2m)}}=0$$

的充分必要条件是

$$\mathrm{D}_{P\text{-}\pi_{0j_1\text{-}0(j_1+m)(j_1+2m)}}+\mathrm{D}_{P\text{-}\pi_{0j_2\text{-}0(j_2+m)(j_2+2m)}}+\mathrm{D}_{P\text{-}\pi_{0j_3\text{-}0(j_3+m)(j_3+2m)}}=0,$$

因此推论 5.2.3 结论成立.

定理 5.2.3　设$P_0P_i\,(i=1,2,\cdots,3m)$是自$P_0$引出的$3m$条射线, $\pi_{0i\text{-}0(i+m)(i+2m)}$ 是过 P_0 的 $3m$ 射线平面. 若对 $\forall i=1,2,\cdots,3m(i\neq j)$, $\left|\boldsymbol{n}_{0i\text{-}0(i+m)(i+2m)}\right|=a$, 则 P 是平面 $\pi_{0j\text{-}0(j+m)(j+2m)}$ 上任意一点的充分必要条件是

$$\sum_{i=1,i\neq j}^{3m}\mathrm{D}_{P\text{-}\pi_{0i\text{-}0(i+m)(i+2m)}}=0\ (j=1,2,\cdots,3m).\tag{5.2.5}$$

证明　依题设, 式 (5.2.4) 可以改写成

$$\left|\boldsymbol{n}_{0j\text{-}0(j+m)(j+2m)}\right|\mathrm{D}_{P\text{-}\pi_{0j\text{-}0(j+m)(j+2m)}}\Big/a+\sum_{i=1,i\neq j}^{3m}\mathrm{D}_{P\text{-}\pi_{0i\text{-}0(i+m)(i+2m)}}=0,$$

其中 $j=1,2,\cdots,3m$. 于是由上式可得

P 是平面 $\pi_{0j\text{-}0(j+m)(j+2m)}$ 上任意一点 $\Leftrightarrow \mathrm{D}_{P\text{-}\pi_{0j\text{-}0(j+m)(j+2m)}}=0\Leftrightarrow$ 式 (5.2.5) 成立.

推论 5.2.4　设 $P_0P_i\,(i=1,2,\cdots,6)$ 是自 P_0 引出的六条射线, $\pi_{0i\text{-}0(i+2)(i+4)}$ 是过 P_0 的六射线平面. 若对 $\forall i=1,2,\cdots,6(i\neq j)$, $\left|\boldsymbol{n}_{0i\text{-}0(i+2)(i+4)}\right|=a$, P 是平面 $\pi_{0j\text{-}0(j+2)(j+4)}$ 上任意一点, 则在以下三个点到平面距离

$$\mathrm{d}_{P\text{-}\pi_{0i_1\text{-}0(i_1+m)(i_1+2m)}},\quad \mathrm{d}_{P\text{-}\pi_{0i_2\text{-}0(i_2+m)(i_2+2m)}},\quad \mathrm{d}_{P\text{-}\pi_{0i_3\text{-}0(i_3+m)(i_3+2m)}}$$

中, 其中一个较长的距离等于另两个较短的距离的和的充分必要条件是 $\pi_{0j\text{-}0(j+2)(j+4)}$ 是另两个平面$\pi_{0j_1\text{-}0(j_1+2)(j_1+4)}$, $\pi_{0j_2\text{-}0(j_2+2)(j_2+4)}$ 外角平分面.

证明 在定理 5.2.3 中令 $m=2$, 则由式 (5.2.5) 可得

$$\mathrm{D}_{P\text{-}\pi_{0i_1\text{-}0(i_1+m)(i_1+2m)}}+\mathrm{D}_{P\text{-}\pi_{0i_2\text{-}0(i_2+m)(i_2+2m)}}+\mathrm{D}_{P\text{-}\pi_{0i_3\text{-}0(i_3+m)(i_3+2m)}}=0$$

的充分必要条件是

$$\mathrm{D}_{P\text{-}\pi_{0j_1\text{-}0(j_1+m)(j_1+2m)}}+\mathrm{D}_{P\text{-}\pi_{0j_2\text{-}0(j_2+m)(j_2+2m)}}=0,$$

因此推论 5.2.4 结论成立.

定理 5.2.4 设$P_0P_i\,(i=1,2,\cdots,3m)$是自$P_0$ 引出的$3m$ 条射线, $\pi_{0i\text{-}0(i+m)(i+2m)}$ 是过P_0 的 $3m$ 射线平面. 若对 $\forall i=1,2,\cdots,3m(i\neq j,k)$, $\left|\boldsymbol{n}_{0i\text{-}0(i+m)(i+2m)}\right|=a$, P 是平面 $\pi_{0j\text{-}0(j+m)(j+2m)}$, $\pi_{0k\text{-}0(k+m)(k+2m)}$ 交线上任意一点, 则

$$\sum_{i=1,i\neq j,k}^{3m}\mathrm{D}_{P\text{-}\pi_{0i\text{-}0(i+m)(i+2m)}}=0(j,k=1,2,\cdots,3m;j<k). \tag{5.2.6}$$

证明 依题设, 式 (5.2.1) 可以改写成

$$\sum_{i=j,k}\mathrm{D}_{P\text{-}\pi_{0i\text{-}0(i+m)(i+2m)}}\Big/a+\sum_{i=1,i\neq j,k}^{3m}\mathrm{D}_{P\text{-}\pi_{0i\text{-}0(i+m)(i+2m)}}=0,$$

其中 $j,k=1,2,\cdots,3m;j<k$. 于是由上式可得

P 是平面 $\pi_{0j\text{-}0(j+m)(j+2m)}$, $\pi_{0k\text{-}0(k+m)(k+2m)}$ 交线上任意一点

$\Rightarrow \mathrm{D}_{P\text{-}\pi_{0j\text{-}0(j+m)(j+2m)}}=\mathrm{D}_{P\text{-}\pi_{0k\text{-}0(k+m)(k+2m)}}=0\Rightarrow$ 式 (5.2.6) 成立.

推论 5.2.5 设 $P_0P_i\,(i=1,2,\cdots,6)$ 是自 P_0 引出的六条射线, $\pi_{0i\text{-}0(i+2)(i+4)}$ 是过 P_0 的六射线平面. 若对 $\forall i=1,2,\cdots,6(i\neq j,k)$, $\left|\boldsymbol{n}_{0i\text{-}0(i+2)(i+4)}\right|=a$, P 是平面 $\pi_{0j\text{-}0(j+m)(j+2m)}$, $\pi_{0k\text{-}0(k+m)(k+2m)}$ 交线上任意一点, 则此交线在 $\pi_{0i_1\text{-}0(i_1+2)(i_1+4)}$, $\pi_{0i_2\text{-}0(i_2+2)(i_2+4)}$外角平分面上的充分必要条件是此交线亦在另两个平面 $\pi_{0j_1\text{-}0(j_1+2)(j_1+4)}$, $\pi_{0j_2\text{-}0(j_2+2)(j_2+4)}$ 外角平分面, 即 $\pi_{0j\text{-}0(j+m)(j+2m)}$, $\pi_{0k\text{-}0(k+m)(k+2m)}$ 的交线是 $\pi_{0i_1\text{-}0(i_1+2)(i_1+4)}$, $\pi_{0i_2\text{-}0(i_2+2)(i_2+4)}$ 外角平分面和平面 $\pi_{0j_1\text{-}0(j_1+2)(j_1+4)}$, $\pi_{0j_2\text{-}0(j_2+2)(j_2+4)}$ 外角平分面的交线.

证明 在定理 5.2.4 中令 $m=2$, 则由式 (5.2.6) 可得

$$\mathrm{D}_{P\text{-}\pi_{0i_1\text{-}0(i_1+m)(i_1+2m)}}+\mathrm{D}_{P\text{-}\pi_{0i_2\text{-}0(i_2+m)(i_2+2m)}}=0$$

的充分必要条件是

$$\mathrm{D}_{P\text{-}\pi_{0j_1\text{-}0(j_1+m)(j_1+2m)}}+\mathrm{D}_{P\text{-}\pi_{0j_2\text{-}0(j_2+m)(j_2+2m)}}=0,$$

因此推论 5.2.5 结论成立.

注 5.2.1 特别地, 当 $m=1$ 时, 由定理 5.2.1 及其推论和定理 5.2.2 及其推论即得三射线平面有关结论.

5.2.3 过一点的 $3m$ 射线平面有向距离定值定理的应用

定理 5.2.5 设$P_0P_i\ (i=1,2,\cdots,3m)$ 是自P_0 引出的$3m$ 条射线,$\pi_{0i\text{-}0(i+m)(i+2m)}$ 是过P_0 的 $3m$ 射线平面.

(1) 若 $\pi_{0i\text{-}0(i+m)(i+2m)}(i=1,2,\cdots,3m)$ 中有 $3m-1$ 个平面相交于过点 P_0 的一条直线, 则这 $3m$ 个平面相交于过点 P_0 的一条直线;

(2) 若 $\pi_{0i\text{-}0(i+m)(i+2m)}(i=1,2,\cdots,3m)$ 中有 $3m-1$ 个平面仅相交于点 P_0, 则这 $3m$ 个平面仅相交于点 P_0.

证明 (1) 显然, 平面 $\pi_{0i\text{-}0(i+m)(i+2m)}(i=1,2,\cdots,3m)$ 均过点 P_0. 依题意, 不妨设 $3m-1$ 个平面 $\pi_{0i\text{-}0(i+m)(i+2m)}(i=2,\cdots,3m)$ 相交于过点 P_0 的一条直线 l, 且 Q 是直线 l 上任意一点, 则 $\mathrm{D}_{Q\text{-}\pi_{02\text{-}0(m+2)(2m+2)}}=\cdots=\mathrm{D}_{Q\text{-}\pi_{0(3m)\text{-}0m(2m)}}=0$. 代入式 (5.2.1), 并注意到 $\left|\boldsymbol{n}_{01\text{-}0(m+1)(2m+1)}\right|\neq 0$, 得 $\mathrm{D}_{Q\text{-}\pi_{01\text{-}0(m+1)(2m+1)}}=0$, 因此 Q 在平面 $\pi_{01\text{-}0(m+1)(2m+1)}$ 上. 故 $\pi_{0i\text{-}0(i+m)(i+2m)}(i=1,2,\cdots,3m)$ 相交于过点 P_0 的一条直线 l.

(2) 显然, 平面$\pi_{0i\text{-}0(i+m)(i+2m)}(i=1,2,\cdots,3m)$ 均过P_0 点. 因为 $\pi_{0i\text{-}0(i+m)(i+2m)}$ $(i=1,2,\cdots,3m)$ 中有 $3m-1$ 个平面仅相交于点 P_0, 故 $\pi_{0i\text{-}0(i+m)(i+2m)}(i=1,2,\cdots,3m)$ 不可能相交于一线, 从而平面 $\pi_{0i\text{-}0(i+m)(i+2m)}(i=1,2,\cdots,3m)$ 仅相交于点 P_0.

定理 5.2.6 设 $P_0\text{-}P_1P_2\cdots P_{3m}$ 是 $3m$ 棱锥, $\pi_{0i\text{-}0(i+m)(i+2m)}(i=1,2,\cdots,3m)$ 是过顶点 P_0 的 $3m$ 条棱 $P_0P_i(i=1,2,\cdots,3m)$ 射线平面, $\pi_{i(i+1)\text{-}i(i+3m-1)0}$, $\pi_{i0\text{-}i(i+1)(i+3m-1)}$, $\pi_{i(i+3m-1)\text{-}i(i+1)0}$ 是过底面 $P_1P_2\cdots P_{3m}$ 顶点 P_i 的三条棱 P_iP_{i+1}, P_iP_0, $P_iP_{i+3m-1}(i=1,2,\cdots,3m)$ 射线平面, P 是空间任意一点, 则

$$\sum_{i=1}^{3m}\left|\boldsymbol{n}_{0i\text{-}0(i+m)(i+2m)}\right|\mathrm{D}_{P\text{-}\pi_{0i\text{-}0(i+m)(i+2m)}}=0,\tag{5.2.7}$$

其中 $\boldsymbol{n}_{0i\text{-}0(i+m)(i+2m)}=\overrightarrow{P_0P_i}\times\boldsymbol{n}_{0(i+m)(i+2m)}$, 其余类同;

$$\begin{aligned}&\left|\boldsymbol{n}_{i(i+1)\text{-}i(i+3m-1)0}\right|\mathrm{D}_{P\text{-}\pi_{i(i+1)\text{-}i(i+3m-1)0}}+\left|\boldsymbol{n}_{i(i+3m-1)\text{-}i(i+1)0}\right|\mathrm{D}_{P\text{-}\pi_{i(i+3m-1)\text{-}i(i+1)0}}\\&+\left|\boldsymbol{n}_{i0\text{-}i(i+1)(i+3m-1)}\right|\mathrm{D}_{P\text{-}\pi_{i0\text{-}i(i+1)(i+3m-1)}}=0,\end{aligned}\tag{5.2.8}$$

其中 $\boldsymbol{n}_{i(i+1)\text{-}i(i+3m-1)0}=\overrightarrow{P_iP_{i+1}}\times\boldsymbol{n}_{i(i+3m-1)0}$, 其余类同; $i=1,2,\cdots,3m$.

证明　对过 $3m$ 棱锥 P_0-$P_1P_2\cdots P_{3m}$ 顶点 P_0 的 $3m$ 条棱 $P_0P_i(i=1,2,\cdots,3m)$ 射线平面应用定理 5.2.1, 即得式 (5.2.7); 对过底面 $P_1P_2\cdots P_{3m}$ 顶点 P_i 的三条棱 $P_iP_{i+1},P_iP_0,P_iP_{i+3m-1}(i=1,2,\cdots,3m)$ 射线平面分别应用定理 5.1.1, 即得式 (5.2.8).

推论 5.2.6　设 P_0-$P_1P_2\cdots P_{3m}$ 是 $3m$ 棱锥, $\pi_{0i\text{-}0(i+m)(i+2m)}(i=1,2,\cdots,3m)$ 是过顶点 P_0 的 $3m$ 条棱 $P_0P_i(i=1,2,\cdots,3m)$ 射线平面, $\pi_{i(i+1)\text{-}i(i+3m-1)0}$, $\pi_{i0\text{-}i(i+1)(i+3m-1)}$, $\pi_{i(i+3m-1)\text{-}i(i+1)0}$ 是过底面 $P_1P_2\cdots P_{3m}$ 顶点 P_i 的三条棱 P_iP_{i+1}, $P_iP_0,P_iP_{i+3m-1}(i=1,2,\cdots,3m)$ 射线平面, 则

(1) P 是平面 $\pi_{0i\text{-}0(i+m)(i+2m)}(i=1,2,\cdots,3m)$ 上任意一点的充分必要条件是

$$\sum_{j=1,j\neq i}^{3m}\left|\boldsymbol{n}_{0j\text{-}0(j+m)(j+2m)}\right|\mathrm{D}_{P\text{-}\pi_{0j\text{-}0(j+m)(j+2m)}}=0,\tag{5.2.9}$$

其中 $j=1,2,\cdots,3m$;

(2) P 是平面 $\pi_{i(i+1)\text{-}i(i+3m-1)0}$ 上任意一点的充分必要条件是

$$\left|\boldsymbol{n}_{i(i+3m-1)\text{-}i(i+1)0}\right|\mathrm{D}_{P\text{-}\pi_{i(i+3m-1)\text{-}i(i+1)0}}+\left|\boldsymbol{n}_{i0\text{-}i(i+1)(i+3m-1)}\right|\mathrm{D}_{P\text{-}\pi_{i0\text{-}0(i+1)(i+3m-1)}}=0,$$

其中 $i=1,2,\cdots,3m$;

(3) P 是平面 $\pi_{i(i+3m-1)\text{-}i(i+1)0}$ 上任意一点的充分必要条件是

$$\left|\boldsymbol{n}_{i(i+1)\text{-}i(i+3m-1)0}\right|\mathrm{D}_{P\text{-}\pi_{i(i+1)\text{-}i(i+3m-1)0}}+\left|\boldsymbol{n}_{i0\text{-}i(i+1)(i+3m-1)}\right|\mathrm{D}_{P\text{-}\pi_{i0\text{-}0(i+1)(i+3m-1)}}=0,$$

其中 $i=1,2,\cdots,3m$;

(4) P 是平面 $\pi_{i0\text{-}i(i+1)(i+3m-1)}$ 上任意一点的充分必要条件是

$$\left|\boldsymbol{n}_{i(i+1)\text{-}i(i+3m-1)0}\right|\mathrm{D}_{P\text{-}\pi_{i(i+1)\text{-}i(i+3m-1)0}}+\left|\boldsymbol{n}_{i(i+3m-1)\text{-}i(i+1)0}\right|\mathrm{D}_{P\text{-}\pi_{i(i+3m-1)\text{-}i(i+1)0}}=0,$$

其中 $i=1,2,\cdots,3m$.

证明　(1) 由式 (5.2.7), 可得

P 是平面 $\pi_{0i\text{-}0(i+m)(i+2m)}$ 任意一点 $\Leftrightarrow$ $\mathrm{D}_{P\text{-}\pi_{0i\text{-}0(i+m)(i+2m)}}=0$ $\Leftrightarrow$ 式 (5.2.9) 成立.

类似地, 可以证明 (2)~(4) 中结论成立.

推论 5.2.7　设P_0-$P_1P_2\cdots P_{3m}$是$3m$棱锥, $\pi_{i(i+1)\text{-}i(i+3m-1)0}$, $\pi_{i0\text{-}i(i+1)(i+3m-1)}$, $\pi_{i(i+3m-1)\text{-}i(i+1)0}$ 是过底面 $P_1P_2\cdots P_{3m}$ 顶点 P_i 的三条棱 $P_iP_{i+1},P_iP_0,P_iP_{i+3m-1}$ $(i=1,2,\cdots,3m)$ 射线平面.

(1) 若 P 是平面 $\pi_{i(i+1)\text{-}i(i+3m-1)0}$ 上任意一点, 则

$$\left|\boldsymbol{n}_{i(i+3m-1)\text{-}i(i+1)0}\right|\mathrm{d}_{P\text{-}\pi_{i(i+3m-1)\text{-}i(i+1)0}}=\left|\boldsymbol{n}_{i0\text{-}i(i+1)(i+3m-1)}\right|\mathrm{d}_{P\text{-}\pi_{i0\text{-}i(i+1)(i+3m-1)}},\tag{5.2.10}$$

其中 $i=1,2,\cdots,3m$;

(2) 若 P 是平面 $\pi_{i(i+3m-1)\text{-}i(i+1)0}$ 上任意一点, 则

$$\left|\boldsymbol{n}_{i(i+1)\text{-}i(i+3m-1)0}\right| \mathrm{d}_{P\text{-}\pi_{i(i+1)\text{-}i(i+3m-1)0}} = \left|\boldsymbol{n}_{i0\text{-}i(i+1)(i+3m-1)}\right| \mathrm{d}_{P\text{-}\pi_{i0\text{-}0(i+1)(i+3m-1)}},$$

其中 $i=1,2,\cdots,3m$;

(3) 若 P 是平面 $\pi_{i0\text{-}i(i+1)(i+3m-1)}$ 上任意一点, 则

$$\left|\boldsymbol{n}_{i(i+1)\text{-}i(i+3m-1)0}\right| \mathrm{d}_{P\text{-}\pi_{i(i+1)\text{-}i(i+3m-1)0}} = \left|\boldsymbol{n}_{i(i+3m-1)\text{-}i(i+1)0}\right| \mathrm{d}_{P\text{-}\pi_{i(i+3m-1)\text{-}i(i+1)0}},$$

其中 $i=1,2,\cdots,3m$.

证明 (1) 根据推论 5.2.6 (2) 的必要性, 式 (5.2.9) 移项后取绝对值, 即得式 (5.2.10).

类似地, 可以证明 (2) 和 (3) 中结论成立.

定理 5.2.7 设 $P_0\text{-}P_1P_2\cdots P_{3m}$ 是 $3m$ 棱锥, $\pi_{0i\text{-}0(i+m)(i+2m)}(i=1,2,\cdots,3m)$ 是过顶点 P_0 的 $3m$ 条棱 $P_0P_i(i=1,2,\cdots,3m)$ 射线平面, $\pi_{i(i+1)\text{-}i(i+3m-1)0}$, $\pi_{i0\text{-}i(i+1)(i+3m-1)}$, $\pi_{i(i+3m-1)\text{-}i(i+1)0}(i=1,2,\cdots,3m)$ 是过底面 $P_1P_2\cdots P_{3m}$ 顶点 P_i 的三条棱 $P_iP_{i+1}, P_iP_0, P_iP_{i+3m-1}$ 射线平面, 则

(1) 若 $\pi_{0i\text{-}0(i+m)(i+2m)}(i=1,2,\cdots,3m)$ 中有 $3m-1$ 个平面相交于过点 P_0 的一条直线, 则这 $3m$ 个平面相交于过点 P_0 的一条直线; 若 $\pi_{0i\text{-}0(i+m)(i+2m)}(i=1,2,\cdots,3m)$ 中有 $3m-1$ 个平面仅相交于点 P_0, 则这 $3m$ 个平面仅相交于点 P_0;

(2) 平面 $\pi_{i(i+1)\text{-}i(i+3m-1)0}, \pi_{i0\text{-}i(i+1)(i+3m-1)}, \pi_{i(i+3m-1)\text{-}i(i+1)0}$ 均依次相交于过顶点 P_i 的一线 $l_{i\text{-}(i+1)(i+3m-1)0}(i=1,2,\cdots,3m)$.

证明 (1) 对过顶点 P_0 的 $3m$ 条棱 $P_0P_i(i=1,2,\cdots,3m)$ 射线平面 $\pi_{0i\text{-}0(i+m)(i+2m)}(i=1,2,\cdots,3m)$, 应用定理 5.2.3 即得.

(2) 对过底面 $P_1P_2\cdots P_{3m}$ 顶点 P_i 的三条棱 $P_iP_{i+1}, P_iP_0, P_iP_{i+3m-1}$ 的射线平面 $\pi_{i(i+1)\text{-}i(i+3m-1)0}, \pi_{i0\text{-}i(i+1)(i+3m-1)}, \pi_{i(i+3m-1)\text{-}i(i+1)0}(i=1,2,\cdots,3m)$ 分别应用定理 5.2.3 即得.

推论 5.2.8 设$P_0\text{-}P_1P_2\cdots P_{3m}$是$3m$棱锥, $\pi_{i(i+1)\text{-}i(i+3m-1)0}, \pi_{i0\text{-}i(i+1)(i+3m-1)}$, $\pi_{i(i+3m-1)\text{-}i(i+1)0}(i=1,2,\cdots,3m)$ 是过底面 $P_1P_2\cdots P_{3m}$ 顶点 P_i 的三条棱 P_iP_{i+1}, P_iP_0, P_iP_{i+3m-1} 射线平面, 则对任意的 $j=2,3,\cdots,3m$, 平面 $\pi_{12\text{-}1(3m)0}, \pi_{10\text{-}12(3m)}$, $\pi_{1(3m)\text{-}120}$(即直线 $l_{1-2(3m)0}$) 与

(1) 平面 $\pi_{j(j+1)\text{-}j(j+3m-1)0}$ 相交于一点 $K_{j(j+1)\text{-}j(j+3m-1)0}$, 且

$$\begin{aligned}&\left|\boldsymbol{n}_{j(j+3m-1)\text{-}j(j+1)0}\right| \mathrm{D}_{K_{j(j+1)\text{-}j(j+3m-1)0}\text{-}\pi_{j(j+3m-1)\text{-}j(j+1)0}}\\+&\left|\boldsymbol{n}_{j0\text{-}j(j+1)(j+3m-1)}\right| \mathrm{D}_{K_{j(j+1)\text{-}j(j+3m-1)0}\text{-}\pi_{j0\text{-}j(j+1)(j+3m-1)}}=0,\end{aligned} \tag{5.2.11}$$

$$\begin{aligned}&\left|\boldsymbol{n}_{j(j+3m-1)\text{-}j(j+1)0}\right|\mathrm{d}_{K_{j(j+1)\text{-}j(j+3m-1)0}\text{-}\pi_{j(j+3m-1)\text{-}j(j+1)0}}\\=&\left|\boldsymbol{n}_{j0\text{-}j(j+1)(j+3m-1)}\right|\mathrm{d}_{K_{j(j+1)\text{-}j(j+3m-1)0}\text{-}\pi_{j0\text{-}j(j+1)(j+3m-1)}};\end{aligned}\tag{5.2.12}$$

(2) 平面 $\pi_{j(j+3m-1)\text{-}j(j+1)0}$ 相交于一点 $K_{j(j+3m-1)\text{-}j(j+1)0}$，且

$$\begin{aligned}&\left|\boldsymbol{n}_{j(j+1)\text{-}j(j+3m-1)0}\right|\mathrm{D}_{K_{j(j+3m-1)\text{-}j(j+1)0}\text{-}\pi_{j(j+1)\text{-}j(j+3m-1)0}}\\&+\left|\boldsymbol{n}_{j0\text{-}j(j+1)(j+3m-1)}\right|\mathrm{D}_{K_{j(j+3m-1)\text{-}j(j+1)0}\text{-}\pi_{j0\text{-}j(j+1)(j+3m-1)}}=0,\end{aligned}$$

$$\begin{aligned}&\left|\boldsymbol{n}_{j(j+1)\text{-}j(j+3m-1)0}\right|\mathrm{d}_{K_{j(j+3m-1)\text{-}j(j+1)0}\text{-}\pi_{j(j+1)\text{-}j(j+3m-1)0}}\\=&\left|\boldsymbol{n}_{j0\text{-}j(j+1)(j+3m-1)}\right|\mathrm{d}_{K_{j(j+3m-1)\text{-}j(j+1)0}\text{-}\pi_{j0\text{-}j(j+1)(j+3m-1)}};\end{aligned}$$

(3) 平面 $\pi_{j0\text{-}j(j+1)(j+3m-1)}$ 相交于一点 $K_{j0\text{-}j(j+1)(j+3m-1)}$，且

$$\begin{aligned}&\left|\boldsymbol{n}_{j(j+1)\text{-}j(j+3m-1)0}\right|\mathrm{D}_{K_{j0\text{-}j(j+1)(j+3m-1)}\text{-}\pi_{j(j+1)\text{-}j(j+3m-1)0}}\\&+\left|\boldsymbol{n}_{j(j+3m-1)\text{-}j(j+1)0}\right|\mathrm{D}_{K_{j0\text{-}j(j+1)(j+3m-1)}\text{-}\pi_{j(j+3m-1)\text{-}j(j+1)0}}=0,\end{aligned}$$

$$\begin{aligned}&\left|\boldsymbol{n}_{j(j+1)\text{-}j(j+3m-1)0}\right|\mathrm{d}_{K_{j0\text{-}j(j+1)(j+3m-1)}\text{-}\pi_{j(j+1)\text{-}j(j+3m-1)0}}\\=&\left|\boldsymbol{n}_{j(j+3m-1)\text{-}j(j+1)0}\right|\mathrm{d}_{K_{j0\text{-}j(j+1)(j+3m-1)}\text{-}\pi_{j(j+3m-1)\text{-}j(j+1)0}}.\end{aligned}$$

对 $3m$ 棱锥 $P_0\text{-}P_1P_2\cdots P_{3m}$ 其余过底面 $P_1P_2\cdots P_{3m}$ 顶点 P_i 的三条棱 P_iP_{i+1}, P_iP_0, P_iP_{i+3m-1} 的射线平面 $\pi_{i(i+1)\text{-}i(i+3m-1)0}, \pi_{i0\text{-}i(i+1)(i+3m-1)}, \pi_{i(i+3m-1)\text{-}i(i+1)0}$ $(i=2,\cdots,3m)$ 也可以得出类似的结果.

证明　(1) 根据定理 5.2.5(2), $l_{1\text{-}2(3m)0}$ 是过P_1的一条直线. 而 $\pi_{j(j+1)\text{-}j(j+3m-1)0}$ 是过 P_j 且与三角形 $P_jP_{j+3m-1}P_0(j=2,3,\cdots,3m)$ 所在平面垂直的平面, 因此 $l_{1\text{-}2(3m)0}$ 与 $\pi_{j(j+1)\text{-}j(j+3m-1)0}$ 相交于一点 $K_{j(j+1)\text{-}j(j+3m-1)0}(j=2,3,\cdots,3m)$. 即 $\pi_{12\text{-}1(3m)0}, \pi_{10\text{-}12(3m)}, \pi_{1(3m)\text{-}120}$ 与 $\pi_{j(j+1)\text{-}j(j+3m-1)0}$ 相交于一点 $K_{j(j+1)\text{-}j(j+3m-1)0}$, 于是 $\mathrm{D}_{K_{j(j+1)\text{-}j(j+3m-1)0}}=0(j=2,3,\cdots,3m)$. 代入式 (5.2.10), 即得式 (5.2.11); 而式 (5.2.11) 移项后, 等式两边取绝对值, 即得式 (5.2.12).

类似地, 可以证明 (2) 和 (3) 中结论成立.

定理 5.2.8　设 $P_0\text{-}P_1P_2\cdots P_{3m}$ 是 $3m$ 棱锥, $\pi_{0i\text{-}0(i+m)(i+2m)}(i=1,2,\cdots,3m)$ 是过顶点 P_0 的 $3m$ 条棱 $P_0P_i(i=1,2,\cdots,3m)$ 射线平面, $\pi_{i(i+1)\text{-}i(i+3m-1)0}$, $\pi_{i0\text{-}i(i+1)(i+3m-1)}, \pi_{i(i+3m-1)\text{-}i(i+1)0}$ 是过底面 $P_1P_2\cdots P_{3m}$ 顶点 P_i 的三条棱 P_iP_{i+1}, $P_iP_0, P_iP_{i+3m-1}(i=1,2,\cdots,3m)$ 射线平面.

(1) 若 $\left|\boldsymbol{n}_{01\text{-}0(m+1)(2m+1)}\right|=\left|\boldsymbol{n}_{02\text{-}0(m+2)(2m+2)}\right|=\cdots=\left|\boldsymbol{n}_{0(3m)\text{-}0(m)(2m)}\right|$, P 是空间任意一点, 则

$$\sum_{i=1}^{3m}\mathrm{D}_{P\text{-}\pi_{0i\text{-}0(i+m)(i+2m)}}=0;\tag{5.2.13}$$

(2) 若 $\left|\boldsymbol{n}_{i(i+1)\text{-}i(i+3m-1)0}\right|=\left|\boldsymbol{n}_{i(i+3m-1)\text{-}i(i+1)0}\right|=\left|\boldsymbol{n}_{i0\text{-}i(i+1)(i+3m-1)}\right|$, P 是空间任意一点, 则

$$\mathrm{D}_{P\text{-}\pi_{i(i+1)\text{-}i(i+3m-1)0}}+\mathrm{D}_{P\text{-}\pi_{i(i+3m-1)\text{-}i(i+1)0}}+\mathrm{D}_{P\text{-}\pi_{i0\text{-}i(i+1)(i+3m-1)}}=0,$$

其中 $i=1,2,\cdots,3m$.

证明 (1) 将 $\left|\boldsymbol{n}_{01\text{-}0(m+1)(2m+1)}\right|=\left|\boldsymbol{n}_{02\text{-}0(m+2)(2m+2)}\right|=\cdots=\left|\boldsymbol{n}_{0(3m)\text{-}0(m)(2m)}\right|$ 代入式 (5.2.7) 并化简, 即得式 (5.2.13).

类似地, 可以证明 (2) 中结论成立.

定理 5.2.9 设 $P_0\text{-}P_1P_2\cdots P_{3m}$ 是 $3m$ 棱锥, $\pi_{0i\text{-}0(i+m)(i+2m)}(i=1,2,\cdots,3m)$ 是过顶点 P_0 的 $3m$ 条棱 $P_0P_i(i=1,2,\cdots,3m)$ 射线平面, $\pi_{i(i+1)\text{-}i(i+3m-1)0}$, $\pi_{i0\text{-}i(i+1)(i+3m-1)}$, $\pi_{i(i+3m-1)\text{-}i(i+1)0}$ 是过底面 $P_1P_2\cdots P_{3m}$ 顶点 P_i 的三条棱 P_iP_{i+1}, P_iP_0, $P_iP_{i+3m-1}(i=1,2,\cdots,3m)$ 射线平面.

(1) 若对任意的 $i=1,2,\cdots,3m(i\neq j)$, 有 $\left|\boldsymbol{n}_{0i\text{-}0(i+m)(i+2m)}\right|=a$, 则 P 是平面 $\pi_{0j\text{-}0(j+m)(j+2m)}$ 上任意一点的充分必要条件是

$$\sum_{j=1,j\neq i}^{3m}\mathrm{D}_{P\text{-}\pi_{0i\text{-}0(i+m)(i+2m)}}=0(j=1,2,\cdots,3m);\tag{5.2.14}$$

(2) 若 $\left|\boldsymbol{n}_{i(i+3m-1)\text{-}i(i+1)0}\right|=\left|\boldsymbol{n}_{i0\text{-}i(i+1)(i+3m-1)}\right|$, 则 P 是平面 $\pi_{i(i+1)\text{-}i(i+3m-1)0}$ 上任意一点的充分必要条件是

$$\mathrm{D}_{P\text{-}\pi_{i(i+3m-1)\text{-}i(i+1)0}}+\mathrm{D}_{P\text{-}\pi_{i0\text{-}0(i+1)(i+3m-1)}}=0(i=1,2,\cdots,3m);\tag{5.2.15}$$

(3) 若 $\left|\boldsymbol{n}_{i(i+1)\text{-}i(i+3m-1)0}\right|=\left|\boldsymbol{n}_{i0\text{-}i(i+1)(i+3m-1)}\right|$, 则 P 是平面 $\pi_{i(i+3m-1)\text{-}i(i+1)0}$ 上任意一点的充分必要条件是

$$\mathrm{D}_{P\text{-}\pi_{i(i+1)\text{-}i(i+3m-1)0}}+\mathrm{D}_{P\text{-}\pi_{i0\text{-}i(i+1)(i+3m-1)}}=0(i=1,2,\cdots,3m);$$

(4) 若 $\left|\boldsymbol{n}_{i(i+1)\text{-}i(i+3m-1)0}\right|=\left|\boldsymbol{n}_{i(i+3m-1)\text{-}i(i+1)0}\right|$, 则 P 是平面 $\pi_{i0\text{-}i(i+1)(i+3m-1)}$ 上任意一点的充分必要条件是

$$\mathrm{D}_{P\text{-}\pi_{i(i+1)\text{-}i(i+3m-1)0}}+\mathrm{D}_{P\text{-}\pi_{i(i+3m-1)\text{-}i(i+1)0}}=0(i=1,2,\cdots,3m).$$

证明 根据式 (5.2.7), 仿定理 5.2.3 证明即得式 (5.2.14); 根据式 (5.2.8), 仿定理 5.1.12 证明即得式 (5.2.15).

类似地, 可以证明 (3) 和 (4) 中结论成立.

推论 5.2.9 设$P_0\text{-}P_1P_2\cdots P_{3m}$是$3m$棱锥, $\pi_{i(i+1)\text{-}i(i+3m-1)0}$, $\pi_{i0\text{-}i(i+1)(i+3m-1)}$, $\pi_{i(i+3m-1)\text{-}i(i+1)0}$ 是过底面 $P_1P_2\cdots P_{3m}$ 顶点 P_i 的三条棱 $P_iP_{i+1}, P_iP_0, P_iP_{i+3m-1}$ $(i=1,2,\cdots,3m)$ 射线平面.

(1) 若 $\left|\boldsymbol{n}_{i(i+3m-1)\text{-}i(i+1)0}\right| = \left|\boldsymbol{n}_{i0\text{-}i(i+1)(i+3m-1)}\right|$, P 是平面 $\pi_{i(i+1)\text{-}i(i+3m-1)0}$ 上任意一点, 则

$$\mathrm{d}_{P\text{-}\pi_{i(i+3m-1)\text{-}i(i+1)0}} = \mathrm{d}_{P\text{-}\pi_{i0\text{-}0(i+1)(i+3m-1)}}(i=1,2,\cdots,3m); \tag{5.2.16}$$

(2) 若 $\left|\boldsymbol{n}_{i(i+1)\text{-}i(i+3m-1)0}\right| = \left|\boldsymbol{n}_{i0\text{-}i(i+1)(i+3m-1)}\right|$, P 是平面 $\pi_{i(i+3m-1)\text{-}i(i+1)0}$ 上任意一点, 则

$$\mathrm{d}_{P\text{-}\pi_{i(i+1)\text{-}i(i+3m-1)0}} = \mathrm{d}_{P\text{-}\pi_{i0\text{-}i(i+1)(i+3m-1)}}(i=1,2,\cdots,3m);$$

(3) 若 $\left|\boldsymbol{n}_{i(i+1)\text{-}i(i+3m-1)0}\right| = \left|\boldsymbol{n}_{i(i+3m-1)\text{-}i(i+1)0}\right|$, P 是平面 $\pi_{i0\text{-}i(i+1)(i+3m-1)}$ 上任意一点, 则

$$\mathrm{d}_{P\text{-}\pi_{i(i+1)\text{-}i(i+3m-1)0}} = \mathrm{d}_{P\text{-}\pi_{i(i+3m-1)\text{-}i(i+1)0}}(i=1,2,\cdots,3m).$$

证明 (1) 根据定理 5.2.9 (2) 的必要性, 式 (5.2.15) 移项后取绝对值, 即得式 (5.2.16).

类似地, 可以证明 (2) 和 (3) 中结论成立.

5.3 四射线点类平面有向距离的定值定理与应用

本节主要应用三角形在坐标面上的投影和有向距离定值法, 研究过一点的四射线点类平面的定值问题. 首先, 给出过一点的四射线点类平面的概念; 其次, 给出过一点的四射线点类平面的定值定理; 最后, 利用过一点的四射线点类平面的定值定理和 “由面及体, 由面及线, 由面及点, 点线面体交融” 的思想方法, 得出四棱锥过顶点的四棱线点类平面和过底面各个顶点的三棱线平面的一些结论.

5.3.1 过一点的 $n(n \geqslant 4)$ 射线点类平面的概念

定义 5.3.1 设 P_0 是空间一点, $P_0P_1, P_0P_2, \cdots, P_0P_n(n \geqslant 4)$ 是过 P_0 的 n 条射线. 若三点 P_j, P_k, P_l 不共线, 则称过 P_0P_i 且与 P_j, P_k, P_l 所确定的平面垂直的平面为过点 P_0 的 n 射线 $P_0P_1, P_0P_2, \cdots, P_0P_n(n \geqslant 4)$ 点类平面, 简称 n 射线点类平面.

显然, 过空间一点 P_0 的 n 条射线至多可以确定 $\mathrm{C}_n^1\mathrm{C}_{n-1}^3$ 个不重合的 n 射线点类平面.

过射线 P_0P_i 且以 $\boldsymbol{n}_{0i\text{-}jkl} = \overrightarrow{P_0P_i} \times \boldsymbol{n}_{jkl}$ 为法向量的 n 射线点类平面, 记为 $\pi_{0i\text{-}jkl}$; 反之, 以 $\boldsymbol{n}_{0i\text{-}jlk} = \overrightarrow{P_0P_i} \times \boldsymbol{n}_{jlk}$ 为法向量的 n 射线点类平面, 记为 $\pi_{0i\text{-}jlk}$.

5.3.2 过一点的四射线点类平面的定值定理

定理 5.3.1 设 P_0P_1, P_0P_2, P_0P_3, P_0P_4 是自 P_0 引出的四条射线, $\pi_{01\text{-}234}$, $\pi_{02\text{-}341}, \pi_{03\text{-}412}, \pi_{04\text{-}123}$ 是过 P_0 的四射线点类平面, P 是空间任意一点, 则

$$\sum_{i=1}^{4}(-1)^{i-1}\left|\boldsymbol{n}_{0(i+3)\text{-}i(i+1)(i+2)}\right|\mathrm{D}_{P\text{-}\pi_{0(i+3)\text{-}i(i+1)(i+2)}}=0. \tag{5.3.1}$$

证明 以P_0为坐标原点,建立空间直角坐标系.设射线$P_0P_1, P_0P_2, P_0P_3, P_0P_4$上另一点的坐标为 $P_i(x_i, y_i, z_i)(i=1,2,3,4)$, 于是平面 $\pi_{0(i+3)\text{-}i(i+1)(i+2)}$ 的法向量

$$\boldsymbol{n}_{0(i+3)\text{-}i(i+1)(i+2)}=\overrightarrow{P_0P_{i+3}}\times\boldsymbol{n}_{P_iP_{i+1}P_{i+2}}$$
$$=\begin{vmatrix}\boldsymbol{i} & \boldsymbol{j} & \boldsymbol{k}\\ x_{i+3} & y_{i+3} & z_{i+3}\\ \mathrm{Prj}_{yz}\mathrm{D}_{P_iP_{i+1}P_{i+2}} & \mathrm{Prj}_{zx}\mathrm{D}_{P_iP_{i+1}P_{i+2}} & \mathrm{Prj}_{xy}\mathrm{D}_{P_iP_{i+1}P_{i+2}}\end{vmatrix}=(a_i,b_i,c_i),$$

其中 $a_i=y_{i+3}\mathrm{Prj}_{xy}\mathrm{D}_{P_iP_{i+1}P_{i+2}}-z_{i+3}\mathrm{Prj}_{zx}\mathrm{D}_{P_iP_{i+1}P_{i+2}}$, $b_i=z_{i+3}\mathrm{Prj}_{yz}\mathrm{D}_{P_iP_{i+1}P_{i+2}}-x_{i+3}\mathrm{Prj}_{xy}\mathrm{D}_{P_iP_{i+1}P_{i+2}}$, $c_i=x_{i+3}\mathrm{Prj}_{zx}\mathrm{D}_{P_iP_{i+1}P_{i+2}}-y_{i+3}\mathrm{Prj}_{yz}\mathrm{D}_{P_iP_{i+1}P_{i+2}}$.

平面 $\pi_{0(i+3)\text{-}i(i+1)(i+2)}$ 的方程为

$$a_ix+b_iy+c_iz=0(i=1,2,3,4),$$

设空间任意点的坐标为 $P(x,y,z)$, 则由点到平面的距离公式, 可得

$$\left|\boldsymbol{n}_{0(i+3)\text{-}i(i+1)(i+2)}\right|\mathrm{D}_{P\text{-}\pi_{0(i+3)\text{-}i(i+1)(i+2)}}=a_ix+b_iy+c_iz\ (i=1,2,3,4).$$

因为

$$\begin{aligned}
&\sum_{i=1}^{4}(-1)^{i-1}a_i=\sum_{i=1}^{4}(-1)^{i-1}\left(y_{i+3}\mathrm{Prj}_{xy}\mathrm{D}_{P_iP_{i+1}P_{i+2}}-z_{i+3}\mathrm{Prj}_{zx}\mathrm{D}_{P_iP_{i+1}P_{i+2}}\right)\\
=&\sum_{i=1}^{4}(-1)^{i-1}\left\{y_{i+3}\left[(x_{i+1}y_{i+2}-x_{i+2}y_{i+1})+(x_{i+2}y_i-x_iy_{i+2})+(x_iy_{i+1}-x_{i+1}y_i)\right]\right.\\
&\left.-z_{i+3}\left[(z_{i+1}x_{i+2}-z_{i+2}x_{i+1})+(z_{i+2}x_i-z_ix_{i+2})+(z_ix_{i+1}-z_{i+1}x_i)\right]\right\}\\
=&\sum_{i=1}^{4}(-1)^{i-1}\Big\{\big[(x_{i+1}y_{i+2}y_{i+3}-x_{i+2}y_{i+1}y_{i+3})\\
&+(x_{i+2}y_iy_{i+3}-x_iy_{i+2}y_{i+3})+(x_iy_{i+1}y_{i+3}-x_{i+1}y_iy_{i+3})\big]\\
&-\big[(z_{i+1}z_{i+3}x_{i+2}-z_{i+2}z_{i+3}x_{i+1})+(z_{i+2}z_{i+3}x_i-z_iz_{i+3}x_{i+2})\\
&+(z_iz_{i+3}x_{i+1}-z_{i+1}z_{i+3}x_i)\big]\Big\}\\
=&\sum_{i=1}^{4}(-1)^{i-1}\Big\{\big[(-x_iy_{i+1}y_{i+2}-x_iy_{i+3}y_{i+1})\\
&+(x_iy_{i+2}y_{i+1}-x_iy_{i+2}y_{i+3})+(x_iy_{i+1}y_{i+3}+x_iy_{i+3}y_{i+2})\big]\\
&-\big[(-z_iz_{i+2}x_{i+1}-z_iz_{i+1}x_{i+3})+(z_iz_{i+1}x_{i+2}+z_{i+1}z_ix_{i+3})
\end{aligned}$$

$$+(-z_{i+1}z_ix_{i+2}+z_{i+2}z_ix_{i+1})]\}$$

$$=0.$$

类似地, $\sum_{i=1}^{4}(-1)^{i-1}b_i=0,\quad \sum_{i=1}^{4}(-1)^{i-1}c_i=0$. 所以

$$\sum_{i=1}^{4}\left|\boldsymbol{n}_{0(i+3)\text{-}i(i+1)(i+2)}\right|\mathrm{D}_{P\text{-}\pi_{0(i+3)\text{-}i(i+1)(i+2)}}$$

$$=x\sum_{i=1}^{4}(-1)^{i-1}a_i+y\sum_{i=1}^{4}(-1)^{i-1}b_i+z\sum_{i=1}^{4}(-1)^{i-1}c_i=0,$$

因此, 式 (5.3.1) 成立.

推论 5.3.1 设 P_0P_1, P_0P_2, P_0P_3, P_0P_4 是自 P_0 引出的四条射线, $\pi_{01\text{-}234}$, $\pi_{02\text{-}341}, \pi_{03\text{-}412}, \pi_{04\text{-}123}$ 是过 P_0 的四射线点类平面, 则 P 是平面 $\pi_{0(j+3)\text{-}j(j+1)(j+2)}$ 上任意一点的充分必要条件是

$$\sum_{i=1,i\neq j}^{4}(-1)^{i-1}\left|\boldsymbol{n}_{0(i+3)\text{-}i(i+1)(i+2)}\right|\mathrm{D}_{P\text{-}\pi_{0(i+3)\text{-}i(i+1)(i+2)}}=0(j=1,2,3,4). \tag{5.3.2}$$

证明 依题设, 由式 (5.3.1), 可得

$$P \text{ 是平面 } \pi_{0(j+3)\text{-}j(j+1)(j+2)} \text{ 上任意一点} \Leftrightarrow \mathrm{D}_{P\text{-}\pi_{0(j+3)\text{-}j(j+1)(j+2)}}=0$$
$$\Leftrightarrow \text{式 (5.3.2) 成立.}$$

推论 5.3.2 设 P_0P_1, P_0P_2, P_0P_3, P_0P_4 是自 P_0 引出的四条射线, $\pi_{01\text{-}234}$, $\pi_{02\text{-}341}, \pi_{03\text{-}412}, \pi_{04\text{-}123}$ 是过 P_0 的四射线点类平面. 若 P 是平面 $\pi_{0(j+3)\text{-}j(j+1)(j+2)}$, $\pi_{0(k+3)\text{-}k(k+1)(k+2)}$ 交线上任意一点, 则

$$\sum_{i=1,i\neq j,k}^{4}(-1)^{i-1}\left|\boldsymbol{n}_{0(i+3)\text{-}i(i+1)(i+2)}\right|\mathrm{D}_{P\text{-}\pi_{0(i+3)\text{-}i(i+1)(i+2)}}=0, \tag{5.3.3}$$

其中 $j,k=1,2,3,4; j<k$;

$$\left|\boldsymbol{n}_{0(i+3)\text{-}i(i+1)(i+2)}\right|\mathrm{d}_{P\text{-}\pi_{0(i+3)\text{-}i(i+1)(i+2)}}=\left|\boldsymbol{n}_{0(l+3)\text{-}l(l+1)(l+2)}\right|\mathrm{d}_{P\text{-}\pi_{0(l+3)\text{-}l(l+1)(l+2)}}, \tag{5.3.4}$$

其中 $i,j,k,l=1,2,3,4; j<k, i<l; i,l\neq j,k$.

证明 依题设, 由式 (5.3.1), 可得

$$P \text{ 是平面 } \pi_{0(j+3)\text{-}j(j+1)(j+2)}, \pi_{0(k+3)\text{-}k(k+1)(k+2)} \text{ 上任意一点}$$
$$\Rightarrow \mathrm{D}_{P\text{-}\pi_{0(j+3)\text{-}j(j+1)(j+2)}}=\mathrm{D}_{P\text{-}\pi_{0(k+3)\text{-}k(k+1)(k+2)}}=0 \Rightarrow \text{式 (5.3.3) 成立.}$$

又由式 (5.3.3), 可得

$$(-1)^{i-1}\left|\boldsymbol{n}_{0(i+3)\text{-}i(i+1)(i+2)}\right|\mathrm{D}_{P\text{-}\pi_{0(i+3)\text{-}i(i+1)(i+2)}}$$

$$+(-1)^{l-1}\left|\boldsymbol{n}_{0(l+3)\text{-}l(l+1)(l+2)}\right|\mathrm{D}_{P\text{-}\pi_{0(l+3)\text{-}l(l+1)(l+2)}}=0,$$

其中 $i,j,k,l=1,2,3,4;j<k,i<l;i,l\neq j,k$. 上式移项后, 等式两边取绝对值, 即得式 (5.3.4).

定理 5.3.2 设 P_0P_1, P_0P_2, P_0P_3, P_0P_4 是自 P_0 引出的四条射线, $\pi_{01\text{-}234}$, $\pi_{02\text{-}341}$, $\pi_{03\text{-}412}$, $\pi_{04\text{-}123}$ 是过 P_0 的四射线点类平面. 若 $|\boldsymbol{n}_{04\text{-}123}|=|\boldsymbol{n}_{01\text{-}234}|=|\boldsymbol{n}_{02\text{-}341}|=|\boldsymbol{n}_{03\text{-}412}|$, P 是空间任意一点, 则

$$\sum_{i=1}^{4}(-1)^{i-1}\mathrm{D}_{P\text{-}\pi_{0(i+3)\text{-}i(i+1)(i+2)}}=0.\tag{5.3.5}$$

证明 将 $|\boldsymbol{n}_{04\text{-}123}|=|\boldsymbol{n}_{01\text{-}234}|=|\boldsymbol{n}_{02\text{-}341}|=|\boldsymbol{n}_{03\text{-}412}|\neq 0$, 代入式 (5.3.1) 并化简, 即得式 (5.3.5).

推论 5.3.3 设 P_0P_1, P_0P_2, P_0P_3, P_0P_4 是自 P_0 引出的四条射线, $\pi_{01\text{-}234}$, $\pi_{02\text{-}341}$, $\pi_{03\text{-}412}$, $\pi_{04\text{-}123}$ 是过 P_0 的四射线点类平面. 若 $|\boldsymbol{n}_{04\text{-}123}|=|\boldsymbol{n}_{01\text{-}234}|=|\boldsymbol{n}_{02\text{-}341}|=|\boldsymbol{n}_{03\text{-}412}|$, 则

(1) P 是 $\pi_{0(i+3)\text{-}i(i+1)(i+2)}$, $\pi_{0i\text{-}(i+1)(i+2)(i+3)}$ 角平分线上任意一点的充分必要条件是 P 也是 $\pi_{0(i+1)\text{-}(i+2)(i+3)i}$, $\pi_{0(i+2)\text{-}(i+3)i(i+1)}$ 角平分线上任意一点;

(2) P 是 $\pi_{0(i+3)\text{-}i(i+1)(i+2)}$, $\pi_{0(i+1)\text{-}(i+2)(i+3)i}$ 外角平分线上任意一点的充分必要条件是 P 也是 $\pi_{0i\text{-}(i+1)(i+2)(i+3)}$, $\pi_{0(i+2)\text{-}(i+3)i(i+1)}$ 外角平分线上任意一点.

证明 由式 (5.3.5) 可得

$$\begin{aligned}&\mathrm{D}_{P\text{-}\pi_{0(i+3)\text{-}i(i+1)(i+2)}}-\mathrm{D}_{P\text{-}\pi_{0i\text{-}(i+1)(i+2)(i+3)}}=0\\ \Leftrightarrow\ &\mathrm{D}_{P\text{-}\pi_{0(i+1)\text{-}(i+2)(i+3)i}}-\mathrm{D}_{P\text{-}\pi_{0(i+2)\text{-}(i+3)i(i+1)}}=0,\\ &\mathrm{D}_{P\text{-}\pi_{0(i+3)\text{-}i(i+1)(i+2)}}+\mathrm{D}_{P\text{-}\pi_{0(i+1)\text{-}(i+2)(i+3)i}}=0\\ \Leftrightarrow\ &\mathrm{D}_{P\text{-}\pi_{0i\text{-}(i+1)(i+2)(i+3)}}+\mathrm{D}_{P\text{-}\pi_{0(i+2)\text{-}(i+3)i(i+1)}}=0.\end{aligned}$$

因此, (1) 和 (2) 中结论成立.

定理 5.3.3 设 P_0P_1, P_0P_2, P_0P_3, P_0P_4 是自 P_0 引出的四条射线, $\pi_{01\text{-}234}$, $\pi_{02\text{-}341}$, $\pi_{03\text{-}412}$, $\pi_{04\text{-}123}$ 是过 P_0 的四射线点类平面. 若对 $\forall i=1,2,3,4(i\neq j)$, $\left|\boldsymbol{n}_{0(i+3)\text{-}i(i+1)(i+2)}\right|=a$, 则 P 是平面 $\pi_{0(j+3)\text{-}j(j+1)(j+2)}$ 任意一点的充分必要条件是

$$\sum_{i=1,i\neq j}^{4}(-1)^{i-1}\mathrm{D}_{P\text{-}\pi_{0(i+3)\text{-}i(i+1)(i+2)}}=0\,(j=1,2,3,4).\tag{5.3.6}$$

证明 依题设, 式 (5.3.1) 可以改写成

$$(-1)^{j-1}\left|\boldsymbol{n}_{0(j+3)\text{-}j(j+1)(j+2)}\right|\mathrm{D}_{P\text{-}\pi_{0(j+3)\text{-}j(j+1)(j+2)}}\Big/a$$

$$+\sum_{i=1,i\neq j}^{4}(-1)^{i-1}\mathrm{D}_{P\text{-}\pi_{0(i+3)\text{-}i(i+1)(i+2)}}=0,$$

其中 $j=1,2,3,4$. 故由上式可得

P 是平面 $\pi_{0(j+3)\text{-}j(j+1)(j+2)}$ 上任意一点 $\Leftrightarrow \mathrm{D}_{P\text{-}\pi_{0(j+3)\text{-}j(j+1)(j+2)}}=0 \Leftrightarrow$ 式 (5.3.6) 成立.

推论 5.3.4　设 P_0P_1, P_0P_2, P_0P_3, P_0P_4 是自 P_0 引出的四条射线, $\pi_{01\text{-}234}$, $\pi_{02\text{-}341}$, $\pi_{03\text{-}412}$, $\pi_{04\text{-}123}$ 是过 P_0 的四射线点类平面. 若对 $\forall i=1,2,3,4(i\neq j)$, $\left|\boldsymbol{n}_{0(i+3)\text{-}i(i+1)(i+2)}\right|=a$, P 是平面 $\pi_{0(j+3)\text{-}j(j+1)(j+2)}$ 任意一点, 则在以下三个点到平面的距离

$$\mathrm{d}_{P\text{-}\pi_{0j\text{-}(j+1)(j+2)(j+3)}},\quad \mathrm{d}_{P\text{-}\pi_{0(j+1)\text{-}(j+2)(j+3)j}},\quad \mathrm{d}_{P\text{-}\pi_{0(j+2)\text{-}(j+3)j(j+1)}}$$

中, 其中一个较长的距离等于另两个较短的有向距离的和.

证明　将式 (5.3.6) 改写成

$$\mathrm{D}_{P\text{-}\pi_{0j\text{-}(j+1)(j+2)(j+3)}}-\mathrm{D}_{P\text{-}\pi_{0(j+1)\text{-}(j+2)(j+3)j}}+\mathrm{D}_{P\text{-}\pi_{0(j+2)\text{-}(j+3)j(j+1)}}=0,$$

注意到上式中一个较长的有向距离与另两个较短的有向距离同号或与另两个较短的有向距离中的一个同号一个异号即得.

定理 5.3.4　设 P_0P_1, P_0P_2, P_0P_3, P_0P_4 是自 P_0 引出的四条射线, $\pi_{01\text{-}234}$, $\pi_{02\text{-}341}$, $\pi_{03\text{-}412}$, $\pi_{04\text{-}123}$ 是过 P_0 的四射线点类平面. 若对 $\forall i=1,2,3,4(i\neq j,k)$, $\left|\boldsymbol{n}_{0(i+3)\text{-}i(i+1)(i+2)}\right|=a$, 则 P 是平面 $\pi_{0(j+3)\text{-}j(j+1)(j+2)}$, $\pi_{0(k+3)\text{-}k(k+1)(k+2)}$ 交线上任意一点的充分必要条件是

$$\sum_{i=1,i\neq j,k}^{4}(-1)^{i-1}\mathrm{D}_{P\text{-}\pi_{0(i+3)\text{-}i(i+1)(i+2)}}=0, \tag{5.3.7}$$

其中 $j,k=1,2,3,4;j<k$.

证明　依题设, 式 (5.3.1) 可以改写成

$$\sum_{i=j,k}(-1)^{i-1}\left|\boldsymbol{n}_{0(i+3)\text{-}i(i+1)(i+2)}\right|\mathrm{D}_{P\text{-}\pi_{0(i+3)\text{-}i(i+1)(i+2)}}\Big/a$$
$$+\sum_{i=1,i\neq j}^{4}(-1)^{i-1}\mathrm{D}_{P\text{-}\pi_{0(i+3)\text{-}i(i+1)(i+2)}}=0,$$

其中 $j=1,2,3,4$. 故由上式可得

$$P\text{ 是平面 }\pi_{0(j+3)\text{-}j(j+1)(j+2)},\pi_{0(k+3)\text{-}k(k+1)(k+2)}\text{ 交线上任意一点}$$
$$\Leftrightarrow \mathrm{D}_{P\text{-}\pi_{0(j+3)\text{-}j(j+1)(j+2)}}=\mathrm{D}_{P\text{-}\pi_{0(k+3)\text{-}k(k+1)(k+2)}}=0\Leftrightarrow\text{式 (5.3.7) 成立.}$$

推论 5.3.5 设 P_0P_1, P_0P_2, P_0P_3, P_0P_4 是自 P_0 引出的四条射线, $\pi_{01\text{-}234}$, $\pi_{02\text{-}341}$, $\pi_{03\text{-}412}$, $\pi_{04\text{-}123}$ 是过 P_0 的四射线点类平面. 若对 $\forall i=1,2,3,4(i\neq j,k)$, $\left|\boldsymbol{n}_{0(i+3)\text{-}i(i+1)(i+2)}\right|=a$, P 是平面 $\pi_{0(j+3)\text{-}j(j+1)(j+2)}$, $\pi_{0(k+3)\text{-}k(k+1)(k+2)}$ 交线上任意一点, 则

$$\left|\boldsymbol{n}_{0(i+3)\text{-}i(i+1)(i+2)}\right|\mathrm{d}_{P\text{-}\pi_{0(i+3)\text{-}i(i+1)(i+2)}}=\left|\boldsymbol{n}_{0(l+3)\text{-}l(l+1)(l+2)}\right|\mathrm{d}_{P\text{-}\pi_{0(l+3)\text{-}l(l+1)(l+2)}},\tag{5.3.8}$$

其中 $i,j,k,l=1,2,3,4;j<k,i<l;i,l\neq j,k$.

证明 依题设, 由式 (5.3.7), 可得

$$\begin{aligned}&\left|\boldsymbol{n}_{0(i+3)\text{-}i(i+1)(i+2)}\right|\mathrm{D}_{P\text{-}\pi_{0(i+3)\text{-}i(i+1)(i+2)}}\\&+(-1)^{l-i}\left|\boldsymbol{n}_{0(l+3)\text{-}l(l+1)(l+2)}\right|\mathrm{D}_{P\text{-}\pi_{0(l+3)\text{-}l(l+1)(l+2)}}=0,\end{aligned}$$

其中 $i,j,k,l=1,2,3,4;j<k,i<l;i,l\neq j,k$. 上式移项后, 等式两边取绝对值, 即得式 (5.3.8).

5.3.3 过一点的四射线点类平面定值定理的应用

定理 5.3.5 设 P_0P_1, P_0P_2, P_0P_3, P_0P_4 是自 P_0 引出的四条射线, $\pi_{01\text{-}234}$, $\pi_{02\text{-}341}$, $\pi_{03\text{-}412}$, $\pi_{04\text{-}123}$ 是过 P_0 的四射线点类平面.

(1) 若 $\pi_{01\text{-}234},\pi_{02\text{-}341},\pi_{03\text{-}412},\pi_{04\text{-}123}$ 中有三个平面相交于过点 P_0 的一条直线 l, 则这四个平面相交于直线 l;

(2) 若 $\pi_{01\text{-}234},\pi_{02\text{-}341},\pi_{03\text{-}412},\pi_{04\text{-}123}$ 中有三个平面仅相交于点 P_0, 则这四个平面相交于点 P_0.

证明 (1) 不妨设平面 $\pi_{01\text{-}234},\pi_{02\text{-}341},\pi_{03\text{-}412}$ 相交于过点 P_0 的一条直线 l. 现设 Q 是直线 l 上任意一点, 则 $\mathrm{D}_{Q\text{-}\pi_{01\text{-}234}}=\mathrm{D}_{Q\text{-}\pi_{02\text{-}341}}=\mathrm{D}_{Q\text{-}\pi_{03\text{-}412}}=0$. 代入式 (5.3.1), 并注意到 $|\boldsymbol{n}_{04\text{-}123}|\neq 0$, 得 $\mathrm{D}_{Q\text{-}\pi_{04\text{-}123}}=0$, 因此 Q 在平面 $\pi_{04\text{-}123}$ 上. 故 $\pi_{01\text{-}234},\pi_{02\text{-}341},\pi_{03\text{-}412},\pi_{04\text{-}123}$ 相交于过点 P_0 的直线 l.

(2) 因为 $\pi_{01\text{-}234},\pi_{02\text{-}341},\pi_{03\text{-}412},\pi_{04\text{-}123}$ 中有三个平面仅相交于点 P_0, 所以这四个四射线点类平面不共线. 又显然, $\pi_{01\text{-}234},\pi_{02\text{-}341},\pi_{03\text{-}412},\pi_{04\text{-}123}$ 都过点 P_0, 因此这四个四射线点类平面仅相交于一点 P_0.

定理 5.3.6 设 $P_0\text{-}P_1P_2P_3P_4$ 是四棱锥, $\pi_{01\text{-}234},\pi_{02\text{-}341},\pi_{03\text{-}412},\pi_{04\text{-}123}$ 是过顶点 P_0 的四棱线 $P_0P_1,P_0P_2,P_0P_3,P_0P_4$ 点类平面, $\pi_{i(i+1)\text{-}i(i+3)0},\pi_{i(i+3)\text{-}i(i+1)0}$, $\pi_{i0\text{-}i(i+1)(i+3)}(i=1,2,3,4)$ 是过四棱锥底面顶点 P_i 的三射线平面, P 是空间任意一点, 则

$$\sum_{i=1}^{4}(-1)^{i-1}\left|\boldsymbol{n}_{0(i+3)\text{-}i(i+1)(i+2)}\right|\mathrm{D}_{P\text{-}\pi_{0(i+3)\text{-}i(i+1)(i+2)}}=0,\tag{5.3.9}$$

其中 $\boldsymbol{n}_{0(i+3)\text{-}i(i+1)(i+2)}=\overrightarrow{P_0P_{i+3}}\times\boldsymbol{n}_{i(i+1)(i+2)}$;

$$\begin{aligned}&\left|\boldsymbol{n}_{i(i+1)\text{-}i(i+3)0}\right|\mathrm{D}_{P\text{-}\pi_{i(i+1)\text{-}i(i+3)0}}+\left|\boldsymbol{n}_{i(i+3)\text{-}i(i+1)0}\right|\mathrm{D}_{P\text{-}\pi_{i(i+3)\text{-}i(i+1)0}}\\&+\left|\boldsymbol{n}_{i0\text{-}i(i+1)(i+3)}\right|\mathrm{D}_{P\text{-}\pi_{i0\text{-}i(i+1)(i+3)}}=0,\end{aligned}\tag{5.3.10}$$

其中 $i=1,2,3,4$; $\boldsymbol{n}_{i(i+1)\text{-}i(i+3)0}=\overrightarrow{P_iP_{i+1}}\times\boldsymbol{n}_{i(i+3)0}$, 其余类同.

证明　对四棱锥 $P_0\text{-}P_1P_2P_3P_4$ 过顶点 P_0 的四条棱线 $P_0P_1,P_0P_2,P_0P_3,P_0P_4$ 点类射线平面应用定理 5.3.1, 即得式 (5.3.9); 对四棱锥 $P_0\text{-}P_1P_2P_3P_4$ 过四棱锥底面顶点 P_i 的三射线平面 $\pi_{i(i+1)\text{-}i(i+3)0},\pi_{i(i+3)\text{-}i(i+1)0},\pi_{i0\text{-}i(i+1)(i+3)}(i=1,2,3,4)$ 应用定理 5.1.1, 即得式 (5.3.10).

推论 5.3.6　设 $P_0\text{-}P_1P_2P_3P_4$ 是四棱锥, $\pi_{01\text{-}234},\pi_{02\text{-}341},\pi_{03\text{-}412},\pi_{04\text{-}123}$ 是过顶点 P_0 的四棱线 $P_0P_1,P_0P_2,P_0P_3,P_0P_4$ 点类平面, $\pi_{i(i+1)\text{-}i(i+3)0},\pi_{i(i+3)\text{-}i(i+1)0},\pi_{i0\text{-}i(i+1)(i+3)}(i=1,2,3,4)$ 是过四棱锥底面顶点 P_i 的三射线平面, 则

(1) $\pi_{01\text{-}234},\pi_{02\text{-}341},\pi_{03\text{-}412},\pi_{04\text{-}123}$ 要么两两相交于过顶点 P_0 的一条直线; 要么都相交于过顶点 P_0 的一条直线;

(2) $\pi_{i(i+1)\text{-}i(i+3)0},\pi_{i(i+3)\text{-}i(i+1)0},\pi_{i0\text{-}i(i+1)(i+3)}(i=1,2,3,4)$ 相交于一条直线 l_i $(i=1,2,3,4)$.

证明　(1) 因为四棱锥 $P_0\text{-}P_1P_2P_3P_4$ 的底面 $P_1P_2P_3P_4$ 是平面四边形, 故当 $\pi_{01\text{-}234},\pi_{02\text{-}341},\pi_{03\text{-}412},\pi_{04\text{-}123}$ 中任何三个平面均不相交于一线时, 显然这四个平面均两两相交于过顶点 P_0 的一条直线; 当 $\pi_{01\text{-}234},\pi_{02\text{-}341},\pi_{03\text{-}412},\pi_{04\text{-}123}$ 中三个平面相交于一线时, 由定理 5.3.5(1) 即得这四个平面均相交于过顶点 P_0 的一条直线.

(2) 根据定理 5.1.3, 可知过四棱锥底面顶点 P_i 的三射线平面 $\pi_{i(i+1)\text{-}i(i+3)0}$, $\pi_{i(i+3)\text{-}i(i+1)0},\pi_{i0\text{-}i(i+1)(i+3)}$ 相交于一条直线 $l_i(i=1,2,3,4)$.

定理 5.3.7　设 $P_0\text{-}P_1P_2P_3P_4$ 是四棱锥, $\pi_{01\text{-}234},\pi_{02\text{-}341},\pi_{03\text{-}412},\pi_{04\text{-}123}$ 是过顶点 P_0 的四棱线 $P_0P_1,P_0P_2,P_0P_3,P_0P_4$ 点类平面, $\pi_{i(i+1)\text{-}i(i+3)0},\pi_{i(i+3)\text{-}i(i+1)0},\pi_{i0\text{-}i(i+1)(i+3)}(i=1,2,3,4)$ 是过四棱锥底面顶点 P_i 的三射线平面, 则

(1) P 是平面 $\pi_{0(j+3)\text{-}j(j+1)(j+2)}$ 上任意一点的充分必要条件是

$$\sum_{i=1,i\neq j}^{4}(-1)^{i-1}\left|\boldsymbol{n}_{0(i+3)\text{-}i(i+1)(i+2)}\right|\mathrm{D}_{P\text{-}\pi_{0(i+3)\text{-}i(i+1)(i+2)}}=0\ (j=1,2,3,4);\tag{5.3.11}$$

(2) P 是平面 $\pi_{i(i+1)\text{-}i(i+3)0}$ 上任意一点的充分必要条件是

$$\left|\boldsymbol{n}_{i(i+3)\text{-}i(i+1)0}\right|\mathrm{D}_{P\text{-}\pi_{i(i+3)\text{-}i(i+1)0}}+\left|\boldsymbol{n}_{i0\text{-}i(i+1)(i+3)}\right|\mathrm{D}_{P\text{-}\pi_{i0\text{-}i(i+1)(i+3)}}=0\ (i=1,2,3,4);\tag{5.3.12}$$

(3) P 是平面 $\pi_{i(i+3)\text{-}i(i+1)0}$ 上任意一点的充分必要条件是

$$\left|\boldsymbol{n}_{i(i+1)\text{-}i(i+3)0}\right|\mathrm{D}_{P\text{-}\pi_{i(i+1)\text{-}i(i+3)0}}+\left|\boldsymbol{n}_{i0\text{-}i(i+1)(i+3)}\right|\mathrm{D}_{P\text{-}\pi_{i0\text{-}i(i+1)(i+3)}}=0\ (i=1,2,3,4);$$

(4) P 是平面 $\pi_{i0\text{-}i(i+1)(i+3)}$ 上任意一点的充分必要条件是

$$\left|\boldsymbol{n}_{i(i+1)\text{-}i(i+3)0}\right| \mathrm{D}_{P\text{-}\pi_{i(i+1)\text{-}i(i+3)0}}+\left|\boldsymbol{n}_{i(i+3)\text{-}i(i+1)0}\right| \mathrm{D}_{P\text{-}\pi_{i(i+3)\text{-}i(i+1)0}}=0\ (i=1,2,3,4).$$

证明　(1) 对四棱锥 $P_0\text{-}P_1P_2P_3P_4$ 过顶点 P_0 的四棱线 $P_0P_1, P_0P_2, P_0P_3, P_0P_4$ 射线点类平面应用推论 5.3.1, 即得式 (5.3.11).

(2) 对过四棱锥底面顶点 P_i 的三射线平面 $\pi_{i(i+1)\text{-}i(i+3)0}$, $\pi_{i(i+3)\text{-}i(i+1)0}$, $\pi_{i0\text{-}i(i+1)(i+3)}(i=1,2,3,4)$ 应用推论 5.1.1, 即得式 (5.3.12);

类似地, 可以证明 (3) 和 (4) 中结论成立.

推论 5.3.7　设 $P_0\text{-}P_1P_2P_3P_4$ 是四棱锥, $\pi_{i(i+1)\text{-}i(i+3)0}$, $\pi_{i(i+3)\text{-}i(i+1)0}$, $\pi_{i0\text{-}i(i+1)(i+3)}(i=1,2,3,4)$ 是过四棱锥底面顶点 P_i 的三射线平面.

(1) 若 P 是平面 $\pi_{i(i+1)\text{-}i(i+3)0}$ 上任意一点, 则

$$\left|\boldsymbol{n}_{i(i+3)\text{-}i(i+1)0}\right| \mathrm{d}_{P\text{-}\pi_{i(i+3)\text{-}i(i+1)0}}=\left|\boldsymbol{n}_{i0\text{-}i(i+1)(i+3)}\right| \mathrm{d}_{P\text{-}\pi_{i0\text{-}i(i+1)(i+3)}}(i=1,2,3,4); \tag{5.3.13}$$

(2) 若 P 是平面 $\pi_{i(i+3)\text{-}i(i+1)0}$ 上任意一点, 则

$$\left|\boldsymbol{n}_{i(i+1)\text{-}i(i+3)0}\right| \mathrm{d}_{P\text{-}\pi_{i(i+1)\text{-}i(i+3)0}}=\left|\boldsymbol{n}_{i0\text{-}i(i+1)(i+3)}\right| \mathrm{d}_{P\text{-}\pi_{i0\text{-}i(i+1)(i+3)}}(i=1,2,3,4);$$

(3) 若 P 是平面 $\pi_{i0\text{-}i(i+1)(i+3)}$ 上任意一点, 则

$$\left|\boldsymbol{n}_{i(i+1)\text{-}i(i+3)0}\right| \mathrm{d}_{P\text{-}\pi_{i(i+1)\text{-}i(i+3)0}}=\left|\boldsymbol{n}_{i(i+3)\text{-}i(i+1)0}\right| \mathrm{d}_{P\text{-}\pi_{i(i+3)\text{-}i(i+1)0}}(i=1,2,3,4).$$

证明　(1) 定理 5.3.7 (2) 的必要性, 式 (5.3.12) 移项后等式两边取绝对值, 即得式 (5.3.13).

类似地, 可以证明 (2) 和 (3) 中结论成立.

5.4　$n(n>4)$ 射线点类平面有向距离的定值定理与应用

本节主要应用三角形在坐标面上的投影和有向距离定值法, 研究过一点的 n $(n>4)$ 射线点类平面的定值问题. 首先, 给出过一点的五射线点类平面的定值定理及其应用; 其次, 给出过一点的十二射线点类平面的定值定理及其应用, 并采用 "由面及体, 由面及线, 由面及点, 点线面体交融" 的思想方法, 据此得出十二棱锥中的一些结论.

5.4.1　过一点的五射线点类平面的定值定理及其应用

定理 5.4.1　设 $P_0P_1, P_0P_2, P_0P_3, P_0P_4, P_0P_5$ 是自 P_0 引出的五条射线, $\pi_{05\text{-}123}$, $\pi_{05\text{-}234}$, $\pi_{05\text{-}341}$, $\pi_{05\text{-}412}$; $\pi_{01\text{-}234}$, $\pi_{01\text{-}345}$, $\pi_{01\text{-}452}$, $\pi_{01\text{-}523}$; $\pi_{02\text{-}345}$, $\pi_{02\text{-}451}$, $\pi_{02\text{-}513}$, $\pi_{02\text{-}134}$;

$\pi_{03\text{-}451}, \pi_{03\text{-}512}, \pi_{03\text{-}124}, \pi_{03\text{-}245}; \pi_{04\text{-}512}, \pi_{04\text{-}123}, \pi_{04\text{-}235}, \pi_{04\text{-}351}$ 是过 P_0 的五射线点类平面, P 是空间任意一点, 则

$$\begin{aligned}&|\boldsymbol{n}_{05\text{-}123}|\,\mathrm{D}_{P\text{-}\pi_{05\text{-}123}}-|\boldsymbol{n}_{05\text{-}234}|\,\mathrm{D}_{P\text{-}\pi_{05\text{-}234}}\\&+|\boldsymbol{n}_{05\text{-}341}|\,\mathrm{D}_{P\text{-}\pi_{05\text{-}341}}-|\boldsymbol{n}_{05\text{-}412}|\,\mathrm{D}_{P\text{-}\pi_{05\text{-}412}}=0,\end{aligned}\tag{5.4.1}$$

$$\begin{aligned}&|\boldsymbol{n}_{01\text{-}234}|\,\mathrm{D}_{P\text{-}\pi_{01\text{-}234}}-|\boldsymbol{n}_{01\text{-}345}|\,\mathrm{D}_{P\text{-}\pi_{01\text{-}345}}\\&+|\boldsymbol{n}_{01\text{-}452}|\,\mathrm{D}_{P\text{-}\pi_{01\text{-}452}}-|\boldsymbol{n}_{01\text{-}523}|\,\mathrm{D}_{P\text{-}\pi_{01\text{-}523}}=0,\end{aligned}\tag{5.4.2}$$

$$\begin{aligned}&|\boldsymbol{n}_{02\text{-}345}|\,\mathrm{D}_{P\text{-}\pi_{02\text{-}345}}-|\boldsymbol{n}_{02\text{-}451}|\,\mathrm{D}_{P\text{-}\pi_{02\text{-}451}}\\&+|\boldsymbol{n}_{02\text{-}513}|\,\mathrm{D}_{P\text{-}\pi_{02\text{-}513}}-|\boldsymbol{n}_{02\text{-}134}|\,\mathrm{D}_{P\text{-}\pi_{02\text{-}134}}=0,\end{aligned}\tag{5.4.3}$$

$$\begin{aligned}&|\boldsymbol{n}_{03\text{-}451}|\,\mathrm{D}_{P\text{-}\pi_{03\text{-}451}}-|\boldsymbol{n}_{03\text{-}512}|\,\mathrm{D}_{P\text{-}\pi_{03\text{-}512}}\\&+|\boldsymbol{n}_{03\text{-}124}|\,\mathrm{D}_{P\text{-}\pi_{03\text{-}124}}-|\boldsymbol{n}_{03\text{-}245}|\,\mathrm{D}_{P\text{-}\pi_{03\text{-}245}}=0,\end{aligned}\tag{5.4.4}$$

$$\begin{aligned}&|\boldsymbol{n}_{04\text{-}512}|\,\mathrm{D}_{P\text{-}\pi_{04\text{-}512}}-|\boldsymbol{n}_{04\text{-}123}|\,\mathrm{D}_{P\text{-}\pi_{04\text{-}123}}\\&+|\boldsymbol{n}_{04\text{-}235}|\,\mathrm{D}_{P\text{-}\pi_{04\text{-}235}}-|\boldsymbol{n}_{04\text{-}351}|\,\mathrm{D}_{P\text{-}\pi_{04\text{-}351}}=0.\end{aligned}\tag{5.4.5}$$

证明　以 P_0 为坐标原点, 建立空间直角坐标系. 设射线$P_0P_1, P_0P_2, P_0P_3, P_0P_4, P_0P_5$ 上另一点的坐标为 $P_k(x_k, y_k, z_k)(k=1,2,3,4,5)$, 于是平面 $\pi_{05\text{-}i(i+1)(i+2)}$ 的法向量

$$\begin{aligned}&\boldsymbol{n}_{05\text{-}i(i+1)(i+2)}=\overrightarrow{P_0P_5}\times\boldsymbol{n}_{P_iP_{i+1}P_{i+2}}\\=&\begin{vmatrix}\boldsymbol{i}&\boldsymbol{j}&\boldsymbol{k}\\x_5&y_5&z_5\\\mathrm{Prj}_{yz}\mathrm{D}_{P_iP_{i+1}P_{i+2}}&\mathrm{Prj}_{zx}\mathrm{D}_{P_iP_{i+1}P_{i+2}}&\mathrm{Prj}_{xy}\mathrm{D}_{P_iP_{i+1}P_{i+2}}\end{vmatrix}=(a_i,b_i,c_i),\end{aligned}$$

其中 $a_i=y_5\mathrm{Prj}_{xy}\mathrm{D}_{P_iP_{i+1}P_{i+2}}-z_5\mathrm{Prj}_{zx}\mathrm{D}_{P_iP_{i+1}P_{i+2}}$, $b_i=z_5\mathrm{Prj}_{yz}\mathrm{D}_{P_iP_{i+1}P_{i+2}}-x_5\mathrm{Prj}_{xy}\mathrm{D}_{P_iP_{i+1}P_{i+2}}$, $c_i=x_5\mathrm{Prj}_{zx}\mathrm{D}_{P_iP_{i+1}P_{i+2}}-y_5\mathrm{Prj}_{yz}\mathrm{D}_{P_iP_{i+1}P_{i+2}}$; $i=1,2,3,4$; $x_{i+4}=x_i$, 其余类同.

平面 $\pi_{05\text{-}i(i+1)(i+2)}$ 的方程为

$$a_ix+b_iy+c_iz=0\ (i=1,2,3,4).$$

设空间任意点的坐标为 $P(x,y,z)$, 则由点到平面的距离公式, 可得

$$|\boldsymbol{n}_{05\text{-}i(i+1)(i+2)}|\,\mathrm{D}_{P\text{-}\pi_{05\text{-}i(i+1)(i+2)}}=a_ix+b_iy+c_iz\ (i=1,2,3,4).$$

因为

$$\sum_{i=1}^{4}(-1)^{i-1}a_i=\sum_{i=1}^{4}(-1)^{i-1}\left(y_5\mathrm{Prj}_{xy}\mathrm{D}_{P_iP_{i+1}P_{i+2}}-z_5\mathrm{Prj}_{zx}\mathrm{D}_{P_iP_{i+1}P_{i+2}}\right)$$

$$=\sum_{i=1}^{4}(-1)^{i-1}\{y_5\left[(x_{i+1}y_{i+2}-x_{i+2}y_{i+1})+(x_{i+2}y_i-x_iy_{i+2})+(x_iy_{i+1}-x_{i+1}y_i)\right]$$
$$-z_5\left[(z_{i+1}x_{i+2}-z_{i+2}x_{i+1})+(z_{i+2}x_i-z_ix_{i+2})+(z_ix_{i+1}-z_{i+1}x_i)\right]\}$$
$$=\sum_{i=1}^{4}(-1)^{i-1}\{y_5\left[(-x_iy_{i+1}+x_{i+1}y_i)+(x_{i+2}y_i-x_{i+2}y_i)+(x_iy_{i+1}-x_{i+1}y_i)\right]$$
$$-z_5\left[(-z_ix_{i+1}+z_{i+1}x_i)+(z_ix_{i+2}-z_ix_{i+2})+(z_ix_{i+1}-z_{i+1}x_i)\right]\}$$
$$=0.$$

类似地, $\sum\limits_{i=1}^{4}(-1)^{i-1}b_i=0,\sum\limits_{i=1}^{4}(-1)^{i-1}c_i=0$. 所以

$$\sum_{i=1}^{4}(-1)^{i-1}\left|\boldsymbol{n}_{05-i(i+1)(i+2)}\right|\mathrm{D}_{P-\pi_{05-i(i+1)(i+2)}}$$
$$=x\sum_{i=1}^{4}(-1)^{i-1}a_i+y\sum_{i=1}^{4}(-1)^{i-1}b_i+z\sum_{i=1}^{4}(-1)^{i-1}c_i=0,$$

因此, 式 (5.4.1) 成立.

类似地, 可以证明式 (5.4.2)~(5.4.5) 成立.

推论 5.4.1 设 $P_0P_1,P_0P_2,P_0P_3,P_0P_4,P_0P_5$ 是自 P_0 引出的五条射线, $\pi_{05\text{-}123}$, $\pi_{05\text{-}234}$, $\pi_{05\text{-}341}$, $\pi_{05\text{-}412}$; $\pi_{01\text{-}234}$, $\pi_{01\text{-}345}$, $\pi_{01\text{-}452}$, $\pi_{01\text{-}523}$; $\pi_{02\text{-}345}$, $\pi_{02\text{-}451}$, $\pi_{02\text{-}513}$, $\pi_{02\text{-}134}$; $\pi_{03\text{-}451}$, $\pi_{03\text{-}512}$, $\pi_{03\text{-}124}$, $\pi_{03\text{-}245}$; $\pi_{04\text{-}512}$, $\pi_{04\text{-}123}$, $\pi_{04\text{-}235}$, $\pi_{04\text{-}351}$ 是过 P_0 的五射线点类平面, 则

(1) P 是平面 $\pi_{05\text{-}123}$ 上任意一点的充分必要条件是

$$\left|\boldsymbol{n}_{05\text{-}234}\right|\mathrm{D}_{P\text{-}\pi_{05\text{-}234}}-\left|\boldsymbol{n}_{05\text{-}341}\right|\mathrm{D}_{P\text{-}\pi_{05\text{-}341}}+\left|\boldsymbol{n}_{05\text{-}412}\right|\mathrm{D}_{P\text{-}\pi_{05\text{-}412}}=0;\tag{5.4.6}$$

(2) P 是平面 $\pi_{05\text{-}234}$ 上任意一点的充分必要条件是

$$\left|\boldsymbol{n}_{05\text{-}123}\right|\mathrm{D}_{P\text{-}\pi_{05\text{-}123}}+\left|\boldsymbol{n}_{05\text{-}341}\right|\mathrm{D}_{P\text{-}\pi_{05\text{-}341}}-\left|\boldsymbol{n}_{05\text{-}412}\right|\mathrm{D}_{P\text{-}\pi_{05\text{-}412}}=0;$$

(3) P 是平面 $\pi_{05\text{-}341}$ 上任意一点的充分必要条件是

$$\left|\boldsymbol{n}_{05\text{-}123}\right|\mathrm{D}_{P\text{-}\pi_{05\text{-}123}}-\left|\boldsymbol{n}_{05\text{-}234}\right|\mathrm{D}_{P\text{-}\pi_{05\text{-}234}}-\left|\boldsymbol{n}_{05\text{-}412}\right|\mathrm{D}_{P\text{-}\pi_{05\text{-}412}}=0;$$

(4) P 是平面 $\pi_{05\text{-}412}$ 上任意一点的充分必要条件是

$$\left|\boldsymbol{n}_{05\text{-}123}\right|\mathrm{D}_{P\text{-}\pi_{05\text{-}123}}-\left|\boldsymbol{n}_{05\text{-}234}\right|\mathrm{D}_{P\text{-}\pi_{05\text{-}234}}+\left|\boldsymbol{n}_{05\text{-}341}\right|\mathrm{D}_{P\text{-}\pi_{05\text{-}341}}=0.$$

对过 P_0 的其余四组五射线点类平面 $\pi_{01\text{-}234}, \pi_{01\text{-}345}, \pi_{01\text{-}452}, \pi_{01\text{-}523}$; $\pi_{02\text{-}345}, \pi_{02\text{-}451}, \pi_{02\text{-}513}, \pi_{02\text{-}134}$; $\pi_{03\text{-}451}, \pi_{03\text{-}512}, \pi_{03\text{-}124}, \pi_{03\text{-}245}$; $\pi_{04\text{-}512}, \pi_{04\text{-}123}, \pi_{04\text{-}235}, \pi_{04\text{-}351}$, 也可以得出类似的结论.

证明 (1) 依题设, 由式 (5.4.1), 可得

P 是平面 $\pi_{05\text{-}123}$ 任意一点 $\Leftrightarrow \mathrm{D}_{P\text{-}\pi_{05\text{-}123}} = 0 \Leftrightarrow$ 式 (5.4.6) 成立.

类似地, 可以证明 (2)~(4) 中结论成立.

推论 5.4.2 设 $P_0P_1, P_0P_2, P_0P_3, P_0P_4, P_0P_5$ 是自 P_0 引出的五条射线, $\pi_{05\text{-}123}, \pi_{05\text{-}234}, \pi_{05\text{-}341}, \pi_{05\text{-}412}$; $\pi_{01\text{-}234}, \pi_{01\text{-}345}, \pi_{01\text{-}452}, \pi_{01\text{-}523}$; $\pi_{02\text{-}345}, \pi_{02\text{-}451}, \pi_{02\text{-}513}, \pi_{02\text{-}134}$; $\pi_{03\text{-}451}, \pi_{03\text{-}512}, \pi_{03\text{-}124}, \pi_{03\text{-}245}$; $\pi_{04\text{-}512}, \pi_{04\text{-}123}, \pi_{04\text{-}235}, \pi_{04\text{-}351}$ 是过 P_0 的五射线点类平面.

(1) 若 P 是平面 $\pi_{05\text{-}123}, \pi_{05\text{-}234}$ 交线上任意一点, 则

$$|\boldsymbol{n}_{05\text{-}341}|\,\mathrm{D}_{P\text{-}\pi_{05\text{-}341}} - |\boldsymbol{n}_{05\text{-}412}|\,\mathrm{D}_{P\text{-}\pi_{05\text{-}412}} = 0\big(|\boldsymbol{n}_{05\text{-}341}|\,\mathrm{d}_{P\text{-}\pi_{05\text{-}341}} = |\boldsymbol{n}_{05\text{-}412}|\,\mathrm{d}_{P\text{-}\pi_{05\text{-}412}}\big); \tag{5.4.7}$$

(2) 若 P 是平面 $\pi_{05\text{-}123}, \pi_{05\text{-}341}$ 交线上任意一点, 则

$$|\boldsymbol{n}_{05\text{-}234}|\,\mathrm{D}_{P\text{-}\pi_{05\text{-}234}} + |\boldsymbol{n}_{05\text{-}412}|\,\mathrm{D}_{P\text{-}\pi_{05\text{-}412}} = 0\big(|\boldsymbol{n}_{05\text{-}234}|\,\mathrm{d}_{P\text{-}\pi_{05\text{-}234}} = |\boldsymbol{n}_{05\text{-}412}|\,\mathrm{d}_{P\text{-}\pi_{05\text{-}412}}\big);$$

(3) 若 P 是平面 $\pi_{05\text{-}123}, \pi_{05\text{-}412}$ 交线上任意一点, 则

$$|\boldsymbol{n}_{05\text{-}234}|\,\mathrm{D}_{P\text{-}\pi_{05\text{-}234}} - |\boldsymbol{n}_{05\text{-}341}|\,\mathrm{D}_{P\text{-}\pi_{05\text{-}341}} = 0\big(|\boldsymbol{n}_{05\text{-}234}|\,\mathrm{d}_{P\text{-}\pi_{05\text{-}234}} = |\boldsymbol{n}_{05\text{-}341}|\,\mathrm{d}_{P\text{-}\pi_{05\text{-}341}}\big);$$

(4) 若 P 是平面 $\pi_{05\text{-}234}, \pi_{05\text{-}341}$ 交线上任意一点, 则

$$|\boldsymbol{n}_{05\text{-}123}|\,\mathrm{D}_{P\text{-}\pi_{05\text{-}123}} - |\boldsymbol{n}_{05\text{-}412}|\,\mathrm{D}_{P\text{-}\pi_{05\text{-}412}} = 0\big(|\boldsymbol{n}_{05\text{-}123}|\,\mathrm{d}_{P\text{-}\pi_{05\text{-}123}} = |\boldsymbol{n}_{05\text{-}412}|\,\mathrm{d}_{P\text{-}\pi_{05\text{-}412}}\big);$$

(5) 若 P 是平面 $\pi_{05\text{-}234}, \pi_{05\text{-}412}$ 交线上任意一点, 则

$$|\boldsymbol{n}_{05\text{-}123}|\,\mathrm{D}_{P\text{-}\pi_{05\text{-}123}} + |\boldsymbol{n}_{05\text{-}341}|\,\mathrm{D}_{P\text{-}\pi_{05\text{-}341}} = 0\big(|\boldsymbol{n}_{05\text{-}123}|\,\mathrm{d}_{P\text{-}\pi_{05\text{-}123}} = |\boldsymbol{n}_{05\text{-}341}|\,\mathrm{d}_{P\text{-}\pi_{05\text{-}341}}\big);$$

(6) 若 P 是平面 $\pi_{05\text{-}341}, \pi_{05\text{-}412}$ 交线上任意一点, 则

$$|\boldsymbol{n}_{05\text{-}123}|\,\mathrm{D}_{P\text{-}\pi_{05\text{-}123}} - |\boldsymbol{n}_{05\text{-}234}|\,\mathrm{D}_{P\text{-}\pi_{05\text{-}234}} = 0\big(|\boldsymbol{n}_{05\text{-}123}|\,\mathrm{d}_{P\text{-}\pi_{05\text{-}123}} = |\boldsymbol{n}_{05\text{-}234}|\,\mathrm{d}_{P\text{-}\pi_{05\text{-}234}}\big).$$

证明 (1) 依题设, 由式 (5.4.1), 可得

P 是平面 $\pi_{05\text{-}123}, \pi_{05\text{-}234}$ 交线上任意一点 $\Leftrightarrow \mathrm{D}_{P\text{-}\pi_{05\text{-}123}} = \mathrm{D}_{P\text{-}\pi_{05\text{-}234}} = 0 \Leftrightarrow$ 式 (5.4.7) 成立.

类似地, 可以证明 (2)~(6) 中结论成立.

定理 5.4.2 设 $P_0P_1, P_0P_2, P_0P_3, P_0P_4, P_0P_5$ 是自 P_0 引出的五条射线, $\pi_{05\text{-}123}$, $\pi_{05\text{-}234}$, $\pi_{05\text{-}341}$, $\pi_{05\text{-}412}$; $\pi_{01\text{-}234}$, $\pi_{01\text{-}345}$, $\pi_{01\text{-}452}$, $\pi_{01\text{-}523}$; $\pi_{02\text{-}345}$, $\pi_{02\text{-}451}$, $\pi_{02\text{-}513}$, $\pi_{02\text{-}134}$; $\pi_{03\text{-}451}$, $\pi_{03\text{-}512}$, $\pi_{03\text{-}124}$, $\pi_{03\text{-}245}$; $\pi_{04\text{-}512}$, $\pi_{04\text{-}123}$, $\pi_{04\text{-}235}$, $\pi_{04\text{-}351}$ 是过 P_0 的五射线点类平面, P 是空间任意一点.

(1) 若 $|\boldsymbol{n}_{05\text{-}123}| = |\boldsymbol{n}_{05\text{-}234}| = |\boldsymbol{n}_{05\text{-}341}| = |\boldsymbol{n}_{05\text{-}412}|$, 则

$$\mathrm{D}_{P\text{-}\pi_{05\text{-}123}} - \mathrm{D}_{P\text{-}\pi_{05\text{-}234}} + \mathrm{D}_{P\text{-}\pi_{05\text{-}341}} - \mathrm{D}_{P\text{-}\pi_{05\text{-}412}} = 0; \tag{5.4.8}$$

(2) 若 $|\boldsymbol{n}_{01\text{-}234}| = |\boldsymbol{n}_{01\text{-}345}| = |\boldsymbol{n}_{01\text{-}452}| = |\boldsymbol{n}_{01\text{-}523}|$, 则

$$\mathrm{D}_{P\text{-}\pi_{01\text{-}234}} - \mathrm{D}_{P\text{-}\pi_{01\text{-}345}} + \mathrm{D}_{P\text{-}\pi_{01\text{-}452}} - \mathrm{D}_{P\text{-}\pi_{01\text{-}523}} = 0;$$

(3) 若 $|\boldsymbol{n}_{02\text{-}345}| = |\boldsymbol{n}_{02\text{-}451}| = |\boldsymbol{n}_{02\text{-}513}| = |\boldsymbol{n}_{02\text{-}134}|$, 则

$$\mathrm{D}_{P\text{-}\pi_{02\text{-}345}} - \mathrm{D}_{P\text{-}\pi_{02\text{-}451}} + \mathrm{D}_{P\text{-}\pi_{02\text{-}513}} - \mathrm{D}_{P\text{-}\pi_{02\text{-}134}} = 0;$$

(4) 若 $|\boldsymbol{n}_{03\text{-}451}| = |\boldsymbol{n}_{03\text{-}512}| = |\boldsymbol{n}_{03\text{-}124}| = |\boldsymbol{n}_{03\text{-}245}|$, 则

$$\mathrm{D}_{P\text{-}\pi_{03\text{-}451}} - \mathrm{D}_{P\text{-}\pi_{03\text{-}512}} + \mathrm{D}_{P\text{-}\pi_{03\text{-}124}} - \mathrm{D}_{P\text{-}\pi_{03\text{-}245}} = 0;$$

(5) 若 $|\boldsymbol{n}_{04\text{-}512}| = |\boldsymbol{n}_{04\text{-}123}| = |\boldsymbol{n}_{04\text{-}235}| = |\boldsymbol{n}_{04\text{-}351}|$, 则

$$\mathrm{D}_{P\text{-}\pi_{04\text{-}512}} - \mathrm{D}_{P\text{-}\pi_{04\text{-}123}} + \mathrm{D}_{P\text{-}\pi_{04\text{-}235}} - \mathrm{D}_{P\text{-}\pi_{04\text{-}351}} = 0.$$

证明 (1) 将 $|\boldsymbol{n}_{05\text{-}123}| = |\boldsymbol{n}_{05\text{-}234}| = |\boldsymbol{n}_{05\text{-}341}| = |\boldsymbol{n}_{05\text{-}412}| \neq 0$, 代入式 (5.4.1) 并化简, 即得式 (5.4.8).

类似地, 可以证明式 (2)~(5) 中结论成立.

推论 5.4.3 设 $P_0P_1, P_0P_2, P_0P_3, P_0P_4, P_0P_5$ 是自 P_0 引出的五条射线, $\pi_{05\text{-}123}$, $\pi_{05\text{-}234}$, $\pi_{05\text{-}341}$, $\pi_{05\text{-}412}$; $\pi_{01\text{-}234}$, $\pi_{01\text{-}345}$, $\pi_{01\text{-}452}$, $\pi_{01\text{-}523}$; $\pi_{02\text{-}345}$, $\pi_{02\text{-}451}$, $\pi_{02\text{-}513}$, $\pi_{02\text{-}134}$; $\pi_{03\text{-}451}$, $\pi_{03\text{-}512}$, $\pi_{03\text{-}124}$, $\pi_{03\text{-}245}$; $\pi_{04\text{-}512}$, $\pi_{04\text{-}123}$, $\pi_{04\text{-}235}$, $\pi_{04\text{-}351}$ 是过 P_0 的五射线点类平面, P 是空间任意一点.

(1) 若 $|\boldsymbol{n}_{05\text{-}123}| = |\boldsymbol{n}_{05\text{-}234}| = |\boldsymbol{n}_{05\text{-}341}| = |\boldsymbol{n}_{05\text{-}412}|$, 则平面 $\pi_{05\text{-}123}$, $\pi_{05\text{-}234}$ 角平分面与平面 $\pi_{05\text{-}341}$, $\pi_{05\text{-}412}$ 角平分面重合; 平面 $\pi_{05\text{-}123}$, $\pi_{05\text{-}341}$ 外角平分面与平面 $\pi_{05\text{-}234}$, $\pi_{05\text{-}412}$ 外角平分面重合; 平面 $\pi_{05\text{-}123}$, $\pi_{05\text{-}412}$ 角平分面与平面 $\pi_{05\text{-}234}$, $\pi_{05\text{-}341}$ 角平分面重合.

(2) 若 $|\boldsymbol{n}_{01\text{-}234}| = |\boldsymbol{n}_{01\text{-}345}| = |\boldsymbol{n}_{01\text{-}452}| = |\boldsymbol{n}_{01\text{-}523}|$, 则平面 $\pi_{01\text{-}234}$, $\pi_{01\text{-}345}$ 角平分面与平面 $\pi_{01\text{-}452}$, $\pi_{01\text{-}523}$ 角平分面重合; 平面 $\pi_{01\text{-}234}$, $\pi_{01\text{-}452}$ 外角平分面与平面 $\pi_{01\text{-}345}$, $\pi_{01\text{-}523}$ 外角平分面重合; 平面 $\pi_{01\text{-}234}$, $\pi_{01\text{-}523}$ 角平分面与平面 $\pi_{01\text{-}345}$, $\pi_{01\text{-}452}$ 角平分面重合.

(3) 若 $|\boldsymbol{n}_{02\text{-}345}| = |\boldsymbol{n}_{02\text{-}451}| = |\boldsymbol{n}_{02\text{-}513}| = |\boldsymbol{n}_{02\text{-}134}|$, 则平面 $\pi_{02\text{-}345}, \pi_{02\text{-}451}$ 角平分面与平面 $\pi_{02\text{-}513}, \pi_{02\text{-}134}$ 角平分面重合; 平面 $\pi_{02\text{-}345}, \pi_{02\text{-}513}$ 外角平分面与平面 $\pi_{02\text{-}451}, \pi_{02\text{-}134}$ 外角平分面重合; 平面 $\pi_{02\text{-}345}, \pi_{02\text{-}134}$ 角平分面与平面 $\pi_{02\text{-}451}, \pi_{02\text{-}513}$ 角平分面重合.

(4) 若 $|\boldsymbol{n}_{03\text{-}451}| = |\boldsymbol{n}_{03\text{-}512}| = |\boldsymbol{n}_{03\text{-}124}| = |\boldsymbol{n}_{03\text{-}245}|$, 则平面 $\pi_{03\text{-}451}, \pi_{03\text{-}512}$ 角平分面与平面 $\pi_{03\text{-}124}, \pi_{03\text{-}245}$ 角平分面重合; 平面 $\pi_{03\text{-}451}, \pi_{03\text{-}124}$ 外角平分面与平面 $\pi_{03\text{-}512}, \pi_{03\text{-}245}$ 外角平分面重合; 平面 $\pi_{03\text{-}451}, \pi_{03\text{-}245}$ 角平分面与平面 $\pi_{03\text{-}512}, \pi_{03\text{-}124}$ 角平分面重合.

(5) 若 $|\boldsymbol{n}_{04\text{-}512}| = |\boldsymbol{n}_{04\text{-}123}| = |\boldsymbol{n}_{04\text{-}235}| = |\boldsymbol{n}_{04\text{-}351}|$, 则平面 $\pi_{04\text{-}512}, \pi_{04\text{-}123}$ 角平分面与平面 $\pi_{04\text{-}235}, \pi_{04\text{-}351}$ 角平分面重合; 平面 $\pi_{04\text{-}512}, \pi_{04\text{-}235}$ 外角平分面与平面 $\pi_{04\text{-}123}, \pi_{04\text{-}351}$ 外角平分面重合; 平面 $\pi_{04\text{-}512}, \pi_{04\text{-}351}$ 角平分面与平面 $\pi_{04\text{-}123}, \pi_{04\text{-}235}$ 角平分面重合.

证明　(1) 若 P 在平面 $\pi_{05\text{-}123}, \pi_{05\text{-}234}$ 角平分面上, 则 $\mathrm{D}_{P\text{-}\pi_{05\text{-}123}} - \mathrm{D}_{P\text{-}\pi_{05\text{-}234}} = 0$. 代入式 (5.4.8), 得 $\mathrm{D}_{P\text{-}\pi_{05\text{-}341}} - \mathrm{D}_{P\text{-}\pi_{05\text{-}412}} = 0$, 因此 P 在平面 $\pi_{05\text{-}341}, \pi_{05\text{-}412}$ 角平分面上; 反之亦然.

因此, 平面 $\pi_{05\text{-}123}, \pi_{05\text{-}234}$ 角平分面与平面 $\pi_{05\text{-}341}, \pi_{05\text{-}412}$ 角平分面重合;

同理可证, 平面 $\pi_{05\text{-}123}, \pi_{05\text{-}341}$ 外角平分面与平面 $\pi_{05\text{-}234}, \pi_{05\text{-}412}$ 外角平分面重合; 平面 $\pi_{05\text{-}123}, \pi_{05\text{-}412}$ 角平分面与平面 $\pi_{05\text{-}234}, \pi_{05\text{-}341}$ 角平分面重合.

类似地, 可以证明 (2)~(5) 中结论成立.

定理 5.4.3　设 $P_0P_1, P_0P_2, P_0P_3, P_0P_4, P_0P_5$ 是自 P_0 引出的五条射线, $\pi_{05\text{-}123}, \pi_{05\text{-}234}, \pi_{05\text{-}341}, \pi_{05\text{-}412}$ 是过 P_0 的五射线点类平面.

(1) 若 $|\boldsymbol{n}_{05\text{-}234}| = |\boldsymbol{n}_{05\text{-}341}| = |\boldsymbol{n}_{05\text{-}412}|$, 则 P 是平面 $\pi_{05\text{-}123}$ 上任意一点的充分必要条件是

$$\mathrm{D}_{P\text{-}\pi_{05\text{-}234}} - \mathrm{D}_{P\text{-}\pi_{05\text{-}341}} + \mathrm{D}_{P\text{-}\pi_{05\text{-}412}} = 0; \tag{5.4.9}$$

(2) 若 $|\boldsymbol{n}_{05\text{-}123}| = |\boldsymbol{n}_{05\text{-}341}| = |\boldsymbol{n}_{05\text{-}412}|$, 则 P 是平面 $\pi_{05\text{-}234}$ 上任意一点的充分必要条件是

$$\mathrm{D}_{P\text{-}\pi_{05\text{-}123}} + \mathrm{D}_{P\text{-}\pi_{05\text{-}341}} - \mathrm{D}_{P\text{-}\pi_{05\text{-}412}} = 0;$$

(3) 若 $|\boldsymbol{n}_{05\text{-}123}| = |\boldsymbol{n}_{05\text{-}234}| = |\boldsymbol{n}_{05\text{-}412}|$, 则 P 是平面 $\pi_{05\text{-}341}$ 上任意一点的充分必要条件是

$$\mathrm{D}_{P\text{-}\pi_{05\text{-}123}} - \mathrm{D}_{P\text{-}\pi_{05\text{-}234}} - \mathrm{D}_{P\text{-}\pi_{05\text{-}412}} = 0;$$

(4) 若 $|\boldsymbol{n}_{05\text{-}123}| = |\boldsymbol{n}_{05\text{-}234}| = |\boldsymbol{n}_{05\text{-}341}|$, 则 P 是平面 $\pi_{05\text{-}412}$ 上任意一点的充分必要条件是

$$\mathrm{D}_{P\text{-}\pi_{05\text{-}123}} - \mathrm{D}_{P\text{-}\pi_{05\text{-}234}} + \mathrm{D}_{P\text{-}\pi_{05\text{-}341}} = 0.$$

对过 P_0 的其余四组五射线点类平面 $\pi_{01\text{-}234}, \pi_{01\text{-}345}, \pi_{01\text{-}452}, \pi_{01\text{-}523}$; $\pi_{02\text{-}345}$, $\pi_{02\text{-}451}, \pi_{02\text{-}513}, \pi_{02\text{-}134}$; $\pi_{03\text{-}451}, \pi_{03\text{-}512}, \pi_{03\text{-}124}, \pi_{03\text{-}245}$; $\pi_{04\text{-}512}, \pi_{04\text{-}123}, \pi_{04\text{-}235}, \pi_{04\text{-}351}$, 也可以得出类似的结论.

证明 (1) 记 $|\boldsymbol{n}_{05\text{-}234}| = |\boldsymbol{n}_{05\text{-}341}| = |\boldsymbol{n}_{05\text{-}412}| = a$, 则式 (5.4.1) 可以改写成

$$|\boldsymbol{n}_{05\text{-}123}|\,\mathrm{D}_{P\text{-}\pi_{05\text{-}123}}\Big/a - (\mathrm{D}_{P\text{-}\pi_{05\text{-}234}} - \mathrm{D}_{P\text{-}\pi_{05\text{-}341}} + \mathrm{D}_{P\text{-}\pi_{05\text{-}412}}) = 0.$$

于是由上式可得

$$P \text{ 是平面 } \pi_{05\text{-}123} \text{ 任意一点} \Leftrightarrow \mathrm{D}_{P\text{-}\pi_{05\text{-}123}} = 0 \Leftrightarrow \text{式 (5.4.9) 成立}.$$

类似地, 可以证明 (2)~(4) 中结论成立.

推论 5.4.4 设 $P_0P_1, P_0P_2, P_0P_3, P_0P_4, P_0P_5$ 是自 P_0 引出的五条射线, $\pi_{05\text{-}123}$, $\pi_{05\text{-}234}, \pi_{05\text{-}341}, \pi_{05\text{-}412}$ 是过 P_0 的五射线点类平面.

(1) 若 $|\boldsymbol{n}_{05\text{-}234}| = |\boldsymbol{n}_{05\text{-}341}| = |\boldsymbol{n}_{05\text{-}412}|$, P 是平面 $\pi_{05\text{-}123}$ 上任意一点, 则在以下三个点到平面的距离

$$\mathrm{d}_{P\text{-}\pi_{05\text{-}234}}, \quad \mathrm{d}_{P\text{-}\pi_{05\text{-}341}}, \quad \mathrm{d}_{P\text{-}\pi_{05\text{-}412}}$$

中, 其中一个较大的距离等于另两个较小的距离的和;

(2) 若 $|\boldsymbol{n}_{05\text{-}123}| = |\boldsymbol{n}_{05\text{-}341}| = |\boldsymbol{n}_{05\text{-}412}|$, P 是平面 $\pi_{05\text{-}234}$ 上任意一点, 则在以下三个点到平面的距离

$$\mathrm{d}_{P\text{-}\pi_{05\text{-}123}}, \quad \mathrm{d}_{P\text{-}\pi_{05\text{-}341}}, \quad \mathrm{d}_{P\text{-}\pi_{05\text{-}412}}$$

中, 其中一个较大的距离等于另两个较小的距离的和;

(3) 若 $|\boldsymbol{n}_{05\text{-}123}| = |\boldsymbol{n}_{05\text{-}234}| = |\boldsymbol{n}_{05\text{-}412}|$, P 是平面 $\pi_{05\text{-}341}$ 上任意一点, 则在以下三个点到平面的距离

$$\mathrm{d}_{P\text{-}\pi_{05\text{-}123}}, \quad \mathrm{d}_{P\text{-}\pi_{05\text{-}234}}, \quad \mathrm{d}_{P\text{-}\pi_{05\text{-}412}}$$

中, 其中一个较大的距离等于另两个较小的距离的和;

(4) 若 $|\boldsymbol{n}_{05\text{-}123}| = |\boldsymbol{n}_{05\text{-}234}| = |\boldsymbol{n}_{05\text{-}341}|$, P 是平面 $\pi_{05\text{-}412}$ 上任意一点, 则在以下三个点到平面的距离

$$\mathrm{d}_{P\text{-}\pi_{05\text{-}123}}, \quad \mathrm{d}_{P\text{-}\pi_{05\text{-}234}}, \quad \mathrm{d}_{P\text{-}\pi_{05\text{-}341}}$$

中, 其中一个较大的距离等于另两个较小的距离的和.

对过 P_0 的其余四组五射线点类平面 $\pi_{01\text{-}234}, \pi_{01\text{-}345}, \pi_{01\text{-}452}, \pi_{01\text{-}523}$; $\pi_{02\text{-}345}$, $\pi_{02\text{-}451}, \pi_{02\text{-}513}, \pi_{02\text{-}134}$; $\pi_{03\text{-}451}, \pi_{03\text{-}512}, \pi_{03\text{-}124}, \pi_{03\text{-}245}$; $\pi_{04\text{-}512}, \pi_{04\text{-}123}, \pi_{04\text{-}235}, \pi_{04\text{-}351}$, 也可以得出类似的结论.

证明 (1) 在式 (5.4.9) 中, 注意到其中一个较长的有向距离与另两个较短的有向距离同号, 或与另两个较短的有向距离中的一个同号、一个异号即得.

类似地, 可以证明 (2)~(4) 中结论成立.

定理 5.4.4　设 $P_0P_1, P_0P_2, P_0P_3, P_0P_4, P_0P_5$ 是自 P_0 引出的五条射线, $\pi_{05\text{-}123}$, $\pi_{05\text{-}234}$, $\pi_{05\text{-}341}$, $\pi_{05\text{-}412}$; $\pi_{01\text{-}234}$, $\pi_{01\text{-}345}$, $\pi_{01\text{-}452}$, $\pi_{01\text{-}523}$; $\pi_{02\text{-}345}$, $\pi_{02\text{-}451}$, $\pi_{02\text{-}513}$, $\pi_{02\text{-}134}$; $\pi_{03\text{-}451}$, $\pi_{03\text{-}512}$, $\pi_{03\text{-}124}$, $\pi_{03\text{-}245}$; $\pi_{04\text{-}512}$, $\pi_{04\text{-}123}$, $\pi_{04\text{-}235}$, $\pi_{04\text{-}351}$ 是过 P_0 的五射线点类平面.

(1) 若 $|\boldsymbol{n}_{05\text{-}341}| = |\boldsymbol{n}_{05\text{-}412}|$, P 是平面 $\pi_{05\text{-}123}$, $\pi_{05\text{-}234}$ 交线上任意一点, 则

$$\mathrm{D}_{P\text{-}\pi_{05\text{-}341}} - \mathrm{D}_{P\text{-}\pi_{05\text{-}412}} = 0(\mathrm{d}_{P\text{-}\pi_{05\text{-}341}} = \mathrm{d}_{P\text{-}\pi_{05\text{-}412}}), \tag{5.4.10}$$

即 $\pi_{05\text{-}123}$, $\pi_{05\text{-}234}$ 的交线在两平面 $\pi_{05\text{-}341}$, $\pi_{05\text{-}412}$ 的角平分面上;

(2) 若 $|\boldsymbol{n}_{05\text{-}234}| = |\boldsymbol{n}_{05\text{-}412}|$, P 是平面 $\pi_{05\text{-}123}$, $\pi_{05\text{-}341}$ 交线上任意一点, 则

$$\mathrm{D}_{P\text{-}\pi_{05\text{-}234}} + \mathrm{D}_{P\text{-}\pi_{05\text{-}412}} = 0(\mathrm{d}_{P\text{-}\pi_{05\text{-}234}} = \mathrm{d}_{P\text{-}\pi_{05\text{-}412}}),$$

即 $\pi_{05\text{-}123}$, $\pi_{05\text{-}341}$ 的交线在两平面 $\pi_{05\text{-}234}$, $\pi_{05\text{-}412}$ 外角的平分面上;

(3) 若 $|\boldsymbol{n}_{05\text{-}234}| = |\boldsymbol{n}_{05\text{-}341}|$, P 是平面 $\pi_{05\text{-}123}$, $\pi_{05\text{-}412}$ 交线上任意一点, 则

$$\mathrm{D}_{P\text{-}\pi_{05\text{-}234}} - \mathrm{D}_{P\text{-}\pi_{05\text{-}341}} = 0(\mathrm{d}_{P\text{-}\pi_{05\text{-}234}} = \mathrm{d}_{P\text{-}\pi_{05\text{-}341}}),$$

即 $\pi_{05\text{-}123}$, $\pi_{05\text{-}412}$ 的交线在两平面 $\pi_{05\text{-}234}$, $\pi_{05\text{-}341}$ 的角平分面上;

(4) 若 $|\boldsymbol{n}_{05\text{-}123}| = |\boldsymbol{n}_{05\text{-}412}|$, P 是平面 $\pi_{05\text{-}234}$, $\pi_{05\text{-}341}$ 交线上任意一点, 则

$$\mathrm{D}_{P\text{-}\pi_{05\text{-}123}} - \mathrm{D}_{P\text{-}\pi_{05\text{-}412}} = 0(\mathrm{d}_{P\text{-}\pi_{05\text{-}123}} = \mathrm{d}_{P\text{-}\pi_{05\text{-}412}}),$$

即 $\pi_{05\text{-}234}$, $\pi_{05\text{-}341}$ 的交线在两平面 $\pi_{05\text{-}123}$, $\pi_{05\text{-}412}$ 的角平分面上;

(5) 若 $|\boldsymbol{n}_{05\text{-}123}| = |\boldsymbol{n}_{05\text{-}341}|$, P 是平面 $\pi_{05\text{-}234}$, $\pi_{05\text{-}412}$ 交线上任意一点, 则

$$\mathrm{D}_{P\text{-}\pi_{05\text{-}123}} + \mathrm{D}_{P\text{-}\pi_{05\text{-}341}} = 0(\mathrm{d}_{P\text{-}\pi_{05\text{-}123}} = \mathrm{d}_{P\text{-}\pi_{05\text{-}341}}),$$

即 $\pi_{05\text{-}234}$, $\pi_{05\text{-}412}$ 的交线在两平面 $\pi_{05\text{-}123}$, $\pi_{05\text{-}341}$ 外角的平分面上;

(6) 若 $|\boldsymbol{n}_{05\text{-}123}| = |\boldsymbol{n}_{05\text{-}234}|$, P 是平面 $\pi_{05\text{-}341}$, $\pi_{05\text{-}412}$ 交线上任意一点, 则

$$\mathrm{D}_{P\text{-}\pi_{05\text{-}123}} - \mathrm{D}_{P\text{-}\pi_{05\text{-}234}} = 0(\mathrm{d}_{P\text{-}\pi_{05\text{-}123}} = \mathrm{d}_{P\text{-}\pi_{05\text{-}234}}),$$

即 $\pi_{05\text{-}341}$, $\pi_{05\text{-}412}$ 的交线在两平面 $\pi_{05\text{-}123}$, $\pi_{05\text{-}234}$ 的角平分面上.

证明　(1) 记 $|\boldsymbol{n}_{05\text{-}341}| = |\boldsymbol{n}_{05\text{-}412}| = a$, 则式 (5.4.1) 可以改写成

$$\left(|\boldsymbol{n}_{05\text{-}123}|\,\mathrm{D}_{P\text{-}\pi_{05\text{-}123}} - |\boldsymbol{n}_{05\text{-}234}|\,\mathrm{D}_{P\text{-}\pi_{05\text{-}234}}\right)\Big/a + \mathrm{D}_{P\text{-}\pi_{05\text{-}341}} - \mathrm{D}_{P\text{-}\pi_{05\text{-}412}} = 0,$$

故由上式, 可得

P 是平面 $\pi_{05\text{-}123}, \pi_{05\text{-}234}$ 交线上任意一点

$\Leftrightarrow \mathrm{D}_{P\text{-}\pi_{05\text{-}123}} = \mathrm{D}_{P\text{-}\pi_{05\text{-}234}} = 0$

$\Leftrightarrow$ 式 (5.4.10) 成立, 即 $\pi_{05\text{-}123}, \pi_{05\text{-}234}$ 的交线在两平面 $\pi_{05\text{-}341}, \pi_{05\text{-}412}$ 的角平分面上.

类似地, 可以证明 (2)~(6) 中结论成立.

一般地, 对过一点 P_0 的 n 射线 $P_0P_1, P_0P_2, \cdots, P_0P_n$ 的 n 射线点类平面, 可以得出 n 个与定理 5.4.1 类似的定值方程. 篇幅所限, 不再赘述.

5.4.2 过一点的十二射线点类平面的定值定理及其应用

定理 5.4.5 设 $P_0P_1, P_0P_2, \cdots, P_0P_{12}$ 是自 P_0 引出的十二条射线, $\pi_{01\text{-}47(10)}$, $\pi_{02\text{-}58(11)}, \cdots, \pi_{0(12)\text{-}369}$ 是过 P_0 的十二射线点类平面, P 是空间任意一点, 则

$$\sum_{i=1}^{12} (-1)^{i-1} \left|\boldsymbol{n}_{0i\text{-}(i+3)(i+6)(i+9)}\right| \mathrm{D}_{P\text{-}\pi_{0i\text{-}(i+3)(i+6)(i+9)}} = 0. \tag{5.4.11}$$

证明 以 P_0 为坐标原点, 建立空间直角坐标系. 设射线 $P_0P_1, P_0P_2, \cdots, P_0P_{12}$ 上另一点的坐标为 $P_i(x_i, y_i, z_i)(i=1,2,\cdots,12)$, 于是平面 $\pi_{0i\text{-}(i+3)(i+6)(i+9)}$ 的法向量

$$\boldsymbol{n}_{0i-(i+3)(i+6)(i+9)} = \overrightarrow{P_0P_i} \times \boldsymbol{n}_{P_{i+3}P_{i+6}P_{i+9}}$$

$$= \begin{vmatrix} \boldsymbol{i} & \boldsymbol{j} & \boldsymbol{k} \\ x_i & y_i & z_i \\ \mathrm{Prj}_{yz}\mathrm{D}_{P_{i+3}P_{i+6}P_{i+9}} & \mathrm{Prj}_{zx}\mathrm{D}_{P_{i+3}P_{i+6}P_{i+9}} & \mathrm{Prj}_{xy}\mathrm{D}_{P_{i+3}P_{i+6}P_{i+9}} \end{vmatrix} = (a_i, b_i, c_i),$$

其中 $a_i = y_i\mathrm{Prj}_{xy}\mathrm{D}_{P_{i+3}P_{i+6}P_{i+9}} - z_i\mathrm{Prj}_{zx}\mathrm{D}_{P_{i+3}P_{i+6}P_{i+9}}$, $b_i = z_i\mathrm{Prj}_{yz}\mathrm{D}_{P_{i+3}P_{i+6}P_{i+9}} - x_i\mathrm{Prj}_{xy}\mathrm{D}_{P_{i+3}P_{i+6}P_{i+9}}$, $c_i = x_i\mathrm{Prj}_{zx}\mathrm{D}_{P_{i+3}P_{i+6}P_{i+9}} - y_i\mathrm{Prj}_{yz}\mathrm{D}_{P_{i+3}P_{i+6}P_{i+9}}$; $P_{i+12} = P_i$, 其余类同.

平面 $\pi_{0i\text{-}(i+3)(i+6)(i+9)}$ 的方程为

$$a_ix + b_iy + c_iz = 0(i=1,2,\cdots,12).$$

设空间任意点的坐标为 $P(x,y,z)$, 则由点到平面的距离公式, 可得

$$\left|\boldsymbol{n}_{0i\text{-}(i+3)(i+6)(i+9)}\right| \mathrm{D}_{P\text{-}\pi_{0i\text{-}(i+3)(i+6)(i+9)}} = a_ix + b_iy + c_iz(i=1,2,\cdots,12).$$

因为

$$\sum_{i=1}^{12} (-1)^{i-1} a_i = \sum_{i=1}^{12} (-1)^{i-1} \left(y_i\mathrm{Prj}_{xy}\mathrm{D}_{P_{i+3}P_{i+6}P_{i+9}} - z_i\mathrm{Prj}_{zx}\mathrm{D}_{P_{i+3}P_{i+6}P_{i+9}}\right)$$

$$
\begin{aligned}
&=\sum_{i=1}^{12}(-1)^{i-1}\Big\{y_i\big[(x_{i+3}y_{i+6}-x_{i+6}y_{i+3})\\
&\quad+(x_{i+6}y_{i+9}-x_{i+9}y_{i+6})+(x_{i+9}y_{i+3}-x_{i+3}y_{i+9})\big]\\
&\quad-z_i\left[(z_{i+3}x_{i+6}-z_{i+6}x_{i+3})+(z_{i+6}x_{i+9}-z_{i+9}x_{i+6})+(z_{i+9}x_{i+3}-z_{i+3}x_{i+9})\right]\Big\}\\
&=\sum_{i=1}^{12}(-1)^{i-1}\Big\{\big[(x_{i+3}y_iy_{i+6}-x_{i+6}y_iy_{i+3})\\
&\quad+(x_{i+6}y_iy_{i+9}-x_{i+9}y_iy_{i+6})+(x_{i+9}y_iy_{i+3}-x_{i+3}y_iy_{i+9})\big]\\
&\quad-\big[(z_iz_{i+3}x_{i+6}-z_iz_{i+6}x_{i+3})+(z_iz_{i+6}x_{i+9}-z_iz_{i+9}x_{i+6})\\
&\quad+(z_iz_{i+9}x_{i+3}-z_iz_{i+3}x_{i+9})\big]\Big\}\\
&=\sum_{i=1}^{12}(-1)^{i-1}\Big\{\big[(-x_iy_{i+9}y_{i+3}-x_iy_{i+6}y_{i+9})\\
&\quad+(x_iy_{i+6}y_{i+3}+x_iy_{i+3}y_{i+9})+(-x_iy_{i+3}y_{i+6}+x_iy_{i+9}y_{i+6})\big]\\
&\quad-\big[(z_{i+6}z_{i+9}x_i+z_{i+9}z_{i+3}x_i)+(-z_{i+3}z_{i+9}x_i-z_{i+6}z_{i+3}x_i)\\
&\quad+(-z_{i+9}z_{i+6}x_i+z_{i+3}z_{i+6}x_i)\big]\Big\}\\
&=0.
\end{aligned}
$$

类似地, $\sum\limits_{i=1}^{12}(-1)^{i-1}b_i=0$, $\sum\limits_{i=1}^{12}(-1)^{i-1}c_i=0$; 所以

$$
\begin{aligned}
&\sum_{i=1}^{12}\left|\boldsymbol{n}_{0i\text{-}(i+3)(i+6)(i+9)}\right|\mathrm{D}_{P\text{-}\pi_{0i\text{-}(i+3)(i+6)(i+9)}}\\
&=x\sum_{i=1}^{12}(-1)^{i-1}a_i+y\sum_{i=1}^{12}(-1)^{i-1}b_i+z\sum_{i=1}^{12}(-1)^{i-1}c_i=0.
\end{aligned}
$$

因此, 式 (5.4.11) 成立.

推论 5.4.5　设 $P_0P_1, P_0P_2, \cdots, P_0P_{12}$ 是自 P_0 引出的十二条射线, $\pi_{01\text{-}47(10)}$, $\pi_{02\text{-}58(11)}, \cdots, \pi_{0(12)\text{-}369}$是过 P_0 的十二射线点类平面, 则 P 是平面$\pi_{0j\text{-}(j+3)(j+6)(j+9)}$上任意一点的充分必要条件是

$$
\sum_{i=1,i\neq j}^{12}(-1)^{i-1}\left|\boldsymbol{n}_{0i\text{-}(i+3)(i+6)(i+9)}\right|\mathrm{D}_{P\text{-}\pi_{0i\text{-}(i+3)(i+6)(i+9)}}=0\quad(j=1,2,\cdots,12).\tag{5.4.12}
$$

证明　依题设, 由式 (5.4.11), 可得

P 是平面 $\pi_{0j\text{-}(j+3)(j+6)(j+9)}$上任意一点 $\Leftrightarrow \mathrm{D}_{P\text{-}\pi_{0j\text{-}(j+3)(j+6)(j+9)}}=0 \Leftrightarrow$ 式 (5.4.12) 成立.

推论 5.4.6 设 $P_0P_1, P_0P_2, \cdots, P_0P_{12}$ 是自 P_0 引出的十二条射线, $\pi_{01\text{-}47(10)}$, $\pi_{02\text{-}58(11)}$, $\cdots$, $\pi_{0(12)\text{-}369}$ 是过 P_0 的十二射线点类平面.

若 P 是平面 $\pi_{0j\text{-}(j+3)(j+6)(j+9)}, \pi_{0k\text{-}(k+3)(k+6)(k+9)}$ 交线上任意一点, 则

$$\sum_{i=1, i\neq j,k}^{12} (-1)^{i-1} \left|\boldsymbol{n}_{0i\text{-}(i+3)(i+6)(i+9)}\right| \mathrm{D}_{P\text{-}\pi_{0i\text{-}(i+3)(i+6)(i+9)}} = 0, \tag{5.4.13}$$

其中 $j,k=1,2,\cdots,12; j<k$.

证明 依题设, 由式 (5.4.11), 可得

P 是平面 $\pi_{0j\text{-}(j+3)(j+6)(j+9)}, \pi_{0k\text{-}(k+3)(k+6)(k+9)}$ 交线上任意一点

$\Rightarrow \mathrm{D}_{P\text{-}\pi_{0j\text{-}(j+3)(j+6)(j+9)}} = \mathrm{D}_{P\text{-}\pi_{0k\text{-}(k+3)(k+6)(k+9)}} = 0$

$\Rightarrow$ 式 (5.4.13) 成立.

定理 5.4.6 设 $P_0P_1, P_0P_2, \cdots, P_0P_{12}$ 是自 P_0 引出的十二条射线, $\pi_{01\text{-}47(10)}$, $\pi_{02\text{-}58(11)}, \cdots, \pi_{0(12)\text{-}369}$ 是过 P_0 的十二射线点类平面. 若 $\left|\boldsymbol{n}_{01\text{-}47(10)}\right| = \left|\boldsymbol{n}_{02\text{-}58(11)}\right| = \cdots = \left|\boldsymbol{n}_{0(12)\text{-}369}\right|$, P 是空间任意一点, 则

$$\sum_{i=1}^{12} (-1)^{i-1} \mathrm{D}_{P\text{-}\pi_{0i\text{-}(i+3)(i+6)(i+9)}} = 0. \tag{5.4.14}$$

证明 将 $\left|\boldsymbol{n}_{01\text{-}47(10)}\right| = \left|\boldsymbol{n}_{02\text{-}58(11)}\right| = \cdots = \left|\boldsymbol{n}_{0(12)\text{-}369}\right| \neq 0$, 代入式 (5.4.11) 并化简, 即得式 (5.4.14).

定理 5.4.7 设 $P_0P_1, P_0P_2, \cdots, P_0P_{12}$ 是自 P_0 引出的十二条射线, $\pi_{01\text{-}47(10)}$, $\pi_{02\text{-}58(11)}, \cdots, \pi_{0(12)\text{-}369}$ 是过 P_0 的十二射线点类平面. 若对 $\forall i = 1,2,\cdots,12 (i \neq j)$, $\left|\boldsymbol{n}_{0i\text{-}(i+3)(i+6)(i+9)}\right| = a$, 则 P 是平面 $\pi_{0j\text{-}(j+3)(j+6)(j+9)}$ 上任意一点的充分必要条件是

$$\sum_{i=1, i\neq j}^{12} (-1)^{i-1} \mathrm{D}_{P\text{-}\pi_{0i\text{-}(i+3)(i+6)(i+9)}} = 0 (j=1,2,\cdots,12). \tag{5.4.15}$$

证明 依题设, 式 (5.4.11) 可以改写成

$$(-1)^{j-1} \left|\boldsymbol{n}_{0j\text{-}(j+3)(j+6)(j+9)}\right| \mathrm{D}_{P\text{-}\pi_{0j\text{-}(j+3)(j+6)(j+9)}} \Big/ a + \sum_{i=1, i\neq j}^{12} (-1)^{i-1} \mathrm{D}_{P\text{-}\pi_{0i\text{-}(i+3)(i+6)(i+9)}} = 0,$$

其中 $j=1,2,\cdots,12$. 故由上式可得

P 是平面 $\pi_{0j\text{-}(j+3)(j+6)(j+9)}$ 上任意一点 $\Leftrightarrow \mathrm{D}_{P\text{-}\pi_{0j\text{-}(j+3)(j+6)(j+9)}} = 0 \Leftrightarrow$ 式 (5.4.15) 成立.

定理 5.4.8 设 $P_0P_1, P_0P_2, \cdots, P_0P_{12}$ 是自 P_0 引出的十二条射线, $\pi_{01\text{-}47(10)}$, $\pi_{02\text{-}58(11)}, \cdots, \pi_{0(12)\text{-}369}$ 是过 P_0 的十二射线点类平面. 若对 $\forall i = 1, 2, \cdots, 12(i \neq j, k)$, $\left|\boldsymbol{n}_{0i\text{-}(i+3)(i+6)(i+9)}\right| = a$, 则 P 是平面 $\pi_{0j\text{-}(j+3)(j+6)(j+9)}, \pi_{0k\text{-}(k+3)(k+6)(k+9)}$ 交线上任意一点的充分必要条件是

$$\sum_{i=1, i\neq j,k}^{12} (-1)^{i-1} \mathrm{D}_{P\text{-}\pi_{0i\text{-}(i+3)(i+6)(i+9)}} = 0, \tag{5.4.16}$$

其中 $j, k = 1, 2, \cdots, 12; j < k$.

证明 依题设, 式 (5.4.11) 可以改写成

$$\sum_{i=j,k} (-1)^{i-1} \left|\boldsymbol{n}_{0i\text{-}(i+3)(i+6)(i+9)}\right| \mathrm{D}_{P\text{-}\pi_{0i\text{-}(i+3)(i+6)(i+9)}} \Big/ a + \sum_{i=1, i\neq j,k}^{12} (-1)^{i-1} \mathrm{D}_{P\text{-}\pi_{0i\text{-}(i+3)(i+6)(i+9)}} = 0,$$

其中 $j, k = 1, 2, \cdots, 12; j < k$. 故由上式可得

P 是平面 $\pi_{0j\text{-}(j+3)(j+6)(j+9)}, \pi_{0k\text{-}(k+3)(k+6)(k+9)}$ 交线上任意一点

$\Leftrightarrow \mathrm{D}_{P\text{-}\pi_{0j\text{-}(j+3)(j+6)(j+9)}} = \mathrm{D}_{P\text{-}\pi_{0k\text{-}(k+3)(k+6)(k+9)}} = 0 \Leftrightarrow$ 式 (5.4.16) 成立.

定理 5.4.9 设 $P_0P_1, P_0P_2, \cdots, P_0P_{12}$ 是自 P_0 引出的十二条射线, $\pi_{01\text{-}47(10)}$, $\pi_{02\text{-}58(11)}, \cdots, \pi_{0(12)\text{-}369}$ 是过 P_0 的十二射线点类平面.

(1) 若 $\pi_{01\text{-}47(10)}, \pi_{02\text{-}58(11)}, \cdots, \pi_{0(12)\text{-}369}$ 中有十一个平面相交于过点 P_0 的一条直线 l, 则这十二个平面相交于直线 l;

(2) 若 $\pi_{01\text{-}47(10)}, \pi_{02\text{-}58(11)}, \cdots, \pi_{0(12)\text{-}369}$ 中有三个平面仅相交于点 P_0, 则这十二个平面相交于点 P_0.

证明 (1) 不妨设平面 $\pi_{02\text{-}58(11)}, \cdots, \pi_{0(12)\text{-}369}$ 相交于过点 P_0 的一条直线 l. 现设 Q 是直线 l 上任意一点, 则 $\mathrm{D}_{Q\text{-}\pi_{02\text{-}58(11)}} = \cdots = \mathrm{D}_{Q\text{-}\pi_{0(12)\text{-}369}} = 0$. 代入式 (5.4.11), 并注意到 $\left|\boldsymbol{n}_{01\text{-}47(10)}\right| \neq 0$, 得 $\mathrm{D}_{Q\text{-}\pi_{01\text{-}47(10)}} = 0$, 因此 Q 在平面 $\pi_{01\text{-}47(10)}$ 上. 故 $\pi_{01\text{-}47(10)}, \pi_{02\text{-}58(11)}, \cdots, \pi_{0(12)\text{-}369}$ 相交于过点 P_0 的直线 l.

(2) 因为 $\pi_{01\text{-}47(10)}, \pi_{02\text{-}58(11)}, \cdots, \pi_{0(12)\text{-}369}$ 中有三个平面仅相交于点 P_0, 所以这十二个四射线点类平面不共线. 又显然, $\pi_{01\text{-}47(10)}, \pi_{02\text{-}58(11)}, \cdots, \pi_{0(12)\text{-}369}$ 都过点 P_0, 因此这十二个四射线点类平面仅相交于一点 P_0.

定理 5.4.10 设 $P_0\text{-}P_1P_2\cdots P_{12}$ 是十二棱锥, $\pi_{01\text{-}47(10)}, \pi_{02\text{-}58(11)}, \cdots, \pi_{0(12)\text{-}369}$ 是过顶点 P_0 的十二棱线 $P_0P_1, P_0P_2, \cdots, P_0P_{12}$ 点类平面, $\pi_{i(i+1)\text{-}i(i+11)0}$, $\pi_{i(i+11)\text{-}i(i+1)0}, \pi_{i0\text{-}i(i+1)(i+11)}(i = 1, 2, \cdots, 12)$ 是过十二棱锥底面顶点 P_i 的三射线平面, P 是空间任意一点, 则

$$\sum_{i=1}^{12}(-1)^{i-1}\left|\boldsymbol{n}_{0i\text{-}(i+3)(i+6)(i+9)}\right|\mathrm{D}_{P\text{-}\pi_{0i\text{-}(i+3)(i+6)(i+9)}}=0,\tag{5.4.17}$$

其中 $\boldsymbol{n}_{0i\text{-}(i+3)(i+6)(i+9)}=\overrightarrow{P_0P_i}\times\boldsymbol{n}_{(i+3)(i+6)(i+9)}$;

$$\begin{aligned}&\left|\boldsymbol{n}_{i(i+1)\text{-}i(i+11)0}\right|\mathrm{D}_{P\text{-}\pi_{i(i+1)\text{-}i(i+11)0}}+\left|\boldsymbol{n}_{i(i+11)\text{-}i(i+1)0}\right|\mathrm{D}_{P\text{-}\pi_{i(i+11)\text{-}i(i+1)0}}\\&+\left|\boldsymbol{n}_{i0\text{-}i(i+1)(i+11)}\right|\mathrm{D}_{P\text{-}\pi_{i0\text{-}i(i+1)(i+11)}}=0,\end{aligned}\tag{5.4.18}$$

其中 $i=1,2,\cdots,12$; $\boldsymbol{n}_{i(i+1)\text{-}i(i+11)0}=\overrightarrow{P_iP_{i+1}}\times\boldsymbol{n}_{i(i+11)0}$, 其余类同.

证明 对十二棱锥 $P_0\text{-}P_1P_2\cdots P_{12}$ 过顶点 P_0 的十二条棱线 $P_0P_1,P_0P_2,\cdots,P_0P_{12}$ 点类射线平面应用定理 5.4.5, 即得式 (5.4.11); 对十二棱锥 $P_0\text{-}P_1P_2\cdots P_{12}$ 过底面顶点 P_i 的三射线平面 $\pi_{i(i+1)\text{-}i(i+11)0},\pi_{i(i+11)\text{-}i(i+1)0},\pi_{i0\text{-}i(i+1)(i+11)}(i=1,2,\cdots,12)$ 应用定理 5.1.1, 即得式 (5.4.18).

推论 5.4.7 设 $P_0\text{-}P_1P_2\cdots P_{12}$ 是十二棱锥, $\pi_{01\text{-}47(10)},\pi_{02\text{-}58(11)},\cdots,\pi_{0(12)\text{-}369}$ 是过顶点 P_0 的十二棱线 $P_0P_1,P_0P_2,\cdots,P_0P_{12}$ 点类平面, $\pi_{i(i+1)\text{-}i(i+11)0}$, $\pi_{i(i+11)\text{-}i(i+1)0},\pi_{i0\text{-}i(i+1)(i+11)}(i=1,2,\cdots,12)$ 是过十二棱锥底面顶点 P_i 的三射线平面, 则

(1) $\pi_{01\text{-}47(10)},\pi_{02\text{-}58(11)},\cdots,\pi_{0(12)\text{-}369}$ 要么相交于过顶点 P_0 的一条直线; 要么仅相交于一点 P_0;

(2) $\pi_{i(i+1)\text{-}i(i+11)0},\pi_{i(i+11)\text{-}i(i+1)0},\pi_{i0\text{-}i(i+1)(i+11)}(i=1,2,\cdots,12)$ 相交于一条直线 $l_i(i=1,2,\cdots,12)$.

证明 (1) 因为十二棱锥 $P_0\text{-}P_1P_2\cdots P_{12}$ 的底面 $P_1P_2\cdots P_{12}$ 是平面多边形, 故当 $\pi_{01\text{-}47(10)},\pi_{02\text{-}58(11)},\cdots,\pi_{0(12)\text{-}369}$ 中有十一个平面相交于一线时, 由定理 5.4.9(1) 即得这十二个平面均相交于过顶点 P_0 的一条直线; 当 $\pi_{01\text{-}47(10)},\pi_{02\text{-}58(11)},\cdots,\pi_{0(12)\text{-}369}$ 中有三个平面仅相交于一点时, 由定理 5.4.9(2) 即得这十二个平面相交于顶点 P_0.

(2) 根据定理 5.1.3, 可知过四棱锥底面顶点 P_i 的三射线平面 $\pi_{i(i+1)\text{-}i(i+11)0}$, $\pi_{i(i+11)\text{-}i(i+1)0}$, $\pi_{i0\text{-}i(i+1)(i+11)}$ 相交于一条直线 $l_i(i=1,2,\cdots,12)$.

定理 5.4.11 设 $P_0\text{-}P_1P_2\cdots P_{12}$ 是十二棱锥, $\pi_{01\text{-}47(10)},\pi_{02\text{-}58(11)},\cdots,\pi_{0(12)\text{-}369}$ 是过顶点 P_0 的十二棱线 $P_0P_1,P_0P_2,\cdots,P_0P_{12}$ 点类平面, $\pi_{i(i+1)\text{-}i(i+11)0}$, $\pi_{i(i+11)\text{-}i(i+1)0},\pi_{i0\text{-}i(i+1)(i+11)}(i=1,2,\cdots,12)$ 是过十二棱锥底面顶点 P_i 的三射线平面, 则

(1) P 是平面 $\pi_{0j\text{-}(j+3)(j+6)(j+9)}$ 上任意一点的充分必要条件是

$$\sum_{i=1,i\neq j}^{12}(-1)^{i-1}\left|\boldsymbol{n}_{0i\text{-}(i+3)(i+6)(i+9)}\right|\mathrm{D}_{P\text{-}\pi_{0i\text{-}(i+3)(i+6)(i+9)}}=0(j=1,2,\cdots,12);\tag{5.4.19}$$

(2) P 是平面 $\pi_{i(i+1)\text{-}i(i+11)0}$ 上任意一点的充分必要条件是

$$\left|\boldsymbol{n}_{i(i+11)\text{-}i(i+1)0}\right|\mathrm{D}_{P\text{-}\pi_{i(i+11)\text{-}i(i+1)0}}+\left|\boldsymbol{n}_{i0\text{-}i(i+1)(i+11)}\right|\mathrm{D}_{P\text{-}\pi_{i0\text{-}i(i+1)(i+11)}}$$
$$=0(i=1,2,\cdots,12);\tag{5.4.20}$$

(3) P 是平面 $\pi_{i(i+11)\text{-}i(i+1)0}$ 上任意一点的充分必要条件是

$$\left|\boldsymbol{n}_{i(i+1)\text{-}i(i+11)0}\right|\mathrm{D}_{P\text{-}\pi_{i(i+1)\text{-}i(i+11)0}}+\left|\boldsymbol{n}_{i0\text{-}i(i+1)(i+11)}\right|\mathrm{D}_{P\text{-}\pi_{i0\text{-}i(i+1)(i+11)}}$$
$$=0(i=1,2,\cdots,12);$$

(4) P 是平面 $\pi_{i0\text{-}i(i+1)(i+11)}$ 上任意一点的充分必要条件是

$$\left|\boldsymbol{n}_{i(i+1)\text{-}i(i+11)0}\right|\mathrm{D}_{P\text{-}\pi_{i(i+1)\text{-}i(i+11)0}}+\left|\boldsymbol{n}_{i(i+11)\text{-}i(i+1)0}\right|\mathrm{D}_{P\text{-}\pi_{i(i+11)\text{-}i(i+1)0}}$$
$$=0(i=1,2,\cdots,12).$$

证明 (1) 对十二棱锥 $P_0\text{-}P_1P_2\cdots P_{12}$ 过顶点 P_0 的十二棱线 $P_0P_1,P_0P_2,\cdots,P_0P_{12}$ 射线点类平面应用推论 5.4.5, 即得式 (5.4.19).

(2) 对过十二棱锥底面顶点 P_i 的三射线平面 $\pi_{i(i+1)\text{-}i(i+11)0},\pi_{i(i+11)\text{-}i(i+1)0},\pi_{i0\text{-}i(i+1)(i+11)}(i=1,2,\cdots,12)$ 应用推论 5.1.1, 即得式 (5.4.20);

类似地, 可以证明 (3) 和 (4) 中结论成立.

推论 5.4.8 设 $P_0\text{-}P_1P_2\cdots P_{12}$ 是十二棱锥, $\pi_{i(i+1)\text{-}i(i+11)0},\pi_{i(i+11)\text{-}i(i+1)0},\pi_{i0\text{-}i(i+1)(i+11)}(i=1,2,\cdots,12)$ 是过十二棱锥底面顶点 P_i 的三射线平面.

(1) 若 P 是平面 $\pi_{i(i+1)\text{-}i(i+11)0}$ 上任意一点, 则

$$\left|\boldsymbol{n}_{i(i+11)\text{-}i(i+1)0}\right|\mathrm{d}_{P\text{-}\pi_{i(i+11)\text{-}i(i+1)0}}=\left|\boldsymbol{n}_{i0\text{-}i(i+1)(i+11)}\right|\mathrm{d}_{P\text{-}\pi_{i0\text{-}i(i+1)(i+11)}}$$
$$=0(i=1,2,\cdots,12);\tag{5.4.21}$$

(2) 若 P 是平面 $\pi_{i(i+11)\text{-}i(i+1)0}$ 上任意一点, 则

$$\left|\boldsymbol{n}_{i(i+1)\text{-}i(i+11)0}\right|\mathrm{d}_{P\text{-}\pi_{i(i+1)\text{-}i(i+11)0}}=\left|\boldsymbol{n}_{i0\text{-}i(i+1)(i+11)}\right|\mathrm{d}_{P\text{-}\pi_{i0\text{-}i(i+1)(i+11)}}$$
$$=0(i=1,2,\cdots,12);$$

(3) 若 P 是平面 $\pi_{i0\text{-}i(i+1)(i+11)}$ 上任意一点, 则

$$\left|\boldsymbol{n}_{i(i+1)\text{-}i(i+11)0}\right|\mathrm{d}_{P\text{-}\pi_{i(i+1)\text{-}i(i+11)0}}=\left|\boldsymbol{n}_{i(i+11)\text{-}i(i+1)0}\right|\mathrm{d}_{P\text{-}\pi_{i(i+11)\text{-}i(i+1)0}}$$
$$=0(i=1,2,\cdots,12).$$

证明 (1) 由定理 5.4.11 (2) 的必要性, 式 (5.4.20) 移项后等式两边取绝对值, 即得式 (5.4.21).

类似地, 可以证明 (2) 和 (3) 中结论成立.

第 6 章　多面体棱–棱中点面有向距离的定值定理与应用

6.1　四面体棱–棱中点面有向距离的定值定理与应用

本节主要应用三角形面的投影式方程和有向距离定值法, 研究四面体棱–棱中点面有向距离的定值问题. 首先, 给出四面体棱–棱中点面的基本概念; 其次, 在建立四面体棱–棱中点三角形有向面积的投影定理的基础上, 得出四面体棱–棱中点面有向距离的定值定理; 最后, 利用四面体棱–棱中点面有向距离的定值定理和 “由面及体, 由面及线, 由面及点, 点线面体交融” 的思想方法, 推出四面体各面的三个棱–棱中点面相交于一线等的结论, 包括著名的 Commandino 定理.

6.1.1　四面体棱–棱中点面的基本概念

定义 6.1.1　设 $P_1P_2P_3P_4$ 为四面体, P_1Q_{23}, P_2Q_{31}, P_3Q_{12} 是 $P_1P_2P_3P_4$ 三角形面 $P_1P_2P_3$ 的中线, 则称 Q_{23}, Q_{31}, Q_{12} 分别与其对棱所构成的三角形 $P_1Q_{23}P_4$, $P_2Q_{31}P_4$, $P_3Q_{12}P_4$ 为 $P_1P_2P_3P_4$ 三角形面 $P_1P_2P_3$ 的棱–棱中点三角形.

类似地, 可以定义 $P_1P_2P_3P_4$ 其余各三角形面 $P_2P_3P_4$, $P_3P_4P_1$, $P_4P_1P_2$ 的棱–棱中点三角形 $P_2Q_{34}P_1$, $P_3Q_{42}P_1$, $P_4Q_{23}P_1$; $P_3Q_{41}P_2$, $P_4Q_{13}P_2$, $P_1Q_{34}P_2$; $P_4Q_{12}P_3$, $P_1Q_{24}P_3$, $P_2Q_{41}P_3$.

四面体 $P_1P_2P_3P_4$ 各三角形面 $P_1P_2P_3$, $P_2P_3P_4$, $P_3P_4P_1$, $P_4P_1P_2$ 的棱–棱中点三角形, 统称为 $P_1P_2P_3P_4$ 的棱–棱中点三角形.

显然, 三角形 $P_1P_2P_3$ 的中线 P_2Q_{31} 的端点 Q_{31} 与三角形 $P_3P_4P_2$ 的中线 P_4P_{13} 的端点 Q_{13} 是重合的. 因此, 这两个三角形的中线三角形 $P_2Q_{31}P_4$, $P_4Q_{13}P_2$ 亦可分别用 $P_2Q_{13}P_4$, $P_4Q_{31}P_2$ 来表示, 其余类同.

定义 6.1.2　设 $P_1P_2P_3P_4$ 为四面体, $P_1Q_{23}P_4$, $P_2Q_{31}P_4$, $P_3Q_{12}P_4$ 为 $P_1P_2P_3P_4$ 三角形面 $P_1P_2P_3$ 的棱–棱中点三角形, 则称 $P_1Q_{23}P_4$, $P_2Q_{31}P_4$, $P_3Q_{12}P_4$ 所在的平面分别为 $P_1P_2P_3P_4$ 三角形面 $P_1P_2P_3$ 的棱–棱中点面, 记为 $\pi_{P_1Q_{23}P_4}$, $\pi_{P_2Q_{31}P_4}$, $\pi_{P_3Q_{12}P_4}$.

类似地, 可以定义 $P_1P_2P_3P_4$ 关于其余各三角形面 $P_2P_3P_4$, $P_3P_4P_1$, $P_4P_1P_2$ 的棱–棱中点面 $\pi_{P_2Q_{34}P_1}$, $\pi_{P_3Q_{42}P_1}$, $\pi_{P_4Q_{23}P_1}$; $\pi_{P_3Q_{41}P_2}$, $\pi_{P_4Q_{13}P_2}$, $\pi_{P_1Q_{34}P_2}$; $\pi_{P_4Q_{12}P_3}$, $\pi_{P_1Q_{24}P_3}$, $\pi_{P_2Q_{41}P_3}$.

显然, $P_1P_2P_3P_4$ 三角形面 $P_1P_2P_3$ 的棱–棱中点面 $\pi_{P_1Q_{23}P_4}$, $\pi_{P_2Q_{31}P_4}$, $\pi_{P_3Q_{12}P_4}$, 依次与 $P_1P_2P_3P_4$ 其余各三角形面 $P_2P_3P_4$, $P_3P_4P_1$, $P_4P_1P_2$ 的棱–棱中点面$\pi_{P_4Q_{23}P_1}$, $\pi_{P_4Q_{13}P_2}$, $\pi_{P_4Q_{12}P_3}$ 反向重合, 等等.

因此, 四面体 $P_1P_2P_3P_4$ 只有如下六个不重合的棱–棱中点面$\pi_{P_1Q_{23}P_4}(\pi_{P_4Q_{23}P_1})$, $\pi_{P_2Q_{31}P_4}$ $(\pi_{P_4Q_{13}P_2})$, $\pi_{P_3Q_{12}P_4}$ $(\pi_{P_4Q_{12}P_3})$, $\pi_{P_2Q_{34}P_1}$ $(\pi_{P_1Q_{34}P_2})$, $\pi_{P_3Q_{42}P_1}$ $(\pi_{P_1Q_{24}P_3})$, $\pi_{P_3Q_{41}P_2}(\pi_{P_2Q_{41}P_3})$.

定义 6.1.3 过四面体 $P_1P_2P_3P_4$ 一个顶点 P_l 与其对面 $P_iP_jP_k$ 重心的连线, 称为 $P_1P_2P_3P_4$ 的重心线, 记为 m_{l-ijk}.

显然, 四面体 $P_1P_2P_3P_4$ 有四条重心线, 即 $m_{1\text{-}234}$, $m_{2\text{-}341}$, $m_{3\text{-}412}$, $m_{4\text{-}123}$, 而就四面体 $P_1P_2P_3P_4$ 某个面而言, 例如 $P_1P_2P_3$, 记号 $m_{4\text{-}123}$, $m_{4\text{-}231}$, $m_{4\text{-}312}$ 是完全一样的, 不必区分.

6.1.2 四面体棱–棱中点面有向距离的定值定理

定理 6.1.1 设$P_1P_2P_3P_4$ 是四面体, $P_1Q_{23}P_4$, $P_2Q_{31}P_4$, $P_3Q_{12}P_4$; $P_2Q_{34}P_1$, $P_3Q_{42}P_1$, $P_4Q_{23}P_1$; $P_3Q_{41}P_2$, $P_4Q_{13}P_2$, $P_1Q_{34}P_2$; $P_4Q_{12}P_3$, $P_1Q_{24}P_3$, $P_2Q_{41}P_3$ 是 $P_1P_2P_3P_4$ 的棱–棱中点三角形, 则

$$\mathrm{Prj}_{xy}\mathrm{D}_{P_1Q_{23}P_4}+\mathrm{Prj}_{xy}\mathrm{D}_{P_2Q_{31}P_4}+\mathrm{Prj}_{xy}\mathrm{D}_{P_3Q_{12}P_4}=0, \tag{6.1.1}$$

$$\mathrm{Prj}_{yz}\mathrm{D}_{P_1Q_{23}P_4}+\mathrm{Prj}_{yz}\mathrm{D}_{P_2Q_{31}P_4}+\mathrm{Prj}_{yz}\mathrm{D}_{P_3Q_{12}P_4}=0, \tag{6.1.2}$$

$$\mathrm{Prj}_{zx}\mathrm{D}_{P_1Q_{23}P_4}+\mathrm{Prj}_{zx}\mathrm{D}_{P_2Q_{31}P_4}+\mathrm{Prj}_{zx}\mathrm{D}_{P_3Q_{12}P_4}=0; \tag{6.1.3}$$

$$\mathrm{Prj}_{xy}\mathrm{D}_{P_2Q_{34}P_1}+\mathrm{Prj}_{xy}\mathrm{D}_{P_3Q_{42}P_1}+\mathrm{Prj}_{xy}\mathrm{D}_{P_4Q_{23}P_1}=0, \tag{6.1.4}$$

$$\mathrm{Prj}_{yz}\mathrm{D}_{P_2Q_{34}P_1}+\mathrm{Prj}_{yz}\mathrm{D}_{P_3Q_{42}P_1}+\mathrm{Prj}_{yz}\mathrm{D}_{P_4Q_{23}P_1}=0, \tag{6.1.5}$$

$$\mathrm{Prj}_{zx}\mathrm{D}_{P_2Q_{34}P_1}+\mathrm{Prj}_{zx}\mathrm{D}_{P_3Q_{42}P_1}+\mathrm{Prj}_{zx}\mathrm{D}_{P_4Q_{23}P_1}=0; \tag{6.1.6}$$

$$\mathrm{Prj}_{xy}\mathrm{D}_{P_3Q_{41}P_2}+\mathrm{Prj}_{xy}\mathrm{D}_{P_4Q_{13}P_2}+\mathrm{Prj}_{xy}\mathrm{D}_{P_1Q_{34}P_2}=0, \tag{6.1.7}$$

$$\mathrm{Prj}_{yz}\mathrm{D}_{P_3Q_{41}P_2}+\mathrm{Prj}_{yz}\mathrm{D}_{P_4Q_{13}P_2}+\mathrm{Prj}_{yz}\mathrm{D}_{P_1Q_{34}P_2}=0, \tag{6.1.8}$$

$$\mathrm{Prj}_{zx}\mathrm{D}_{P_3Q_{41}P_2}+\mathrm{Prj}_{zx}\mathrm{D}_{P_4Q_{13}P_2}+\mathrm{Prj}_{zx}\mathrm{D}_{P_1Q_{34}P_2}=0; \tag{6.1.9}$$

$$\mathrm{Prj}_{xy}\mathrm{D}_{P_4Q_{12}P_3}+\mathrm{Prj}_{xy}\mathrm{D}_{P_1Q_{24}P_3}+\mathrm{Prj}_{xy}\mathrm{D}_{P_2Q_{41}P_3}=0, \tag{6.1.10}$$

$$\mathrm{Prj}_{yz}\mathrm{D}_{P_4Q_{12}P_3}+\mathrm{Prj}_{yz}\mathrm{D}_{P_1Q_{24}P_3}+\mathrm{Prj}_{yz}\mathrm{D}_{P_2Q_{41}P_3}=0, \tag{6.1.11}$$

$$\mathrm{Prj}_{zx}\mathrm{D}_{P_4Q_{12}P_3}+\mathrm{Prj}_{zx}\mathrm{D}_{P_1Q_{24}P_3}+\mathrm{Prj}_{zx}\mathrm{D}_{P_2Q_{41}P_3}=0. \tag{6.1.12}$$

证明 如图 6.1.1 所示. 设四面体 $P_1P_2P_3P_4$ 顶点的坐标为 $P_i(x_i, y_i, z_i)(i=1, 2, 3, 4)$, 于是三角形面 $P_1P_2P_3$ 各边中点坐标为

$$Q_{12}\left(\frac{x_1+x_2}{2}, \frac{y_1+y_2}{2}, \frac{z_1+z_2}{2}\right), \quad Q_{23}\left(\frac{x_2+x_3}{2}, \frac{y_2+y_3}{2}, \frac{z_2+z_3}{2}\right),$$

$$Q_{31}\left(\frac{x_3+x_1}{2},\frac{y_3+y_1}{2},\frac{z_3+z_1}{2}\right).$$

故由空间三角形在坐标面上投影公式, 可得

$$\begin{aligned}\mathrm{Prj}_{xy}\mathrm{D}_{P_1Q_{23}P_4}&=\frac{1}{4}\begin{vmatrix}x_1 & y_1 & 1\\ x_2+x_3 & y_2+y_3 & 1+1\\ x_4 & y_4 & 1\end{vmatrix}=\frac{1}{4}\begin{vmatrix}x_1 & y_1 & 1\\ x_2 & y_2 & 1\\ x_4 & y_4 & 1\end{vmatrix}+\frac{1}{4}\begin{vmatrix}x_1 & y_1 & 1\\ x_3 & y_3 & 1\\ x_4 & y_4 & 1\end{vmatrix}\\ &=\frac{1}{2}\mathrm{Prj}_{xy}\mathrm{D}_{P_1P_2P_4}+\frac{1}{2}\mathrm{Prj}_{xy}\mathrm{D}_{P_1P_3P_4}.\end{aligned}\tag{6.1.13}$$

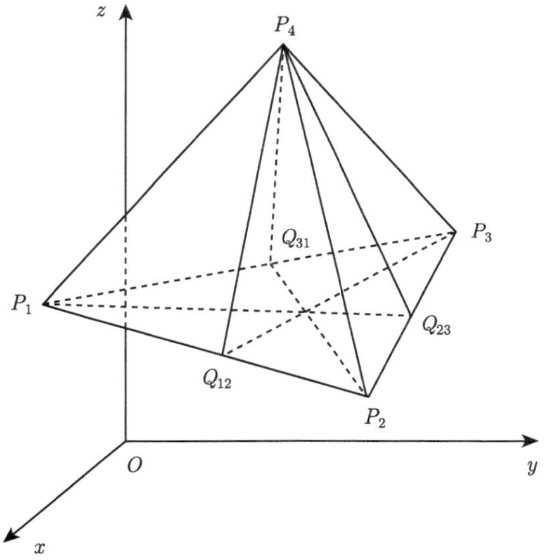

图 6.1.1

类似地, 可得

$$\mathrm{Prj}_{xy}\mathrm{D}_{P_2Q_{31}P_4}=\frac{1}{2}\mathrm{Prj}_{xy}\mathrm{D}_{P_2P_3P_4}-\frac{1}{2}\mathrm{Prj}_{xy}\mathrm{D}_{P_1P_2P_4},\tag{6.1.14}$$

$$\mathrm{Prj}_{xy}\mathrm{D}_{P_3Q_{12}P_4}=-\frac{1}{2}\mathrm{Prj}_{xy}\mathrm{D}_{P_1P_3P_4}-\frac{1}{2}\mathrm{Prj}_{xy}\mathrm{D}_{P_2P_3P_4}.\tag{6.1.15}$$

式 (6.1.13) + (6.1.14) + (6.1.15), 即得式 (6.1.1).

类似地, 可以证明式 (6.1.2)~(6.1.12) 成立.

定理 6.1.2 设 $P_1P_2P_3P_4$ 是四面体, $P_1Q_{23}P_4$, $P_2Q_{31}P_4$, $P_3Q_{12}P_4$; $P_2Q_{34}P_1$, $P_3Q_{42}P_1$, $P_4Q_{23}P_1$; $P_3Q_{41}P_2$, $P_4Q_{31}P_2$, $P_1Q_{34}P_2$; $P_4Q_{12}P_3$, $P_1Q_{42}P_3$, $P_2Q_{41}P_3$ 是 $P_1P_2P_3P_4$ 的棱–棱中点三角形, $\pi_{P_1Q_{23}P_4}$, $\pi_{P_2Q_{31}P_4}$, $\pi_{P_3Q_{12}P_4}$; $\pi_{P_2Q_{34}P_1}$, $\pi_{P_3Q_{42}P_1}$, $\pi_{P_4Q_{23}P_1}$; $\pi_{P_3Q_{41}P_2}$, $\pi_{P_4Q_{13}P_2}$, $\pi_{P_1Q_{34}P_2}$; $\pi_{P_4Q_{12}P_3}$, $\pi_{P_1Q_{24}P_3}$, $\pi_{P_2Q_{41}P_3}$ 是 $P_1P_2P_3P_4$

的棱–棱中点面, P 是空间任意一点, 则

$$\mathrm{a}_{P_1Q_{23}P_4}\mathrm{D}_{P\text{-}\pi_{P_1Q_{23}P_4}}+\mathrm{a}_{P_2Q_{31}P_4}\mathrm{D}_{P\text{-}\pi_{P_2Q_{31}P_4}}+\mathrm{a}_{P_3Q_{12}P_4}\mathrm{D}_{P\text{-}\pi_{P_3Q_{12}P_4}}=0, \quad (6.1.16)$$

$$\mathrm{a}_{P_2Q_{34}P_1}\mathrm{D}_{P\text{-}\pi_{P_2Q_{34}P_1}}+\mathrm{a}_{P_3Q_{42}P_1}\mathrm{D}_{P\text{-}\pi_{P_3Q_{42}P_1}}+\mathrm{a}_{P_4Q_{23}P_1}\mathrm{D}_{P\text{-}\pi_{P_4Q_{23}P_1}}=0, \quad (6.1.17)$$

$$\mathrm{a}_{P_3Q_{41}P_2}\mathrm{D}_{P\text{-}\pi_{P_3Q_{41}P_2}}+\mathrm{a}_{P_4Q_{13}P_2}\mathrm{D}_{P\text{-}\pi_{P_4Q_{13}P_2}}+\mathrm{a}_{P_1Q_{34}P_2}\mathrm{D}_{P\text{-}\pi_{P_1Q_{34}P_2}}=0, \quad (6.1.18)$$

$$\mathrm{a}_{P_4Q_{12}P_3}\mathrm{D}_{P\text{-}\pi_{P_4Q_{12}P_3}}+\mathrm{a}_{P_1Q_{24}P_3}\mathrm{D}_{P\text{-}\pi_{P_1Q_{24}P_3}}+\mathrm{a}_{P_2Q_{41}P_3}\mathrm{D}_{P\text{-}\pi_{P_2Q_{41}P_3}}=0. \quad (6.1.19)$$

证明　设四面体 $P_1P_2P_3P_4$ 顶点的坐标如定理 6.1.1. 根据定理 2.1.1, 可得 $P_1P_2P_3P_4$ 三角形面 $P_1P_2P_3$ 的棱–棱中点三角形面的方程

$$\pi_{P_1Q_{23}P_4}: x\mathrm{Prj}_{yz}\mathrm{D}_{P_1Q_{23}P_4}+y\mathrm{Prj}_{zx}\mathrm{D}_{P_1Q_{23}P_4}+z\mathrm{Prj}_{xy}\mathrm{D}_{P_1Q_{23}P_4}-\Delta_{P_1Q_{23}P_4}=0,$$

$$\pi_{P_2Q_{31}P_4}: x\mathrm{Prj}_{yz}\mathrm{D}_{P_2Q_{31}P_4}+y\mathrm{Prj}_{zx}\mathrm{D}_{P_2Q_{31}P_4}+z\mathrm{Prj}_{xy}\mathrm{D}_{P_2Q_{31}P_4}-\Delta_{P_2Q_{31}P_4}=0,$$

$$\pi_{P_3Q_{12}P_4}: x\mathrm{Prj}_{yz}\mathrm{D}_{P_3Q_{12}P_4}+y\mathrm{Prj}_{zx}\mathrm{D}_{P_3Q_{12}P_4}+z\mathrm{Prj}_{xy}\mathrm{D}_{P_3Q_{12}P_4}-\Delta_{P_3Q_{12}P_4}=0.$$

设空间任意点的坐标为 $P(x,y,z)$, 于是由点到平面的有向距离公式, 可得

$$\begin{aligned}&\mathrm{a}_{P_1Q_{23}P_4}\mathrm{D}_{P\text{-}\pi_{P_1Q_{23}P_4}}\\=&x\mathrm{Prj}_{yz}\mathrm{D}_{P_1Q_{23}P_4}+y\mathrm{Prj}_{zx}\mathrm{D}_{P_1Q_{23}P_4}+z\mathrm{Prj}_{xy}\mathrm{D}_{P_1Q_{23}P_4}-\Delta_{P_1Q_{23}P_4},\end{aligned} \quad (6.1.20)$$

$$\begin{aligned}&\mathrm{a}_{P_2Q_{31}P_4}\mathrm{D}_{P\text{-}\pi_{P_2Q_{31}P_4}}\\=&x\mathrm{Prj}_{yz}\mathrm{D}_{P_2Q_{31}P_4}+y\mathrm{Prj}_{zx}\mathrm{D}_{P_2Q_{31}P_4}+z\mathrm{Prj}_{xy}\mathrm{D}_{P_2Q_{31}P_4}-\Delta_{P_2Q_{31}P_4},\end{aligned} \quad (6.1.21)$$

$$\begin{aligned}&\mathrm{a}_{P_3Q_{12}P_4}\mathrm{D}_{P\text{-}\pi_{P_3Q_{12}P_4}}\\=&x\mathrm{Prj}_{yz}\mathrm{D}_{P_3Q_{12}P_4}+y\mathrm{Prj}_{zx}\mathrm{D}_{P_3Q_{12}P_4}+z\mathrm{Prj}_{xy}\mathrm{D}_{P_3Q_{12}P_4}-\Delta_{P_3Q_{12}P_4}.\end{aligned} \quad (6.1.22)$$

因为

$$\begin{aligned}&\Delta_{P_1Q_{23}P_4}+\Delta_{P_2Q_{31}P_4}+\Delta_{P_3Q_{12}P_4}\\=&\frac{1}{2}\sum_{i=1}^{3}\begin{vmatrix}x_i & y_i & z_i\\ \dfrac{x_{i+1}+x_{i+2}}{2} & \dfrac{y_{i+1}+y_{i+2}}{2} & \dfrac{z_{i+1}+z_{i+2}}{2}\\ x_4 & y_4 & z_4\end{vmatrix}\\=&\frac{1}{4}\sum_{i=1}^{3}\begin{vmatrix}x_i & y_i & z_i\\ x_{i+1} & y_{i+1} & z_{i+1}\\ x_4 & y_4 & z_4\end{vmatrix}+\frac{1}{4}\sum_{i=1}^{3}\begin{vmatrix}x_i & y_i & z_i\\ x_{i+2} & y_{i+2} & z_{i+2}\\ x_4 & y_4 & z_4\end{vmatrix}\\=&\frac{1}{4}\sum_{i=1}^{3}\begin{vmatrix}x_i & y_i & z_i\\ x_{i+1} & y_{i+1} & z_{i+1}\\ x_4 & y_4 & z_4\end{vmatrix}+\frac{1}{4}\sum_{i=1}^{3}\begin{vmatrix}x_{i+1} & y_{i+1} & z_{i+1}\\ x_{i+3} & y_{i+3} & z_{i+3}\\ x_4 & y_4 & z_4\end{vmatrix}\end{aligned}$$

$$=\frac{1}{4}\sum_{i=1}^{3}\begin{vmatrix} x_i & y_i & z_i \\ x_{i+1} & y_{i+1} & z_{i+1} \\ x_4 & y_4 & z_4 \end{vmatrix}+\frac{1}{4}\sum_{i=1}^{3}\begin{vmatrix} x_{i+1} & y_{i+1} & z_{i+1} \\ x_i & y_i & z_i \\ x_4 & y_4 & z_4 \end{vmatrix}$$
$$=0,$$

故由定理 6.1.1, 式 (6.1.20) + (6.1.21) + (6.1.22), 得

$$\begin{aligned}&\mathrm{a}_{P_1Q_{23}P_4}\mathrm{D}_{P\text{-}\pi_{P_1Q_{23}P_4}}+\mathrm{a}_{P_2Q_{31}P_4}\mathrm{D}_{P\text{-}\pi_{P_2Q_{31}P_4}}+\mathrm{a}_{P_3Q_{12}P_4}\mathrm{D}_{P\text{-}\pi_{P_3Q_{12}P_4}}\\ =&x\left(\mathrm{Prj}_{yz}\mathrm{D}_{P_1Q_{23}P_4}+\mathrm{Prj}_{yz}\mathrm{D}_{P_2Q_{31}P_4}+\mathrm{Prj}_{yz}\mathrm{D}_{P_3Q_{12}P_4}\right)\\ &+y\left(\mathrm{Prj}_{zx}\mathrm{D}_{P_1Q_{23}P_4}+\mathrm{Prj}_{zx}\mathrm{D}_{P_2Q_{31}P_4}+\mathrm{Prj}_{zx}\mathrm{D}_{P_3Q_{12}P_4}\right)\\ &+z\left(\mathrm{Prj}_{xy}\mathrm{D}_{P_1Q_{23}P_4}+\mathrm{Prj}_{xy}\mathrm{D}_{P_2Q_{31}P_4}+\mathrm{Prj}_{xy}\mathrm{D}_{P_3Q_{12}P_4}\right)\\ &-\left(\Delta_{P_1Q_{23}P_4}+\Delta_{P_2Q_{31}P_4}+\Delta_{P_3Q_{12}P_4}\right)\\ =&0,\end{aligned}$$

因此, 式 (6.1.16) 成立.

类似地, 可以证明式 (6.1.17)~(6.1.19) 成立.

推论 6.1.1 设 $P_1P_2P_3P_4$ 是四面体, $P_1Q_{23}P_4$, $P_2Q_{31}P_4$, $P_3Q_{12}P_4$; $P_2Q_{34}P_1$, $P_3Q_{42}P_1$, $P_4Q_{23}P_1$; $P_3Q_{41}P_2$, $P_4Q_{13}P_2$, $P_1Q_{34}P_2$; $P_4Q_{12}P_3$, $P_1Q_{24}P_3$, $P_2Q_{41}P_3$ 是 $P_1P_2P_3P_4$ 的棱–棱中点三角形, $\pi_{P_1Q_{23}P_4}$, $\pi_{P_2Q_{31}P_4}$, $\pi_{P_3Q_{12}P_4}$; $\pi_{P_2Q_{34}P_1}$, $\pi_{P_3Q_{42}P_1}$, $\pi_{P_4Q_{23}P_1}$; $\pi_{P_3Q_{41}P_2}$, $\pi_{P_4Q_{13}P_2}$, $\pi_{P_1Q_{34}P_2}$; $\pi_{P_4Q_{12}P_3}$, $\pi_{P_1Q_{24}P_3}$, $\pi_{P_2Q_{41}P_3}$ 是 $P_1P_2P_3P_4$ 的棱–棱中点面, 则

(1) P 是棱–棱中点面 $\pi_{P_1Q_{23}P_4}(\pi_{P_4Q_{23}P_1})$ 上任意一点的充分必要条件是

$$\mathrm{a}_{P_2Q_{31}P_4}\mathrm{D}_{P\text{-}\pi_{P_2Q_{31}P_4}}+\mathrm{a}_{P_3Q_{12}P_4}\mathrm{D}_{P\text{-}\pi_{P_3Q_{12}P_4}}=0, \tag{6.1.23}$$

或

$$\mathrm{a}_{P_2Q_{34}P_1}\mathrm{D}_{P\text{-}\pi_{P_2Q_{34}P_1}}+\mathrm{a}_{P_3Q_{42}P_1}\mathrm{D}_{P\text{-}\pi_{P_3Q_{42}P_1}}=0; \tag{6.1.24}$$

(2) P 是棱–棱中点面 $\pi_{P_2Q_{31}P_4}(\pi_{P_4Q_{13}P_2})$ 上任意一点的充分必要条件是

$$\mathrm{a}_{P_1Q_{23}P_4}\mathrm{D}_{P\text{-}\pi_{P_1Q_{23}P_4}}+\mathrm{a}_{P_3Q_{12}P_4}\mathrm{D}_{P\text{-}\pi_{P_3Q_{12}P_4}}=0,$$

或

$$\mathrm{a}_{P_3Q_{41}P_2}\mathrm{D}_{P\text{-}\pi_{P_3Q_{41}P_2}}+\mathrm{a}_{P_1Q_{34}P_2}\mathrm{D}_{P\text{-}\pi_{P_1Q_{34}P_2}}=0;$$

(3) P 是棱–棱中点面 $\pi_{P_3Q_{12}P_4}(\pi_{P_4Q_{12}P_3})$ 上任意一点的充分必要条件是

$$\mathrm{a}_{P_1Q_{23}P_4}\mathrm{D}_{P\text{-}\pi_{P_1Q_{23}P_4}}+\mathrm{a}_{P_2Q_{31}P_4}\mathrm{D}_{P\text{-}\pi_{P_2Q_{31}P_4}}=0,$$

或

$$\mathrm{a}_{P_1Q_{24}P_3}\mathrm{D}_{P\text{-}\pi_{P_1Q_{24}P_3}}+\mathrm{a}_{P_2Q_{24}P_3}\mathrm{D}_{P\text{-}\pi_{P_2Q_{41}P_3}}=0;$$

(4) P 是棱–棱中点面 $\pi_{P_2Q_{34}P_1}(\pi_{P_1Q_{34}P_2})$ 上任意一点的充分必要条件是

$$\mathrm{a}_{P_3Q_{42}P_1}\mathrm{D}_{P\text{-}\pi_{P_3Q_{42}P_1}}+\mathrm{a}_{P_4Q_{23}P_1}\mathrm{D}_{P\text{-}\pi_{P_4Q_{23}P_1}}=0,$$

或

$$\mathrm{a}_{P_3Q_{41}P_2}\mathrm{D}_{P\text{-}\pi_{P_3Q_{41}P_2}}+\mathrm{a}_{P_4Q_{13}P_2}\mathrm{D}_{P\text{-}\pi_{P_4Q_{13}P_2}}=0;$$

(5) P 是棱–棱中点面 $\pi_{P_3Q_{42}P_1}(\pi_{P_1Q_{24}P_3})$ 上任意一点的充分必要条件是

$$\mathrm{a}_{P_2Q_{34}P_1}\mathrm{D}_{P\text{-}\pi_{P_2Q_{34}P_1}}+\mathrm{a}_{P_4Q_{23}P_1}\mathrm{D}_{P\text{-}\pi_{P_4Q_{23}P_1}}=0,$$

或

$$\mathrm{a}_{P_4Q_{12}P_3}\mathrm{D}_{P\text{-}\pi_{P_4Q_{12}P_3}}+\mathrm{a}_{P_2Q_{41}P_3}\mathrm{D}_{P\text{-}\pi_{P_2Q_{41}P_3}}=0;$$

(6) P 是棱–棱中点面 $\pi_{P_3Q_{41}P_2}(\pi_{P_2Q_{41}P_3})$ 上任意一点的充分必要条件是

$$\mathrm{a}_{P_4Q_{13}P_2}\mathrm{D}_{P\text{-}\pi_{P_4Q_{13}P_2}}+\mathrm{a}_{P_1Q_{34}P_2}\mathrm{D}_{P\text{-}\pi_{P_1Q_{34}P_2}}=0;$$

或

$$\mathrm{a}_{P_4Q_{12}P_3}\mathrm{D}_{P\text{-}\pi_{P_4Q_{12}P_3}}+\mathrm{a}_{P_1Q_{24}P_3}\mathrm{D}_{P\text{-}\pi_{P_1Q_{24}P_3}}=0.$$

证明 (1) 根据定理 6.1.2, 由式 (6.1.16) 和 (6.1.17), 可得

P 是 $\pi_{P_1Q_{23}P_4}(\pi_{P_4Q_{23}P_1})$ 上任意一点 $\Leftrightarrow$ $\mathrm{D}_{P\text{-}\pi_{P_1Q_{23}P_4}}=0(\mathrm{D}_{P\text{-}\pi_{P_4Q_{23}P_1}}=0)$ $\Leftrightarrow$ 式 (6.1.23) 成立 $\Leftrightarrow$ 式 (6.1.24) 成立.

类似地, 可以证明 (2)~(6) 中结论成立.

推论 6.1.2 设 $P_1P_2P_3P_4$ 是四面体, $P_1Q_{23}P_4$, $P_2Q_{31}P_4$, $P_3Q_{12}P_4$; $P_2Q_{34}P_1$, $P_3Q_{42}P_1$, $P_4Q_{23}P_1$; $P_3Q_{41}P_2$, $P_4Q_{13}P_2$, $P_1Q_{34}P_2$; $P_4Q_{12}P_3$, $P_1Q_{24}P_3$, $P_2Q_{41}P_3$ 是 $P_1P_2P_3P_4$ 的棱–棱中点三角形, $\pi_{P_1Q_{23}P_4}$, $\pi_{P_2Q_{31}P_4}$, $\pi_{P_3Q_{12}P_4}$; $\pi_{P_2Q_{34}P_1}$, $\pi_{P_3Q_{42}P_1}$, $\pi_{P_4Q_{23}P_1}$; $\pi_{P_3Q_{41}P_2}$, $\pi_{P_4Q_{13}P_2}$, $\pi_{P_1Q_{34}P_2}$; $\pi_{P_4Q_{12}P_3}$, $\pi_{P_1Q_{24}P_3}$, $\pi_{P_2Q_{41}P_3}$ 是 $P_1P_2P_3P_4$ 的棱–棱中点面.

(1) 若 P 是棱–棱中点面 $\pi_{P_1Q_{23}P_4}(\pi_{P_4Q_{23}P_1})$ 上任意一点, 则

$$\mathrm{a}_{P_2Q_{31}P_4}\mathrm{d}_{P\text{-}\pi_{P_2Q_{31}P_4}}=\mathrm{a}_{P_3Q_{12}P_4}\mathrm{d}_{P\text{-}\pi_{P_3Q_{12}P_4}},$$
$$\mathrm{a}_{P_2Q_{34}P_1}\mathrm{d}_{P\text{-}\pi_{P_2Q_{34}P_1}}=\mathrm{a}_{P_3Q_{42}P_1}\mathrm{d}_{P\text{-}\pi_{P_3Q_{42}P_1}};$$

(2) 若 P 是棱–棱中点面 $\pi_{P_2Q_{31}P_4}(\pi_{P_4Q_{13}P_2})$ 上任意一点, 则

$$\mathrm{a}_{P_1Q_{23}P_4}\mathrm{d}_{P\text{-}\pi_{P_1Q_{23}P_4}}=\mathrm{a}_{P_3Q_{12}P_4}\mathrm{d}_{P\text{-}\pi_{P_3Q_{12}P_4}},$$
$$\mathrm{a}_{P_3Q_{41}P_2}\mathrm{d}_{P\text{-}\pi_{P_3Q_{41}P_2}}=\mathrm{a}_{P_1Q_{34}P_2}\mathrm{d}_{P\text{-}\pi_{P_1Q_{34}P_2}};$$

(3) 若 P 是棱–棱中点面 $\pi_{P_3Q_{12}P_4}(\pi_{P_4Q_{12}P_3})$ 上任意一点, 则

$$\mathrm{a}_{P_1Q_{23}P_4}\mathrm{d}_{P\text{-}\pi_{P_1Q_{23}P_4}}=\mathrm{a}_{P_2Q_{31}P_4}\mathrm{d}_{P\text{-}\pi_{P_2Q_{31}P_4}},$$
$$\mathrm{a}_{P_1Q_{24}P_3}\mathrm{d}_{P\text{-}\pi_{P_1Q_{24}P_3}}=\mathrm{a}_{P_2Q_{41}P_3}\mathrm{d}_{P\text{-}\pi_{P_2Q_{41}P_3}};$$

(4) 若 P 是棱–棱中点面 $\pi_{P_2Q_{34}P_1}(\pi_{P_1Q_{34}P_2})$ 上任意一点, 则

$$\mathrm{a}_{P_3Q_{42}P_1}\mathrm{d}_{P\text{-}\pi_{P_3Q_{42}P_1}}=\mathrm{a}_{P_4Q_{23}P_1}\mathrm{d}_{P\text{-}\pi_{P_4Q_{23}P_1}},$$
$$\mathrm{a}_{P_3Q_{41}P_2}\mathrm{d}_{P\text{-}\pi_{P_3Q_{41}P_2}}=\mathrm{a}_{P_4Q_{13}P_2}\mathrm{d}_{P\text{-}\pi_{P_4Q_{13}P_2}};$$

(5) 若 P 是棱–棱中点面 $\pi_{P_3Q_{42}P_1}(\pi_{P_1Q_{24}P_3})$ 上任意一点, 则

$$\mathrm{a}_{P_2Q_{34}P_1}\mathrm{d}_{P\text{-}\pi_{P_2Q_{34}P_1}}=\mathrm{a}_{P_4Q_{23}P_1}\mathrm{d}_{P\text{-}\pi_{P_4Q_{23}P_1}},$$
$$\mathrm{a}_{P_4Q_{12}P_3}\mathrm{d}_{P\text{-}\pi_{P_4Q_{12}P_3}}=\mathrm{a}_{P_2Q_{41}P_3}\mathrm{d}_{P\text{-}\pi_{P_2Q_{41}P_3}};$$

(6) 若 P 是棱–棱中点面 $\pi_{P_3Q_{41}P_2}(\pi_{P_2Q_{41}P_3})$ 上任意一点, 则

$$\mathrm{a}_{P_4Q_{13}P_2}\mathrm{d}_{P\text{-}\pi_{P_4Q_{13}P_2}}=\mathrm{a}_{P_1Q_{34}P_2}\mathrm{d}_{P\text{-}\pi_{P_1Q_{34}P_2}},$$
$$\mathrm{a}_{P_4Q_{12}P_3}\mathrm{d}_{P\text{-}\pi_{P_4Q_{12}P_3}}=\mathrm{a}_{P_1Q_{24}P_3}\mathrm{d}_{P\text{-}\pi_{P_1Q_{24}P_3}}.$$

证明 (1) 根据推论 6.1.1 的必要性, 式 (6.1.23) 和 (6.1.24) 移项后, 等式两边分别取绝对值, 即得

$$\mathrm{a}_{P_2Q_{31}P_4}\mathrm{d}_{P\text{-}\pi_{P_2Q_{31}P_4}}=\mathrm{a}_{P_3Q_{12}P_4}\mathrm{d}_{P\text{-}\pi_{P_3Q_{12}P_4}},$$
$$\mathrm{a}_{P_2Q_{34}P_1}\mathrm{d}_{P\text{-}\pi_{P_2Q_{34}P_1}}=\mathrm{a}_{P_3Q_{42}P_1}\mathrm{d}_{P\text{-}\pi_{P_3Q_{42}P_1}}.$$

类似地, 可以证明 (2)~(6) 中结论成立.

6.1.3 四面体棱–棱中点面有向距离定值定理的应用

定理 6.1.3 四面体 $P_1P_2P_3P_4$各面的棱–棱中点面 $\pi_{P_1Q_{23}P_4}, \pi_{P_2Q_{31}P_4}, \pi_{P_3Q_{12}P_4}$; $\pi_{P_2Q_{34}P_1}$, $\pi_{P_3Q_{42}P_1}$, $\pi_{P_4Q_{23}P_1}$; $\pi_{P_3Q_{41}P_2}$, $\pi_{P_4Q_{13}P_2}$, $\pi_{P_1Q_{34}P_2}$; $\pi_{P_4Q_{12}P_3}$, $\pi_{P_1Q_{24}P_3}$, $\pi_{P_2Q_{41}P_3}$ 均三面共线, 即四面体四体重心线 $m_{4\text{-}123}$, $m_{1\text{-}234}$, $m_{2\text{-}341}$, $m_{3\text{-}412}$ 所在的直线.

证明 如图 6.1.2 所示. 显然, $\pi_{P_1Q_{23}P_4}, \pi_{P_2Q_{31}P_4}$ 交于一线 m, 故对 m 上任意一点 P, 恒有 $\mathrm{D}_{P\text{-}\pi_{P_1Q_{23}P_4}}=\mathrm{D}_{P\text{-}\pi_{P_2Q_{31}P_4}}=0$. 代入式 (6.1.16) 得, $\mathrm{D}_{P\text{-}\pi_{P_3Q_{12}P_4}}=0$, 所以 P 在 $\pi_{P_3Q_{12}P_4}$ 上. 因此, $P_1P_2P_3P_4$ 三个棱–棱中点面 $\pi_{P_1Q_{23}P_4}, \pi_{P_2Q_{31}P_4}, \pi_{P_3Q_{12}P_4}$ 相交于一线 m.

又显然, P_4 和三角形 $P_1P_2P_3$ 的重心 G_{123} 均在 m 上. 因此, m 是 $P_1P_2P_3P_4$ 的重心线 $m_{4\text{-}123}$, 即 $P_1P_2P_3P_4$ 三个棱–棱中点面 $\pi_{P_1Q_{23}P_4}, \pi_{P_2Q_{31}P_4}, \pi_{P_3Q_{12}P_4}$ 相交于重心线 $m_{4\text{-}123}$ 所在直线.

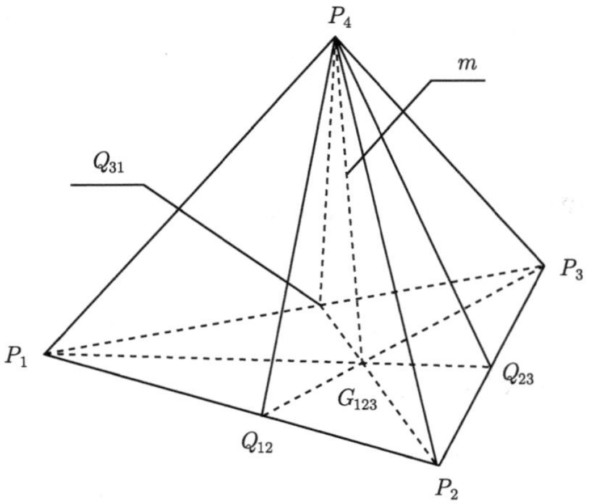

图 6.1.2

类似地, 可以证明, $P_1P_2P_3P_4$ 三角形面 $P_2P_3P_4$, $P_3P_4P_1$, $P_4P_1P_2$ 的棱–棱中点面 $\pi_{P_2Q_{34}P_1}, \pi_{P_3Q_{42}P_1}$, $\pi_{P_4Q_{23}P_1}$; $\pi_{P_3Q_{41}P_2}$, $\pi_{P_4Q_{13}P_2}$, $\pi_{P_1Q_{34}P_2}$; $\pi_{P_4Q_{12}P_3}$, $\pi_{P_1Q_{24}P_3}$, $\pi_{P_2Q_{41}P_3}$ 均三面共线, 即四面体其余顶点与其对面重心线 $m_{2\text{-}341}$, $m_{3\text{-}412}$, $m_{4\text{-}123}$ 所在的直线.

注 6.1.1 尽管根据三角形中线定理, 很容易证明四面体各面上的三个棱–棱中点面相交于一线, 但定理 6.1.3 的证明并不依赖于该定理. 因此, 根据定理 6.1.3 可以推出三角形中线定理.

推论 6.1.3 三角形的三条中线相交于一点.

证明 因为四面体各三角形面上的三个棱–棱中点面与该面的交线就是三角形面三条中线所在的直线, 所以四面体各面上的三个棱–棱中点面的交线与该三角形面的交点, 就是该三角形面三条中线的交点, 即该三角形面的重心. 从而三角形的三条中线相交于一点.

定理 6.1.4 四面体 $P_1P_2P_3P_4$ 的六个棱–棱中点面 $\pi_{P_1Q_{23}P_4}(\pi_{P_4Q_{23}P_1})$, $\pi_{P_2Q_{31}P_4}(\pi_{P_4Q_{13}P_2})$, $\pi_{P_3Q_{12}P_4}(\pi_{P_4Q_{12}P_3})$, $\pi_{P_2Q_{34}P_1}(\pi_{P_1Q_{34}P_2})$, $\pi_{P_3Q_{42}P_1}(\pi_{P_1Q_{24}P_3})$, $\pi_{P_3Q_{41}P_2}(\pi_{P_2Q_{41}P_3})$ 相交于一点.

证明 如图 6.1.3 所示. 显然, $P_1P_2P_3P_4$ 的重心线 $m_{4\text{-}123}$ 与其另一面的棱–棱中点面 $\pi_{P_2Q_{34}P_1}$ 相交于一点, 设此交点为 G. 即 G 是四个棱–棱中点面 $\pi_{P_1Q_{23}P_4}(\pi_{P_4Q_{23}P_1})$, $\pi_{P_2Q_{31}P_4}(\pi_{P_4Q_{13}P_2})$, $\pi_{P_3Q_{12}P_4}(\pi_{P_4Q_{12}P_3})$, $\pi_{P_2Q_{34}P_1}(\pi_{P_1Q_{34}P_2})$ 的交点, 于是

$$\mathrm{D}_{G\text{-}\pi_{P_1Q_{23}P_4}} = 0(\mathrm{D}_{G\text{-}\pi_{P_4Q_{23}P_1}} = 0), \quad \mathrm{D}_{G\text{-}\pi_{P_2Q_{31}P_4}} = 0(\mathrm{D}_{G\text{-}\pi_{P_4Q_{13}P_2}} = 0),$$
$$\mathrm{D}_{G\text{-}\pi_{P_3Q_{12}P_4}} = 0(\mathrm{D}_{G\text{-}\pi_{P_4Q_{12}P_3}} = 0), \quad \mathrm{D}_{G\text{-}\pi_{P_2Q_{34}P_1}} = 0(\mathrm{D}_{G\text{-}\pi_{P_1Q_{34}P_2}} = 0).$$

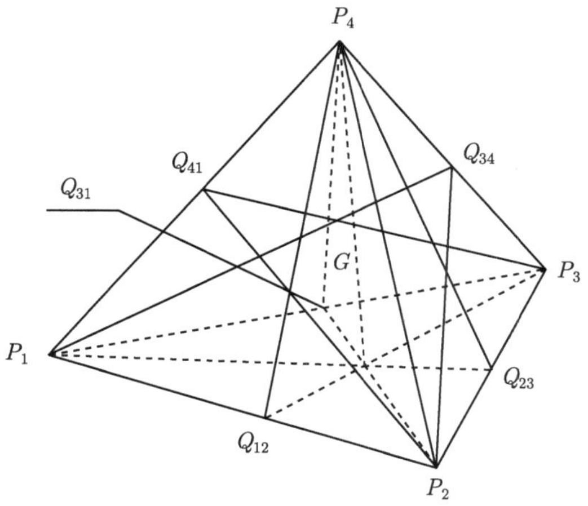

图 6.1.3

将 $\mathrm{D}_{G\text{-}\pi_{P_4Q_{23}P_1}}=0, \mathrm{D}_{G\text{-}\pi_{P_2Q_{34}P_1}}=0$ 代入式 (6.1.17), 并注意到 $\mathrm{a}_{P_3Q_{42}P_1}\neq 0$, 可得 $\mathrm{D}_{P\text{-}\pi_{P_3Q_{42}P_1}}=0$, 即 G 在棱–棱中点面 $\pi_{P_3Q_{42}P_1}(\pi_{P_1Q_{24}P_3})$ 上; 再将 $\mathrm{D}_{G\text{-}\pi_{P_2Q_{31}P_4}}=0, \mathrm{D}_{G-\pi_{P_2Q_{34}P_1}}=0$ 代入式 (6.1.18), 并注意到 $\mathrm{a}_{P_3Q_{41}P_2}\neq 0$, 可得 $\mathrm{D}_{G\text{-}\pi_{P_3Q_{41}P_2}}=0$, 即 G 在棱–棱中点面 $\pi_{P_3Q_{41}P_2}(\pi_{P_2Q_{41}P_3})$ 上, 故 G 是四面体 $P_1P_2P_3P_4$ 的六个棱–棱中点面 $\pi_{P_1Q_{23}P_4}(\pi_{P_4Q_{23}P_1}), \pi_{P_2Q_{31}P_4}(\pi_{P_4Q_{13}P_2}), \pi_{P_3Q_{12}P_4}(\pi_{P_4Q_{12}P_3}), \pi_{P_2Q_{34}P_1}(\pi_{P_1Q_{34}P_2})$, $\pi_{P_3Q_{42}P_1}(\pi_{P_1Q_{24}P_3})$, $\pi_{P_3Q_{41}P_2}(\pi_{P_2Q_{41}P_3})$ 的交点, 即这六个棱–棱中点面相交于一点.

推论 6.1.4 (Commandino 定理, 1994 年中国河北省高中数学竞赛题) 四面体 $P_1P_2P_3P_4$ 的四条重心线 $m_{1\text{-}234}, m_{2\text{-}341}, m_{3\text{-}412}, m_{4\text{-}123}$ 相交于一点.

证明 如图 6.1.4 所示. 根据定理 6.1.3 和定理 6.1.4 即得.

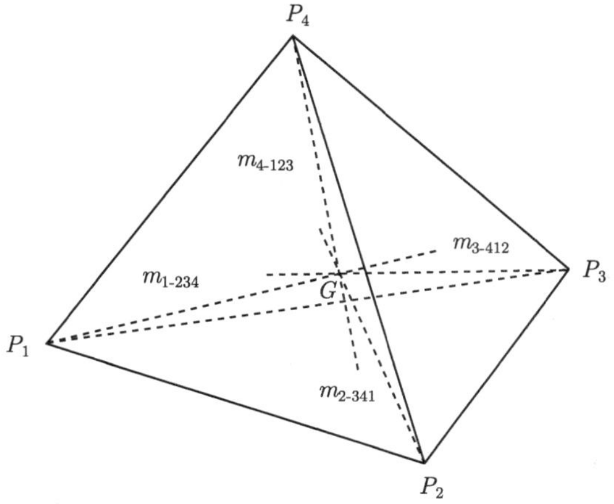

图 6.1.4

推论 6.1.5　四面体 $P_1P_2P_3P_4$ 任意两个顶点与它们两对面的重心均四点共面, 即四面体 $P_1P_2P_3P_4$ 任意两条重心线均共面.

证明　由推论 6.1.4 即得.

定理 6.1.5　设 $P_1P_2P_3P_4$ 是四面体, $P_1Q_{23}P_4, P_2Q_{31}P_4$, $P_3Q_{12}P_4$; $P_2Q_{34}P_1$, $P_3Q_{42}P_1$, $P_4Q_{23}P_1$; $P_3Q_{41}P_2$, $P_4Q_{13}P_2$, $P_1Q_{34}P_2$; $P_4Q_{12}P_3$, $P_1Q_{24}P_3$, $P_2Q_{41}P_3$ 是 $P_1P_2P_3P_4$ 的棱–棱中点三角形, $\pi_{P_1Q_{23}P_4}$, $\pi_{P_2Q_{31}P_4}$, $\pi_{P_3Q_{12}P_4}$; $\pi_{P_2Q_{34}P_1}$, $\pi_{P_3Q_{42}P_1}$, $\pi_{P_4Q_{23}P_1}$; $\pi_{P_3Q_{41}P_2}$, $\pi_{P_4Q_{13}P_2}$, $\pi_{P_1Q_{34}P_2}$; $\pi_{P_4Q_{12}P_3}$, $\pi_{P_1Q_{24}P_3}$, $\pi_{P_2Q_{41}P_3}$ 是 $P_1P_2P_3P_4$ 的棱–棱中点三角形面, P 是空间任意一点.

(1) 若 $\mathrm{a}_{P_1Q_{23}P_4} = \mathrm{a}_{P_2Q_{31}P_4} = \mathrm{a}_{P_3Q_{12}P_4}$, 则

$$\mathrm{D}_{P\text{-}\pi_{P_1Q_{23}P_4}} + \mathrm{D}_{P\text{-}\pi_{P_2Q_{31}P_4}} + \mathrm{D}_{P\text{-}\pi_{P_3Q_{12}P_4}} = 0; \tag{6.1.25}$$

(2) 若 $\mathrm{a}_{P_2Q_{34}P_1} = \mathrm{a}_{P_3Q_{42}P_1} = \mathrm{a}_{P_4Q_{23}P_1}$, 则

$$\mathrm{D}_{P\text{-}\pi_{P_2Q_{34}P_1}} + \mathrm{D}_{P\text{-}\pi_{P_3Q_{42}P_1}} + \mathrm{D}_{P\text{-}\pi_{P_4Q_{23}P_1}} = 0;$$

(3) 若 $\mathrm{a}_{P_3Q_{41}P_2} = \mathrm{a}_{P_4Q_{13}P_2} = \mathrm{a}_{P_1Q_{34}P_2}$, 则

$$\mathrm{D}_{P\text{-}\pi_{P_3Q_{41}P_2}} + \mathrm{D}_{P\text{-}\pi_{P_4Q_{13}P_2}} + \mathrm{D}_{P\text{-}_{P_1Q_{34}P_2}} = 0;$$

(4) 若 $\mathrm{a}_{P_4Q_{12}P_3} = \mathrm{a}_{P_1Q_{24}P_3} = \mathrm{a}_{P_2Q_{41}P_3}$, 则

$$\mathrm{D}_{P\text{-}\pi_{P_4Q_{12}P_3}} + \mathrm{D}_{P\text{-}\pi_{P_1Q_{24}P_3}} + \mathrm{D}_{P\text{-}\pi_{P_2Q_{41}P_3}} = 0.$$

证明　(1) 根据定理 6.1.2, 将 $\mathrm{a}_{P_1Q_{23}P_4} = \mathrm{a}_{P_2Q_{31}P_4} = \mathrm{a}_{P_3Q_{12}P_4} \neq 0$, 代入式 (6.1.16) 并化简, 即得式 (6.1.25).

类似地, 可以证明 (2)~(4) 中结论成立.

推论 6.1.6　设 $P_1P_2P_3P_4$ 是四面体, $P_1Q_{23}P_4, P_2Q_{31}P_4$, $P_3Q_{12}P_4$; $P_2Q_{34}P_1$, $P_3Q_{42}P_1$, $P_4Q_{23}P_1$; $P_3Q_{41}P_2$, $P_4Q_{13}P_2$, $P_1Q_{34}P_2$; $P_4Q_{12}P_3$, $P_1Q_{24}P_3$, $P_2Q_{41}P_3$ 是 $P_1P_2P_3P_4$ 的棱–棱中点三角形, $\pi_{P_1Q_{23}P_4}$, $\pi_{P_2Q_{31}P_4}$, $\pi_{P_3Q_{12}P_4}$; $\pi_{P_2Q_{34}P_1}$, $\pi_{P_3Q_{42}P_1}$, $\pi_{P_4Q_{23}P_1}$; $\pi_{P_3Q_{41}P_2}$, $\pi_{P_4Q_{13}P_2}$, $\pi_{P_1Q_{34}P_2}$; $\pi_{P_4Q_{12}P_3}$, $\pi_{P_1Q_{24}P_3}$, $\pi_{P_2Q_{41}P_3}$ 是 $P_1P_2P_3P_4$ 的棱–棱中点三角形面, P 是空间任意一点.

(1) 若 $\mathrm{a}_{P_1Q_{23}P_4} = \mathrm{a}_{P_2Q_{31}P_4} = \mathrm{a}_{P_3Q_{12}P_4}$, 则在如下的三个点到平面的距离

$$\mathrm{d}_{P\text{-}\pi_{P_1Q_{23}P_4}},\quad \mathrm{d}_{P\text{-}\pi_{P_2Q_{31}P_4}},\quad \mathrm{d}_{P\text{-}\pi_{P_3Q_{12}P_4}}$$

中, 其中一个较长的距离等于另两个较短的距离的和;

(2) 若 $\mathrm{a}_{P_2Q_{34}P_1} = \mathrm{a}_{P_3Q_{42}P_1} = \mathrm{a}_{P_4Q_{23}P_1}$, 则在如下的三个点到平面的距离

$$\mathrm{d}_{P\text{-}\pi_{P_2Q_{34}P_1}},\quad \mathrm{d}_{P\text{-}\pi_{P_3Q_{42}P_1}},\quad \mathrm{d}_{P\text{-}\pi_{P_4Q_{23}P_1}}$$

中, 其中一个较长的距离等于另两个较短的距离的和;

(3) 若 $\mathrm{a}_{P_3Q_{41}P_2}=\mathrm{a}_{P_4Q_{13}P_2}=\mathrm{a}_{P_1Q_{34}P_2}$, 则在如下的三个点到平面的距离

$$\mathrm{d}_{P\text{-}\pi_{P_3Q_{41}P_2}},\quad \mathrm{d}_{P\text{-}\pi_{P_4Q_{13}P_2}},\quad \mathrm{d}_{P\text{-}\pi_{P_1Q_{34}P_2}}$$

中, 其中一个较长的距离等于另两个较短的距离的和;

(4) 若 $\mathrm{a}_{P_4Q_{12}P_3}=\mathrm{a}_{P_1Q_{24}P_3}=\mathrm{a}_{P_2Q_{41}P_3}$, 则在如下的三个点到平面的距离

$$\mathrm{d}_{P\text{-}\pi_{P_4Q_{12}P_3}},\quad \mathrm{d}_{P\text{-}\pi_{P_1Q_{24}P_3}},\quad \mathrm{d}_{P\text{-}\pi_{P_2Q_{41}P_3}}$$

中, 其中一个较长的距离等于另两个较短的距离的和.

证明 (1) 在式 (6.1.25) 中, 注意到其中一个较长的有向距离与另两个较短的有向距离同号即得.

类似地, 可以证明 (2)~(4) 中结论成立.

定理 6.1.6 设 $P_1P_2P_3P_4$ 是四面体, $P_1Q_{23}P_4, P_2Q_{31}P_4$, $P_3Q_{12}P_4$; $P_2Q_{34}P_1$, $P_3Q_{42}P_1$, $P_4Q_{23}P_1$; $P_3Q_{41}P_2$, $P_4Q_{13}P_2$, $P_1Q_{34}P_2$; $P_4Q_{12}P_3$, $P_1Q_{24}P_3$, $P_2Q_{41}P_3$ 是 $P_1P_2P_3P_4$ 的棱–棱中点三角形, $\pi_{P_1Q_{23}P_4}$, $\pi_{P_2Q_{31}P_4}$, $\pi_{P_3Q_{12}P_4}$; $\pi_{P_2Q_{34}P_1}$, $\pi_{P_3Q_{42}P_1}$, $\pi_{P_4Q_{23}P_1}$; $\pi_{P_3Q_{41}P_2}$, $\pi_{P_4Q_{13}P_2}$, $\pi_{P_1Q_{34}P_2}$; $\pi_{P_4Q_{12}P_3}$, $\pi_{P_1Q_{24}P_3}$, $\pi_{P_2Q_{41}P_3}$ 是 $P_1P_2P_3P_4$ 的棱–棱中点三角形面.

(1) 若 $\mathrm{a}_{P_2Q_{31}P_4}=\mathrm{a}_{P_3Q_{12}P_4}$, 则 P 是棱–棱中点 $\pi_{P_1Q_{23}P_4}(\pi_{P_4Q_{23}P_1})$ 上任意一点的充分必要条件是

$$\mathrm{D}_{P\text{-}\pi_{P_2Q_{31}P_4}}+\mathrm{D}_{P\text{-}\pi_{P_3Q_{12}P_4}}=0,\tag{6.1.26}$$

即 $\pi_{P_1Q_{23}P_4}(\pi_{P_4Q_{23}P_1})$ 是两棱–棱中点 $\pi_{P_2Q_{31}P_4}$, $\pi_{P_3Q_{12}P_4}$ 内角的平分面.

若 $\mathrm{a}_{P_2Q_{34}P_1}=\mathrm{a}_{P_3Q_{42}P_1}$, 则 P 是棱–棱中点 $\pi_{P_1Q_{23}P_4}(\pi_{P_4Q_{23}P_1})$ 上任意一点的充分必要条件是

$$\mathrm{D}_{P\text{-}\pi_{P_2Q_{34}P_1}}+\mathrm{D}_{P\text{-}\pi_{P_3Q_{42}P_1}}=0,\tag{6.1.27}$$

即 $\pi_{P_1Q_{23}P_4}(\pi_{P_4Q_{23}P_1})$ 是两棱–棱中点 $\pi_{P_2Q_{34}P_1}$, $\pi_{P_3Q_{42}P_1}$ 内角的平分面.

(2) 若 $\mathrm{a}_{P_1Q_{23}P_4}=\mathrm{a}_{P_3Q_{12}P_4}$, 则 P 是棱–棱中点 $\pi_{P_2Q_{31}P_4}(\pi_{P_4Q_{31}P_2})$ 上任意一点的充分必要条件是

$$\mathrm{D}_{P\text{-}\pi_{P_1Q_{23}P_4}}+\mathrm{D}_{P-\pi_{P_3Q_{12}P_4}}=0,$$

即 $\pi_{P_2Q_{31}P_4}(\pi_{P_4Q_{31}P_2})$ 是两棱–棱中点 $\pi_{P_1Q_{23}P_4}=\pi_{P_3Q_{12}P_4}$ 内角的平分面.

若 $\mathrm{a}_{P_3Q_{41}P_2}=\mathrm{a}_{P_1Q_{34}P_2}$, 则 P 是棱–棱中点 $\pi_{P_2Q_{31}P_4}(\pi_{P_4Q_{13}P_2})$ 上任意一点的充分必要条件是

$$\mathrm{D}_{P\text{-}\pi_{P_3Q_{41}P_2}}+\mathrm{D}_{P\text{-}\pi_{P_1Q_{34}P_2}}=0,$$

即 $\pi_{P_2Q_{31}P_4}(\pi_{P_4Q_{13}P_2})$ 是两棱–棱中点 $\pi_{P_3Q_{41}P_2}$, $\pi_{P_1Q_{34}P_2}$ 内角的平分面.

(3) 若 $\mathrm{a}_{P_1Q_{23}P_4}=\mathrm{a}_{P_2Q_{31}P_4}$, 则 P 是棱–棱中点 $\pi_{P_3Q_{12}P_4}(\pi_{P_4Q_{12}P_3})$ 上任意一点的充分必要条件是

$$\mathrm{D}_{P\text{-}\pi_{P_1Q_{23}P_4}}+\mathrm{D}_{P\text{-}\pi_{P_2Q_{31}P_4}}=0,$$

即 $\pi_{P_3Q_{12}P_4}(\pi_{P_4Q_{12}P_3})$ 是两棱–棱中点 $\pi_{P_1Q_{23}P_4}$, $\pi_{P_2Q_{31}P_4}$ 内角的平分面.

若 $\mathrm{a}_{P_1Q_{24}P_3}=\mathrm{a}_{P_2Q_{41}P_3}$, 则 P 是棱–棱中点 $\pi_{P_3Q_{12}P_4}(\pi_{P_4Q_{12}P_3})$ 上任意一点的充分必要条件是

$$\mathrm{D}_{P\text{-}\pi_{1\text{-}24\text{-}3}}+\mathrm{D}_{P-\pi_{2\text{-}41\text{-}3}}=0,$$

即 $\pi_{P_3Q_{12}P_4}(\pi_{P_4Q_{12}P_3})$ 是两棱–棱中点 $\pi_{P_1Q_{24}P_3}$, $\pi_{P_2Q_{41}P_3}$ 内角的平分面.

(4) 若 $\mathrm{a}_{P_3Q_{42}P_1}=\mathrm{a}_{P_4Q_{23}P_1}$, 则 P 是棱–棱中点 $\pi_{P_2Q_{34}P_1}(\pi_{P_1Q_{34}P_2})$ 上任意一点的充分必要条件是

$$\mathrm{D}_{P\text{-}\pi_{P_3Q_{42}P_1}}+\mathrm{D}_{P\text{-}\pi_{P_4Q_{23}P_1}}=0,$$

即 $\pi_{P_2Q_{34}P_1}(\pi_{P_1Q_{34}P_2})$ 是两棱–棱中点 $\pi_{P_3Q_{42}P_1}$, $\pi_{P_4Q_{23}P_1}$ 内角的平分面.

若 $\mathrm{a}_{P_3Q_{41}P_2}=\mathrm{a}_{P_4Q_{13}P_2}$, 则 P 是棱–棱中点 $\pi_{P_2Q_{34}P_1}(\pi_{P_1Q_{34}P_2})$ 上任意一点的充分必要条件是

$$\mathrm{D}_{P\text{-}\pi_{P_3Q_{41}P_2}}+\mathrm{D}_{P\text{-}\pi_{P_4Q_{13}P_2}}=0,$$

即 $\pi_{P_2Q_{34}P_1}(\pi_{P_1Q_{34}P_2})$ 是两棱–棱中点 $\pi_{P_3Q_{41}P_2}$, $\pi_{P_4Q_{13}P_2}$ 内角的平分面.

(5) 若 $\mathrm{a}_{P_2Q_{34}P_1}=\mathrm{a}_{P_4Q_{23}P_1}$, 则 P 是棱–棱中点 $\pi_{P_3Q_{42}P_1}(\pi_{P_1Q_{24}P_3})$ 上任意一点的充分必要条件是

$$\mathrm{D}_{P\text{-}\pi_{P_2Q_{34}P_1}}+\mathrm{D}_{P\text{-}\pi_{P_4Q_{23}P_1}}=0,$$

即 $\pi_{P_3Q_{42}P_1}(\pi_{P_1Q_{24}P_3})$ 是两棱–棱中点 $\pi_{P_2Q_{34}P_1}$, $\pi_{P_4Q_{23}P_1}$ 内角的平分面.

若 $\mathrm{a}_{P_4Q_{12}P_3}=\mathrm{a}_{P_2Q_{41}P_3}$, 则 P 是棱–棱中点 $\pi_{P_3Q_{42}P_1}(\pi_{P_1Q_{24}P_3})$ 上任意一点的充分必要条件是

$$\mathrm{D}_{P\text{-}\pi_{P_4Q_{12}P_3}}+\mathrm{D}_{P\text{-}\pi_{P_2Q_{41}P_3}}=0,$$

即 $\pi_{P_3Q_{42}P_1}(\pi_{P_1Q_{24}P_3})$ 是两棱–棱中点 $\pi_{P_4Q_{12}P_3}$, $\pi_{P_2Q_{41}P_3}$ 内角的平分面.

(6) 若 $\mathrm{a}_{P_4Q_{13}P_2}=\mathrm{a}_{P_1Q_{34}P_2}$, 则 P 是棱–棱中点 $\pi_{P_3Q_{41}P_2}(\pi_{P_2Q_{41}P_3})$ 上任意一点的充分必要条件是

$$\mathrm{D}_{P\text{-}\pi_{P_4Q_{13}P_2}}+\mathrm{D}_{P\text{-}\pi_{P_1Q_{34}P_2}}=0,$$

即 $\pi_{P_3Q_{41}P_2}(\pi_{P_2Q_{41}P_3})$ 是两棱–棱中点 $\pi_{P_4Q_{13}P_2}$, $\pi_{P_1Q_{34}P_2}$ 内角的平分面.

若 $\mathrm{a}_{P_4Q_{12}P_3}=\mathrm{a}_{P_1Q_{24}P_3}$, 则 P 是棱–棱中点 $\pi_{P_4Q_{13}P_2}(\pi_{P_1Q_{34}P_2})$ 上任意一点的充分必要条件是

$$\mathrm{D}_{P\text{-}\pi_{P_4Q_{12}P_3}}+\mathrm{D}_{P\text{-}\pi_{P_1Q_{24}P_3}}=0,$$

即 $\pi_{P_4Q_{13}P_2}(\pi_{P_1Q_{34}P_2})$ 是两棱–棱中点 $\pi_{P_4Q_{12}P_3}$, $\pi_{P_1Q_{24}P_3}$ 内角的平分面.

证明 (1) 记 $\mathrm{a}_{P_2Q_{31}P_4}=\mathrm{a}_{P_3Q_{12}P_4}=\mathrm{a}$, $\mathrm{a}_{P_2Q_{34}P_1}=\mathrm{a}_{P_3Q_{42}P_1}=b$, 则式 (6.1.16) 和 (6.1.17) 分别可以改写成

$$\mathrm{a}_{P_1Q_{23}P_4}\mathrm{D}_{P\text{-}\pi_{P_1Q_{23}P_4}}/a+\mathrm{D}_{P-\pi_{P_2Q_{31}P_4}}+\mathrm{D}_{P\text{-}\pi_{P_3Q_{12}P_4}}=0,$$
$$\mathrm{a}_{P_4Q_{23}P_1}\mathrm{D}_{P\text{-}\pi_{P_4Q_{23}P_1}}/b+\mathrm{D}_{P\text{-}\pi_{P_2Q_{34}P_1}}+\mathrm{D}_{P-\pi_{P_3Q_{42}P_1}}=0.$$

于是分别由以上两式, 可得

P 是棱–棱中点 $\pi_{P_1Q_{23}P_4}(\pi_{P_4Q_{23}P_1})$ 上任意一点 $\Leftrightarrow \mathrm{D}_{P\text{-}\pi_{P_1Q_{23}P_4}}=0(\mathrm{D}_{P\text{-}\pi_{P_4Q_{23}P_1}}=0)\Leftrightarrow$ 式 (6.1.26) 成立, 即 $\pi_{P_1Q_{23}P_4}(\pi_{P_4Q_{23}P_1})$ 是两棱–棱中点 $\pi_{P_2Q_{31}P_4},\pi_{P_3Q_{12}P_4}$ 内角的平分面;

P 是棱–棱中点 $\pi_{P_1Q_{23}P_4}(\pi_{P_4Q_{23}P_1})$ 上任意一点 $\Leftrightarrow \mathrm{D}_{P\text{-}\pi_{P_1Q_{23}P_4}}=0(\mathrm{D}_{P\text{-}\pi_{P_4Q_{23}P_1}}=0)\Leftrightarrow$ 式 (6.1.27) 成立, 即 $\pi_{P_1Q_{23}P_4}(\pi_{P_4Q_{23}P_1})$ 是两棱–棱中点 $\pi_{P_2Q_{34}P_1},\pi_{P_3Q_{42}P_1}$ 内角的平分面.

类似地, 可以证明 (2)~(6) 中结论成立.

推论 6.1.7 设 $P_1P_2P_3P_4$ 是四面体, $P_1Q_{23}P_4, P_2Q_{31}P_4$, $P_3Q_{12}P_4$; $P_2Q_{34}P_1$, $P_3Q_{42}P_1$, $P_4Q_{23}P_1$; $P_3Q_{41}P_2$, $P_4Q_{13}P_2$, $P_1Q_{34}P_2$; $P_4Q_{12}P_3$, $P_1Q_{24}P_3$, $P_2Q_{41}P_3$ 是 $P_1P_2P_3P_4$ 的棱–棱中点三角形, $\pi_{P_1Q_{23}P_4}$, $\pi_{P_2Q_{31}P_4}$, $\pi_{P_3Q_{12}P_4}$; $\pi_{P_2Q_{34}P_1}$, $\pi_{P_3Q_{42}P_1}$, $\pi_{P_4Q_{23}P_1}$; $\pi_{P_3Q_{41}P_2}$, $\pi_{P_4Q_{13}P_2}$, $\pi_{P_1Q_{34}P_2}$; $\pi_{P_4Q_{12}P_3}$, $\pi_{P_1Q_{24}P_3}$, $\pi_{P_2Q_{41}P_3}$ 是 $P_1P_2P_3P_4$ 的棱–棱中点三角形面.

(1) 若 $\mathrm{a}_{P_2Q_{31}P_4}=\mathrm{a}_{P_3Q_{12}P_4}$, $\mathrm{a}_{P_2Q_{34}P_1}=\mathrm{a}_{P_3Q_{42}P_1}$, P 是棱–棱中点 $\pi_{P_1Q_{23}P_4}$ $(\pi_{P_4Q_{23}P_1})$ 上任意一点, 则

$$\mathrm{d}_{P\text{-}\pi_{P_2Q_{31}P_4}}=\mathrm{d}_{P\text{-}\pi_{P_3Q_{12}P_4}},\quad \mathrm{d}_{P\text{-}\pi_{P_2Q_{34}P_1}}=\mathrm{d}_{P\text{-}\pi_{P_3Q_{42}P_1}};$$

(2) 若 $\mathrm{a}_{P_1Q_{23}P_4}=\mathrm{a}_{P_3Q_{12}P_4}$, $\mathrm{a}_{P_3Q_{41}P_2}=\mathrm{a}_{P_1Q_{34}P_2}$, P 是棱–棱中点 $\pi_{P_2Q_{31}P_4}$ $(\pi_{P_4Q_{13}P_2})$ 上任意一点, 则

$$\mathrm{d}_{P\text{-}\pi_{P_1Q_{23}P_4}}=\mathrm{d}_{P\text{-}\pi_{P_3Q_{12}P_4}},\quad \mathrm{d}_{P\text{-}\pi_{P_3Q_{41}P_2}}=\mathrm{d}_{P\text{-}\pi_{P_1Q_{34}P_2}};$$

(3) 若 $\mathrm{a}_{P_1Q_{23}P_4}=\mathrm{a}_{P_2Q_{31}P_4}$, $\mathrm{a}_{P_1Q_{24}P_3}=\mathrm{a}_{P_2Q_{41}P_3}$, P 是棱–棱中点 $\pi_{P_3Q_{12}P_4}$ $(\pi_{P_4Q_{12}P_3})$ 上任意一点, 则

$$\mathrm{d}_{P\text{-}\pi_{P_1Q_{23}P_4}}=\mathrm{d}_{P\text{-}\pi_{P_2Q_{31}P_4}},\quad \mathrm{d}_{P\text{-}\pi_{P_1Q_{24}P_3}}=\mathrm{d}_{P\text{-}\pi_{P_2Q_{41}P_3}};$$

(4) 若 $\mathrm{a}_{P_3Q_{42}P_1}=\mathrm{a}_{P_4Q_{23}P_1}$, $\mathrm{a}_{P_3Q_{41}P_2}=\mathrm{a}_{P_4Q_{13}P_2}$, P 是棱–棱中点 $\pi_{P_2Q_{34}P_1}$ $(\pi_{P_1Q_{34}P_2})$ 上任意一点, 则

$$\mathrm{d}_{P\text{-}\pi_{P_3Q_{42}P_1}}=\mathrm{d}_{P\text{-}\pi_{P_4Q_{23}P_1}},\quad \mathrm{d}_{P\text{-}\pi_{P_3Q_{41}P_2}}=\mathrm{d}_{P\text{-}\pi_{P_4Q_{13}P_2}};$$

(5) 若 $\mathrm{a}_{P_2Q_{34}P_1}=\mathrm{a}_{P_4Q_{23}P_1}$, $\mathrm{a}_{P_4Q_{12}P_3}=\mathrm{a}_{P_2Q_{41}P_3}$, P 是棱–棱中点 $\pi_{P_3Q_{42}P_1}$ $(\pi_{P_1Q_{24}P_3})$ 上任意一点, 则

$$\mathrm{d}_{P\text{-}\pi_{P_2Q_{34}P_1}}=\mathrm{d}_{P\text{-}\pi_{P_4Q_{23}P_1}},\quad \mathrm{d}_{P\text{-}\pi_{P_4Q_{12}P_3}}=\mathrm{d}_{P\text{-}\pi_{P_2Q_{41}P_3}};$$

(6) 若 $\mathrm{a}_{P_4Q_{13}P_2}=\mathrm{a}_{P_1Q_{34}P_2}$, $\mathrm{a}_{P_4Q_{12}P_3}=\mathrm{a}_{P_1Q_{24}P_3}$, P 是棱–棱中点 $\pi_{P_3Q_{41}P_2}$ $(\pi_{P_2Q_{41}P_3})$ 上任意一点, 则

$$\mathrm{d}_{P\text{-}\pi_{P_4Q_{13}P_2}}=\mathrm{d}_{P\text{-}\pi_{P_1Q_{34}P_2}},\quad \mathrm{d}_{P\text{-}\pi_{P_4Q_{12}P_3}}=\mathrm{d}_{P\text{-}\pi_{P_1Q_{24}P_3}}.$$

证明　(1) 根据定理 6.1.6 的必要性, 式 (6.1.26) 和 (6.1.27) 移项后, 等式两边取绝对值, 即得

$$\mathrm{d}_{P\text{-}\pi_{P_2Q_{31}P_4}}=\mathrm{d}_{P\text{-}\pi_{P_3Q_{12}P_4}},\quad \mathrm{d}_{P\text{-}\pi_{P_2Q_{34}P_1}}=\mathrm{d}_{P\text{-}\pi_{P_3Q_{42}P_1}}.$$

类似地, 可以证明 (2)~(6) 中结论成立.

6.2　$2n+1$ 棱锥棱–底面对边中点面有向距离的定值定理与应用

本节主要应用三角形面的投影式方程和有向距离定值法, 研究 $2n+1$ 棱锥棱–底对边中点面有向距离的定值问题. 首先, 给出 $2n+1$ 棱锥棱–底面对边中点面的基本概念; 其次, 在建立 $2n+1$ 棱锥棱–底面对边中点投影定理的基础上, 得到 $2n+1$ 棱锥棱–底面对边中点面有向距离的定值定理; 最后, 利用 $2n+1$ 棱锥棱–底面对边中点面有向距离的定值定理和 "由面及体, 由面及线, 由面及点, 点线面体交融" 的思想方法, 得出 $2n+1$ 棱锥中的一些结论.

6.2.1　$2n+1$ 棱锥棱–底面对边中点面的基本概念

定义 6.2.1　设 $P_0\text{-}P_1P_2\cdots P_{2n+1}$ 为 $2n+1$ 棱锥, $P_1P_2\cdots P_{2n+1}$ 为底面, 则称 $P_0\text{-}P_1P_2\cdots P_{2n+1}$ 的棱 $P_{n+2}P_0, P_{n+3}P_0, \cdots, P_{n+1}P_0$ 与其底面 $P_1P_2\cdots P_{2n+1}$ 对边 $P_1P_2, P_2P_3, \cdots, P_{2n+1}P_1$ 中点 $Q_{12}, Q_{23}, \cdots, Q_{2n+1,1}$ 所构成的三角形 $P_{n+2}Q_{12}P_0$, $P_{n+3}Q_{23}P_0, \cdots, P_{n+1}Q_{2n+1,1}P_0$ 为 $P_0\text{-}P_1P_2\cdots P_{2n+1}$ 的棱–底面对边中点三角形.

定义 6.2.2　$2n+1$ 棱锥 $P_0\text{-}P_1P_2\cdots P_{2n+1}$ 的棱–底面对边中点三角形 $P_{n+2}Q_{12}P_0, P_{n+3}Q_{23}P_0, \cdots, P_{n+1}Q_{2n+1,1}P_0$ 所在平面称为 $P_0\text{-}P_1P_2\cdots P_{2n+1}$ 的棱–底面对边中点面, 记为 $\pi_{P_{n+2}Q_{12}P_0}, \pi_{P_{n+3}Q_{23}P_0}, \cdots, \pi_{P_{n+1}Q_{2n+1,1}P_0}$.

6.2.2　$2n+1$ 棱锥棱–底面对边中点面有向距离的定值定理

定理 6.2.1　设 $P_0\text{-}P_1P_2\cdots P_{2n+1}$ 为 $2n+1$ 棱锥, $P_1P_2\cdots P_{2n+1}$ 为底面, Q_{12}, $Q_{23}, \cdots, Q_{2n+1,1}$ 依次为底面 $P_1P_2\cdots P_{2n+1}$ 各边 P_1P_2, $P_2P_3, \cdots, P_{2n+1}P_1$ 的中点, $P_{n+2}Q_{12}P_0, P_{n+3}Q_{23}P_0, \cdots, P_{n+1}Q_{2n+1,1}P_0$ 为棱–底面对边中点三角形, 则

$$\mathrm{Prj}_{xy}\mathrm{D}_{P_{n+2}Q_{12}P_0}+\mathrm{Prj}_{xy}\mathrm{D}_{P_{n+3}Q_{23}P_0}+\cdots+\mathrm{Prj}_{xy}\mathrm{D}_{P_{n+1}Q_{2n+1,1}P_0}=0,\quad(6.2.1)$$

$$\mathrm{Prj}_{yz}\mathrm{D}_{P_{n+2}Q_{12}P_0}+\mathrm{Prj}_{yz}\mathrm{D}_{P_{n+3}Q_{23}P_0}+\cdots+\mathrm{Prj}_{yz}\mathrm{D}_{P_{n+1}Q_{2n+1,1}P_0}=0, \quad (6.2.2)$$

$$\mathrm{Prj}_{zx}\mathrm{D}_{P_{n+2}Q_{12}P_0}+\mathrm{Prj}_{zx}\mathrm{D}_{P_{n+3}Q_{23}P_0}+\cdots+\mathrm{Prj}_{zx}\mathrm{D}_{P_{n+1}Q_{2n+1,1}P_0}=0. \quad (6.2.3)$$

证明　如图 6.2.1 所示. 设 $2n+1$ 棱锥 $P_0\text{-}P_1P_2\cdots P_{2n+1}$ 顶点的坐标为 $P_i(x_i, y_i, z_i)$ $(i=0,1,2,\cdots,2n+1)$, 于是底面 $P_1P_2\cdots P_{2n+1}$ 各边中点的坐标为

$$Q_{i,i+1}\left(\frac{x_i+x_{i+1}}{2},\frac{y_i+y_{i+1}}{2},\frac{z_i+z_{i+1}}{2}\right)(i=1,2,\cdots,2n+1;Q_{2n+1,2n+2}=Q_{2n+1,1}).$$

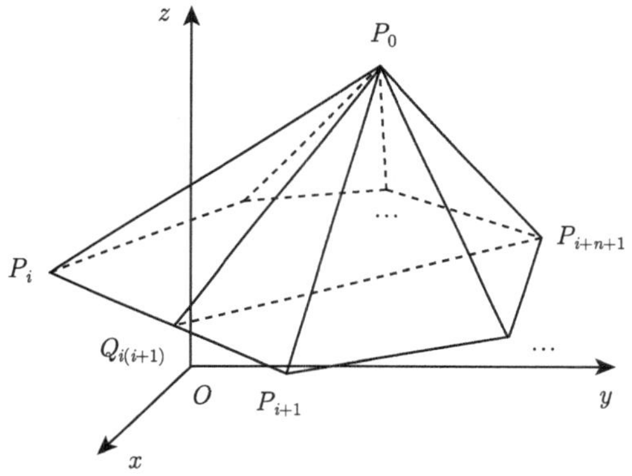

图 6.2.1

故由空间三角形在坐标面上投影公式, 可得

$$\begin{aligned}\mathrm{Prj}_{xy}\mathrm{D}_{P_{i+n+1}Q_{i,i+1}P_0}&=\frac{1}{4}\begin{vmatrix}x_{i+n+1}&y_{i+n+1}&1\\x_i+x_{i+1}&y_i+y_{i+1}&1+1\\x_0&y_0&1\end{vmatrix}\\&=\frac{1}{4}\begin{vmatrix}x_{i+n+1}&y_{i+n+1}&1\\x_i&y_i&1\\x_0&y_0&1\end{vmatrix}+\frac{1}{4}\begin{vmatrix}x_{i+n+1}&y_{i+n+1}&1\\x_{i+1}&y_{i+1}&1\\x_0&y_0&1\end{vmatrix}\\&=\frac{1}{2}\mathrm{Prj}_{xy}\mathrm{D}_{P_{i+n+1}P_iP_0}+\frac{1}{2}\mathrm{Prj}_{xy}\mathrm{D}_{P_{i+n+1}P_{i+1}P_0},\end{aligned}$$

于是

$$\begin{aligned}\sum_{i=1}^{2n+1}\mathrm{Prj}_{xy}\mathrm{D}_{P_{i+n+1}Q_{i,i+1}P_0}&=\frac{1}{2}\sum_{i=1}^{2n+1}\mathrm{Prj}_{xy}\mathrm{D}_{P_{i+n+1}P_iP_0}+\frac{1}{2}\sum_{i=1}^{2n+1}\mathrm{Prj}_{xy}\mathrm{D}_{P_{i+n+1}P_{i+1}P_0}\\&=\frac{1}{2}\sum_{i=1}^{2n+1}\mathrm{Prj}_{xy}\mathrm{D}_{P_{i+n+1}P_iP_0}+\frac{1}{2}\sum_{i=1}^{2n+1}\mathrm{Prj}_{xy}\mathrm{D}_{P_{i+2n+1}P_{i+n+1}P_0}\end{aligned}$$

$$=\frac{1}{2}\sum_{i=1}^{2n+1}\mathrm{Prj}_{xy}\mathrm{D}_{P_{i+n+1}P_iP_0}+\frac{1}{2}\sum_{i=1}^{2n+1}\mathrm{Prj}_{xy}\mathrm{D}_{P_iP_{i+n+1}P_0}=0,$$

故式 (6.2.1) 成立.

类似地, 可以证明式 (6.2.2) 和式 (6.2.3) 成立.

定理 6.2.2 设 $P_0\text{-}P_1P_2\cdots P_{2n+1}$ 为 $2n+1$ 棱锥, $P_1P_2\cdots P_{2n+1}$ 为底面, $P_{n+2}Q_{12}P_0, P_{n+3}Q_{23}P_0, \cdots, P_{n+1}Q_{2n+1,1}P_0$ 为棱–底面对边中点三角形, $\pi_{P_{n+2}Q_{12}P_0}$, $\pi_{P_{n+3}Q_{23}P_0}$, $\cdots$, $\pi_{P_{n+1}Q_{2n+1,1}P_0}$ 为棱–底面对边中点面, P 是空间任意一点, 则

$$\begin{aligned}&\mathrm{a}_{P_{n+2}Q_{12}P_0}\mathrm{D}_{P\text{-}\pi_{P_{n+2}Q_{12}P_0}}+\mathrm{a}_{P_{n+3}Q_{23}P_0}\mathrm{D}_{P\text{-}\pi_{P_{n+3}Q_{23}P_0}}+\cdots\\&+\mathrm{a}_{P_{n+1}Q_{2n+1,1}P_0}\mathrm{D}_{P\text{-}\pi_{P_{n+1}Q_{2n+1,1}P_0}}=0;\end{aligned}\tag{6.2.4}$$

证明 设四面体 $P_1P_2P_3P_4$ 顶点的坐标如定理 6.2.1 证明所述. 根据定理 2.1.1, 可得 $P_0\text{-}P_1P_2\cdots P_{2n+1}$ 的棱–底面对边中点面的方程

$$\begin{aligned}\pi_{P_{n+2}Q_{12}P_0}:\ &x\mathrm{Prj}_{yz}\mathrm{D}_{P_{n+2}Q_{12}P_0}+y\mathrm{Prj}_{zx}\mathrm{D}_{P_{n+2}Q_{12}P_0}\\&+z\mathrm{Prj}_{xy}\mathrm{D}_{P_{n+2}Q_{12}P_0}-\Delta_{P_{n+2}Q_{12}P_0}=0,\\\pi_{P_{n+3}Q_{23}P_0}:\ &x\mathrm{Prj}_{yz}\mathrm{D}_{P_{n+3}Q_{23}P_0}+y\mathrm{Prj}_{zx}\mathrm{D}_{P_{n+3}Q_{23}P_0}\\&+z\mathrm{Prj}_{xy}\mathrm{D}_{P_{n+3}Q_{23}P_0}-\Delta_{P_{n+3}Q_{23}P_0}=0,\\&\cdots\\\pi_{P_{n+1}Q_{2n+1,1}P_0}:\ &x\mathrm{Prj}_{yz}\mathrm{D}_{P_{n+1}Q_{2n+1,1}P_0}+y\mathrm{Prj}_{zx}\mathrm{D}_{P_{n+1}Q_{2n+1,1}P_0}\\&+z\mathrm{Prj}_{xy}\mathrm{D}_{P_{n+1}Q_{2n+1,1}P_0}-\Delta_{P_{n+1}Q_{2n+1,1}P_0}=0.\end{aligned}$$

设空间任意点的坐标为 $P(x,y,z)$, 于是由点到平面的有向距离公式, 可得

$$\begin{aligned}&\mathrm{a}_{P_{n+2}Q_{12}P_0}\mathrm{D}_{P\text{-}\pi_{P_{n+2}Q_{12}P_0}}\\=&x\mathrm{Prj}_{yz}\mathrm{D}_{P_{n+2}Q_{12}P_0}+y\mathrm{Prj}_{zx}\mathrm{D}_{P_{n+2}Q_{12}P_0}\\&+z\mathrm{Prj}_{xy}\mathrm{D}_{P_{n+2}Q_{12}P_0}-\Delta_{P_{n+2}Q_{12}P_0},\end{aligned}\tag{6.2.5}$$

$$\begin{aligned}&\mathrm{a}_{P_{n+3}Q_{23}P_0}\mathrm{D}_{P\text{-}\pi_{P_{n+3}Q_{23}P_0}}\\=&x\mathrm{Prj}_{yz}\mathrm{D}_{P_{n+3}Q_{23}P_0}+y\mathrm{Prj}_{zx}\mathrm{D}_{P_{n+3}Q_{23}P_0}\\&+z\mathrm{Prj}_{xy}\mathrm{D}_{P_{n+3}Q_{23}P_0}-\Delta_{P_{n+3}Q_{23}P_0},\end{aligned}\tag{6.2.6}$$

$$\cdots$$

$$\begin{aligned}&\mathrm{a}_{P_{n+1}Q_{2n+1,1}P_0}\mathrm{D}_{P\text{-}\pi_{P_{n+1}Q_{2n+1,1}P_0}}\\=&x\mathrm{Prj}_{yz}\mathrm{D}_{P_{n+1}Q_{2n+1,1}P_0}+y\mathrm{Prj}_{zx}\mathrm{D}_{P_{n+1}Q_{2n+1,1}P_0}\end{aligned}$$

$$+z\mathrm{Prj}_{xy}\mathrm{D}_{P_{n+1}Q_{2n+1,1}P_0}-\Delta_{P_{n+1}Q_{2n+1,1}P_0}, \tag{6.2.7}$$

因为

$$\begin{aligned}
&\Delta_{P_{n+2}Q_{12}P_0}+\Delta_{P_{n+3}Q_{23}P_0}+\cdots+\Delta_{P_{n+1}Q_{2n+1,1}P_0}\\
=&\frac{1}{2}\sum_{i=1}^{2n+1}\begin{vmatrix} x_{i+n+1} & y_{i+n+1} & z_{i+n+1}\\ \dfrac{x_i+x_{i+1}}{2} & \dfrac{y_i+y_{i+1}}{2} & \dfrac{z_i+z_{i+1}}{2}\\ x_0 & y_0 & z_0\end{vmatrix}\\
=&\frac{1}{4}\sum_{i=1}^{2n+1}\begin{vmatrix} x_{i+n+1} & y_{i+n+1} & z_{i+n+1}\\ x_i & y_i & z_i\\ x_0 & y_0 & z_0\end{vmatrix}+\frac{1}{4}\sum_{i=1}^{2n+1}\begin{vmatrix} x_{i+n+1} & y_{i+n+1} & z_{i+n+1}\\ x_{i+1} & y_{i+1} & z_{i+1}\\ x_0 & y_0 & z_0\end{vmatrix}\\
=&\frac{1}{4}\sum_{i=1}^{2n+1}\begin{vmatrix} x_{i+n+1} & y_{i+n+1} & z_{i+n+1}\\ x_i & y_i & z_i\\ x_0 & y_0 & z_0\end{vmatrix}+\frac{1}{4}\sum_{i=1}^{2n+1}\begin{vmatrix} x_{i+2n+1} & y_{i+2n+1} & z_{i+2n+1}\\ x_{i+n+1} & y_{i+n+1} & z_{i+n+1}\\ x_0 & y_0 & z_0\end{vmatrix}\\
=&\frac{1}{4}\sum_{i=1}^{2n+1}\begin{vmatrix} x_{i+n+1} & y_{i+n+1} & z_{i+n+1}\\ x_i & y_i & z_i\\ x_0 & y_0 & z_0\end{vmatrix}+\frac{1}{4}\sum_{i=1}^{2n+1}\begin{vmatrix} x_i & y_i & z_i\\ x_{i+n+1} & y_{i+n+1} & z_{i+n+1}\\ x_0 & y_0 & z_0\end{vmatrix}\\
=&0,
\end{aligned}$$

故由定理 6.2.1, 式 (6.2.5) + (6.2.6) + (6.2.7), 得

$$\begin{aligned}
&\mathrm{a}_{P_{n+2}Q_{12}P_0}\mathrm{D}_{P\text{-}\pi_{P_{n+2}Q_{12}P_0}}+\mathrm{a}_{P_{n+3}Q_{23}P_0}\mathrm{D}_{P\text{-}\pi_{P_{n+3}Q_{23}P_0}}+\cdots\\
&+\mathrm{a}_{P_{n+1}Q_{2n+1,1}P_0}\mathrm{D}_{P\text{-}\pi_{P_{n+1}Q_{2n+1,1}P_0}}\\
=&\,x\left(\mathrm{Prj}_{yz}\mathrm{D}_{P_{n+2}Q_{12}P_0}+\mathrm{Prj}_{yz}\mathrm{D}_{P_{n+3}Q_{23}P_0}+\cdots+\mathrm{Prj}_{yz}\mathrm{D}_{P_{n+1}Q_{2n+1,1}P_0}\right)\\
&+y\left(\mathrm{Prj}_{zx}\mathrm{D}_{P_{n+2}Q_{12}P_0}+\mathrm{Prj}_{zx}\mathrm{D}_{P_{n+3}Q_{23}P_0}+\cdots+\mathrm{Prj}_{zx}\mathrm{D}_{P_{n+1}Q_{2n+1,1}P_0}\right)\\
&+z\left(\mathrm{Prj}_{xy}\mathrm{D}_{P_{n+2}Q_{12}P_0}+\mathrm{Prj}_{xy}\mathrm{D}_{P_{n+3}Q_{23}P_0}+\cdots+\mathrm{Prj}_{xy}\mathrm{D}_{P_{n+1}Q_{2n+1,1}P_0}\right)\\
&-\left(\Delta_{P_{n+2}Q_{12}P_0}+\Delta_{P_{n+3}Q_{23}P_0}+\cdots+\Delta_{P_{n+1}Q_{2n+1,1}P_0}\right)\\
=&0,
\end{aligned}$$

因此, 式 (6.2.4) 成立.

推论 6.2.1　设 $P_0\text{-}P_1P_2\cdots P_{2n+1}$ 为 $2n+1$ 棱锥, $P_1P_2\cdots P_{2n+1}$ 为底面, $P_{n+2}Q_{12}P_0, P_{n+3}Q_{23}P_0, \cdots, P_{n+1}Q_{2n+1,1}P_0$ 为棱–底面对边中点三角形, $\pi_{P_{n+2}Q_{12}P_0}$, $\pi_{P_{n+3}Q_{23}P_0}, \cdots, \pi_{P_{n+1}Q_{2n+1,1}P_0}$ 为棱–底面对边中点面, 则 P 是平面 $\pi_{P_{j+n+1}Q_{j,j+1}P_0}$

上任意一点的充分必要条件是

$$\sum_{i=1,i\neq j}^{2n+1} \mathrm{a}_{P_{i+n+1}Q_{i,i+1}P_0}\mathrm{D}_{P\text{-}\pi_{P_{i+n+1}Q_{i,i+1}P_0}} = 0(j=1,2,\cdots,2n+1). \quad (6.2.8)$$

证明　根据定理 6.2.2, 由式 (6.2.4), 可得

P 是平面 $\pi_{P_{j+n+1}Q_{j,j+1}P_0}$ 上任意一点 $\Leftrightarrow \mathrm{D}_{P-\pi_{P_{j+n+1}Q_{j,j+1}P_0}}=0 \Leftrightarrow$ 式 (6.2.8) 成立.

推论 6.2.2　设 $P_0-P_1P_2\cdots P_{2n+1}$ 为 $2n+1$ 棱锥, $P_1P_2\cdots P_{2n+1}$ 为底面, $P_{n+2}Q_{12}P_0, P_{n+3}Q_{23}P_0,\cdots,P_{n+1}Q_{2n+1,1}P_0$ 为棱–底面对边中点三角形, $\pi_{P_{n+2}Q_{12}P_0}$, $\pi_{P_{n+3}Q_{23}P_0}$, $\cdots$, $\pi_{P_{n+1}Q_{2n+1,1}P_0}$ 为棱–底面对边中点面, P 是两平面 $\pi_{P_{j+n+1}Q_{j,j+1}P_0}$, $\pi_{P_{k+n+1}Q_{k,k+1}P_0}$ 交线上任意一点, 则

$$\sum_{i=1,i\neq j,k}^{2n+1} \mathrm{a}_{P_{i+n+1}Q_{i,i+1}P_0}\mathrm{D}_{P-\pi_{P_{i+n+1}Q_{i,i+1}P_0}} = 0(j,k=1,2,\cdots,2n+1;j<k). \quad (6.2.9)$$

证明　根据定理 6.2.2, 由式 (6.2.4), 可得

$$\begin{aligned}&P\text{是两平面 }\pi_{P_{j+n+1}Q_{j,j+1}P_0},\pi_{P_{k+n+1}Q_{k,k+1}P_0}\text{ 交线上任意一点}\\ &\Rightarrow \mathrm{D}_{P-\pi_{P_{j+n+1}Q_{j,j+1}P_0}}=\mathrm{D}_{P-\pi_{P_{k+n+1}Q_{k,k+1}P_0}}=0\\ &\Rightarrow \text{式 (6.2.9) 成立.}\end{aligned}$$

6.2.3　$2n+1$ 棱锥棱–底面对边中点面有向距离定值定理的应用

定理 6.2.3　设 $P_0\text{-}P_1P_2\cdots P_{2n+1}$ 为 $2n+1$ 棱锥, $P_1P_2\cdots P_{2n+1}$ 为底面, $P_{n+2}Q_{12}P_0, P_{n+3}Q_{23}P_0,\cdots,P_{n+1}Q_{2n+1,1}P_0$ 为棱–底面对边中点三角形, $\pi_{P_{n+2}Q_{12}P_0}$, $\pi_{P_{n+3}Q_{23}P_0}$, $\cdots$, $\pi_{P_{n+1}Q_{2n+1,1}P_0}$ 为棱–底面对边中点面.

(1) 若 $\pi_{P_{n+2}Q_{12}P_0}, \pi_{P_{n+3}Q_{23}P_0}, \cdots, \pi_{P_{n+1}Q_{2n+1,1}P_0}$ 中有 $2n$ 个相交于一线, 则这 $2n+1$ 个棱–底面对边中点面相交于一线.

(2) 若 $\pi_{P_{n+2}Q_{12}P_0}, \pi_{P_{n+3}Q_{23}P_0}, \cdots, \pi_{P_{n+1}Q_{2n+1,1}P_0}$ 中有三个平面仅相交于一点 P_0, 则这 $2n+1$ 个棱–底面对边中点面相交于一点 P_0.

证明　(1) 不妨设 $\pi_{P_{n+2}Q_{12}P_0}, \pi_{P_{n+3}Q_{23}P_0}, \cdots, \pi_{P_nQ_{2n,1}P_0}$ 相交于一线 m, 点 G 是直线 m 上任意一点, 则

$$\mathrm{D}_{G\text{-}\pi_{P_{n+2}Q_{12}P_0}}=\mathrm{D}_{G\text{-}\pi_{P_{n+3}Q_{23}P_0}}=\cdots=\mathrm{D}_{G\text{-}\pi_{P_nQ_{2n,1}P_0}}=0.$$

代入式 (6.2.4) 并注意到 $\mathrm{a}_{P_{n+1}Q_{2n+1,1}P_0}\neq 0$, 得 $\mathrm{D}_{G\text{-}\pi_{P_{n+1}Q_{2n+1,1}P_0}}=0$, 即点 G 在 $\pi_{P_{n+1}Q_{2n+1,1}P_0}$ 上. 故这 $2n+1$ 个棱–底面对边中点面 $\pi_{P_{n+2}Q_{12}P_0}, \pi_{P_{n+3}Q_{23}P_0}, \cdots$, $\pi_{P_{n+1}Q_{2n+1,1}P_0}$ 相交于一线 m.

(2) 因为 $\pi_{P_{n+2}Q_{12}P_0}, \pi_{P_{n+3}Q_{23}P_0}, \cdots, \pi_{P_{n+1}Q_{2n+1,1}P_0}$ 中有三个仅相交于一点 P_0, 所以这 $2n+1$ 个棱–底面对边中点面不可能相交于一线. 又显然, P_0 是这 $2n+1$ 个平面的交点, 故这 $2n+1$ 个平面相交于一点 P_0.

推论 6.2.3 设 $P_1P_2P_3P_4$是四面体, 则 $P_1P_2P_3P_4$ 关于各面 $P_1P_2P_3$, $P_2P_3P_4$, $P_3P_4P_1$, $P_4P_1P_2$ 的棱–棱中点面 $\pi_{1\text{-}23\text{-}4}, \pi_{2\text{-}31\text{-}4},\pi_{3\text{-}12\text{-}4}$; $\pi_{2\text{-}34\text{-}1},\pi_{3\text{-}42\text{-}1},\pi_{4\text{-}23\text{-}1}$; $\pi_{3\text{-}41\text{-}2}$, $\pi_{4\text{-}13\text{-}2},\pi_{1\text{-}34\text{-}2}$; $\pi_{4\text{-}12\text{-}3}$, $\pi_{1\text{-}24\text{-}3}$, $\pi_{2\text{-}41\text{-}3}$ 均三面共线, 即四面体各顶点与其对面重心的直线 $m_{1\text{-}234}$, $m_{2\text{-}341}$, $m_{3\text{-}412}$, $m_{4\text{-}123}$.

证明 在定理 6.2.3 中, 令 $n=1$, 并注意到四面体 $P_1P_2P_3P_4$ 关于各面 $P_2P_3P_4$, $P_3P_4P_1$, $P_4P_1P_2$ 的三个棱–棱中点面 $\pi_{1\text{-}23\text{-}4}$, $\pi_{2-31\text{-}4}$, $\pi_{3\text{-}12\text{-}4}$; $\pi_{2\text{-}34\text{-}1}$, $\pi_{3\text{-}42\text{-}1}$, $\pi_{4\text{-}23\text{-}1}$; $\pi_{3\text{-}41\text{-}2}$, $\pi_{4\text{-}13\text{-}2}$, $\pi_{1\text{-}34\text{-}2}$; $\pi_{4\text{-}12\text{-}3}$, $\pi_{1\text{-}24\text{-}3}$, $\pi_{2\text{-}41\text{-}3}$ 中的任意两个都相交于一线, 由定理 6.2.3 即得.

定理 6.2.4 设 $P_0\text{-}P_1P_2\cdots P_{2n+1}$ 为 $2n+1$ 棱锥, $P_1P_2\cdots P_{2n+1}$ 为底面, $P_{n+2}Q_{12}P_0, P_{n+3}Q_{23}P_0, \cdots, P_{n+1}Q_{2n+1,1}P_0$ 为棱–底面对边中点三角形, $\pi_{P_{n+2}Q_{12}P_0}$, $\pi_{P_{n+3}Q_{23}P_0}$, $\cdots$, $\pi_{P_{n+1}Q_{2n+1,1}P_0}$ 为棱–底面对边中点面, P 是空间任意一点. 若 $\mathrm{a}_{P_{n+2}Q_{12}P_0}=\mathrm{a}_{P_{n+3}Q_{23}P_0}=\cdots=\mathrm{a}_{P_{n+1}Q_{2n+1,1}P_0}$, 则

$$\mathrm{D}_{P\text{-}\pi_{P_{n+2}Q_{12}P_0}}+\mathrm{D}_{P\text{-}\pi_{P_{n+3}Q_{23}P_0}}+\cdots+\mathrm{D}_{P\text{-}\pi_{P_{n+1}Q_{2n+1,1}P_0}}=0. \tag{6.2.10}$$

证明 将 $\mathrm{a}_{P_{n+2}Q_{12}P_0}=\mathrm{a}_{P_{n+3}Q_{23}P_0}=\cdots=\mathrm{a}_{P_{n+1}Q_{2n+1,1}P_0}\neq 0$, 代入式 (6.2.4) 并化简, 即得式 (6.2.10).

推论 6.2.4 设 $P_0\text{-}P_1P_2\cdots P_5$ 为五棱锥, $P_1P_2\cdots P_5$ 为面, $P_4Q_{12}P_0$, $P_5Q_{23}P_0, \cdots, P_3Q_{51}P_0$ 为棱–底面对边中点三角形, $\pi_{P_4Q_{12}P_0}, \pi_{P_5Q_{23}P_0}, \cdots, \pi_{P_3Q_{51}P_0}$ 为棱–底面对边中点面. 若 $\mathrm{a}_{P_4Q_{12}P_0}=\mathrm{a}_{P_5Q_{23}P_0}=\cdots=\mathrm{a}_{P_3Q_{51}P_0}$, P 是两棱–底面对边中点面外角平分面上任意一点, 则在 P 到其余三个棱–底面对边中点面的距离中, 其中一个较长的距离等于另两个较短的距离的和.

证明 不妨设 P 是两棱–底面对边中点面 $\pi_{P_4Q_{12}P_0}, \pi_{P_5Q_{23}P_0}$ 外角平分面上任意一点, 则

$$\mathrm{D}_{P\text{-}\pi_{P_4Q_{12}P_0}}+\mathrm{D}_{P\text{-}\pi_{P_5Q_{23}P_0}}=0,$$

代入式 (6.2.10), 得

$$\mathrm{D}_{P\text{-}\pi_{P_1Q_{34}P_0}}+\mathrm{D}_{P\text{-}\pi_{P_2Q_{45}P_0}}+\mathrm{D}_{P\text{-}\pi_{P_3Q_{51}P_0}}=0.$$

因此, 在 P 到其余三个棱–底面对边中点面的距离

$$\mathrm{d}_{P\text{-}\pi_{P_1Q_{34}P_0}},\quad \mathrm{d}_{P\text{-}\pi_{P_2Q_{45}P_0}},\quad \mathrm{d}_{P\text{-}\pi_{P_3Q_{51}P_0}}$$

中, 其中一个较长的距离等于另两个较短的距离的和.

定理 6.2.5 设 $P_0\text{-}P_1P_2\cdots P_{2n+1}$ 为 $2n+1$ 棱锥, $P_1P_2\cdots P_{2n+1}$ 为底面, $P_{n+2}Q_{12}P_0, P_{n+3}Q_{23}P_0, \cdots, P_{n+1}Q_{2n+1,1}P_0$ 为棱–底面对边中点三角形, $\pi_{P_{n+2}Q_{12}P_0}$,

$\pi_{P_{n+3}Q_{23}P_0}, \cdots, \pi_{P_{n+1}Q_{2n+1,1}P_0}$ 为棱–底面对边中点面. 若对 $\forall i=1,2,\cdots,2n+1(i\neq j), \mathrm{a}_{P_{i+n+1}Q_{i,i+1}P_0}=a$, 则 P 是 $\pi_{P_{j+n+1}Q_{j,j+1}P_0}$ 任意一点的充分必要条件是

$$\sum_{i=1,i\neq j}^{2n+1} \mathrm{D}_{P\text{-}\pi_{P_{i+n+1}Q_{i,i+1}P_0}}=0(j=1,2,\cdots,2n+1). \tag{6.2.11}$$

证明　依题设, 式 (6.2.4) 可以改写成

$$\mathrm{a}_{P_{j+n+1}Q_{j,j+1}P_0}\mathrm{D}_{P\text{-}\pi_{P_{j+n+1}Q_{j,j+1}P_0}}\Big/a+\sum_{i=1,i\neq j}^{2n+1}\mathrm{D}_{P\text{-}\pi_{P_{i+n+1}Q_{i,i+1}P_0}}=0,$$

其中 $j=1,2,\cdots,2n+1$. 于是由上式, 可得

P 是 $\pi_{P_{j+n+1}Q_{j,j+1}P_0}$ 上任意一点 $\Leftrightarrow$ $\mathrm{D}_{P\text{-}\pi_{P_{j+n+1}Q_{j,j+1}P_0}}=0$ $\Leftrightarrow$ 式 (6.2.11) 成立.

推论 6.2.5　设 $P_0\text{-}P_1P_2\cdots P_5$ 为五棱锥, $P_1P_2\cdots P_5$ 为底面, $P_4Q_{12}P_0$, $P_5Q_{23}P_0, \cdots, P_3Q_{51}P_0$ 为棱–底面对边中点三角形, $\pi_{P_4Q_{12}P_0}, \pi_{P_5Q_{23}P_0}, \cdots, \pi_{P_3Q_{51}P_0}$ 为棱–底面对边中点面. 若 $\mathrm{a}_{P_{i_1+3}Q_{i_1,i_1+1}P_0}=\mathrm{a}_{P_{i_2+3}Q_{i_2,i_2+1}P_0}=\mathrm{a}_{P_{i_3+3}Q_{i_3,i_3+1}P_0}=\mathrm{a}_{P_{i_4+3}Q_{i_4,i_4+1}P_0}$, P 是 $\pi_{P_{j+3}Q_{j,j+1}P_0}(i_1, i_2, i_3, i_4, j=1,2,\cdots,5; j\neq i_1, i_2, i_3, i_4)$ 上任意一点, 则

(1) 平面 $\pi_{P_{j+3}Q_{j,j+1}P_0}$ 与两平面 $\pi_{P_{i_1+3}Q_{i_1,i_1+1}P_0}$, $\pi_{P_{i_2+3}Q_{i_2,i_2+1}P_0}$ 内角平分面的交线和平面 $\pi_{P_{j+3}Q_{j,j+1}P_0}$ 与两平面 $\pi_{P_{i_3+3}Q_{i_3,i_3+1}P_0}$, $\pi_{P_{i_4+3}Q_{i_4,i_4+1}P_0}$ 内角平分面的交线重合;

(2) 平面 $\pi_{P_{j+3}Q_{j,j+1}P_0}$ 与两平面 $\pi_{P_{i_1+3}Q_{i_1,i_1+1}P_0}$, $\pi_{P_{i_3+3}Q_{i_3,i_3+1}P_0}$ 内角平分面的交线和平面 $\pi_{P_{j+3}Q_{j,j+1}P_0}$ 与两平面 $\pi_{P_{i_2+3}Q_{i_2,i_2+1}P_0}$, $\pi_{P_{i_4+3}Q_{i_4,i_4+1}P_0}$ 内角平分面的交线重合;

(3) 平面 $\pi_{P_{j+3}Q_{j,j+1}P_0}$ 与两平面 $\pi_{P_{i_1+3}Q_{i_1,i_1+1}P_0}$, $\pi_{P_{i_4+3}Q_{i_4,i_4+1}P_0}$ 内角平分面的交线和平面 $\pi_{P_{j+3}Q_{j,j+1}P_0}$ 与两平面 $\pi_{P_{i_2+3}Q_{i_2,i_2+1}P_0}$, $\pi_{P_{i_3+3}Q_{i_3,i_3+1}P_0}$ 内角平分面的交线重合.

证明　(1) 在定理 6.2.5 中令 $n=2$, 则式 (6.2.11) 可以改写成

$$\begin{aligned}&\mathrm{D}_{P\text{-}\pi_{P_{i_1+3}Q_{i_1,i_1+1}P_0}}+\mathrm{D}_{P\text{-}\pi_{P_{i_2+3}Q_{i_2,i_2+1}P_0}}\\&+\mathrm{D}_{P\text{-}\pi_{P_{i_3+3}Q_{i_3,i_3+1}P_0}}+\mathrm{D}_{P\text{-}\pi_{P_{i_4+3}Q_{i_4,i_4+1}P_0}}=0,\end{aligned}$$

于是由上式, 可得

$$\begin{aligned}&\mathrm{D}_{P\text{-}\pi_{P_{i_1+3}Q_{i_1,i_1+1}P_0}}+\mathrm{D}_{P\text{-}\pi_{P_{i_2+3}Q_{i_2,i_2+1}P_0}}=0\\\Leftrightarrow&\mathrm{D}_{P\text{-}\pi_{P_{i_3+3}Q_{i_3,i_3+1}P_0}}+\mathrm{D}_{P\text{-}\pi_{P_{i_4+3}Q_{i_4,i_4+1}P_0}}=0.\end{aligned}$$

故 P 是平面 $\pi_{P_{j+3}Q_{j,j+1}P_0}$ 与两平面 $\pi_{P_{i_1+3}Q_{i_1,i_1+1}P_0}$, $\pi_{P_{i_2+3}Q_{i_2,i_2+1}P_0}$ 内角平分面的交线上任意一点 $\Leftrightarrow$ P 是平面 $\pi_{P_{j+3}Q_{j,j+1}P_0}$ 与两平面 $\pi_{P_{i_3+3}Q_{i_3,i_3+1}P_0}$, $\pi_{P_{i_4+3}Q_{i_4,i_4+1}P_0}$

内角平分面的交线上任意一点, 即平面 $\pi_{P_{j+3}Q_{j,j+1}P_0}$ 与两平面 $\pi_{P_{i_1+3}Q_{i_1,i_1+1}P_0}$, $\pi_{P_{i_2+3}Q_{i_2,i_2+1}P_0}$ 内角平分面的交线和平面 $\pi_{P_{j+3}Q_{j,j+1}P_0}$ 与两平面 $\pi_{P_{i_3+3}Q_{i_3,i_3+1}P_0}$, $\pi_{P_{i_4+3}Q_{i_4,i_4+1}P_0}$ 内角平分面的交线重合.

类似地, 可以证明 (2) 和 (3) 的结论成立.

定理 6.2.6 设 $P_0\text{-}P_1P_2\cdots P_{2n+1}$ 为 $2n+1$ 棱锥, $P_1P_2\cdots P_{2n+1}$ 为底面, $P_{n+2}Q_{12}P_0, P_{n+3}Q_{23}P_0, \cdots, P_{n+1}Q_{2n+1,1}P_0$ 为棱–底面对边中点三角形, $\pi_{P_{n+2}Q_{12}P_0}$, $\pi_{P_{n+3}Q_{23}P_0}$, $\cdots$, $\pi_{P_{n+1}Q_{2n+1,1}P_0}$ 为棱–底面对边中点面. 若对 $\forall i=1,2,\cdots,2n+1; (i\neq j,k)$ 恒有 $\mathrm{a}_{P_{i+n+1}Q_{i,i+1}P_0}=a$, P 是两平面 $\pi_{P_{j+n+1}Q_{j,j+1}P_0}$, $\pi_{P_{k+n+1}Q_{k,k+1}P_0}$ 交线上任意一点, 则

$$\sum_{i=1,i\neq j,k}^{2n+1}\mathrm{D}_{P\text{-}\pi_{P_{i+n+1}Q_{i,i+1}P_0}}=0(j,k=1,2,\cdots,2n+1;j<k). \tag{6.2.12}$$

证明 依题设, 式 (6.2.4) 可以改写成

$$\sum_{i=1,i\neq j,k}^{2n+1}\mathrm{D}_{P\text{-}\pi_{P_{i+n+1}Q_{i,i+1}P_0}}+\sum_{i=j,k}\mathrm{a}_{P_{i+3}Q_{i,i+1}P_0}\mathrm{D}_{P\text{-}\pi_{P_{i+3}Q_{i,i+1}P_0}}\Big/a=0,$$

其中 $j,k=1,2,\cdots,2n+1;j<k$. 于是由上式, 可得

$$\begin{aligned}&P\ \text{是两平面}\pi_{P_{j+n+1}Q_{j,j+1}P_0},\pi_{P_{k+n+1}Q_{k,k+1}P_0}\text{交线上任意一点}\\ \Rightarrow\ &\mathrm{D}_{P\text{-}\pi_{P_{j+n+1}Q_{j,j+1}P_0}}=\mathrm{D}_{P\text{-}\pi_{P_{k+n+1}Q_{k,k+1}P_0}}=0\Rightarrow \text{式 (6.2.12) 成立.}\end{aligned}$$

推论 6.2.6 设 $P_0\text{-}P_1P_2\cdots P_5$ 为五棱锥, $P_1P_2\cdots P_5$ 为底面, $P_4Q_{12}P_0$, $P_5Q_{23}P_0,\cdots,P_3Q_{51}P_0$ 为棱–底面对边中点三角形, $\pi_{P_4Q_{12}P_0},\pi_{P_5Q_{23}P_0},\cdots,\pi_{P_3Q_{51}P_0}$ 为棱–底面对边中点面. 若对 $\forall i=1,2,\cdots,5(i\neq j,k)$, $\mathrm{a}_{P_{i+3}Q_{i,i+1}P_0}=a$, P 是两平面 $\pi_{P_{j+3}Q_{j,j+1}P_0}$, $\pi_{P_{k+3}Q_{k,k+1}P_0}$ 交线上任意一点, 则在如下三个点到棱–底面对边中点面的距离

$$\mathrm{d}_{P\text{-}\pi_{P_{i_1+3}Q_{i_1,i_1+1}P_0}},\quad \mathrm{d}_{P-\pi_{P_{i_2+3}Q_{i_2,i_2+1}P_0}},\quad \mathrm{d}_{P-\pi_{P_{i_3+3}Q_{i_3,i_3+1}P_0}}$$

$(i_1,i_2,i_3=1,2,\cdots,5;i_1,i_2,i_3\neq j,k)$ 中, 其中一个较长的距离等于另两个较短的有向距离的和.

证明 在定理 6.2.6 中令 $n=2$, 则式 (6.2.12) 可以改写成

$$\mathrm{D}_{P\text{-}\pi_{P_{i_1+3}Q_{i_1,i_1+1}P_0}}+\mathrm{D}_{P\text{-}\pi_{P_{i_2+3}Q_{i_2,i_2+1}P_0}}+\mathrm{D}_{P\text{-}\pi_{P_{i_3+3}Q_{i_3,i_3+1}P_0}}=0,$$

其中 $i_1,i_2,i_3=1,2,\cdots,5$; $i_1,i_2,i_3\neq j,k$. 于是由上式, 可知推论 6.2.6 结论成立.

6.3　n 棱锥棱–底面对角线中点面有向距离的定值定理与应用

本节主要应用三角形面的投影式方程和有向距离定值法, 以及 “由面及体, 由面及线, 由面及点, 点线面体交融” 的思想方法, 研究 n 棱锥棱–底面对角线中点面有向距离的定值问题, 从而将 6.1 节中有关的结论推广到 n 棱锥的情形. 首先, 给出 n 棱锥棱–底面对角线中点面的基本概念; 其次, 在建立 n 棱锥棱–底面对角线中点三角形投影定理的基础上, 给出 n 棱锥棱–底面对角线中点面有向距离的定值定理; 再次, 给出 n 棱锥棱–底面对角线中点面有向距离的定值定理的应用, 从而得出在一定条件下 $2n+1$ 棱锥的 $2n+1$ 个底面对角线–棱中点面相交于一线等结论; 最后, 给出 $2n+1$ 棱锥底边 (对角线)–棱中点面有向距离定值定理的应用.

6.3.1　n 棱锥棱–底面对角线中点面的基本概念

定义 6.3.1　设 $P_0\text{-}P_1P_2\cdots P_n$ 为 n 棱锥, $P_1P_2\cdots P_n$ 为底面, 则称 $P_0\text{-}P_1P_2\cdots P_n$ 的棱 $P_2P_0, P_3P_0, \cdots, P_nP_0, P_1P_0$ 与底面对角线 $P_1P_3, P_2P_4, \cdots, P_nP_2$ 中点 Q_{13}, $Q_{24}, \cdots, Q_{n,2}$ 所构成的三角形 $P_2Q_{13}P_0, P_3Q_{24}P_0, \cdots, P_1Q_{n,2}P_0$ 为 $P_0\text{-}P_1P_2\cdots P_n$ 的棱–底面对角线中点三角形.

定义 6.3.2　n 棱锥 $P_0\text{-}P_1P_2\cdots P_n$ 的棱–底面对角线中点三角形 $P_2Q_{13}P_0$, $P_3Q_{24}P_0$, $\cdots$, $P_1Q_{n,2}P_0$ 所在的平面称为 $P_0\text{-}P_1P_2\cdots P_n$ 的棱–底面对角线中点面, 记为 $\pi_{P_2Q_{13}P_0}$, $\pi_{P_3Q_{24}P_0}$, $\cdots$, $\pi_{P_1Q_{n,2}P_0}$.

注 6.3.1　更一般地, 对 $P_0\text{-}P_1P_2\cdots P_n$ 的棱 P_iP_0 与其底面 $P_1P_2\cdots P_n$ 不过顶点 P_i 的任一对角线 $P_jP_k(|k-j|\geqslant 2; j,k\neq i)$ 的中点 Q_{jk}, 也可以定义 $P_0\text{-}P_1P_2\cdots P_n$ 的棱–底面对角线中点三角形 $P_iQ_{jk}P_0$ 和棱–底面对角线中点面 $\pi_{P_iQ_{jk}P_0}$ 的概念.

定义 6.3.3　设 $P_0\text{-}P_1P_2\cdots P_{2n+1}$ 为 $2n+1$ 棱锥, $P_1P_2\cdots P_{2n+1}$ 为底面, 则称 $P_0\text{-}P_1P_2\cdots P_{2n+1}$ 的底边 P_1P_2, P_2P_3, $\cdots$, $P_{2n+1}P_1$ 与其对棱 P_iP_0 中点 $Q_{i,0}(i=1,2,\cdots,2n+1)$ 所构成的三角形 $P_iQ_{i+1,0}P_{i+1}$, $P_0Q_{i,i+1}P_{i+1}(i=1,2,\cdots,2n+1)$ 为 $P_0\text{-}P_1P_2\cdots P_{2n+1}$ 的底边–对棱中点三角形.

定义 6.3.4　$2n+1$ 棱锥 $P_0\text{-}P_1P_2\cdots P_{2n+1}$ 的底边–对棱中点三角形 $P_iQ_{i+1,0}P_{i+1}$, $P_0Q_{i,i+1}P_{i+1}(i=1,2,\cdots,2n+1)$ 所在平面称为 $P_0\text{-}P_1P_2\cdots P_{2n+1}$ 的底边–对棱中点面, 记为 $\pi_{P_iQ_{i+1,0}P_{i+1}}$, $\pi_{P_0Q_{i,i+1}P_{i+1}}(i=1,2,\cdots,2n+1)$.

6.3.2　n 棱锥棱–底面对角线中点面有向距离的定值定理

定理 6.3.1　设 $P_0\text{-}P_1P_2\cdots P_n$ 为 n 棱锥, $P_1P_2\cdots P_n$ 为底面, Q_{13}, Q_{24}, $\cdots$, $Q_{n,2}$ 依次为底面对角线 P_1P_3, P_2P_4, $\cdots$, P_nP_2 的中点, $P_2Q_{13}P_0$, $P_3Q_{24}P_0$, $\cdots$,

$P_1Q_{n,2}P_0$ 为棱–底面对角线中点三角形, 则

$$\mathrm{Prj}_{xy}\mathrm{D}_{P_2Q_{13}P_0}+\mathrm{Prj}_{xy}\mathrm{D}_{P_3Q_{24}P_0}+\cdots+\mathrm{Prj}_{xy}\mathrm{D}_{P_1Q_{n,2}P_0}=0, \tag{6.3.1}$$

$$\mathrm{Prj}_{yz}\mathrm{D}_{P_2Q_{13}P_0}+\mathrm{Prj}_{yz}\mathrm{D}_{P_3Q_{24}P_0}+\cdots+\mathrm{Prj}_{yz}\mathrm{D}_{P_1Q_{n,2}P_0}=0, \tag{6.3.2}$$

$$\mathrm{Prj}_{zx}\mathrm{D}_{P_2Q_{13}P_0}+\mathrm{Prj}_{zx}\mathrm{D}_{P_3Q_{24}P_0}+\cdots+\mathrm{Prj}_{zx}\mathrm{D}_{P_1Q_{n,2}P_0}=0. \tag{6.3.3}$$

证明 如图 6.3.1 所示. 设 n 棱锥 $P_0P_1P_2\cdots P_n$ 顶点的坐标为 $P_i(x_i,\ y_i,\ z_i)(i=0,1,2,\cdots,n)$, 于是底面对角线中点的坐标为

$$Q_{i,i+2}\left(\frac{x_i+x_{i+2}}{2},\frac{y_i+y_{i+2}}{2},\frac{z_i+z_{i+2}}{2}\right)(i=1,2,\cdots,n;Q_{n,n+2}=Q_{n,2}).$$

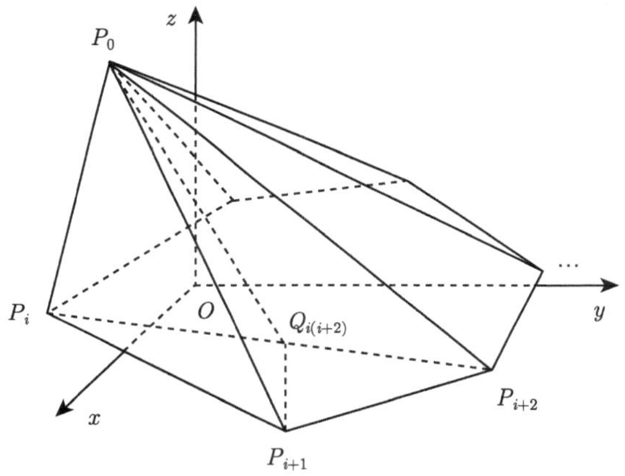

图 6.3.1

故由空间三角形在坐标面上投影公式, 可得

$$\begin{aligned}\mathrm{Prj}_{xy}\mathrm{D}_{P_{i+1}Q_{i,i+2}P_0}&=\frac{1}{4}\begin{vmatrix}x_{i+1}&y_{i+1}&1\\x_i+x_{i+2}&y_i+y_{i+2}&1+1\\x_0&y_0&1\end{vmatrix}\\&=\frac{1}{4}\begin{vmatrix}x_{i+1}&y_{i+1}&1\\x_i&y_i&1\\x_0&y_0&1\end{vmatrix}+\frac{1}{4}\begin{vmatrix}x_{i+1}&y_{i+1}&1\\x_{i+2}&y_{i+2}&1\\x_0&y_0&1\end{vmatrix}\\&=\frac{1}{2}\mathrm{Prj}_{xy}\mathrm{D}_{P_{i+1}P_iP_0}+\frac{1}{2}\mathrm{Prj}_{xy}\mathrm{D}_{P_{i+1}P_{i+2}P_0},\end{aligned}$$

于是

$$\sum_{i=1}^{n}\mathrm{Prj}_{xy}\mathrm{D}_{P_{i+1}Q_{i,i+2}P_0}=\frac{1}{2}\sum_{i=1}^{n}\mathrm{Prj}_{xy}\mathrm{D}_{P_{i+1}P_iP_0}+\frac{1}{2}\sum_{i=1}^{n}\mathrm{Prj}_{xy}\mathrm{D}_{P_{i+1}P_{i+2}P_0}$$

$$= -\frac{1}{2}\sum_{i=1}^{n}\mathrm{Prj}_{xy}\mathrm{D}_{P_iP_{i+1}P_0} + \frac{1}{2}\sum_{i=1}^{n}\mathrm{Prj}_{xy}\mathrm{D}_{P_iP_{i+1}P_0} = 0,$$

故式 (6.3.1) 成立.

类似地, 可以证明式 (6.3.2) 和式 (6.3.3) 成立.

定理 6.3.2 设 P_0-$P_1P_2\cdots P_n$ 为 n 棱锥, $P_1P_2\cdots P_n$ 为底面, $P_2Q_{13}P_0$, $P_3Q_{24}P_0$, $\cdots, P_1Q_{n,2}P_0$ 为棱–底面对角线中点三角形, $\pi_{P_2Q_{13}P_0}$, $\pi_{P_3Q_{24}P_0}$, $\cdots$, $\pi_{P_1Q_{n,2}P_0}$ 为棱–底面对角线中点面, P 是空间任意一点, 则

$$\mathrm{a}_{P_2Q_{13}P_0}\mathrm{D}_{P\text{-}\pi_{P_2Q_{13}P_0}} + \mathrm{a}_{P_3Q_{24}P_0}\mathrm{D}_{\pi_{P_3Q_{24}P_0}} + \cdots + \mathrm{a}_{P_1Q_{n,2}P_0}\mathrm{D}_{P\text{-}\pi_{P_1Q_{n,2}P_0}} = 0. \quad (6.3.4)$$

证明 设四面体 $P_1P_2P_3P_4$ 顶点的坐标如定理 6.3.1 所示. 根据定理 2.1.1, 可得 P_0-$P_1P_2\cdots P_n$ 的棱–底面对角线中点面的方程

$$\pi_{P_2Q_{13}P_0}: x\mathrm{Prj}_{yz}\mathrm{D}_{P_2Q_{13}P_0} + y\mathrm{Prj}_{zx}\mathrm{D}_{P_2Q_{13}P_0} + z\mathrm{Prj}_{xy}\mathrm{D}_{P_2Q_{13}P_0} - \Delta_{P_2Q_{13}P_0} = 0,$$
$$\pi_{P_3Q_{24}P_0}: x\mathrm{Prj}_{yz}\mathrm{D}_{P_3Q_{24}P_0} + y\mathrm{Prj}_{zx}\mathrm{D}_{P_3Q_{24}P_0} + z\mathrm{Prj}_{xy}\mathrm{D}_{P_3Q_{24}P_0} - \Delta_{P_3Q_{24}P_0} = 0,$$
$$\cdots$$
$$\pi_{P_1Q_{n,2}P_0}: x\mathrm{Prj}_{yz}\mathrm{D}_{P_1Q_{n,2}P_0} + y\mathrm{Prj}_{zx}\mathrm{D}_{P_1Q_{n,2}P_0} + z\mathrm{Prj}_{xy}\mathrm{D}_{P_1Q_{n,2}P_0} - \Delta_{P_1Q_{n,2}P_0} = 0.$$

设空间任意点的坐标为 $P(x,y,z)$, 于是由点到平面的有向距离公式, 可得

$$\begin{aligned}&\mathrm{a}_{P_2Q_{13}P_0}\mathrm{D}_{P\text{-}\pi_{P_2Q_{13}P_0}}\\ =&x\mathrm{Prj}_{yz}\mathrm{D}_{P_2Q_{13}P_0} + y\mathrm{Prj}_{zx}\mathrm{D}_{P_2Q_{13}P_0} + z\mathrm{Prj}_{xy}\mathrm{D}_{P_2Q_{13}P_0} - \Delta_{P_2Q_{13}P_0}, \quad (6.3.5)\\ &\mathrm{a}_{P_3Q_{24}P_0}\mathrm{D}_{P\text{-}\pi_{P_3Q_{24}P_0}}\\ =&x\mathrm{Prj}_{yz}\mathrm{D}_{P_3Q_{24}P_0} + y\mathrm{Prj}_{zx}\mathrm{D}_{P_3Q_{24}P_0} + z\mathrm{Prj}_{xy}\mathrm{D}_{P_3Q_{24}P_0} - \Delta_{P_3Q_{24}P_0}, \quad (6.3.6)\\ &\cdots\\ &\mathrm{a}_{P_1Q_{n,2}P_0}\mathrm{D}_{P\text{-}\pi_{P_1Q_{n,2}P_0}}\\ =&x\mathrm{Prj}_{yz}\mathrm{D}_{P_1Q_{n,2}P_0} + y\mathrm{Prj}_{zx}\mathrm{D}_{P_1Q_{n,2}P_0} + z\mathrm{Prj}_{xy}\mathrm{D}_{P_1Q_{n,2}P_0} - \Delta_{P_1Q_{n,2}P_0}, \quad (6.3.7)\end{aligned}$$

因为

$$\begin{aligned}&\Delta_{P_2Q_{13}P_0} + \Delta_{P_3Q_{24}P_0} + \cdots + \Delta_{P_1Q_{n,2}P_0}\\ =&\frac{1}{2}\sum_{i=1}^{n}\begin{vmatrix} x_{i+1} & y_{i+1} & z_{i+1}\\ \dfrac{x_i+x_{i+2}}{2} & \dfrac{y_i+y_{i+2}}{2} & \dfrac{z_i+z_{i+2}}{2}\\ x_0 & y_0 & z_0\end{vmatrix}\end{aligned}$$

$$=\frac{1}{4}\sum_{i=1}^{n}\begin{vmatrix} x_{i+1} & y_{i+1} & z_{i+1} \\ x_i & y_i & z_i \\ x_0 & y_0 & z_0 \end{vmatrix}+\frac{1}{4}\sum_{i=1}^{n}\begin{vmatrix} x_{i+1} & y_{i+1} & z_{i+1} \\ x_{i+2} & y_{i+2} & z_{i+2} \\ x_0 & y_0 & z_0 \end{vmatrix}$$

$$=\frac{1}{4}\sum_{i=1}^{n}\begin{vmatrix} x_{i+1} & y_{i+1} & z_{i+1} \\ x_i & y_i & z_i \\ x_0 & y_0 & z_0 \end{vmatrix}+\frac{1}{4}\sum_{i=1}^{n}\begin{vmatrix} x_i & y_i & z_i \\ x_{i+1} & y_{i+1} & z_{i+1} \\ x_0 & y_0 & z_0 \end{vmatrix}$$

$$=0,$$

故由定理 6.3.1, 式 (6.3.5) + (6.3.6) + (6.3.7), 得

$$\begin{aligned}
&\mathrm{a}_{P_2Q_{13}P_0}\mathrm{D}_{P\text{-}\pi_{P_2Q_{13}P_0}}+\mathrm{a}_{P_3Q_{24}P_0}\mathrm{D}_{P\text{-}\pi_{P_3Q_{24}P_0}}+\cdots+\mathrm{a}_{P_1Q_{n,2}P_0}\mathrm{D}_{P\text{-}\pi_{P_1Q_{n,2}P_0}}\\
=&\ x\left(\mathrm{Prj}_{yz}\mathrm{D}_{P_2Q_{13}P_0}+\mathrm{Prj}_{yz}\mathrm{D}_{P_3Q_{24}P_0}+\cdots+\mathrm{Prj}_{yz}\mathrm{D}_{P_1Q_{n,2}P_0}\right)\\
&+y\left(\mathrm{Prj}_{zx}\mathrm{D}_{P_2Q_{13}P_0}+\mathrm{Prj}_{zx}\mathrm{D}_{P_3Q_{24}P_0}+\cdots+\mathrm{Prj}_{zx}\mathrm{D}_{P_1Q_{n,2}P_0}\right)\\
&+z\left(\mathrm{Prj}_{xy}\mathrm{D}_{P_2Q_{13}P_0}+\mathrm{Prj}_{xy}\mathrm{D}_{P_3Q_{24}P_0}+\cdots+\mathrm{Prj}_{xy}\mathrm{D}_{P_1Q_{n,2}P_0}\right)\\
&-\left(\Delta_{P_2Q_{13}P_0}+\Delta_{P_3Q_{24}P_0}+\cdots+\Delta_{P_1Q_{n,2}P_0}\right)\\
=&\ 0,
\end{aligned}$$

因此, 式 (6.3.4) 成立.

注 6.3.2 在定理 6.3.2 中, 令 $n=3$ 并把四面体的三角形面的边看成是三角形的对角线, 则由定理 6.3.2 即得定理 6.1.2; 而当 $n=4$ 时, 四棱锥 $P_0P_1P_2P_3P_4$ 的底四边形 $P_1P_2P_3P_4$ 只有两条对角线, 此时式 (6.3.4) 中关于同一对角线的两个平面重合, 但侧向相反. 因此, 式 (6.3.4) 中关于同一对角线的两项正好抵消, 但当 $n>4$ 时不会出现这种情形.

推论 6.3.1 设 P_0-$P_1P_2\cdots P_n$ 为 n 棱锥, $P_1P_2\cdots P_n$ 为底面, $P_2Q_{13}P_0$, $P_3Q_{24}P_0$, $\cdots,P_1Q_{n,2}P_0$ 为棱–底面对角线中点三角形, $\pi_{P_2Q_{13}P_0}$, $\pi_{P_3Q_{24}P_0}$, $\cdots$, $\pi_{P_1Q_{n,2}P_0}$ 为棱–底面对角线中点面, 则 P 是平面 $\pi_{P_{j+1}Q_{j,j+2}P_0}$ 任意一点的充分必要条件是

$$\sum_{i=1,i\neq j}^{n}\mathrm{a}_{P_{i+1}Q_{i,i+2}P_0}\mathrm{D}_{P\text{-}\pi_{P_{i+1}Q_{i,i+2}P_0}}=0(j=1,2,\cdots,n). \tag{6.3.8}$$

证明 根据定理 6.3.2, 由式 (6.3.4), 可得

P 是平面 $\pi_{P_{j+1}Q_{j,j+2}P_0}$ 上任意一点 $\Leftrightarrow \mathrm{D}_{P\text{-}\pi_{P_{j+1}Q_{j,j+2}P_0}}=0\Leftrightarrow$ 式 (6.3.8) 成立.

推论 6.3.2 设 P_0-$P_1P_2\cdots P_n$ 为 n 棱锥, $P_1P_2\cdots P_n$ 为底面, $P_2Q_{13}P_0$, $P_3Q_{24}P_0$, $\cdots,P_1Q_{n,2}P_0$ 为棱–底面对角线中点三角形, $\pi_{P_2Q_{13}P_0}$, $\pi_{P_3Q_{24}P_0}$, $\cdots$, $\pi_{P_1Q_{n,2}P_0}$ 为棱–底面对角线中点面, P 是两平面 $\pi_{P_{j+1}Q_{j,j+2}P_0}$, $\pi_{P_{k+1}Q_{k,k+2}P_0}$ 交线上任意一点, 则

$$\sum_{i=1,i\neq j,k}^{n} \mathrm{a}_{P_{i+1}Q_{i,i+2}P_0}\mathrm{D}_{P\text{-}\pi_{P_{i+1}Q_{i,i+2}P_0}} = 0(j,k=1,2,\cdots,n;j<k). \tag{6.3.9}$$

证明 根据定理 6.3.2, 由式 (6.3.4), 可得

P 是两平面 $\pi_{P_{j+1}Q_{j,j+2}P_0}$, $\pi_{P_{k+1}Q_{k,k+2}P_0}$ 交线上任意一点

$\Rightarrow \mathrm{D}_{P\text{-}\pi_{P_{j+1}Q_{j,j+2}P_0}} = \mathrm{D}_{P\text{-}\pi_{P_{k+1}Q_{k,k+2}P_0}} = 0$

$\Rightarrow$ 式 (6.3.9) 成立.

6.3.3 n 棱锥棱–底面对角线中点面有向距离定值定理的应用

定理 6.3.3 设 $P_0\text{-}P_1P_2\cdots P_n$ 为 n 棱锥, $P_1P_2\cdots P_n$ 为底面, $P_2Q_{13}P_0$, $P_3Q_{24}P_0$, $\cdots, P_1Q_{n,2}P_0$ 为棱–底面对角线中点三角形, $\pi_{P_2Q_{13}P_0}$, $\pi_{P_3Q_{24}P_0}$, $\cdots$, $\pi_{P_1Q_{n,2}P_0}$ 为棱–底面对角线中点面.

(1) 若 $\pi_{P_2Q_{13}P_0}, \pi_{P_3Q_{24}P_0}, \cdots, \pi_{P_1Q_{n,2}P_0}$ 中有 $n-1$ 个平面相交于一线, 则这 n 个棱–底面对角线中点面相交于一线;

(2) 若 $\pi_{P_2Q_{13}P_0}, \pi_{P_3Q_{24}P_0}, \cdots, \pi_{P_1Q_{n,2}P_0}$ 中有三个仅相交于一点 P_0, 则这 n 个棱–底面对角线中点面仅相交于一点 P_0.

证明 (1) 不妨设棱–底面对角线中点面 $\pi_{P_3Q_{24}P_0}, \cdots, \pi_{P_1Q_{n,2}P_0}$ 相交于一线 m, 点 G 是直线 m 上任意一点, 则

$$\mathrm{D}_{G\text{-}\pi_{P_3Q_{24}P_0}} = \cdots = \mathrm{D}_{G\text{-}\pi_{P_1Q_{n,2}P_0}} = 0.$$

代入式 (6.3.4) 并注意到 $\mathrm{a}_{P_2Q_{13}P_0} \neq 0$, 得 $\mathrm{D}_{G\text{-}\pi_{P_2Q_{13}P_0}} = 0$, 故点 G 在平面 $\pi_{P_2Q_{13}P_0}$ 上. 故 n 个棱–底面对角线中点面 $\pi_{P_2Q_{13}P_0}, \pi_{P_3Q_{24}P_0}, \cdots, \pi_{P_1Q_{n,2}P_0}$ 相交于一线 m.

(2) 因为 $\pi_{P_2Q_{13}P_0}, \pi_{P_3Q_{24}P_0}, \cdots, \pi_{P_1Q_{n,2}P_0}$ 中有三个仅相交于一点 P_0, 所以这 n 个棱–底面对角线中点面不可能相交于一线. 又显然, P_0 是这 n 个平面的交点, 故这 n 个棱–底面对角线中点面仅相交于一点 P_0.

定理 6.3.4 设 $P_0\text{-}P_1P_2\cdots P_n$ 为 n 棱锥, $P_1P_2\cdots P_n$ 为底面, $P_2Q_{13}P_0$, $P_3Q_{24}P_0$, $\cdots$, $P_1Q_{n,2}P_0$ 为棱–底面对角线中点三角形, $\pi_{P_2Q_{13}P_0}$, $\pi_{P_3Q_{24}P_0}$, $\cdots$, $\pi_{P_1Q_{n,2}P_0}$ 为棱–底面对角线中点面, P 是空间任意一点. 若 $\mathrm{a}_{P_2Q_{13}P_0} = \mathrm{a}_{P_3Q_{24}P_0} = \cdots = \mathrm{a}_{P_1Q_{n,2}P_0}$, 则

$$\mathrm{D}_{P\text{-}\pi_{P_2Q_{13}P_0}} + \mathrm{D}_{P\text{-}\pi_{P_3Q_{24}P_0}} + \cdots + \mathrm{D}_{P\text{-}\pi_{P_1Q_{n,2}P_0}} = 0. \tag{6.3.10}$$

证明 将 $\mathrm{a}_{P_2Q_{13}P_0} = \mathrm{a}_{P_3Q_{24}P_0} = \cdots = \mathrm{a}_{P_1Q_{n,2}P_0} \neq 0$, 代入式 (6.3.4) 并化简, 即得式 (6.3.10).

推论 6.3.3 设 $P_0\text{-}P_1P_2\cdots P_5$ 为五棱锥, $P_1P_2\cdots P_5$ 为底面, $P_2Q_{13}P_0$, $P_3Q_{24}P_0$, $\cdots, P_1Q_{52}P_0$ 为棱–底面对角线中点三角形, $\pi_{P_2Q_{13}P_0}$, $\pi_{P_3Q_{24}P_0}$, $\cdots$,

$\pi_{P_1Q_{52}P_0}$ 为棱–底面对角线中点面. 若 $\mathrm{a}_{P_2Q_{13}P_0}=\mathrm{a}_{P_3Q_{24}P_0}=\cdots=\mathrm{a}_{P_1Q_{52}P_0}$, P 是两侧棱–底面对角线中点面外角平分面上任意一点, 则在 P 到其余三个棱–底面对角线中点面的距离中, 其中一个较长的距离等于另两个较短的距离的和.

证明　不妨设 P 是两侧棱–底面对角线中点面 $\pi_{P_2Q_{13}P_0}$, $\pi_{P_3Q_{24}P_0}$ 外角平分面上任意一点, 则

$$\mathrm{D}_{P\text{-}\pi_{P_2Q_{13}P_0}}+\mathrm{D}_{P\text{-}\pi_{P_3Q_{24}P_0}}=0,$$

代入式 (6.3.10), 得

$$\mathrm{D}_{P\text{-}\pi_{P_4Q_{35}P_0}}+\mathrm{D}_{P\text{-}\pi_{P_5Q_{41}P_0}}+\mathrm{D}_{P\text{-}\pi_{P_1Q_{52}P_0}}=0.$$

因此, 在 P 到其余三个棱–底面对角线中点面的距离

$$\mathrm{d}_{P\text{-}\pi_{P_4Q_{35}P_0}},\quad \mathrm{d}_{P\text{-}\pi_{P_5Q_{41}P_0}},\quad \mathrm{d}_{P\text{-}\pi_{P_1Q_{52}P_0}}$$

中, 其中一个较长的距离等于另两个较短的距离的和.

定理 6.3.5　设 $P_0\text{-}P_1P_2\cdots P_n$ 为 n 棱锥, $P_1P_2\cdots P_n$ 为底面, $P_2Q_{13}P_0$, $P_3Q_{24}P_0$, $\cdots$, $P_1Q_{n,2}P_0$ 为棱–底面对角线中点三角形, $\pi_{P_2Q_{13}P_0}$, $\pi_{P_3Q_{24}P_0}$, $\cdots$, $\pi_{P_1Q_{n,2}P_0}$ 为棱–底面对角线中点面. 若对 $\forall i=1,2,\cdots,2n+1(i\neq j)$, $\mathrm{a}_{P_{i+1}Q_{i,i+2}P_0}=a$, 则 P 是 $\pi_{P_{j+1}Q_{j,j+2}P_0}$ 任意一点的充分必要条件是

$$\sum_{i=1,i\neq j}^{n}\mathrm{D}_{P\text{-}\pi_{P_{i+1}Q_{i,i+2}P_0}}=0(j=1,2,\cdots,n). \tag{6.3.11}$$

证明　依题设, 式 (6.3.4) 可以改写成

$$\mathrm{a}_{P_{j+1}Q_{j,j+2}P_0}\mathrm{D}_{P\text{-}\pi_{P_{j+1}Q_{j,j+2}P_0}}\Big/a+\sum_{i=1,i\neq j}^{n}\mathrm{D}_{P\text{-}\pi_{P_{i+1}Q_{i,i+2}P_0}}=0,$$

其中 $j=1,2,\cdots,n$. 于是由上式, 可得

P 是 $\pi_{P_{j+1}Q_{j,j+2}P_0}$ 上任意一点 $\Leftrightarrow \mathrm{D}_{P\text{-}\pi_{P_{j+1}Q_{j,j+2}P_0}}=0\Leftrightarrow$ 式 (6.3.11) 成立.

推论 6.3.4　设$P_0\text{-}P_1P_2\cdots P_5$ 为五棱锥, $P_1P_2\cdots P_5$ 为底面, $P_2Q_{13}P_0$, $P_3Q_{24}P_0$, $\cdots$, $P_1Q_{52}P_0$ 为棱–底面对角线中点三角形, $\pi_{P_2Q_{13}P_0}$, $\pi_{P_3Q_{24}P_0}$, $\cdots$, $\pi_{P_1Q_{52}P_0}$ 为棱–底面对角线中点面. 若 $\mathrm{a}_{P_{i_1+3}Q_{i_1,i_1+2}P_0}=\mathrm{a}_{P_{i_2+3}Q_{i_2,i_2+2}P_0}=\mathrm{a}_{P_{i_3+3}Q_{i_3,i_3+2}P_0}=\mathrm{a}_{P_{i_4+3}Q_{i_4,i_4+2}P_0}$, P 是 $\pi_{P_{j+3}Q_{j,j+2}P_0}(i_1,\ i_2,\ i_3,\ i_4,\ j=1,2,\cdots,5;j\neq i_1,\ i_2,i_3,\ i_4)$ 上任意一点, 则

(1) 平面 $\pi_{P_{j+3}Q_{j,j+2}P_0}$ 与两平面 $\pi_{P_{i_1+3}Q_{i_1,i_1+2}P_0}$, $\pi_{P_{i_2+3}Q_{i_2,i_2+2}P_0}$ 内角平分面的交线和平面 $\pi_{P_{j+3}Q_{j,j+2}P_0}$ 与两平面 $\pi_{P_{i_3+3}Q_{i_3,i_3+2}P_0}$, $\pi_{P_{i_4+3}Q_{i_4,i_4+2}P_0}$ 内角平分面的交线重合;

(2) 平面 $\pi_{P_{j+3}Q_{j,j+2}P_0}$ 与两平面 $\pi_{P_{i_1+3}Q_{i_1,i_1+2}P_0}$, $\pi_{P_{i_3+3}Q_{i_3,i_3+2}P_0}$ 内角平分面的交线和平面 $\pi_{P_{j+3}Q_{j,j+2}P_0}$ 与两平面 $\pi_{P_{i_2+3}Q_{i_2,i_2+2}P_0}$, $\pi_{P_{i_4+3}Q_{i_4,i_4+2}P_0}$ 内角平分面的交线重合;

(3) 平面 $\pi_{P_{j+3}Q_{j,j+2}P_0}$ 与两平面 $\pi_{P_{i_1+3}Q_{i_1,i_1+2}P_0}$, $\pi_{P_{i_4+3}Q_{i_4,i_4+2}P_0}$ 内角平分面的交线和平面 $\pi_{P_{j+3}Q_{j,j+2}P_0}$ 与两平面 $\pi_{P_{i_2+3}Q_{i_2,i_2+2}P_0}$, $\pi_{P_{i_3+3}Q_{i_3,i_3+2}P_0}$ 内角平分面的交线重合.

证明 在定理 6.3.5 中令 $n=2$, 仿推论 6.2.4 证明即得.

定理 6.3.6 设 P_0-$P_1P_2\cdots P_n$ 为 n 棱锥, $P_1P_2\cdots P_n$ 为底面, $P_2Q_{13}P_0$, $P_3Q_{24}P_0$, $\cdots$, $P_1Q_{n,2}P_0$ 为棱–底面对角线中点三角形, $\pi_{P_2Q_{13}P_0}$, $\pi_{P_3Q_{24}P_0}$, $\cdots$, $\pi_{P_1Q_{n,2}P_0}$ 为棱–底面对角线中点面. 若对 $\forall i=1,2,\cdots,2n+1,(i\neq j,k)$, $\mathrm{a}_{P_{i+1}Q_{i,i+2}P_0}=a$, P 是两平面 $\pi_{P_{j+1}Q_{j,j+2}P_0}$, $\pi_{P_{k+1}Q_{k,k+2}P_0}$ 交线上任意一点, 则

$$\sum_{i=1,i\neq j,k}^{n}\mathrm{D}_{P\text{-}\pi_{P_{i+1}Q_{i,i+2}P_0}}=0, \tag{6.3.12}$$

其中 $j,k=1,2,\cdots,2n+1;j<k$.

证明 依题设, 式 (6.3.4) 可以改写成

$$\sum_{i=j,k}\mathrm{a}_{P_{i+1}Q_{i,i+2}P_0}\mathrm{D}_{P\text{-}\pi_{P_{i+1}Q_{i,i+2}P_0}}\Big/a+\sum_{i=1,i\neq j,k}^{n}\mathrm{D}_{P\text{-}\pi_{P_{i+1}Q_{i,i+2}P_0}}=0,$$

其中 $j,k=1,2,\cdots,2n+1;j<k$. 于是由上式, 可得

$$\begin{aligned}&P\text{是两平面}\pi_{P_{j+1}Q_{j,j+2}P_0},\pi_{P_{k+1}Q_{k,k+2}P_0}\text{交线上任意一点}\\&\Rightarrow\mathrm{D}_{P\text{-}\pi_{P_{j+1}Q_{j,j+2}P_0}}=\mathrm{D}_{P\text{-}\pi_{P_{k+1}Q_{k,k+2}P_0}}=0\\&\Rightarrow\text{式 (6.3.12) 成立.}\end{aligned}$$

推论 6.3.5 设 P_0-$P_1P_2\cdots P_5$ 为五棱锥, $P_1P_2\cdots P_5$ 为底面, $P_2Q_{13}P_0$, $P_3Q_{24}\ P_0$, $\cdots$, $P_1Q_{52}P_0$ 为棱–底面对角线中点三角形, $\pi_{P_2Q_{13}P_0}$, $\pi_{P_3Q_{24}P_0}$, $\cdots$, $\pi_{P_1Q_{52}P_0}$ 为棱–底面对角线中点面. 若对 $\forall i=1,2,\cdots,5(i\neq j,k)$, $\mathrm{a}_{P_{i+1}Q_{i,i+2}P_0}=a$, P 是两平面 $\pi_{P_{j+1}Q_{j,j+2}P_0}$, $\pi_{P_{k+1}Q_{k,k+2}P_0}$ 交线上任意一点, 则在如下三个点到棱–底面对角线中点平面的距离

$$\mathrm{d}_{P\text{-}\pi_{P_{i_1+1}Q_{i_1,i_1+2}P_0}},\quad \mathrm{d}_{P\text{-}\pi_{P_{i_2+1}Q_{i_2,i_2+2}P_0}},\quad \mathrm{d}_{P\text{-}\pi_{P_{i_3+1}Q_{i_3,i_3+2}P_0}}$$

$(i_1,i_2,i_3=1,2,\cdots,5;i_1,i_2,i_3\neq j,k)$ 中, 其中一个较长的距离等于另两个较短的有向距离的和.

证明 在定理 6.3.6 中令 $n=2$, 则式 (6.3.12) 可以改写成

$$\mathrm{D}_{P\text{-}\pi_{P_{i_1+1}Q_{i_1,i_1+2}P_0}}+\mathrm{D}_{P\text{-}\pi_{P_{i_2+1}Q_{i_2,i_2+2}P_0}}+\mathrm{D}_{P\text{-}\pi_{P_{i_3+1}Q_{i_3,i_3+2}P_0}}=0,$$

其中 i_1, i_2, $i_3=1,2,\cdots,5;i_1$, i_2, $i_3\neq j,k$. 于是由上式, 可知推论 6.3.5 结论成立.

6.3.4 $2n+1$ 棱锥底边 (对角线)–棱中点面有向距离定值定理的应用

定理 6.3.7 设 $P_0\text{-}P_1P_2\cdots P_{2n+1}$ 为 $2n+1$ 棱锥, $P_1P_2\cdots P_{2n+1}$ 为底面, $P_{i+n+1}Q_{i,i+1}P_0(i=1,2,\cdots,2n+1)$ 和 $P_{i+n+1}Q_{i+1,0}P_i$, $P_{i+n+1}Q_{i,0}P_{i+1}(i=1,2,\cdots,2n+1)$ 分别为棱–底面对边中点和底面对角线–棱中点三角形, $\pi_{P_{i+n+1}Q_{i,i+1}P_0}$; $\pi_{P_{i+n+1}Q_{i+1,0}P_i}$, $\pi_{P_{i+n+1}Q_{i,0}P_{i+1}}(i=1,2,\cdots,2n+1)$ 分别为棱–底面对边中点和底面对角线–棱中点面, P 是空间任意一点, 则

$$\begin{aligned}&\mathrm{a}_{P_{i+n+1}Q_{i,i+1}P_0}\mathrm{D}_{P\text{-}\pi_{P_{i+n+1}Q_{i,i+1}P_0}}+\mathrm{a}_{P_{i+n+1}Q_{i+1,0}P_i}\mathrm{D}_{P\text{-}\pi_{P_{i+n+1}Q_{i+1,0}P_i}}\\&+\mathrm{a}_{P_{i+n+1}Q_{i,0}P_{i+1}}\mathrm{D}_{P\text{-}\pi_{P_{i+n+1}Q_{i,0}P_{i+1}}}=0,\end{aligned}\tag{6.3.13}$$

其中 $i=1,2,\cdots,2n+1$.

证明 在 $2n+1$ 棱锥 $P_0\text{-}P_1P_2\cdots P_{2n+1}$ 中, 对四面体 $P_{i+n+1}P_iP_{i+1}P_0$ 的顶点 P_{i+n+1} 与其对面 $P_iP_{i+1}P_0(i=1,2,\cdots,2n+1)$ 应用定理 6.1.2, 即得.

根据定理 6.3.7, 仿推论 6.1.1 和推论 6.1.2 证明, 可得以下结论.

推论 6.3.6 设 $P_0\text{-}P_1P_2\cdots P_{2n+1}$ 为 $2n+1$ 棱锥, $P_1P_2\cdots P_{2n+1}$ 为底面, $P_{i+n+1}Q_{i,i+1}P_0(i=1,2,\cdots,2n+1)$ 和 $P_{i+n+1}Q_{i+1,0}P_i$, $P_{i+n+1}Q_{i,0}P_{i+1}(i=1,2,\cdots,2n+1)$ 分别为棱–底面对边中点和底面对角线–棱中点三角形, $\pi_{P_{i+n+1}Q_{i,i+1}P_0}$; $\pi_{P_{i+n+1}Q_{i+1,0}P_i}$, $\pi_{P_{i+n+1}Q_{i,0}P_{i+1}}(i=1,2,\cdots,2n+1)$ 分别为棱–底面对边中点和底面对角线–棱中点面, 则

(1) P 是 $\pi_{P_{i+n+1}Q_{i,i+1}P_0}$ 上任意一点的充分必要条件是

$$\begin{aligned}&\mathrm{a}_{P_{i+n+1}Q_{i+1,0}P_i}\mathrm{D}_{P\text{-}\pi_{P_{i+n+1}Q_{i+1,0}P_i}}+\mathrm{a}_{P_{i+n+1}Q_{i,0}P_{i+1}}\mathrm{D}_{P\text{-}\pi_{P_{i+n+1}Q_{i,0}P_{i+1}}}\\&=0(i=1,2,\cdots,2n+1);\end{aligned}\tag{6.3.14}$$

(2) P 是 $\pi_{P_{i+n+1}Q_{i+1,0}P_i}$ 上任意一点的充分必要条件是

$$\begin{aligned}&\mathrm{a}_{P_{i+n+1}Q_{i,i+1}P_0}\mathrm{D}_{P\text{-}\pi_{P_{i+n+1}Q_{i,i+1}P_0}}+\mathrm{a}_{P_{i+n+1}Q_{i,0}P_{i+1}}\mathrm{D}_{P\text{-}\pi_{P_{i+n+1}Q_{i,0}P_{i+1}}}\\&=0(i=1,2,\cdots,2n+1);\end{aligned}$$

(3) P 是 $\pi_{P_{i+n+1}Q_{i,0}P_{i+1}}$ 上任意一点的充分必要条件是

$$\begin{aligned}&\mathrm{a}_{P_{i+n+1}Q_{i,i+1}P_0}\mathrm{D}_{P\text{-}\pi_{P_{i+n+1}Q_{i,i+1}P_0}}+\mathrm{a}_{P_{i+n+1}Q_{i+1,0}P_i}\mathrm{D}_{P\text{-}\pi_{P_{i+n+1}Q_{i+1,0}P_i}}\\&=0(i=1,2,\cdots,2n+1).\end{aligned}$$

证明 (1) 根据定理 6.3.7, 由式 (6.3.13), 可得

P 是 $\pi_{P_{i+n+1}Q_{i,i+1}P_0}$ 上任意一点 $\Leftrightarrow \mathrm{D}_{P\text{-}\pi_{P_{i+n+1}Q_{i,i+1}P_0}}=0 \Leftrightarrow$ 式(6.3.14)成立.

类似地, 可以证明 (2) 和 (3) 中结论成立.

推论 6.3.7　设 $P_0\text{-}P_1P_2\cdots P_{2n+1}$ 为 $2n+1$ 棱锥, $P_1P_2\cdots P_{2n+1}$ 为底面, $P_{i+n+1}Q_{i,i+1}P_0(i=1,2,\cdots,2n+1)$ 和 $P_{i+n+1}Q_{i+1,0}P_i$, $P_{i+n+1}Q_{i,0}P_{i+1}(i=1,2,\cdots,2n+1)$ 分别为棱–底面对边中点和底面对角线–棱中点三角形, $\pi_{P_{i+n+1}Q_{i,i+1}P_0}$; $\pi_{P_{i+n+1}Q_{i+1,0}P_i}$, $\pi_{P_{i+n+1}Q_{i,0}P_{i+1}}(i=1,2,\cdots,2n+1)$ 分别为棱–底面对边中点和底面对角线–棱中点面.

(1) 若 P 是 $\pi_{P_{i+n+1}Q_{i,i+1}P_0}$ 上任意一点, 则

$$\begin{aligned}&\mathrm{a}_{P_{i+n+1}Q_{i+1,0}P_i}\mathrm{d}_{P\text{-}\pi_{P_{i+n+1}Q_{i+1,0}P_i}}\\&=\mathrm{a}_{P_{i+n+1}Q_{i,0}P_{i+1}}\mathrm{d}_{P\text{-}\pi_{P_{i+n+1}Q_{i,0}P_{i+1}}}\ (i=1,2,\cdots,2n+1);\end{aligned}\tag{6.3.15}$$

(2) 若 P 是 $\pi_{P_{i+n+1}Q_{i+1,0}P_i}$ 上任意一点, 则

$$\begin{aligned}&\mathrm{a}_{P_{i+n+1}Q_{i,i+1}P_0}\mathrm{d}_{P\text{-}\pi_{P_{i+n+1}Q_{i,i+1}P_0}}\\&=\mathrm{a}_{P_{i+n+1}Q_{i,0}P_{i+1}}\mathrm{d}_{P\text{-}\pi_{P_{i+n+1}Q_{i,0}P_{i+1}}}(i=1,2,\cdots,2n+1);\end{aligned}$$

(3) 若 P 是 $\pi_{P_{i+n+1}Q_{i,0}P_{i+1}}$ 上任意一点, 则

$$\begin{aligned}&\mathrm{a}_{P_{i+n+1}Q_{i,i+1}P_0}\mathrm{d}_{P\text{-}\pi_{P_{i+n+1}Q_{i,i+1}P_0}}\\&=\mathrm{a}_{P_{i+n+1}Q_{i+1,0}P_i}\mathrm{d}_{P\text{-}\pi_{P_{i+n+1}Q_{i+1,0}P_i}}(i=1,2,\cdots,2n+1).\end{aligned}$$

证明　(1) 因为 P 是 $\pi_{P_{i+n+1}Q_{i,i+1}P_0}$ 上任意一点, 故由推论 6.3.6 的必要性, 式 (6.3.14) 移项后, 等式两边取绝对值, 即得式 (6.3.15).

类似地, 可以证明 (2) 和 (3) 中结论成立.

定理 6.3.8　设 $P_0\text{-}P_1P_2\cdots P_{2n+1}$ 为 $2n+1$ 棱锥, $P_1P_2\cdots P_{2n+1}$ 为底面, $P_{i+n+1}Q_{i,i+1}P_0(i=1,2,\cdots,2n+1)$ 和 $P_{i+n+1}Q_{i+1,0}P_i$, $P_{i+n+1}Q_{i,0}P_{i+1}(i=1,2,\cdots,2n+1)$ 分别为棱–底面对边中点和底面对角线–棱中点三角形, 则 $P_0\text{-}P_1P_2\cdots P_{2n+1}$ 的棱–底面对边中点面 $\pi_{P_{i+n+1}Q_{i,i+1}P_0}$ 和两个底面对角线–棱中点面 $\pi_{P_{i+n+1}Q_{i+1,0}P_i}$, $\pi_{P_{i+n+1}Q_{i,0}P_{i+1}}$ 均三面共线, 即 $2n+1$ 锥体 $P_0\text{-}P_1P_2\cdots P_{2n+1}$ 底面 $P_1P_2\cdots P_{2n+1}$ 顶点 P_{i+n+1} 与其侧面 $P_iP_{i+1}P_0$ 所构成的四面体 $P_{i+n+1}P_iP_{i+1}P_0$ 的重心线 $m_{(i+n+1)-i(i+1)0}$ $(i=1,2,\cdots,2n+1)$.

证明　在 $2n+1$ 棱锥 $P_0\text{-}P_1P_2\cdots P_{2n+1}$ 中, 对四面体 $P_{i+n+1}P_iP_{i+1}P_0$ 的顶点 P_{i+n+1} 与其对面 $P_iP_{i+1}P_0(i=1,2,\cdots,2n+1)$ 应用定理 6.1.3, 即得.

推论 6.3.8　设$P_0\text{-}P_1P_2\cdots P_n$ 为 $2n+1$ 棱锥, $P_1P_2\cdots P_{2n+1}$ 为底面. 若 $P_0\text{-}P_1P_2\cdots P_n$ 的 $2n+1$ 个棱–底面对边中点面 $\pi_{P_{n+2}Q_{12}P_0}$, $\pi_{P_{n+3}Q_{23}P_0}$, $\cdots$, $\pi_{P_{n+1}Q_{2n+1,1}P_0}$ 相交于一线 m, 则 m 与底面 $P_1P_2\cdots P_{2n+1}$ 顶点 P_{i+n+1} 与其侧面 $P_iP_{i+1}P_0$ 所构成的四面体 $P_{i+n+1}P_iP_{i+1}P_0$ 的重心线 $m_{(i+n+1)-i(i+1)0}$ 均相交于一点 $G_{i(i+1)0}(i=1,2,\cdots,2n+1)$.

证明 设 G_{120} 是 m 与 P_0-$P_1P_2\cdots P_n$ 底面对角线–棱中点面 $\pi_{P_{n+2}Q_{20}P_1}$ 的交点, 即 G_{120} 是 $2n+1$ 个棱–底面对边中点面$\pi_{P_{n+2}Q_{12}P_0}$, $\pi_{P_{n+3}Q_{23}P_0},\cdots$, $\pi_{P_{n+1}Q_{2n+1,1}P_0}$ 与底面对角线–棱中点面 $\pi_{P_{n+2}Q_{20}P_1}$ 交的点, 则

$$\mathrm{D}_{G_{120}\text{-}\pi_{P_{n+2}Q_{12}P_0}}=0,\mathrm{D}_{G_{120}\text{-}\pi_{P_{n+3}Q_{23}P_0}}=0,$$
$$\cdots$$
$$\mathrm{D}_{G_{120}\text{-}\pi_{P_{n+1}Q_{2n+1,1}P_0}}=0,\mathrm{D}_{G_{120}\text{-}\pi_{P_{n+2}Q_{20}P_1}}=0.$$

当 $i=1$ 时, 将 $\mathrm{D}_{G_{120}\text{-}\pi_{P_{n+2}Q_{12}P_0}}=0,\mathrm{D}_{G_{120}\text{-}\pi_{P_{n+2}Q_{20}P_1}}=0$ 代入式 (6.3.13), 得 $\mathrm{a}_{P_{n+2}Q_{10}P_2}\mathrm{D}_{G_{120}\text{-}\pi_{P_{n+2}Q_{10}P_2}}=0$. 由于 $\mathrm{a}_{P_{n+2}Q_{10}P_2}\neq 0$, 所以 $\mathrm{D}_{G_{120}-\pi_{P_{n+2}Q_{10}P_2}}=0$, 即 G_{120} 在底面对角线–棱中点面 $\pi_{P_{n+2}Q_{10}P_2}$ 上. 因此, m 与底面 $P_1P_2\cdots P_{2n+1}$ 顶点 P_{n+2} 与其侧面 $P_1P_2P_0$ 所构成的四面体 $P_{n+2}P_1P_2P_0$ 的重心线 $m_{(n+2)\text{-}120}$ 相交于一点 G_{120}.

类似地, 可以证明当 $i=2,\cdots,2n+1$ 时的情形, 即 m 与底面 $P_1P_2\cdots P_{2n+1}$ 顶点 P_{i+n+1}与其侧面 $P_iP_{i+1}P_0$ 所构成的四面体 $P_{i+n+1}P_iP_{i+1}P_0$ 的重心线 $m_{(i+n+1)-i(i+1)0}$ 均相交于一点 $G_{i(i+1)0}(i=2,\cdots,2n+1)$.

推论 6.3.9 (Commandino 定理, 1994 年中国河北省高中数学竞赛题) 四面体 $P_1P_2P_3P_4$ 的四条重心线 $m_{1\text{-}234}$, $m_{2\text{-}341}$, $m_{3\text{-}412}$, $m_{4\text{-}123}$ 相交于一点.

证明 在推论 6.3.7 中, 令 $n=1$ 即得.

第 7 章　多面体棱–棱角分点面有向距离的定值定理与应用

7.1　四面体棱–棱内角平分点面有向距离的定值定理与应用

本节主要应用三角形面的投影式方程和有向距离定值法, 研究四面体棱–棱内角平分点面有向距离的定值问题. 首先, 给出四面体棱–棱内角平分点面的基本概念; 其次, 在建立四面体棱–棱内角平分点三角形有向面积的投影定理的基础上, 给出点到四面体棱–棱内角平分点面有向距离的定值定理; 最后, 利用点到四面体棱–棱内角平分点面有向距离的定值定理和 "由面及体, 由面及线, 由面及点, 点线面体交融" 的思想方法, 推出四面体关于各面的三个棱–棱内角平分面均相交于一线和一道数学奥林匹克题等的结论.

7.1.1　四面体棱–棱内角平分点面的基本概念

定义 7.1.1　设 $P_1P_2P_3P_4$ 为四面体, P_1Q_{23}, P_2Q_{31}, P_3Q_{12}是面三角形 $P_1P_2P_3$ 内角的平分线, 则称Q_{23}, Q_{31}, Q_{12} 分别与其对棱所构成的三角形$P_1Q_{23}P_4$, $P_2Q_{31}P_4$, $P_3Q_{12}P_4$ 为 $P_1P_2P_3P_4$ 三角形面 $P_1P_2P_3$ 的棱–棱内角平分点三角形.

类似地, 可以定义 $P_1P_2P_3P_4$ 其余各三角形面 $P_2P_3P_4$, $P_3P_4P_1$, $P_4P_1P_2$ 的棱–棱内角平分点三角形 $P_2R_{34}P_1$, $P_3R_{42}P_1$, $P_4R_{23}P_1$; $P_3S_{41}P_2$, $P_4S_{13}P_2$, $P_1S_{34}P_2$; $P_4T_{12}P_3$, $P_1T_{24}P_3$, $P_2T_{41}P_3$.

四面体 $P_1P_2P_3P_4$ 各三角形面 $P_1P_2P_3$, $P_2P_3P_4$, $P_3P_4P_1$, $P_4P_1P_2$ 的棱–棱内角平分点三角形, 统称为 $P_1P_2P_3P_4$ 的棱–棱内角平分点三角形.

定义 7.1.2　设 $P_1P_2P_3P_4$ 为四面体, $P_1Q_{23}P_4$, $P_2Q_{31}P_4$, $P_3Q_{12}P_4$ 为 $P_1P_2P_3P_4$ 三角形面 $P_1P_2P_3$ 的棱–棱内角平分点三角形, 则称 $P_1Q_{23}P_4$, $P_2Q_{31}P_4$, $P_3Q_{12}P_4$ 所在的平面为 $P_1P_2P_3P_4$ 三角形面 $P_1P_2P_3$ 的棱–棱内角平分点面, 记为 $\pi_{P_1Q_{23}P_4}$, $\pi_{P_2Q_{31}P_4}$, $\pi_{P_3Q_{12}P_4}$.

类似地, 可以定义 $P_1P_2P_3P_4$ 其余各三角形面 $P_2P_3P_4$, $P_3P_4P_1$, $P_4P_1P_2$ 的棱–棱内角平分点面 $\pi_{P_2R_{34}P_1}$, $\pi_{P_3R_{42}P_1}$, $\pi_{P_4R_{23}P_1}$; $\pi_{P_3S_{41}P_2}$, $\pi_{P_4S_{13}P_2}$, $\pi_{P_1S_{34}P_2}$; $\pi_{P_4T_{12}P_3}$, $\pi_{P_1T_{24}P_3}$, $\pi_{P_2T_{41}P_3}$.

定义 7.1.3　四面体 $P_1P_2P_3P_4$ 一个顶点 P_l 与其对面 $P_iP_jP_k$ 内心的连线, 称为 $P_1P_2P_3P_4$ 的内心线, 记为 $r_{l\text{-}ijk}$.

显然, 四面体 $P_1P_2P_3P_4$ 有 4 条内心线, 即 $r_{1\text{-}234}$, $r_{2\text{-}341}$, $r_{3\text{-}412}$, $r_{4\text{-}123}$; 而就四面体 $P_1P_2P_3P_4$ 的某面而言, 例如 $P_1P_2P_3$, 记号 $r_{4\text{-}123}$, $r_{4\text{-}231}$, $r_{4\text{-}312}$ 是完全一样的, 不必区分.

在本节中, 记

$$\begin{aligned}
&\sigma_{123}=\mathrm{d}_{P_2P_3}(\mathrm{d}_{P_1P_2}+\mathrm{d}_{P_3P_1}), \quad \sigma_{231}=\mathrm{d}_{P_3P_1}(\mathrm{d}_{P_2P_3}+\mathrm{d}_{P_1P_2}),\\
&\sigma_{312}=\mathrm{d}_{P_1P_2}(\mathrm{d}_{P_3P_1}+\mathrm{d}_{P_2P_3}); \quad \sigma_{234}=\mathrm{d}_{P_3P_4}(\mathrm{d}_{P_2P_3}+\mathrm{d}_{P_4P_2}),\\
&\sigma_{342}=\mathrm{d}_{P_4P_2}(\mathrm{d}_{P_3P_4}+\mathrm{d}_{P_2P_3}), \quad \sigma_{423}=\mathrm{d}_{P_2P_3}(\mathrm{d}_{P_4P_2}+\mathrm{d}_{P_3P_4});\\
&\sigma_{341}=\mathrm{d}_{P_4P_1}(\mathrm{d}_{P_3P_4}+\mathrm{d}_{P_1P_3}), \quad \sigma_{413}=\mathrm{d}_{P_1P_3}(\mathrm{d}_{P_4P_1}+\mathrm{d}_{P_3P_4}),\\
&\sigma_{134}=\mathrm{d}_{P_3P_4}(\mathrm{d}_{P_1P_3}+\mathrm{d}_{P_4P_1}); \quad \sigma_{412}=\mathrm{d}_{P_1P_2}(\mathrm{d}_{P_4P_1}+\mathrm{d}_{P_2P_4}),\\
&\sigma_{124}=\mathrm{d}_{P_2P_4}(\mathrm{d}_{P_1P_2}+\mathrm{d}_{P_4P_1}), \quad \sigma_{241}=\mathrm{d}_{P_4P_1}(\mathrm{d}_{P_2P_4}+\mathrm{d}_{P_1P_2}).
\end{aligned}$$

7.1.2　四面体棱–棱内角平分点面有向距离的定值定理

定理 7.1.1　设 $P_1P_2P_3P_4$ 是四面体, $P_1Q_{23}P_4$, $P_2Q_{31}P_4$, $P_3Q_{12}P_4$; $P_2R_{34}P_1$, $P_3R_{42}P_1$, $P_4R_{23}P_1$; $P_3S_{41}P_2$, $P_4S_{13}P_2$, $P_1S_{34}P_2$; $P_4T_{12}P_3$, $P_1T_{24}P_3$, $P_2T_{41}P_3$ 是 $P_1P_2P_3P_4$ 的棱–棱内角平分点三角形, 则

$$\sigma_{123}\mathrm{Prj}_{xy}\mathrm{D}_{P_1Q_{23}P_4}+\sigma_{231}\mathrm{Prj}_{xy}\mathrm{D}_{P_2Q_{31}P_4}+\sigma_{312}\mathrm{Prj}_{xy}\mathrm{D}_{P_3Q_{12}P_4}=0, \tag{7.1.1}$$

$$\sigma_{123}\mathrm{Prj}_{yz}\mathrm{D}_{P_1Q_{23}P_4}+\sigma_{231}\mathrm{Prj}_{yz}\mathrm{D}_{P_2Q_{31}P_4}+\sigma_{312}\mathrm{Prj}_{yz}\mathrm{D}_{P_3Q_{12}P_4}=0, \tag{7.1.2}$$

$$\sigma_{123}\mathrm{Prj}_{zx}\mathrm{D}_{P_1Q_{23}P_4}+\sigma_{231}\mathrm{Prj}_{zx}\mathrm{D}_{P_2Q_{31}P_4}+\sigma_{312}\mathrm{Prj}_{zx}\mathrm{D}_{P_3Q_{12}P_4}=0; \tag{7.1.3}$$

$$\sigma_{234}\mathrm{Prj}_{xy}\mathrm{D}_{P_2R_{34}P_1}+\sigma_{342}\mathrm{Prj}_{xy}\mathrm{D}_{P_3R_{42}P_1}+\sigma_{423}\mathrm{Prj}_{xy}\mathrm{D}_{P_4R_{23}P_1}=0, \tag{7.1.4}$$

$$\sigma_{234}\mathrm{Prj}_{yz}\mathrm{D}_{P_2R_{34}P_1}+\sigma_{342}\mathrm{Prj}_{yz}\mathrm{D}_{P_3R_{42}P_1}+\sigma_{423}\mathrm{Prj}_{yz}\mathrm{D}_{P_4R_{23}P_1}=0, \tag{7.1.5}$$

$$\sigma_{234}\mathrm{Prj}_{zx}\mathrm{D}_{P_2R_{34}P_1}+\sigma_{342}\mathrm{Prj}_{zx}\mathrm{D}_{P_3R_{42}P_1}+\sigma_{423}\mathrm{Prj}_{zx}\mathrm{D}_{P_4R_{23}P_1}=0; \tag{7.1.6}$$

$$\sigma_{341}\mathrm{Prj}_{xy}\mathrm{D}_{P_3S_{41}P_2}+\sigma_{413}\mathrm{Prj}_{xy}\mathrm{D}_{P_4S_{13}P_2}+\sigma_{134}\mathrm{Prj}_{xy}\mathrm{D}_{P_1S_{34}P_2}=0, \tag{7.1.7}$$

$$\sigma_{341}\mathrm{Prj}_{yz}\mathrm{D}_{P_3S_{41}P_2}+\sigma_{413}\mathrm{Prj}_{yz}\mathrm{D}_{P_4S_{13}P_2}+\sigma_{134}\mathrm{Prj}_{yz}\mathrm{D}_{P_1S_{34}P_2}=0, \tag{7.1.8}$$

$$\sigma_{341}\mathrm{Prj}_{zx}\mathrm{D}_{P_3S_{41}P_2}+\sigma_{413}\mathrm{Prj}_{zx}\mathrm{D}_{P_4S_{13}P_2}+\sigma_{134}\mathrm{Prj}_{zx}\mathrm{D}_{P_1S_{34}P_2}=0; \tag{7.1.9}$$

$$\sigma_{412}\mathrm{Prj}_{xy}\mathrm{D}_{P_4T_{12}P_3}+\sigma_{124}\mathrm{Prj}_{xy}\mathrm{D}_{P_1T_{24}P_3}+\sigma_{241}\mathrm{Prj}_{xy}\mathrm{D}_{P_2T_{41}P_3}=0, \tag{7.1.10}$$

$$\sigma_{412}\mathrm{Prj}_{yz}\mathrm{D}_{P_4T_{12}P_3}+\sigma_{124}\mathrm{Prj}_{yz}\mathrm{D}_{P_1T_{24}P_3}+\sigma_{241}\mathrm{Prj}_{yz}\mathrm{D}_{P_2T_{41}P_3}=0, \tag{7.1.11}$$

$$\sigma_{412}\mathrm{Prj}_{zx}\mathrm{D}_{P_4T_{12}P_3}+\sigma_{124}\mathrm{Prj}_{zx}\mathrm{D}_{P_1T_{24}P_3}+\sigma_{241}\mathrm{Prj}_{zx}\mathrm{D}_{P_2T_{41}P_3}=0. \tag{7.1.12}$$

证明　如图 7.1.1 所示. 设四面体 $P_1P_2P_3P_4$ 顶点的坐标为 $P_i(x_i,\ y_i,\ z_i)(i=$

1, 2, 3, 4). 在三角形 $P_1P_2P_3$ 面中, 因为 $P_iQ_{i+1,i+2}$ 是 $\angle P_{i+2}P_iP_{i+1}(i=1,2,3)$ 的平分线, 故由三角形内角平分线的性质, 可得

$$\mathrm{D}_{P_{i+1}Q_{i+1,i+2}}/\mathrm{D}_{Q_{i+1,i+2}P_{i+2}}=\mathrm{d}_{P_iP_{i+1}}/\mathrm{d}_{P_iP_{i+2}}.$$

于是由定比分点定理, 求得 $Q_{i+1,i+2}$ 的坐标分别为

$$\begin{cases} x_{Q_{i+1,i+2}}=(\mathrm{d}_{P_iP_{i+2}}x_{i+1}+\mathrm{d}_{P_iP_{i+1}}x_{i+2})/(\mathrm{d}_{P_iP_{i+2}}+\mathrm{d}_{P_iP_{i+1}}), \\ y_{Q_{i+1,i+2}}=(\mathrm{d}_{P_iP_{i+2}}y_{i+1}+\mathrm{d}_{P_iP_{i+1}}y_{i+2})/(\mathrm{d}_{P_iP_{i+2}}+\mathrm{d}_{P_iP_{i+1}}), \quad (i=1,2,3). \\ z_{Q_{i+1,i+2}}=(\mathrm{d}_{P_iP_{i+2}}z_{i+1}+\mathrm{d}_{P_iP_{i+1}}z_{i+2})/(\mathrm{d}_{P_iP_{i+2}}+\mathrm{d}_{P_iP_{i+1}}) \end{cases}$$

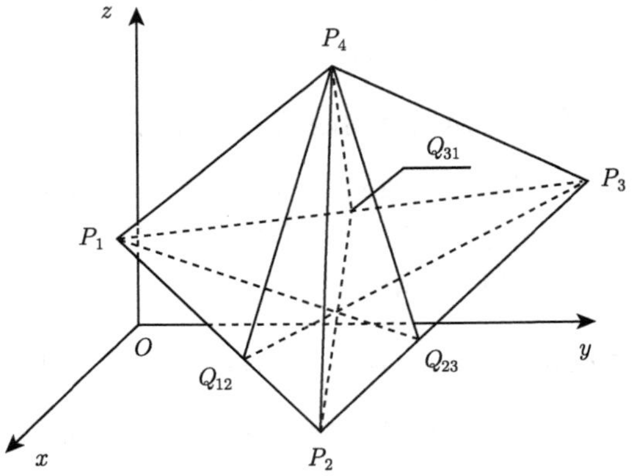

图 7.1.1

于是由空间三角形在坐标面上投影公式, 可得

$$\begin{aligned}&(\mathrm{d}_{12}+\mathrm{d}_{31})\,\mathrm{Prj}_{xy}\mathrm{D}_{P_1Q_{23}P_4}\\ =&\frac{1}{2}\begin{vmatrix} x_1 & y_1 & 1\\ \mathrm{d}_{P_3P_1}x_2+\mathrm{d}_{P_1P_2}x_3 & \mathrm{d}_{P_3P_1}y_2+\mathrm{d}_{P_1P_2}y_3 & \mathrm{d}_{P_3P_1}+\mathrm{d}_{P_1P_2}\\ x_4 & y_4 & 1\end{vmatrix}\\ =&\frac{1}{2}\mathrm{d}_{P_3P_1}\begin{vmatrix} x_1 & y_1 & 1\\ x_2 & y_2 & 1\\ x_4 & y_4 & 1\end{vmatrix}+\frac{1}{2}\mathrm{d}_{P_1P_2}\begin{vmatrix} x_1 & y_1 & 1\\ x_3 & y_3 & 1\\ x_4 & y_4 & 1\end{vmatrix}\\ =&\mathrm{d}_{P_3P_1}\mathrm{Prj}_{xy}\mathrm{D}_{P_1P_2P_4}+\mathrm{d}_{P_1P_2}\mathrm{Prj}_{xy}\mathrm{D}_{P_1P_3P_4},\end{aligned}$$

所以

$$\sigma_{123}\mathrm{Prj}_{xy}\mathrm{D}_{P_1Q_{23}P_4}=\mathrm{d}_{P_2P_3}\mathrm{d}_{P_3P_1}\mathrm{Prj}_{xy}\mathrm{D}_{P_1P_2P_4}+\mathrm{d}_{P_2P_3}\mathrm{d}_{P_1P_2}\mathrm{Prj}_{xy}\mathrm{D}_{P_1P_3P_4}. \quad (7.1.13)$$

类似地, 可得

$$\sigma_{231}\mathrm{Prj}_{xy}\mathrm{D}_{P_2Q_{31}P_4}=\mathrm{d}_{P_3P_1}\mathrm{d}_{P_1P_2}\mathrm{Prj}_{xy}\mathrm{D}_{P_2P_3P_4}-\mathrm{d}_{P_3P_1}\mathrm{d}_{P_2P_3}\mathrm{Prj}_{xy}\mathrm{D}_{P_1P_2P_4}, \quad (7.1.14)$$

$$\sigma_{312}\mathrm{Prj}_{xy}\mathrm{D}_{P_3Q_{12}P_4}=-\mathrm{d}_{P_1P_2}\mathrm{d}_{P_2P_3}\mathrm{Prj}_{xy}\mathrm{D}_{P_1P_3P_4}-\mathrm{d}_{P_1P_2}\mathrm{d}_{P_3P_1}\mathrm{Prj}_{xy}\mathrm{D}_{P_2P_3P_4}. \quad (7.1.15)$$

式 (7.1.13) + (7.1.14) + (7.1.15), 即得式 (7.1.1).

类似地, 可以证明式 (7.1.2)~ 式 (7.1.12) 成立.

定理 7.1.2 设 $P_1P_2P_3P_4$ 是四面体, $P_1Q_{23}P_4, P_2Q_{31}P_4$, $P_3Q_{12}P_4$; $P_2R_{34}P_1$, $P_3R_{42}P_1$, $P_4R_{23}P_1$; $P_3S_{41}P_2$, $P_4S_{13}P_2$, $P_1S_{34}P_2$; $P_4T_{12}P_3$, $P_1T_{24}P_3$, $P_2T_{41}P_3$ 是 $P_1P_2P_3P_4$ 的棱–棱内角平分点三角形, $\pi_{P_1Q_{23}P_4}$, $\pi_{P_2Q_{31}P_4}$, $\pi_{P_3Q_{12}P_4}$; $\pi_{P_2R_{34}P_1}$, $\pi_{P_3R_{42}P_1}$, $\pi_{P_4R_{23}P_1}$; $\pi_{P_3S_{41}P_2}$, $\pi_{P_4S_{13}P_2}$, $\pi_{P_1S_{34}P_2}$; $\pi_{P_4T_{12}P_3}$, $\pi_{P_1T_{24}P_3}$, $\pi_{P_2T_{41}P_3}$ 是 P_1P_2 P_3P_4 的棱–棱内角平分点面, P 是空间任意一点, 则

$$\begin{aligned}&\sigma_{123}\mathrm{a}_{P_1Q_{23}P_4}\mathrm{D}_{P\text{-}\pi_{P_1Q_{23}P_4}}+\sigma_{231}\mathrm{a}_{P_2Q_{31}P_4}\mathrm{D}_{P\text{-}\pi_{P_2Q_{31}P_4}}\\&+\sigma_{312}\mathrm{a}_{P_3Q_{12}P_4}\mathrm{D}_{P\text{-}\pi_{P_3Q_{12}P_4}}=0, \quad (7.1.16)\\&\sigma_{234}\mathrm{a}_{P_2R_{34}P_1}\mathrm{D}_{P\text{-}\pi_{P_2R_{34}P_1}}+\sigma_{342}\mathrm{a}_{P_3R_{42}P_1}\mathrm{D}_{P\text{-}\pi_{P_3R_{42}P_1}}\\&+\sigma_{423}\mathrm{a}_{P_4R_{23}P_1}\mathrm{D}_{P\text{-}\pi_{P_4R_{23}P_1}}=0, \quad (7.1.17)\\&\sigma_{341}\mathrm{a}_{P_3S_{41}P_2}\mathrm{D}_{P\text{-}\pi_{P_3S_{41}P_2}}+\sigma_{413}\mathrm{a}_{P_4S_{13}P_2}\mathrm{D}_{P\text{-}\pi_{P_4S_{13}P_2}}\\&+\sigma_{134}\mathrm{a}_{P_1S_{34}P_2}\mathrm{D}_{P\text{-}\pi_{P_1S_{34}P_2}}=0, \quad (7.1.18)\\&\sigma_{412}\mathrm{a}_{P_4T_{12}P_3}\mathrm{D}_{P\text{-}\pi_{P_4T_{12}P_3}}+\sigma_{124}\mathrm{a}_{P_1T_{24}P_3}\mathrm{D}_{P\text{-}\pi_{P_1T_{24}P_3}}\\&+\sigma_{241}\mathrm{a}_{P_2T_{41}P_3}\mathrm{D}_{P\text{-}\pi_{P_2T_{41}P_3}}=0. \quad (7.1.19)\end{aligned}$$

证明 设四面体 $P_1P_2P_3P_4$ 顶点的坐标如定理 7.1.1 所示. 根据定理 2.1.1, 可得 $P_1P_2P_3P_4$ 关于三角形 $P_1P_2P_3$ 面的棱–棱角平分点平面的方程

$$\begin{aligned}&\pi_{P_1Q_{23}P_4}: x\mathrm{Prj}_{yz}\mathrm{D}_{P_1Q_{23}P_4}+y\mathrm{Prj}_{zx}\mathrm{D}_{P_1Q_{23}P_4}+z\mathrm{Prj}_{xy}\mathrm{D}_{P_1Q_{23}P_4}-\Delta_{P_1Q_{23}P_4}=0,\\&\pi_{P_2Q_{31}P_4}: x\mathrm{Prj}_{yz}\mathrm{D}_{P_2Q_{31}P_4}+y\mathrm{Prj}_{zx}\mathrm{D}_{P_2Q_{31}P_4}+z\mathrm{Prj}_{xy}\mathrm{D}_{P_2Q_{31}P_4}-\Delta_{P_2Q_{31}P_4}=0,\\&\pi_{P_3Q_{12}P_4}: x\mathrm{Prj}_{yz}\mathrm{D}_{P_3Q_{12}P_4}+y\mathrm{Prj}_{zx}\mathrm{D}_{P_3Q_{12}P_4}+z\mathrm{Prj}_{xy}\mathrm{D}_{P_3Q_{12}P_4}-\Delta_{P_3Q_{12}P_4}=0.\end{aligned}$$

设空间任意点的坐标为 $P(x,y,z)$, 于是由点到平面的有向距离公式, 可得

$$\begin{aligned}&\mathrm{a}_{P_1Q_{23}P_4}\mathrm{D}_{P\text{-}\pi_{P_1Q_{23}P_4}}\\&=x\mathrm{Prj}_{yz}\mathrm{D}_{P_1Q_{23}P_4}+y\mathrm{Prj}_{zx}\mathrm{D}_{P_1Q_{23}P_4}+z\mathrm{Prj}_{xy}\mathrm{D}_{P_1Q_{23}P_4}-\Delta_{P_1Q_{23}P_4}, \quad (7.1.20)\\&\mathrm{a}_{P_2Q_{31}P_4}\mathrm{D}_{P\text{-}\pi_{P_2Q_{31}P_4}}\\&=x\mathrm{Prj}_{yz}\mathrm{D}_{P_2Q_{31}P_4}+y\mathrm{Prj}_{zx}\mathrm{D}_{P_2Q_{31}P_4}+z\mathrm{Prj}_{xy}\mathrm{D}_{P_2Q_{31}P_4}-\Delta_{P_2Q_{31}P_4}, \quad (7.1.21)\end{aligned}$$

$$
\begin{aligned}
&\mathrm{a}_{P_3Q_{12}P_4}\mathrm{D}_{P\text{-}\pi_{P_3Q_{12}P_4}}\\
=&x\mathrm{Prj}_{yz}\mathrm{D}_{P_3Q_{12}P_4}+y\mathrm{Prj}_{zx}\mathrm{D}_{P_3Q_{12}P_4}+z\mathrm{Prj}_{xy}\mathrm{D}_{P_3Q_{12}P_4}-\Delta_{P_3Q_{12}P_4}.
\end{aligned}
\tag{7.1.22}
$$

因为

$$
\begin{aligned}
&\sigma_{123}\Delta_{P_1Q_{23}P_4}+\sigma_{231}\Delta_{P_2Q_{31}P_4}+\sigma_{312}\Delta_{P_3Q_{12}P_4}\\
=&\frac{1}{2}\sum_{i=1}^{3}\mathrm{d}_{P_{i+1}P_{i+2}}\begin{vmatrix} x_i & y_i & z_i\\ \mathrm{d}_{P_iP_{i+2}}x_{i+1}+\mathrm{d}_{P_iP_{i+1}}x_{i+2} & \mathrm{d}_{P_iP_{i+2}}y_{i+1}+\mathrm{d}_{P_iP_{i+1}}y_{i+2} & \mathrm{d}_{P_iP_{i+2}}z_{i+1}+\mathrm{d}_{P_iP_{i+1}}z_{i+2}\\ x_4 & y_4 & z_4\end{vmatrix}\\
=&\frac{1}{2}\sum_{i=1}^{3}\mathrm{d}_{P_{i+1}P_{i+2}}\mathrm{d}_{P_iP_{i+2}}\begin{vmatrix} x_i & y_i & z_i\\ x_{i+1} & y_{i+1} & z_{i+1}\\ x_4 & y_4 & z_4\end{vmatrix}\\
&+\frac{1}{2}\sum_{i=1}^{3}\mathrm{d}_{P_{i+1}P_{i+2}}\mathrm{d}_{P_iP_{i+1}}\begin{vmatrix} x_i & y_i & z_i\\ x_{i+2} & y_{i+2} & z_{i+2}\\ x_4 & y_4 & z_4\end{vmatrix}\\
=&\frac{1}{2}\sum_{i=1}^{3}\mathrm{d}_{P_{i+1}P_{i+2}}\mathrm{d}_{P_iP_{i+2}}\begin{vmatrix} x_i & y_i & z_i\\ x_{i+1} & y_{i+1} & z_{i+1}\\ x_4 & y_4 & z_4\end{vmatrix}\\
&+\frac{1}{2}\sum_{i=1}^{3}\mathrm{d}_{P_{i+2}P_i}\mathrm{d}_{P_{i+1}P_{i+2}}\begin{vmatrix} x_{i+1} & y_{i+1} & z_{i+1}\\ x_i & y_i & z_i\\ x_4 & y_4 & z_4\end{vmatrix}\\
=&0,
\end{aligned}
$$

故由定理 7.1.1, 式数乘和 $\sigma_{123}\times(7.1.20)+\sigma_{231}\times(7.1.21)+\sigma_{312}\times(7.1.22)$, 得

$$
\begin{aligned}
&\sigma_{123}\mathrm{a}_{P_1Q_{23}P_4}\mathrm{D}_{P\text{-}\pi_{P_1Q_{23}P_4}}+\sigma_{231}\mathrm{a}_{P_2Q_{31}P_4}\mathrm{D}_{P\text{-}\pi_{P_2Q_{31}P_4}}+\sigma_{312}\mathrm{a}_{P_3Q_{12}P_4}\mathrm{D}_{P\text{-}\pi_{P_3Q_{12}P_4}}\\
=&\ x\left(\sigma_{123}\mathrm{Prj}_{yz}\mathrm{D}_{P_1Q_{23}P_4}+\sigma_{231}\mathrm{Prj}_{yz}\mathrm{D}_{P_2Q_{31}P_4}+\sigma_{312}\mathrm{Prj}_{yz}\mathrm{D}_{P_3Q_{12}P_4}\right)\\
&+y\left(\sigma_{123}\mathrm{Prj}_{zx}\mathrm{D}_{P_1Q_{23}P_4}+\sigma_{231}\mathrm{Prj}_{zx}\mathrm{D}_{P_2Q_{31}P_4}+\sigma_{312}\mathrm{Prj}_{zx}\mathrm{D}_{P_3Q_{12}P_4}\right)\\
&+z\left(\sigma_{123}\mathrm{Prj}_{xy}\mathrm{D}_{P_1Q_{23}P_4}+\sigma_{231}\mathrm{Prj}_{xy}\mathrm{D}_{P_2Q_{31}P_4}+\sigma_{312}\mathrm{Prj}_{xy}\mathrm{D}_{P_3Q_{12}P_4}\right)\\
&-\left(\sigma_{123}\Delta_{P_1Q_{23}P_4}+\sigma_{231}\Delta_{P_2Q_{31}P_4}+\sigma_{312}\Delta_{P_3Q_{12}P_4}\right)\\
=&\ 0,
\end{aligned}
$$

因此, 式 (7.1.16) 成立.

类似地, 可以证明式 (7.1.17)~(7.1.19) 成立.

推论 7.1.1 设 $P_1P_2P_3P_4$ 是四面体, $P_1Q_{23}P_4$, $P_2Q_{31}P_4$, $P_3Q_{12}P_4$; $P_2R_{34}P_1$, $P_3R_{42}P_1$, $P_4R_{23}P_1$; $P_3S_{41}P_2$, $P_4S_{13}P_2$, $P_1S_{34}P_2$; $P_4T_{12}P_3$, $P_1T_{24}P_3$, $P_2T_{41}P_3$ 是 $P_1P_2P_3P_4$ 的棱–棱内角平分点三角形, $\pi_{P_1Q_{23}P_4}$, $\pi_{P_2Q_{31}P_4}$, $\pi_{P_3Q_{12}P_4}$; $\pi_{P_2R_{34}P_1}$, $\pi_{P_3R_{42}P_1}$, $\pi_{P_4R_{23}P_1}$; $\pi_{P_3S_{41}P_2}$, $\pi_{P_4S_{13}P_2}$, $\pi_{P_1S_{34}P_2}$; $\pi_{P_4T_{12}P_3}$, $\pi_{P_1T_{24}P_3}$, $\pi_{P_2T_{41}P_3}$ 是 $P_1P_2P_3P_4$ 的棱–棱内角平分点, 则

(1)P 是棱–棱内角平分点面 $\pi_{P_1Q_{23}P_4}$ 上任意一点的充分必要条件是

$$\sigma_{231}\mathrm{a}_{P_2Q_{31}P_4}\mathrm{D}_{P\text{-}\pi_{P_2Q_{31}P_4}}+\sigma_{312}\mathrm{a}_{P_3Q_{12}P_4}\mathrm{D}_{P\text{-}\pi_{P_3Q_{12}P_4}}=0; \tag{7.1.23}$$

P 是棱–棱内角平分点面 $\pi_{P_2Q_{31}P_4}$ 上任意一点的充分必要条件是

$$\sigma_{123}\mathrm{a}_{P_1Q_{23}P_4}\mathrm{D}_{P\text{-}\pi_{P_1Q_{23}P_4}}+\sigma_{312}\mathrm{a}_{P_3Q_{12}P_4}\mathrm{D}_{P\text{-}\pi_{P_3Q_{12}P_4}}=0;$$

P 是棱–棱内角平分点面 $\pi_{P_3Q_{12}P_4}$ 上任意一点的充分必要条件是

$$\sigma_{123}\mathrm{a}_{P_1Q_{23}P_4}\mathrm{D}_{P\text{-}\pi_{P_1Q_{23}P_4}}+\sigma_{231}\mathrm{a}_{P_2Q_{31}P_4}\mathrm{D}_{P\text{-}\pi_{P_2Q_{31}P_4}}=0.$$

(2) P 是棱–棱内角平分点面 $\pi_{P_2R_{34}P_1}$ 上任意一点的充分必要条件是

$$\sigma_{342}\mathrm{a}_{P_3R_{42}P_1}\mathrm{D}_{P\text{-}\pi_{P_3R_{42}P_1}}+\sigma_{423}\mathrm{a}_{P_4R_{23}P_1}\mathrm{D}_{P\text{-}\pi_{P_4R_{23}P_1}}=0;$$

P 是棱–棱内角平分点面 $\pi_{P_3R_{42}P_1}$ 上任意一点的充分必要条件是

$$\sigma_{234}\mathrm{a}_{P_2R_{34}P_1}\mathrm{D}_{P\text{-}\pi_{P_2R_{34}P_1}}+\sigma_{423}\mathrm{a}_{P_4R_{23}P_1}\mathrm{D}_{P\text{-}\pi_{P_4R_{23}P_1}}=0;$$

P 是棱–棱内角平分点面 $\pi_{P_4R_{23}P_1}$ 上任意一点的充分必要条件是

$$\sigma_{234}\mathrm{a}_{P_2R_{34}P_1}\mathrm{D}_{P\text{-}\pi_{P_2R_{34}P_1}}+\sigma_{342}\mathrm{a}_{P_3R_{42}P_1}\mathrm{D}_{P\text{-}\pi_{P_3R_{42}P_1}}=0.$$

(3) P 是棱–棱内角平分点面 $\pi_{P_3S_{41}P_2}$ 上任意一点的充分必要条件是

$$\sigma_{413}\mathrm{a}_{P_4S_{13}P_2}\mathrm{D}_{P\text{-}\pi_{P_4S_{13}P_2}}+\sigma_{134}\mathrm{a}_{P_1S_{34}P_2}\mathrm{D}_{P\text{-}\pi_{P_1S_{34}P_2}}=0;$$

P 是棱–棱内角平分点面 $\pi_{P_4S_{13}P_2}$ 上任意一点的充分必要条件是

$$\sigma_{341}\mathrm{a}_{P_3S_{41}P_2}\mathrm{D}_{P\text{-}\pi_{P_3S_{41}P_2}}+\sigma_{134}\mathrm{a}_{P_1S_{34}P_2}\mathrm{D}_{P\text{-}\pi_{P_1S_{34}P_2}}=0;$$

P 是棱–棱内角平分点面 $\pi_{P_1S_{34}P_2}$ 上任意一点的充分必要条件是

$$\sigma_{341}\mathrm{a}_{P_3S_{41}P_2}\mathrm{D}_{P\text{-}\pi_{P_3S_{41}P_2}}+\sigma_{413}\mathrm{a}_{P_4S_{13}P_2}\mathrm{D}_{P\text{-}\pi_{P_4S_{13}P_2}}=0.$$

(4) P 是棱–棱内角平分点面 $\pi_{P_4T_{12}P_3}$ 上任意一点的充分必要条件是

$$\sigma_{124}\mathrm{a}_{P_1T_{24}P_3}\mathrm{D}_{P\text{-}\pi_{P_1T_{24}P_3}}+\sigma_{241}\mathrm{a}_{P_2T_{41}P_3}\mathrm{D}_{P\text{-}\pi_{P_2T_{41}P_3}}=0;$$

P 是棱–棱内角平分点面 $\pi_{P_1T_{24}P_3}$ 上任意一点的充分必要条件是

$$\sigma_{412}\mathrm{a}_{P_4T_{12}P_3}\mathrm{D}_{P\text{-}\pi_{P_4T_{12}P_3}}+\sigma_{241}\mathrm{a}_{P_2T_{41}P_3}\mathrm{D}_{P\text{-}\pi_{P_2T_{41}P_3}}=0;$$

P 是棱–棱内角平分点面 $\pi_{P_2T_{41}P_3}$ 上任意一点的充分必要条件是

$$\sigma_{412}\mathrm{a}_{P_4T_{12}P_3}\mathrm{D}_{P\text{-}\pi_{P_4T_{12}P_3}}+\sigma_{124}\mathrm{a}_{P_1T_{24}P_3}\mathrm{D}_{P\text{-}\pi_{P_1T_{24}P_3}}=0.$$

证明　(1) 根据定理 7.1.2, 由式 (7.1.16), 可得

$$\begin{aligned}&P\text{是棱–棱内角平分点面}\pi_{P_1Q_{23}P_4}\text{所在平面上任意一点}\\ \Leftrightarrow&\mathrm{D}_{P\text{-}\pi_{P_1Q_{23}P_4}}=0\Leftrightarrow\ (7.1.23)\ \text{成立}.\end{aligned}$$

类似地, 可以证明 (1) 中其余两个结论成立.

同理可证, (2)、(3) 和 (4) 中结论成立.

推论 7.1.2　设 $P_1P_2P_3P_4$ 是四面体, $P_1Q_{23}P_4, P_2Q_{31}P_4$, $P_3Q_{12}P_4$; $P_2R_{34}P_1$, $P_3R_{42}P_1$, $P_4R_{23}P_1$; $P_3S_{41}P_2$, $P_4S_{13}P_2$, $P_1S_{34}P_2$; $P_4T_{12}P_3$, $P_1T_{24}P_3$, $P_2T_{41}P_3$ 是 $P_1P_2P_3P_4$ 的棱–棱内角平分点三角形, $\pi_{P_1Q_{23}P_4}$, $\pi_{P_2Q_{31}P_4}$, $\pi_{P_3Q_{12}P_4}$; $\pi_{P_2R_{34}P_1}$, $\pi_{P_3R_{42}P_1}$, $\pi_{P_4R_{23}P_1}$; $\pi_{P_3S_{41}P_2}$, $\pi_{P_4S_{13}P_2}$, $\pi_{P_1S_{34}P_2}$; $\pi_{P_4T_{12}P_3}$, $\pi_{P_1T_{24}P_3}$, $\pi_{P_2T_{41}P_3}$ 是 $P_1P_2P_3P_4$ 的棱–棱内角平分点面.

(1) 若 P 是棱–棱内角平分点面 $\pi_{P_1Q_{23}P_4}$ 上任意一点, 则

$$\sigma_{231}\mathrm{a}_{P_2Q_{31}P_4}\mathrm{d}_{P\text{-}\pi_{P_2Q_{31}P_4}}=\sigma_{312}\mathrm{a}_{P_3Q_{12}P_4}\mathrm{d}_{P\text{-}\pi_{P_3Q_{12}P_4}};\tag{7.1.24}$$

若 P 是棱–棱内角平分点面 $\pi_{P_2Q_{31}P_4}$ 上任意一点, 则

$$\sigma_{123}\mathrm{a}_{P_1Q_{23}P_4}\mathrm{d}_{P\text{-}\pi_{P_1Q_{23}P_4}}=\sigma_{312}\mathrm{a}_{P_3Q_{12}P_4}\mathrm{d}_{P\text{-}\pi_{P_3Q_{12}P_4}};$$

若 P 是棱–棱内角平分点面 $\pi_{P_3Q_{12}P_4}$ 上任意一点, 则

$$\sigma_{123}\mathrm{a}_{P_1Q_{23}P_4}\mathrm{d}_{P\text{-}\pi_{P_1Q_{23}P_4}}=\sigma_{231}\mathrm{a}_{P_2Q_{31}P_4}\mathrm{d}_{P\text{-}\pi_{P_2Q_{31}P_4}}.$$

(2) 若 P 是棱–棱内角平分点面 $\pi_{P_2R_{34}P_1}$ 上任意一点, 则

$$\sigma_{342}\mathrm{a}_{P_3R_{42}P_1}\mathrm{d}_{P\text{-}\pi_{P_3R_{42}P_1}}=\sigma_{423}\mathrm{a}_{P_4R_{23}P_1}\mathrm{d}_{P\text{-}\pi_{P_4R_{23}P_1}};$$

若 P 是棱–棱内角平分点面 $\pi_{P_3R_{42}P_1}$ 上任意一点, 则

$$\sigma_{234}\mathrm{a}_{P_2R_{34}P_1}\mathrm{d}_{P\text{-}\pi_{P_2R_{34}P_1}}=\sigma_{423}\mathrm{a}_{P_4R_{23}P_1}\mathrm{d}_{P\text{-}\pi_{P_4R_{23}P_1}};$$

若 P 是棱–棱内角平分点面 $\pi_{P_4R_{23}P_1}$ 上任意一点, 则

$$\sigma_{234}\mathrm{a}_{P_2R_{34}P_1}\mathrm{d}_{P\text{-}\pi_{P_2R_{34}P_1}}=\sigma_{342}\mathrm{a}_{P_3R_{42}P_1}\mathrm{d}_{P\text{-}\pi_{P_3R_{42}P_1}}.$$

(3) 若 P 是棱–棱内角平分点面 $\pi_{P_3S_{41}P_2}$ 上任意一点, 则

$$\sigma_{413}\mathrm{a}_{P_4S_{13}P_2}\mathrm{d}_{P\text{-}\pi_{P_4S_{13}P_2}}=\sigma_{134}\mathrm{a}_{P_1S_{34}P_2}\mathrm{d}_{P\text{-}\pi_{P_1S_{34}P_2}};$$

若 P 是棱–棱内角平分点面 $\pi_{P_4S_{13}P_2}$ 上任意一点, 则

$$\sigma_{341}\mathrm{a}_{P_3S_{41}P_2}\mathrm{d}_{P\text{-}\pi_{P_3S_{41}P_2}}=\sigma_{134}\mathrm{a}_{P_1S_{34}P_2}\mathrm{D}_{P\text{-}\pi_{P_1S_{34}P_2}};$$

若 P 是棱–棱内角平分点面 $\pi_{P_1S_{34}P_2}$ 上任意一点, 则

$$\sigma_{341}\mathrm{a}_{P_3S_{41}P_2}\mathrm{d}_{P\text{-}\pi_{P_3S_{41}P_2}}=\sigma_{413}\mathrm{a}_{P_4S_{13}P_2}\mathrm{d}_{P\text{-}\pi_{P_4S_{13}P_2}}.$$

(4) 若 P 是棱–棱内角平分点面 $\pi_{P_4T_{12}P_3}$ 上任意一点, 则

$$\sigma_{124}\mathrm{a}_{P_1T_{24}P_3}\mathrm{d}_{P\text{-}\pi_{P_1T_{24}P_3}}=\sigma_{241}\mathrm{a}_{P_2T_{41}P_3}\mathrm{d}_{P\text{-}\pi_{P_2T_{41}P_3}};$$

若 P 是棱–棱内角平分点面 $\pi_{P_1T_{24}P_3}$ 上任意一点, 则

$$\sigma_{412}\mathrm{a}_{P_4T_{12}P_3}\mathrm{d}_{P\text{-}\pi_{P_4T_{12}P_3}}=\sigma_{241}\mathrm{a}_{P_2T_{41}P_3}\mathrm{d}_{P\text{-}\pi_{P_2T_{41}P_3}};$$

若 P 是棱–棱内角平分点面 $\pi_{P_2T_{41}P_3}$ 上任意一点, 则

$$\sigma_{412}\mathrm{a}_{P_4T_{12}P_3}\mathrm{d}_{P\text{-}\pi_{P_4T_{12}P_3}}=\sigma_{124}\mathrm{a}_{P_1T_{24}P_3}\mathrm{d}_{P\text{-}\pi_{P_1T_{24}P_3}}.$$

证明 (1) 根据推论 7.1.1 的必要性, 式 (7.1.23) 移项后, 等式两边取绝对值, 即得式 (7.1.24).

类似地, 可以证明 (1) 中其余两个结论成立.

同理可证, (2)、(3) 和 (4) 中结论成立.

7.1.3 四面体棱–棱内角平分点面有向距离定值定理的应用

定理 7.1.3 设 $P_1P_2P_3P_4$ 是四面体, 则 $P_1P_2P_3P_4$ 各面的棱–棱内角平分点面 $\pi_{P_1Q_{23}P_4}$, $\pi_{P_2Q_{31}P_4}$, $\pi_{P_3Q_{12}P_4}$; $\pi_{P_2R_{34}P_1}$, $\pi_{P_3R_{42}P_1}$, $\pi_{P_4R_{23}P_1}$; $\pi_{P_3S_{41}P_2}$, $\pi_{P_4S_{13}P_2}$, $\pi_{P_1S_{34}P_2}$; $\pi_{P_4T_{12}P_3}$, $\pi_{P_1T_{24}P_3}$, $\pi_{P_2T_{41}P_3}$ 均三面共线, 即四面体四条内心线 $r_{4\text{-}123}$, $r_{1\text{-}234}$, $r_{2\text{-}341}$, $r_{3\text{-}412}$ 所在的直线.

证明 如图 7.1.2 所示. 显然, $\pi_{P_1Q_{23}P_4}$, $\pi_{P_2Q_{31}P_4}$ 交于一线 r, 故对 r 上任意一点 P, 恒有 $\mathrm{D}_{P\text{-}\pi_{P_1Q_{23}P_4}}=\mathrm{D}_{P\text{-}\pi_{P_2Q_{31}P_4}}=0$. 代入式 (7.1.16) 并注意到 $\sigma_{312}\mathrm{a}_{P_3Q_{12}P_4}\neq 0$ 得 $\mathrm{D}_{P\text{-}\pi_{P_3Q_{12}P_4}}=0$, 所以点 P 在平面 $\pi_{P_3Q_{12}P_4}$ 上. 因此, $P_1P_2P_3P_4$ 三个棱–棱角平分点面 $\pi_{P_1Q_{23}P_4}$, $\pi_{P_2Q_{31}P_4}$, $\pi_{P_3Q_{12}P_4}$ 相交于一线.

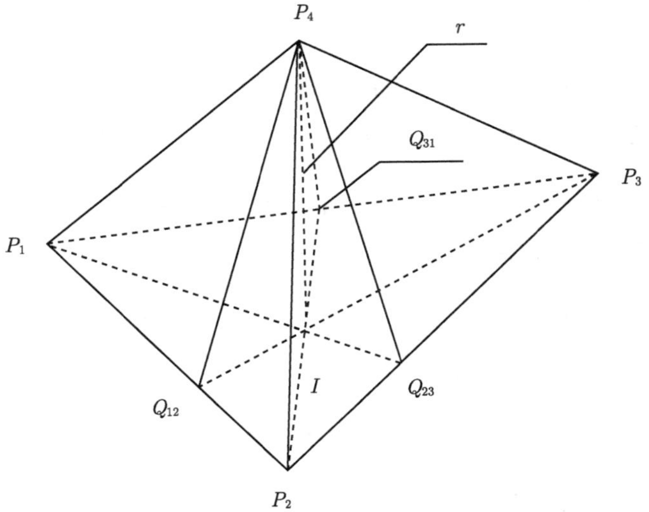

图 7.1.2

又显然, P_4 和三角形 $P_1P_2P_3$ 的内心 I 均在 r 上. 因此, r 是 $P_1P_2P_3P_4$ 的内心线 $r_{4\text{-}123}$, 即 $P_1P_2P_3P_4$ 三个棱–棱角平分点面 $\pi_{P_1Q_{23}P_4}$, $\pi_{P_2Q_{31}P_4}$, $\pi_{P_3Q_{12}P_4}$ 相交于内心线 $r_{4\text{-}123}$ 所在直线.

类似地, 可以证明, $P_1P_2P_3P_4$ 关于面三角形 $P_2P_3P_4$, $P_3P_4P_1$, $P_4P_1P_2$ 的棱–棱内角平分点面 $\pi_{P_2R_{34}P_1}$, $\pi_{P_3R_{42}P_1}$, $\pi_{P_4R_{23}P_1}$; $\pi_{P_3S_{41}P_2}$, $\pi_{P_4S_{13}P_2}$, $\pi_{P_1S_{34}P_2}$; $\pi_{P_4T_{12}P_3}$, $\pi_{P_1T_{24}P_3}$, $\pi_{P_2T_{41}P_3}$ 均三面共线, 即四面体关于其余顶点与其对面内心线 $r_{1\text{-}234}$, $r_{2\text{-}341}$, $r_{3\text{-}412}$ 所在的直线.

注 7.1.1　尽管根据三角形内角平分线定理, 很容易证明四面体各面上的三个棱–棱角平分点面相交于一线, 但定理 7.1.3 的证明并不依赖于该定理. 因此, 根据定理 7.1.3 可以推出三角形内角平分线定理.

推论 7.1.3　三角形的三条内角平分线相交于一点.

证明　因为四面体各三角形面上的三个棱–棱内角平分点面与该面的交线就是三角形面三条内角平分线所在的直线, 所以四面体各面上的三个棱–棱内角平分点面的交线与该三角形面的交点, 就是该三角形面三条内角平分线的交点, 即该三角形面的内心. 从而三角形三条内角平分线相交于一点.

定理 7.1.4　设 $P_1P_2P_3P_4$ 是四面体, $\pi_{P_1Q_{23}P_4}$, $\pi_{P_2Q_{31}P_4}$, $\pi_{P_3Q_{12}P_4}$; $\pi_{P_2R_{34}P_1}$, $\pi_{P_3R_{42}P_1}$, $\pi_{P_4R_{23}P_1}$; $\pi_{P_3S_{41}P_2}$, $\pi_{P_4S_{13}P_2}$, $\pi_{P_1S_{34}P_2}$; $\pi_{P_4T_{12}P_3}$, $\pi_{P_1T_{24}P_3}$, $\pi_{P_2T_{41}P_3}$ 是 $P_1P_2P_3P_4$ 的棱–棱内角平分点面, $r_{4\text{-}123}$, $r_{1\text{-}234}$, $r_{2\text{-}341}$, $r_{3\text{-}412}$ 是 $P_1P_2P_3P_4$ 的内心线, 则

(1) 棱–棱内角平分点面 $\pi_{P_1Q_{23}P_4}$ 与 $\pi_{P_4R_{23}P_1}$(或 $\pi_{P_3S_{41}P_2}$ 与 $\pi_{P_2T_{41}P_3}$) 重合的

充分必要条件是内心线 $r_{4\text{-}123}, r_{1\text{-}234}$(或 $r_{2\text{-}341}, r_{3\text{-}412}$) 共面并相交于一点 $G_{41}(G_{23})$.

(2) 棱–棱内角平分点面 $\pi_{P_2R_{34}P_1}$ 与 $\pi_{P_1S_{34}P_2}$(或 $\pi_{P_4T_{12}P_3}$ 与 $\pi_{P_3Q_{12}P_4}$) 重合的充分必要条件是内心线 $r_{1\text{-}234}, r_{2\text{-}341}$(或 $r_{3\text{-}412}, r_{4\text{-}123}$) 共面并相交于一点 $G_{12}(G_{34})$.

(3) 棱–棱内角平分点面 $\pi_{P_2Q_{31}P_4}$ 与 $\pi_{P_4S_{13}P_2}$(或 $\pi_{P_3R_{42}P_1}$ 与 $\pi_{P_1T_{24}P_3}$) 重合的充分必要条件是内心线 $r_{4\text{-}123}, r_{2\text{-}341}$(或 $r_{1\text{-}234}, r_{3\text{-}412}$) 共面并相交于一点 $G_{42}(G_{13})$.

证明 (1) 如图 7.1.3 所示. 若两棱–棱内角平分点面 $\pi_{P_1Q_{23}P_4}$ 与 $\pi_{P_4R_{23}P_1}$ 重合, 则对 $P_1P_2P_3P_4$ 内心线 $r_{4\text{-}123}$ 上任意一点 P, 恒有 $\mathrm{D}_{P\text{-}\pi_{P_1Q_{23}P_4}} = \mathrm{D}_{P\text{-}\pi_{P_4R_{23}P_1}} = 0$.

又显然 $P_1P_2P_3P_4$ 内心线 $r_{4\text{-}123}$ 与棱–棱内角平分点面 $\pi_{P_3R_{42}P_1}$ 相交于一点 G, 于是 $\mathrm{D}_{G\text{-}\pi_{P_4R_{23}P_1}} = \mathrm{D}_{G\text{-}\pi_{P_3R_{42}P_1}} = 0$. 代入式 (7.1.17) 并注意到 $\sigma_{234}\mathrm{a}_{P_2R_{34}P_1} \neq 0$, 得 $\mathrm{D}_{G\text{-}\pi_{P_2R_{34}P_1}} = 0$, 因此 G 在棱–棱内角平分点面 $\pi_{P_2R_{34}P_1}$ 上. 故五个棱–棱内角平分点面 $\pi_{P_1Q_{23}P_4}(\pi_{P_4R_{23}P_1})$, $\pi_{P_2Q_{31}P_4}$, $\pi_{P_3Q_{12}P_4}$, $\pi_{P_2R_{34}P_1}$, $\pi_{P_3R_{42}P_1}$ 相交于一点 G, 从而内心线 $r_{4\text{-}123}, r_{1\text{-}234}$ 共面并相交于一点 G, 且 $G = G_{41}$.

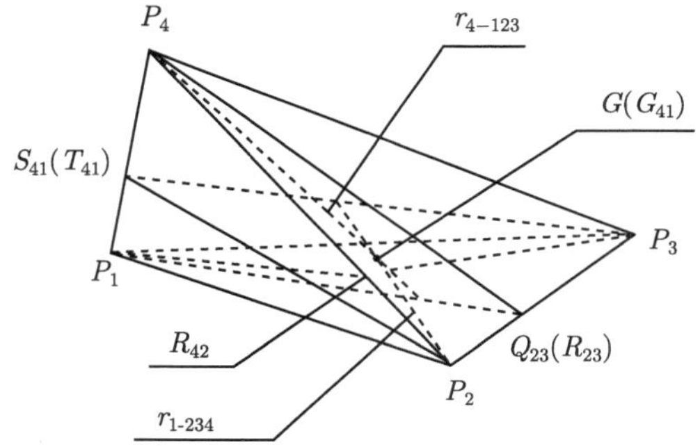

图 7.1.3

反之, 若内心线 $r_{4\text{-}123}$, $r_{1\text{-}234}$ 共面并相交于一点 G_{41}, 则 $\mathrm{D}_{G_{41}\text{-}\pi_{P_1Q_{23}P_4}} = \mathrm{D}_{G_{41}\text{-}\pi_{P_4R_{23}P_1}} = 0$. 因此, 若 $\pi_{P_1Q_{23}P_4}$ 与 $\pi_{P_4R_{23}P_1}$ 不重合, 则点 G_{41} 在 $\pi_{P_1Q_{23}P_4}$ 与 $\pi_{P_4R_{23}P_1}$ 的交线 P_1P_4 上, 这与 G_{41} 是 $r_{4\text{-}123}, r_{1\text{-}234}$ 的交点相矛盾, 所以两棱–棱内角平分点面 $\pi_{P_1Q_{23}P_4}$ 与 $\pi_{P_4R_{23}P_1}$ 重合.

类似地, 可以证明棱–棱内角平分点面 $\pi_{P_3S_{41}P_2}$ 与 $\pi_{P_2T_{41}P_3}$ 重合的充分必要条件是内心线 $r_{2\text{-}341}, r_{3\text{-}412}$ 共面并相交于一点 G_{23}.

同理可以证明, (2) 和 (3) 中结论成立.

推论 7.1.4 设 $P_1P_2P_3P_4$ 是四面体, $\pi_{P_1Q_{23}P_4}$, $\pi_{P_2Q_{31}P_4}$, $\pi_{P_3Q_{12}P_4}$; $\pi_{P_2R_{34}P_1}$, $\pi_{P_3R_{42}P_1}$, $\pi_{P_4R_{23}P_1}$; $\pi_{P_3S_{41}P_2}$, $\pi_{P_4S_{13}P_2}$, $\pi_{P_1S_{34}P_2}$; $\pi_{P_4T_{12}P_3}$, $\pi_{P_1T_{24}P_3}$, $\pi_{P_2T_{41}P_3}$ 是 $P_1P_2P_3P_4$ 的棱–棱内角平分点面, $r_{4\text{-}123}$, $r_{1\text{-}234}$, $r_{2\text{-}341}$, $r_{3\text{-}412}$ 是 $P_1P_2P_3P_4$ 的内心线, 则

(1) $\mathrm{d}_{P_1P_2}\mathrm{d}_{P_3P_4} = \mathrm{d}_{P_1P_3}\mathrm{d}_{P_2P_4}$ 的充分必要条件是如下两个条件之一成立:

(i) 棱–棱内角平分点面 $\pi_{P_1Q_{23}P_4}$ 与 $\pi_{P_4R_{23}P_1}$(或 $\pi_{P_3S_{41}P_2}$ 与 $\pi_{P_2T_{41}P_3}$) 重合; (ii) 内心线 $r_{4\text{-}123}$, $r_{1\text{-}234}$(或 $r_{2\text{-}341}$, $r_{3\text{-}412}$) 共面并相交于一点 $G_{41}(G_{23})$.

(2) $\mathrm{d}_{P_2P_3}\mathrm{d}_{P_4P_1} = \mathrm{d}_{P_2P_4}\mathrm{d}_{P_1P_3}$ 的充分必要条件是如下两个条件之一成立: (i) 棱–棱内角平分点面 $\pi_{P_2R_{34}P_1}$ 与 $\pi_{P_1S_{34}P_2}$(或 $\pi_{P_3Q_{12}P_4}$ 与 $\pi_{P_4T_{12}P_3}$) 重合; (ii) 内心线 $r_{1\text{-}234}$, $r_{2\text{-}341}$(或 $r_{3\text{-}412}$, $r_{4\text{-}123}$) 共面并相交于一点 $G_{12}(G_{34})$.

(3) $\mathrm{d}_{P_2P_4}\mathrm{d}_{P_1P_3} = \mathrm{d}_{P_1P_2}\mathrm{d}_{P_3P_4}$ 的充分必要条件是如下两个条件之一成立: (i) 棱–棱内角平分点面 $\pi_{P_2Q_{31}P_4}$ 与 $\pi_{P_4S_{13}P_2}$(或 $\pi_{P_3R_{42}P_1}$ 与 $\pi_{P_1T_{24}P_3}$) 重合; (ii) 内心线 $r_{4\text{-}123}$, $r_{2\text{-}341}$(或 $r_{1\text{-}234}$, $r_{3\text{-}412}$) 共面并相交于一点 $G_{42}(G_{13})$.

证明 (1) 根据三角形内角平分线定理和定理 7.1.4, 可得

$$
\begin{aligned}
&\mathrm{d}_{P_1P_2}\mathrm{d}_{P_3P_4} = \mathrm{d}_{P_1P_3}\mathrm{d}_{P_2P_4}\\
\Leftrightarrow\ &\mathrm{d}_{P_1P_2}/\mathrm{d}_{P_1P_3} = \mathrm{d}_{P_4P_2}/\mathrm{d}_{P_4P_3}\ (\text{或 } \mathrm{d}_{P_2P_1}/\mathrm{d}_{P_2P_4} = \mathrm{d}_{P_3P_1}/\mathrm{d}_{P_3P_4})\\
\Leftrightarrow\ &\mathrm{d}_{P_1Q_{23}}/\mathrm{d}_{Q_{23}P_3} = \mathrm{d}_{P_4R_{23}}/\mathrm{d}_{R_{23}P_3}(\mathrm{d}_{P_1Q_{23}}/\mathrm{d}_{Q_{23}P_3} = \mathrm{d}_{P_4R_{23}}/\mathrm{d}_{R_{23}P_3})\\
\Leftrightarrow\ &\text{两棱–棱内角平分点面 } \pi_{P_1Q_{23}P_4} \text{ 与 } \pi_{P_4R_{23}P_1}(\pi_{P_3S_{41}P_2} \text{ 与 } \pi_{P_2T_{41}P_3}) \text{ 重合}\\
\Leftrightarrow\ &\text{内心线 } r_{4\text{-}123},\ r_{1\text{-}234}(\text{或 } r_{2\text{-}341},\ r_{3\text{-}412}) \text{ 共面并相交于一点 } G_{41}(G_{23}).
\end{aligned}
$$

类似地, 可以证明 (2) 和 (3) 中结论成立.

推论 7.1.5 (1979 年波兰数学奥林匹克竞赛题) 求证: 连接四面体 $P_1P_2P_3P_4$ 的顶点与其对面的内切圆圆心四条直线 (即内心线 $r_{4\text{-}123}$, $r_{1\text{-}234}$, $r_{2\text{-}341}$, $r_{3\text{-}412}$) 相交于一点的充分必要条件是 $P_1P_2P_3P_4$ 三组对棱的乘积相等 (即 $\mathrm{d}_{P_1P_2}\mathrm{d}_{P_3P_4} = \mathrm{d}_{P_1P_3}\mathrm{d}_{P_2P_4}$, $\mathrm{d}_{P_1P_2}\mathrm{d}_{P_3P_4} = \mathrm{d}_{P_2P_3}\mathrm{d}_{P_1P_4}$, $\mathrm{d}_{P_2P_3}\mathrm{d}_{P_4P_1} = \mathrm{d}_{P_2P_4}\mathrm{d}_{P_3P_1}$).

证明 根据推论 7.1.4, 可得

$$
\begin{aligned}
&\mathrm{d}_{P_1P_2}\mathrm{d}_{P_3P_4} = \mathrm{d}_{P_1P_3}\mathrm{d}_{P_2P_4}, \mathrm{d}_{P_1P_2}\mathrm{d}_{P_3P_4} = \mathrm{d}_{P_2P_3}\mathrm{d}_{P_1P_4}, \mathrm{d}_{P_2P_3}\mathrm{d}_{P_4P_1} = \mathrm{d}_{P_2P_4}\mathrm{d}_{P_3P_1},\\
\Leftrightarrow &\pi_{P_1Q_{23}P_4}\text{与}\pi_{P_4R_{23}P_1}, \pi_{P_2R_{34}P_1}\text{与}\pi_{P_1S_{34}P_2}, \pi_{P_2Q_{31}P_4}\text{与}\pi_{P_4S_{13}P_2}\text{均重合}\\
&(\text{或}\pi_{P_3S_{41}P_2}\text{与}\pi_{P_2T_{41}P_3}, \pi_{P_3Q_{12}P_4}\text{与}\pi_{P_4T_{12}P_3}, \pi_{P_3R_{42}P_1}\text{与}\pi_{P_1T_{24}P_3}\text{均重合})\\
\Leftrightarrow &G_{41} = G_{12} = G_{42} = G(\text{或}G_{23} = G_{34} = G_{13} = G)\\
\Leftrightarrow &\text{内心线}r_{4\text{-}123}, r_{1\text{-}234}, r_{2\text{-}341}, r_{3\text{-}412}\text{相交于一点}G.
\end{aligned}
$$

定理 7.1.5 设 $P_1P_2P_3P_4$ 是四面体, $P_1Q_{23}P_4, P_2Q_{31}P_4$, $P_3Q_{12}P_4$; $P_2R_{34}P_1$, $P_3R_{42}P_1$, $P_4R_{23}P_1$; $P_3S_{41}P_2$, $P_4S_{13}P_2$, $P_1S_{34}P_2$; $P_4T_{12}P_3$, $P_1T_{24}P_3$, $P_2T_{41}P_3$ 是 $P_1P_2P_3P_4$ 的棱–棱内角平分点三角形, $\pi_{P_1Q_{23}P_4}$, $\pi_{P_2Q_{31}P_4}$, $\pi_{P_3Q_{12}P_4}$; $\pi_{P_2R_{34}P_1}$, $\pi_{P_3R_{42}P_1}$, $\pi_{P_4R_{23}P_1}$; $\pi_{P_3S_{41}P_2}$, $\pi_{P_4S_{13}P_2}$, $\pi_{P_1S_{34}P_2}$; $\pi_{P_4T_{12}P_3}$, $\pi_{P_1T_{24}P_3}$, $\pi_{P_2T_{41}P_3}$ 是 $P_1P_2P_3P_4$ 的棱–棱内角平分点, P 是空间任意一点.

(1) 若 $\sigma_{123}\mathrm{a}_{P_1Q_{23}P_4} = \sigma_{231}\mathrm{a}_{P_2Q_{31}P_4} = \sigma_{312}\mathrm{a}_{P_3Q_{12}P_4}$, 则

$$
\mathrm{D}_{P\text{-}\pi_{P_1Q_{23}P_4}} + \mathrm{D}_{P\text{-}\pi_{P_2Q_{31}P_4}} + \mathrm{D}_{P\text{-}\pi_{P_3Q_{12}P_4}} = 0; \tag{7.1.25}
$$

(2) 若 $\sigma_{234}\mathrm{a}_{P_2R_{34}P_1}=\sigma_{342}\mathrm{a}_{P_3R_{42}P_1}=\sigma_{423}\mathrm{a}_{P_4R_{23}P_1}$, 则

$$\mathrm{D}_{P\text{-}\pi_{P_2R_{34}P_1}}+\mathrm{D}_{P\text{-}\pi_{P_3R_{42}P_1}}+\mathrm{D}_{P\text{-}\pi_{P_4R_{23}P_1}}=0;$$

(3) 若 $\sigma_{341}\mathrm{a}_{P_3S_{41}P_2}=\sigma_{413}\mathrm{a}_{P_4S_{13}P_2}=\sigma_{134}\mathrm{a}_{P_1S_{34}P_2}$, 则

$$\mathrm{D}_{P\text{-}\pi_{P_3S_{41}P_2}}+\mathrm{D}_{P\text{-}\pi_{P_4S_{13}P_2}}+\mathrm{D}_{P\text{-}\pi_{P_1S_{34}P_2}}=0;$$

(4) 若 $\sigma_{412}\mathrm{a}_{P_4T_{12}P_3}=\sigma_{124}\mathrm{a}_{P_1T_{24}P_3}=\sigma_{241}\mathrm{a}_{P_2T_{41}P_3}$, 则

$$\mathrm{D}_{P\text{-}\pi_{P_4T_{12}P_3}}+\mathrm{D}_{P\text{-}\pi_{P_1T_{24}P_3}}+\mathrm{D}_{P\text{-}\pi_{P_2T_{41}P_3}}=0.$$

证明 (1) 将 $\sigma_{123}\mathrm{a}_{P_1Q_{23}P_4}=\sigma_{231}\mathrm{a}_{P_2Q_{31}P_4}=\sigma_{312}\mathrm{a}_{P_3Q_{12}P_4}\neq 0$, 代入式 (7.1.16) 并化简, 即得式 (7.1.25).

类似地, 可以证明 (2)~(4) 中结论成立.

推论 7.1.6 设 $P_1P_2P_3P_4$ 是四面体, $P_1Q_{23}P_4, P_2Q_{31}P_4$, $P_3Q_{12}P_4$; $P_2R_{34}P_1$, $P_3R_{42}P_1$, $P_4R_{23}P_1$; $P_3S_{41}P_2$, $P_4S_{13}P_2$, $P_1S_{34}P_2$; $P_4T_{12}P_3$, $P_1T_{24}P_3$, $P_2T_{41}P_3$ 是 $P_1P_2P_3P_4$ 的棱–棱内角平分点三角形, $\pi_{P_1Q_{23}P_4}$, $\pi_{P_2Q_{31}P_4}$, $\pi_{P_3Q_{12}P_4}$; $\pi_{P_2R_{34}P_1}$, $\pi_{P_3R_{42}P_1}$, $\pi_{P_4R_{23}P_1}$; $\pi_{P_3S_{41}P_2}$, $\pi_{P_4S_{13}P_2}$, $\pi_{P_1S_{34}P_2}$; $\pi_{P_4T_{12}P_3}$, $\pi_{P_1T_{24}P_3}$, $\pi_{P_2T_{41}P_3}$ 是 $P_1P_2P_3P_4$ 的棱–棱内角平分点, P 是空间任意一点.

(1) 若 $\sigma_{123}\mathrm{a}_{P_1Q_{23}P_4}=\sigma_{231}\mathrm{a}_{P_2Q_{31}P_4}=\sigma_{312}\mathrm{a}_{P_3Q_{12}P_4}$, 则在以下三个点到平面的距离

$$\mathrm{d}_{P\text{-}\pi_{P_1Q_{23}P_4}},\quad \mathrm{d}_{P\text{-}\pi_{P_2Q_{31}P_4}},\quad \mathrm{d}_{P\text{-}\pi_{P_3Q_{12}P_4}}$$

一个较长的距离等于另两个较短的距离的和;

(2) 若 $\sigma_{234}\mathrm{a}_{P_2R_{34}P_1}=\sigma_{342}\mathrm{a}_{P_3R_{42}P_1}=\sigma_{423}\mathrm{a}_{P_4R_{23}P_1}$, 则在以下三个点到平面的距离

$$\mathrm{d}_{P\text{-}\pi_{P_2R_{34}P_1}},\quad \mathrm{d}_{P\text{-}\pi_{P_3R_{42}P_1}},\quad \mathrm{d}_{P\text{-}\pi_{P_4R_{23}P_1}},$$

其中一个较长的距离等于另两个较短的距离的和;

(3) 若 $\sigma_{341}\mathrm{a}_{P_3S_{41}P_2}=\sigma_{413}\mathrm{a}_{P_4S_{13}P_2}=\sigma_{134}\mathrm{a}_{P_1S_{34}P_2}$, 则在以下三个点到平面的距离

$$\mathrm{d}_{P\text{-}\pi_{P_3S_{41}P_2}},\quad \mathrm{d}_{P\text{-}\pi_{P_4S_{13}P_2}},\quad \mathrm{d}_{P\text{-}\pi_{P_1S_{34}P_2}},$$

其中一个较长的距离等于另两个较短的距离的和;

(4) 若 $\sigma_{412}\mathrm{a}_{P_4T_{12}P_3}=\sigma_{124}\mathrm{a}_{P_1T_{24}P_3}=\sigma_{241}\mathrm{a}_{P_2T_{41}P_3}$, 则在以下三个点到平面的距离

$$\mathrm{d}_{P\text{-}\pi_{P_4T_{12}P_3}},\quad \mathrm{d}_{P\text{-}\pi_{P_1T_{24}P_3}},\quad \mathrm{d}_{P\text{-}\pi_{P_2T_{41}P_3}},$$

其中一个较长的距离等于另两个较短的距离的和.

证明　(1) 在式 (7.1.25) 中, 注意到其中一个较长的有向距离与另两个较短的有向距离异号即得.

类似地, 可以证明 (2)~(4) 中结论成立.

定理 7.1.6　设 $P_1P_2P_3P_4$ 是四面体, $P_1Q_{23}P_4$, $P_2Q_{31}P_4$, $P_3Q_{12}P_4$; $P_2R_{34}P_1$, $P_3R_{42}P_1$, $P_4R_{23}P_1$; $P_3S_{41}P_2$, $P_4S_{13}P_2$, $P_1S_{34}P_2$; $P_4T_{12}P_3$, $P_1T_{24}P_3$, $P_2T_{41}P_3$ 是 $P_1P_2P_3P_4$ 的棱–棱内角平分点三角形, $\pi_{P_1Q_{23}P_4}$, $\pi_{P_2Q_{31}P_4}$, $\pi_{P_3Q_{12}P_4}$; $\pi_{P_2R_{34}P_1}$, $\pi_{P_3R_{42}P_1}$, $\pi_{P_4R_{23}P_1}$; $\pi_{P_3S_{41}P_2}$, $\pi_{P_4S_{13}P_2}$, $\pi_{P_1S_{34}P_2}$; $\pi_{P_4T_{12}P_3}$, $\pi_{P_1T_{24}P_3}$, $\pi_{P_2T_{41}P_3}$ 是 $P_1P_2P_3P_4$ 的棱–棱内角平分点.

(1) 若 $\sigma_{231}\mathrm{a}_{P_2Q_{31}P_4} = \sigma_{312}\mathrm{a}_{P_3Q_{12}P_4}$, 则 P 是棱–棱内角平分点面 $\pi_{P_1Q_{23}P_4}$ 上任意一点的充分必要条件是

$$\mathrm{D}_{P\text{-}\pi_{P_2Q_{31}P_4}} + \mathrm{D}_{P\text{-}\pi_{P_3Q_{12}P_4}} = 0, \tag{7.1.26}$$

即 $\pi_{P_1Q_{23}P_4}$ 是两棱–棱内角平分点面 $\pi_{P_2Q_{31}P_4}$, $\pi_{P_3Q_{12}P_4}$ 内角的平分面.

若 $\sigma_{123}\mathrm{a}_{P_1Q_{23}P_4} = \sigma_{312}\mathrm{a}_{P_3Q_{12}P_4}$, 则 P 是棱–棱内角平分点面 $\pi_{P_2Q_{31}P_4}$ 上任意一点的充分必要条件是

$$\mathrm{D}_{P\text{-}\pi_{P_1Q_{23}P_4}} + \mathrm{D}_{P\text{-}\pi_{P_3Q_{12}P_4}} = 0,$$

即 $\pi_{P_2Q_{31}P_4}$ 是两棱–棱内角平分点面 $\pi_{P_1Q_{23}P_4}$, $\pi_{P_3Q_{12}P_4}$ 内角的平分面.

若 $\sigma_{123}\mathrm{a}_{P_1Q_{23}P_4} = \sigma_{231}\mathrm{a}_{P_2Q_{31}P_4}$, 则 P 是棱–棱内角平分点面 $\pi_{P_3Q_{12}P_4}$ 上任意一点的充分必要条件是

$$\mathrm{D}_{P\text{-}\pi_{P_1Q_{23}P_4}} + \mathrm{D}_{P\text{-}\pi_{P_2Q_{31}P_4}} = 0,$$

即 $\pi_{P_3Q_{12}P_4}$ 是两棱–棱内角平分点面 $\pi_{P_1Q_{23}P_4}$, $\pi_{P_2Q_{31}P_4}$ 内角的平分面.

(2) 若 $\sigma_{342}\mathrm{a}_{P_3R_{42}P_1} = \sigma_{423}\mathrm{a}_{P_4R_{23}P_1}$, 则 P 是棱–棱内角平分点面 $\pi_{P_2R_{34}P_1}$ 上任意一点的充分必要条件是

$$\mathrm{D}_{P\text{-}\pi_{P_3R_{42}P_1}} + \mathrm{D}_{P\text{-}\pi_{P_4R_{23}P_1}} = 0,$$

即 $\pi_{P_2R_{34}P_1}$ 是两棱–棱内角平分点面 $\pi_{P_3R_{42}P_1}$, $\pi_{P_4R_{23}P_1}$ 内角的平分面.

若 $\sigma_{234}\mathrm{a}_{P_2R_{34}P_1} = \sigma_{423}\mathrm{a}_{P_4R_{23}P_1}$, 则 P 是棱–棱内角平分点面 $\pi_{P_3R_{42}P_1}$ 上任意一点的充分必要条件是

$$\mathrm{D}_{P\text{-}\pi_{P_2R_{34}P_1}} + \mathrm{D}_{P\text{-}\pi_{P_4R_{23}P_1}} = 0,$$

即 $\pi_{P_3R_{42}P_1}$ 是两棱–棱内角平分点面 $\pi_{P_2R_{34}P_1}$, $\pi_{P_4R_{23}P_1}$ 内角的平分面.

若 $\sigma_{234}\mathrm{a}_{P_2R_{34}P_1}=\sigma_{342}\mathrm{a}_{P_3R_{42}P_1}$，则 P 是棱–棱内角平分点面 $\pi_{P_4R_{23}P_1}$ 上任意一点的充分必要条件是

$$\mathrm{D}_{P\text{-}\pi_{P_2R_{34}P_1}}+\mathrm{D}_{P\text{-}\pi_{P_3R_{42}P_1}}=0,$$

即 $\pi_{P_4R_{23}P_1}$ 是两棱–棱内角平分点面 $\pi_{P_2R_{34}P_1}$，$\pi_{P_3R_{42}P_1}$ 内角的平分面.

(3) 若 $\sigma_{413}\mathrm{a}_{P_4S_{13}P_2}=\sigma_{134}\mathrm{a}_{P_1S_{34}P_2}$，则 P 是棱–棱内角平分点面 $\pi_{P_3S_{41}P_2}$ 上任意一点的充分必要条件是

$$\mathrm{D}_{P\text{-}\pi_{P_4S_{13}P_2}}+\mathrm{D}_{P\text{-}\pi_{P_1S_{34}P_2}}=0,$$

即 $\pi_{P_3S_{41}P_2}$ 是两棱–棱内角平分点面 $\pi_{P_4S_{13}P_2}$，$\pi_{P_1S_{34}P_2}$ 内角的平分面.

若 $\sigma_{341}\mathrm{a}_{P_3S_{41}P_2}=\sigma_{134}\mathrm{a}_{P_1S_{34}P_2}$，则 P 是棱–棱内角平分点面 $\pi_{P_4S_{13}P_2}$ 上任意一点的充分必要条件是

$$\mathrm{D}_{P\text{-}\pi_{P_3S_{41}P_2}}+\mathrm{D}_{P\text{-}\pi_{P_1S_{34}P_2}}=0,$$

即 $\pi_{P_4S_{13}P_2}$ 是两棱–棱内角平分点面 $\pi_{P_3S_{41}P_2}$，$\pi_{P_1S_{34}P_2}$ 内角的平分面.

若 $\sigma_{341}\mathrm{a}_{P_3S_{41}P_2}=\sigma_{413}\mathrm{a}_{P_4S_{13}P_2}$，则 P 是棱–棱内角平分点面 $\pi_{P_1S_{34}P_2}$ 上任意一点的充分必要条件是

$$\mathrm{D}_{P\text{-}\pi_{P_3S_{41}P_2}}+\mathrm{D}_{P\text{-}\pi_{P_4S_{13}P_2}}=0,$$

即 $\pi_{P_1S_{34}P_2}$ 是两棱–棱内角平分点面 $\pi_{P_3S_{41}P_2}$，$\pi_{P_4S_{13}P_2}$ 内角的平分面.

(4) 若 $\sigma_{124}\mathrm{a}_{P_1T_{24}P_3}=\sigma_{241}\mathrm{a}_{P_2T_{41}P_3}$，则 P 是棱–棱内角平分点面 $\pi_{P_4T_{12}P_3}$ 上任意一点的充分必要条件是

$$\mathrm{D}_{P\text{-}\pi_{P_1T_{24}P_3}}+\mathrm{D}_{P\text{-}\pi_{P_2T_{41}P_3}}=0,$$

即 $\pi_{P_4T_{12}P_3}$ 两棱–棱内角平分点面 $\pi_{P_1T_{24}P_3}$，$\pi_{P_2T_{41}P_3}$ 内角的平分面.

若 $\sigma_{412}\mathrm{a}_{P_4T_{12}P_3}=\sigma_{241}\mathrm{a}_{P_2T_{41}P_3}$，则 P 是棱–棱内角平分点面 $\pi_{P_1T_{24}P_3}$ 上任意一点的充分必要条件是

$$\mathrm{D}_{P\text{-}\pi_{P_4T_{12}P_3}}+\mathrm{D}_{P\text{-}\pi_{P_2T_{41}P_3}}=0,$$

即 $\pi_{P_1T_{24}P_3}$ 两棱–棱内角平分点面 $\pi_{P_4T_{12}P_3}$，$\pi_{P_2T_{41}P_3}$ 内角的平分面.

若 $\sigma_{412}\mathrm{a}_{P_4T_{12}P_3}=\sigma_{124}\mathrm{a}_{P_1T_{24}P_3}$，则 P 是棱–棱内角平分点面 $\pi_{P_2T_{41}P_3}$ 上任意一点的充分必要条件是

$$\mathrm{D}_{P\text{-}\pi_{P_4T_{12}P_3}}+\mathrm{D}_{P\text{-}\pi_{P_1T_{24}P_3}}=0,$$

即 $\pi_{P_2T_{41}P_3}$ 两棱–棱内角平分点面 $\pi_{P_4T_{12}P_3}$，$\pi_{P_1T_{24}P_3}$ 内角的平分面.

证明 (1) 记 $\sigma_{231}\mathrm{a}_{P_2Q_{31}P_4}=\sigma_{312}\mathrm{a}_{P_3Q_{12}P_4}=a$，则式 (7.1.16) 可以改写成

$$\sigma_{123}\mathrm{a}_{P_1Q_{23}P_4}\mathrm{D}_{P\text{-}\pi_{P_1Q_{23}P_4}}/a+\mathrm{D}_{P\text{-}\pi_{P_2Q_{31}P_4}}+\mathrm{D}_{P\text{-}\pi_{P_3Q_{12}P_4}}=0,$$

故由上式可得

$$P\text{是棱–棱内角平分点面}\pi_{P_1Q_{23}P_4}\text{所在平面上任意一点}$$
$$\Leftrightarrow \mathrm{D}_{P\text{-}\pi_{P_1Q_{23}P_4}}=0\Leftrightarrow \text{ 式 (7.1.26)成立,}$$

即 $\pi_{P_1Q_{23}P_4}$ 是两棱–棱内角平分点面 $\pi_{P_2Q_{31}P_4}$, $\pi_{P_3Q_{12}P_4}$ 内角的平分面;

类似地, 可以证明 (1) 中其余两个结论成立.

同理可证, (2)~(4) 中结论成立.

推论 7.1.7　设 $P_1P_2P_3P_4$ 是四面体, $P_1Q_{23}P_4, P_2Q_{31}P_4$, $P_3Q_{12}P_4$; $P_2R_{34}P_1$, $P_3R_{42}P_1$, $P_4R_{23}P_1$; $P_3S_{41}P_2$, $P_4S_{13}P_2$, $P_1S_{34}P_2$; $P_4T_{12}P_3$, $P_1T_{24}P_3$, $P_2T_{41}P_3$ 是 $P_1P_2P_3P_4$ 的棱–棱内角平分点三角形, $\pi_{P_1Q_{23}P_4}$, $\pi_{P_2Q_{31}P_4}$, $\pi_{P_3Q_{12}P_4}$; $\pi_{P_2R_{34}P_1}$, $\pi_{P_3R_{42}P_1}$, $\pi_{P_4R_{23}P_1}$; $\pi_{P_3S_{41}P_2}$, $\pi_{P_4S_{13}P_2}$, $\pi_{P_1S_{34}P_2}$; $\pi_{P_4T_{12}P_3}$, $\pi_{P_1T_{24}P_3}$, $\pi_{P_2T_{41}P_3}$ 是 $P_1P_2P_3P_4$ 的棱–棱内角平分点.

(1) 若 $\sigma_{231}\mathrm{a}_{P_2Q_{31}P_4}=\sigma_{312}\mathrm{a}_{P_3Q_{12}P_4}$, P 是棱–棱内角平分点面 $\pi_{P_1Q_{23}P_4}$ 上任意一点, 则

$$\mathrm{d}_{P\text{-}\pi_{P_2Q_{31}P_4}}=\mathrm{d}_{P\text{-}\pi_{P_3Q_{12}P_4}}. \tag{7.1.27}$$

若 $\sigma_{123}\mathrm{a}_{P_1Q_{23}P_4}=\sigma_{312}\mathrm{a}_{P_3Q_{12}P_4}$, P 是棱–棱内角平分点面 $\pi_{P_2Q_{31}P_4}$ 上任意一点, 则

$$\mathrm{d}_{P\text{-}\pi_{P_1Q_{23}P_4}}=\mathrm{d}_{P\text{-}\pi_{P_3Q_{12}P_4}}.$$

若 $\sigma_{123}\mathrm{a}_{P_1Q_{23}P_4}=\sigma_{231}\mathrm{a}_{P_2Q_{31}P_4}$, P 是棱–棱内角平分点面 $\pi_{P_3Q_{12}P_4}$ 上任意一点, 则

$$\mathrm{d}_{P\text{-}\pi_{P_1Q_{23}P_4}}=\mathrm{d}_{P\text{-}\pi_{P_2Q_{31}P_4}}.$$

(2) 若 $\sigma_{342}\mathrm{a}_{P_3R_{42}P_1}=\sigma_{423}\mathrm{a}_{P_4R_{23}P_1}$, P 是棱–棱内角平分点面 $\pi_{P_2R_{34}P_1}$ 上任意一点, 则

$$\mathrm{d}_{P\text{-}\pi_{P_3R_{42}P_1}}=\mathrm{d}_{P\text{-}\pi_{P_4R_{23}P_1}}.$$

若 $\sigma_{234}\mathrm{a}_{P_2R_{34}P_1}=\sigma_{423}\mathrm{a}_{P_4R_{23}P_1}$, P 是棱–棱内角平分点面 $\pi_{P_3R_{42}P_1}$ 上任意一点, 则

$$\mathrm{d}_{P\text{-}\pi_{P_2R_{34}P_1}}=\mathrm{d}_{P\text{-}\pi_{P_4R_{23}P_1}}.$$

若 $\sigma_{234}\mathrm{a}_{P_2R_{34}P_1}=\sigma_{342}\mathrm{a}_{P_3R_{42}P_1}$, P 是棱–棱内角平分点面 $\pi_{P_4R_{23}P_1}$ 上任意一点, 则

$$\mathrm{d}_{P\text{-}\pi_{P_2R_{34}P_1}}=\mathrm{d}_{P\text{-}\pi_{P_3R_{42}P_1}}.$$

(3) 若 $\sigma_{413}\mathrm{a}_{P_4S_{13}P_2}=\sigma_{134}\mathrm{a}_{P_1S_{34}P_2}$, P 是棱–棱内角平分点面 $\pi_{P_3S_{41}P_2}$ 上任意一点, 则

$$\mathrm{d}_{P\text{-}\pi_{P_4S_{13}P_2}}=\mathrm{d}_{P\text{-}\pi_{P_1S_{34}P_2}}.$$

若 $\sigma_{341}\mathrm{a}_{P_3S_{41}P_2}=\sigma_{134}\mathrm{a}_{P_1S_{34}P_2}$, P 是棱–棱内角平分点面 $\pi_{P_4S_{13}P_2}$ 上任意一点, 则

$$\mathrm{d}_{P\text{-}\pi_{P_3S_{41}P_2}}=\mathrm{d}_{P\text{-}\pi_{P_1S_{34}P_2}}.$$

若 $\sigma_{341}\mathrm{a}_{P_3S_{41}P_2}=\sigma_{413}\mathrm{a}_{P_4S_{13}P_2}$, P 是棱–棱内角平分点面 $\pi_{P_1S_{34}P_2}$ 上任意一点, 则

$$\mathrm{d}_{P\text{-}\pi_{P_3S_{41}P_2}}=\mathrm{d}_{P\text{-}\pi_{P_4S_{13}P_2}}.$$

(4) 若 $\sigma_{124}\mathrm{a}_{P_1T_{24}P_3}=\sigma_{241}\mathrm{a}_{P_2T_{41}P_3}$, P 是棱–棱内角平分点面 $\pi_{P_4T_{12}P_3}$ 上任意一点, 则

$$\mathrm{d}_{P\text{-}\pi_{P_1T_{24}P_3}}=\mathrm{d}_{P\text{-}\pi_{P_2T_{41}P_3}}.$$

若 $\sigma_{412}\mathrm{a}_{P_4T_{12}P_3}=\sigma_{241}\mathrm{a}_{P_2T_{41}P_3}$, P 是棱–棱内角平分点面 $\pi_{P_1T_{24}P_3}$ 所在平面上任意一点, 则

$$\mathrm{d}_{P\text{-}\pi_{P_4T_{12}P_3}}=\mathrm{d}_{P\text{-}\pi_{P_2T_{41}P_3}}.$$

若 $\sigma_{412}\mathrm{a}_{P_4T_{12}P_3}=\sigma_{124}\mathrm{a}_{P_1T_{24}P_3}$, P 是棱–棱内角平分点面 $\pi_{P_2T_{41}P_3}$ 上任意一点, 则

$$\mathrm{d}_{P\text{-}\pi_{P_4T_{12}P_3}}=\mathrm{d}_{P\text{-}\pi_{P_1T_{24}P_3}}.$$

证明 (1) 根据定理 7.1.6 的必要性, 式 (7.1.26) 移项后等式两边取绝对值, 即得式 (7.1.27). 类似地, 可以证明 (1) 中其余两个结论成立.

同理可证, (2)~(4) 中结论成立.

7.2 四面体棱–棱内、外角平分点面有向距离的定值定理与应用

本节主要应用三角形面的投影式方程和有向距离定值法, 研究四面体棱–棱内、外角平分点面有向距离的定值问题. 首先, 给出四面体棱–棱外角平分点面的基本概念; 其次, 在建立四面体棱–棱内、外角平分点三角形有向面积的投影定理的基础上, 给出点到四面体棱–棱内、外角平分点面有向距离的定值定理; 最后, 利用点到四面体棱–棱内、外角平分点面有向距离的定值定理和 “由面及体, 由面及线, 由面及点, 点线面体交融” 的思想方法, 推出四面体关于各面的一个棱–棱内角平分面与另两个棱–棱外角平分面均相交于一线等结论.

7.2.1 四面体棱–棱外角平分点面的基本概念

定义 7.2.1 设 $P_1P_2P_3P_4$ 为四面体, $P_1Q'_{23}$, $P_2Q'_{31}$, $P_3Q'_{12}$ 是面三角形 $P_1P_2P_3$ 外角的平分线, 则称 Q'_{23}, Q'_{31}, Q'_{12} 分别与其对棱所构成的三角形 $P_1Q'_{23}P_4$, $P_2Q'_{31}P_4$, $P_3Q'_{12}P_4$ 为 $P_1P_2P_3P_4$ 三角形 $P_1P_2P_3$ 面的棱–棱外角平分点三角形.

类似地, 可以定义 $P_1P_2P_3P_4$ 其余各三角形 $P_2P_3P_4$, $P_3P_4P_1$, $P_4P_1P_2$ 面的棱–棱外角平分点三角形.

四面体 $P_1P_2P_3P_4$ 各三角形 $P_1P_2P_3$, $P_2P_3P_4$, $P_3P_4P_1$, $P_4P_1P_2$ 面的棱–棱外角平分点三角形, 统称为 $P_1P_2P_3P_4$ 的棱–棱外角平分点三角形.

显然, 一个四面体每面上通常有 3 个棱–棱外角平分点三角形, 一个四面体通常共有 12 个棱–棱外角平分点三角形.

定义 7.2.2 设 $P_1Q'_{23}P_4$, $P_2Q'_{31}P_4$, $P_3Q'_{12}P_4$ 为四面体 $P_1P_2P_3P_4$ 三角形 $P_1P_2P_3$ 面的棱–棱外角平分点三角形, 则称 $P_1Q'_{23}P_4$, $P_2Q'_{31}P_4$, $P_3Q'_{12}P_4$ 所在的平面为 $P_1P_2P_3P_4$ 三角形 $P_1P_2P_3$ 面的棱–棱外角平分点面, 记为 $\pi'_{P_1Q'_{23}P_4}$, $\pi'_{P_2Q'_{31}P_4}$, $\pi'_{P_3Q'_{12}P_4}$.

类似地, 可以定义 $P_1P_2P_3P_4$ 其余各三角形 $P_2P_3P_4$, $P_3P_4P_1$, $P_4P_1P_2$ 面的棱–棱外角平分点面.

四面体 $P_1P_2P_3P_4$ 各三角形 $P_1P_2P_3$, $P_2P_3P_4$, $P_3P_4P_1$, $P_4P_1P_2$ 面的棱–棱外角平分点面, 统称为 $P_1P_2P_3P_4$ 的棱–棱外角平分点面.

定义 7.2.3 四面体 $P_1P_2P_3P_4$ 的顶点 P_4 与其对面 $P_1P_2P_3$ 一个旁心的连线, 称为 $P_1P_2P_3P_4$ 三角形 $P_1P_2P_3$ 面上的一条旁心线, 过三角形 $P_1P_2P_3$ 内角 $\angle P_2P_1P_3$, $\angle P_3P_2P_1$, $\angle P_1P_3P_2$ 平分线上旁心的旁心线分别记为 $r'_{4\text{-}12'3'}$, $r'_{4\text{-}1'23'}$, $r'_{4\text{-}1'2'3}$.

类似地, 可以定义四面体 $P_1P_2P_3P_4$ 三角形 $P_2P_3P_4$, $P_3P_4P_1$, $P_4P_1P_2$ 面上的旁心线 $r'_{1\text{-}23'4'}$, $r'_{1\text{-}2'34'}$, $r'_{1\text{-}2'3'4}$; $r'_{2\text{-}34'1'}$, $r'_{2\text{-}3'41'}$, $r'_{2\text{-}3'4'1}$; $r'_{3\text{-}41'2'}$, $r'_{3\text{-}4'12'}$, $r'_{3\text{-}4'1'2}$.

四面体 $P_1P_2P_3P_4$ 各三角形 $P_1P_2P_3$, $P_2P_3P_4$, $P_3P_4P_1$, $P_4P_1P_2$ 面上的旁心线, 统称为四面体 $P_1P_2P_3P_4$ 的旁心线.

在本节中, 记

$$\sigma'_{123} = \mathrm{d}_{P_2P_3}\left(\mathrm{d}_{P_1P_2} - \mathrm{d}_{P_3P_1}\right), \quad \sigma'_{231} = \mathrm{d}_{P_3P_1}\left(\mathrm{d}_{P_2P_3} - \mathrm{d}_{P_1P_2}\right),$$

$$\sigma'_{312} = \mathrm{d}_{P_1P_2}\left(\mathrm{d}_{P_3P_1} - \mathrm{d}_{P_2P_3}\right); \quad \sigma'_{234} = \mathrm{d}_{P_3P_4}\left(\mathrm{d}_{P_2P_3} - \mathrm{d}_{P_4P_2}\right),$$

$$\sigma'_{342} = \mathrm{d}_{P_4P_2}\left(\mathrm{d}_{P_3P_4} - \mathrm{d}_{P_2P_3}\right), \quad \sigma'_{423} = \mathrm{d}_{P_2P_3}\left(\mathrm{d}_{P_4P_2} - \mathrm{d}_{P_3P_4}\right);$$

$$\sigma'_{341} = \mathrm{d}_{P_4P_1}\left(\mathrm{d}_{P_3P_4} - \mathrm{d}_{P_1P_3}\right), \quad \sigma'_{413} = \mathrm{d}_{P_1P_3}\left(\mathrm{d}_{P_4P_1} - \mathrm{d}_{P_3P_4}\right),$$

$$\sigma'_{134} = \mathrm{d}_{P_3P_4}\left(\mathrm{d}_{P_1P_3} - \mathrm{d}_{P_4P_1}\right); \quad \sigma'_{412} = \mathrm{d}_{P_1P_2}\left(\mathrm{d}_{P_4P_1} - \mathrm{d}_{P_2P_4}\right),$$

$$\sigma'_{124} = \mathrm{d}_{P_2P_4}\left(\mathrm{d}_{P_1P_2} - \mathrm{d}_{P_4P_1}\right), \quad \sigma'_{241} = \mathrm{d}_{P_4P_1}\left(\mathrm{d}_{P_2P_4} - \mathrm{d}_{P_1P_2}\right).$$

7.2.2 四面体棱内、外角平分点面有向距离的定值定理

定理 7.2.1 设 $P_1P_2P_3P_4$ 是四面体, $P_1Q_{23}P_4, P_2Q_{31}P_4$, $P_3Q_{12}P_4$ ($P_1Q'_{23}P_4$, $P_2Q'_{31}P_4$, $P_3Q'_{12}P_4$); $P_2R_{34}P_1$, $P_3R_{42}P_1$, $P_4R_{23}P_1$ ($P_2R'_{34}P_1$, $P_3R'_{42}P_1$, $P_4R'_{23}P_1$); $P_3S_{41}P_2, P_4S_{13}P_2, P_1S_{34}P_2$($P_3S'_{41}P_2$, $P_4S'_{13}P_2$, $P_1S'_{34}P_2$); $P_4T_{12}P_3$, $P_1T_{24}P_3$, $P_2T_{41}P_3$ ($P_4T'_{12}P_3$, $P_1T'_{24}P_3$, $P_2T'_{41}P_3$) 是 $P_1P_2P_3P_4$ 的棱内角 (外角) 平分点三角形, 则

$$\sigma_{312}\mathrm{Prj}_{xy}\mathrm{D}_{P_3Q_{12}P_4}-\sigma'_{123}\mathrm{Prj}_{xy}\mathrm{D}_{P_1Q'_{23}P_4}+\sigma'_{231}\mathrm{Prj}_{xy}\mathrm{D}_{P_2Q'_{31}P_4}=0,\tag{7.2.1}$$

$$\sigma_{312}\mathrm{Prj}_{yz}\mathrm{D}_{P_3Q_{12}P_4}-\sigma'_{123}\mathrm{Prj}_{yz}\mathrm{D}_{P_1Q'_{23}P_4}+\sigma'_{231}\mathrm{Prj}_{yz}\mathrm{D}_{P_2Q'_{31}P_4}=0,\tag{7.2.2}$$

$$\sigma_{312}\mathrm{Prj}_{zx}\mathrm{D}_{P_3Q_{12}P_4}-\sigma'_{123}\mathrm{Prj}_{zx}\mathrm{D}_{P_1Q'_{23}P_4}+\sigma'_{231}\mathrm{Prj}_{zx}\mathrm{D}_{P_2Q'_{31}P_4}=0;\tag{7.2.3}$$

$$\sigma_{423}\mathrm{Prj}_{xy}\mathrm{D}_{P_4R_{23}P_1}-\sigma'_{234}\mathrm{Prj}_{xy}\mathrm{D}_{P_2R'_{34}P_1}+\sigma'_{342}\mathrm{Prj}_{xy}\mathrm{D}_{P_3R'_{42}P_1}=0,\tag{7.2.4}$$

$$\sigma_{423}\mathrm{Prj}_{yz}\mathrm{D}_{P_4R_{23}P_1}-\sigma'_{234}\mathrm{Prj}_{yz}\mathrm{D}_{P_2R'_{34}P_1}+\sigma'_{342}\mathrm{Prj}_{yz}\mathrm{D}_{P_3R'_{42}P_1}=0,\tag{7.2.5}$$

$$\sigma_{423}\mathrm{Prj}_{zx}\mathrm{D}_{P_4R_{23}P_1}-\sigma'_{234}\mathrm{Prj}_{zx}\mathrm{D}_{P_2R'_{34}P_1}+\sigma'_{342}\mathrm{Prj}_{zx}\mathrm{D}_{P_3R'_{42}P_1}=0;\tag{7.2.6}$$

$$\sigma_{134}\mathrm{Prj}_{xy}\mathrm{D}_{P_1S_{34}P_2}-\sigma'_{341}\mathrm{Prj}_{xy}\mathrm{D}_{P_3S'_{41}P_2}+\sigma'_{413}\mathrm{Prj}_{xy}\mathrm{D}_{P_4S'_{13}P_2}=0,\tag{7.2.7}$$

$$\sigma_{134}\mathrm{Prj}_{yz}\mathrm{D}_{P_1S_{34}P_2}-\sigma'_{341}\mathrm{Prj}_{yz}\mathrm{D}_{P_3S'_{41}P_2}+\sigma'_{413}\mathrm{Prj}_{yz}\mathrm{D}_{P_4S'_{13}P_2}=0,\tag{7.2.8}$$

$$\sigma_{134}\mathrm{Prj}_{zx}\mathrm{D}_{P_1S_{34}P_2}-\sigma'_{341}\mathrm{Prj}_{zx}\mathrm{D}_{P_3S'_{41}P_2}+\sigma'_{413}\mathrm{Prj}_{zx}\mathrm{D}_{P_4S'_{13}P_2}=0;\tag{7.2.9}$$

$$\sigma_{241}\mathrm{Prj}_{xy}\mathrm{D}_{P_2T_{41}P_3}-\sigma'_{412}\mathrm{Prj}_{xy}\mathrm{D}_{P_4T'_{12}P_3}+\sigma'_{124}\mathrm{Prj}_{xy}\mathrm{D}_{P_1T'_{24}P_3}=0,\tag{7.2.10}$$

$$\sigma_{241}\mathrm{Prj}_{yz}\mathrm{D}_{P_2T_{41}P_3}-\sigma'_{412}\mathrm{Prj}_{yz}\mathrm{D}_{P_4T'_{12}P_3}+\sigma'_{124}\mathrm{Prj}_{yz}\mathrm{D}_{P_1T'_{24}P_3}=0,\tag{7.2.11}$$

$$\sigma_{241}\mathrm{Prj}_{zx}\mathrm{D}_{P_2T_{41}P_3}-\sigma'_{412}\mathrm{Prj}_{zx}\mathrm{D}_{P_4T'_{12}P_3}+\sigma'_{124}\mathrm{Prj}_{zx}\mathrm{D}_{P_1T'_{24}P_3}=0.\tag{7.2.12}$$

证明 如图 7.2.1 所示. 设四面体 $P_1P_2P_3P_4$ 顶点的坐标为 $P_i(x_i, y_i, z_i)(i=1,2,3,4)$. 在三角形 $P_1P_2P_3$ 面中, 因为 $P_iQ'_{i+1,i+2}$ 是 $\angle P_{i+2}P_iP_{i+1}(i=1,2,3)$ 外角的平分线, 故由三角形内角平分线的性质, 可得

$$\mathrm{D}_{P_{i+1}Q'_{i+1,i+2}}/\mathrm{D}_{Q'_{i+1,i+2}P_{i+2}}=-\mathrm{d}_{P_iP_{i+1}}/\mathrm{d}_{P_iP_{i+2}}.$$

于是由定比分点定理, 求得 $Q'_{i+1,i+2}$ 的坐标分别为

$$\begin{cases}x_{Q'_{i+1,i+2}}=(\mathrm{d}_{P_iP_{i+2}}x_{i+1}-\mathrm{d}_{P_iP_{i+1}}x_{i+2})/(\mathrm{d}_{P_iP_{i+2}}-\mathrm{d}_{P_iP_{i+1}}),\\ y_{Q'_{i+1,i+2}}=(\mathrm{d}_{P_iP_{i+2}}y_{i+1}-\mathrm{d}_{P_iP_{i+1}}y_{i+2})/(\mathrm{d}_{P_iP_{i+2}}-\mathrm{d}_{P_iP_{i+1}}),\quad(i=1,2,3).\\ z_{Q'_{i+1,i+2}}=(\mathrm{d}_{P_iP_{i+2}}z_{i+1}-\mathrm{d}_{P_iP_{i+1}}z_{i+2})/(\mathrm{d}_{P_iP_{i+2}}-\mathrm{d}_{P_iP_{i+1}})\end{cases}$$

于是由空间三角形在坐标面上投影公式, 可得

$$\begin{aligned}
&(\mathrm{d}_{12}-\mathrm{d}_{31})\,\mathrm{Prj}_{xy}\mathrm{D}_{P_1Q'_{23}P_4}\\
=&\frac{1}{2}\begin{vmatrix} x_1 & y_1 & 1\\ \mathrm{d}_{P_3P_1}x_2-\mathrm{d}_{P_1P_2}x_3 & \mathrm{d}_{P_3P_1}y_2-\mathrm{d}_{P_1P_2}y_3 & \mathrm{d}_{P_3P_1}-\mathrm{d}_{P_1P_2}\\ x_4 & x_4 & 1\end{vmatrix}\\
=&\frac{1}{2}\mathrm{d}_{P_3P_1}\begin{vmatrix} x_1 & y_1 & 1\\ x_2 & y_2 & 1\\ x_4 & y_4 & 1\end{vmatrix}-\frac{1}{2}\mathrm{d}_{P_1P_2}\begin{vmatrix} x_1 & y_1 & 1\\ x_3 & y_3 & 1\\ x_4 & y_4 & 1\end{vmatrix}\\
=&\mathrm{d}_{P_3P_1}\mathrm{Prj}_{xy}\mathrm{D}_{P_1P_2P_4}-\mathrm{d}_{P_1P_2}\mathrm{Prj}_{xy}\mathrm{D}_{P_1P_3P_4},
\end{aligned}$$

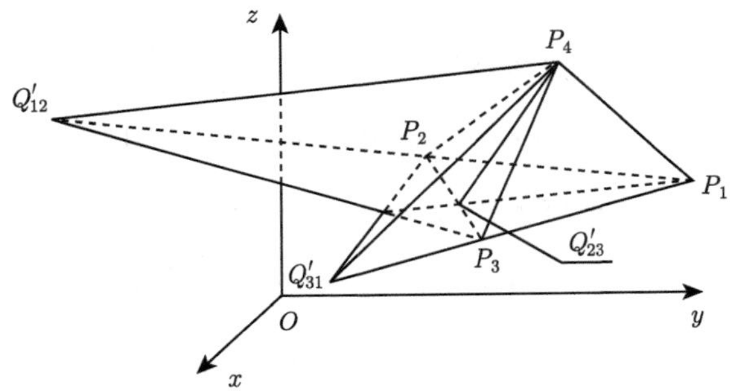

图 7.2.1

所以

$$\sigma'_{123}\mathrm{Prj}_{xy}\mathrm{D}_{P_1Q'_{23}P_4}=\mathrm{d}_{P_2P_3}\mathrm{d}_{P_3P_1}\mathrm{Prj}_{xy}\mathrm{D}_{P_1P_2P_4}-\mathrm{d}_{P_2P_3}\mathrm{d}_{P_1P_2}\mathrm{Prj}_{xy}\mathrm{D}_{P_1P_3P_4}. \quad (7.2.13)$$

类似地, 可得

$$\sigma'_{231}\mathrm{Prj}_{xy}\mathrm{D}_{P_2Q'_{31}P_4}=\mathrm{d}_{P_3P_1}\mathrm{d}_{P_1P_2}\mathrm{Prj}_{xy}\mathrm{D}_{P_2P_3P_4}+\mathrm{d}_{P_3P_1}\mathrm{d}_{P_2P_3}\mathrm{Prj}_{xy}\mathrm{D}_{P_1P_2P_4}. \quad (7.2.14)$$

又由 7.1 节, 得

$$\sigma_{312}\mathrm{Prj}_{xy}\mathrm{D}_{P_3Q_{12}P_4}=-\mathrm{d}_{P_1P_2}\mathrm{d}_{P_2P_3}\mathrm{Prj}_{xy}\mathrm{D}_{P_1P_3P_4}-\mathrm{d}_{P_1P_2}\mathrm{d}_{P_3P_1}\mathrm{Prj}_{xy}\mathrm{D}_{P_2P_3P_4}, \quad (7.2.15)$$

式 (7.2.15) − (7.2.13) + (7.2.14), 即得式 (7.2.1).

类似地, 可以证明式 (7.2.2)~(7.2.12) 成立.

定理 7.2.2 设 $P_1P_2P_3P_4$ 是四面体, $P_1Q_{23}P_4$, $P_2Q_{31}P_4$, $P_3Q_{12}P_4$ ($P_1Q'_{23}P_4$, $P_2Q'_{31}P_4$, $P_3Q'_{12}P_4$); $P_2R_{34}P_1$, $P_3R_{42}P_1$, $P_4R_{23}P_1$ ($P_2R'_{34}P_1$, $P_3R'_{42}P_1, P_4R'_{23}P_1$); $P_3S_{41}P_2$, $P_4S_{13}P_2$, $P_1S_{34}P_2$ ($P_3S'_{41}P_2$, $P_4S'_{13}P_2$, $P_1S'_{34}P_2$); $P_4T_{12}P_3$, $P_1T_{24}P_3$,

$P_2T_{41}P_3(P_4T'_{12}P_3,\ P_1T'_{24}P_3,\ P_2T'_{41}P_3)$ 是 $P_1P_2P_3P_4$ 的棱内角 (外角) 平分点三角形，$\pi_{P_1Q_{23}P_4}$，$\pi_{P_2Q_{31}P_4}$，$\pi_{P_3Q_{12}P_4}(\pi'_{P_1Q'_{23}P_4}$，$\pi'_{P_2Q'_{31}P_4}$，$\pi'_{P_3Q'_{12}P_4})$；$\pi_{P_2R_{34}P_1}$，$\pi_{P_3R_{42}P_1}$，$\pi_{P_4R_{23}P_1}(\pi'_{P_2R'_{34}P_1}$，$\pi'_{P_3R'_{42}P_1}$，$\pi'_{P_4R'_{23}P_1})$；$\pi_{P_3S_{41}P_2}$，$\pi_{P_4S_{13}P_2}$，$\pi_{P_1S_{34}P_2}(\pi'_{P_3S'_{41}P_2}$，$\pi'_{P_4S'_{13}P_2}$，$\pi'_{P_1S'_{34}P_2})$；$\pi_{P_4T_{12}P_3}$，$\pi_{P_1T_{24}P_3}$，$\pi_{P_2T_{41}P_3}(\pi'_{P_4T'_{12}P_3}$，$\pi'_{P_1T'_{24}P_3}$，$\pi'_{P_2T'_{41}P_3})$ 是 $P_1P_2P_3P_4$ 的棱-棱内角 (外角) 平分点面,P 是空间任意一点, 则

$$\sigma_{123}\mathrm{a}_{P_1Q_{23}P_4}\mathrm{D}_{P\text{-}\pi_{P_1Q_{23}P_4}}-\sigma'_{231}\mathrm{a}_{P_2Q'_{31}P_4}\mathrm{D}_{P\text{-}\pi'_{P_2Q'_{31}P_4}}+\sigma'_{312}\mathrm{a}_{P_3Q'_{12}P_4}\mathrm{D}_{P\text{-}\pi'_{P_3Q'_{12}P_4}}=0,\tag{7.2.16}$$

$$\sigma_{231}\mathrm{a}_{P_2Q_{31}P_4}\mathrm{D}_{P\text{-}\pi_{P_2Q_{31}P_4}}-\sigma'_{312}\mathrm{a}_{P_3Q'_{12}P_4}\mathrm{D}_{P\text{-}\pi'_{P_3Q'_{12}P_4}}+\sigma'_{123}\mathrm{a}_{P_1Q'_{23}P_4}\mathrm{D}_{P\text{-}\pi'_{P_1Q'_{23}P_4}}=0,\tag{7.2.17}$$

$$\sigma_{312}\mathrm{a}_{P_3Q_{12}P_4}\mathrm{D}_{P\text{-}\pi_{P_3Q_{12}P_4}}-\sigma'_{123}\mathrm{a}_{P_1Q'_{23}P_4}\mathrm{D}_{P\text{-}\pi'_{P_1Q'_{23}P_4}}+\sigma'_{231}\mathrm{a}_{P_2Q'_{31}P_4}\mathrm{D}_{P\text{-}\pi'_{P_2Q'_{31}P_4}}=0;\tag{7.2.18}$$

$$\sigma_{234}\mathrm{a}_{P_2R_{34}P_1}\mathrm{D}_{P\text{-}\pi_{P_2R_{34}P_1}}-\sigma'_{342}\mathrm{a}_{P_3R'_{42}P_1}\mathrm{D}_{P\text{-}\pi'_{P_3R'_{42}P_1}}+\sigma'_{423}\mathrm{a}_{P_4R'_{23}P_1}\mathrm{D}_{P\text{-}\pi'_{P_4R'_{23}P_1}}=0,\tag{7.2.19}$$

$$\sigma_{342}\mathrm{a}_{P_3R_{42}P_1}\mathrm{D}_{P\text{-}\pi_{P_3R_{42}P_1}}-\sigma'_{423}\mathrm{a}_{P_4R'_{23}P_1}\mathrm{D}_{P\text{-}\pi'_{P_4R'_{23}P_1}}+\sigma'_{234}\mathrm{a}_{P_2R'_{34}P_1}\mathrm{D}_{P\text{-}\pi'_{P_2R'_{34}P_1}}=0,\tag{7.2.20}$$

$$\sigma_{423}\mathrm{a}_{P_4R_{23}P_1}\mathrm{D}_{P\text{-}\pi_{P_4R_{23}P_1}}-\sigma'_{234}\mathrm{a}_{P_2R'_{34}P_1}\mathrm{D}_{P\text{-}\pi'_{P_2R'_{34}P_1}}+\sigma'_{342}\mathrm{a}_{P_3R'_{42}P_1}\mathrm{D}_{P\text{-}\pi'_{P_3R'_{42}P_1}}=0;\tag{7.2.21}$$

$$\sigma_{341}\mathrm{a}_{P_3S_{41}P_2}\mathrm{D}_{P\text{-}\pi_{P_3S_{41}P_2}}-\sigma'_{413}\mathrm{a}_{P_4S'_{13}P_2}\mathrm{D}_{P\text{-}\pi'_{P_4S'_{13}P_2}}+\sigma'_{134}\mathrm{a}_{P_1S'_{34}P_2}\mathrm{D}_{P\text{-}\pi'_{P_1S'_{34}P_2}}=0,\tag{7.2.22}$$

$$\sigma_{413}\mathrm{a}_{P_4S_{13}P_2}\mathrm{D}_{P\text{-}\pi_{P_4S_{13}P_2}}-\sigma'_{134}\mathrm{a}_{P_1S'_{34}P_2}\mathrm{D}_{P\text{-}\pi'_{P_1S'_{34}P_2}}+\sigma'_{341}\mathrm{a}_{P_3S'_{41}P_2}\mathrm{D}_{P\text{-}\pi'_{P_3S'_{41}P_2}}=0,\tag{7.2.23}$$

$$\sigma_{134}\mathrm{a}_{P_1S_{34}P_2}\mathrm{D}_{P\text{-}\pi_{P_1S_{34}P_2}}-\sigma'_{341}\mathrm{a}_{P_3S'_{41}P_2}\mathrm{D}_{P\text{-}\pi'_{P_3S'_{41}P_2}}+\sigma'_{413}\mathrm{a}_{P_4S'_{13}P_2}\mathrm{D}_{P\text{-}\pi'_{P_4S'_{13}P_2}}=0;\tag{7.2.24}$$

$$\sigma_{412}\mathrm{a}_{P_4T_{12}P_3}\mathrm{D}_{P\text{-}\pi_{P_4T_{12}P_3}}-\sigma'_{124}\mathrm{a}_{P_1T'_{24}P_3}\mathrm{D}_{P\text{-}\pi'_{P_1T'_{24}P_3}}+\sigma'_{241}\mathrm{a}_{P_2T'_{41}P_3}\mathrm{D}_{P\text{-}\pi'_{P_2T'_{41}P_3}}=0,\tag{7.2.25}$$

$$\sigma_{124}\mathrm{a}_{P_1T_{24}P_3}\mathrm{D}_{P\text{-}\pi_{P_1T_{24}P_3}}-\sigma'_{241}\mathrm{a}_{P_2T'_{41}P_3}\mathrm{D}_{P\text{-}\pi'_{P_2T'_{41}P_3}}+\sigma'_{412}\mathrm{a}_{P_4T'_{12}P_3}\mathrm{D}_{P\text{-}\pi'_{P_4T'_{12}P_3}}=0,\tag{7.2.26}$$

$$\sigma_{241}\mathrm{a}_{P_2T_{41}P_3}\mathrm{D}_{P\text{-}\pi_{P_2T_{41}P_3}}-\sigma'_{412}\mathrm{a}_{P_4T'_{12}P_3}\mathrm{D}_{P\text{-}\pi'_{P_4T'_{12}P_3}}+\sigma'_{124}\mathrm{a}_{P_1T'_{24}P_3}\mathrm{D}_{P\text{-}\pi'_{P_1T'_{24}P_3}}=0.\tag{7.2.27}$$

证明 设四面体 $P_1P_2P_3P_4$ 顶点的坐标如定理 7.2.1 证明所述. 根据定理 2.1.1,

可得 $P_1P_2P_3P_4$ 三角形面 $P_1P_2P_3$ 的棱–棱内、外角平分点平面的方程

$$\pi_{P_1Q_{23}P_4}: x\mathrm{Prj}_{yz}\mathrm{D}_{P_1Q_{23}P_4} + y\mathrm{Prj}_{zx}\mathrm{D}_{P_1Q_{23}P_4} + z\mathrm{Prj}_{xy}\mathrm{D}_{P_1Q_{23}P_4} - \Delta_{P_1Q_{23}P_4} = 0,$$

$$\pi'_{P_2Q'_{31}P_4}: x\mathrm{Prj}_{yz}\mathrm{D}_{P_2Q'_{31}P_4} + y\mathrm{Prj}_{zx}\mathrm{D}_{P_2Q'_{31}P_4} + z\mathrm{Prj}_{xy}\mathrm{D}_{P_2Q'_{31}P_4} - \Delta_{P_2Q'_{31}P_4} = 0,$$

$$\pi'_{P_3Q'_{12}P_4}: x\mathrm{Prj}_{yz}\mathrm{D}_{P_3Q'_{12}P_4} + y\mathrm{Prj}_{zx}\mathrm{D}_{P_3Q'_{12}P_4} + z\mathrm{Prj}_{xy}\mathrm{D}_{P_3Q'_{12}P_4} - \Delta_{P_3Q'_{12}P_4} = 0.$$

设空间任意点的坐标为 $P(x,y,z)$, 于是由点到平面的有向距离公式, 可得

$$\begin{aligned}&\mathrm{a}_{P_1Q_{23}P_4}\mathrm{D}_{P\text{-}\pi_{P_1Q_{23}P_4}}\\ =&x\mathrm{Prj}_{yz}\mathrm{D}_{P_1Q_{23}P_4} + y\mathrm{Prj}_{zx}\mathrm{D}_{P_1Q_{23}P_4} + z\mathrm{Prj}_{xy}\mathrm{D}_{P_1Q_{23}P_4} - \Delta_{P_1Q_{23}P_4},\end{aligned} \tag{7.2.28}$$

$$\begin{aligned}&\mathrm{a}_{P_2Q'_{31}P_4}\mathrm{D}_{P\text{-}\pi'_{P_2Q'_{31}P_4}}\\ =&x\mathrm{Prj}_{yz}\mathrm{D}_{P_2Q'_{31}P_4} + y\mathrm{Prj}_{zx}\mathrm{D}_{P_2Q'_{31}P_4} + z\mathrm{Prj}_{xy}\mathrm{D}_{P_2Q'_{31}P_4} - \Delta_{P_2Q'_{31}P_4},\end{aligned} \tag{7.2.29}$$

$$\begin{aligned}&\mathrm{a}_{P_3Q'_{12}P_4}\mathrm{D}_{P\text{-}\pi'_{P_3Q'_{12}P_4}}\\ =&x\mathrm{Prj}_{yz}\mathrm{D}_{P_3Q'_{12}P_4} + y\mathrm{Prj}_{zx}\mathrm{D}_{P_3Q'_{12}P_4} + z\mathrm{Prj}_{xy}\mathrm{D}_{P_3Q'_{12}P_4} - \Delta_{P_3Q'_{12}P_4}.\end{aligned} \tag{7.2.30}$$

因为

$$\begin{aligned}&\sigma_{123}\Delta_{P_1Q_{23}P_4} - \sigma'_{231}\Delta_{P_2Q'_{31}P_4} + \sigma'_{312}\Delta_{P_3Q'_{12}P_4}\\
=&\frac{1}{2}\mathrm{d}_{P_2P_3}\begin{vmatrix} x_1 & y_1 & z_1\\ \mathrm{d}_{P_1P_3}x_2+\mathrm{d}_{P_1P_2}x_3 & \mathrm{d}_{P_1P_3}y_2+\mathrm{d}_{P_1P_2}y_3 & \mathrm{d}_{P_1P_3}z_2+\mathrm{d}_{P_1P_2}z_3\\ x_4 & y_4 & z_4\end{vmatrix}\\
&-\frac{1}{2}\mathrm{d}_{P_3P_1}\begin{vmatrix} x_2 & y_2 & z_2\\ \mathrm{d}_{P_2P_1}x_3-\mathrm{d}_{P_2P_3}x_1 & \mathrm{d}_{P_2P_1}y_3-\mathrm{d}_{P_2P_3}y_1 & \mathrm{d}_{P_2P_1}z_3-\mathrm{d}_{P_2P_3}z_1\\ x_4 & y_4 & z_4\end{vmatrix}\\
&+\frac{1}{2}\mathrm{d}_{P_1P_2}\begin{vmatrix} x_3 & y_3 & z_3\\ \mathrm{d}_{P_3P_2}x_1-\mathrm{d}_{P_3P_1}x_2 & \mathrm{d}_{P_3P_2}y_1-\mathrm{d}_{P_3P_1}y_2 & \mathrm{d}_{P_3P_2}z_1-\mathrm{d}_{P_3P_1}z_2\\ x_4 & y_4 & z_4\end{vmatrix}\\
=&\frac{1}{2}\mathrm{d}_{P_2P_3}\mathrm{d}_{P_1P_3}\begin{vmatrix} x_1 & y_1 & z_1\\ x_2 & y_2 & z_2\\ x_4 & y_4 & z_4\end{vmatrix} + \frac{1}{2}\mathrm{d}_{P_2P_3}\mathrm{d}_{P_1P_2}\begin{vmatrix} x_1 & y_1 & z_1\\ x_3 & y_3 & z_3\\ x_4 & y_4 & z_4\end{vmatrix}\end{aligned}$$

$$
-\frac{1}{2}\mathrm{d}_{P_3P_1}\mathrm{d}_{P_2P_1}\begin{vmatrix} x_2 & y_2 & z_2 \\ x_3 & y_3 & z_3 \\ x_4 & y_4 & z_4 \end{vmatrix}+\frac{1}{2}\mathrm{d}_{P_3P_1}\mathrm{d}_{P_2P_3}\begin{vmatrix} x_2 & y_2 & z_2 \\ x_1 & y_1 & z_1 \\ x_4 & y_4 & z_4 \end{vmatrix}
$$

$$
+\frac{1}{2}\mathrm{d}_{P_1P_2}\mathrm{d}_{P_3P_2}\begin{vmatrix} x_3 & y_3 & z_3 \\ x_1 & y_1 & z_1 \\ x_4 & y_4 & z_4 \end{vmatrix}-\frac{1}{2}\mathrm{d}_{P_1P_2}\mathrm{d}_{P_3P_1}\begin{vmatrix} x_3 & y_3 & z_3 \\ x_2 & y_2 & z_2 \\ x_4 & y_4 & z_4 \end{vmatrix}
$$

$$
=0,
$$

故由定理 7.2.1, 式数乘和 $\sigma_{123}\times(7.2.28)-\sigma'_{231}\times(7.2.29)+\sigma'_{312}\times(7.2.30)$, 得

$$
\begin{aligned}
&\sigma_{123}\mathrm{a}_{P_1Q_{23}P_4}\mathrm{D}_{P\text{-}\pi_{P_1Q_{23}P_4}}-\sigma'_{231}\mathrm{a}_{P_2Q'_{31}P_4}\mathrm{D}_{P\text{-}\pi'_{P_2Q'_{31}P_4}}+\sigma'_{312}\mathrm{a}_{P_3Q'_{12}P_4}\mathrm{D}_{P-\pi'_{P_3Q'_{12}P_4}}\\
=&\,x\left(\sigma_{123}\mathrm{Prj}_{yz}\mathrm{D}_{P_1Q_{23}P_4}-\sigma'_{231}\mathrm{Prj}_{yz}\mathrm{D}_{P_2Q'_{31}P_4}+\sigma'_{312}\mathrm{Prj}_{yz}\mathrm{D}_{P_3Q'_{12}P_4}\right)\\
&+y\left(\sigma_{123}\mathrm{Prj}_{zx}\mathrm{D}_{P_1Q_{23}P_4}-\sigma'_{231}\mathrm{Prj}_{zx}\mathrm{D}_{P_2Q'_{31}P_4}+\sigma'_{312}\mathrm{Prj}_{zx}\mathrm{D}_{P_3Q'_{12}P_4}\right)\\
&+z\left(\sigma_{123}\mathrm{Prj}_{xy}\mathrm{D}_{P_1Q_{23}P_4}-\sigma'_{231}\mathrm{Prj}_{xy}\mathrm{D}_{P_2Q'_{31}P_4}+\sigma'_{312}\mathrm{Prj}_{xy}\mathrm{D}_{P_3Q'_{12}P_4}\right)\\
&-\left(\sigma_{123}\Delta_{P_1Q_{23}P_4}-\sigma'_{231}\Delta_{P_2Q'_{31}P_4}+\sigma'_{312}\Delta_{P_3Q'_{12}P_4}\right)\\
=&\,0,
\end{aligned}
$$

因此, 式 (7.2.16) 成立.

类似地, 可以证明式 (7.2.17)~(7.2.27) 成立.

推论 7.2.1 设 $P_1P_2P_3P_4$ 是四面体, $P_1Q_{23}P_4$, $P_2Q_{31}P_4$, $P_3Q_{12}P_4$($P_1Q'_{23}P_4$, $P_2Q'_{31}P_4$, $P_3Q'_{12}P_4$); $P_2R_{34}P_1$, $P_3R_{42}P_1$, $P_4R_{23}P_1$($P_2R'_{34}P_1$, $P_3R'_{42}P_1$, $P_4R'_{23}P_1$); $P_3S_{41}P_2$, $P_4S_{13}P_2$, $P_1S_{34}P_2$($P_3S'_{41}P_2$, $P_4S'_{13}P_2$, $P_1S'_{34}P_2$); $P_4T_{12}P_3$, $P_1T_{24}P_3$, $P_2T_{41}P_3$($P_4T'_{12}P_3$, $P_1T'_{24}P_3$, $P_2T'_{41}P_3$) 是 $P_1P_2P_3P_4$ 的棱内角 (外角) 平分点三角形, $\pi_{P_1Q_{23}P_4}$, $\pi_{P_2Q_{31}P_4}$, $\pi_{P_3Q_{12}P_4}$($\pi'_{P_1Q'_{23}P_4}$, $\pi'_{P_2Q'_{31}P_4}$, $\pi'_{P_3Q'_{12}P_4}$); $\pi_{P_2R_{34}P_1}$, $\pi_{P_3R_{42}P_1}$, $\pi_{P_4R_{23}P_1}$ ($\pi'_{P_2R'_{34}P_1}$, $\pi'_{P_3R'_{42}P_1}$, $\pi'_{P_4R'_{23}P_1}$); $\pi_{P_3S_{41}P_2}$, $\pi_{P_4S_{13}P_2}$, $\pi_{P_1S_{34}P_2}$ ($\pi'_{P_3S'_{41}P_2}$, $\pi'_{P_4S'_{13}P_2}$, $\pi'_{P_1S'_{34}P_2}$); $\pi_{P_4T_{12}P_3}$, $\pi_{P_1T_{24}P_3}$, $\pi_{P_2T_{41}P_3}$($\pi'_{P_4T'_{12}P_3}$, $\pi'_{P_1T'_{24}P_3}$, $\pi'_{P_2T'_{41}P_3}$) 是 $P_1P_2P_3P_4$ 的棱–棱内角 (外角) 平分点面, 则

(1) P 是棱–棱内角平分点面 $\pi_{P_1Q_{23}P_4}$ 上任意一点的充分必要条件是

$$
\sigma'_{231}\mathrm{a}_{P_2Q'_{31}P_4}\mathrm{D}_{P\text{-}\pi'_{P_2Q'_{31}P_4}}-\sigma'_{312}\mathrm{a}_{P_3Q'_{12}P_4}\mathrm{D}_{P\text{-}\pi'_{P_3Q'_{12}P_4}}=0; \tag{7.2.31}
$$

P 是棱–棱外角平分点面 $\pi'_{P_2Q'_{31}P_4}$ 上任意一点的充分必要条件是

$$
\sigma_{123}\mathrm{a}_{P_1Q_{23}P_4}\mathrm{D}_{P\text{-}\pi_{P_1Q_{23}P_4}}+\sigma'_{312}\mathrm{a}_{P_3Q'_{12}P_4}\mathrm{D}_{P\text{-}\pi'_{P_3Q'_{12}P_4}}=0;
$$

P 是棱–棱外角平分点面 $\pi'_{P_3Q'_{12}P_4}$ 上任意一点的充分必要条件是

$$\sigma_{123}\mathrm{a}_{P_1Q_{23}P_4}\mathrm{D}_{P\text{-}\pi_{P_1Q_{23}P_4}}-\sigma'_{231}\mathrm{a}_{P_2Q'_{31}P_4}\mathrm{D}_{P\text{-}\pi'_{P_2Q'_{31}P_4}}=0.$$

(2) P 是棱–棱内角平分点面 $\pi_{P_2R_{34}P_1}$ 上任意一点的充分必要条件是

$$\sigma'_{342}\mathrm{a}_{P_3R'_{42}P_1}\mathrm{D}_{P\text{-}\pi'_{P_3R'_{42}P_1}}-\sigma'_{423}\mathrm{a}_{P_4R'_{23}P_1}\mathrm{D}_{P\text{-}\pi'_{P_4R'_{23}P_1}}=0;$$

P 是棱–棱外角平分点面 $\pi'_{P_3R'_{42}P_1}$ 上任意一点的充分必要条件是

$$\sigma_{234}\mathrm{a}_{P_2R_{34}P_1}\mathrm{D}_{P\text{-}\pi_{P_2R_{34}P_1}}+\sigma'_{423}\mathrm{a}_{P_4R'_{23}P_1}\mathrm{D}_{P\text{-}\pi'_{P_4R'_{23}P_1}}=0;$$

P 是棱–棱外角平分点面 $\pi'_{P_4R'_{23}P_1}$ 上任意一点的充分必要条件是

$$\sigma_{234}\mathrm{a}_{P_2R_{34}P_1}\mathrm{D}_{P\text{-}\pi_{P_2R_{34}P_1}}-\sigma'_{342}\mathrm{a}_{P_3R'_{42}P_1}\mathrm{D}_{P\text{-}\pi'_{P_3R'_{42}P_1}}=0.$$

(3) P 是棱–棱内角平分点面 $\pi_{P_3S_{41}P_2}$ 上任意一点的充分必要条件是

$$\sigma'_{413}\mathrm{a}_{P_4S'_{13}P_2}\mathrm{D}_{P\text{-}\pi'_{P_4S'_{13}P_2}}-\sigma'_{134}\mathrm{a}_{P_1S'_{34}P_2}\mathrm{D}_{P\text{-}\pi'_{P_1S'_{34}P_2}}=0;$$

P 是棱–棱外角平分点面 $\pi'_{P_4S'_{13}P_2}$ 上任意一点的充分必要条件是

$$\sigma_{341}\mathrm{a}_{P_3S_{41}P_2}\mathrm{D}_{P\text{-}\pi_{P_3S_{41}P_2}}+\sigma'_{134}\mathrm{a}_{P_1S'_{34}P_2}\mathrm{D}_{P\text{-}\pi'_{P_1S'_{34}P_2}}=0;$$

P 是棱–棱外角平分点面 $\pi'_{P_1S'_{34}P_2}$ 上任意一点的充分必要条件是

$$\sigma_{341}\mathrm{a}_{P_3S_{41}P_2}\mathrm{D}_{P\text{-}\pi_{P_3S_{41}P_2}}-\sigma'_{413}\mathrm{a}_{P_4S'_{13}P_2}\mathrm{D}_{P\text{-}\pi'_{P_4S'_{13}P_2}}=0.$$

(4) P 是棱–棱内角平分点面 $\pi_{P_4T_{12}P_3}$ 上任意一点的充分必要条件是

$$\sigma'_{124}\mathrm{a}_{P_1T'_{24}P_3}\mathrm{D}_{P\text{-}\pi'_{P_1T'_{24}P_3}}-\sigma'_{241}\mathrm{a}_{P_2T'_{41}P_3}\mathrm{D}_{P\text{-}\pi'_{P_2T'_{41}P_3}}=0;$$

P 是棱–棱外角平分点面 $\pi'_{P_1T'_{24}P_3}$ 上任意一点的充分必要条件是

$$\sigma_{412}\mathrm{a}_{P_4T_{12}P_3}\mathrm{D}_{P\text{-}\pi_{P_4T_{12}P_3}}+\sigma'_{241}\mathrm{a}_{P_2T'_{41}P_3}\mathrm{D}_{P\text{-}\pi'_{P_2T'_{41}P_3}}=0;$$

P 是棱–棱外角平分点面 $\pi'_{P_2T'_{41}P_3}$ 上任意一点的充分必要条件是

$$\sigma_{412}\mathrm{a}_{P_4T_{12}P_3}\mathrm{D}_{P\text{-}\pi_{P_4T_{12}P_3}}-\sigma'_{124}\mathrm{a}_{P_1T'_{24}P_3}\mathrm{D}_{P\text{-}\pi'_{P_1T'_{24}P_3}}=0.$$

证明 (1) 根据定理 7.2.2, 由式 (7.2.16), 可得

P 是棱–棱内角平分点面 $\pi_{P_1Q_{23}P_4}$ 所在平面上任意一点 $\Leftrightarrow \mathrm{D}_{P\text{-}\pi_{P_1Q_{23}P_4}}=0 \Leftrightarrow$ 式 (7.2.31) 成立;

类似地, 可以证明 (1) 中其余两个结论成立.

同理可证, 分别利用式 (7.2.19)、(7.2.22) 和 (7.2.25), 可以证明 (2)、(3) 和 (4) 中结论成立.

推论 7.2.2 设 $P_1P_2P_3P_4$ 是四面体, $P_1Q_{23}P_4$, $P_2Q_{31}P_4$, $P_3Q_{12}P_4$($P_1Q'_{23}P_4$, $P_2Q'_{31}P_4$, $P_3Q'_{12}P_4$); $P_2R_{34}P_1$, $P_3R_{42}P_1$, $P_4R_{23}P_1$($P_2R'_{34}P_1$, $P_3R'_{42}P_1$, $P_4R'_{23}P_1$); $P_3S_{41}P_2$, $P_4S_{13}P_2$, $P_1S_{34}P_2$($P_3S'_{41}P_2$, $P_4S'_{13}P_2$, $P_1S'_{34}P_2$); $P_4T_{12}P_3$, $P_1T_{24}P_3$, $P_2T_{41}P_3$ ($P_4T'_{12}P_3$, $P_1T'_{24}P_3$, $P_2T'_{41}P_3$) 是 $P_1P_2P_3P_4$ 的棱内角 (外角) 平分点三角形, $\pi_{P_1Q_{23}P_4}$, $\pi_{P_2Q_{31}P_4}$, $\pi_{P_3Q_{12}P_4}$($\pi'_{P_1Q'_{23}P_4}$,$\pi'_{P_2Q'_{31}P_4}$,$\pi'_{P_3Q'_{12}P_4}$);$\pi_{P_2R_{34}P_1}$,$\pi_{P_3R_{42}P_1}$,$\pi_{P_4R_{23}P_1}$($\pi'_{P_2R'_{34}P_1}$, $\pi'_{P_3R'_{42}P_1}$, $\pi'_{P_4R'_{23}P_1}$); $\pi_{P_3S_{41}P_2}$,$\pi_{P_4S_{13}P_2}$,$\pi_{P_1S_{34}P_2}$($\pi'_{P_3S'_{41}P_2}$, $\pi'_{P_4S'_{13}P_2}$, $\pi'_{P_1S'_{34}P_2}$);$\pi_{P_4T_{12}P_3}$, $\pi_{P_1T_{24}P_3}$, $\pi_{P_2T_{41}P_3}$($\pi'_{P_4T'_{12}P_3}$, $\pi'_{P_1T'_{24}P_3}$, $\pi'_{P_2T'_{41}P_3}$) 是 $P_1P_2P_3P_4$ 的棱–棱内角 (外角) 平分点面.

(1) 若 P 是棱–棱内角平分点三角形 $P_1Q_{23}P_4$ 所在平面上任意一点, 则

$$\sigma'_{231}\mathrm{a}_{P_2Q'_{31}P_4}\mathrm{d}_{P\text{-}\pi_{P_2Q'_{31}P_4}}=\sigma'_{312}\mathrm{a}_{P_3Q'_{12}P_4}\mathrm{d}_{P\text{-}\pi'_{P_3Q'_{12}P_4}};\tag{7.2.32}$$

若 P 是棱–棱外角平分点三角形 $P_2Q'_{31}P_4$ 所在平面上任意一点, 则

$$\sigma_{123}\mathrm{a}_{P_1Q_{23}P_4}\mathrm{d}_{P\text{-}\pi_{P_1Q_{23}P_4}}=\sigma'_{312}\mathrm{a}_{P_3Q'_{12}P_4}\mathrm{d}_{P\text{-}\pi'_{P_3Q'_{12}P_4}};$$

若 P 是棱–棱外角平分点三角形 $P_3Q'_{12}P_4$ 所在平面上任意一点, 则

$$\sigma_{123}\mathrm{a}_{P_1Q_{23}P_4}\mathrm{d}_{P\text{-}\pi_{P_1Q_{23}P_4}}=\sigma'_{231}\mathrm{a}_{P_2Q'_{31}P_4}\mathrm{d}_{P\text{-}\pi'_{P_2Q'_{31}P_4}}.$$

(2) 若 P 是棱–棱内角平分点三角形 $P_2R_{34}P_1$ 所在平面上任意一点, 则

$$\sigma'_{342}\mathrm{a}_{P_3R'_{42}P_1}\mathrm{d}_{P\text{-}\pi'_{P_3R'_{42}P_1}}=\sigma'_{423}\mathrm{a}_{P_4R'_{23}P_1}\mathrm{d}_{P\text{-}\pi'_{P_4R'_{23}P_1}};$$

若 P 是棱–棱外角平分点三角形 $P_3R'_{42}P_1$ 所在平面上任意一点, 则

$$\sigma_{234}\mathrm{a}_{P_2R_{34}P_1}\mathrm{d}_{P\text{-}\pi_{P_2R_{34}P_1}}=\sigma'_{423}\mathrm{a}_{P_4R'_{23}P_1}\mathrm{d}_{P\text{-}\pi'_{P_4R'_{23}P_1}};$$

若 P 是棱–棱外角平分点三角形 $P_4R'_{23}P_1$ 所在平面上任意一点, 则

$$\sigma_{234}\mathrm{a}_{P_2R_{34}P_1}\mathrm{d}_{P\text{-}\pi_{P_2R_{34}P_1}}=\sigma'_{342}\mathrm{a}_{P_3R'_{42}P_1}\mathrm{d}_{P\text{-}\pi'_{P_3R'_{42}P_1}}.$$

(3) 若 P 是棱–棱内角平分点三角形 $P_3S_{41}P_2$ 所在平面上任意一点, 则

$$\sigma'_{413}\mathrm{a}_{P_4S'_{13}P_2}\mathrm{d}_{P\text{-}\pi'_{P_4S'_{13}P_2}}=\sigma'_{134}\mathrm{a}_{P_1S'_{34}P_2}\mathrm{d}_{P\text{-}\pi'_{P_1S'_{34}P_2}};$$

若 P 是棱–棱外角平分点三角形 $P_4S'_{13}P_2$ 所在平面上任意一点, 则

$$\sigma_{341}\mathrm{a}_{P_3S_{41}P_2}\mathrm{d}_{P\text{-}\pi_{P_3S_{41}P_2}}=\sigma'_{134}\mathrm{a}_{P_1S'_{34}P_2}\mathrm{d}_{P\text{-}\pi'_{P_1S'_{34}P_2}};$$

若 P 是棱–棱外角平分点三角形 $P_1S'_{34}P_2$ 所在平面上任意一点, 则

$$\sigma_{341}\mathrm{a}_{P_3S_{41}P_2}\mathrm{d}_{P\text{-}\pi_{P_3S_{41}P_2}}=\sigma'_{413}\mathrm{a}_{P_4S'_{13}P_2}\mathrm{d}_{P\text{-}\pi'_{P_4S'_{13}P_2}}.$$

(4) 若 P 是棱–棱内角平分点三角形 $P_4T_{12}P_3$ 所在平面上任意一点, 则

$$\sigma'_{124}\mathrm{a}_{P_1T'_{24}P_3}\mathrm{d}_{P\text{-}\pi'_{P_1T'_{24}P_3}}=\sigma'_{241}\mathrm{a}_{P_2T'_{41}P_3}\mathrm{d}_{P\text{-}\pi'_{P_2T'_{41}P_3}};$$

若 P 是棱–棱外角平分点三角形 $P_1T'_{24}P_3$ 所在平面上任意一点, 则

$$\sigma_{412}\mathrm{a}_{P_4T_{12}P_3}\mathrm{d}_{P\text{-}\pi_{P_4T_{12}P_3}}=\sigma'_{241}\mathrm{a}_{P_2T'_{41}P_3}\mathrm{d}_{P\text{-}\pi'_{P_2T'_{41}P_3}};$$

若 P 是棱–棱外角平分点三角形 $P_2T'_{41}P_3$ 所在平面上任意一点, 则

$$\sigma_{412}\mathrm{a}_{P_4T_{12}P_3}\mathrm{d}_{P\text{-}\pi_{P_4T_{12}P_3}}=\sigma'_{124}\mathrm{a}_{P_1T'_{24}P_3}\mathrm{d}_{P\text{-}\pi'_{P_1T'_{24}P_3}}.$$

证明 (1) 根据推论 7.2.1 的必要性, 式 (7.2.31) 移项后, 等式两边取绝对值, 可得 P 是棱–棱内角平分点三角形 $P_1Q_{23}P_4$ 所在平面上任意一点, 则式 (7.2.32) 成立;

类似地, 可以证明 (1) 中其余两个结论成立.

同理可证, (2)~(4) 中结论成立.

注 7.2.1 根据式 (7.2.17) 和 (7.2.18); 式 (7.2.20) 和 (7.2.21); 式 (7.2.23) 和 (7.2.24); 式 (7.2.26) 和 (7.2.27), 也可以得出推论 7.2.1 和推论 7.2.2 类似的结论.

7.2.3 四面体棱–棱内、外角平分点面有向距离定值定理的应用

定理 7.2.3 四面体 $P_1P_2P_3P_4$ 各三角形 $P_1P_2P_3$,$P_2P_3P_4$,$P_3P_4P_1$,$P_4P_1P_2$ 面的每组棱–棱内、外角分点面 $\pi_{P_1Q_{23}P_4}$,$\pi'_{P_2Q'_{31}P_4}$,$\pi'_{P_3Q'_{12}P_4}$; $\pi_{P_2Q_{31}P_4}$,$\pi'_{P_3Q'_{12}P_4}$,$\pi'_{P_1Q'_{23}P_4}$; $\pi_{P_3Q_{12}P_4}$,$\pi'_{P_1Q'_{23}P_4}$,$\pi'_{P_2Q'_{31}P_4}$; $\pi_{P_2R_{34}P_1}$, $\pi'_{P_3R'_{42}P_1}$,$\pi'_{P_4R'_{23}P_1}$; $\pi_{P_3R_{42}P_1}$,$\pi'_{P_4R'_{23}P_1}$, $\pi'_{P_2R'_{34}P_1}$; $\pi_{P_4R_{23}P_1}$,$\pi'_{P_2R'_{34}P_1}$,$\pi'_{P_3R'_{42}P_1}$; $\pi_{P_3S_{41}P_2}$,$\pi'_{P_4S'_{13}P_2}$,$\pi'_{P_1S'_{34}P_2}$; $\pi_{P_4S_{13}P_2}$, $\pi'_{P_1S'_{34}P_2}$, $\pi'_{P_3S'_{41}P_2}$; $\pi_{P_1S_{34}P_2}$,$\pi'_{P_3S'_{41}P_2}$,$\pi'_{P_4S'_{13}P_2}$; $\pi_{P_4T_{12}P_3}$,$\pi'_{P_1T'_{24}P_3}$,$\pi'_{P_2T'_{41}P_3}$; $\pi_{P_1T_{24}P_3}$, $\pi'_{P_2T'_{41}P_3}$, $\pi'_{P_4T'_{12}P_3}$; $\pi_{P_2T_{41}P_3}$, $\pi'_{P_4T'_{12}P_3}$, $\pi'_{P_1T'_{24}P_3}$ 均三面共线, 即四面体各顶点与其对面的旁心线 $r'_{4\text{-}12'3'}$,

$r'_{4\text{-}1'23'}$, $r'_{4\text{-}1'2'3}$; $r'_{1\text{-}23'4'}$, $r'_{1\text{-}2'34'}$, $r'_{1\text{-}2'3'4}$; $r'_{2\text{-}34'1'}$, $r'_{2\text{-}3'41'}$, $r'_{2\text{-}3'4'1}$; $r'_{3\text{-}41'2'}$, $r'_{3\text{-}4'12'}$, $r'_{3\text{-}4'1'2}$ 所在的直线.

证明 如图 7.2.2 所示. 显然, $\pi_{P_1Q_{23}P_4}$, $\pi_{P_2Q'_{31}P_4}$ 交于一线 r', 故对 r' 上任意一点 P, 恒有 $\mathrm{D}_{P\text{-}\pi_{P_1Q_{23}P_4}}=\mathrm{D}_{P\text{-}\pi_{P_2Q'_{31}P_4}}=0$. 代入式 (7.2.16) 并注意到 $\sigma'_{312}\mathrm{a}_{P_3Q'_{12}P_4}\neq 0$, 得 $\mathrm{D}_{P\text{-}\pi_{P_3Q'_{12}P_4}}=0$, 所以 P 在平面 $\pi_{P_3Q'_{12}P_4}$ 上. 因此, $P_1P_2P_3P_4$ 三角形 $P_1P_2P_3$ 面的三个棱–棱内、外角平分点面 $\pi_{P_1Q_{23}P_4}$, $\pi'_{P_2Q'_{31}P_4}$, $\pi'_{P_3Q'_{12}P_4}$ 相交于一线 r'.

又显然, P_4 和三角形 $P_1P_2P_3$ 面的旁心 $J_{12'3'}$ 在 r' 上. 因此, r' 是 $P_1P_2P_3P_4$ 的旁心线 $r'_{4\text{-}12'3'}$ 所在直线, 即 $P_1P_2P_3P_4$ 三角形 $P_1P_2P_3$ 面的三个棱–棱内、外角平分点面 $\pi_{P_1Q_{23}P_4}$, $\pi'_{P_2Q'_{31}P_4}$, $\pi'_{P_3Q'_{12}P_4}$ 相交于旁心线 $r'_{4\text{-}12'3'}$ 所在直线.

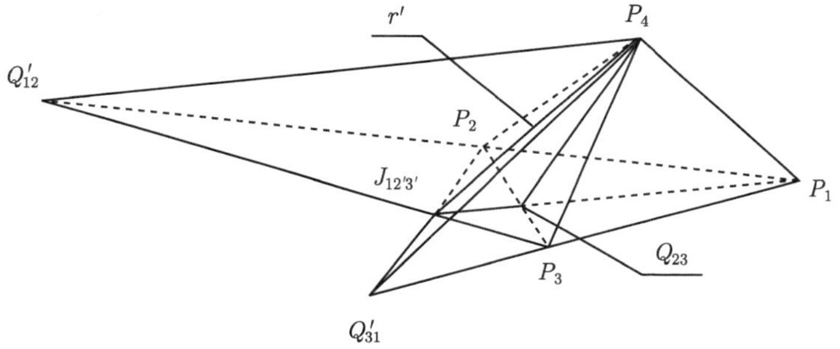

图 7.2.2

同理可证, $P_1P_2P_3P_4$ 三角形 $P_1P_2P_3$ 面的另两组棱–棱内、外角分点面 $\pi_{P_2Q_{31}P_4}$, $\pi'_{P_3Q'_{12}P_4}$, $\pi'_{P_1Q'_{23}P_4}$; $\pi_{P_3Q_{12}P_4}$, $\pi'_{P_1Q'_{23}P_4}$, $\pi'_{P_2Q'_{31}P_4}$ 分别相交于旁心线 $r'_{4\text{-}1'23'}$, $r'_{4\text{-}1'2'3}$ 所在直线.

类似地, 可以证明, $P_1P_2P_3P_4$ 其余各三角形 $P_2P_3P_4$, $P_3P_4P_1$, $P_4P_1P_2$ 面的每组棱–棱内、外角平分点面 $\pi_{P_2Q_{31}P_4}$, $\pi'_{P_3Q'_{12}P_4}$, $\pi'_{P_1Q'_{23}P_4}$; $\pi_{P_3Q_{12}P_4}$, $\pi'_{P_1Q'_{23}P_4}$, $\pi'_{P_2Q'_{31}P_4}$; $\pi_{P_2R_{34}P_1}$, $\pi'_{P_3R'_{42}P_1}$, $\pi'_{P_4R'_{23}P_1}$; $\pi_{P_3R_{42}P_1}$, $\pi'_{P_4R'_{23}P_1}$, $\pi'_{P_2R'_{34}P_1}$; $\pi_{P_4R_{23}P_1}$, $\pi_{P_2R'_{34}P_1}$, $\pi_{P_3R'_{42}P_1}$; $\pi_{P_3S_{41}P_2}$, $\pi'_{P_4S'_{13}P_2}$, $\pi'_{P_1S'_{34}P_2}$; $\pi_{P_4S_{13}P_2}$, $\pi'_{P_1S'_{34}P_2}$, $\pi'_{P_3S'_{41}P_2}$; $\pi_{P_1S_{34}P_2}$, $\pi'_{P_3S'_{41}P_2}$, $\pi'_{P_4S'_{13}P_2}$; $\pi_{P_4T_{12}P_3}$, $\pi'_{P_1T'_{24}P_3}$, $\pi'_{P_2T'_{41}P_3}$; $\pi_{P_1T_{24}P_3}$, $\pi'_{P_2T'_{41}P_3}$, $\pi'_{P_4T'_{12}P_3}$; $\pi_{P_2T_{41}P_3}$, $\pi'_{P_4T'_{12}P_3}$, $\pi'_{P_1T'_{24}P_3}$ 均三面共线, 即四面体关于各顶点与其对面外心线 $r'_{4\text{-}12'3'}$, $r'_{4\text{-}1'23'}$, $r'_{4\text{-}1'2'3}$; $r'_{1\text{-}23'4'}$, $r'_{1\text{-}2'34'}$, $r'_{1\text{-}2'3'4}$; $r'_{2\text{-}34'1'}$, $r'_{2\text{-}3'41'}$, $r'_{2\text{-}3'4'1}$; $r'_{3\text{-}41'2'}$, $r'_{3\text{-}4'12'}$, $r'_{3\text{-}4'1'2}$ 所在的直线.

注 7.2.2 尽管根据三角形外角平分线定理, 很容易证明四面体各面上的一个棱–棱内角平分点面和另两个角的棱–棱外角平分点面相交于一线, 但定理 7.2.3 的证明并不依赖于该定理. 因此, 根据定理 7.2.3 可以推出三角形外角平分线定理.

推论 7.2.3 三角形各个内角的平分线的延长线和另两个角的外角平分线均相交于一点.

证明 因为四面体各三角形面上的一个棱–棱内角平分点面和另两个角的棱–

棱外角平分点面与该面的交线, 就是三角形面一条内角平分线和另两个角的外角平分线所在的直线, 所以四面体各面上的一个棱–棱内角平分点面和另两个角的棱–棱外角平分点面的交线与该三角形面的交点, 就是该三角形面一条内角平分线的延长线和另两个角的外角平分线的交点, 即该三角形面的旁心. 从而三角形的各个内角的平分线的延长线和另两个角的外角平分线均相交于一点.

定理 7.2.4　设 $P_1P_2P_3P_4$ 是四面体, $\pi_{P_1Q_{23}P_4}, \pi_{P_2Q_{31}P_4}, \pi_{P_3Q_{12}P_4}(\pi'_{P_1Q'_{23}P_4}, \pi'_{P_2Q'_{31}P_4}, \pi'_{P_3Q'_{12}P_4}) \pi_{P_2R_{34}P_1}, \pi_{P_3R_{42}P_1}, \pi_{P_4R_{23}P_1}(\pi'_{P_2R'_{34}P_1}, \pi'_{P_3R'_{42}P_1}, \pi'_{P_4R'_{23}P_1})$; $\pi_{P_3S_{41}P_2}, \pi_{P_4S_{13}P_2}, \pi_{P_1S_{34}P_2}(\pi'_{P_3S'_{41}P_2}, \pi'_{P_4S'_{13}P_2}, \pi'_{P_1S'_{34}P_2})$; $\pi_{P_4T_{12}P_3}, \pi_{P_1T_{24}P_3}, \pi_{P_2T_{41}P_3}(\pi'_{P_4T'_{12}P_3}, \pi'_{P_1T'_{24}P_3}, \pi'_{P_2T'_{41}P_3})$ 是 $P_1P_2P_3P_4$ 的棱–棱内角 (外角) 平分点面, $r'_{4\text{-}12'3'}, r'_{4\text{-}1'23'}, r'_{4\text{-}1'2'3}$; $r'_{1\text{-}23'4'}, r'_{1\text{-}2'34'}, r'_{1\text{-}2'3'4}$; $r'_{2\text{-}34'1'}, r'_{2\text{-}3'41'}, r'_{2\text{-}3'4'1}$; $r'_{3\text{-}41'2'}, r'_{3\text{-}4'12'}, r'_{3\text{-}4'1'2}$ 是 $P_1P_2P_3P_4$ 的旁心线, 则

(1) 棱–棱内角平分点面 $\pi_{P_1Q_{23}P_4}$ 与 $\pi_{P_4R_{23}P_1}$(或 $\pi_{P_3S_{41}P_2}$ 与 $\pi_{P_2T_{41}P_3}$) 重合的充分必要条件是旁心线 $r'_{4\text{-}12'3'}$, $r'_{1\text{-}2'3'4}$(或 $r'_{2\text{-}34'1'}$, $r'_{3\text{-}4'1'2}$) 所在直线相交于一点 $G'_{41}(G'_{23})$.

(2) 棱–棱内角平分点面 $\pi_{P_2R_{34}P_1}$ 与 $\pi_{P_1S_{34}P_2}$(或 $\pi_{P_4T_{12}P_3}$ 与 $\pi_{P_3Q_{12}P_4}$) 重合的充分必要条件是旁心线 $r'_{1\text{-}23'4'}$, $r'_{2\text{-}3'4'1}$(或 $r'_{3\text{-}41'2'}$, $r'_{4\text{-}1'2'3}$) 所在直线相交于一点 $G'_{12}(G'_{34})$.

(3) 棱–棱内角平分点面 $\pi_{P_2Q_{31}P_4}$ 与 $\pi_{P_4S_{13}P_2}$(或 $\pi_{P_3R_{42}P_1}$ 与 $\pi_{P_1T_{24}P_3}$) 重合的充分必要条件是旁心线 $r'_{4\text{-}1'23'}$, $r'_{2\text{-}3'41'}$(或 $r'_{1\text{-}2'34'}$, $r'_{3\text{-}4'12'}$) 所在直线相交于一点 $G'_{42}(G'_{13})$.

证明　(1) 如图 7.2.3 所示. 若两棱–棱内角平分点面 $\pi_{P_1Q_{23}P_4}$ 与 $\pi_{P_4R_{23}P_1}$ 重合, 则对 $P_1P_2P_3P_4$ 旁心线 $r'_{4\text{-}12'3'}$ 上任意一点 P, 恒有 $\mathrm{D}_{P\text{-}\pi_{P_1Q_{23}P_4}} = \mathrm{D}_{P\text{-}\pi_{P_4R_{23}P_1}} = 0$.

又显然 $P_1P_2P_3P_4$ 旁心线 $r'_{4\text{-}12'3'}$ 与棱–棱外角平分点面 $\pi'_{P_3R'_{42}P_1}$ 相交于一点 G', 于是 $\mathrm{D}_{G'\text{-}\pi_{P_4R_{23}P_1}} = \mathrm{D}_{G'\text{-}\pi'_{P_3R'_{42}P_1}} = 0$. 代入式 (7.2.21) 并注意到 $\sigma_{234}\mathrm{a}_{P_2R'_{34}P_1} \neq 0$, 得 $\mathrm{D}_{G'\text{-}\pi'_{P_2R'_{34}P_1}} = 0$, 因此 G' 在棱–棱外角平分点面 $\pi'_{P_2R'_{34}P_1}$ 上. 故五个棱–棱内、外角平分点面 $\pi_{P_1Q_{23}P_4}(\pi_{P_4R_{23}P_1}), \pi'_{P_2Q'_{31}P_4}, \pi'_{P_3Q'_{12}P_4}, \pi'_{P_2R'_{34}P_1}, \pi'_{P_3R'_{42}P_1}$ 相交于一点 G', 从而旁心线 $r'_{4\text{-}12'3'}, r'_{1\text{-}2'3'4}$ 所在直线相交于一点 G', 且 $G' = G'_{41}$.

反之, 若旁心线 $r'_{4\text{-}12'3'}$, $r'_{1\text{-}2'3'4}$ 所在直线相交于一点 G'_{41}, 则 $\mathrm{D}_{G'_{41}\text{-}\pi_{P_1Q_{23}P_4}} = \mathrm{D}_{G'_{41}\text{-}\pi_{P_4R_{23}P_1}} = 0$. 因此, 若 $\pi_{P_1Q_{23}P_4}$ 与 $\pi_{P_4R_{23}P_1}$ 不重合, 则点 G'_{41} 在 $\pi_{P_1Q_{23}P_4}$ 与 $\pi_{P_4R_{23}P_1}$ 的交线 P_1P_4 上, 这与 G'_{41} 是 $r'_{4\text{-}12'3'}$, $r'_{1\text{-}2'3'4}$ 的交点相矛盾, 所以两棱–棱内角平分点面 $\pi_{P_1Q_{23}P_4}$ 与 $\pi_{P_4R_{23}P_1}$ 重合.

类似地, 可以证明棱–棱内角平分点面 $\pi_{P_3S_{41}P_2}$ 与 $\pi_{P_2T_{41}P_3}$ 重合的充分必要条件是旁心线 $r'_{2\text{-}34'1'}$, $r'_{3\text{-}4'1'2}$ 所在直线相交于一点 G'_{23}.

同理可以证明, (2) 和 (3) 中结论成立.

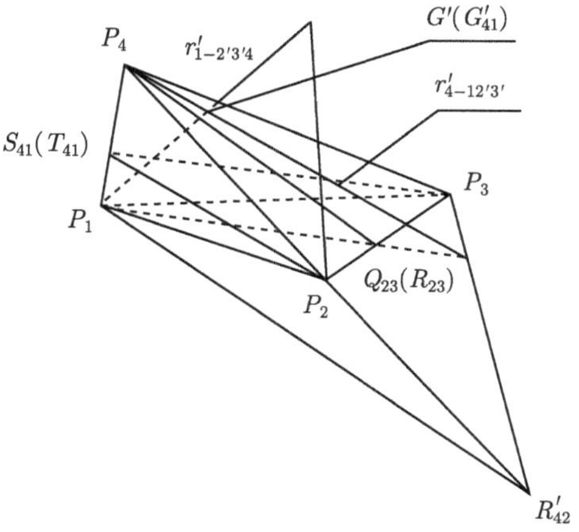

图 7.2.3

推论 7.2.4　设 $P_1P_2P_3P_4$ 是四面体，$\pi_{P_1Q_{23}P_4}$,$\pi_{P_2Q_{31}P_4}$,$\pi_{P_3Q_{12}P_4}$($\pi'_{P_1Q'_{23}P_4}$, $\pi'_{P_2Q'_{31}P_4}$,$\pi'_{P_3Q'_{12}P_4}$);$\pi_{P_2R_{34}P_1}$,$\pi_{P_3R_{42}P_1}$,$\pi_{P_4R_{23}P_1}$($\pi'_{P_2R'_{34}P_1}$,$\pi'_{P_3R'_{42}P_1}$, $\pi'_{P_4R'_{23}P_1}$); $\pi_{P_3S_{41}P_2}$, $\pi_{P_4S_{13}P_2}$, $\pi_{P_1S_{34}P_2}$ ($\pi'_{P_3S'_{41}P_2}$, $\pi'_{P_4S'_{13}P_2}$, $\pi'_{P_1S'_{34}P_2}$); $\pi_{P_4T_{12}P_3}$, $\pi_{P_1T_{24}P_3}$, $\pi_{P_2T_{41}P_3}$($\pi'_{P_4T'_{12}P_3}$, $\pi'_{P_1T'_{24}P_3}$, $\pi'_{P_2T'_{41}P_3}$) 是 $P_1P_2P_3P_4$ 的棱–棱内角 (外角) 平分点面, $r'_{4\text{-}12'3'}r'_{4\text{-}1'23'}$, $r'_{4\text{-}1'2'3}$; $r'_{1\text{-}23'4'}$, $r'_{1\text{-}2'34'}$,$r'_{1\text{-}2'3'4}$; $r'_{2\text{-}34'1'}$, $r'_{2\text{-}3'41'}$, $r'_{2\text{-}3'4'1}$;$r'_{3\text{-}41'2'}$, $r'_{3\text{-}4'12'}$, $r'_{3\text{-}4'1'2}$ 是 $P_1P_2P_3P_4$ 的旁心线, 则

(1) $\mathrm{d}_{P_1P_2}\mathrm{d}_{P_3P_4} = \mathrm{d}_{P_1P_3}\mathrm{d}_{P_2P_4}$ 的充分必要条件是如下两个条件之一成立:
(i) 棱–棱内角平分点面 $\pi_{P_1Q_{23}P_4}$ 与 $\pi_{P_4R_{23}P_1}$(或 $\pi_{P_3S_{41}P_2}$ 与 $\pi_{P_2T_{41}P_3}$) 重合;
(ii) 旁心线 $r'_{4\text{-}12'3'}$, $r'_{1\text{-}2'3'4}$(或 $r'_{2\text{-}34'1'}$,$r'_{3\text{-}4'1'2}$) 所在直线交于一点 $G'_{41}(G'_{23})$.

(2) $\mathrm{d}_{P_2P_3}\mathrm{d}_{P_4P_1} = \mathrm{d}_{P_2P_4}\mathrm{d}_{P_1P_3}$ 的充分必要条件是如下两个条件之一成立:
(i) 棱–棱内角平分点面 $\pi_{P_1S_{34}P_2}$ 与 $\pi_{P_2R_{34}P_1}$ (或 $\pi_{P_4T_{12}P_3}$ 与 $\pi_{P_3Q_{12}P_4}$) 重合;
(ii) 旁心线 $r'_{1\text{-}23'4'}$, $r'_{2\text{-}3'4'1}$(或 $r'_{3\text{-}41'2'}$,$r'_{4\text{-}1'2'3}$) 所在直线相交于一点 $G'_{12}(G'_{34})$.

(3) $\mathrm{d}_{P_2P_4}\mathrm{d}_{P_1P_3} = \mathrm{d}_{P_1P_2}\mathrm{d}_{P_3P_4}$ 的充分必要条件是如下两个条件之一成立:
(i) 棱–棱内角平分点面 $\pi_{P_2Q_{31}P_4}$ 与 $\pi_{P_4S_{13}P_2}$(或 $\pi_{P_3R_{42}P_1}$ 与 $\pi_{P_1T_{24}P_3}$) 重合;
(ii) 旁心线 $r'_{4\text{-}1'23'}$, $r_{2\text{-}3'41'}$(或 $r'_{1\text{-}2'34'}$,$r'_{3\text{-}4'12'}$) 所在直线相交于一点 $G'_{42}(G'_{13})$.

证明　(1) 根据三角形内角平分线定理和定理 7.2.4, 可得

$\mathrm{d}_{P_1P_2}\mathrm{d}_{P_3P_4} = \mathrm{d}_{P_1P_3}\mathrm{d}_{P_2P_4}$

$\Leftrightarrow -\mathrm{d}_{P_1P_2}/\mathrm{d}_{P_1P_3} = -\mathrm{d}_{P_4P_2}/\mathrm{d}_{P_4P_3}$(或 $-\mathrm{d}_{P_2P_1}/\mathrm{d}_{P_2P_4} = -\mathrm{d}_{P_3P_1}/\mathrm{d}_{P_3P_4}$)

$\Leftrightarrow \mathrm{d}_{P_1Q'_{23}}/\mathrm{d}_{Q'_{23}P_3} = \mathrm{d}_{P_4R'_{23}}/\mathrm{d}_{R'_{23}P_3}$(或 $\mathrm{d}_{P_1Q'_{23}}/\mathrm{d}_{Q'_{23}P_3} = \mathrm{d}_{P_4R'_{23}}/\mathrm{d}_{R'_{23}P_3}$)

$\Leftrightarrow$ 两棱–棱内角平分点面 $\pi_{P_1Q_{23}P_4}$ 与 $\pi_{P_4R_{23}P_1}$(或 $\pi_{P_3S_{41}P_2}$ 与 $\pi_{P_2T_{41}P_3}$) 重合

$\Leftrightarrow$ 旁心线 $r'_{4\text{-}12'3'}$, $r'_{1\text{-}2'3'4}$ (或 $r'_{2\text{-}34'1'}$, $r'_{3\text{-}4'1'2}$) 所在直线相交于一点 $G'_{41}(G'_{23})$.

类似地, 可以证明 (2) 和 (3) 中结论成立.

推论 7.2.5 设 $P_1P_2P_3P_4$ 是等腰四面体, $\pi_{P_1Q_{23}P_4}$,$\pi_{P_2Q_{31}P_4}$,$\pi_{P_3Q_{12}P_4}$($\pi'_{P_1Q'_{23}P_4}$, $\pi'_{P_2Q'_{31}P_4}$,$\pi'_{P_3Q'_{12}P_4}$);$\pi_{P_2R_{34}P_1}$,$\pi_{P_3R_{42}P_1}$,$\pi_{P_4R_{23}P_1}$($\pi'_{P_2R'_{34}P_1}$,$\pi'_{P_3R'_{42}P_1}$,$\pi'_{P_4R'_{23}P_1}$); $\pi_{P_3S_{41}P_2}$, $\pi_{P_4S_{13}P_2}$, $\pi_{P_1S_{34}P_2}$($\pi'_{P_3S'_{41}P_2}$, $\pi'_{P_4S'_{13}P_2}$, $\pi'_{P_1S'_{34}P_2}$); $\pi_{P_4T_{12}P_3}$, $\pi_{P_1T_{24}P_3}$, $\pi_{P_2T_{41}P_3}$($\pi'_{P_4T'_{12}P_3}$, $\pi'_{P_1T'_{24}P_3}$, $\pi'_{P_2T'_{41}P_3}$) 是 $P_1P_2P_3P_4$ 的棱–棱内角 (外角) 平分点面, $r'_{4\text{-}12'3'}$, $r'_{4\text{-}1'23'}$, $r'_{4\text{-}1'2'3}$; $r'_{1\text{-}23'4'}$, $r'_{1\text{-}2'34'}$, $r'_{1\text{-}2'3'4}$; $r'_{2\text{-}34'1'}$, $r'_{2\text{-}3'41'}$, $r'_{2\text{-}3'4'1}$; $r'_{3\text{-}41'2'}$, $r'_{3\text{-}4'12'}$, $r'_{3\text{-}4'1'2}$ 是 $P_1P_2P_3P_4$ 的旁心线, 则

(1) 棱–棱内角平分点面 $\pi_{P_1Q_{23}P_4}$ 与 $\pi_{P_4R_{23}P_1}$(或 $\pi_{P_3S_{41}P_2}$ 与 $\pi_{P_2T_{41}P_3}$) 重合, 且旁心线 $r'_{4\text{-}12'3'}$, $r'_{1\text{-}2'3'4}$(或 $r'_{2\text{-}34'1'}$, $r'_{3\text{-}4'1'2}$) 所在直线交于一点 $G'_{41}(G'_{23})$.

(2) 棱–棱内角平分点面 $\pi_{P_2R_{34}P_1}$ 与 $\pi_{P_1S_{34}P_2}$(或 $\pi_{P_4T_{12}P_3}$ 与 $\pi_{P_3Q_{12}P_4}$) 重合, 且旁心线 $r'_{1\text{-}23'4'}$, $r'_{2\text{-}3'4'1}$(或 $r'_{3\text{-}41'2'}$, $r'_{4\text{-}1'2'3}$) 所在直线相交于一点 $G'_{12}(G'_{34})$.

(3) 棱–棱内角平分点面 $\pi_{P_2Q_{31}P_4}$ 与 $\pi_{P_4S_{13}P_2}$(或 $\pi_{P_3R_{42}P_1}$ 与 $\pi_{P_1T_{24}P_3}$) 重合, 且旁心线 $r'_{4\text{-}1'23'}$, $r_{2\text{-}3'41'}$(或 $r'_{1\text{-}2'34'}$, $r'_{3\text{-}4'12'}$) 所在直线相交于一点 $G'_{42}(G'_{13})$.

证明 因为 $P_1P_2P_3P_4$ 是等腰四面体, 所以

$$\mathrm{d}_{P_1P_2}\mathrm{d}_{P_3P_4}=\mathrm{d}_{P_1P_3}\mathrm{d}_{P_2P_4},\quad \mathrm{d}_{P_1P_2}\mathrm{d}_{P_3P_4}=\mathrm{d}_{P_2P_3}\mathrm{d}_{P_1P_4},\quad \mathrm{d}_{P_2P_3}\mathrm{d}_{P_4P_1}=\mathrm{d}_{P_2P_4}\mathrm{d}_{P_3P_1}.$$

故由推论 7.2.4 必要性, 可知推论 7.2.5 的结论成立.

定理 7.2.5 设 $P_1P_2P_3P_4$ 是四面体, $P_1Q_{23}P_4$,$P_2Q_{31}P_4$,$P_3Q_{12}P_4$ ($P_1Q'_{23}P_4$, $P_2Q'_{31}P_4$,$P_3Q'_{12}P_4$); $P_2R_{34}P_1$,$P_3R_{42}P_1$,$P_4R_{23}P_1$($P_2R'_{34}P_1$,$P_3R'_{42}P_1$,$P_4R'_{23}P_1$);$P_3S_{41}P_2$, $P_4S_{13}P_2$,$P_1S_{34}P_2$($P_3S'_{41}P_2$,$P_4S'_{13}P_2$, $P_1S'_{34}P_2$); $P_4T_{12}P_3$, $P_1T_{24}P_3$, $P_2T_{41}P_3$($P_4T'_{12}P_3$, $P_1T'_{24}P_3$, $P_2T'_{41}P_3$) 是 $P_1P_2P_3P_4$ 的棱内角 (外角) 平分点三角形, $\pi_{P_1Q_{23}P_4}$,$\pi_{P_2Q_{31}P_4}$, $\pi_{P_3Q_{12}P_4}$($\pi'_{P_1Q'_{23}P_4}$,$\pi'_{P_2Q'_{31}P_4}$,$\pi'_{P_3Q'_{12}P_4}$); $\pi_{P_2R_{34}P_1}$,$\pi_{P_3R_{42}P_1}$,$\pi_{P_4R_{23}P_1}$($\pi'_{P_2R'_{34}P_1}$,$\pi'_{P_3R'_{42}P_1}$, $\pi'_{P_4R'_{23}P_1}$); $\pi_{P_3S_{41}P_2}$,$\pi_{P_4S_{13}P_2}$,$\pi_{P_1S_{34}P_2}$($\pi'_{P_3S'_{41}P_2}$,$\pi'_{P_4S'_{13}P_2}$,$\pi'_{P_1S'_{34}P_2}$); $\pi_{P_4T_{12}P_3}$, $\pi_{P_1T_{24}P_3}$, $\pi_{P_2T_{41}P_3}$($\pi'_{P_4T'_{12}P_3}$, $\pi'_{P_1T'_{24}P_3}$, $\pi'_{P_2T'_{41}P_3}$) 是 $P_1P_2P_3P_4$ 的棱–棱内角 (外角) 平分点面, P 是空间任意一点.

(1) 若 $\sigma_{123}\mathrm{a}_{P_1Q_{23}P_4}=\sigma'_{231}\mathrm{a}_{P_2Q'_{31}P_4}=\sigma'_{312}\mathrm{a}_{P_3Q'_{12}P_4}\neq 0$, 则

$$\mathrm{D}_{P\text{-}\pi_{P_1Q_{23}P_4}}-\mathrm{D}_{P\text{-}\pi'_{P_2Q'_{31}P_4}}+\mathrm{D}_{P\text{-}\pi'_{P_3Q'_{12}P_4}}=0;\tag{7.2.33}$$

(2) 若 $\sigma_{231}\mathrm{a}_{P_2Q_{31}P_4}=\sigma'_{312}\mathrm{a}_{P_3Q'_{12}P_4}=\sigma'_{123}\mathrm{a}_{P_1Q'_{23}P_4}\neq 0$, 则

$$\mathrm{D}_{P\text{-}\pi_{P_2Q_{31}P_4}}-\mathrm{D}_{P\text{-}\pi'_{P_3Q'_{12}P_4}}+\mathrm{D}_{P\text{-}\pi'_{P_1Q'_{23}P_4}}=0;$$

(3) 若 $\sigma_{312}\mathrm{a}_{P_3Q_{12}P_4}=\sigma'_{123}\mathrm{a}_{P_1Q'_{23}P_4}=\sigma'_{231}\mathrm{a}_{P_2Q'_{31}P_4}\neq 0$, 则

$$\mathrm{D}_{P\text{-}\pi_{P_3Q_{12}P_4}}-\mathrm{D}_{P\text{-}\pi'_{P_1Q'_{23}P_4}}+\mathrm{D}_{P\text{-}\pi'_{P_2Q'_{31}P_4}}=0;$$

(4) 若 $\sigma_{234}\mathrm{a}_{P_2R_{34}P_1}=\sigma'_{342}\mathrm{a}_{P_3R'_{42}P_1}=\sigma'_{423}\mathrm{a}_{P_4R'_{23}P_1}\neq 0$, 则

$$\mathrm{D}_{P\text{-}\pi_{P_2R_{34}P_1}}-\mathrm{D}_{P\text{-}\pi'_{P_3R'_{42}P_1}}+\mathrm{D}_{P\text{-}\pi'_{P_4R'_{23}P_1}}=0;$$

(5) 若 $\sigma_{342}\mathrm{a}_{P_3R_{42}P_1}=\sigma'_{423}\mathrm{a}_{P_4R'_{23}P_1}=\sigma'_{234}\mathrm{a}_{P_2R'_{34}P_1}\neq 0$, 则

$$\mathrm{D}_{P\text{-}\pi_{P_3R_{42}P_1}}-\mathrm{D}_{P\text{-}\pi'_{P_4R'_{23}P_1}}+\mathrm{D}_{P\text{-}\pi'_{P_2R'_{34}P_1}}=0;$$

(6) 若 $\sigma_{423}\mathrm{a}_{P_4R_{23}P_1}=\sigma'_{234}\mathrm{a}_{P_2R'_{34}P_1}=\sigma'_{342}\mathrm{a}_{P_3R'_{42}P_1}\neq 0$, 则

$$\mathrm{D}_{P\text{-}\pi_{P_4R_{23}P_1}}-\mathrm{D}_{P\text{-}\pi'_{P_2R'_{34}P_1}}+\mathrm{D}_{P\text{-}\pi'_{P_3R'_{42}P_1}}=0;$$

(7) 若 $\sigma_{341}\mathrm{a}_{P_3S_{41}P_2}=\sigma'_{413}\mathrm{a}_{P_4S'_{13}P_2}=\sigma'_{134}\mathrm{a}_{P_1S'_{34}P_2}\neq 0$, 则

$$\mathrm{D}_{P\text{-}\pi_{P_3S_{41}P_2}}-\mathrm{D}_{P\text{-}\pi'_{P_4S'_{13}P_2}}+\mathrm{D}_{P\text{-}\pi'_{P_1S'_{34}P_2}}=0;$$

(8) 若 $\sigma_{413}\mathrm{a}_{P_4S_{13}P_2}=\sigma'_{134}\mathrm{a}_{P_1S'_{34}P_2}=\sigma'_{341}\mathrm{a}_{P_3S'_{41}P_2}\neq 0$, 则

$$\mathrm{D}_{P\text{-}\pi_{P_4S_{13}P_2}}-\mathrm{D}_{P\text{-}\pi'_{P_1S'_{34}P_2}}+\mathrm{D}_{P\text{-}\pi'_{P_3S'_{41}P_2}}=0;$$

(9) 若 $\sigma_{134}\mathrm{a}_{P_1S_{34}P_2}=\sigma'_{341}\mathrm{a}_{P_3S'_{41}P_2}=\sigma'_{413}\mathrm{a}_{P_4S'_{13}P_2}\neq 0$, 则

$$\mathrm{D}_{P\text{-}\pi_{P_1S_{34}P_2}}-\mathrm{D}_{P\text{-}\pi'_{P_3S'_{41}P_2}}+\mathrm{D}_{P\text{-}\pi'_{P_4S'_{13}P_2}}=0;$$

(10) 若 $\sigma_{412}\mathrm{a}_{P_4T_{12}P_3}=\sigma'_{124}\mathrm{a}_{P_1T'_{24}P_3}=\sigma'_{241}\mathrm{a}_{P_2T'_{41}P_3}\neq 0$, 则

$$\mathrm{D}_{P\text{-}\pi_{P_4T_{12}P_3}}-\mathrm{D}_{P\text{-}\pi'_{P_1T'_{24}P_3}}+\mathrm{D}_{P\text{-}\pi'_{P_2T'_{41}P_3}}=0;$$

(11) 若 $\sigma_{124}\mathrm{a}_{P_1T_{24}P_3}=\sigma'_{241}\mathrm{a}_{P_2T'_{41}P_3}=\sigma'_{412}\mathrm{a}_{P_4T'_{12}P_3}\neq 0$, 则

$$\mathrm{D}_{P\text{-}\pi_{P_1T_{24}P_3}}-\mathrm{D}_{P\text{-}\pi'_{P_2T'_{41}P_3}}+\mathrm{D}_{P\text{-}\pi'_{P_4T'_{12}P_3}}=0;$$

(12) 若 $\sigma_{241}\mathrm{a}_{P_2T_{41}P_3}=\sigma'_{412}\mathrm{a}_{P_4T'_{12}P_3}=\sigma'_{124}\mathrm{a}_{P_1T'_{24}P_3}\neq 0$, 则

$$\mathrm{D}_{P\text{-}\pi_{P_2T_{41}P_3}}-\mathrm{D}_{P\text{-}\pi'_{P_4T'_{12}P_3}}+\mathrm{D}_{P\text{-}\pi'_{P_1T'_{24}P_3}}=0.$$

证明 (1) 将 $\sigma_{123}\mathrm{a}_{P_1Q_{23}P_4}=\sigma'_{231}\mathrm{a}_{P_2Q'_{31}P_4}=\sigma'_{312}\mathrm{a}_{P_3Q'_{12}P_4}\neq 0$, 代入式 (7.2.16) 并化简, 即得式 (7.2.33).

类似地, 可以证明 (2)~(12) 中结论成立.

推论 7.2.6 设 $P_1P_2P_3P_4$ 是四面体, $P_1Q_{23}P_4, P_2Q_{31}P_4, P_3Q_{12}P_4$ $(P_1Q'_{23}P_4, P_2Q'_{31}P_4, P_3Q'_{12}P_4)$; $P_2R_{34}P_1$, $P_3R_{42}P_1$, $P_4R_{23}P_1$ $(P_2R'_{34}P_1, P_3R'_{42}P_1, P_4R'_{23}P_1)$; $P_3S_{41}P_2$, $P_4S_{13}P_2$, $P_1S_{34}P_2$ $(P_3S'_{41}P_2, P_4S'_{13}P_2, P_1S'_{34}P_2)$; $P_4T_{12}P_3, P_1T_{24}P_3, P_2T_{41}P_3$

$(P_4T'_{12}P_3,\ P_1T'_{24}P_3,\ P_2T'_{41}P_3)$是 $P_1P_2P_3P_4$ 的棱内角 (外角) 平分点三角形, $\pi_{P_1Q_{23}P_4}$, $\pi_{P_2Q_{31}P_4}$, $\pi_{P_3Q_{12}P_4}$($\pi'_{P_1Q'_{23}P_4}$, $\pi'_{P_2Q'_{31}P_4}$, $\pi'_{P_3Q'_{12}P_4}$); $\pi_{P_2R_{34}P_1}$, $\pi_{P_3R_{42}P_1}$, $\pi_{P_4R_{23}P_1}$($\pi'_{P_2R'_{34}P_1}$, $\pi'_{P_3R'_{42}P_1}$, $\pi'_{P_4R'_{23}P_1}$); $\pi_{P_3S_{41}P_2}$, $\pi_{P_4S_{13}P_2}$, $\pi_{P_1S_{34}P_2}$($\pi'_{P_3S'_{41}P_2}$, $\pi'_{P_4S'_{13}P_2}$, $\pi'_{P_1S'_{34}P_2}$); $\pi_{P_4T_{12}P_3}$, $\pi_{P_1T_{24}P_3}$, $\pi_{P_2T_{41}P_3}$($\pi'_{P_4T'_{12}P_3}$, $\pi'_{P_1T'_{24}P_3}$, $\pi'_{P_2T'_{41}P_3}$) 是 $P_1P_2P_3P_4$ 的棱–棱内角 (外角) 平分点面, P 是空间任意一点.

(1) 若 $\sigma_{123}\mathrm{a}_{P_1Q_{23}P_4}=\sigma'_{231}\mathrm{a}_{P_2Q'_{31}P_4}=\sigma'_{312}\mathrm{a}_{P_3Q'_{12}P_4}\neq 0$, 则在以下三个点到平面的距离

$$\mathrm{d}_{P\text{-}\pi_{P_1Q_{23}P_4}},\quad \mathrm{d}_{P\text{-}\pi'_{P_2Q'_{31}P_4}},\quad \mathrm{d}_{P\text{-}\pi'_{P_3Q'_{12}P_4}}$$

中, 其中一个较长的距离等于另两个较短的距离的和;

(2) 若 $\sigma_{231}\mathrm{a}_{P_2Q_{31}P_4}=\sigma'_{312}\mathrm{a}_{P_3Q'_{12}P_4}=\sigma'_{123}\mathrm{a}_{P_1Q'_{23}P_4}\neq 0$, 则在以下三个点到平面的距离

$$\mathrm{d}_{P\text{-}\pi_{P_2Q_{31}P_4}},\quad \mathrm{d}_{P\text{-}\pi'_{P_3Q'_{12}P_4}},\quad \mathrm{d}_{P\text{-}\pi'_{P_1Q'_{23}P_4}}$$

中, 其中一个较长的距离等于另两个较短的距离的和;

(3) 若 $\sigma_{312}\mathrm{a}_{P_3Q_{12}P_4}=\sigma'_{123}\mathrm{a}_{P_1Q'_{23}P_4}=\sigma'_{231}\mathrm{a}_{P_2Q'_{31}P_4}\neq 0$, 则在以下三个点到平面的距离

$$\mathrm{d}_{P\text{-}\pi_{P_3Q_{12}P_4}},\quad \mathrm{d}_{P\text{-}\pi'_{P_1Q'_{23}P_4}},\quad \mathrm{d}_{P\text{-}\pi'_{P_2Q'_{31}P_4}}$$

中, 其中一个较长的距离等于另两个较短的距离的和.

(4) 若 $\sigma_{234}\mathrm{a}_{P_2R_{34}P_1}=\sigma'_{342}\mathrm{a}_{P_3R'_{42}P_1}=\sigma'_{423}\mathrm{a}_{P_4R'_{23}P_1}\neq 0$, 则在以下三个点到平面的距离

$$\mathrm{d}_{P\text{-}\pi_{P_2R_{34}P_1}},\quad \mathrm{d}_{P\text{-}\pi'_{P_3R'_{42}P_1}},\quad \mathrm{d}_{P\text{-}\pi'_{P_4R'_{23}P_1}}$$

中, 其中一个较长的距离等于另两个较短的距离的和;

(5) 若 $\sigma_{342}\mathrm{a}_{P_3R_{42}P_1}=\sigma'_{423}\mathrm{a}_{P_4R'_{23}P_1}=\sigma'_{234}\mathrm{a}_{P_2R'_{34}P_1}\neq 0$, 则在以下三个点到平面的距离

$$\mathrm{d}_{P\text{-}\pi_{P_3R_{42}P_1}},\quad \mathrm{d}_{P\text{-}\pi'_{P_4R'_{23}P_1}},\quad \mathrm{d}_{P\text{-}\pi'_{P_2R'_{34}P_1}}$$

中, 其中一个较长的距离等于另两个较短的距离的和;

(6) 若 $\sigma_{423}\mathrm{a}_{P_4R_{23}P_1}=\sigma'_{234}\mathrm{a}_{P_2R'_{34}P_1}=\sigma'_{342}\mathrm{a}_{P_3R'_{42}P_1}\neq 0$, 则在以下三个点到平面的距离

$$\mathrm{d}_{P\text{-}\pi_{P_4R_{23}P_1}},\quad \mathrm{d}_{P\text{-}\pi'_{P_2R'_{34}P_1}},\quad \mathrm{d}_{P\text{-}\pi'_{P_3R'_{42}P_1}}$$

中, 其中一个较长的距离等于另两个较短的距离的和.

(7) 若 $\sigma_{341}\mathrm{a}_{P_3S_{41}P_2}=\sigma'_{413}\mathrm{a}_{P_4S'_{13}P_2}=\sigma'_{134}\mathrm{a}_{P_1S'_{34}P_2}\neq 0$, 则在以下三个点到平面的距离

$$\mathrm{d}_{P\text{-}\pi_{P_3S_{41}P_2}},\quad \mathrm{d}_{P\text{-}\pi'_{P_4S'_{13}P_2}},\quad \mathrm{d}_{P\text{-}\pi'_{P_1S'_{34}P_2}}$$

中, 其中一个较长的距离等于另两个较短的距离的和;

(8) 若 $\sigma_{413}\mathrm{a}_{P_4S_{13}P_2}=\sigma'_{134}\mathrm{a}_{P_1S'_{34}P_2}=\sigma'_{341}\mathrm{a}_{P_3S'_{41}P_2}\neq 0$, 则在以下三个点到平面的距离

$$\mathrm{d}_{P\text{-}\pi_{P_4S_{13}P_2}},\quad \mathrm{d}_{P\text{-}\pi'_{P_1S'_{34}P_2}},\quad \mathrm{d}_{P\text{-}\pi'_{P_3S'_{41}P_2}}$$

中, 其中一个较长的距离等于另两个较短的距离的和;

(9) 若 $\sigma_{134}\mathrm{a}_{P_1S_{34}P_2}=\sigma'_{341}\mathrm{a}_{P_3S'_{41}P_2}=\sigma'_{413}\mathrm{a}_{P_4S'_{13}P_2}\neq 0$, 则在以下三个点到平面的距离

$$\mathrm{d}_{P\text{-}\pi_{P_1S_{34}P_2}},\quad \mathrm{d}_{P\text{-}\pi'_{P_3S'_{41}P_2}},\quad \mathrm{d}_{P\text{-}\pi'_{P_4S'_{13}P_2}}$$

中, 其中一个较长的距离等于另两个较短的距离的和.

(10) 若 $\sigma_{412}\mathrm{a}_{P_4T_{12}P_3}=\sigma'_{124}\mathrm{a}_{P_1T'_{24}P_3}=\sigma'_{241}\mathrm{a}_{P_2T'_{41}P_3}\neq 0$, 则在以下三个点到平面的距离

$$\mathrm{d}_{P\text{-}\pi_{P_4T_{12}P_3}},\quad \mathrm{d}_{P\text{-}\pi'_{P_1T'_{24}P_3}},\quad \mathrm{d}_{P\text{-}\pi'_{P_2T'_{41}P_3}}$$

中, 其中一个较长的距离等于另两个较短的距离的和;

(11) 若 $\sigma_{124}\mathrm{a}_{P_1T_{24}P_3}=\sigma'_{241}\mathrm{a}_{P_2T'_{41}P_3}=\sigma'_{412}\mathrm{a}_{P_4T'_{12}P_3}\neq 0$, 则在以下三个点到平面的距离

$$\mathrm{d}_{P\text{-}\pi_{P_1T_{24}P_3}},\quad \mathrm{d}_{P\text{-}\pi'_{P_2T'_{41}P_3}},\quad \mathrm{d}_{P\text{-}\pi'_{P_4T'_{12}P_3}}$$

中, 其中一个较长的距离等于另两个较短的距离的和;

(12) 若 $\sigma_{241}\mathrm{a}_{P_2T_{41}P_3}=\sigma'_{412}\mathrm{a}_{P_4T'_{12}P_3}=\sigma'_{124}\mathrm{a}_{P_1T'_{24}P_3}\neq 0$, 则在以下三个点到平面的距离

$$\mathrm{d}_{P\text{-}\pi_{P_2T_{41}P_3}},\quad \mathrm{d}_{P\text{-}\pi'_{P_4T'_{12}P_3}},\quad \mathrm{d}_{P\text{-}\pi'_{P_1T'_{24}P_3}}$$

中, 其中一个较长的距离等于另两个较短的距离的和.

证明 (1) 在式 (7.2.33) 中, 注意到其中一个较长的有向距离另两个较短的有向距离同号或另两个较短的有向距离中的一个同号、一个反号即得.

类似地, 可以证明 (2)~(12) 中结论成立.

定理 7.2.6 设 $P_1P_2P_3P_4$ 是四面体, $P_1Q_{23}P_4$, $P_2Q_{31}P_4$, $P_3Q_{12}P_4$ ($P_1Q'_{23}P_4$, $P_2Q'_{31}P_4$, $P_3Q'_{12}P_4$); $P_2R_{34}P_1$, $P_3R_{42}P_1$, $P_4R_{23}P_1$($P_2R'_{34}P_1$, $P_3R'_{42}P_1$, $P_4R'_{23}P_1$); $P_3S_{41}P_2$, $P_4S_{13}P_2$, $P_1S_{34}P_2$($P_3S'_{41}P_2$, $P_4S'_{13}P_2$, $P_1S'_{34}P_2$); $P_4T_{12}P_3$, $P_1T_{24}P_3$, $P_2T_{41}P_3$($P_4T'_{12}P_3$, $P_1T'_{24}P_3$, $P_2T'_{41}P_3$) 是 $P_1P_2P_3P_4$ 的棱内角 (外角) 平分点三角形, $\pi_{P_1Q_{23}P_4}$, $\pi_{P_2Q_{31}P_4}$, $\pi_{P_3Q_{12}P_4}$($\pi'_{P_1Q'_{23}P_4}$, $\pi'_{P_2Q'_{31}P_4}$, $\pi'_{P_3Q'_{12}P_4}$); $\pi_{P_2R_{34}P_1}$, $\pi_{P_3R_{42}P_1}$, $\pi_{P_4R_{23}P_1}$($\pi'_{P_2R'_{34}P_1}$, $\pi'_{P_3R'_{42}P_1}$, $\pi'_{P_4R'_{23}P_1}$); $\pi_{P_3S_{41}P_2}$, $\pi_{P_4S_{13}P_2}$, $\pi_{P_1S_{34}P_2}$($\pi'_{P_3S'_{41}P_2}$, $\pi'_{P_4S'_{13}P_2}$, $\pi'_{P_1S'_{34}P_2}$); $\pi_{P_4T_{12}P_3}$, $\pi_{P_1T_{24}P_3}$, $\pi_{P_2T_{41}P_3}$($\pi'_{P_4T'_{12}P_3}$, $\pi'_{P_1T'_{24}P_3}$, $\pi'_{P_2T'_{41}P_3}$) 是 $P_1P_2P_3P_4$ 的棱–棱内角 (外角) 平分点面.

(1) 若 $\sigma'_{231}\mathrm{a}_{P_2Q'_{31}P_4}=\sigma'_{312}\mathrm{a}_{P_3Q'_{12}P_4}$, 则 P 是棱–棱内角平分点面 $\pi_{P_1Q_{23}P_4}$ 上任意一点的充分必要条件是

$$\mathrm{D}_{P\text{-}\pi'_{P_2Q'_{31}P_4}}-\mathrm{D}_{P\text{-}\pi'_{P_3Q'_{12}P_4}}=0, \tag{7.2.34}$$

即 $\pi_{P_1Q_{23}P_4}$ 是两棱–棱外角平分点面 $\pi'_{P_2Q'_{31}P_4}$, $\pi'_{P_3Q'_{12}P_4}$ 外角的平分面.

若 $\sigma_{123}\mathrm{a}_{P_1Q_{23}P_4}=\sigma'_{312}\mathrm{a}_{P_3Q'_{12}P_4}$, 则 P 是棱–棱外角平分点面 $\pi'_{P_2Q'_{31}P_4}$ 上任意一点的充分必要条件是

$$\mathrm{D}_{P\text{-}\pi_{P_1Q_{23}P_4}}+\mathrm{D}_{P\text{-}\pi'_{P_3Q'_{12}P_4}}=0,$$

即 $\pi'_{P_2Q'_{31}P_4}$ 是两棱–棱内、外角平分点面 $\pi_{P_1Q_{23}P_4}$, $\pi'_{P_3Q'_{12}P_4}$ 内角的平分面.

若 $\sigma_{123}\mathrm{a}_{P_1Q_{23}P_4}=\sigma'_{231}\mathrm{a}_{P_2Q'_{31}P_4}$, 则 P 是棱–棱外角平分点面 $\pi'_{P_3Q'_{12}P_4}$ 上任意一点的充分必要条件是

$$\mathrm{D}_{P\text{-}\pi_{P_1Q_{23}P_4}}-\mathrm{D}_{P\text{-}\pi'_{P_2Q'_{31}P_4}}=0,$$

即 $\pi'_{P_3Q'_{12}P_4}$ 是两棱–棱内、外角平分点面 $\pi_{P_1Q_{23}P_4}$, $\pi'_{P_2Q'_{31}P_4}$ 外角的平分面.

(2) 若 $\sigma'_{312}\mathrm{a}_{P_3Q'_{12}P_4}=\sigma'_{123}\mathrm{a}_{P_1Q'_{23}P_4}$, 则 P 是棱–棱内角平分点面 $\pi_{P_2Q_{31}P_4}$ 上任意一点的充分必要条件是

$$\mathrm{D}_{P\text{-}\pi'_{P_3Q'_{12}P_4}}-\mathrm{D}_{P\text{-}\pi'_{P_1Q'_{23}P_4}}=0,$$

即 $\pi_{P_2Q_{31}P_4}$ 是两棱–棱外角平分点面 $\pi'_{P_3Q'_{12}P_4}$, $\pi'_{P_1Q'_{23}P_4}$ 外角的平分面.

若 $\sigma_{231}\mathrm{a}_{P_2Q_{31}P_4}=\sigma'_{123}\mathrm{a}_{P_1Q'_{23}P_4}$, 则 P 是棱–棱外角平分点面 $\pi'_{P_3Q'_{12}P_4}$ 上任意一点的充分必要条件是

$$\mathrm{D}_{P\text{-}\pi_{P_2Q_{31}P_4}}+\mathrm{D}_{P\text{-}\pi_{P_1Q'_{23}P_4}}=0,$$

即 $\pi'_{P_3Q'_{12}P_4}$ 是两棱–棱内、外角平分点面 $\pi_{P_2Q_{31}P_4}$, $\pi'_{P_1Q'_{23}P_4}$ 内角的平分面.

若 $\sigma_{231}\mathrm{a}_{P_2Q_{31}P_4}=\sigma'_{312}\mathrm{a}_{P_3Q'_{12}P_4}$, 则 P 是棱–棱外角平分点面 $\pi'_{P_1Q'_{23}P_4}$ 上任意一点的充分必要条件是

$$\mathrm{D}_{P\text{-}\pi_{P_2Q_{31}P_4}}-\mathrm{D}_{P\text{-}\pi'_{P_3Q'_{12}P_4}}=0,$$

即 $\pi'_{P_1Q'_{23}P_4}$ 是两棱–棱内、外角平分点面 $\pi_{P_2Q_{31}P_4}$, $\pi'_{P_3Q'_{12}P_4}$ 外角的平分面.

(3) 若 $\sigma'_{123}\mathrm{a}_{P_1Q'_{23}P_4}=\sigma'_{231}\mathrm{a}_{P_2Q'_{31}P_4}$, 则 P 是棱–棱内角平分点面 $\pi_{P_3Q_{12}P_4}$ 上任意一点的充分必要条件是

$$\mathrm{D}_{P\text{-}\pi'_{P_1Q'_{23}P_4}}-\mathrm{D}_{P\text{-}\pi'_{P_2Q'_{31}P_4}}=0,$$

即 $\pi_{P_3Q_{12}P_4}$ 是两棱–棱外角平分点面 $\pi'_{P_1Q'_{23}P_4}$, $\pi'_{P_2Q'_{31}P_4}$ 外角的平分面.

若 $\sigma_{312}\mathrm{a}_{P_3Q_{12}P_4}=\sigma'_{231}\mathrm{a}_{P_2Q'_{31}P_4}$, 则 P 是棱–棱外角平分点面 $\pi'_{P_1Q'_{23}P_4}$ 上任意一点的充分必要条件是

$$\mathrm{D}_{P\text{-}\pi_{P_3Q_{12}P_4}}+\mathrm{D}_{P\text{-}\pi'_{P_2Q'_{31}P_4}}=0,$$

即 $\pi'_{P_1Q'_{23}P_4}$ 是两棱–棱内、外角平分点面 $\pi_{P_3Q_{12}P_4}$, $\pi'_{P_2Q'_{31}P_4}$ 内角的平分面.

若 $\sigma_{312}\mathrm{a}_{P_3Q_{12}P_4}=\sigma'_{123}\mathrm{a}_{P_1Q'_{23}P_4}$, 则 P 是棱–棱外角平分点面 $\pi'_{P_2Q'_{31}P_4}$ 上任意一点的充分必要条件是

$$\mathrm{D}_{P\text{-}\pi_{P_3Q_{12}P_4}}-\mathrm{D}_{P\text{-}\pi'_{P_1Q'_{23}P_4}}=0,$$

即 $\pi'_{P_2Q'_{31}P_4}$ 是两棱–棱内、外角平分点面 $\pi_{P_3Q_{12}P_4}$, $\pi'_{P_1Q'_{23}P_4}$ 外角的平分面.

利用式 (7.2.19)~(7.2.27), 也可以得出类似的结果.

证明 (1) 记 $\sigma'_{231}\mathrm{a}_{P_2Q'_{31}P_4}=\sigma'_{312}\mathrm{a}_{P_3Q'_{12}P_4}=a$, 则式 (7.2.16) 可以改写成

$$\sigma_{123}\mathrm{a}_{P_1Q_{23}P_4}\mathrm{D}_{P\text{-}\pi_{P_1Q_{23}P_4}}/a-\mathrm{D}_{P\text{-}\pi'_{P_2Q'_{31}P_4}}+\mathrm{D}_{P\text{-}\pi'_{P_3Q'_{12}P_4}}=0,$$

故由上式可得

$$\begin{aligned}&P\text{是}\pi_{P_1Q_{23}P_4}\text{上任意一点}\Leftrightarrow \mathrm{D}_{P\text{-}\pi_{P_1Q_{23}P_4}}=0\\&\Leftrightarrow(7.2.34)\text{成立}.\end{aligned}$$

类似地, 可以证明 (1) 中其余两个结论成立.

同理可证, (2) 和 (3) 中结论成立.

推论 7.2.7 设 $P_1P_2P_3P_4$ 是四面体, $P_1Q_{23}P_4$, $P_2Q_{31}P_4$, $P_3Q_{12}P_4$($P_1Q'_{23}P_4$, $P_2Q'_{31}P_4$, $P_3Q'_{12}P_4$); $P_2R_{34}P_1$, $P_3R_{42}P_1$, $P_4R_{23}P_1$($P_2R'_{34}P_1$, $P_3R'_{42}P_1$, $P_4R'_{23}P_1$); $P_3S_{41}P_2$, $P_4S_{13}P_2$, $P_1S_{34}P_2$ ($P_3S'_{41}P_2$, $P_4S'_{13}P_2$, $P_1S'_{34}P_2$); $P_4T_{12}P_3$, $P_1T_{24}P_3$, $P_2T_{41}P_3$($P_4T'_{12}P_3$, $P_1T'_{24}P_3$, $P_2T'_{41}P_3$) 是 $P_1P_2P_3P_4$ 的棱内角 (外角) 平分点三角形, $\pi_{P_1Q_{23}P_4}$, $\pi_{P_2Q_{31}P_4}$, $\pi_{P_3Q_{12}P_4}$($\pi'_{P_1Q'_{23}P_4}$, $\pi'_{P_2Q'_{31}P_4}$, $\pi'_{P_3Q'_{12}P_4}$); $\pi_{P_2R_{34}P_1}$, $\pi_{P_3R_{42}P_1}$, $\pi_{P_4R_{23}P_1}$($\pi'_{P_2R'_{34}P_1}$, $\pi'_{P_3R'_{42}P_1}$, $\pi'_{P_4R'_{23}P_1}$); $\pi_{P_3S_{41}P_2}$, $\pi_{P_4S_{13}P_2}$, $\pi_{P_1S_{34}P_2}$($\pi'_{P_3S'_{41}P_2}$, $\pi'_{P_4S'_{13}P_2}$, $\pi'_{P_1S'_{34}P_2}$); $\pi_{P_4T_{12}P_3}$, $\pi_{P_1T_{24}P_3}$, $\pi_{P_2T_{41}P_3}$($\pi'_{P_4T'_{12}P_3}$, $\pi'_{P_1T'_{24}P_3}$, $\pi'_{P_2T'_{41}P_3}$) 是 $P_1P_2P_3P_4$ 的棱–棱内角 (外角) 平分点面.

(1) 若 $\sigma'_{231}\mathrm{a}_{P_2Q'_{31}P_4}=\sigma'_{312}\mathrm{a}_{P_3Q'_{12}P_4}$, P 是棱–棱内角平分点面 $\pi_{P_1Q_{23}P_4}$ 上任意一点, 则

$$\mathrm{d}_{P\text{-}\pi'_{P_2Q'_{31}P_4}}=\mathrm{d}_{P\text{-}\pi'_{P_3Q'_{12}P_4}}.\tag{7.2.35}$$

若 $\sigma_{123}\mathrm{a}_{P_1Q_{23}P_4}=\sigma'_{312}\mathrm{a}_{P_3Q'_{12}P_4}$, P 是棱–棱外角平分点面 $\pi'_{P_2Q'_{31}P_4}$ 上任意一点, 则

$$\mathrm{d}_{P\text{-}\pi_{P_1Q_{23}P_4}}=\mathrm{d}_{P\text{-}\pi'_{P_3Q'_{12}P_4}}.$$

若 $\sigma_{123}\mathrm{a}_{P_1Q_{23}P_4} = \sigma'_{231}\mathrm{a}_{P_2Q'_{31}P_4}$, P 是棱–棱外角平分点面 $\pi'_{P_3Q'_{12}P_4}$ 上任意一点, 则

$$\mathrm{d}_{P\text{-}\pi_{P_1Q_{23}P_4}} = \mathrm{d}_{P\text{-}\pi'_{P_2Q'_{31}P_4}}.$$

(2) 若 $\sigma'_{312}\mathrm{a}_{P_3Q'_{12}P_4} = \sigma'_{123}\mathrm{a}_{P_1Q'_{23}P_4}$, P 是棱–棱内角平分点面 $\pi_{P_2Q_{31}P_4}$ 上任意一点, 则

$$\mathrm{d}_{P\text{-}\pi'_{P_3Q'_{12}P_4}} = \mathrm{d}_{P\text{-}\pi'_{P_1Q'_{23}P_4}}.$$

若 $\sigma_{231}\mathrm{a}_{P_2Q_{31}P_4} = \sigma'_{123}\mathrm{a}_{P_1Q'_{23}P_4}$, P 是棱–棱外角平分点面 $\pi'_{P_3Q'_{12}P_4}$ 上任意一点, 则

$$\mathrm{d}_{P\text{-}\pi_{P_2Q_{31}P_4}} = \mathrm{d}_{P\text{-}\pi'_{P_1Q'_{23}P_4}}.$$

若 $\sigma_{231}\mathrm{a}_{P_2Q_{31}P_4} = \sigma'_{312}\mathrm{a}_{P_3Q'_{12}P_4}$, P 是棱–棱外角平分点面 $\pi'_{P_1Q'_{23}P_4}$ 上任意一点, 则

$$\mathrm{d}_{P\text{-}\pi_{P_2Q_{31}P_4}} = \mathrm{d}_{P\text{-}\pi'_{P_3Q'_{12}P_4}}.$$

(3) 若 $\sigma'_{123}\mathrm{a}_{P_1Q'_{23}P_4} = \sigma'_{231}\mathrm{a}_{P_2Q'_{31}P_4}$, P 是棱–棱内角平分点面 $\pi_{P_3Q_{12}P_4}$ 上任意一点, 则

$$\mathrm{d}_{P\text{-}\pi'_{P_1Q'_{23}P_4}} = \mathrm{d}_{P\text{-}\pi'_{P_2Q'_{31}P_4}}.$$

若 $\sigma_{312}\mathrm{a}_{P_3Q_{12}P_4} = \sigma'_{231}\mathrm{a}_{P_2Q'_{31}P_4}$, P 是棱–棱外角平分点面 $\pi'_{P_1Q'_{23}P_4}$ 上任意一点, 则

$$\mathrm{d}_{P\text{-}\pi_{P_3Q_{12}P_4}} = \mathrm{d}_{P\text{-}\pi'_{P_2Q'_{31}P_4}}.$$

若 $\sigma_{312}\mathrm{a}_{P_3Q_{12}P_4} = \sigma'_{123}\mathrm{a}_{P_1Q'_{23}P_4}$, P 是棱–棱外角平分点面 $\pi'_{P_2Q'_{31}P_4}$ 上任意一点, 则

$$\mathrm{d}_{P\text{-}\pi_{P_3Q_{12}P_4}} = \mathrm{d}_{P\text{-}\pi'_{P_1Q'_{23}P_4}}.$$

利用式 (7.2.19)~(7.2.27), 也可以得出类似的结果.

证明 (1) 根据定理 7.2.6 的必要性, 式 (7.2.34) 移项后等式两边取绝对值, 即得式 (7.2.35);

类似地, 可以证明 (1) 中其余两个结论成立.

同理可证, (2)~(4) 中结论成立.

7.3 多棱锥棱–底面对角线角平分点面有向距离的定值定理与应用

本节主要应用三角形面的投影式方程和有向距离定值法, 研究多棱锥棱–底面对角线角平分点面有向距离的定值问题. 首先, 给出多棱锥棱–底面对角线角平分

点面的基本概念; 其次, 在建立多棱锥棱–底面对角线角平分点三角形有向面积的投影定理的基础上, 给出点到多棱锥棱–底面对角线角平分点面有向距离的定值定理; 最后, 利用点到多棱锥棱–底面对角线角平分点面有向距离的定值定理和 "由面及体, 由面及线, 由面及点, 点线面体交融" 的思想方法, 推出在一定条件下多棱锥棱–底面对角线角平分点面相交于一线等结论.

7.3.1 多棱锥棱–底面对角线角平分点面的基本概念

定义 7.3.1 设 P_0-$P_1P_2\cdots P_n$ 为 n 棱锥, $P_1P_2\cdots P_n$ 为底面, P_1Q_{n2}, P_2Q_{13}, $\cdots$, $P_nQ_{n-1,1}$ 是底面 $P_1P_2\cdots P_n$ 对角线三角形 $P_nP_1P_2, P_1P_2P_3$, $\cdots$, $P_{n-1}P_nP_1$ 内角的平分线, 则称 P_1Q_{n2}, P_2Q_{13}, $\cdots$, $P_nQ_{n-1,1}$ 分别与其顶点所构成的三角形 $P_1Q_{n2}P_0$, $P_2Q_{13}P_0$, $\cdots$, $P_nQ_{n-1,1}P_0$ 为 P_0-$P_1P_2\cdots P_n$ 的棱–底面对角线角平分点三角形.

定义 7.3.2 n棱锥 P_0-$P_1P_2\cdots P_n$ 的棱–底面对角线角平分点三角形 $P_1Q_{n2}P_0$, $P_2Q_{13}P_0, \cdots$, $P_nQ_{n-1,1}P_0$ 所在的平面, 称为 P_0-$P_1P_2\cdots P_n$ 的棱–底面对角线角平分点面, 记为 $\pi_{P_1Q_{n2}P_0}$, $\pi_{P_2Q_{13}P_0}$, $\cdots$, $\pi_{P_nQ_{n-1,1}P_0}$.

在本节中, 记 $\sigma_i = \mathrm{d}_{P_{i+n-1}P_i} + \mathrm{d}_{P_iP_{i+1}}$, $\delta_i = \mathrm{d}_{P_{i+1}P_{i+2}}\mathrm{d}_{P_{i+2}P_{i+3}}\cdots\mathrm{d}_{P_{i+n-2}P_{i+n-1}}$; $P_{i+n} = P_i$.

7.3.2 多棱锥棱–对角线角平分点面有向距离的定值定理

定理 7.3.1 设 P_0-$P_1P_2\cdots P_n$ 为 n 棱锥, $P_1P_2\cdots P_n$ 为底面, $P_1Q_{n2}P_0$, $P_2Q_{13}P_0$, $\cdots, P_nQ_{n-1,1}P_0$ 为 n 棱锥 P_0-$P_1P_2\cdots P_n$ 的棱–底面对角线角平分点三角形, 则

$$\delta_1\mathrm{Prj}_{xy}\mathrm{D}_{P_1Q_{n2}P_0}+\delta_2\mathrm{Prj}_{xy}\mathrm{D}_{P_2Q_{n+1,3}P_0}+\cdots+\delta_n\mathrm{Prj}_{xy}\mathrm{D}_{P_nQ_{n-1,1}P_0}=0, \quad (7.3.1)$$

$$\delta_1\mathrm{Prj}_{yz}\mathrm{D}_{P_1Q_{n2}P_0}+\delta_2\mathrm{Prj}_{yz}\mathrm{D}_{P_2Q_{n+1,3}P_0}+\cdots+\delta_n\mathrm{Prj}_{yz}\mathrm{D}_{P_nQ_{n-1,1}P_0}=0, \quad (7.3.2)$$

$$\delta_1\mathrm{Prj}_{zx}\mathrm{D}_{P_1Q_{n2}P_0}+\delta_2\mathrm{Prj}_{zx}\mathrm{D}_{P_2Q_{n+1,3}P_0}+\cdots+\delta_n\mathrm{Prj}_{zx}\mathrm{D}_{P_nQ_{n-1,1}P_0}=0. \quad (7.3.3)$$

证明 如图 7.3.1 所示. 设 n 棱锥 P_0-$P_1P_2\cdots P_n$ 顶点的坐标为 $P_i(x_i, y_i, z_i)(i=0,1,2,\cdots,n)$. 在底面对角线三角形 $P_nP_1P_2$, $P_1P_2P_3$, $\cdots$, $P_{n-1}P_nP_1$ 中, 因为 $P_iQ_{i+n-1,i+1}$ 是 $\angle P_{i+n-1}P_iP_{i+1}(i=1,2,\cdots,n)$ 的平分线, 故由三角形内角平分线的性质, 可得

$$\mathrm{D}_{P_{i+n-1}Q_{i+n-1,i+1}}/\mathrm{D}_{Q_{i+n-1,i+1}P_{i+1}} = \mathrm{d}_{P_{i+n-1}P_i}/\mathrm{d}_{P_iP_{i+1}}.$$

于是由定比分点定理, 求得 $Q_{i+n-1,i+1}$ 的坐标分别为

$$\begin{cases} x_{Q_{i+n-1,i+1}} = (\mathrm{d}_{P_iP_{i+1}}x_{i+n-1} + \mathrm{d}_{P_{i+n-1}P_i}x_{i+1})/\sigma_i, \\ y_{Q_{i+n-1,i+1}} = (\mathrm{d}_{P_iP_{i+1}}y_{i+n-1} + \mathrm{d}_{P_{i+n-1}P_i}y_{i+1})/\sigma_i, \\ z_{Q_{i+n-1,i+1}} = (\mathrm{d}_{P_iP_{i+1}}z_{i+n-1} + \mathrm{d}_{P_{i+n-1}P_i}z_{i+1})/\sigma_i \end{cases} \quad (i = 1, 2, \cdots, n).$$

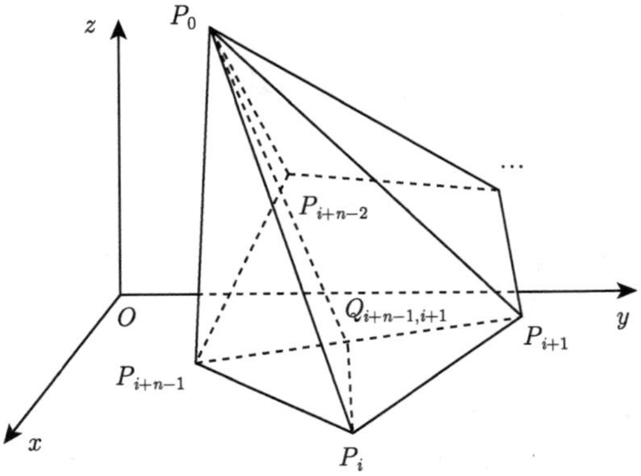

图 7.3.1

于是由空间三角形在坐标面上投影公式, 可得

$$\begin{aligned}
&\sigma_i \mathrm{Prj}_{xy}\mathrm{D}_{P_iQ_{i+n-1,i+1}P_0} \\
=&\frac{1}{2}\begin{vmatrix} x_i & y_i & 1 \\ \mathrm{d}_{P_iP_{i+1}}x_{i+n-1} + \mathrm{d}_{P_{i+n-1}P_i}x_{i+1} & \mathrm{d}_{P_iP_{i+1}}y_{i+n-1} + \mathrm{d}_{P_{i+n-1}P_i}y_{i+1} & \mathrm{d}_{P_{i+n-1}P_i} + \mathrm{d}_{P_iP_{i+1}} \\ x_0 & y_0 & 1 \end{vmatrix} \\
=&\frac{1}{2}\mathrm{d}_{P_iP_{i+1}}\begin{vmatrix} x_i & y_i & 1 \\ x_{i+n-1} & y_{i+n-1} & 1 \\ x_0 & y_0 & 1 \end{vmatrix} + \frac{1}{2}\mathrm{d}_{P_{i+n-1}P_i}\begin{vmatrix} x_i & y_i & 1 \\ x_{i+1} & y_{i+1} & 1 \\ x_0 & y_0 & 1 \end{vmatrix} \\
=&\mathrm{d}_{P_iP_{i+1}}\mathrm{Prj}_{xy}\mathrm{D}_{P_iP_{i+n-1}P_0} + \mathrm{d}_{P_{i+n-1}P_i}\mathrm{Prj}_{xy}\mathrm{D}_{P_iP_{i+1}P_0},
\end{aligned}$$

所以

$$\begin{aligned}
&\sum_{i=1}^{n}\delta_i \mathrm{Prj}_{xy}\mathrm{D}_{P_iQ_{i+n-1,i+1}P_0} \\
=&\sum_{i=1}^{n}\left(\mathrm{d}_{P_{i+n-1}P_i} + \mathrm{d}_{P_iP_{i+1}}\right)\mathrm{d}_{P_{i+1}P_{i+2}}\mathrm{d}_{P_{i+2}P_{i+3}}\cdots\mathrm{d}_{P_{i+n-2}P_{i+n-1}}\mathrm{Prj}_{xy}\mathrm{D}_{P_iQ_{i+n-1,i+1}P_0}
\end{aligned}$$

$$
\begin{aligned}
&=\sum_{i=1}^{n} \mathrm{d}_{P_iP_{i+1}}\mathrm{d}_{P_{i+1}P_{i+2}}\mathrm{d}_{P_{i+2}P_{i+3}}\cdots\mathrm{d}_{P_{i+n-2}P_{i+n-1}}\mathrm{Prj}_{xy}\mathrm{D}_{P_iP_{i+n-1}P_0}\\
&\quad+\sum_{i=1}^{n} \mathrm{d}_{P_{i+1}P_{i+2}}\mathrm{d}_{P_{i+2}P_{i+3}}\cdots\mathrm{d}_{P_{i+n-2}P_{i+n-1}}\mathrm{d}_{P_{i+n-1}P_i}\mathrm{Prj}_{xy}\mathrm{D}_{P_iP_{i+1}P_0}\\
&=\sum_{i=1}^{n} \mathrm{d}_{P_{i+1}P_{i+2}}\mathrm{d}_{P_{i+2}P_{i+3}}\mathrm{d}_{P_{i+3}P_{i+4}}\cdots\mathrm{d}_{P_{i+n-1}P_i}\mathrm{Prj}_{xy}\mathrm{D}_{P_{i+1}P_iP_0}\\
&\quad+\sum_{i=1}^{n} \mathrm{d}_{P_{i+1}P_{i+2}}\mathrm{d}_{P_{i+2}P_{i+3}}\cdots\mathrm{d}_{P_{i+n-2}P_{i+n-1}}\mathrm{d}_{P_{i+n-1}P_i}\mathrm{Prj}_{xy}\mathrm{D}_{P_iP_{i+1}P_0}\\
&=0.
\end{aligned}
$$

类似地, 可以证明式 (7.3.2)~(7.3.3) 成立.

定理 7.3.2 设 P_0-$P_1P_2\cdots P_n$ 为 n 棱锥, $P_1P_2\cdots P_n$ 为底面, $P_1Q_{n2}P_0$, $P_2Q_{13}P_0$, $\cdots$, $P_nQ_{n-1,1}P_0$ 为 n 棱锥 P_0-$P_1P_2\cdots P_n$ 的棱–底面对角线角平分点三角形, $\pi_{P_1Q_{n2}P_0}$, $\pi_{P_2Q_{13}P_0}$, $\cdots$, $\pi_{P_nQ_{n-1,1}P_0}$ 是 P_0-$P_1P_2\cdots P_n$ 棱–底面对角线角平分点面, P 是空间任意一点, 则

$$
\begin{aligned}
&\delta_1\mathrm{a}_{P_1Q_{n2}P_0}\mathrm{D}_{P\text{-}\pi_{P_1Q_{n,2}P_0}}+\delta_2\mathrm{a}_{P_2Q_{n+1,3}P_0}\mathrm{D}_{P\text{-}\pi_{P_2Q_{n+1,3}P_0}}+\cdots\\
&+\delta_n\mathrm{a}_{P_nQ_{n-1,1}P_0}\mathrm{D}_{P\text{-}\pi_{P_nQ_{n-1,1}P_0}}=0.
\end{aligned}\tag{7.3.4}
$$

证明 设 n 棱锥 P_0-$P_1P_2\cdots P_n$ 顶点的坐标如定理 7.3.1 中所述. 根据定理 2.1.1, 可得 P_0-$P_1P_2\cdots P_n$ 的棱–底面对角线角平分点面的方程

$$
\begin{aligned}
\pi_{P_iQ_{i+n-1,i+1}P_0}:\ &x\mathrm{Prj}_{yz}\mathrm{D}_{P_iQ_{i+n-1,i+1}P_0}+y\mathrm{Prj}_{zx}\mathrm{D}_{P_iQ_{i+n-1,i+1}P_0}\\
&+z\mathrm{Prj}_{xy}\mathrm{D}_{P_iQ_{i+n-1,i+1}P_0}-\Delta_{P_iQ_{i+n-1,i+1}P_0}=0,
\end{aligned}
$$

其中 $i=1,2,\cdots,n$.

设空间任意点的坐标为 $P(x,y,z)$, 于是由点到平面的有向距离公式, 可得

$$
\begin{aligned}
&\mathrm{a}_{P_iQ_{i+n-1,i+1}P_0}\mathrm{D}_{P\text{-}\pi_{P_iQ_{i+n-1,i+1}P_0}}\\
&=x\mathrm{Prj}_{yz}\mathrm{D}_{P_iQ_{i+n-1,i+1}P_0}+y\mathrm{Prj}_{zx}\mathrm{D}_{P_iQ_{i+n-1,i+1}P_0}\\
&\quad+z\mathrm{Prj}_{xy}\mathrm{D}_{P_iQ_{i+n-1,i+1}P_0}-\Delta_{P_iQ_{i+n-1,i+1}P_0},
\end{aligned}\tag{7.3.5}
$$

其中 $i=1,2,\cdots,n$.

因为

$$
\sum_{i=1}^{n}\delta_i\Delta_{P_iQ_{i+n-1,i+1}P_0}
$$

$$=\frac{1}{2}\sum_{i=1}^{n}\mathrm{d}_{P_{i+1}P_{i+2}}\mathrm{d}_{P_{i+2}P_{i+3}}\cdots\mathrm{d}_{P_{i+n-2}P_{i+n-1}}\begin{vmatrix} x_i & y_i & 1\\ \mathrm{d}_{P_iP_{i+1}}x_{i+n-1}+\mathrm{d}_{P_{i+n-1}P_i}x_{i+1} & \mathrm{d}_{P_iP_{i+1}}y_{i+n-1}+\mathrm{d}_{P_{i+n-1}P_i}y_{i+1} & \mathrm{d}_{P_{i+n-1}P_i}+\mathrm{d}_{P_iP_{i+1}}\\ x_0 & y_0 & 1\end{vmatrix}$$

$$=\frac{1}{2}\sum_{i=1}^{n}\mathrm{d}_{P_iP_{i+1}}\mathrm{d}_{P_{i+1}P_{i+2}}\mathrm{d}_{P_{i+2}P_{i+3}}\cdots\mathrm{d}_{P_{i+n-2}P_{i+n-1}}\begin{vmatrix} x_i & y_i & 1\\ x_{i+n-1} & y_{i+n-1} & 1\\ x_0 & y_0 & 1\end{vmatrix}$$

$$+\frac{1}{2}\sum_{i=1}^{n}\mathrm{d}_{P_{i+1}P_{i+2}}\mathrm{d}_{P_{i+2}P_{i+3}}\cdots\mathrm{d}_{P_{i+n-2}P_{i+n-1}}\mathrm{d}_{P_{i+n-1}P_i}\begin{vmatrix} x_i & y_i & 1\\ x_{i+1} & y_{i+1} & 1\\ x_0 & y_0 & 1\end{vmatrix}$$

$$=\frac{1}{2}\sum_{i=1}^{n}\mathrm{d}_{P_{i+1}P_{i+2}}\mathrm{d}_{P_{i+2}P_{i+3}}\mathrm{d}_{P_{i+3}P_{i+4}}\cdots\mathrm{d}_{P_{i+n-1}P_i}\begin{vmatrix} x_{i+1} & y_{i+1} & 1\\ x_i & y_i & 1\\ x_0 & y_0 & 1\end{vmatrix}$$

$$+\frac{1}{2}\sum_{i=1}^{n}\mathrm{d}_{P_{i+1}P_{i+2}}\mathrm{d}_{P_{i+2}P_{i+3}}\cdots\mathrm{d}_{P_{i+n-2}P_{i+n-1}}\mathrm{d}_{P_{i+n-1}P_i}\begin{vmatrix} x_i & y_i & 1\\ x_{i+1} & y_{i+1} & 1\\ x_0 & y_0 & 1\end{vmatrix}$$

$$=0,$$

故由式 (7.3.5) 和定理 7.3.1, 可得

$$\begin{aligned}&\sum_{i=1}^{n}\delta_i\mathrm{a}_{P_iQ_{i+n-1,i+1}P_0}\mathrm{D}_{P\text{-}\pi_{P_iQ_{i+n-1,i+1}P_0}}\\ =&x\sum_{i=1}^{n}\delta_i\mathrm{Prj}_{yz}\mathrm{D}_{P_iQ_{i+n-1,i+1}P_0}+y\sum_{i=1}^{n}\delta_i\mathrm{Prj}_{zx}\mathrm{D}_{P_iQ_{i+n-1,i+1}P_0}\\ &+z\sum_{i=1}^{n}\delta_i\mathrm{Prj}_{xy}\mathrm{D}_{P_iQ_{i+n-1,i+1}P_0}-\sum_{i=1}^{n}\delta_i\Delta_{P_iQ_{i+n-1,i+1}P_0}\\ =&0,\end{aligned}$$

因此, 式 (7.3.4) 成立.

推论 7.3.1 设 P_0-$P_1P_2\cdots P_n$ 为 n 棱锥, $P_1P_2\cdots P_n$ 为底面, $P_1Q_{n2}P_0$, $P_2Q_{13}P_0$, $\cdots$, $P_nQ_{n-1,1}P_0$ 为 n 棱锥 P_0-$P_1P_2\cdots P_n$ 的棱–底面对角线角平分点三角形, $\pi_{P_1Q_{n2}P_0}$, $\pi_{P_2Q_{13}P_0}$, $\cdots$, $\pi_{P_nQ_{n-1,1}P_0}$ 是 P_0-$P_1P_2\cdots P_n$ 棱–底面对角线角平分点面,

则 P 是棱–底面对角线角平分点面 $\pi_{P_jQ_{j+n-1,j+1}P_0}$ 任意一点的充分必要条件是

$$\sum_{i=1,i\neq j}^{n}\delta_i \mathrm{a}_{P_iQ_{i+n-1,i+1}P_0}\mathrm{D}_{P\text{-}\pi_{P_iQ_{i+n-1,i+1}P_0}}=0(j=1,2,\cdots,n). \tag{7.3.6}$$

证明 根据定理 7.3.2, 由式 (7.3.4), 可得

P 是棱–底面对角线角平分点面 $\pi_{P_jQ_{j+n-1,j+1}P_0}$ 上任意一点
$\Leftrightarrow \mathrm{D}_{P\text{-}\pi_{P_jQ_{j+n-1,j+1}P_0}}=0\Leftrightarrow$ 式 (7.3.6) 成立.

推论 7.3.2 设P_0-$P_1P_2\cdots P_n$为n棱锥, $P_1P_2\cdots P_n$为底面, $P_1Q_{n2}P_0$, $P_2Q_{13}P_0$, $\cdots$, $P_nQ_{n-1,1}P_0$ 为n棱锥 P_0-$P_1P_2\cdots P_n$的棱–底面对角线角平分点三角形, $\pi_{P_1Q_{n2}P_0}$, $\pi_{P_2Q_{13}P_0}$, $\cdots$, $\pi_{P_nQ_{n-1,1}P_0}$ 是 P_0-$P_1P_2\cdots P_n$ 棱–底面对角线角平分点面. 若 P 是两棱–底面对角线角平分点面 $\pi_{P_jQ_{j+n-1,j+1}P_0}$, $\pi_{P_kQ_{k+n-1,k+1}P_0}$ 任意一点, 则

$$\sum_{i=1,i\neq j,k}^{n}\delta_i \mathrm{a}_{P_iQ_{i+n-1,i+1}P_0}\mathrm{D}_{P\text{-}\pi_{P_iQ_{i+n-1,i+1}P_0}}=0(j,k=1,2,\cdots,n;j<k). \tag{7.3.7}$$

证明 根据定理 7.3.2, 由式 (7.3.4), 可得

P 是两平面 $\pi_{P_jQ_{j+n-1,j+1}P_0}$, $\pi_{P_kQ_{k+n-1,k+1}P_0}$ 交线上任意一点
$\Leftrightarrow \mathrm{D}_{P\text{-}\pi_{P_jQ_{j+n-1,j+1}P_0}}=\mathrm{D}_{P\text{-}\pi_{P_kQ_{k+n-1,k+1}P_0}}=0\Leftrightarrow$ 式 (7.3.7) 成立.

7.3.3 多棱锥棱–底面对角线角平分点面有向距离定值定理的应用

定理 7.3.3 设 P_0-$P_1P_2\cdots P_n$ 为 n 棱锥, $P_1P_2\cdots P_n$ 为底面, $\pi_{P_1Q_{n2}P_0}$, $\pi_{P_2Q_{13}P_0}$, $\cdots$, $\pi_{P_nQ_{(n-1)1}P_0}$ 是 P_0-$P_1P_2\cdots P_n$ 棱–底面对角线角平分点面, 则

(1) 若 $\pi_{P_1Q_{n2}P_0}$, $\pi_{P_2Q_{13}P_0}$, $\cdots$, $\pi_{P_nQ_{(n-1)1}P_0}$ 中有 $n-1$ 个平面相交于过 P_0 的一条直线, 则这 n 个平面相交于过 P_0 的这条直线;

(2) 若 $\pi_{P_1Q_{n2}P_0}$, $\pi_{P_2Q_{13}P_0}$, $\cdots$, $\pi_{P_nQ_{(n-1)1}P_0}$ 中有三个平面仅相交于点 P_0, 则这 n 个平面仅相交于点 P_0.

证明 (1) 不妨设 $\pi_{P_2Q_{13}P_0}$, $\cdots$, $\pi_{P_nQ_{(n-1)1}P_0}$ 相交于一线 r, 故对 r 上任意一点 P, 恒有 $\mathrm{D}_{P\text{-}\pi_{P_2Q_{13}P_0}}=\cdots=\mathrm{D}_{P\text{-}\pi_{P_nQ_{(n-1)1}P_0}}=0$. 代入式 (7.3.4) 并注意到 $\delta_1\mathrm{a}_{P_1Q_{n2}P_0}\neq 0$, 得 $\mathrm{D}_{P\text{-}\pi_{P_1Q_{n2}P_0}}=0$, 所以 P 在棱–底面对角线角平分点面 $\pi_{P_1Q_{n2}P_0}$ 上. 因此, $\pi_{P_1Q_{n2}P_0}$, $\pi_{P_2Q_{13}P_0}$, $\cdots$, $\pi_{P_nQ_{(n-1)1}P_0}$ 相交于一线.

(2) 因为 $\pi_{P_1Q_{n2}P_0}$, $\pi_{P_2Q_{13}P_0}$, $\cdots$, $\pi_{P_nQ_{(n-1)1}P_0}$ 中有三个平面仅相交于点 P_0, 所以这 n 个平面不可能相交于一线. 又显然, 这 n 个平面都是过点 P_0, 因此这 n 个平面仅相交于点 P_0.

定理 7.3.4 设 P_0-$P_1P_2\cdots P_n$ 为 n 棱锥, $P_1P_2\cdots P_n$ 为底面, $P_1Q_{n2}P_0$, $P_2Q_{13}P_0$, $\cdots$, $P_nQ_{n-1,1}P_0$ 为 n 棱锥 P_0-$P_1P_2\cdots P_n$ 的棱–底面对角线角平分点三角形,

$\pi_{P_1Q_{n2}P_0}$, $\pi_{P_2Q_{13}P_0}$, $\cdots$, $\pi_{P_nQ_{n-1,1}P_0}$ 是 P_0-$P_1P_2\cdots P_n$ 棱–底面对角线角平分点面, P 是空间任意一点. 若 $\delta_1\mathrm{a}_{P_1Q_{n2}P_0}=\delta_2\mathrm{a}_{P_2Q_{n+1,3}P_0}=\cdots=\delta_n\mathrm{a}_{P_nQ_{n-1,1}P_0}$, 则

$$\mathrm{D}_{P\text{-}\pi_{P_1Q_{n2}P_0}}+\mathrm{D}_{P\text{-}\pi_{P_2Q_{n+1,3}P_0}}+\cdots+\mathrm{D}_{P\text{-}\pi_{P_nQ_{n-1,1}P_0}}=0. \tag{7.3.8}$$

证明　将 $\delta_1\mathrm{a}_{P_1Q_{n2}P_0}=\delta_2\mathrm{a}_{P_2Q_{n+1,3}P_0}=\cdots=\delta_n\mathrm{a}_{P_nQ_{n-1,1}P_0}\neq 0$, 代入式 (7.3.4) 并化简, 即得式 (7.3.8).

推论 7.3.3　设 P_0-$P_1P_2\cdots P_5$ 为五棱锥, $P_1P_2\cdots P_5$ 为底面, $P_2Q_{13}P_0$, $P_3Q_{24}P_0$, $\cdots$, $P_1Q_{52}P_0$ 为棱–底面对角线角平分点三角形, $\pi_{P_2Q_{13}P_0}$, $\pi_{P_3Q_{24}P_0}$, $\cdots$, $\pi_{P_1Q_{52}P_0}$ 为棱–底面对角线角平分点平面. 若 $\mathrm{a}_{P_2Q_{13}P_0}=\mathrm{a}_{P_3Q_{24}P_0}=\cdots=\mathrm{a}_{P_1Q_{52}P_0}$, P 是两棱–底面对角线角平分点面上任意一点, 则在 P 到其余三个棱–底面对角线角平分点平面的距离中, 其中一个较长的距离等于另两个较短的距离的和.

证明　不妨设 P 是两棱–底面对角线角平分点面 $\pi_{P_2Q_{13}P_0}$, $\pi_{P_3Q_{24}P_0}$ 内角平分面上任意一点, 则

$$\mathrm{D}_{P\text{-}\pi_{P_2Q_{13}P_0}}+\mathrm{D}_{P\text{-}\pi_{PP_3Q_{24}P_0}}=0,$$

代入式 (6.3.10), 得

$$\mathrm{D}_{\pi_{P_4Q_{35}P_0}}+\mathrm{D}_{\pi_{P_5Q_{41}P_0}}+\mathrm{D}_{P\text{-}\pi_{P_1Q_{52}P_0}}=0.$$

因此, 在 P 到其余三个棱–底面对角线对棱角平分点面的距离

$$\mathrm{d}_{\pi_{P_4Q_{35}P_0}},\quad \mathrm{d}_{\pi_{P_5Q_{41}P_0}},\quad \mathrm{d}_{P\text{-}\pi_{P_1Q_{52}P_0}}$$

中, 其中一个较长的距离等于另两个较短的距离的和.

定理 7.3.5　设 P_0-$P_1P_2\cdots P_n$ 为 n 棱锥, $P_1P_2\cdots P_n$ 为底面, $P_2Q_{13}P_0$, $P_3Q_{24}P_0$, $\cdots$, $P_1Q_{n,2}P_0$ 为棱–底面对角线角平分点三角形, $\pi_{P_2Q_{13}P_0}$, $\pi_{P_3Q_{24}P_0}$, $\cdots$, $\pi_{P_1Q_{n,2}P_0}$ 为棱–底面对角线角平分点面. 若对 $\forall i=1,2,\cdots,2n+1(i\neq j)$, $\mathrm{a}_{P_{i+1}Q_{i,i+2}P_0}=a$, 则 P 是 $\pi_{P_{j+1}Q_{j,j+2}P_0}$ 任意一点的充分必要条件是

$$\sum_{i=1,i\neq j}^{n}\mathrm{D}_{P\text{-}\pi_{P_{i+1}Q_{i,i+2}P_0}}=0(j=1,2,\cdots,n). \tag{7.3.9}$$

证明　依题设, 式 (7.3.4) 可以改写成

$$\mathrm{a}_{P_{j+1}Q_{j,j+2}P_0}\mathrm{D}_{P\text{-}\pi_{P_{j+1}Q_{j,j+2}P_0}}\Big/a+\sum_{i=1,i\neq j}^{n}\mathrm{D}_{P\text{-}\pi_{P_{i+1}Q_{i,i+2}P_0}}=0,$$

其中 $j=1,2,\cdots,n$. 于是由上式, 可得

P 是棱–底面对角线角平分点面 $\pi_{P_{j+1}Q_{j,j+2}P_0}$ 上任意一点 $\Leftrightarrow \mathrm{D}_{P\text{-}\pi_{P_{j+1}Q_{j,j+2}P_0}} = 0 \Leftrightarrow$ 式 (7.3.9) 成立.

推论 7.3.4 设P_0-$P_1P_2\cdots P_5$ 为五棱锥, $P_1P_2\cdots P_5$ 为底面, $P_2Q_{13}P_0$, $P_3Q_{24}P_0$, $\cdots$, $P_1Q_{52}P_0$ 为棱–底面对角线角平分点三角形, $\pi_{P_2Q_{13}P_0}$, $\pi_{P_3Q_{24}P_0}$, $\cdots$, $\pi_{P_1Q_{52}P_0}$ 为棱–底面对角线角平分点面, P 是面 $\pi_{P_{j+3}Q_{j,j+2}P_0}(i_1, i_2, i_3, i_4, j = 1, 2, \cdots, 5; j \neq i_1, i_2, i_3, i_4)$ 上任意一点. 若 $\mathrm{a}_{P_{i_1+3}Q_{i_1,i_1+2}P_0} = \mathrm{a}_{P_{i_2+3}Q_{i_2,i_2+2}P_0} = \mathrm{a}_{P_{i_3+3}Q_{i_3,i_3+2}P_0} = \mathrm{a}_{P_{i_4+3}Q_{i_4,i_4+2}P_0}$, 则

(1) $\pi_{P_{j+3}Q_{j,j+2}P_0}$与两棱–底面对角线角平分点面$\pi_{P_{i_1+3}Q_{i_1,i_1+2}P_0}$, $\pi_{P_{i_2+3}Q_{i_2,i_2+2}P_0}$ 内角平分面的交线和 $\pi_{P_{j+3}Q_{j,j+2}P_0}$ 与两棱–底面对角线角平分点面 $\pi_{P_{i_3+3}Q_{i_3,i_3+2}P_0}$, $\pi_{P_{i_4+3}Q_{i_4,i_4+2}P_0}$ 内角平分面的交线重合;

(2) $\pi_{P_{j+3}Q_{j,j+2}P_0}$ 与两棱–底面对角线角平分点面$\pi_{P_{i_1+3}Q_{i_1,i_1+2}P_0}$, $\pi_{P_{i_3+3}Q_{i_3,i_3+2}P_0}$ 内角平分面的交线和 $\pi_{P_{j+3}Q_{j,j+2}P_0}$ 与两棱–底面对角线角平分点面 $\pi_{P_{i_2+3}Q_{i_2,i_2+2}P_0}$, $\pi_{P_{i_4+3}Q_{i_4,i_4+2}P_0}$ 内角平分面的交线重合;

(3) $\pi_{P_{j+3}Q_{j,j+2}P_0}$ 与两棱–底面对角线角平分点面$\pi_{P_{i_1+3}Q_{i_1,i_1+2}P_0}$, $\pi_{P_{i_4+3}Q_{i_4,i_4+2}P_0}$ 内角平分面的交线和 $\pi_{P_{j+3}Q_{j,j+2}P_0}$ 与两棱–底面对角线角平分点面 $\pi_{P_{i_2+3}Q_{i_2,i_2+2}P_0}$, $\pi_{P_{i_3+3}Q_{i_3,i_3+2}P_0}$ 内角平分面的交线重合.

证明 在定理 7.3.5 中令 $n = 2$, 仿推论 6.2.4 证明即得.

定理 7.3.6 设 P_0-$P_1P_2\cdots P_n$ 为 n 棱锥, $P_1P_2\cdots P_n$ 为底面, $P_2Q_{13}P_0$, $P_3Q_{24}P_0$, $\cdots$, $P_1Q_{n,2}P_0$ 为棱–底面对角线角平分点三角形, $\pi_{P_2Q_{13}P_0}$, $\pi_{P_3Q_{24}P_0}$, $\cdots$, $\pi_{P_1Q_{n,2}P_0}$ 为棱–底面对角线角平分点面, P 是两棱–底面对角线角平分点面 $\pi_{P_{j+1}Q_{j,j+2}P_0}$, $\pi_{P_{k+1}Q_{k,k+2}P_0}$ 交线上任意一点. 若对 $\forall i = 1, 2, \cdots, 2n+1, (i \neq j, k)$, $\mathrm{a}_{P_{i+1}Q_{i,i+2}P_0} = a$, 则

$$\sum_{i=1, i\neq j,k}^{n} \mathrm{D}_{P\text{-}\pi_{P_{i+1}Q_{i,i+2}P_0}} = 0, \tag{7.3.10}$$

其中 $j, k = 1, 2, \cdots, 2n+1; j < k$.

证明 依题设, 式 (7.3.4) 可以改写成

$$\sum_{i=j,k} \mathrm{a}_{P_{i+1}Q_{i,i+2}P_0}\mathrm{D}_{P\text{-}\pi_{P_{i+1}Q_{i,i+2}P_0}} \Big/ a + \sum_{i=1, i\neq j,k}^{n} \mathrm{D}_{P\text{-}\pi_{P_{i+1}Q_{i,i+2}P_0}} = 0,$$

其中 $j, k = 1, 2, \cdots, 2n+1; j < k$. 于是由上式, 可得

$$P \text{ 是两平面 } \pi_{P_{j+1}Q_{j,j+2}P_0}, \pi_{P_{k+1}Q_{k,k+2}P_0} \text{ 交线上任意一点}$$
$$\Rightarrow \mathrm{D}_{P\text{-}\pi_{P_{j+1}Q_{j,j+2}P_0}} = \mathrm{D}_{P\text{-}\pi_{P_{k+1}Q_{k,k+2}P_0}} = 0 \Rightarrow \text{式 (7.3.10) 成立}.$$

推论 7.3.5 设 P_0-$P_1P_2\cdots P_5$ 为五棱锥, $P_1P_2\cdots P_5$ 为底面, $P_2Q_{13}P_0$, $P_3Q_{24}P_0$, $\cdots$, $P_1Q_{52}P_0$ 为棱–底面对角线角平分点三角形, $\pi_{P_2Q_{13}P_0}$, $\pi_{P_3Q_{24}P_0}$, $\cdots$,

$\pi_{P_1Q_{52}P_0}$ 为棱–底面对角线角平分点平面, P 是两棱–底面对角线角平分点面 $\pi_{P_{j+1}Q_{j,j+2}P_0}$, $\pi_{P_{k+1}Q_{k,k+2}P_0}$ 交线上任意一点. 若对 $\forall i = 1,2,\cdots, 5(i \neq j,k)$, $\mathrm{a}_{P_{i+1}Q_{i,i+2}P_0} = a$, 则在如下三个点到棱–底面对角线角平分点面的距离

$$\mathrm{d}_{P\text{-}\pi_{P_{i_1+1}Q_{i_1,i_1+2}P_0}},\quad \mathrm{d}_{P\text{-}\pi_{P_{i_2+1}Q_{i_2,i_2+2}P_0}},\quad \mathrm{d}_{P\text{-}\pi_{P_{i_3+1}Q_{i_3,i_3+2}P_0}}$$

$(i_1,i_2,i_3 = 1,2,\cdots,5; i_1,i_2,i_3 \neq j,k)$ 中, 其中一个较长的距离等于另两个较小的有向距离的和.

证明　在定理 7.3.6 中令 $n=2$, 则式 (7.3.10) 可以改写成

$$\mathrm{D}_{P\text{-}\pi_{P_{i_1+1}Q_{i_1,i_1+2}P_0}} + \mathrm{D}_{P\text{-}\pi_{P_{i_2+1}Q_{i_2,i_2+2}P_0}} + \mathrm{D}_{P\text{-}\pi_{P_{i_3+1}Q_{i_3,i_3+2}P_0}} = 0,$$

其中 $i_1,i_2,i_3 = 1,2,\cdots,5; i_1,i_2,i_3 \neq j,k$. 于是由上式, 可知推论 7.3.5 结论成立.

第 8 章　多面体中两类三角形面有向距离的定值定理与应用

8.1　四面体棱–棱高足面有向距离的定值定理与应用

本节主要应用三角形面的投影式方程和有向距离定值法, 研究四面体棱–棱高足面有向距离的定值问题. 首先, 给出四面体棱–棱高足面的基本概念; 其次, 在建立四面体棱–棱高足三角形有向面积的投影定理的基础上, 给出四面体棱–棱高足面有向距离的定值定理; 最后, 利用四面体棱–棱高足面有向距离的定值定理和 "由面及体, 由面及线, 由面及点, 点线面体交融" 的思想方法, 推出四面体各面的高足面相交于一线等结论.

8.1.1　四面体棱–棱高足三角形的基本概念

定义 8.1.1　设 $P_1P_2P_3P_4$ 为四面体, P_1Q_{23}, P_2Q_{31}, P_3Q_{12} 是三角形面 $P_1P_2P_3$ 的高线, 则称 Q_{23},Q_{31},Q_{12} 分别与其对棱所构成的三角形 $P_1Q_{23}P_4,P_2Q_{31}P_4$, $P_3Q_{12}P_4$ 为 $P_1P_2P_3P_4$ 三角形面 $P_1P_2P_3$ 的棱–棱高足三角形.

类似地, 可以定义 $P_1P_2P_3P_4$ 其余各三角形面 $P_2P_3P_4$, $P_3P_4P_1$, $P_4P_1P_2$ 的棱–棱高足三角形 $P_2R_{34}P_1$, $P_3R_{42}P_1$, $P_4R_{23}P_1$; $P_3S_{41}P_2$, $P_4S_{13}P_2$, $P_1S_{34}P_2$; $P_4T_{12}P_3$, $P_1T_{24}P_3$, $P_2T_{41}P_3$.

四面体 $P_1P_2P_3P_4$ 各三角形 $P_1P_2P_3$, $P_2P_3P_4$, $P_3P_4P_1$, $P_4P_1P_2$ 面的棱–棱高足三角形, 统称为 $P_1P_2P_3P_4$ 的棱–棱高足三角形.

定义 8.1.2　设 $P_1P_2P_3P_4$ 为四面体, $P_1Q_{23}P_4,P_2Q_{31}P_4,P_3Q_{12}P_4$ 为 $P_1P_2P_3P_4$ 三角形面 $P_1P_2P_3$ 的棱–棱高足三角形, 则称 $P_1Q_{23}P_4,P_2Q_{31}P_4$, $P_3Q_{12}P_4$ 所在的平面分别为 $P_1P_2P_3P_4$ 三角形面 $P_1P_2P_3$ 的棱–棱高足面, 记为 $\tau_{P_1Q_{23}P_4}$, $\tau_{P_2Q_{31}P_4}$, $\tau_{P_3Q_{12}P_4}$.

类似地, 可以定义 $P_1P_2P_3P_4$ 其余各三角形面 $P_2P_3P_4,P_3P_4P_1,P_4P_1P_2$ 的棱–棱高足面 $\tau_{P_2R_{34}P_1},\tau_{P_3R_{42}P_1},\tau_{P_4R_{23}P_1}$; $\tau_{P_3S_{41}P_2},\tau_{P_4S_{13}P_2},\tau_{P_1S_{34}P_2}$; $\tau_{P_4T_{12}P_3},\tau_{P_1T_{24}P_3}$, $\tau_{P_2T_{41}P_3}$.

四面体 $P_1P_2P_3P_4$ 各三角形 $P_1P_2P_3$, $P_2P_3P_4$, $P_3P_4P_1$, $P_4P_1P_2$ 面的棱–棱高足面, 统称为 $P_1P_2P_3P_4$ 的棱–棱高足面.

定义 8.1.3　过四面体 $P_1P_2P_3P_4$ 一个顶点 P_l 与其对面 $P_iP_jP_k$ 垂心的连线,

称为 $P_1P_2P_3P_4$ 的垂心线, 记为 $g_{l\text{-}ijk}$.

显然, 四面体 $P_1P_2P_3P_4$ 有四条垂心线, 即 $g_{1\text{-}234}$, $g_{2\text{-}341}$, $g_{3\text{-}412}$, $g_{4\text{-}123}$, 而就四面体 $P_1P_2P_3P_4$ 的某面而言, 例如 $P_1P_2P_3$, 记号 $g_{4\text{-}123}$, $g_{4\text{-}231}$, $g_{4\text{-}312}$ 是完全一样的, 不必区分.

8.1.2　四面体棱–棱高足面有向距离的定值定理

定理 8.1.1　设 $P_1P_2P_3P_4$ 是四面体, $P_1Q_{23}P_4$, $P_2Q_{31}P_4$, $P_3Q_{12}P_4$; $P_2R_{34}P_1$, $P_3R_{42}P_1$, $P_4R_{23}P_1$; $P_3S_{41}P_2$, $P_4S_{13}P_2$, $P_1S_{34}P_2$; $P_4T_{12}P_3$, $P_1T_{24}P_3$, $P_2T_{41}P_3$ 是 $P_1P_2P_3P_4$ 的棱–棱高足三角形, 则

$$\mathrm{d}^2_{P_2P_3}\mathrm{Prj}_{xy}\mathrm{D}_{P_1Q_{23}P_4}+\mathrm{d}^2_{P_3P_1}\mathrm{Prj}_{xy}\mathrm{D}_{P_2Q_{31}P_4}+\mathrm{d}^2_{P_1P_2}\mathrm{Prj}_{xy}\mathrm{D}_{P_3Q_{12}P_4}=0,\quad(8.1.1)$$

$$\mathrm{d}^2_{P_2P_3}\mathrm{Prj}_{yz}\mathrm{D}_{P_1Q_{23}P_4}+\mathrm{d}^2_{P_3P_1}\mathrm{Prj}_{yz}\mathrm{D}_{P_2Q_{31}P_4}+\mathrm{d}^2_{P_1P_2}\mathrm{Prj}_{yz}\mathrm{D}_{P_3Q_{12}P_4}=0,\quad(8.1.2)$$

$$\mathrm{d}^2_{P_2P_3}\mathrm{Prj}_{zx}\mathrm{D}_{P_1Q_{23}P_4}+\mathrm{d}^2_{P_3P_1}\mathrm{Prj}_{zx}\mathrm{D}_{P_2Q_{31}P_4}+\mathrm{d}^2_{P_1P_2}\mathrm{Prj}_{zx}\mathrm{D}_{P_3Q_{12}P_4}=0;\quad(8.1.3)$$

$$\mathrm{d}^2_{P_3P_4}\mathrm{Prj}_{xy}\mathrm{D}_{P_2R_{34}P_1}+\mathrm{d}^2_{P_4P_2}\mathrm{Prj}_{xy}\mathrm{D}_{P_3R_{42}P_1}+\mathrm{d}^2_{P_2P_3}\mathrm{Prj}_{xy}\mathrm{D}_{P_4R_{23}P_1}=0,\quad(8.1.4)$$

$$\mathrm{d}^2_{P_3P_4}\mathrm{Prj}_{yz}\mathrm{D}_{P_2R_{34}P_1}+\mathrm{d}^2_{P_4P_2}\mathrm{Prj}_{yz}\mathrm{D}_{P_3R_{42}P_1}+\mathrm{d}^2_{P_2P_3}\mathrm{Prj}_{yz}\mathrm{D}_{P_4R_{23}P_1}=0,\quad(8.1.5)$$

$$\mathrm{d}^2_{P_3P_4}\mathrm{Prj}_{zx}\mathrm{D}_{P_2R_{34}P_1}+\mathrm{d}^2_{P_4P_2}\mathrm{Prj}_{zx}\mathrm{D}_{P_3R_{42}P_1}+\mathrm{d}^2_{P_2P_3}\mathrm{Prj}_{zx}\mathrm{D}_{P_4R_{23}P_1}=0;\quad(8.1.6)$$

$$\mathrm{d}^2_{P_4P_1}\mathrm{Prj}_{xy}\mathrm{D}_{P_3S_{41}P_2}+\mathrm{d}^2_{P_1P_3}\mathrm{Prj}_{xy}\mathrm{D}_{P_4S_{13}P_2}+\mathrm{d}^2_{P_3P_4}\mathrm{Prj}_{xy}\mathrm{D}_{P_1S_{34}P_2}=0,\quad(8.1.7)$$

$$\mathrm{d}^2_{P_4P_1}\mathrm{Prj}_{yz}\mathrm{D}_{P_3S_{41}P_2}+\mathrm{d}^2_{P_1P_3}\mathrm{Prj}_{yz}\mathrm{D}_{P_4S_{13}P_2}+\mathrm{d}^2_{P_3P_4}\mathrm{Prj}_{yz}\mathrm{D}_{P_1S_{34}P_2}=0,\quad(8.1.8)$$

$$\mathrm{d}^2_{P_4P_1}\mathrm{Prj}_{zx}\mathrm{D}_{P_3S_{41}P_2}+\mathrm{d}^2_{P_1P_3}\mathrm{Prj}_{zx}\mathrm{D}_{P_4S_{13}P_2}+\mathrm{d}^2_{P_3P_4}\mathrm{Prj}_{zx}\mathrm{D}_{P_1S_{34}P_2}=0;\quad(8.1.9)$$

$$\mathrm{d}^2_{P_1P_2}\mathrm{Prj}_{xy}\mathrm{D}_{P_4T_{12}P_3}+\mathrm{d}^2_{P_2P_4}\mathrm{Prj}_{xy}\mathrm{D}_{P_1T_{24}P_3}+\mathrm{d}^2_{P_4P_1}\mathrm{Prj}_{xy}\mathrm{D}_{P_2T_{41}P_3}=0,\quad(8.1.10)$$

$$\mathrm{d}^2_{P_1P_2}\mathrm{Prj}_{yz}\mathrm{D}_{P_4T_{12}P_3}+\mathrm{d}^2_{P_2P_4}\mathrm{Prj}_{yz}\mathrm{D}_{P_1T_{24}P_3}+\mathrm{d}^2_{P_4P_1}\mathrm{Prj}_{yz}\mathrm{D}_{P_2T_{41}P_3}=0,\quad(8.1.11)$$

$$\mathrm{d}^2_{P_1P_2}\mathrm{Prj}_{zx}\mathrm{D}_{P_4T_{12}P_3}+\mathrm{d}^2_{P_2P_4}\mathrm{Prj}_{zx}\mathrm{D}_{P_1T_{24}P_3}+\mathrm{d}^2_{P_4P_1}\mathrm{Prj}_{zx}\mathrm{D}_{P_2T_{41}P_3}=0.\quad(8.1.12)$$

证明　如图 8.1.1 所示. 以三角形 $P_1P_2P_3$ 所在平面建立空间直角坐标系, 设四面体 $P_1P_2P_3P_4$ 顶点的坐标为 $P_i(x_i,\ y_i,\ 0)(i=1,2,3)$, $P_4(x_4,\ y_4,\ z_4)$, 于是三角形面 $P_1P_2P_3$ 各边高足 $Q_{i(i+1)}$ 的坐标为

$$x_{Q_{i(i+1)}}=\Delta_{x_i}/\mathrm{d}^2_{P_iP_{i+1}},\quad y_{Q_{i(i+1)}}=\Delta_{y_i}/\mathrm{d}^2_{P_iP_{i+1}},\quad z_{Q_{i(i+1)}}=0,$$

其中 $\Delta_{x_i}=(x_{i+1}y_i-x_iy_{i+1})(y_i-y_{i+1})+(x_i-x_{i+1})^2x_{i+2}+(x_i-x_{i+1})(y_i-y_{i+1})y_{i+2}$, $\Delta_{y_i}=(x_{i+1}y_i-x_iy_{i+1})(x_{i+1}-x_i)+(x_i-x_{i+1})(y_i-y_{i+1})x_{i+2}+(y_i-y_{i+1})^2y_{i+2}$; $x_{i+3}=x_i(i=1,2,3)$; 其余类同.

故由空间三角形在坐标面上投影公式, 可得

$$2\mathrm{Prj}_{xy}\mathrm{D}_{P_{i+2}Q_{i(i+1)}P_4}=\begin{vmatrix} x_{i+2} & y_{i+2} & 1 \\ x_{Q_{i(i+1)}} & y_{Q_{i(i+1)}} & 1 \\ x_4 & y_4 & 1 \end{vmatrix}$$

$$=(x_{i+2}y_{Q_{i(i+1)}}-x_{Q_{i(i+1)}}y_{i+2})+(x_{Q_{i(i+1)}}y_4-x_4y_{Q_{i(i+1)}})+(x_4y_{i+2}-x_{i+2}y_4)$$

$$=[(x_{i+2}\Delta_{y_i}-\Delta_{x_i}y_{i+2})+(\Delta_{x_i}y_4-x_4\Delta_{y_i})]/\mathrm{d}^2_{P_iP_{i+1}}+(x_4y_{i+2}-x_{i+2}y_4),$$

其中 $i=1,2,3$.

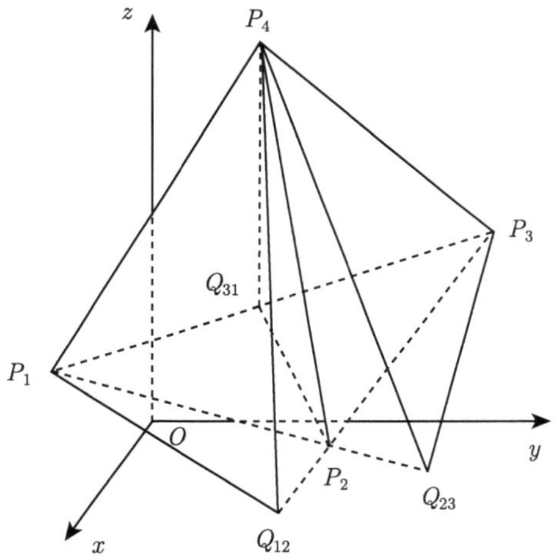

图 8.1.1

因为

$$\sum_{i=1}^{3}(x_{i+2}\Delta_{y_i}-\Delta_{x_i}y_{i+2})$$

$$=\sum_{i=1}^{3}\{x_{i+2}\left[(x_{i+1}y_i-x_iy_{i+1})(x_{i+1}-x_i)\right.$$

$$\left.+(x_i-x_{i+1})(y_i-y_{i+1})x_{i+2}+(y_i-y_{i+1})^2y_{i+2}\right]$$

$$-\left[(x_{i+1}y_i-x_iy_{i+1})(y_i-y_{i+1})+(x_i-x_{i+1})^2x_{i+2}\right.$$

$$\left.+(x_i-x_{i+1})(y_i-y_{i+1})y_{i+2}\right]y_{i+2}\}$$

$$=\sum_{i=1}^{3}\left[(x_{i+2}x_{i+1}^2y_i-x_ix_{i+1}x_{i+2}y_i-x_ix_{i+1}x_{i+2}y_{i+1}+x_{i+2}x_i^2y_{i+1})\right.$$

$$+(x_ix_{i+2}^2y_i-x_{i+1}x_{i+2}^2y_i-x_ix_{i+2}^2y_{i+1}+x_{i+1}x_{i+2}^2y_{i+1})$$

$$+(x_{i+2}y_i^2y_{i+2}-2x_{i+2}y_iy_{i+1}y_{i+2}+x_{i+2}y_{i+1}^2y_{i+2})$$

$$-(x_{i+1}y_i^2y_{i+2}-x_{i+1}y_iy_{i+1}y_{i+2}-x_iy_iy_{i+1}y_{i+2}+x_iy_{i+1}^2y_{i+2})$$

$$
\begin{aligned}
&-(x_i^2x_{i+2}y_{i+2}-2x_{i+2}x_ix_{i+1}y_{i+2}+x_{i+2}x_{i+1}^2y_{i+2})\\
&-(x_iy_iy_{i+2}^2-x_iy_{i+1}y_{i+2}^2-x_{i+1}y_iy_{i+2}^2+x_{i+1}y_{i+1}y_{i+2}^2)]\\
=&\sum_{i=1}^{3}\left[(x_ix_{i+2}^2y_{i+1}-x_1x_2x_3y_i-x_1x_2x_3y_{i+1}+x_ix_{i+1}^2y_{i+2})\right.\\
&+(x_ix_{i+2}^2y_i-x_ix_{i+1}^2y_{i+2}-x_ix_{i+2}^2y_{i+1}+x_ix_{i+1}^2y_i)\\
&+(x_iy_{i+1}^2y_i-2x_{i+2}y_1y_2y_3+x_iy_{i+2}^2y_i)\\
&-(x_iy_{i+2}^2y_{i+1}-x_{i+1}y_1y_2y_3-x_iy_1y_2y_3+x_iy_{i+1}^2y_{i+2})\\
&-(x_{i+1}^2x_iy_i-2x_1x_2x_3y_{i+2}+x_ix_{i+2}^2y_i)\\
&\left.-(x_iy_iy_{i+2}^2-x_iy_{i+1}y_{i+2}^2-x_iy_{i+2}y_{i+1}^2+x_iy_iy_{i+1}^2)\right]\\
=&0.
\end{aligned}
$$

类似地,

$$\sum_{i=1}^{3}(\mathrm{d}_{P_iP_{i+1}}^2y_{i+2}-\Delta_{y_i})=0,\quad \sum_{i=1}^{3}(\Delta_{x_i}-x_{i+2}\mathrm{d}_{P_iP_{i+1}}^2)=0.$$

所以

$$
\begin{aligned}
&2\sum_{i=1}^{3}\mathrm{d}_{P_iP_{i+1}}^2\mathrm{Prj}_{xy}\mathrm{D}_{P_{i+2}Q_{i(i+1)}P_4}\\
=&\sum_{i=1}^{3}\left[(x_{i+2}\Delta_{y_i}-\Delta_{x_i}y_{i+2})+(\Delta_{x_i}y_4-x_4\Delta_{y_i})+\mathrm{d}_{P_iP_{i+1}}^2(x_4y_{i+2}-x_{i+2}y_4)\right]\\
=&\sum_{i=1}^{3}(x_{i+2}\Delta_{y_i}-\Delta_{x_i}y_{i+2})+x_4\sum_{i=1}^{3}(y_{i+2}\mathrm{d}_{P_iP_{i+1}}^2-\Delta_{y_i})+y_4\sum_{i=1}^{3}(\Delta_{x_i}-x_{i+2}\mathrm{d}_{P_iP_{i+1}}^2)\\
=&0,
\end{aligned}
$$

因此, 式 (8.1.1) 成立.

类似地, 可以证明式 (8.1.2)~(8.1.12) 成立.

定理 8.1.2　设 $P_1P_2P_3P_4$ 是四面体, $P_1Q_{23}P_4$, $P_2Q_{31}P_4$, $P_3Q_{12}P_4$; $P_2R_{34}P_1$, $P_3R_{42}P_1$, $P_4R_{23}P_1$; $P_3S_{41}P_2$, $P_4S_{13}P_2$, $P_1S_{34}P_2$; $P_4T_{12}P_3$, $P_1T_{24}P_3$, $P_2T_{41}P_3$ 是 $P_1P_2P_3P_4$ 的棱–棱高足三角形, $\tau_{P_1Q_{23}P_4}$,$\tau_{P_2Q_{31}P_4}$,$\tau_{P_3Q_{12}P_4}$; $\tau_{P_2R_{34}P_1}$,$\tau_{P_3R_{42}P_1}$,$\tau_{P_4R_{23}P_1}$; $\tau_{P_3S_{41}P_2}$,$\tau_{P_4S_{13}P_2}$,$\tau_{P_1S_{34}P_2}$; $\tau_{P_4T_{12}P_3}$,$\tau_{P_1T_{24}P_3}$,$\tau_{P_2T_{41}P_3}$ 是 $P_1P_2P_3P_4$ 的棱–棱高足面, P 是空间任意一点, 则

$$
\begin{aligned}
&\mathrm{a}_{P_1Q_{23}P_4}\mathrm{d}_{P_2P_3}^2\mathrm{D}_{P\text{-}\tau_{P_1Q_{23}P_4}}+\mathrm{a}_{P_2Q_{31}P_4}\mathrm{d}_{P_3P_1}^2\mathrm{D}_{P\text{-}\tau_{P_2Q_{31}P_4}}\\
&+\mathrm{a}_{P_3Q_{12}P_4}\mathrm{d}_{P_1P_2}^2\mathrm{D}_{P\text{-}\tau_{P_3Q_{12}P_4}}=0,
\end{aligned}\tag{8.1.13}
$$

$$\mathrm{a}_{P_2R_{34}P_1}\mathrm{d}^2_{P_3P_4}\mathrm{D}_{P\text{-}\tau_{P_2R_{34}P_1}}+\mathrm{a}_{P_3R_{42}P_1}\mathrm{d}^2_{P_4P_2}\mathrm{D}_{P\text{-}\tau_{P_3R_{42}P_1}}$$
$$+\mathrm{a}_{P_4R_{23}P_1}\mathrm{d}^2_{P_2P_3}\mathrm{D}_{P\text{-}\tau_{P_4R_{23}P_1}}=0, \tag{8.1.14}$$
$$\mathrm{a}_{P_3S_{41}P_2}\mathrm{d}^2_{P_4P_1}\mathrm{D}_{P\text{-}\tau_{P_3S_{41}P_2}}+\mathrm{a}_{P_4S_{13}P_2}\mathrm{d}^2_{P_1P_3}\mathrm{D}_{P\text{-}\tau_{P_4S_{13}P_2}}$$
$$+\mathrm{a}_{P_1S_{34}P_2}\mathrm{d}^2_{P_3P_4}\mathrm{D}_{P\text{-}\tau_{P_1S_{34}P_2}}=0, \tag{8.1.15}$$
$$\mathrm{a}_{P_4T_{12}P_3}\mathrm{d}^2_{P_1P_2}\mathrm{D}_{P\text{-}\tau_{P_4T_{12}P_3}}+\mathrm{a}_{P_1T_{24}P_3}\mathrm{d}^2_{P_2P_4}\mathrm{D}_{P\text{-}\tau_{P_1T_{24}P_3}}$$
$$+\mathrm{a}_{P_2T_{41}P_3}\mathrm{d}^2_{P_4P_1}\mathrm{D}_{P\text{-}\tau_{P_2T_{41}P_3}}=0. \tag{8.1.16}$$

证明 设空间直角坐标系的建立和四面体 $P_1P_2P_3P_4$ 顶点的坐标均如定理 8.1.1 证明所述. 根据定理 2.1.1, 可得 $P_1P_2P_3P_4$ 三角形面 $P_1P_2P_3$ 的棱–棱高足面的方程

$$\tau_{P_1Q_{23}P_4}: x\mathrm{Prj}_{yz}\mathrm{D}_{P_1Q_{23}P_4}+y\mathrm{Prj}_{zx}\mathrm{D}_{P_1Q_{23}P_4}+z\mathrm{Prj}_{xy}\mathrm{D}_{P_1Q_{23}P_4}-\Delta_{P_1Q_{23}P_4}=0,$$
$$\tau_{P_2Q_{31}P_4}: x\mathrm{Prj}_{yz}\mathrm{D}_{P_2Q_{31}P_4}+y\mathrm{Prj}_{zx}\mathrm{D}_{P_2Q_{31}P_4}+z\mathrm{Prj}_{xy}\mathrm{D}_{P_2Q_{31}P_4}-\Delta_{P_2Q_{31}P_4}=0,$$
$$\tau_{P_3Q_{12}P_4}: x\mathrm{Prj}_{yz}\mathrm{D}_{P_3Q_{12}P_4}+y\mathrm{Prj}_{zx}\mathrm{D}_{P_3Q_{12}P_4}+z\mathrm{Prj}_{xy}\mathrm{D}_{P_3Q_{12}P_4}-\Delta_{P_3Q_{12}P_4}=0.$$

设空间任意点的坐标为 $P(x,y,z)$, 于是由点到平面的有向距离公式, 可得

$$\mathrm{a}_{P_1Q_{23}P_4}\mathrm{D}_{P\text{-}\tau_{P_1Q_{23}P_4}}$$
$$=x\mathrm{Prj}_{yz}\mathrm{D}_{P_1Q_{23}P_4}+y\mathrm{Prj}_{zx}\mathrm{D}_{P_1Q_{23}P_4}+z\mathrm{Prj}_{xy}\mathrm{D}_{P_1Q_{23}P_4}-\Delta_{P_1Q_{23}P_4}, \tag{8.1.17}$$
$$\mathrm{a}_{P_2Q_{31}P_4}\mathrm{D}_{P\text{-}\tau_{P_2Q_{31}P_4}}$$
$$=x\mathrm{Prj}_{yz}\mathrm{D}_{P_2Q_{31}P_4}+y\mathrm{Prj}_{zx}\mathrm{D}_{P_2Q_{31}P_4}+z\mathrm{Prj}_{xy}\mathrm{D}_{P_2Q_{31}P_4}-\Delta_{P_2Q_{31}P_4}, \tag{8.1.18}$$
$$\mathrm{a}_{P_3Q_{12}P_4}\mathrm{D}_{P\text{-}\tau_{P_3Q_{12}P_4}}$$
$$=x\mathrm{Prj}_{yz}\mathrm{D}_{P_3Q_{12}P_4}+y\mathrm{Prj}_{zx}\mathrm{D}_{P_3Q_{12}P_4}+z\mathrm{Prj}_{xy}\mathrm{D}_{P_3Q_{12}P_4}-\Delta_{P_3Q_{12}P_4}. \tag{8.1.19}$$

因为

$$\mathrm{d}^2_{P_2P_3}\Delta_{P_1Q_{23}P_4}+\mathrm{d}^2_{P_3P_1}\Delta_{P_2Q_{31}P_4}+\mathrm{d}^2_{P_1P_2}\Delta_{P_3Q_{12}P_4}$$
$$=\frac{1}{2}\sum_{i=1}^{3}\begin{vmatrix} x_i & y_i & 0\\ \Delta_{x_{i+1}} & \Delta_{y_{i+1}} & 0\\ x_4 & y_4 & z_4\end{vmatrix}=\frac{1}{2}z_4\sum_{i=1}^{3}(x_i\Delta_{y_{i+1}}-\Delta_{x_{i+1}}y_i)$$
$$=\frac{1}{2}z_4\sum_{i=1}^{3}(x_{i+2}\Delta_{y_i}-\Delta_{x_i}y_{i+2})=0,$$

故由定理 8.1.1, 式数乘和 $\mathrm{d}^2_{P_2P_3}\times(8.1.17)+\mathrm{d}^2_{P_3P_1}\times(8.1.18)+\mathrm{d}^2_{P_1P_2}\times(8.1.19)$, 得

$$\mathrm{a}_{P_1Q_{23}P_4}\mathrm{d}^2_{P_2P_3}\mathrm{D}_{P\text{-}\tau_{P_1Q_{23}P_4}}+\mathrm{a}_{P_2Q_{31}P_4}\mathrm{d}^2_{P_3P_1}\mathrm{D}_{P\text{-}\tau_{P_2Q_{31}P_4}}$$

$$
\begin{aligned}
&+ \mathrm{a}_{P_3Q_{12}P_4}\mathrm{d}^2_{P_1P_2}\mathrm{D}_{P\text{-}\tau_{P_3Q_{12}P_4}} \\
&= x\left(\mathrm{d}^2_{P_2P_3}\mathrm{Prj}_{yz}\mathrm{D}_{P_1Q_{23}P_4} + \mathrm{d}^2_{P_3P_1}\mathrm{Prj}_{yz}\mathrm{D}_{P_2Q_{31}P_4} + \mathrm{d}^2_{P_1P_2}\mathrm{Prj}_{yz}\mathrm{D}_{P_3Q_{12}P_4}\right) \\
&\quad + y\left(\mathrm{d}^2_{P_2P_3}\mathrm{Prj}_{zx}\mathrm{D}_{P_1Q_{23}P_4} + \mathrm{d}^2_{P_3P_1}\mathrm{Prj}_{zx}\mathrm{D}_{P_2Q_{31}P_4} + \mathrm{d}^2_{P_1P_2}\mathrm{Prj}_{zx}\mathrm{D}_{P_3Q_{12}P_4}\right) \\
&\quad + z\left(\mathrm{d}^2_{P_2P_3}\mathrm{Prj}_{xy}\mathrm{D}_{P_1Q_{23}P_4} + \mathrm{d}^2_{P_3P_1}\mathrm{Prj}_{xy}\mathrm{D}_{P_2Q_{31}P_4} + \mathrm{d}^2_{P_1P_2}\mathrm{Prj}_{xy}\mathrm{D}_{P_3Q_{12}P_4}\right) \\
&\quad - \left(\mathrm{d}^2_{P_2P_3}\Delta_{P_1Q_{23}P_4} + \mathrm{d}^2_{P_3P_1}\Delta_{P_2Q_{31}P_4} + \mathrm{d}^2_{P_1P_2}\Delta_{P_3Q_{12}P_4}\right) \\
&= 0,
\end{aligned}
$$

因此, 式 (8.1.13) 成立.

类似地, 可以证明式 (8.1.14)~(8.1.16) 成立.

推论 8.1.1 设 $P_1P_2P_3P_4$ 是四面体, $P_1Q_{23}P_4$,$P_2Q_{31}P_4$,$P_3Q_{12}P_4$; $P_2R_{34}P_1$, $P_3R_{42}P_1$,$P_4R_{23}P_1$; $P_3S_{41}P_2$, $P_4S_{13}P_2$, $P_1S_{34}P_2$; $P_4T_{12}P_3$, $P_1T_{24}P_3$, $P_2T_{41}P_3$ 是 $P_1P_2P_3P_4$ 的棱–棱高足三角形, $\tau_{P_1Q_{23}P_4}$, $\tau_{P_2Q_{31}P_4}$,$\tau_{P_3Q_{12}P_4}$; $\tau_{P_2R_{34}P_1}$,$\tau_{P_3R_{42}P_1}$,$\tau_{P_4R_{23}P_1}$; $\tau_{P_3S_{41}P_2}$,$\tau_{P_4S_{13}P_2}$,$\tau_{P_1S_{34}P_2}$; $\tau_{P_4T_{12}P_3}$,$\tau_{P_1T_{24}P_3}$,$\tau_{P_2T_{41}P_3}$ 是 $P_1P_2P_3P_4$ 的棱–棱高足面, 则

(1) P 是棱–棱中点面 $\tau_{P_1Q_{23}P_4}$ 上任意一点的充分必要条件是

$$\mathrm{a}_{P_2Q_{31}P_4}\mathrm{d}^2_{P_3P_1}\mathrm{D}_{P\text{-}\tau_{P_2Q_{31}P_4}} + \mathrm{a}_{P_3Q_{12}P_4}\mathrm{d}^2_{P_1P_2}\mathrm{D}_{P\text{-}\tau_{P_3Q_{12}P_4}} = 0; \tag{8.1.20}$$

P 是棱–棱中点面 $\tau_{P_2Q_{31}P_4}$ 上任意一点的充分必要条件是

$$\mathrm{a}_{P_1Q_{23}P_4}\mathrm{d}^2_{P_2P_3}\mathrm{D}_{P\text{-}\tau_{P_1Q_{23}P_4}} + \mathrm{a}_{P_3Q_{12}P_4}\mathrm{d}^2_{P_1P_2}\mathrm{D}_{P\text{-}\tau_{P_3Q_{12}P_4}} = 0; \tag{8.1.21}$$

P 是棱–棱中点面 $\tau_{P_3Q_{12}P_4}$ 上任意一点的充分必要条件是

$$\mathrm{a}_{P_1Q_{23}P_4}\mathrm{d}^2_{P_2P_3}\mathrm{D}_{P\text{-}\tau_{P_1Q_{23}P_4}} + \mathrm{a}_{P_2Q_{31}P_4}\mathrm{d}^2_{P_3P_1}\mathrm{D}_{P\text{-}\tau_{P_2Q_{31}P_4}} = 0. \tag{8.1.22}$$

(2) P 是棱–棱中点面 $\tau_{P_2R_{34}P_1}$ 上任意一点的充分必要条件是

$$\mathrm{a}_{P_3R_{42}P_1}\mathrm{d}^2_{P_4P_2}\mathrm{D}_{P\text{-}\tau_{P_3R_{42}P_1}} + \mathrm{a}_{P_4R_{23}P_1}\mathrm{d}^2_{P_2P_3}\mathrm{D}_{P\text{-}\tau_{P_4R_{23}P_1}} = 0;$$

P 是棱–棱中点面 $\tau_{P_3R_{42}P_1}$ 上任意一点的充分必要条件是

$$\mathrm{a}_{P_2R_{34}P_1}\mathrm{d}^2_{P_3P_4}\mathrm{D}_{P\text{-}\tau_{P_2R_{34}P_1}} + \mathrm{a}_{P_4R_{23}P_1}\mathrm{d}^2_{P_2P_3}\mathrm{D}_{P\text{-}\tau_{P_4R_{23}P_1}} = 0;$$

P 是棱–棱中点面 $\tau_{P_4R_{23}P_1}$ 上任意一点的充分必要条件是

$$\mathrm{a}_{P_2R_{34}P_1}\mathrm{d}^2_{P_3P_4}\mathrm{D}_{P\text{-}\tau_{P_2R_{34}P_1}} + \mathrm{a}_{P_3R_{42}P_1}\mathrm{d}^2_{P_4P_2}\mathrm{D}_{P\text{-}\tau_{P_3R_{42}P_1}} = 0.$$

(3) P 是棱–棱中点面 $\tau_{P_3S_{41}P_2}$ 上任意一点的充分必要条件是

$$\mathrm{a}_{P_4S_{13}P_2}\mathrm{d}^2_{P_1P_3}\mathrm{D}_{P\text{-}\tau_{P_4S_{13}P_2}} + \mathrm{a}_{P_1S_{34}P_2}\mathrm{d}^2_{P_3P_4}\mathrm{D}_{P\text{-}\tau_{P_1S_{34}P_2}} = 0,$$

P 是棱–棱中点面 $\tau_{P_4S_{13}P_2}$ 上任意一点的充分必要条件是

$$\mathrm{a}_{P_3S_{41}P_2}\mathrm{d}^2_{P_4P_1}\mathrm{D}_{P\text{-}\tau_{P_3S_{41}P_2}}+\mathrm{a}_{P_1S_{34}P_2}\mathrm{d}^2_{P_3P_4}\mathrm{D}_{P\text{-}\tau_{P_1S_{34}P_2}}=0;$$

P 是棱–棱中点面 $\tau_{P_1S_{34}P_2}$ 上任意一点的充分必要条件是

$$\mathrm{a}_{P_3S_{41}P_2}\mathrm{d}^2_{P_4P_1}\mathrm{D}_{P\text{-}\tau_{P_3S_{41}P_2}}+\mathrm{a}_{P_4S_{13}P_2}\mathrm{d}^2_{P_1P_3}\mathrm{D}_{P\text{-}\tau_{P_4S_{13}P_2}}=0.$$

(4) P 是棱–棱中点面 $\tau_{P_4T_{12}P_3}$ 上任意一点的充分必要条件是

$$\mathrm{a}_{P_1T_{24}P_3}\mathrm{d}^2_{P_2P_4}\mathrm{D}_{P\text{-}\tau_{P_1T_{24}P_3}}+\mathrm{a}_{P_2T_{41}P_3}\mathrm{d}^2_{P_4P_1}\mathrm{D}_{P\text{-}\tau_{P_2T_{41}P_3}}=0;$$

P 是棱–棱中点面 $\tau_{P_1T_{24}P_3}$ 上任意一点的充分必要条件是

$$\mathrm{a}_{P_4T_{12}P_3}\mathrm{d}^2_{P_1P_2}\mathrm{D}_{P\text{-}\tau_{P_4T_{12}P_3}}+\mathrm{a}_{P_2T_{41}P_3}\mathrm{d}^2_{P_4P_1}\mathrm{D}_{P\text{-}\tau_{P_2T_{41}P_3}}=0;$$

P 是棱–棱中点面 $\tau_{P_2T_{41}P_3}$ 上任意一点的充分必要条件是

$$\mathrm{a}_{P_4T_{12}P_3}\mathrm{d}^2_{P_1P_2}\mathrm{D}_{P\text{-}\tau_{P_4T_{12}P_3}}+\mathrm{a}_{P_1T_{24}P_3}\mathrm{d}^2_{P_2P_4}\mathrm{D}_{P\text{-}\tau_{P_1T_{24}P_3}}=0.$$

证明 (1) 根据定理 8.1.2, 由式 (8.1.13), 可得

P 是棱–棱中点面 $\tau_{P_1Q_{23}P_4}$ 上任意一点 $\Leftrightarrow$ $\mathrm{D}_{P\text{-}\tau_{P_1Q_{23}P_4}}=0$ $\Leftrightarrow$ 式 (8.1.20) 成立;

P 是棱–棱中点面 $\tau_{P_2Q_{31}P_4}$ 上任意一点 $\Leftrightarrow$ $\mathrm{D}_{P\text{-}\tau_{P_2Q_{31}P_4}}=0$ $\Leftrightarrow$ 式 (8.1.21) 成立;

P 是棱–棱中点面 $\tau_{P_3Q_{12}P_4}$ 上任意一点 $\Leftrightarrow$ $\mathrm{D}_{P\text{-}\tau_{P_3Q_{12}P_4}}=0$ $\Leftrightarrow$ 式 (8.1.22) 成立.

类似地, 可以证明 (2)~(4) 中结论成立.

推论 8.1.2 设 $P_1P_2P_3P_4$ 是四面体, $P_1Q_{23}P_4$,$P_2Q_{31}P_4$,$P_3Q_{12}P_4$; $P_2R_{34}P_1$, $P_3R_{42}P_1$,$P_4R_{23}P_1$;$P_3S_{41}P_2$,$P_4S_{13}P_2$,$P_1S_{34}P_2$;$P_4T_{12}P_3$,$P_1T_{24}P_3$,$P_2T_{41}P_3$ 是 $P_1P_2P_3P_4$ 的棱–棱高足三角形, $\tau_{P_1Q_{23}P_4}$,$\tau_{P_2Q_{31}P_4}$,$\tau_{P_3Q_{12}P_4}$; $\tau_{P_2R_{34}P_1}$,$\tau_{P_3R_{42}P_1}$, $\tau_{P_4R_{23}P_1}$; $\tau_{P_3S_{41}P_2}$, $\tau_{P_4S_{13}P_2}$,$\tau_{P_1S_{34}P_2}$; $\tau_{P_4T_{12}P_3}$,$\tau_{P_1T_{24}P_3}$, $\tau_{P_2T_{41}P_3}$ 是 $P_1P_2P_3P_4$ 的棱–棱高足面.

(1) 若 P 是棱–棱中点面 $\tau_{P_1Q_{23}P_4}$ 上任意一点, 则

$$\mathrm{a}_{P_2Q_{31}P_4}\mathrm{d}^2_{P_3P_1}\mathrm{d}_{P\text{-}\tau_{P_2Q_{31}P_4}}=\mathrm{a}_{P_3Q_{12}P_4}\mathrm{d}^2_{P_1P_2}\mathrm{d}_{P\text{-}\tau_{P_3Q_{12}P_4}};\tag{8.1.23}$$

若 P 是棱–棱中点面 $\tau_{P_2Q_{31}P_4}$ 上任意一点, 则

$$\mathrm{a}_{P_1Q_{23}P_4}\mathrm{d}^2_{P_2P_3}\mathrm{d}_{P\text{-}\tau_{P_1Q_{23}P_4}}=\mathrm{a}_{P_3Q_{12}P_4}\mathrm{d}^2_{P_1P_2}\mathrm{d}_{P\text{-}\tau_{P_3Q_{12}P_4}};\tag{8.1.24}$$

若 P 是棱–棱中点面 $\tau_{P_3Q_{12}P_4}$ 上任意一点, 则

$$\mathrm{a}_{P_1Q_{23}P_4}\mathrm{d}^2_{P_2P_3}\mathrm{d}_{P\text{-}\tau_{P_1Q_{23}P_4}} = \mathrm{a}_{P_2Q_{31}P_4}\mathrm{d}^2_{P_3P_1}\mathrm{d}_{P\text{-}\tau_{P_2Q_{31}P_4}}. \tag{8.1.25}$$

(2) 若 P 是棱–棱中点面 $\tau_{P_2R_{34}P_1}$ 上任意一点, 则

$$\mathrm{a}_{P_3R_{42}P_1}\mathrm{d}^2_{P_4P_2}\mathrm{d}_{P\text{-}\tau_{P_3R_{42}P_1}} = \mathrm{a}_{P_4R_{23}P_1}\mathrm{d}^2_{P_2P_3}\mathrm{d}_{P\text{-}\tau_{P_4R_{23}P_1}};$$

若 P 是棱–棱中点面 $\tau_{P_3R_{42}P_1}$ 上任意一点, 则

$$\mathrm{a}_{P_2R_{34}P_1}\mathrm{d}^2_{P_3P_4}\mathrm{d}_{P\text{-}\tau_{P_2R_{34}P_1}} = \mathrm{a}_{P_4R_{23}P_1}\mathrm{d}^2_{P_2P_3}\mathrm{d}_{P\text{-}\tau_{P_4R_{23}P_1}};$$

若 P 是棱–棱中点面 $\tau_{P_4R_{23}P_1}$ 上任意一点, 则

$$\mathrm{a}_{P_2R_{34}P_1}\mathrm{d}^2_{P_3P_4}\mathrm{d}_{P\text{-}\tau_{P_2R_{34}P_1}} = \mathrm{a}_{P_3R_{42}P_1}\mathrm{d}^2_{P_4P_2}\mathrm{d}_{P\text{-}\tau_{P_3R_{42}P_1}}.$$

(3) 若 P 是棱–棱中点面 $\tau_{P_3S_{41}P_2}$ 上任意一点, 则

$$\mathrm{a}_{P_4S_{13}P_2}\mathrm{d}^2_{P_1P_3}\mathrm{d}_{P\text{-}\tau_{P_4S_{13}P_2}} = \mathrm{a}_{P_1S_{34}P_2}\mathrm{d}^2_{P_3P_4}\mathrm{d}_{P\text{-}\tau_{P_1S_{34}P_2}};$$

若 P 是棱–棱中点面 $\tau_{P_4S_{13}P_2}$ 上任意一点, 则

$$\mathrm{a}_{P_3S_{41}P_2}\mathrm{d}^2_{P_4P_1}\mathrm{d}_{P\text{-}\tau_{P_3S_{41}P_2}} = \mathrm{a}_{P_1S_{34}P_2}\mathrm{d}^2_{P_3P_4}\mathrm{d}_{P\text{-}\tau_{P_1S_{34}P_2}};$$

若 P 是棱–棱中点面 $\tau_{P_1S_{34}P_2}$ 上任意一点, 则

$$\mathrm{a}_{P_3S_{41}P_2}\mathrm{d}^2_{P_4P_1}\mathrm{d}_{P\text{-}\tau_{P_3S_{41}P_2}} = \mathrm{a}_{P_4S_{13}P_2}\mathrm{d}^2_{P_1P_3}\mathrm{d}_{P\text{-}\tau_{P_4S_{13}P_2}}.$$

(4) 若 P 是棱–棱中点面 $\tau_{P_4T_{12}P_3}$ 上任意一点, 则

$$\mathrm{a}_{P_1T_{24}P_3}\mathrm{d}^2_{P_2P_4}\mathrm{d}_{P\text{-}\tau_{P_1T_{24}P_3}} = \mathrm{a}_{P_2T_{41}P_3}\mathrm{d}^2_{P_4P_1}\mathrm{d}_{P\text{-}\tau_{P_2T_{41}P_3}};$$

若 P 是棱–棱中点面 $\tau_{P_1T_{24}P_3}$ 上任意一点, 则

$$\mathrm{a}_{P_4T_{12}P_3}\mathrm{d}^2_{P_1P_2}\mathrm{d}_{P\text{-}\tau_{P_4T_{12}P_3}} = \mathrm{a}_{P_2T_{41}P_3}\mathrm{d}^2_{P_4P_1}\mathrm{d}_{P\text{-}\tau_{P_2T_{41}P_3}};$$

若 P 是棱–棱中点面 $\tau_{P_2T_{41}P_3}$ 上任意一点, 则

$$\mathrm{a}_{P_4T_{12}P_3}\mathrm{d}^2_{P_1P_2}\mathrm{d}_{P\text{-}\tau_{P_4T_{12}P_3}} = \mathrm{a}_{P_1T_{24}P_3}\mathrm{d}^2_{P_2P_4}\mathrm{d}_{P\text{-}\tau_{P_1T_{24}P_3}}.$$

证明 (1) 根据推论 8.1.1, 由式 (8.1.20)~(8.1.22) 移项后, 等式两边分别取绝对值, 即得式 (8.1.23)~(8.2.25).

类似地, 可以证明 (2)~(4) 中结论成立.

8.1.3 四面体棱–棱高足面有向距离定值定理的应用

定理 8.1.3 设 $P_1P_2P_3P_4$ 是四面体, $\tau_{P_1Q_{23}P_4}$,$\tau_{P_2Q_{31}P_4}$,$\tau_{P_3Q_{12}P_4}$;$\tau_{P_2R_{34}P_1}$, $\tau_{P_3R_{42}P_1}$,$\tau_{P_4R_{23}P_1}$;$\tau_{P_3S_{41}P_2}$,$\tau_{P_4S_{13}P_2}$,$\tau_{P_1S_{34}P_2}$;$\tau_{P_4T_{12}P_3}$,$\tau_{P_1T_{24}P_3}$, $\tau_{P_2T_{41}P_3}$ 是 $P_1P_2P_3P_4$ 的棱–棱高足面.

(1) 若 $P_1P_4\perp P_2P_3$, 则 $P_1P_2P_3P_4$ 的棱–棱高足面 $\tau_{P_1Q_{23}P_4}$ 与 $\tau_{P_4R_{23}P_1}$; $\tau_{P_3S_{41}P_2}$ 与 $\tau_{P_2T_{41}P_3}$ 均重合;

(2) 若 $P_1P_2\perp P_3P_4$, 则 $P_1P_2P_3P_4$ 的棱–棱高足面 $\tau_{P_2R_{34}P_1}$ 与 $\tau_{P_1S_{34}P_2}$; $\tau_{P_3Q_{12}P_4}$ 与 $\tau_{P_4T_{12}P_3}$ 均重合;

(3) 若 $P_1P_3\perp P_2P_4$, 则 $P_1P_2P_3P_4$ 的棱–棱高足面 $\tau_{P_3R_{42}P_1}$ 与 $\tau_{P_1T_{24}P_3}$; $\tau_{P_2Q_{31}P_4}$ 与 $\tau_{P_4S_{13}P_2}$ 均重合;

证明 (1) 因为 $P_1Q_{23}\perp P_2P_3$, $P_4R_{23}\perp P_2P_3$, 故由 $P_1P_4\perp P_2P_3$ 和三垂线定理知, P_1Q_{23} 是 P_1P_4 在平面 $\pi_{P_1P_2P_3}$ 上的投影, P_4R_{23} 是 P_4P_1 在平面 $\pi_{P_2P_3P_4}$ 上的投影, 因此 $Q_{23}=R_{23}$, $\tau_{P_1Q_{23}P_4}$ 与 $\tau_{P_4R_{23}P_1}$ 重合;

类似地, 可以证明 $\tau_{P_3S_{41}P_2}$ 与 $\tau_{P_2T_{41}P_3}$ 均重合.

同理可证, (2) 和 (3) 中结论成立.

推论 8.1.3 设 $P_1P_2P_3P_4$ 是垂心四面体, 则 $P_1P_2P_3P_4$ 的棱–棱高足面 $\tau_{P_1Q_{23}P_4}$ 与 $\tau_{P_4R_{23}P_1}$; $\tau_{P_2Q_{31}P_4}$ 与 $\tau_{P_4S_{13}P_2}$; $\tau_{P_3Q_{12}P_4}$ 与 $\tau_{P_4T_{12}P_3}$; $\tau_{P_2R_{34}P_1}$ 与 $\tau_{P_1S_{34}P_2}$; $\tau_{P_3R_{42}P_1}$ 与 $\tau_{P_1T_{24}P_3}$; $\tau_{P_3S_{41}P_2}$ 与 $\tau_{P_2T_{41}P_3}$ 均重合.

证明 根据定理 8.1.3 即得.

定理 8.1.4 设 $P_1P_2P_3P_4$ 是四面体, 则 $P_1P_2P_3P_4$各面的棱–棱高足面$\tau_{P_1Q_{23}P_4}$, $\tau_{P_2Q_{31}P_4}$, $\tau_{P_3Q_{12}P_4}$; $\tau_{P_2R_{34}P_1}$, $\tau_{P_3R_{42}P_1}$, $\tau_{P_4R_{23}P_1}$; $\tau_{P_3S_{41}P_2}$, $\tau_{P_4S_{13}P_2}$, $\tau_{P_1S_{34}P_2}$; $\tau_{P_4T_{12}P_3}$, $\tau_{P_1T_{24}P_3}$, $\tau_{P_2T_{41}P_3}$ 均三面共线, 即四面体的四条垂心线 $g_{4\text{-}123}$, $g_{1\text{-}234}$, $g_{2\text{-}341}$, $g_{3\text{-}412}$ 所在直线.

证明 如图 8.1.2 所示. 显然, $\tau_{P_1Q_{23}P_4}$, $\tau_{P_2Q_{31}P_4}$ 交于一线 g, 故对 g 上任意一点 P, 恒有 $\mathrm{D}_{P\text{-}\tau_{P_1Q_{23}P_4}}=\mathrm{D}_{P\text{-}\tau_{P_2Q_{31}P_4}}=0$. 代入式 (8.1.13) 并注意到 $\mathrm{a}_{P_3Q_{12}P_4}\mathrm{d}^2_{P_1P_2}\neq 0$ 得 $\mathrm{D}_{P\text{-}\tau_{P_3Q_{12}P_4}}=0$, 所以点 P 在平面 $\tau_{P_3Q_{12}P_4}$ 上. 因此, $P_1P_2P_3P_4$ 三角形面 $P_1P_2P_3$ 的三个棱–棱高足面 $\tau_{P_1Q_{23}P_4}$, $\tau_{P_2Q_{31}P_4}$, $\tau_{P_3Q_{12}P_4}$ 相交于一线.

又显然, P_4 和三角形 $P_1P_2P_3$ 的垂心 H 均在 g 上. 因此, g 是 $P_1P_2P_3P_4$ 的垂心线 $g_{4\text{-}123}$, 即 $P_1P_2P_3P_4$ 三角形面 $P_1P_2P_3$ 的三个棱–棱高足面 $\tau_{P_1Q_{23}P_4}$, $\tau_{P_2Q_{31}P_4}$, $\tau_{P_3Q_{12}P_4}$ 相交于高足线 $g_{4\text{-}123}$ 所在直线.

类似地, 可以证明, $P_1P_2P_3P_4$ 三角形面 $P_2P_3P_4$, $P_3P_4P_1$, $P_4P_1P_2$ 的棱–棱高足面 $\tau_{P_2R_{34}P_1}$, $\tau_{P_3R_{42}P_1}$, $\tau_{P_4R_{23}P_1}$; $\tau_{P_3S_{41}P_2}$, $\tau_{P_4S_{13}P_2}$, $\tau_{P_1S_{34}P_2}$; $\tau_{P_4T_{12}P_3}$, $\tau_{P_1T_{24}P_3}$, $\tau_{P_2T_{41}P_3}$ 均三面共线, 即四面体其余顶点与其对面垂心线 $g_{1\text{-}234}$, $g_{2\text{-}341}$, $g_{3\text{-}412}$ 所在的直线.

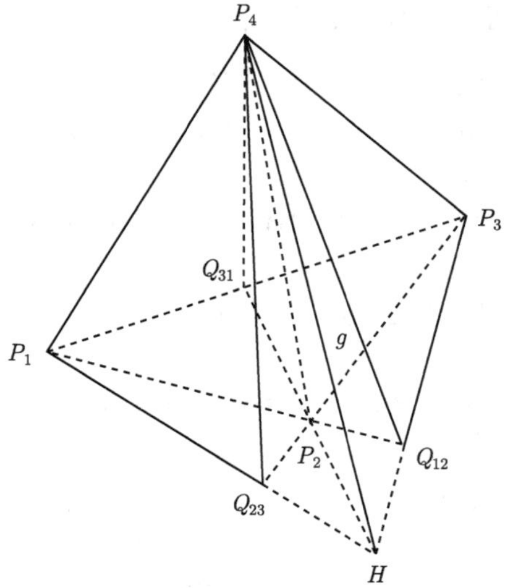

图 8.1.2

注 8.1.1 尽管根据三角形高线定理, 很容易证明四面体各面上的三个棱–棱高足面相交于一线, 但定理 8.1.3 的证明并不依赖于该定理. 因此, 根据定理 8.1.3 可以推出三角形高线定理.

推论 8.1.4 三角形三条高线所在的直线相交于一点.

证明 因为四面体各三角形面上的三个棱–棱高足面与该面的交线就是三角形面三条高线所在的直线, 所以四面体各面上的三个棱–棱高足面的交线与该三角形面的交点, 就是该三角形面三条高线所在直线的交点, 即该三角形面的垂心. 从而三角形高线所在的直线相交于一点.

定理 8.1.5 设 $P_1P_2P_3P_4$ 是四面体, $g_{4\text{-}123}$, $g_{1\text{-}234}$, $g_{2\text{-}341}$, $g_{3\text{-}412}$ 是 $P_1P_2P_3P_4$ 的垂心线.

(1) 若 $P_1P_4 \perp P_2P_3$, 则 $P_1P_2P_3P_4$ 的垂心线 $g_{4\text{-}123}$ 与 $g_{1\text{-}234}$ 相交于一点 G_{41}, 垂心线 $g_{2\text{-}341}$ 与 $g_{3\text{-}412}$ 相交于一点 G_{23};

(2) 若 $P_1P_2 \perp P_3P_4$, 则 $P_1P_2P_3P_4$ 的垂心线 $g_{1\text{-}234}$ 与 $g_{2\text{-}341}$ 相交于一点 G_{12}, 垂心线 $g_{3\text{-}412}$ 与 $g_{4\text{-}123}$ 相交于一点 G_{34};

(3) 若 $P_1P_3 \perp P_2P_4$, 则 $P_1P_2P_3P_4$ 的垂心线 $g_{1\text{-}234}$ 与 $g_{3\text{-}412}$ 相交于一点 G_{13}, 垂心线 $g_{2\text{-}341}$ 与 $g_{4\text{-}123}$ 相交于一点 G_{24}.

证明 (1) 因为 $P_1P_4 \perp P_2P_3$, 故 $P_1P_2P_3P_4$ 的棱–棱高足面 $\tau_{P_1Q_{23}P_4}$ 与 $\tau_{P_4R_{23}P_1}$; $\tau_{P_3S_{41}P_2}$ 与 $\tau_{P_2T_{41}P_3}$ 均重合.

显然, $P_1P_2P_3P_4$ 的垂心线 $g_{4\text{-}123}$ 与棱–棱高足面 $\tau_{P_2R_{34}P_1}$ 相交于一点. 依题设,

记此交点为 G_{41}, 于是

$$\mathrm{D}_{G_{41}\text{-}\tau_{P_1Q_{23}P_4}} = \mathrm{D}_{G_{41}\text{-}\tau_{P_2Q_{31}P_4}} = \mathrm{D}_{G_{41}\text{-}\tau_{P_3Q_{12}P_4}} = \mathrm{D}_{G_{41}\text{-}\tau_{P_4R_{23}P_1}} = \mathrm{D}_{G_{41}\text{-}\tau_{P_2R_{34}P_1}} = 0.$$

将 $\mathrm{D}_{G_{41}\text{-}\tau_{P_4R_{23}P_1}} = \mathrm{D}_{G_{41}\text{-}\tau_{P_2R_{34}P_1}} = 0$ 代入式 (8.1.14) 并注意到 $\mathrm{a}_{P_3R_{42}P_1}\mathrm{d}^2_{P_4P_2} \neq 0$, 得 $\mathrm{D}_{G_{41}\text{-}\tau_{P_3R_{42}P_1}} = 0$. 因此, G_{41} 在棱–棱高足平面 $\tau_{P_3R_{42}P_1}$ 上. 故 $P_1P_2P_3P_4$ 的垂心线 $g_{4\text{-}123}$ 与 $g_{1\text{-}234}$ 相交于一点 G_{41}.

同理, 可以证明 $P_1P_2P_3P_4$ 的垂心线 $g_{2\text{-}341}$ 与 $g_{3\text{-}412}$ 相交于一点 G_{23}.

类似地, 可以证明 (2) 和 (3) 中结论成立.

推论 8.1.5 设 $P_1P_2P_3P_4$ 是垂心四面体, 则 $P_1P_2P_3P_4$ 的四条垂心线 $g_{4\text{-}123}$, $g_{1\text{-}234}$, $g_{2\text{-}341}$, $g_{3\text{-}412}$ 相交于一点.

证明 根据推论 8.1.3 和推论 8.1.4 即得.

定理 8.1.6 设 $P_1P_2P_3P_4$ 是四面体, $P_1Q_{23}P_4, P_2Q_{31}P_4, P_3Q_{12}P_4; P_2R_{34}P_1, P_3R_{42}P_1, P_4R_{23}P_1; P_3S_{41}P_2, P_4S_{13}P_2, P_1S_{34}P_2; P_4T_{12}P_3, P_1T_{24}P_3, P_2T_{41}P_3$ 是 $P_1P_2P_3P_4$ 的棱–棱高足三角形, $\tau_{P_1Q_{23}P_4}, \tau_{P_2Q_{31}P_4}, \tau_{P_3Q_{12}P_4}; \tau_{P_2R_{34}P_1}, \tau_{P_3R_{42}P_1}, \tau_{P_4R_{23}P_1}; \tau_{P_3S_{41}P_2}, \tau_{P_4S_{13}P_2}, \tau_{P_1S_{34}P_2}; \tau_{P_4T_{12}P_3}, \tau_{P_1T_{24}P_3}, \tau_{P_2T_{41}P_3}$ 是 $P_1P_2P_3P_4$ 的棱–棱高足面, P 是空间任意一点.

(1) 若 $\mathrm{a}_{P_1Q_{23}P_4}\mathrm{d}^2_{P_2P_3} = \mathrm{a}_{P_2Q_{31}P_4}\mathrm{d}^2_{P_3P_1} = \mathrm{a}_{P_3Q_{12}P_4}\mathrm{d}^2_{P_1P_2}$, 则

$$\mathrm{D}_{P\text{-}\tau_{P_1Q_{23}P_4}} + \mathrm{D}_{P\text{-}\tau_{P_2Q_{31}P_4}} + \mathrm{D}_{P\text{-}\tau_{P_3Q_{12}P_4}} = 0; \tag{8.1.26}$$

(2) 若 $\mathrm{a}_{P_2R_{34}P_1}\mathrm{d}^2_{P_3P_4} = \mathrm{a}_{P_3R_{42}P_1}\mathrm{d}^2_{P_4P_2} = \mathrm{a}_{P_4R_{23}P_1}\mathrm{d}^2_{P_2P_3}$, 则

$$\mathrm{D}_{P\text{-}\tau_{P_2R_{34}P_1}} + \mathrm{D}_{P\text{-}\tau_{P_3R_{42}P_1}} + \mathrm{D}_{P\text{-}\tau_{P_4R_{23}P_1}} = 0;$$

(3) 若 $\mathrm{a}_{P_3S_{41}P_2}\mathrm{d}^2_{P_4P_1} = \mathrm{a}_{P_4S_{13}P_2}\mathrm{d}^2_{P_1P_3} = \mathrm{a}_{P_1S_{34}P_2}\mathrm{d}^2_{P_3P_4}$, 则

$$\mathrm{D}_{P\text{-}\tau_{P_3S_{41}P_2}} + \mathrm{D}_{P\text{-}\tau_{P_4S_{13}P_2}} + \mathrm{D}_{P\text{-}\tau_{P_1S_{34}P_2}} = 0;$$

(4) 若 $\mathrm{a}_{P_4T_{12}P_3}\mathrm{d}^2_{P_1P_2} = \mathrm{a}_{P_1T_{24}P_3}\mathrm{d}^2_{P_2P_4} = \mathrm{a}_{P_2T_{41}P_3}\mathrm{d}^2_{P_4P_1}$, 则

$$\mathrm{D}_{P\text{-}\tau_{P_4T_{12}P_3}} + \mathrm{D}_{P\text{-}\tau_{P_1T_{24}P_3}} + \mathrm{D}_{P\text{-}\tau_{P_2T_{41}P_3}} = 0.$$

证明 (1) 根据定理 8.1.2, 将 $\mathrm{a}_{P_1Q_{23}P_4}\mathrm{d}^2_{P_2P_3} = \mathrm{a}_{P_2Q_{31}P_4}\mathrm{d}^2_{P_3P_1} = \mathrm{a}_{P_3Q_{12}P_4}\mathrm{d}^2_{P_1P_2} \neq 0$, 代入式 (8.1.13) 并化简, 即得式 (8.1.26).

类似地, 可以证明 (2)~(4) 中结论成立.

推论 8.1.6　设 $P_1P_2P_3P_4$ 是四面体, $P_1Q_{23}P_4, P_2Q_{31}P_4, P_3Q_{12}P_4; P_2R_{34}P_1, P_3R_{42}P_1, P_4R_{23}P_1; P_3S_{41}P_2, P_4S_{13}P_2, P_1S_{34}P_2; P_4T_{12}P_3, P_1T_{24}P_3, P_2T_{41}P_3$ 是 $P_1P_2P_3P_4$ 的棱–棱高足三角形, $\tau_{P_1Q_{23}P_4}, \tau_{P_2Q_{31}P_4}, \tau_{P_3Q_{12}P_4}$; $\tau_{P_2R_{34}P_1}, \tau_{P_3R_{42}P_1}, \tau_{P_4R_{23}P_1}$; $\tau_{P_3S_{41}P_2}$, $\tau_{P_4S_{13}P_2}$, $\tau_{P_1S_{34}P_2}$; $\tau_{P_4T_{12}P_3}$, $\tau_{P_1T_{24}P_3}$, $\tau_{P_2T_{41}P_3}$ 是 $P_1P_2P_3P_4$ 的棱–棱高足面, P 是空间任意一点.

(1) 若 $\mathrm{a}_{P_1Q_{23}P_4}\mathrm{d}^2_{P_2P_3} = \mathrm{a}_{P_2Q_{31}P_4}\mathrm{d}^2_{P_3P_1} = \mathrm{a}_{P_3Q_{12}P_4}\mathrm{d}^2_{P_1P_2}$, 则在如下三个点到平面的距离

$$\mathrm{d}_{P\text{-}\tau_{P_1Q_{23}P_4}},\quad \mathrm{d}_{P\text{-}\tau_{P_2Q_{31}P_4}},\quad \mathrm{d}_{P\text{-}\tau_{P_3Q_{12}P_4}}$$

中, 其中一个较长的距离等于另两个较短的距离的和;

(2) 若 $\mathrm{a}_{P_2R_{34}P_1}\mathrm{d}^2_{P_3P_4} = \mathrm{a}_{P_3R_{42}P_1}\mathrm{d}^2_{P_4P_2} = \mathrm{a}_{P_4R_{23}P_1}\mathrm{d}^2_{P_2P_3}$, 则在如下三个点到平面的距离

$$\mathrm{d}_{P\text{-}\tau_{P_2R_{34}P_1}},\quad \mathrm{d}_{P\text{-}\tau_{P_3R_{42}P_1}},\quad \mathrm{d}_{P\text{-}\tau_{P_4R_{23}P_1}}$$

中, 其中一个较长的距离等于另两个较短的距离的和;

(3) 若 $\mathrm{a}_{P_3S_{41}P_2}\mathrm{d}^2_{P_4P_1} = \mathrm{a}_{P_4S_{13}P_2}\mathrm{d}^2_{P_1P_3} = \mathrm{a}_{P_1S_{34}P_2}\mathrm{d}^2_{P_3P_4}$, 则在如下三个点到平面的距离

$$\mathrm{d}_{P\text{-}\tau_{P_3S_{41}P_2}},\quad \mathrm{d}_{P\text{-}\tau_{P_4S_{13}P_2}},\quad \mathrm{d}_{P\text{-}\tau_{P_1S_{34}P_2}}$$

中, 其中一个较长的距离等于另两个较短的距离的和;

(4) 若 $\mathrm{a}_{P_4T_{12}P_3}\mathrm{d}^2_{P_1P_2} = \mathrm{a}_{P_1T_{24}P_3}\mathrm{d}^2_{P_2P_4} = \mathrm{a}_{P_2T_{41}P_3}\mathrm{d}^2_{P_4P_1}$, 则在如下三个点到平面的距离

$$\mathrm{d}_{P\text{-}\tau_{P_4T_{12}P_3}},\quad \mathrm{d}_{P\text{-}\tau_{P_1T_{24}P_3}},\quad \mathrm{d}_{P\text{-}\tau_{P_2T_{41}P_3}}$$

中, 其中一个较长的距离等于另两个较短的距离的和.

证明　(1) 在式 (8.1.26) 中, 注意到其中一个较长的有向距离与另两个较短的有向距离异号即得.

类似地, 可以证明 (2)~(4) 中结论成立.

定理 8.1.7　设 $P_1P_2P_3P_4$ 是四面体, $P_1Q_{23}P_4, P_2Q_{31}P_4, P_3Q_{12}P_4; P_2R_{34}P_1, P_3R_{42}P_1, P_4R_{23}P_1; P_3S_{41}P_2, P_4S_{13}P_2, P_1S_{34}P_2; P_4T_{12}P_3, P_1T_{24}P_3, P_2T_{41}P_3$ 是 $P_1P_2P_3P_4$ 的棱–棱高足三角形, $\tau_{P_1Q_{23}P_4}, \tau_{P_2Q_{31}P_4}, \tau_{P_3Q_{12}P_4}; \tau_{P_2R_{34}P_1}, \tau_{P_3R_{42}P_1}, \tau_{P_4R_{23}P_1}; \tau_{P_3S_{41}P_2}, \tau_{P_4S_{13}P_2}, \tau_{P_1S_{34}P_2}; \tau_{P_4T_{12}P_3}, \tau_{P_1T_{24}P_3}, \tau_{P_2T_{41}P_3}$ 是 $P_1P_2P_3P_4$ 的棱–棱高足面.

(1) 若 $\mathrm{a}_{P_2Q_{31}P_4}\mathrm{d}^2_{P_3P_1} = \mathrm{a}_{P_3Q_{12}P_4}\mathrm{d}^2_{P_1P_2}$, 则 P 是棱–棱高足面 $\tau_{P_1Q_{23}P_4}$ 上任意一点的充分必要条件是

$$\mathrm{D}_{P\text{-}\tau_{P_2Q_{31}P_4}}+\mathrm{D}_{P\text{-}\tau_{P_3Q_{12}P_4}}=0, \tag{8.1.27}$$

即 $\tau_{P_1Q_{23}P_4}$ 是两棱–棱高足面 $\tau_{P_2Q_{31}P_4}$, $\tau_{P_3Q_{12}P_4}$ 外角的平分面;

(2) 若 $\mathrm{a}_{P_1Q_{23}P_4}\mathrm{d}^2_{P_2P_3}=\mathrm{a}_{P_3Q_{12}P_4}\mathrm{d}^2_{P_1P_2}$, 则 P 是棱–棱高足 $\tau_{P_2Q_{31}P_4}$ 上任意一点的充分必要条件是

$$\mathrm{D}_{P\text{-}\tau_{P_1Q_{23}P_4}}+\mathrm{D}_{P\text{-}\tau_{P_3Q_{12}P_4}}=0,$$

即 $\tau_{P_2Q_{31}P_4}$ 是两棱–棱高足面 $\tau_{P_1Q_{23}P_4}$, $\tau_{P_2Q_{31}P_4}$ 外角的平分面;

(3) 若 $\mathrm{a}_{P_1Q_{23}P_4}\mathrm{d}^2_{P_2P_3}=\mathrm{a}_{P_2Q_{31}P_4}\mathrm{d}^2_{P_3P_1}$, 则 P 是棱–棱高足面 $\tau_{P_3Q_{12}P_4}$ 上任意一点的充分必要条件是

$$\mathrm{D}_{P\text{-}\tau_{P_1Q_{23}P_4}}+\mathrm{D}_{P\text{-}\tau_{P_2Q_{31}P_4}}=0,$$

即 $\tau_{P_3Q_{12}P_4}$ 是两棱–棱高足面 $\tau_{P_1Q_{23}P_4}$, $\tau_{P_3Q_{12}P_4}$ 外角的平分面.

对 $P_1P_2P_3P_4$ 其余各面上的棱–棱高足面 $\tau_{P_2R_{34}P_1}$, $\tau_{P_3R_{42}P_1}$, $\tau_{P_4R_{23}P_1}$; $\tau_{P_3S_{41}P_2}$, $\tau_{P_4S_{13}P_2}$, $\tau_{P_1S_{34}P_2}$; $\tau_{P_4T_{12}P_3}$, $\tau_{P_1T_{24}P_3}$, $\tau_{P_2T_{41}P_3}$, 也可以得出类似的结果.

证明 (1) 记 $\mathrm{a}_{P_2Q_{31}P_4}\mathrm{d}^2_{P_3P_1}=\mathrm{a}_{P_3Q_{12}P_4}\mathrm{d}^2_{P_1P_2}=a$, 则式 (8.1.13) 可以改写成

$$\mathrm{a}_{P_1Q_{23}P_4}\mathrm{d}^2_{P_2P_3}\mathrm{D}_{P\text{-}\tau_{P_1Q_{23}P_4}}/a+\mathrm{D}_{P\text{-}\tau_{P_2Q_{31}P_4}}+\mathrm{D}_{P\text{-}\tau_{P_3Q_{12}P_4}}=0.$$

于是由上式, 可得

P 是棱–棱高足面 $\tau_{P_1Q_{23}P_4}$ 上任意一点 $\Leftrightarrow \mathrm{D}_{P\text{-}\tau_{P_1Q_{23}P_4}}=0 \Leftrightarrow$ 式 (8.1.27) 成立.

类似地, 可以证明 (2) 和 (3) 中结论成立.

推论 8.1.7 设 $P_1P_2P_3P_4$ 是四面体, $P_1Q_{23}P_4, P_2Q_{31}P_4, P_3Q_{12}P_4; P_2R_{34}P_1, P_3R_{42}P_1, P_4R_{23}P_1; P_3S_{41}P_2, P_4S_{13}P_2, P_1S_{34}P_2; P_4T_{12}P_3, P_1T_{24}P_3, P_2T_{41}P_3$ 是 $P_1P_2P_3P_4$ 的棱–棱高足三角形, $\tau_{P_1Q_{23}P_4}, \tau_{P_2Q_{31}P_4}, \tau_{P_3Q_{12}P_4}; \tau_{P_2R_{34}P_1}, \tau_{P_3R_{42}P_1}, \tau_{P_4R_{23}P_1}; \tau_{P_3S_{41}P_2}, \tau_{P_4S_{13}P_2}, \tau_{P_1S_{34}P_2}; \tau_{P_4T_{12}P_3}, \tau_{P_1T_{24}P_3}, \tau_{P_2T_{41}P_3}$ 是 $P_1P_2P_3P_4$ 的棱–棱高足面.

(1) 若 $\mathrm{a}_{P_2Q_{31}P_4}\mathrm{d}^2_{P_3P_1}=\mathrm{a}_{P_3Q_{12}P_4}\mathrm{d}^2_{P_1P_2}$, P 是平面 $\tau_{P_1Q_{23}P_4}$ 上任意一点, 则 $\mathrm{d}_{P\text{-}\tau_{P_2Q_{31}P_4}}=\mathrm{d}_{P\text{-}\tau_{P_3Q_{12}P_4}}$;

(2) 若 $\mathrm{a}_{P_1Q_{23}P_4}\mathrm{d}^2_{P_2P_3}=\mathrm{a}_{P_3Q_{12}P_4}\mathrm{d}^2_{P_1P_2}$, P 是平面 $\tau_{P_2Q_{31}P_4}$ 上任意一点, 则 $\mathrm{d}_{P\text{-}\tau_{P_1Q_{23}P_4}}=\mathrm{d}_{P\text{-}\tau_{P_3Q_{12}P_4}}$;

(3) 若 $\mathrm{a}_{P_1Q_{23}P_4}\mathrm{d}^2_{P_2P_3}=\mathrm{a}_{P_2Q_{31}P_4}\mathrm{d}^2_{P_3P_1}$, P 是平面 $\tau_{P_3Q_{12}P_4}$ 上任意一点, 则 $\mathrm{d}_{P\text{-}\tau_{P_1Q_{23}P_4}}=\mathrm{d}_{P\text{-}\tau_{P_2Q_{31}P_4}}$.

对 $P_1P_2P_3P_4$ 其余各面上的棱–棱高足平面 $\tau_{P_2R_{34}P_1}, \tau_{P_3R_{42}P_1}, \tau_{P_4R_{23}P_1}; \tau_{P_3S_{41}P_2}$, $\tau_{P_4S_{13}P_2}$, $\tau_{P_1S_{34}P_2}$; $\tau_{P_4T_{12}P_3}$, $\tau_{P_1T_{24}P_3}$, $\tau_{P_2T_{41}P_3}$, 也可以得出类似的结果.

证明 (1) 根据定理 8.1.6(1) 的必要性, 式 (8.1.27) 移项后, 等式两边取绝对值即得.

类似地, 可以证明 (2) 和 (3) 中结论成立.

8.2 四面体高足到其各面有向距离的关系定理与应用

本节主要应用三角形面的投影式方程, 研究四面体高足到其各面有向距离的关系定理与应用. 首先, 介绍等腰四面体的概念与性质; 其次, 给出四面体高足到其各面有向距离的关系定理; 最后, 利用该定理得出等面四面体高足到其各面有向距离的关系定理, 推出一道数学奥林匹克竞赛题等的结论.

8.2.1 等腰四面体的概念与性质

定义 8.2.1 若四面体 $P_1P_2P_3P_4$ 的三对对棱都相等, 即 $\mathrm{d}_{P_1P_2}=\mathrm{d}_{P_3P_4}$, $\mathrm{d}_{P_2P_3}=\mathrm{d}_{P_4P_1}$, $\mathrm{d}_{P_1P_3}=\mathrm{d}_{P_2P_4}$, 则称该四面体是等腰四面体.

性质 8.2.1 等腰四面体 $P_1P_2P_3P_4$ 也是等面四面体.

证明 如图 8.2.1 所示. 因为 $\mathrm{d}_{P_1P_2}=\mathrm{d}_{P_3P_4}$, $\mathrm{d}_{P_1P_3}=\mathrm{d}_{P_2P_4}$, $\mathrm{d}_{P_2P_3}=\mathrm{d}_{P_2P_3}$, 所以 $\triangle P_1P_2P_3\cong\triangle P_4P_3P_2$, 故 $\mathrm{a}_{P_1P_2P_3}=\mathrm{a}_{P_4P_3P_2}$.

类似地, 可以证明 $\triangle P_1P_3P_4\cong\triangle P_2P_4P_3$, $\triangle P_2P_1P_3\cong\triangle P_4P_3P_1$, 所以 $\mathrm{a}_{P_1P_3P_4}=\mathrm{a}_{P_2P_4P_3}$, $\mathrm{a}_{P_2P_1P_3}=\mathrm{a}_{P_4P_3P_1}$. 从而 $\mathrm{a}_{P_1P_2P_3}=\mathrm{a}_{P_2P_3P_4}=\mathrm{a}_{P_3P_4P_1}=\mathrm{a}_{P_4P_1P_2}$, 因此等腰四面体 $P_1P_2P_3P_4$ 是等面四面体.

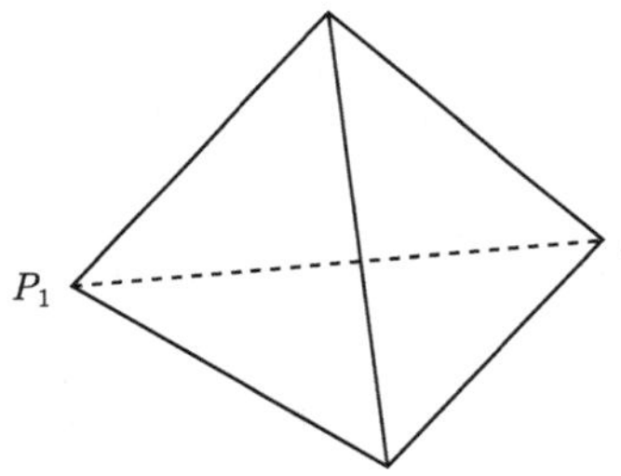

图 8.2.1

8.2.2 四面体高足到各面有向距离的关系定理

定理 8.2.1 设 $P_1P_2P_3P_4$ 是四面体, Q_{12},Q_{23},Q_{31}; R_{23},R_{34},R_{42}; S_{34},S_{41},S_{13}; T_{41},T_{12},T_{24} 分别是三角形 $P_1P_2P_3,P_2P_3P_4,P_3P_4P_1,P_4P_1P_2$ 面上各边的高足, 则

$$\mathrm{a}_{P_4P_1P_2}\mathrm{d}^2_{P_2P_3}\mathrm{D}_{Q_{23}\text{-}\tau_{P_4P_1P_2}}+\mathrm{a}_{P_4P_3P_2}\mathrm{d}^2_{P_1P_2}\mathrm{D}_{Q_{12}\text{-}\tau_{P_4P_3P_2}}=0,\tag{8.2.1}$$

$$\mathrm{a}_{P_4P_2P_3}\mathrm{d}^2_{P_3P_1}\mathrm{D}_{Q_{31}\text{-}\tau_{P_4P_2P_3}}+\mathrm{a}_{P_4P_1P_3}\mathrm{d}^2_{P_2P_3}\mathrm{D}_{Q_{23}\text{-}\tau_{P_4P_1P_3}}=0,\tag{8.2.2}$$

$$\mathrm{a}_{P_4P_3P_1}\mathrm{d}^2_{P_1P_2}\mathrm{D}_{Q_{12}\text{-}\tau_{P_4P_3P_1}}+\mathrm{a}_{P_4P_2P_1}\mathrm{d}^2_{P_3P_1}\mathrm{D}_{Q_{31}\text{-}\tau_{P_4P_2P_1}}=0;\tag{8.2.3}$$

$$\mathrm{a}_{P_1P_2P_3}\mathrm{d}^2_{P_3P_4}\mathrm{D}_{R_{34}\text{-}\tau_{P_1P_2P_3}}+\mathrm{a}_{P_1P_4P_3}\mathrm{d}^2_{P_2P_3}\mathrm{D}_{R_{23}\text{-}\tau_{P_1P_4P_3}}=0,\tag{8.2.4}$$

$$\mathrm{a}_{P_1P_3P_4}\mathrm{d}^2_{P_4P_2}\mathrm{D}_{R_{42}\text{-}\tau_{P_1P_3P_4}}+\mathrm{a}_{P_1P_2P_4}\mathrm{d}^2_{P_3P_4}\mathrm{D}_{R_{34}\text{-}\tau_{P_1P_2P_4}}=0, \tag{8.2.5}$$

$$\mathrm{a}_{P_1P_4P_2}\mathrm{d}^2_{P_2P_3}\mathrm{D}_{R_{23}\text{-}\tau_{P_1P_4P_2}}+\mathrm{a}_{P_1P_3P_2}\mathrm{d}^2_{P_4P_2}\mathrm{D}_{R_{42}\text{-}\tau_{P_1P_3P_2}}=0; \tag{8.2.6}$$

$$\mathrm{a}_{P_2P_3P_4}\mathrm{d}^2_{P_4P_1}\mathrm{D}_{S_{41}\text{-}\tau_{P_2P_3P_4}}+\mathrm{a}_{P_2P_1P_4}\mathrm{d}^2_{P_3P_4}\mathrm{D}_{S_{34}\text{-}\tau_{P_2P_1P_4}}=0, \tag{8.2.7}$$

$$\mathrm{a}_{P_2P_4P_1}\mathrm{d}^2_{P_1P_3}\mathrm{D}_{S_{13}\text{-}\tau_{P_2P_4P_1}}+\mathrm{a}_{P_2P_3P_1}\mathrm{d}^2_{P_4P_1}\mathrm{D}_{S_{41}\text{-}\tau_{P_2P_3P_1}}=0, \tag{8.2.8}$$

$$\mathrm{a}_{P_2P_1P_3}\mathrm{d}^2_{P_3P_4}\mathrm{D}_{S_{34}\text{-}\tau_{P_2P_1P_3}}+\mathrm{a}_{P_2P_4P_3}\mathrm{d}^2_{P_1P_3}\mathrm{D}_{S_{13}\text{-}\tau_{P_2P_4P_3}}=0; \tag{8.2.9}$$

$$\mathrm{a}_{P_3P_4P_1}\mathrm{d}^2_{P_1P_2}\mathrm{D}_{T_{12}\text{-}\tau_{P_3P_4P_1}}+\mathrm{a}_{P_3P_2P_1}\mathrm{d}^2_{P_4P_1}\mathrm{D}_{T_{41}\text{-}\tau_{P_3P_2P_1}}=0, \tag{8.2.10}$$

$$\mathrm{a}_{P_3P_1P_2}\mathrm{d}^2_{P_2P_4}\mathrm{D}_{T_{24}\text{-}\tau_{P_3P_1P_2}}+\mathrm{a}_{P_3P_4P_2}\mathrm{d}^2_{P_1P_2}\mathrm{D}_{T_{12}\text{-}\tau_{P_3P_4P_2}}=0, \tag{8.2.11}$$

$$\mathrm{a}_{P_3P_2P_4}\mathrm{d}^2_{P_4P_1}\mathrm{D}_{T_{41}\text{-}\tau_{P_3P_2P_4}}+\mathrm{a}_{P_3P_1P_4}\mathrm{d}^2_{P_2P_4}\mathrm{D}_{T_{24}\text{-}\tau_{P_3P_1P_4}}=0. \tag{8.2.12}$$

证明 如图 8.2.2 所示. 以三角形 $P_1P_2P_3$ 所在平面建立空间直角坐标系, 设四面体 $P_1P_2P_3P_4$ 顶点的坐标为 $P_i(x_i,\ y_i,\ 0)(i=1,2,3), P_4(x_4,\ y_4,z_4)$, 于是面三角形 $P_1P_2P_3$ 各边高足 $Q_{i(i+1)}$ 的坐标为

$$x_{Q_{i(i+1)}}=\Delta_{x_i}/\mathrm{d}^2_{P_iP_{i+1}},\quad y_{Q_{i(i+1)}}=\Delta_{y_i}/\mathrm{d}^2_{P_iP_{i+1}},\quad z_{Q_{i(i+1)}}=0,$$

其中 $\Delta_{x_i}=(x_{i+1}y_i-x_iy_{i+1})(y_i-y_{i+1})+(x_i-x_{i+1})^2x_{i+2}+(x_i-x_{i+1})(y_i-y_{i+1})y_{i+2}$, $\Delta_{y_i}=(x_{i+1}y_i-x_iy_{i+1})(x_{i+1}-x_i)+(x_i-x_{i+1})(y_i-y_{i+1})x_{i+2}+(y_i-y_{i+1})^2y_{i+2}$; $x_{i+3}=x_i(i=1,2,3)$; 其余类同.

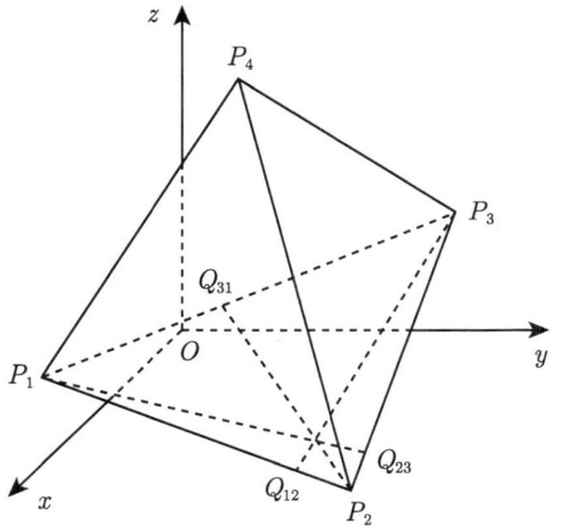

图 8.2.2

$P_1P_2P_3P_4$ 三角形 $P_4P_1P_2$, $P_4P_3P_2$ 面的方程依次为

$$\tau_{P_4P_1P_2}: x\mathrm{Prj}_{yz}\mathrm{D}_{P_4P_1P_2}+y\mathrm{Prj}_{zx}\mathrm{D}_{P_4P_1P_2}+z\mathrm{Prj}_{xy}\mathrm{D}_{P_4P_1P_2}-\Delta_{P_4P_1P_2}=0,$$

$$\tau_{P_4P_3P_2}: x\mathrm{Prj}_{yz}\mathrm{D}_{P_4P_3P_2}+y\mathrm{Prj}_{zx}\mathrm{D}_{P_4P_3P_2}+z\mathrm{Prj}_{xy}\mathrm{D}_{P_4P_3P_2}-\Delta_{P_4P_3P_2}=0.$$

于是由点到平面的有向距离公式, 可得

$$
\begin{aligned}
&2\mathrm{d}^2_{P_2P_3}\mathrm{a}_{P_4P_1P_2}\mathrm{D}_{Q_{23}\text{-}\tau_{P_4P_1P_2}}\\
=&2\mathrm{d}^2_{P_2P_3}\left(x_{Q_{23}}\mathrm{Prj}_{yz}\mathrm{D}_{P_4P_1P_2}+y_{Q_{23}}\mathrm{Prj}_{zx}\mathrm{D}_{P_4P_1P_2}\right.\\
&\left.+z_{Q_{23}}\mathrm{Prj}_{xy}\mathrm{D}_{P_4P_1P_2}-\Delta_{P_4P_1P_2}\right)\\
=&\begin{vmatrix}\Delta_{x_2} & \Delta_{y_2} & 0 & \mathrm{d}^2_{P_2P_3}\\ x_4 & y_4 & z_4 & 1\\ x_1 & y_1 & 0 & 1\\ x_2 & y_2 & 0 & 1\end{vmatrix}=-z_4\begin{vmatrix}\Delta_{x_2} & \Delta_{y_2} & \mathrm{d}^2_{P_2P_3}\\ x_1 & y_1 & 1\\ x_2 & y_2 & 1\end{vmatrix}\\
=&-z_4\left[\mathrm{d}^2_{P_2P_3}(x_1y_2-x_2y_1)+(x_2-x_1)\Delta_{y_2}-\Delta_{x_2}(y_2-y_1)\right]\\
=&-z_4\left\{\left[(x_3-x_2)^2+(y_3-y_2)^2\right](x_1y_2-x_2y_1)\right.\\
&+(x_2-x_1)\left[(x_3y_2-x_2y_3)(x_3-x_2)\right.\\
&\left.+y_1(y_3-y_2)^2+x_1(x_3-x_2)(y_3-y_2)\right]\\
&-\left[(x_3y_2-x_2y_3)(y_2-y_3)\right.\\
&\left.\left.+x_1(x_3-x_2)^2+(x_3-x_2)y_1(y_3-y_2)\right](y_2-y_1)\right\}\\
=&-z_4\left\{(x_3-x_2)^2\left[(x_1y_2-x_2y_1)-x_1(y_2-y_1)\right]\right.\\
&+(y_3-y_2)^2\left[(x_1y_2-x_2y_1)+(x_2-x_1)y_1\right]\\
&+(x_2-x_1)(x_3-x_2)\left[(x_3y_2-x_2y_3)+x_1(y_3-y_2)\right]\\
&\left.+(y_2-y_1)(y_3-y_2)\left[(x_3y_2-x_2y_3)-(x_3-x_2)y_1\right]\right\}\\
=&-z_4\left\{(x_1-x_2)(x_3-x_2)\left[(x_1y_2-x_2y_1)\right.\right.\\
&\left.+(x_2y_3-x_3y_2)+(x_3y_1-x_1y_3)\right]\\
&+(y_1-y_2)(y_3-y_2)\left[(x_1y_2-x_2y_1)+(x_2y_3-x_3y_2)\right.\\
&\left.\left.+(x_3y_1-x_1y_3)\right]\right\}\\
=&2z_4\mathrm{D}_{P_1P_2P_3}\left[(x_2-x_1)(x_3-x_2)+(y_2-y_1)(y_3-y_2)\right]\\
=&2z_4\mathrm{D}_{P_1P_2P_3}\left(\overrightarrow{P_1P_2}\cdot\overrightarrow{P_2P_3}\right),
\end{aligned}
\tag{8.2.13}
$$

$$
\begin{aligned}
&2\mathrm{d}^2_{P_1P_2}\mathrm{a}_{P_4P_3P_2}\mathrm{D}_{Q_{12}\text{-}\tau_{P_4P_3P_2}}\\
=&2\mathrm{d}^2_{P_1P_2}\left(x_{Q_{12}}\mathrm{Prj}_{yz}\mathrm{D}_{P_4P_3P_2}+y_{Q_{12}}\mathrm{Prj}_{zx}\mathrm{D}_{P_4P_3P_2}+z_{Q_{12}}\mathrm{Prj}_{xy}\mathrm{D}_{P_4P_3P_2}-\Delta_{P_4P_3P_2}\right)\\
=&\begin{vmatrix}\Delta_{x_1} & \Delta_{y_1} & 0 & \mathrm{d}^2_{P_1P_2}\\ x_4 & y_4 & z_4 & 1\\ x_3 & y_3 & 0 & 1\\ x_2 & y_2 & 0 & 1\end{vmatrix}=-z_4\begin{vmatrix}\Delta_{x_1} & \Delta_{y_1} & \mathrm{d}^2_{P_1P_2}\\ x_3 & y_3 & 1\\ x_2 & y_2 & 1\end{vmatrix}
\end{aligned}
$$

$$
\begin{aligned}
&= -z_4\left[\mathrm{d}_{P_1P_2}^2(x_3y_2-x_2y_3)+(x_2-x_3)\Delta_{y_1}-\Delta_{x_1}(y_2-y_3)\right]\\
&= -z_4\left\{\left[(x_2-x_1)^2+(y_2-y_1)^2\right](x_3y_2-x_2y_3)\right.\\
&\quad+(x_2-x_3)\left[(x_2y_1-x_1y_2)(x_2-x_1)+y_3(y_1-y_2)^2+x_3(x_1-x_2)(y_1-y_2)\right]\\
&\quad-\left.\left[(x_2y_1-x_1y_2)(y_1-y_2)+x_3(x_1-x_2)^2+(x_1-x_2)y_3(y_1-y_2)\right](y_2-y_3)\right\}\\
&= -z_4\left\{(x_2-x_1)^2\left[(x_3y_2-x_2y_3)-x_3(y_2-y_3)\right]\right.\\
&\quad+(y_2-y_1)^2\left[(x_3y_2-x_2y_3)+(x_2-x_3)y_3\right]\\
&\quad+(x_2-x_3)(x_2-x_1)\left[(x_2y_1-x_1y_2)+x_3(y_2-y_1)\right]\\
&\quad+\left.(y_2-y_3)(y_2-y_1)\left[(x_2y_1-x_1y_2)+(x_1-x_2)y_3\right]\right\}\\
&= -z_4\left\{(x_2-x_1)(x_3-x_2)\left[(x_1y_2-x_2y_1)+(x_2y_3-x_3y_2)+(x_3y_1-x_1y_3)\right]\right.\\
&\quad+\left.(y_2-y_1)(y_3-y_2)\left[(x_1y_2-x_2y_1)+(x_2y_3-x_3y_2)+(x_3y_1-x_1y_3)\right]\right\}\\
&= -2z_4\mathrm{D}_{P_1P_2P_3}\left[(x_2-x_1)(x_3-x_2)+(y_2-y_1)(y_3-y_2)\right]\\
&= -2z_4\mathrm{D}_{P_1P_2P_3}\left(\overrightarrow{P_1P_2}\cdot\overrightarrow{P_2P_3}\right).
\end{aligned}\tag{8.2.14}
$$

式 (8.2.13) + (8.2.14) 并化简, 即得式 (8.2.1).

类似地, 可以证明式 (8.2.2)~(8.2.12) 成立.

推论 8.2.1 设 $P_1P_2P_3P_4$ 是四面体, $Q_{12},Q_{23},Q_{31};R_{23},R_{34},R_{42};S_{34},S_{41},S_{13};T_{41},T_{12},T_{24}$ 分别是三角形 $P_1P_2P_3,P_2P_3P_4,P_3P_4P_1,P_4P_1P_2$ 面上各边的高足, 则

$$
\begin{aligned}
\mathrm{a}_{P_4P_1P_2}\mathrm{d}_{P_2P_3}^2\mathrm{d}_{Q_{23}\text{-}\tau_{P_4P_1P_2}} &= \mathrm{a}_{P_4P_3P_2}\mathrm{d}_{P_1P_2}^2\mathrm{d}_{Q_{12}\text{-}\tau_{P_4P_3P_2}},\\
\mathrm{a}_{P_4P_2P_3}\mathrm{d}_{P_3P_1}^2\mathrm{d}_{Q_{31}\text{-}\tau_{P_4P_2P_3}} &= \mathrm{a}_{P_4P_1P_3}\mathrm{d}_{P_2P_3}^2\mathrm{d}_{Q_{23}\text{-}\tau_{P_4P_1P_3}},\\
\mathrm{a}_{P_4P_3P_1}\mathrm{d}_{P_1P_2}^2\mathrm{d}_{Q_{12}\text{-}\tau_{P_4P_3P_1}} &= \mathrm{a}_{P_4P_2P_1}\mathrm{d}_{P_3P_1}^2\mathrm{d}_{Q_{31}\text{-}\tau_{P_4P_2P_1}};\\
\mathrm{a}_{P_1P_2P_3}\mathrm{d}_{P_3P_4}^2\mathrm{d}_{R_{34}\text{-}\tau_{P_1P_2P_3}} &= \mathrm{a}_{P_1P_4P_3}\mathrm{d}_{P_2P_3}^2\mathrm{d}_{R_{23}\text{-}\tau_{P_1P_4P_3}},\\
\mathrm{a}_{P_1P_3P_4}\mathrm{d}_{P_4P_2}^2\mathrm{d}_{R_{42}\text{-}\tau_{P_1P_3P_4}} &= \mathrm{a}_{P_1P_2P_4}\mathrm{d}_{P_3P_4}^2\mathrm{d}_{R_{34}\text{-}\tau_{P_1P_2P_4}},\\
\mathrm{a}_{P_1P_4P_2}\mathrm{d}_{P_2P_3}^2\mathrm{d}_{R_{23}\text{-}\tau_{P_1P_4P_2}} &= \mathrm{a}_{P_1P_3P_2}\mathrm{d}_{P_4P_2}^2\mathrm{d}_{R_{42}\text{-}\tau_{P_1P_3P_2}};\\
\mathrm{a}_{P_2P_3P_4}\mathrm{d}_{P_4P_1}^2\mathrm{d}_{S_{41}\text{-}\tau_{P_2P_3P_4}} &= \mathrm{a}_{P_2P_1P_4}\mathrm{d}_{P_3P_4}^2\mathrm{d}_{S_{34}\text{-}\tau_{P_2P_1P_4}},\\
\mathrm{a}_{P_2P_4P_1}\mathrm{d}_{P_1P_3}^2\mathrm{d}_{S_{13}\text{-}\tau_{P_2P_4P_1}} &= \mathrm{a}_{P_2P_3P_1}\mathrm{d}_{P_4P_1}^2\mathrm{d}_{S_{41}\text{-}\tau_{P_2P_3P_1}},\\
\mathrm{a}_{P_2P_1P_3}\mathrm{d}_{P_3P_4}^2\mathrm{d}_{S_{34}\text{-}\tau_{P_2P_1P_3}} &= \mathrm{a}_{P_2P_4P_3}\mathrm{d}_{P_1P_3}^2\mathrm{d}_{S_{13}\text{-}\tau_{P_2P_4P_3}};\\
\mathrm{a}_{P_3P_4P_1}\mathrm{d}_{P_1P_2}^2\mathrm{d}_{T_{12}\text{-}\tau_{P_3P_4P_1}} &= \mathrm{a}_{P_3P_2P_1}\mathrm{d}_{P_4P_1}^2\mathrm{d}_{T_{41}\text{-}\tau_{P_3P_2P_1}},\\
\mathrm{a}_{P_3P_1P_2}\mathrm{d}_{P_2P_4}^2\mathrm{d}_{T_{24}\text{-}\tau_{P_3P_1P_2}} &= \mathrm{a}_{P_3P_4P_2}\mathrm{d}_{P_1P_2}^2\mathrm{d}_{T_{12}\text{-}\tau_{P_3P_4P_2}},\\
\mathrm{a}_{P_3P_2P_4}\mathrm{d}_{P_4P_1}^2\mathrm{d}_{T_{41}\text{-}\tau_{P_3P_2P_4}} &= \mathrm{a}_{P_3P_1P_4}\mathrm{d}_{P_2P_4}^2\mathrm{d}_{T_{24}\text{-}\tau_{P_3P_1P_4}}.
\end{aligned}
$$

证明　根据定理 8.2.2, 式 (8.2.1)~(8.2.12) 各式移项后, 等式两边取绝对值即得.

8.2.3　四面体高足到其各面有向距离关系定理的应用

定理 8.2.2　设 $P_1P_2P_3P_4$ 是等面四面体, Q_{12}, Q_{23}, Q_{31}; R_{23}, R_{34}, R_{42}; S_{34}, S_{41}, S_{13}; T_{41}, T_{12}, T_{24} 分别是三角形 $P_1P_2P_3$, $P_2P_3P_4$, $P_3P_4P_1$, $P_4P_1P_2$ 面上各边的高足, 则

$$\begin{aligned}&\mathrm{d}^2_{P_2P_3}\mathrm{D}_{Q_{23}\text{-}\tau_{P_4P_1P_2}}+\mathrm{d}^2_{P_1P_2}\mathrm{D}_{Q_{12}\text{-}\tau_{P_4P_3P_2}}\\&=0(\mathrm{d}^2_{P_2P_3}\mathrm{d}_{Q_{23}\text{-}\tau_{P_4P_1P_2}}=\mathrm{d}^2_{P_1P_2}\mathrm{d}_{Q_{12}\text{-}\tau_{P_4P_3P_2}}),\end{aligned}\tag{8.2.15}$$

$$\begin{aligned}&\mathrm{d}^2_{P_3P_1}\mathrm{D}_{Q_{31}\text{-}\tau_{P_4P_2P_3}}+\mathrm{d}^2_{P_2P_3}\mathrm{D}_{Q_{23}\text{-}\tau_{P_4P_1P_3}}\\&=0(\mathrm{d}^2_{P_3P_1}\mathrm{d}_{Q_{31}\text{-}\tau_{P_4P_2P_3}}=\mathrm{d}^2_{P_2P_3}\mathrm{d}_{Q_{23}\text{-}\tau_{P_4P_1P_3}}),\end{aligned}\tag{8.2.16}$$

$$\begin{aligned}&\mathrm{d}^2_{P_1P_2}\mathrm{D}_{Q_{12}\text{-}\tau_{P_4P_3P_1}}+\mathrm{d}^2_{P_3P_1}\mathrm{D}_{Q_{31}\text{-}\tau_{P_4P_2P_1}}\\&=0(\mathrm{d}^2_{P_1P_2}\mathrm{d}_{Q_{12}\text{-}\tau_{P_4P_3P_1}}=\mathrm{d}^2_{P_3P_1}\mathrm{d}_{Q_{31}\text{-}\tau_{P_4P_2P_1}});\end{aligned}\tag{8.2.17}$$

$$\begin{aligned}&\mathrm{d}^2_{P_3P_4}\mathrm{D}_{R_{34}\text{-}\tau_{P_1P_2P_3}}+\mathrm{d}^2_{P_2P_3}\mathrm{D}_{R_{23}\text{-}\tau_{P_1P_4P_3}}\\&=0(\mathrm{d}^2_{P_3P_4}\mathrm{d}_{R_{34}\text{-}\tau_{P_1P_2P_3}}=\mathrm{d}^2_{P_2P_3}\mathrm{d}_{R_{23}\text{-}\tau_{P_1P_4P_3}}),\end{aligned}\tag{8.2.18}$$

$$\begin{aligned}&\mathrm{d}^2_{P_4P_2}\mathrm{D}_{R_{42}\text{-}\tau_{P_1P_3P_4}}+\mathrm{d}^2_{P_3P_4}\mathrm{D}_{R_{34}\text{-}\tau_{P_1P_2P_4}}\\&=0(\mathrm{d}^2_{P_4P_2}\mathrm{d}_{R_{42}\text{-}\tau_{P_1P_3P_4}}=\mathrm{d}^2_{P_3P_4}\mathrm{d}_{R_{34}\text{-}\tau_{P_1P_2P_4}}),\end{aligned}\tag{8.2.19}$$

$$\begin{aligned}&\mathrm{d}^2_{P_2P_3}\mathrm{D}_{R_{23}\text{-}\tau_{P_1P_4P_2}}+\mathrm{d}^2_{P_4P_2}\mathrm{D}_{R_{42}\text{-}\tau_{P_1P_3P_2}}\\&=0(\mathrm{d}^2_{P_2P_3}\mathrm{d}_{R_{23}\text{-}\tau_{P_1P_4P_2}}=\mathrm{d}^2_{P_4P_2}\mathrm{d}_{R_{42}\text{-}\tau_{P_1P_3P_2}});\end{aligned}\tag{8.2.20}$$

$$\begin{aligned}&\mathrm{d}^2_{P_4P_1}\mathrm{D}_{S_{41}\text{-}\tau_{P_2P_3P_4}}+\mathrm{d}^2_{P_3P_4}\mathrm{D}_{S_{34}\text{-}\tau_{P_2P_1P_4}}\\&=0(\mathrm{d}^2_{P_4P_1}\mathrm{d}_{S_{41}\text{-}\tau_{P_2P_3P_4}}=\mathrm{d}^2_{P_3P_4}\mathrm{d}_{S_{34}\text{-}\tau_{P_2P_1P_4}}),\end{aligned}\tag{8.2.21}$$

$$\begin{aligned}&\mathrm{d}^2_{P_1P_3}\mathrm{D}_{S_{13}\text{-}\tau_{P_2P_4P_1}}+\mathrm{d}^2_{P_4P_1}\mathrm{D}_{S_{41}\text{-}\tau_{P_2P_3P_1}}\\&=0(\mathrm{d}^2_{P_1P_3}\mathrm{d}_{S_{13}\text{-}\tau_{P_2P_4P_1}}=\mathrm{d}^2_{P_4P_1}\mathrm{d}_{S_{41}\text{-}\tau_{P_2P_3P_1}}),\end{aligned}\tag{8.2.22}$$

$$\begin{aligned}&\mathrm{d}^2_{P_3P_4}\mathrm{D}_{S_{34}\text{-}\tau_{P_2P_1P_3}}+\mathrm{d}^2_{P_1P_3}\mathrm{D}_{S_{13}\text{-}\tau_{P_2P_4P_3}}\\&=0(\mathrm{d}^2_{P_3P_4}\mathrm{d}_{S_{34}\text{-}\tau_{P_2P_1P_3}}=\mathrm{d}^2_{P_1P_3}\mathrm{d}_{S_{13}\text{-}\tau_{P_2P_4P_3}});\end{aligned}\tag{8.2.23}$$

$$\begin{aligned}&\mathrm{d}^2_{P_1P_2}\mathrm{D}_{T_{12}\text{-}\tau_{P_3P_4P_1}}+\mathrm{d}^2_{P_4P_1}\mathrm{D}_{T_{41}\text{-}\tau_{P_3P_2P_1}}\\&=0(\mathrm{d}^2_{P_1P_2}\mathrm{d}_{T_{12}\text{-}\tau_{P_3P_4P_1}}=\mathrm{d}^2_{P_4P_1}\mathrm{d}_{T_{41}\text{-}\tau_{P_3P_2P_1}}),\end{aligned}\tag{8.2.24}$$

$$\begin{aligned}&\mathrm{d}^2_{P_2P_4}\mathrm{D}_{T_{24}\text{-}\tau_{P_3P_1P_2}}+\mathrm{d}^2_{P_1P_2}\mathrm{D}_{T_{12}\text{-}\tau_{P_3P_4P_2}}\\&=0(\mathrm{d}^2_{P_2P_4}\mathrm{d}_{T_{24}\text{-}\tau_{P_3P_1P_2}}=\mathrm{d}^2_{P_1P_2}\mathrm{d}_{T_{12}\text{-}\tau_{P_3P_4P_2}}),\end{aligned}\tag{8.2.25}$$

$$\mathrm{d}^2_{P_4P_1}\mathrm{D}_{T_{41}\text{-}\tau_{P_3P_2P_4}}+\mathrm{d}^2_{P_2P_4}\mathrm{D}_{T_{24}\text{-}\tau_{P_3P_1P_4}}$$

$$=0(\mathrm{d}^2_{P_4P_1}\mathrm{d}_{T_{41}\text{-}\tau_{P_3P_2P_4}} = \mathrm{d}^2_{P_2P_4}\mathrm{d}_{T_{24}\text{-}\tau_{P_3P_1P_4}}). \tag{8.2.26}$$

证明 因为 $P_1P_2P_3P_4$ 是等面四面体, 所以 $\mathrm{a}_{P_1P_2P_3} = \mathrm{a}_{P_2P_3P_4} = \mathrm{a}_{P_3P_4P_1} = \mathrm{a}_{P_4P_1P_2}$. 代入式 (8.2.1)~(8.2.12) 并化简, 即得式 (8.2.15)~(8.2.26).

推论 8.2.2 (1972 年第 1 届美国数学奥林匹克竞赛题) 等腰四面体 $P_1P_2P_3P_4$ 的各三角形 $P_1P_2P_3$, $P_2P_3P_4$, $P_3P_4P_1$, $P_4P_1P_2$ 面都是内角三角形.

证明 反证法. 如图 8.2.3 所示. 假设 $P_1P_2P_3$ 不是锐角三角形, 其中 $\angle P_1P_2P_3 \geqslant 90°$. 因为 $P_1P_2P_3P_4$ 是等腰四面体, 故由性质 8.2.1 的证明, 可得 $\triangle P_1P_2P_3 \cong \triangle P_4P_3P_2$, 从而 $\angle P_4P_3P_2 = \angle P_1P_2P_3 \geqslant 90°$.

(1) 若 $\angle P_4P_3P_2 = \angle P_1P_2P_3 = 90°$, 则 R_{23}, R_{34} 分别与 P_2, P_3 重合, 故 $\mathrm{D}_{R_{34}\text{-}\tau_{P_1P_2P_4}} = \mathrm{D}_{R_{23}\text{-}\tau_{P_1P_4P_2}} = 0$. 又显然 $\mathrm{D}_{R_{42}\text{-}\tau_{P_1P_3P_4}} \neq 0, \mathrm{D}_{R_{42}\text{-}\tau_{P_1P_3P_2}} \neq 0$, 这与式 (8.2.19) 和式 (8.2.20) 相矛盾.

(2) 若 $\angle P_4P_3P_2 = \angle P_1P_2P_3 > 90°$, 则 R_{23}, R_{34} 分别在边 P_3P_2, P_4P_3 的延长线上且位于顶点 P_2, P_3 一侧. 于是 $\mathrm{D}_{R_{34}\text{-}\tau_{P_1P_2P_3}}$, $\mathrm{D}_{R_{23}\text{-}\tau_{P_1P_4P_3}}$ 分别与 $\tau_{P_1P_2P_3}$, $\tau_{P_1P_4P_3}$ 法向量同向, 故 $\mathrm{D}_{R_{34}\text{-}\tau_{P_1P_2P_3}}$, $\mathrm{D}_{R_{23}\text{-}\tau_{P_1P_4P_3}}$ 均为正值, 从而 $\mathrm{d}^2_{P_3P_4}\mathrm{D}_{R_{34}\text{-}\tau_{P_1P_2P_3}} + \mathrm{d}^2_{P_2P_3}\mathrm{D}_{R_{23}\text{-}\tau_{P_1P_4P_3}} > 0$, 这与式 (8.2.18) 相矛盾.

因此, $P_1P_2P_3$ 是锐角三角形.

类似地, 可以证明等腰四面体 $P_1P_2P_3P_4$ 的其余三个三角形 $P_2P_3P_4$, $P_3P_4P_1$, $P_4P_1P_2$ 面亦都是锐角三角形.

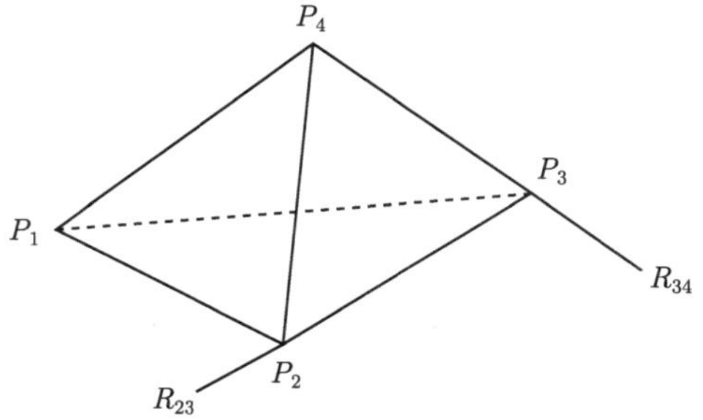

图 8.2.3

推论 8.2.3 设 $P_1P_2P_3P_4$ 是等腰四面体, Q_{12}, Q_{23}, Q_{31}; R_{23}, R_{34}, R_{42}; S_{34}, S_{41}, S_{13}; T_{41}, T_{12}, T_{24} 分别是三角形 $P_1P_2P_3$, $P_2P_3P_4$, $P_3P_4P_1$, $P_4P_1P_2$ 面上各边的高足, 则

$$\frac{\mathrm{D}_{Q_{23}\text{-}\tau_{P_4P_1P_2}}}{\mathrm{D}_{Q_{12}\text{-}\tau_{P_4P_3P_2}}} = \frac{\mathrm{D}_{R_{23}\text{-}\tau_{P_1P_4P_3}}}{\mathrm{D}_{R_{34}\text{-}\tau_{P_1P_2P_3}}} = \frac{\mathrm{D}_{S_{41}\text{-}\tau_{P_2P_3P_4}}}{\mathrm{D}_{S_{34}\text{-}\tau_{P_2P_1P_4}}} = \frac{\mathrm{D}_{T_{41}\text{-}\tau_{P_3P_2P_1}}}{\mathrm{D}_{T_{12}\text{-}\tau_{P_3P_4P_1}}}, \tag{8.2.27}$$

$$\frac{\mathrm{D}_{Q_{31}\text{-}\tau_{P_4P_2P_3}}}{\mathrm{D}_{Q_{23}\text{-}\tau_{P_4P_1P_3}}} = \frac{\mathrm{D}_{R_{42}\text{-}\tau_{P_1P_3P_2}}}{\mathrm{D}_{R_{23}\text{-}\tau_{P_1P_4P_2}}} = \frac{\mathrm{D}_{S_{13}\text{-}\tau_{P_2P_4P_1}}}{\mathrm{D}_{S_{41}\text{-}\tau_{P_2P_3P_1}}} = \frac{\mathrm{D}_{T_{24}\text{-}\tau_{P_3P_1P_4}}}{\mathrm{D}_{T_{41}\text{-}\tau_{P_3P_2P_4}}}, \tag{8.2.28}$$

$$\frac{\mathrm{D}_{Q_{31}\text{-}\tau_{P_4P_2P_1}}}{\mathrm{D}_{Q_{12}\text{-}\tau_{P_4P_3P_1}}}=\frac{\mathrm{D}_{R_{42}\text{-}\tau_{P_1P_3P_4}}}{\mathrm{D}_{R_{34}\text{-}\tau_{P_1P_2P_4}}}=\frac{\mathrm{D}_{S_{13}\text{-}\tau_{P_2P_4P_3}}}{\mathrm{D}_{S_{34}\text{-}\tau_{P_2P_1P_3}}}=\frac{\mathrm{D}_{T_{24}\text{-}\tau_{P_3P_1P_2}}}{\mathrm{D}_{T_{12}\text{-}\tau_{P_3P_4P_2}}}. \tag{8.2.29}$$

证明　因为 $P_1P_2P_3P_4$ 是等腰四面体, 所以 $\mathrm{d}_{P_1P_2}=\mathrm{d}_{P_3P_4}$, $\mathrm{d}_{P_2P_3}=\mathrm{d}_{P_4P_1}$, $\mathrm{d}_{P_1P_3}=\mathrm{d}_{P_2P_4}$. 于是由推论 8.2.2 及式 (8.2.15)、(8.2.18)、(8.2.21) 和 (8.2.24), 可得

$$\mathrm{D}_{Q_{23}\text{-}\tau_{P_4P_1P_2}}/\mathrm{D}_{Q_{12}\text{-}\tau_{P_4P_3P_2}}=-\mathrm{d}^2_{P_1P_2}/\mathrm{d}^2_{P_2P_3},$$

$$\mathrm{D}_{R_{23}\text{-}\tau_{P_1P_4P_3}}/\mathrm{D}_{R_{34}\text{-}\tau_{P_1P_2P_3}}=-\mathrm{d}^2_{P_3P_4}/\mathrm{d}^2_{P_2P_3}=-\mathrm{d}^2_{P_1P_2}/\mathrm{d}^2_{P_2P_3},$$

$$\mathrm{D}_{S_{41}\text{-}\tau_{P_2P_3P_4}}/\mathrm{D}_{S_{34}\text{-}\tau_{P_2P_1P_4}}=-\mathrm{d}^2_{P_3P_4}/\mathrm{d}^2_{P_4P_1}=-\mathrm{d}^2_{P_1P_2}/\mathrm{d}^2_{P_2P_3},$$

$$\mathrm{D}_{T_{41}\text{-}\tau_{P_3P_2P_1}}/\mathrm{D}_{T_{12}\text{-}\tau_{P_3P_4P_1}}=-\mathrm{d}^2_{P_1P_2}/\mathrm{d}^2_{P_4P_1}=-\mathrm{d}^2_{P_1P_2}/\mathrm{d}^2_{P_2P_3},$$

因此, 式 (8.2.27) 成立.

类似地, 可以证明式 (8.2.28) 和 (8.2.19) 成立.

8.3　一类六棱锥对侧面中线面有向距离的定值定理与应用

本节主要应用三角形面的投影式方程和有向距离定值法, 研究一类六棱锥对侧面中线面有向距离定值问题. 首先, 给出 $2n$ 棱锥对侧面中线面的概念; 其次, 在建立一类六棱锥对侧面中线三角形有向面积的投影定理的基础上, 给出一类六棱锥对侧面中线面有向距离的定值定理; 最后, 应用上述定值定理和 "由面及体, 由面及线, 由面及点, 点线面体交融" 的思想方法, 得出一类六棱锥对侧面中线面相交于一线等的结论.

8.3.1　$2n$ 棱锥对侧面中线面的概念

定义 8.3.1　设 $P_0\text{-}P_1P_2\cdots P_{2n}$ 为 $2n$ 棱锥, P_0Q_{12}, P_0Q_{23}, $\cdots$, $P_0Q_{2n,1}$ 是其侧面 $P_0P_1P_2$, $P_0P_2P_3$, $\cdots$, $P_0P_{2n}P_1$ 的中线, 则其两相对侧面中线所构成的三角形 $P_0Q_{12}Q_{n+1,n+2}$, $P_0Q_{23}Q_{n+2,n+3}$, $\cdots$, $P_0Q_{34}Q_{2n,1}$ 为 $P_0\text{-}P_1P_2\cdots P_{2n}$ 的对侧面中线三角形.

定义 8.3.2　$2n$ 棱锥 $P_0\text{-}P_1P_2\cdots P_{2n}$ 对侧面中线三角形 $P_0Q_{12}Q_{n+1,n+2}$, $P_0Q_{23}Q_{n+2,n+3}$, $\cdots$, $P_0Q_{34}Q_{2n,1}$ 所在的平面, 称为 $P_0\text{-}P_1P_2\cdots P_6$ 的对侧面中线面, 记为 $\pi_{P_0Q_{12}Q_{n+1,n+2}}$, $\pi_{P_0Q_{23}Q_{n+2,n+3}}$, $\cdots$, $\pi_{P_0Q_{34}Q_{2n,1}}$.

8.3.2　一类六棱锥对侧面中线面有向距离的定值定理

定理 8.3.1　设 $P_0\text{-}P_1P_2\cdots P_6$ 是六棱锥, $P_0Q_{12}Q_{45}$, $P_0Q_{23}Q_{56}$, $P_0Q_{34}Q_{61}$ 是 $P_0\text{-}P_1P_2\cdots P_6$ 的对侧面中线三角形. 若其底面 $P_1P_2\cdots P_6$ 的三条对角线 P_1P_4,

P_2P_5, P_3P_6 相交于一点 O 且均被点 O 所平分, 则

$$\mathrm{Prj}_{xy}\mathrm{D}_{P_0Q_{12}Q_{45}}\text{-}\mathrm{Prj}_{xy}\mathrm{D}_{P_0Q_{23}Q_{56}}+\mathrm{Prj}_{xy}\mathrm{D}_{P_0Q_{34}Q_{61}}=0, \tag{8.3.1}$$

$$\mathrm{Prj}_{yz}\mathrm{D}_{P_0Q_{12}Q_{45}}-\mathrm{Prj}_{yz}\mathrm{D}_{P_0Q_{23}Q_{56}}+\mathrm{Prj}_{yz}\mathrm{D}_{P_0Q_{34}Q_{61}}=0, \tag{8.3.2}$$

$$\mathrm{Prj}_{zx}\mathrm{D}_{P_0Q_{12}Q_{45}}-\mathrm{Prj}_{zx}\mathrm{D}_{P_0Q_{23}Q_{56}}+\mathrm{Prj}_{zx}\mathrm{D}_{P_0Q_{34}Q_{61}}=0. \tag{8.3.3}$$

证明 如图 8.3.1 所示. 以 O 为坐标原点, 底面 $P_1P_2\cdots P_6$ 所在平面建立空间直角坐标系. 设六棱锥 P_0-$P_1P_2\cdots P_6$ 顶点的坐标为 $P_0(x_0,\ y_0,\ z_0)$, $P_i(x_i,\ y_i,0)$, $P_{i+3}(-x_i,-y_i,0)$ $(i=1,2,3)$, 于是底面各边中点的坐标为

$$Q_{12}\left(\frac{x_1+x_2}{2},\quad\frac{y_1+y_2}{2},0\right),\qquad Q_{23}\left(\frac{x_2+x_3}{2},\quad\frac{y_2+y_3}{2},0\right),$$

$$Q_{34}\left(\frac{x_3-x_1}{2},\frac{y_3-y_1}{2},0\right),\qquad Q_{45}\left(-\frac{x_1+x_2}{2},-\frac{y_1+y_2}{2},0\right),$$

$$Q_{56}\left(-\frac{x_2+x_3}{2},-\frac{y_2+y_3}{2},0\right),\quad Q_{61}\left(\frac{x_1-x_3}{2},\frac{y_1-y_3}{2},0\right).$$

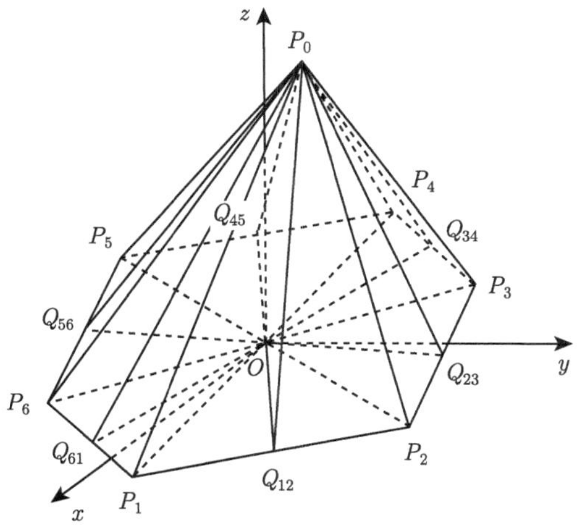

图 8.3.1

故由空间三角形在坐标面上投影公式, 可得

$$8\mathrm{Prj}_{xy}\mathrm{D}_{P_0Q_{12}Q_{45}}=\begin{vmatrix} x_0 & y_0 & 1\\ x_1+x_2 & y_1+y_2 & 2\\ -(x_1+x_2) & -(y_1+y_2) & 2\end{vmatrix}=4x_0(y_1+y_2)-4y_0(x_1+x_2),$$

$$8\mathrm{Prj}_{xy}\mathrm{D}_{P_0Q_{23}Q_{56}}=\begin{vmatrix} x_0 & y_0 & 1\\ x_2+x_3 & y_2+y_3 & 2\\ -(x_2+x_3) & -(y_2+y_3) & 2\end{vmatrix}=4x_0(y_2+y_3)-4y_0(x_2+x_3),$$

$$8\mathrm{Prj}_{xy}\mathrm{D}_{P_0Q_{34}Q_{61}}=\begin{vmatrix} x_0 & y_0 & 1\\ x_3-x_1 & y_3-y_1 & 2\\ -(x_3-x_1) & -(y_3-y_1) & 2\end{vmatrix}=4x_0(y_3-y_1)-4y_0(x_3-x_1).$$

于是

$$8(\mathrm{Prj}_{xy}\mathrm{D}_{P_0Q_{12}Q_{45}}-\mathrm{Prj}_{xy}\mathrm{D}_{P_0Q_{23}Q_{56}}+\mathrm{Prj}_{xy}\mathrm{D}_{P_0Q_{34}Q_{61}})=0,$$

因此, 式 (8.3.1) 成立.

类似地, 可以证明式 (8.3.2) 和 (8.3.3) 成立.

定理 8.3.2 设 $P_0\text{-}P_1P_2\cdots P_6$ 是六棱锥, $P_0Q_{12}Q_{45}$, $P_0Q_{23}Q_{56}$, $P_0Q_{34}Q_{61}$ 是 $P_0\text{-}P_1P_2\cdots P_6$ 的对侧面中线三角形, $\pi_{P_0Q_{12}Q_{45}}$, $\pi_{P_0Q_{23}Q_{56}}$, $\pi_{P_0Q_{34}Q_{61}}$ 是 $P_0\text{-}P_1P_2\cdots P_6$ 的对侧面中线面. 若其底面 $P_1P_2\cdots P_6$ 的三条对角线 P_1P_4, P_2P_5, P_3P_6 相交于一点 O 且均被点 O 所平分, P 是空间任意一点, 则

$$\mathrm{a}_{P_0Q_{12}Q_{45}}\mathrm{D}_{P\text{-}\pi_{P_0Q_{12}Q_{45}}}-\mathrm{a}_{P_0Q_{23}Q_{56}}\mathrm{D}_{P\text{-}\pi_{P_0Q_{23}Q_{56}}}+\mathrm{a}_{P_0Q_{34}Q_{61}}\mathrm{D}_{P\text{-}\pi_{P_0Q_{34}Q_{61}}}=0. \quad (8.3.4)$$

证明 设空间直角坐标系的建立和六棱锥 $P_0\text{-}P_1P_2\cdots P_6$ 顶点的坐标均如定理 8.3.1 证明所述. 根据定理 2.1.1, 可得 $P_0\text{-}P_1P_2\cdots P_6$ 的对侧面中线面的方程

$$\pi_{P_0Q_{12}Q_{45}}: x\mathrm{Prj}_{yz}\mathrm{D}_{P_0Q_{12}Q_{45}}+y\mathrm{Prj}_{zx}\mathrm{D}_{P_0Q_{12}Q_{45}}+z\mathrm{Prj}_{xy}\mathrm{D}_{P_0Q_{12}Q_{45}}-\Delta_{P_0Q_{12}Q_{45}}=0,$$
$$\pi_{P_0Q_{23}Q_{56}}: x\mathrm{Prj}_{yz}\mathrm{D}_{P_0Q_{23}Q_{56}}+y\mathrm{Prj}_{zx}\mathrm{D}_{P_0Q_{23}Q_{56}}+z\mathrm{Prj}_{xy}\mathrm{D}_{P_0Q_{23}Q_{56}}-\Delta_{P_0Q_{23}Q_{56}}=0,$$
$$\pi_{P_0Q_{34}Q_{61}}: x\mathrm{Prj}_{yz}\mathrm{D}_{P_0Q_{34}Q_{61}}+y\mathrm{Prj}_{zx}\mathrm{D}_{P_0Q_{34}Q_{61}}+z\mathrm{Prj}_{xy}\mathrm{D}_{P_0Q_{34}Q_{61}}-\Delta_{P_0Q_{34}Q_{61}}=0.$$

设空间任意点的坐标为 $P(x,y,z)$, 于是由点到平面的有向距离公式, 可得

$$\begin{aligned}\mathrm{a}_{P_0Q_{12}Q_{45}}\mathrm{D}_{P\text{-}\pi_{P_0Q_{12}Q_{45}}}&=x\mathrm{Prj}_{yz}\mathrm{D}_{P_0Q_{12}Q_{45}}+y\mathrm{Prj}_{zx}\mathrm{D}_{P_0Q_{12}Q_{45}}\\&\quad+z\mathrm{Prj}_{xy}\mathrm{D}_{P_0Q_{12}Q_{45}}-\Delta_{P_0Q_{12}Q_{45}},\end{aligned} \quad (8.3.5)$$

$$\begin{aligned}\mathrm{a}_{P_0Q_{23}Q_{56}}\mathrm{D}_{P\text{-}\pi_{P_0Q_{23}Q_{56}}}&=x\mathrm{Prj}_{yz}\mathrm{D}_{P_0Q_{23}Q_{56}}+y\mathrm{Prj}_{zx}\mathrm{D}_{P_0Q_{23}Q_{56}}\\&\quad+z\mathrm{Prj}_{xy}\mathrm{D}_{P_0Q_{23}Q_{56}}-\Delta_{P_0Q_{23}Q_{56}},\end{aligned} \quad (8.3.6)$$

$$\begin{aligned}\mathrm{a}_{P_0Q_{34}Q_{61}}\mathrm{D}_{P\text{-}\pi_{P_0Q_{34}Q_{61}}}&=x\mathrm{Prj}_{yz}\mathrm{D}_{P_0Q_{34}Q_{61}}+y\mathrm{Prj}_{zx}\mathrm{D}_{P_0Q_{34}Q_{61}}\\&\quad+z\mathrm{Prj}_{xy}\mathrm{D}_{P_0Q_{34}Q_{61}}-\Delta_{P_0Q_{34}Q_{61}}.\end{aligned} \quad (8.3.7)$$

因为

$$\begin{aligned}&8(\Delta_{P_0Q_{12}Q_{45}}-\Delta_{P_0Q_{23}Q_{56}}+\Delta_{P_0Q_{34}Q_{61}})\\&=-\begin{vmatrix} x_0 & y_0 & z_0\\ x_1+x_2 & y_1+y_2 & 0\\ x_1+x_2 & y_1+y_2 & 0\end{vmatrix}+\begin{vmatrix} x_0 & y_0 & z_0\\ x_2+x_3 & y_2+y_3 & 0\\ x_2+x_3 & y_2+y_3 & 0\end{vmatrix}+\begin{vmatrix} x_0 & y_0 & z_0\\ x_3-x_1 & y_3-y_1 & 0\\ x_1-x_3 & y_1-y_3 & 0\end{vmatrix}\end{aligned}$$

$=0,$

故由定理 8.3.1, 式 (8.3.5) − (8.3.6) + (8.3.7), 得

$$
\begin{aligned}
&\mathrm{a}_{P_0Q_{12}Q_{45}}\mathrm{D}_{P\text{-}\pi_{P_0Q_{12}Q_{45}}}-\mathrm{a}_{P_0Q_{23}Q_{56}}\mathrm{D}_{P\text{-}\pi_{P_0Q_{23}Q_{56}}}+\mathrm{a}_{P_0Q_{34}Q_{61}}\mathrm{D}_{P\text{-}\pi_{P_0Q_{34}Q_{61}}}\\
=&x\left(\mathrm{Prj}_{yz}\mathrm{D}_{P_0Q_1Q_4}-\mathrm{Prj}_{yz}\mathrm{D}_{P_0Q_2Q_5}+\mathrm{Prj}_{yz}\mathrm{D}_{P_0Q_3Q_6}\right)\\
&+y\left(\mathrm{Prj}_{zx}\mathrm{D}_{P_0Q_1Q_4}-\mathrm{Prj}_{zx}\mathrm{D}_{P_0Q_2Q_5}+\mathrm{Prj}_{zx}\mathrm{D}_{P_0Q_3Q_6}\right)\\
&+z\left(\mathrm{Prj}_{xy}\mathrm{D}_{P_0Q_1Q_4}-\mathrm{Prj}_{xy}\mathrm{D}_{P_0Q_2Q_5}+\mathrm{Prj}_{xy}\mathrm{D}_{P_0Q_3Q_6}\right)\\
&-\left(\Delta_{P_0Q_1Q_4}-\Delta_{P_0Q_2Q_5}+\Delta_{P_0Q_3Q_6}\right)\\
=&0,
\end{aligned}
$$

因此, 式 (8.3.4) 成立.

推论 8.3.1 设 $P_0\text{-}P_1P_2\cdots P_6$ 是六棱锥, $P_0Q_{12}Q_{45}$, $P_0Q_{23}Q_{56}$, $P_0Q_{34}Q_{61}$ 是 $P_0\text{-}P_1P_2\cdots P_6$ 的对侧面中线三角形, $\pi_{P_0Q_{12}Q_{45}}$, $\pi_{P_0Q_{23}Q_{56}}$, $\pi_{P_0Q_{34}Q_{61}}$ 是 $P_0\text{-}P_1P_2\cdots P_6$ 的对侧面中线面. 若其底面 $P_1P_2\cdots P_6$ 的三条对角线 P_1P_4, P_2P_5, P_3P_6 相交于一点 O 且均被 O 平分, 则 P 是对侧面中线面 $\pi_{P_0Q_{j,j+1}Q_{j+3,j+4}}$ 上任意一点的充分必要条件是

$$
\sum_{i=1,i\neq j}^{3}(-1)^{i-1}\mathrm{a}_{P_0Q_{i,i+1}Q_{i+3,i+4}}\mathrm{D}_{P\text{-}\pi_{P_0Q_{i,i+1}Q_{i+3,i+4}}}=0(j=1,2,3). \tag{8.3.8}
$$

证明 先将式 (8.3.1) 改写成

$$
\sum_{i=1}^{3}(-1)^{i-1}\mathrm{a}_{P_0Q_{i,i+1}Q_{i+3,i+4}}\mathrm{D}_{P\text{-}\pi_{P_0Q_{i,i+1}Q_{i+3,i+4}}}=0,
$$

故由上式, 可得

P 是对侧面中线面 $\pi_{P_0Q_{j,j+1}Q_{j+3,j+4}}$ 上任意一点 $\Leftrightarrow \mathrm{D}_{P\text{-}\pi_{P_0Q_{j,j+1}Q_{j+3,j+4}}}=0 \Leftrightarrow$ 式 (8.3.8) 成立.

推论 8.3.2 设 $P_0\text{-}P_1P_2\cdots P_6$ 是六棱锥, $P_0Q_{12}Q_{45}$, $P_0Q_{23}Q_{56}$, $P_0Q_{34}Q_{61}$ 是 $P_0\text{-}P_1P_2\cdots P_6$ 的对侧面中线三角形, $\pi_{P_0Q_{12}Q_{45}}$, $\pi_{P_0Q_{23}Q_{56}}$, $\pi_{P_0Q_{34}Q_{61}}$ 是 $P_0\text{-}P_1P_2\cdots P_6$ 的对侧面中线面. 若其底面 $P_1P_2\cdots P_6$ 的三条对角线 P_1P_4, P_2P_5, P_3P_6 相交于一点 O 且均被 O 平分, P 是对侧面中线面 $\pi_{P_0Q_{i,i+1}Q_{i+3,i+4}}$ 上任意一点, 则

$$
\begin{aligned}
&\mathrm{a}_{P_0Q_{i+1,i+2}Q_{i+4,i+5}}\mathrm{d}_{P\text{-}\pi_{P_0Q_{i+1,i+2}Q_{i+4,i+5}}}\\
=&\mathrm{a}_{P_0Q_{i+2,i+3}Q_{i+5,i}}\mathrm{d}_{P\text{-}\pi_{P_0Q_{i+2,i+3}Q_{i+5,i}}}(i=1,2,3).
\end{aligned} \tag{8.3.9}
$$

证明 因为 P 是对侧面中线面 $\pi_{P_0Q_{i,i+1}Q_{i+3,i+4}}$ 上任意一点, 所以式 (8.3.8) 可以改写成

$$
\mathrm{a}_{P_0Q_{i+1,i+2}Q_{i+4,i+5}}\mathrm{D}_{P\text{-}\pi_{P_0Q_{i+1,i+2}Q_{i+4,i+5}}}
$$

$$+\, \mathrm{a}_{P_0Q_{i+2,i+3}Q_{i+5,i}}\mathrm{D}_{P\text{-}\pi_{P_0Q_{i+2,i+3}Q_{i+5,i}}}=0(i=1,2,3).$$

故由推论 8.3.1 的必要性, 上式移项后等式两边取绝对值, 即得式 (8.3.9).

8.3.3 一类六棱锥对侧面中线面有向距离定值定理的应用

定理 8.3.3 设 $P_0\text{-}P_1P_2\cdots P_6$ 是六棱锥, $\pi_{P_0Q_{12}Q_{45}}$, $\pi_{P_0Q_{23}Q_{56}}$, $\pi_{P_0Q_{34}Q_{61}}$ 是 $P_0\text{-}P_1P_2\cdots P_6$ 的对侧面中线面. 若其底面 $P_1P_2\cdots P_6$ 的三条对角线 P_1P_4, P_2P_5, P_3P_6 相交于一点 O 且均被 O 平分, 则 $\pi_{P_0Q_{12}Q_{45}}$, $\pi_{P_0Q_{23}Q_{56}}$, $\pi_{P_0Q_{34}Q_{61}}$ 相交于过 P_0 的一条直线 l.

证明 显然, $P_0\text{-}P_1P_2\cdots P_6$ 的对侧面中线面 $\pi_{P_0Q_{23}Q_{56}}$, $\pi_{P_0Q_{34}Q_{61}}$ 相交于过 P_0 的一条直线, 依题设此线为 l. 若 P 是直线 l 上任意一点, 则

$$\mathrm{D}_{P\text{-}\pi_{P_0Q_{23}Q_{56}}}=\mathrm{D}_{P\text{-}\pi_{P_0Q_{34}Q_{61}}}=0,$$

分别代入式 (8.3.1), 并注意到 $\mathrm{a}_{P_0Q_{12}Q_{45}}\neq 0$, 得 $\mathrm{D}_{P\text{-}\pi_{P_0Q_{12}Q_{45}}}=0$, 从而点 P 在对侧面中线面 $\pi_{P_0Q_{12}Q_{45}}$ 上. 故 $P_0\text{-}P_1P_2\cdots P_6$ 的对侧面中线面 $\pi_{P_0Q_{12}Q_{45}}$, $\pi_{P_0Q_{23}Q_{56}}$, $\pi_{P_0Q_{34}Q_{61}}$ 相交于过 P_0 的一条直线 l.

推论 8.3.3 设 $P_0\text{-}P_1P_2\cdots P_6$ 是六棱锥, $\pi_{P_0Q_{12}Q_{45}}$, $\pi_{P_0Q_{23}Q_{56}}$, $\pi_{P_0Q_{34}Q_{61}}$ 是 $P_0\text{-}P_1P_2\cdots P_6$ 的对侧面中线面. 若其底面 $P_1P_2\cdots P_6$ 是 $\odot O$ 内接六边形且 P_1P_4, P_2P_5, P_3P_6 均为 $\odot O$ 的直径, 则 $\pi_{P_0Q_{12}Q_{45}}$, $\pi_{P_0Q_{23}Q_{56}}$, $\pi_{P_0Q_{34}Q_{61}}$ 相交于过 P_0 的一条直线 l.

证明 因为 P_1P_4, P_2P_5, P_3P_6 均为 $\odot O$ 的直径, 所以 P_1P_4, P_2P_5, P_3P_6 相交于一点 O 且均被点 O 平分. 故由定理 8.3.3 即得 $\pi_{P_0Q_{12}Q_{45}}$, $\pi_{P_0Q_{23}Q_{56}}$, $\pi_{P_0Q_{34}Q_{61}}$ 相交于过 P_0 的一条直线 l.

定理 8.3.4 设 $P_0\text{-}P_1P_2\cdots P_6$ 是六棱锥, $\pi_{P_0Q_{12}Q_{45}}$, $\pi_{P_0Q_{23}Q_{56}}$, $\pi_{P_0Q_{34}Q_{61}}$ 是 $P_0\text{-}P_1P_2\cdots P_6$ 的对侧面中线面; $\pi_{Q_{(i+3)(i+4)}P_iQ_{(i+1)0}}$, $\pi_{Q_{(i+3)(i+4)}P_{i+1}Q_{i0}}$ 是四面体 $Q_{(i+3)(i+4)}\text{-}P_0P_iP_{i+1}$ $(i=1,2,\cdots,6)$ 与 $P_0\text{-}P_1P_2\cdots P_6$ 的对侧面中线面不重合的另两个棱–棱中点面. 若其底面 $P_1P_2\cdots P_6$ 的三条对角线 P_1P_4, P_2P_5, P_3P_6 相交于一点 O 且均被点 O 平分, 则 $\pi_{P_0Q_{12}Q_{45}}$, $\pi_{P_0Q_{23}Q_{56}}$, $\pi_{P_0Q_{34}Q_{61}}$ 与 $\pi_{Q_{(i+3)(i+4)}P_iQ_{(i+1)0}}$, $\pi_{Q_{(i+3)(i+4)}P_{i+1}Q_{i0}}$ 均五面相交于一点 $G_{(i+3)(i+4)\text{-}0i(i+1)}(i=1,2,\cdots,6)$.

证明 设四面体 $Q_{45}\text{-}P_0P_1P_2$ 与 $P_0\text{-}P_1P_2\cdots P_6$ 的对侧面中线面重合的棱–棱中点面为 $\pi_{Q_{45}P_0Q_{12}}$, P 是空间任意一点, 则由定理 6.1.2 可得

$$\mathrm{a}_{Q_{45}P_0Q_{12}}\mathrm{D}_{P\text{-}\pi_{Q_{45}P_0Q_{12}}}+\mathrm{a}_{Q_{45}P_1Q_{20}}\mathrm{D}_{P\text{-}\pi_{Q_{45}P_1Q_{20}}}+\mathrm{a}_{Q_{45}P_2Q_{10}}\mathrm{D}_{P\text{-}\pi_{Q_{45}P_2Q_{10}}}=0. \tag{8.3.10}$$

显然, $P_0\text{-}P_1P_2\cdots P_6$ 的对侧面中线面 $\pi_{P_0Q_{12}Q_{45}}$, $\pi_{P_0Q_{23}Q_{56}}$, $\pi_{P_0Q_{34}Q_{61}}$ 的交线 l 与四面体 $Q_{45}\text{-}P_0P_1P_2$ 的棱–棱中点面 $\pi_{Q_{45}P_1Q_{20}}$ 相交于一点, 即 $\pi_{P_0Q_{12}Q_{45}}$,

$\pi_{P_0Q_{23}Q_{56}}$, $\pi_{P_0Q_{34}Q_{61}}$ 与 $\pi_{Q_{45}P_1Q_{20}}$ 四面相交于一点. 依题设, 记此交点为 $G_{45\text{-}012}$, 则

$$\begin{aligned}\mathrm{D}_{G_{45\text{-}012}\text{-}\pi_{P_0Q_{12}Q_{45}}} &= \mathrm{D}_{G_{45\text{-}012}\text{-}\pi_{P_0Q_{23}Q_{56}}}\\ =\mathrm{D}_{G_{45\text{-}012}\text{-}\pi_{P_0Q_{34}Q_{61}}} &= \mathrm{D}_{G_{45\text{-}012}\text{-}\pi_{Q_{45}P_1Q_{20}}}=0.\end{aligned}$$

将 $\mathrm{D}_{G_{45\text{-}012}\text{-}\pi_{P_0Q_{12}Q_{45}}}=\mathrm{D}_{G_{45\text{-}012}\text{-}\pi_{Q_{45}P_1Q_{20}}}=0$ 代入式 (8.3.10), 并注意到 $\mathrm{a}_{Q_{45}P_2Q_{10}}\neq 0$, 可得 $\mathrm{D}_{P\text{-}\pi_{Q_{45}P_2Q_{10}}}=0$. 因此, 点 $G_{45\text{-}012}$ 在棱–棱中点面 $\pi_{Q_{45}P_2Q_{10}}$ 上. 故 $\pi_{P_0Q_{12}Q_{45}}$, $\pi_{P_0Q_{23}Q_{56}}$, $\pi_{P_0Q_{34}Q_{61}}$ 与 $\pi_{Q_{45}P_1Q_{20}}$, $\pi_{Q_{45}P_2Q_{10}}$ 五面相交于一点 $G_{45\text{-}012}$, 即当 $i=1$ 时, 定理 8.3.4 结论成立.

类似地, 可以证明当 $i=2,\cdots,6$ 时, 定理 8.3.4 结论成立.

推论 8.3.4 设六棱锥 $P_0\text{-}P_1P_2\cdots P_6$ 的底面 $P_1P_2\cdots P_6$ 的三条对角线 P_1P_4, P_2P_5, P_3P_6 相交于一点 O 且均被点 O 平分, 则 $P_0\text{-}P_1P_2\cdots P_6$ 的对侧面中线面 $\pi_{P_0Q_{12}Q_{45}}$, $\pi_{P_0Q_{23}Q_{56}}$, $\pi_{P_0Q_{34}Q_{61}}$ 的交线 l 与四面体 $Q_{(i+3)(i+4)}\text{-}P_0P_iP_{i+1}$ 的重心线 $m_{(i+3)(i+4)\text{-}0i(i+1)}$ 均相交于一点 $G_{(i+3)(i+4)\text{-}0i(i+1)}(i=1,2,\cdots,6)$.

证明 根据定理 6.1.3 和定理 8.3.4 即得.

8.4 一类 $4k+2$ 棱锥对侧面中线面有向距离的定值定理与应用

本节主要应用三角形面的投影式方程和有向距离定值法, 研究一类 $4k+2$ 棱锥对侧面中线面有向距离的定值问题, 从而将 8.3 节的结论推广到更一般的情形. 首先, 在建立一类 $4k+2$ 棱锥对侧面中线三角形有向面积的投影定理的基础上, 给出一类 $4k+2$ 棱锥对侧面中线面有向距离的定值定理; 最后, 利用该定值定理和 "由面及体, 由面及线, 由面及点, 点线面体交融" 的思想方法, 得出一类 $4k+2$ 棱锥对侧面中线面在一定条件下相交于一线等的结论.

8.4.1 一类 $4k+2$ 棱锥对侧面中线面有向距离的定值定理

定理 8.4.1 设 $P_0\text{-}P_1P_2\cdots P_{4k+2}$ 是 $4k+2$ 棱锥, $P_0Q_{12}Q_{2k+2,2k+3}$, $P_0Q_{23}Q_{2k+3,2k+4},\cdots,P_0Q_{2k+1,2k+2}Q_{4k+2,1}$ 是 $P_0\text{-}P_1P_2\cdots P_{4k+2}$ 的对侧面中线三角形. 若 $4k+2$ 棱锥底面 $P_1P_2\cdots P_{4k+2}$ 的 $2k+1$ 条对角线 P_1P_{2k+2}, $P_2P_{2k+3},\cdots,P_{2k+1}P_{4k+2}$ 相交于一点 O 且均被点 O 所平分, 则

$$\sum_{i=1}^{2k+1}(-1)^{i-1}\mathrm{Prj}_{xy}\mathrm{D}_{P_0Q_{12}Q_{2i+1,2i+2}}=0, \tag{8.4.1}$$

$$\sum_{i=1}^{2k+1}(-1)^{i-1}\mathrm{Prj}_{yz}\mathrm{D}_{P_0Q_{12}Q_{2i+1,2i+2}}=0,\tag{8.4.2}$$
$$\sum_{i=1}^{2k+1}(-1)^{i-1}\mathrm{Prj}_{zx}\mathrm{D}_{P_0Q_{12}Q_{2i+1,2i+2}}=0.\tag{8.4.3}$$

证明　如图 8.4.1 所示. 以点 O 为坐标原点, 底面 $P_1P_2\cdots P_{4k+2}$ 所在平面建立空间直角坐标系. 设 $4k+2$ 棱锥 $P_0\text{-}P_1P_2\cdots P_{4k+2}$ 顶点的坐标为 $P_0(x_0,\ y_0,\ z_0)$, $P_i(x_i,\ y_i,\ 0)$, $P_{i+2k+1}(-x_i,\ -y_i,\ 0)(i=1,2,\ \cdots,\ 2k+1)$ 于是底面各边中点的坐标为

$$\begin{aligned}
&Q_{12}\left(\frac{x_1+x_2}{2},\frac{y_1+y_2}{2},0\right),\quad Q_{23}\left(\frac{x_2+x_3}{2},\frac{y_2+y_3}{2},0\right),\quad\cdots,\\
&Q_{2k,2k+1}\left(\frac{x_{2k}+x_{2k+1}}{2},\frac{y_{2k}+y_{2k+1}}{2},0\right),\\
&Q_{2k+1,2k+2}\left(\frac{x_{2k+1}-x_1}{2},\frac{y_{2k+1}-y_1}{2},0\right);\\
&Q_{2k+2,2k+3}\left(-\frac{x_1+x_2}{2},-\frac{y_1+y_2}{2},0\right),\\
&Q_{2k+3,2k+4}\left(-\frac{x_2+x_3}{2},-\frac{y_2+y_3}{2},0\right),\cdots,\\
&Q_{4k+1,4k+2}\left(-\frac{x_{2k}+x_{2k+1}}{2},-\frac{y_{2k}+y_{2k+1}}{2},0\right),\\
&Q_{4k+2,1}\left(\frac{x_1-x_{2k+1}}{2},\frac{y_1-y_{2k+1}}{2},0\right).
\end{aligned}$$

故由空间三角形在坐标面上投影公式, 可得

$$\begin{aligned}
8\mathrm{Prj}_{xy}\mathrm{D}_{P_0Q_{12}Q_{2k+2,2k+3}}&=\begin{vmatrix}x_0&y_0&1\\x_1+x_2&y_1+y_2&2\\-x_1-x_2&-y_1-y_2&2\end{vmatrix}\\
&=4x_0(y_1+y_2)-4y_0(x_1+x_2),\\
8\mathrm{Prj}_{xy}\mathrm{D}_{P_0Q_{23}Q_{2k+3,2k+4}}&=\begin{vmatrix}x_0&y_0&1\\x_2+x_3&y_2+y_3&2\\-x_2-x_3&-y_2-y_3&2\end{vmatrix}\\
&=4x_0(y_2+y_3)-4y_0(x_2+x_3),\\
8\mathrm{Prj}_{xy}\mathrm{D}_{P_0Q_{34}Q_{2k+4,2k+5}}&=\begin{vmatrix}x_0&y_0&1\\x_3+x_4&y_3+y_4&2\\-x_3-x_4&-y_3-y_4&2\end{vmatrix}\\
&=4x_0(y_3+y_4)-4y_0(x_3+x_4),
\end{aligned}$$

$$\cdots$$

$$8\mathrm{Prj}_{xy}\mathrm{D}_{P_0Q_{2k-1,2k}Q_{4k,4k+1}}=\begin{vmatrix} x_0 & y_0 & 1\\ x_{2k-1}+x_{2k} & y_{2k-1}+y_{2k} & 2\\ -x_{2k-1}-x_{2k} & -y_{2k-1}-y_{2k} & 2\end{vmatrix}$$
$$=4x_0(y_{2k-1}+y_{2k})-4y_0(x_{2k-1}+x_{2k}),$$

$$8\mathrm{Prj}_{xy}\mathrm{D}_{P_0Q_{2k,2k+1}Q_{4k+1,4k+2}}=\begin{vmatrix} x_0 & y_0 & 1\\ x_{2k}+x_{2k+1} & y_{2k}+y_{2k+1} & 2\\ -x_{2k}-x_{2k+1} & -y_{2k}-y_{2k+1} & 2\end{vmatrix}$$
$$=4x_0(y_{2k}+y_{2k+1})-4y_0(x_{2k}+x_{2k+1}),$$

$$8\mathrm{Prj}_{xy}\mathrm{D}_{P_0Q_{2k+1,2k+2}Q_{4k+2,1}}=\begin{vmatrix} x_0 & y_0 & 1\\ x_{2k+1}-x_1 & y_{2k+1}-y_1 & 2\\ x_1-x_{2k+1} & y_1-y_{2k+1} & 2\end{vmatrix}$$
$$=4x_0(y_{2k+1}-y_1)-4y_0(x_{2k+1}-x_1).$$

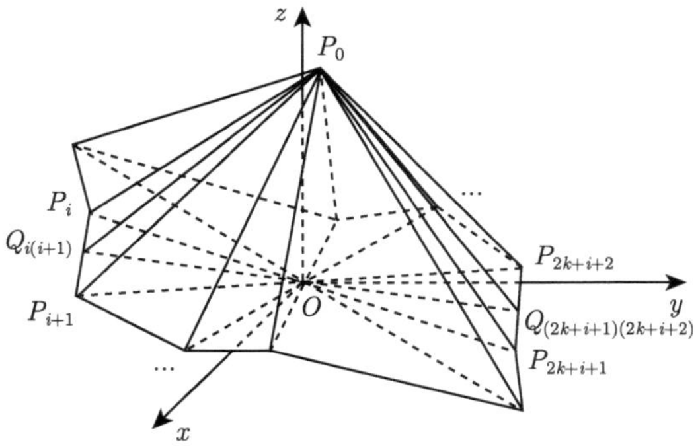

图 8.4.1

于是

$$8\sum_{i=1}^{2k+1}(-1)^{i-1}\mathrm{Prj}_{xy}\mathrm{D}_{P_0Q_{i,i+1}Q_{2k+i+1,2k+i+2}}=0,$$

因此, 式 (8.4.1) 成立.

类似地, 可以证明式 (8.4.2) 和 (8.4.3) 成立.

定理 8.4.2　设 P_0-$P_1P_2\cdots P_{4k+2}$ 是 $4k+2$ 棱锥, $P_0Q_{12}Q_{2k+2,2k+3}$, $P_0Q_{23}Q_{2k+3,2k+4}$, $\cdots$, $P_0Q_{2k+1,2k+2}Q_{4k+2,1}$ 是 P_0-$P_1P_2\cdots P_{4k+2}$ 的对侧面中线三角形, $\pi_{P_0Q_{12}Q_{2k+2,2k+3}}$, $\pi_{P_0Q_{23}Q_{2k+3,2k+4}}$, $\cdots$, $\pi_{P_0Q_{2k+1,2k+2}Q_{4k+2,1}}$ 是 P_0-$P_1P_2\cdots P_6$ 的对侧面中线面. 若 $4k+2$ 棱锥底面 $P_1P_2\cdots P_{4k+2}$ 的 $2k+1$ 条对角线 P_1P_{2k+2}, P_2P_{2k+3},

$\cdots$, $P_{2k+1}P_{4k+2}$ 相交于一点 O 且均被点 O 所平分, P 是空间任意一点, 则

$$\sum_{i=1}^{2k+1}(-1)^{i-1}\mathrm{a}_{P_0Q_{i,i+1}Q_{2k+i+1,2k+i+2}}\mathrm{D}_{P\text{-}\pi_{P_0Q_{i,i+1}Q_{2k+i+1,2k+i+2}}}=0. \tag{8.4.4}$$

证明　设空间直角坐标系的建立和 $4k+2$ 棱锥 $P_0\text{-}P_1P_2\cdots P_{4k+2}$ 顶点的坐标均如定理 8.4.1 证明所述. 根据定理 2.1.1, 可得 $P_0\text{-}P_1P_2\cdots P_{4k+2}$ 的对侧面中线面 $\pi_{P_0Q_{12}Q_{2k+2,2k+3}}$, $\pi_{P_0Q_{23}Q_{2k+3,2k+4}}$, $\cdots$, $\pi_{P_0Q_{2k+1,2k+2}Q_{4k+2,1}}$ 的方程依次为

$$\begin{aligned}
&x\mathrm{Prj}_{yz}\mathrm{D}_{P_0Q_{12}Q_{2k+2,2k+3}}+y\mathrm{Prj}_{zx}\mathrm{D}_{P_0Q_{12}Q_{2k+2,2k+3}}\\
&+z\mathrm{Prj}_{xy}\mathrm{D}_{P_0Q_{12}Q_{2k+2,2k+3}}-\Delta_{P_0Q_{12}Q_{2k+2,2k+3}}=0,\\
&x\mathrm{Prj}_{yz}\mathrm{D}_{P_0Q_{23}Q_{2k+3,2k+4}}+y\mathrm{Prj}_{zx}\mathrm{D}_{P_0Q_{23}Q_{2k+3,2k+4}}\\
&+z\mathrm{Prj}_{xy}\mathrm{D}_{P_0Q_{23}Q_{2k+3,2k+4}}-\Delta_{P_0Q_{23}Q_{2k+3,2k+4}}=0,\\
&\cdots\\
&x\mathrm{Prj}_{yz}\mathrm{D}_{P_0Q_{2k+1,2k+2}Q_{4k+2,1}}+y\mathrm{Prj}_{zx}\mathrm{D}_{P_0Q_{2k+1,2k+2}Q_{4k+2,1}}\\
&+z\mathrm{Prj}_{xy}\mathrm{D}_{P_0Q_{2k+1,2k+2}Q_{4k+2,1}}-\Delta_{P_0Q_{2k+1,2k+2}Q_{4k+2,1}}=0.
\end{aligned}$$

设空间任意点的坐标为 $P(x,y,z)$, 于是由点到平面的有向距离公式, 可得

$$\begin{aligned}
&\mathrm{a}_{P_0Q_{12}Q_{2k+2,2k+3}}\mathrm{D}_{P\text{-}\pi_{P_0Q_{12}Q_{2k+2,2k+3}}}\\
=&x\mathrm{Prj}_{yz}\mathrm{D}_{P_0Q_{12}Q_{2k+2,2k+3}}+y\mathrm{Prj}_{zx}\mathrm{D}_{P_0Q_{12}Q_{2k+2,2k+3}}\\
&+z\mathrm{Prj}_{xy}\mathrm{D}_{P_0Q_{12}Q_{2k+2,2k+3}}-\Delta_{P_0Q_{12}Q_{2k+2,2k+3}},
\end{aligned} \tag{8.4.5}$$

$$\begin{aligned}
&\mathrm{a}_{P_0Q_{23}Q_{2k+3,2k+4}}\mathrm{D}_{P\text{-}\pi_{P_0Q_{23}Q_{2k+3,2k+4}}}\\
=&x\mathrm{Prj}_{yz}\mathrm{D}_{P_0Q_{23}Q_{2k+3,2k+4}}+y\mathrm{Prj}_{zx}\mathrm{D}_{P_0Q_{23}Q_{2k+3,2k+4}}\\
&+z\mathrm{Prj}_{xy}\mathrm{D}_{P_0Q_{23}Q_{2k+3,2k+4}}-\Delta_{P_0Q_{23}Q_{2k+3,2k+4}},
\end{aligned} \tag{8.4.6}$$

$$\cdots$$

$$\begin{aligned}
&\mathrm{a}_{P_0Q_{2k+2,2k+2}Q_{4k+2,1}}\mathrm{D}_{P\text{-}\pi_{P_0Q_{2k+2,2k+2}Q_{4k+2,1}}}\\
=&x\mathrm{Prj}_{yz}\mathrm{D}_{P_0Q_{2k+2,2k+2}Q_{4k+2,1}}+y\mathrm{Prj}_{zx}\mathrm{D}_{P_0Q_{2k+2,2k+2}Q_{4k+2,1}}\\
&+z\mathrm{Prj}_{xy}\mathrm{D}_{P_0Q_{2k+2,2k+2}Q_{4k+2,1}}-\Delta_{P_0Q_{2k+2,2k+2}Q_{4k+2,1}}.
\end{aligned} \tag{8.4.7}$$

因为

$$8\sum_{i=1}^{2k+1}(-1)^{i-1}\Delta_{P_0Q_{i,i+1}Q_{2k+i+1,2k+i+2}}$$

$$=\sum_{i=1}^{2k}(-1)^{i-1}\left|\begin{array}{ccc} x_0 & y_0 & z_0 \\ x_i+x_{i+1} & y_i+y_{i+1} & 2 \\ -x_i-x_{i+1} & -y_i-y_{i+1} & 2 \end{array}\right|-\left|\begin{array}{ccc} x_0 & y_0 & z_0 \\ x_{2k+1}-x_1 & y_{2k+1}-y_1 & 2 \\ x_i-x_{2k+1} & y_1-y_{2k+1} & 2 \end{array}\right|$$
$$=0,$$

故由定理 8.4.1, 式 (8.4.5)−(8.4.6)+···+(8.4.7), 得

$$\begin{aligned}
&\sum_{i=1}^{2k+1}(-1)^{i-1}\mathrm{a}_{P_0Q_{i,i+1}Q_{2k+i+1,2k+i+2}}\mathrm{D}_{P\text{-}\pi_{P_0Q_{i,i+1}Q_{2k+i+1,2k+i+2}}}\\
=&\,x\sum_{i=1}^{2k+1}(-1)^{i-1}\mathrm{Prj}_{yz}\mathrm{D}_{P_0Q_{i,i+1}Q_{2k+i+1,2k+i+2}}\\
&+y\sum_{i=1}^{2k+1}(-1)^{i-1}\mathrm{Prj}_{zx}\mathrm{D}_{P_0Q_{i,i+1}Q_{2k+i+1,2k+i+2}}\\
&+z\sum_{i=1}^{2k+1}(-1)^{i-1}\mathrm{Prj}_{xy}\mathrm{D}_{P_0Q_{i,i+1}Q_{2k+i+1,2k+i+2}}\\
&-\sum_{i=1}^{2k+1}(-1)^{i-1}\Delta_{P_0Q_{i,i+1}Q_{2k+i+1,2k+i+2}}=0,
\end{aligned}$$

因此, 式 (8.4.4) 成立.

推论 8.4.1 设 $P_0\text{-}P_1P_2\cdots P_{4k+2}$ 是 $4k+2$ 棱锥, $P_0Q_{12}Q_{2k+2,2k+3}$, $P_0Q_{23}Q_{2k+3,2k+4}$, $\cdots$, $P_0Q_{2k+1,2k+2}Q_{4k+2,1}$ 是 $P_0\text{-}P_1P_2\cdots P_{4k+2}$ 的对侧面中线三角形, $\pi_{P_0Q_{12}Q_{2k+2,2k+3}}$, $\pi_{P_0Q_{23}Q_{2k+3,2k+4}}$, $\cdots$, $\pi_{P_0Q_{2k+1,2k+2}Q_{4k+2,1}}$ 是 $P_0\text{-}P_1P_2\cdots P_6$ 的对侧面中线面. 若 $4k+2$ 棱锥底面 $P_1P_2\cdots P_{4k+2}$ 的 $2k+1$ 条对角线 P_1P_{2k+2}, P_2P_{2k+3}, $\cdots$, $P_{2k+1}P_{4k+2}$ 相交于一点 O 且均被点 O 所平分, 则 P 是对侧面中线面 $\pi_{P_0Q_{j,j+1}Q_{2k+j+1,2k+j+2}}$ 上任意一点的充分必要条件是

$$\sum_{i=1,i\neq j}^{2k+1}(-1)^{i-1}\mathrm{a}_{P_0Q_{i,i+1}Q_{2k+i+1,2k+i+2}}\mathrm{D}_{P\text{-}\pi_{P_0Q_{i,i+1}Q_{2k+i+1,2k+i+2}}}=0, \quad (8.4.8)$$

其中 $j=1,2,\cdots,2k+1$.

证明 依题设, 由式 (8.4.1), 可得

$$\begin{aligned}
&P\text{ 是对侧面中线面 }\pi_{P_0Q_{j,j+1}Q_{2k+j+1,2k+j+2}}\text{ 上任意一点}\\
\Leftrightarrow&\,\mathrm{D}_{P\text{-}\pi_{P_0Q_{j,j+1}Q_{2k+j+1,2k+j+2}}}=0\Leftrightarrow\text{ 式 (8.4.8) 成立.}
\end{aligned}$$

推论 8.4.2 设 $P_0\text{-}P_1P_2\cdots P_{4k+2}$ 是 $4k+2$ 棱锥, $P_0Q_{12}Q_{2k+2,2k+3}$, $P_0Q_{23}Q_{2k+3,2k+4}$, $\cdots$, $P_0Q_{2k+1,2k+2}Q_{4k+2,1}$ 是 $P_0\text{-}P_1P_2\cdots P_{4k+2}$ 的对侧面中线三角形, $\pi_{P_0Q_{12}Q_{2k+2,2k+3}}$, $\pi_{P_0Q_{23}Q_{2k+3,2k+4}}$, $\cdots$, $\pi_{P_0Q_{2k+1,2k+2}Q_{4k+2,1}}$ 是 $P_0\text{-}P_1P_2\cdots P_6$ 的

对侧面中线面. 若 $4k+2$ 棱锥底面 $P_1P_2\cdots P_{4k+2}$ 的 $2k+1$ 条对角线 P_1P_{2k+2}, P_2P_{2k+3}, $\cdots$, $P_{2k+1}P_{4k+2}$ 相交于一点 O 且均被点 O 所平分, P 是两对侧面中线面 $\pi_{P_0Q_{j,j+1}Q_{2k+j+1,2k+j+2}}$, $\pi_{P_0Q_{l,l+1}Q_{2k+l+1,2k+l+2}}$ 上任意一点, 则

$$\sum_{i=1,i\neq j,l}^{2k+1}(-1)^{i-1}\mathrm{a}_{P_0Q_{i,i+1}Q_{2k+i+1,2k+i+2}}\mathrm{D}_{P\text{-}\pi_{P_0Q_{i,i+1}Q_{2k+i+1,2k+i+2}}}=0, \tag{8.4.9}$$

其中 $j,l=1,2,\cdots,2k+1;j<l$.

证明 依题设, 由式 (8.4.1), 可得

$$P\text{是两平面 }\pi_{P_0Q_{j,j+1}Q_{2k+j+1,2k+j+2}},\pi_{P_0Q_{l,l+1}Q_{2k+l+1,2k+l+2}}\text{上任意一点}$$
$$\Rightarrow \mathrm{D}_{P\text{-}\pi_{P_0Q_{j,j+1}Q_{2k+j+1,2k+j+2}}}=\mathrm{D}_{P\text{-}\pi_{P_0Q_{l,l+1}Q_{2k+l+1,2k+l+2}}}=0\Rightarrow \text{式 (8.4.9) 成立.}$$

8.4.2 一类 $4k+2$ 棱锥对侧面中线面有向距离定值定理的应用

定理 8.4.3 设 $P_0\text{-}P_1P_2\cdots P_{4k+2}$ 是 $4k+2$ 棱锥, $\pi_{P_0Q_{12}Q_{2k+2,2k+3}}$, $\pi_{P_0Q_{23}Q_{2k+3,2k+4}}$, $\cdots$, $\pi_{P_0Q_{2k+1,2k+2}Q_{4k+2,1}}$ 是 $P_0\text{-}P_1P_2\cdots P_6$ 的对侧面中线面, 且 $4k+2$ 棱锥底面 $P_1P_2\cdots P_{4k+2}$ 的 $2k+1$ 条对角线 P_1P_{2k+2}, P_2P_{2k+3}, $\cdots$, $P_{2k+1}P_{4k+2}$ 相交于一点 O 且均被点 O 所平分.

(1) 若 $\pi_{P_0Q_{12}Q_{2k+2,2k+3}}$, $\pi_{P_0Q_{23}Q_{2k+3,2k+4}}$, $\cdots$, $\pi_{P_0Q_{2k+1,2k+2}Q_{4k+2,1}}$ 中有 $2k$ 个平面相交于过 P_0 的一条直线 l, 则这 $2k+1$ 个平面相交于一线;

(2) 若 $\pi_{P_0Q_{12}Q_{2k+2,2k+3}}$, $\pi_{P_0Q_{23}Q_{2k+3,2k+4}}$, $\cdots$, $\pi_{P_0Q_{2k+1,2k+2}Q_{4k+2,1}}$ 中有三个平面仅相交于点 P_0, 则这 $2k+1$ 个平面仅相交于点 P_0.

证明 (1) 不妨设 $\pi_{P_0Q_{23}Q_{2k+3,2k+4}}$, $\cdots$, $\pi_{P_0Q_{2k+1,2k+2}Q_{4k+2,1}}$ 相交于过 P_0 的一条直线, 依题设此线为 l. 若 P 是直线 l 上任意一点, 则

$$\mathrm{D}_{P\text{-}\pi_{P_0Q_{23}Q_{2k+3,2k+4}}}=\cdots=\mathrm{D}_{P\text{-}\pi_{P_0Q_{2k+1,2k+2}Q_{4k+2,1}}}=0,$$

分别代入式 (8.4.1), 并注意到 $\mathrm{a}_{P_0Q_{12}Q_{2k+2,2k+3}}\neq 0$, 得 $\mathrm{D}_{P\text{-}\pi_{P_0Q_{12}Q_{2k+2,2k+3}}}=0$, 从而点 P 在对侧面中线面 $\pi_{P_0Q_{12}Q_{2k+2,2k+3}}$ 上. 故 $P_0\text{-}P_1P_2\cdots P_{4k+2}$ 的 $2k+1$ 个对侧面中线面 $\pi_{P_0Q_{12}Q_{2k+2,2k+3}}$, $\pi_{P_0Q_{23}Q_{2k+3,2k+4}}$, $\cdots$, $\pi_{P_0Q_{2k+1,2k+2}Q_{4k+2,1}}$ 相交于过 P_0 的一条直线 l.

(2) 因为 $\pi_{P_0Q_{12}Q_{2k+2,2k+3}}$, $\pi_{P_0Q_{23}Q_{2k+3,2k+4}}$, $\cdots$, $\pi_{P_0Q_{2k+1,2k+2}Q_{4k+2,1}}$ 中有三个平面仅相交于点 P_0, 所以 $\pi_{P_0Q_{12}Q_{2k+2,2k+3}}$, $\pi_{P_0Q_{23}Q_{2k+3,2k+4}}$, $\cdots$, $\pi_{P_0Q_{2k+1,2k+2}Q_{4k+2,1}}$ 不可能相交于一线. 又显然, 这 $2k+1$ 个平面都过点 P_0, 因此这 $2k+1$ 个平面仅相交于点 P_0.

推论 8.4.3 设 $P_0\text{-}P_1P_2\cdots P_6$ 是六棱锥, $\pi_{P_0Q_{12}Q_{45}}$, $\pi_{P_0Q_{23}Q_{56}}$, $\pi_{P_0Q_{34}Q_{61}}$ 是 $P_0\text{-}P_1P_2\cdots P_6$ 的对侧面中线面. 若其底面 $P_1P_2\cdots P_6$ 的三条对角线 P_1P_4, P_2P_5,

P_3P_6 相交于一点 O 且均被 O 平分, 则 $\pi_{P_0Q_{12}Q_{45}}$, $\pi_{P_0Q_{23}Q_{56}}$, $\pi_{P_0Q_{34}Q_{61}}$ 相交于过 P_0 的一条直线.

证明 注意到 $\pi_{P_0Q_{12}Q_{45}}$, $\pi_{P_0Q_{23}Q_{56}}$, $\pi_{P_0Q_{34}Q_{61}}$ 中任意两个平面均相交于过 P_0 的一条直线, 故由定理 8.4.3(1) 即得 $\pi_{P_0Q_{12}Q_{45}}$, $\pi_{P_0Q_{23}Q_{56}}$, $\pi_{P_0Q_{34}Q_{61}}$ 相交于过 P_0 的一条直线.

定理 8.4.4 设 $P_0\text{-}P_1P_2\cdots P_{4k+2}$ 是 $4k+2$ 棱锥, $\pi_{P_0Q_{12}Q_{2k+2,2k+3}}$, $\pi_{P_0Q_{23}Q_{2k+3,2k+4}}$, $\cdots$, $\pi_{P_0Q_{2k+1,2k+2}Q_{4k+2,1}}$ 是 $P_0\text{-}P_1P_2\cdots P_{4k+2}$ 的对侧面中线面; $\pi_{Q_{i+3,i+4}P_iQ_{i+1,0}}$, $\pi_{Q_{i+3,i+4}P_{i+1}Q_{i0}}$ 是四面体 $Q_{i+2k+1,i+2k+2}\text{-}P_0P_iP_{i+1}(i=1,2,\cdots,4k+2)$ 与 $P_0\text{-}P_1P_2\cdots P_{4k+2}$ 的对侧面中线面不重合的另两个棱–棱中点面. 若 $4k+2$ 棱锥底面 $P_1P_2\cdots P_{4k+2}$ 的 $2k+1$ 条对角线 $P_1P_{2k+2}, P_2P_{2k+3},\cdots,P_{2k+1}P_{4k+2}$ 相交于一点 O 且均被点 O 所平分, 且 $\pi_{P_0Q_{12}Q_{2k+2,2k+3}}$, $\pi_{P_0Q_{23}Q_{2k+3,2k+4}}$, $\cdots$, $\pi_{P_0Q_{2k+1,2k+2}Q_{4k+2,1}}$ 中有 $2k$ 个平面相交于一线, 则 $\pi_{P_0Q_{12}Q_{2k+2,2k+3}}$,$\pi_{P_0Q_{23}Q_{2k+3,2k+4}}$, $\cdots$,$\pi_{P_0Q_{2k+1,2k+2}Q_{4k+2,1}}$ 与 $\pi_{Q_{i+2k+1,i+2k+2}P_iQ_{i+1,0}}$,$\pi_{Q_{i+2k+1,i+2k+2}P_{i+1}Q_{i0}}$ 均 $2k+3$ 个平面相交于一点 $G_{i+2k+1,i+2k+2\text{-}0i,i+1}(i=1,2,\cdots,4k+2)$.

证明 设四面体 $Q_{2k+2,2k+3}\text{-}P_0P_1P_2$ 与 $P_0\text{-}P_1P_2\cdots P_{4k+2}$ 的对侧面中线面重合的棱–棱中点面为 $\pi_{Q_{2k+2,2k+3}P_0Q_{12}}$, P 是空间任意一点, 则由定理 6.1.2 可得

$$\begin{aligned}&\mathrm{a}_{Q_{2k+2,2k+3}P_0Q_{12}}\mathrm{D}_{P\text{-}\pi_{Q_{2k+2,2k+3}P_0Q_{12}}}+\mathrm{a}_{Q_{2k+2,2k+3}P_1Q_{20}}\mathrm{D}_{P\text{-}\pi_{Q_{2k+2,2k+3}P_1Q_{20}}}\\&+\mathrm{a}_{Q_{2k+2,2k+3}P_2Q_{10}}\mathrm{D}_{P\text{-}\pi_{Q_{2k+2,2k+3}P_2Q_{10}}}=0.\end{aligned}\tag{8.4.10}$$

根据定理 8.4.3(1), $P_0\text{-}P_1P_2\cdots P_{4k+2}$ 的对侧面中线面 $\pi_{P_0Q_{12}Q_{2k+2,2k+3}}$, $\pi_{P_0Q_{23}Q_{2k+3,2k+4}}$, $\cdots$, $\pi_{P_0Q_{2k+1,2k+2}Q_{4k+2,1}}$ 相交于过 P_0 的一条直线 l, 且显然 l 与四面体 $Q_{2k+2,2k+3}\text{-}P_0P_1P_2$ 的棱–棱中点面 $\pi_{Q_{2k+2,2k+3}P_1Q_{20}}$ 相交于一点, 即 $\pi_{P_0Q_{12}Q_{2k+2,2k+3}}$, $\pi_{P_0Q_{23}Q_{2k+3,2k+4}}$, $\cdots$, $\pi_{P_0Q_{2k+1,2k+2}Q_{4k+2,1}}$ 与 $\pi_{Q_{2k+2,2k+3}P_1Q_{20}}$ 共 $2k+2$ 面相交于一点. 依题设, 记此交点为 $G_{2k+2,2k+3\text{-}012}$, 则

$\mathrm{D}_{G_{2k+2,2k+3\text{-}012}\text{-}\pi_{P_0Q_{12}Q_{2k+2,2k+3}}}=\mathrm{D}_{G_{2k+2,2k+3\text{-}012}\text{-}\pi_{P_0Q_{23}Q_{2k+3,2k+4}}}=\cdots=\mathrm{D}_{G_{2k+2,2k+3\text{-}012}\text{-}\pi_{P_0Q_{2k+1,2k+2}Q_{4k+2,1}}}=\mathrm{D}_{G_{2k+2,2k+3\text{-}012}\text{-}\pi_{Q_{2k+2,2k+3}P_1Q_{20}}}=0.$

将 $\mathrm{D}_{G_{2k+2,2k+3\text{-}012}\text{-}\pi_{P_0Q_{12}Q_{2k+2,2k+3}}}=\mathrm{D}_{G_{2k+2,2k+3\text{-}012}-\pi_{Q_{2k+2,2k+3}P_1Q_{20}}}=0$ 代入式 (8.4.10), 并注意到 $\mathrm{a}_{Q_{2k+2,2k+3}P_2Q_{10}}\neq 0$, 可得 $\mathrm{D}_{P\text{-}\pi_{Q_{2k+2,2k+3}P_2Q_{10}}}=0$. 因此, $G_{2k+2,2k+3\text{-}012}$ 在棱–棱中点面面 $\pi_{Q_{2k+2,2k+3}P_2Q_{10}}$ 上. 故 $\pi_{P_0Q_{12}Q_{2k+2,2k+3}}$, $\pi_{P_0Q_{23}Q_{2k+3,2k+4}}$, $\cdots$, $\pi_{P_0Q_{2k+1,2k+2}Q_{4k+2,1}}$ 与 $\pi_{Q_{2k+2,2k+3}P_1Q_{20}}$, $\pi_{Q_{2k+2,2k+3}P_2Q_{10}}$ 共 $2k+3$ 个平面相交于一点 $G_{2k+2,2k+3\text{-}012}$. 因此, 当 $i=1$ 时, 定理 8.4.4 结论成立.

类似地, 可以证明当 $i=2,\cdots,4k+2$ 时, 定理 8.4.4 结论成立.

推论 8.4.4 设 $4k+2$ 棱锥底面 $P_1P_2\cdots P_{4k+2}$ 的 $2k+1$ 条对角线 P_1P_{2k+2}, P_2P_{2k+3}, $\cdots$, $P_{2k+1}P_{4k+2}$ 相交于一点 O 且均被点 O 所平分, 且其 $2k+1$ 个对侧

面中线三角形面 $\pi_{P_0Q_{12}Q_{2k+2,2k+3}}$, $\pi_{P_0Q_{23}Q_{2k+3,2k+4}}$, $\cdots$, $\pi_{P_0Q_{2k+1,2k+2}Q_{4k+2,1}}$ 相交于一线 l, 则 l 与四面体 $Q_{i+2k+1,i+2k+2}\text{-}P_0P_iP_{i+1}$ 的重心线 $m_{i+2k+1,i+2k+2\text{-}0i,i+1}$ 均相交于一点 $G_{i+2k+1,i+2k+2\text{-}0i,i+1}(i=1,\ 2,\ \cdots,\ 4k+2)$.

证明 根据定理 6.1.3 和定理 8.4.4 即得.

参 考 文 献

[1] 喻德生. 平面有向几何学 [M]. 北京: 科学出版社, 2014.

[2] 喻德生. 有向几何学: 有向距离及其应用 [M]. 北京: 科学出版社, 2016.

[3] 喻德生. 有向几何学: 有向面积及其应用：上册 [M]. 北京: 科学出版社, 2017.

[4] 喻德生. 有向几何学: 有向面积及其应用：下册 [M]. 北京: 科学出版社, 2018.

[5] 喻德生. 空间有向几何学：上册 [M]. 北京: 科学出版社, 2019.

[6] 夏道行, 吴作人, 严绍宗, 舒五昌. 实变函数论与泛函分析: 下册. [M]. 2 版. 北京: 高等教育出版社, 1985.

[7] 张景中. 几何新方法和新体系 [M]. 北京: 科学出版社, 2009.

[8] 单蹲. 数学名题词典 [M]. 南京: 江苏教育出版社, 2002.

[9] 亚格龙 U M. 几何变换 3[M]. 章学成, 译. 北京: 北京大学出版社, 1987.

[10] Dergiades N, Salazar J C. Harcourt's theorem [J]. Forum Geometricorum, 2003, 3: 117-124.

[11] Ayme J L. A purely synthetic proof of the Droz-Farny line theorem[J]. Forum Geometricorum, 2004, 4: 219-224.

[12] 喻德生, 师晶. 二次曲线外切多角形中有向距离的定值定理 [J]. 南昌航空大学学报, 2009, 23(3): 38-42.

[13] 梅向明, 刘增贤, 林向岩. 高等几何 [M]. 北京: 高等教育出版社, 1983.

[14] 巴兹列夫 B T. 几何学及拓扑学习题集 [M]. 李质朴, 译. 北京: 北京师范大学出版社, 1985.

[15] 喻德生. 关于平面多边形有向面积的一些定理 [J]. 赣南师范学院学报, 1999, 3: 11-14.

[16] Svrtan D, Veljan D, Volenec V. Geometry of pentagons: from Gauss to Robbins[J]. http://218.264.35.10.hdbsm/, 2006.

[17] 徐道. 正多边形中的定值问题 [J]. 安顺师专学报, 1999, 2: 19-24.

[18] Dergiades N. Signed distance and the Erdös-Mordell inequality[J]. Forum Geometricorum, 2004, 4: 67-68.

[19] 喻德生. 有向面积及其应用 [J]. 吉安师专学报, 1999, 6: 35-40.

[20] 喻德生. 平面四边形有向面积的两个定理及其应用 [J]. 赣南师范学院学报, 2000, 3: 18-21.

[21] 喻德生, 徐迎博, 刘朝霞. 四边形中有向面积的定值定理及其应用 [J]. 数学研究期刊, 2011, 12(1): 1-9.

[22] 喻德生. 关于外、内三角形有向面积的两个定理及其应用 [J]. 宜春学院学报, 2004, 26(6): 19-21.

[23] 考克瑟特 H S M, 格蕾策 S L. 几何学的新探索 [M]. 陈维恒, 译. 北京: 北京大学出版社, 1986.

[24] 嘎尔别林 Γ A, 托尔贝戈 A K. 第 1-50 届莫斯科数学奥林匹克 [M]. 苏淳, 等译. 北京: 科学出版社, 1990.

[25] 喻德生. 关于垂足三角形有向面积的一些定理 [J]. 江西师范大学学报, 2001, 25(3): 214-218.

[26] 喻德生. 一类垂足多边形的有向面积公式及其应用 [J]. 南昌航空工业学院学报, 2000, 14(4): 72-76.

[27] Ehrmann J P. Steiner's theorems on the complete quadrilateral[J]. Forum Geometricorum, 2004, 4: 35-52.

[28] 喻德生, 师晶. 线型三角形有向面积公式及其应用 [J]. 南昌航空大学学报, 2010, 24(3): 51-55.

[29] 梁延堂. 关于两个三角形成正交透视的几个定理及其应用 [J]. 兰州大学学报, 2002, 38(1): 18-21.

[30] Cerin Z. Rings of squares around orthologic triangles[J]. Forum Geometricorum, 2009, 9: 57-80.

[31] Gruenberg K W, Weir A J. Linear Geometry [M]. 2nd ed. New York: Springer-Verlag, 1977.

[32] 廖小勇. Menelaus 定理的矢量证明及其应用 [J]. 曲靖师范学院学报, 2003, 22(6): 29-31.

[33] 喻德生.高线三角形有向面积的定值定理及其应用 [J]. 南昌航空工业学院学报, 2003, 17(3): 43-45.

[34] 喻德生.关于切顶线三角形有向面积的定值定理及其应用 [J]. 南昌航空工业学院学报, 2002, 16(3): 1-3.

[35] Hoffmann M, Gorjanc S. On the generalized gergonne point and beyeond[J]. Forum Geometricorum, 2008, 8: 151-155.

[36] 喻德生.椭圆类二次曲线外切多边形中有向面积的定值定理及其应用 [J]. 南昌大学学报, 2003, 25(3): 94-97.

[37] 喻德生. 双曲类二次曲线外切多边形中有向面积的定值定理及其应用 [J]. 福州大学学报, 2004, 32(5): 522-525.

[38] 喻德生. 椭圆外切 $2n+1$ 边形中切定线三角形有向面积的定值定理及其应用 [J]. 南昌航空工业学院学报, 2003, 17(1): 10-12.

[39] 喻德生. 抛物类二次曲线外切多边形中有向面积的定值定理及其应用 [J]. 大学数学, 2006, 22(1): 26-29.

[40] 喻德生. 圆外切五边形中有向面积的定值定理及其应用 [J]. 南昌航空工业学院学报, 2001, 15(4): 65-69.

[41] 喻德生. 抛物线外切 $2n+1$ 边形中有向面积的定值定理及其应用 [J]. 江西师范大学学报, 2006, 30(4): 315-317.

[42] 喻德生. 双曲类二次曲线外切 $2n+1$ 边形中有向面积的定值定理及其应用 [J]. 福州大学学报, 2006, 34(2): 176-179.

[43] 喻德生. Brianchon 定理在二次曲线外切 $2n$ 边形中的推广 [J]. 数学的实践与认识, 2007, 37(13): 109-113.

[44] Konecny V, Heuver J, Pfiefer R E. Problem 1320 and solutions[J]. Math. Mag., 621989 (62): 137; 1990 (63): 130-131.

[45] Yu D S. On a fixed value theorem for directed areas in conic circumscribed polygons and applications[J]. 数学季刊, 2009, 24(4), 485-490.

[46] Yu D S. On two fixed value theorems for directed areas in conic circumscribed $2n+1$ polygon and applications [J]. The 2nd International Conference on Multimedia Technology, 2011, 3(2): 2781-2784.

[47] 张景中. 几何定理机器证明 20 年 [J]. 科学通报, 1997, 42(21): 2248-2256.

[48] 张景中, 李永彬. 几何定理机器证明三十年 [J]. 系统科学与数学, 2009, 29(9): 1155-1168.

[49] 吴文俊. 数学机械化 [M]. 北京: 科学出版社, 2003.

[50] 徐利治. 数学方法论十二讲 [M]. 大连: 大连理工大学出版社, 2007.

[51] 朱华伟. 从数学竞赛到竞赛数学 [M]. 北京: 科学出版社, 2009.

[52] 沈文选. 走进教育数学 [M]. 北京: 科学出版社, 2009.

[53] 中国数学奥林匹克委员会. 世界数学奥林匹克解题大辞典: 几何卷 [M]. 石家庄: 河北出版传媒集团, 河北少年儿童出版社, 2012.

[54] 胡敦复, 荣方舟. 世界著名平面几何经典著作钩沉 [M]. 哈尔滨: 哈尔滨工业大学出版社, 2011.

[55] 匡继昌. 常用不等式 [M]. 3 版. 济南: 山东科学技术出版社, 2004.

[56] 田贵辰. 利用点到平面的距离公式证明分式不等式 [J]. 高等数学研究, 2004, 7(2): 27-29.

[57] 喻德生. 关于两道数学奥林匹克题的推广与证明 [J]. 数学通报, 2017, 56(6): 61-63.

名 词 索 引

N

S

W

Y

Z